東ドイツ農村の社会史

「社会主義」経験の歴史化のために

足立芳宏

京都大学
学術出版会

巻頭地図–1　戦後東ドイツ（ソ連占領区）と各州の土地改革実績

（筆者作成）

・括弧の数値は左から以下の通り（出典：Stöckigt, 1964, S. 262 u. 265 より）.
（農地面積に占める土地改革フォンド比率；難民新農民経営数：同比率）
・州名・州境は現在のものを利用した.

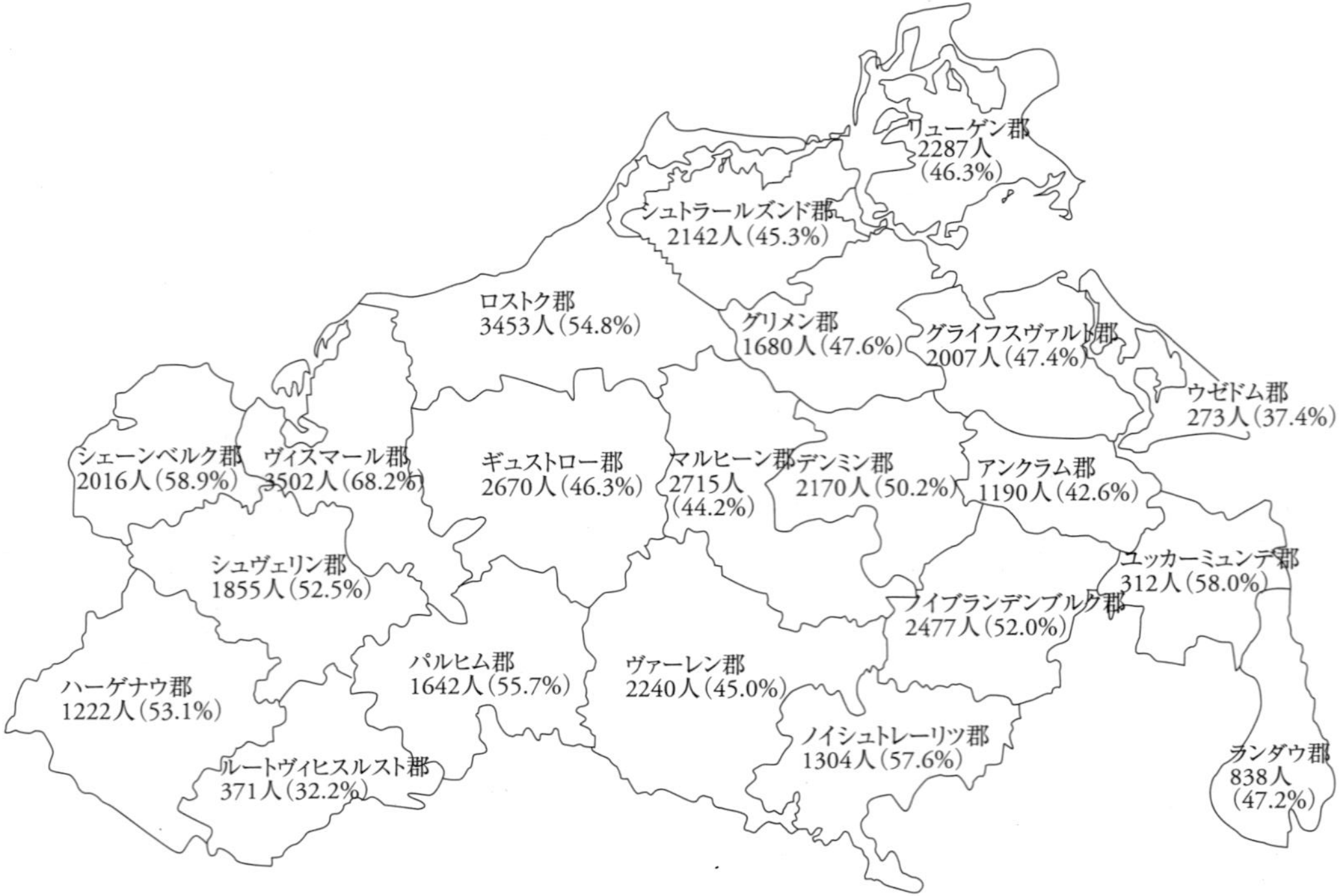

巻頭地図-2　土地改革時の行政区分と難民新農民の郡別分布（メクレンブルク・フォアポンメルン州）

上：郡　名　　　　（筆者作成）

下：難民新農民数（同，新農民総数に占める比率）

出典：Landeshauptarchiv Schwerin, 6.21-4, Nr.149, oh,BI.

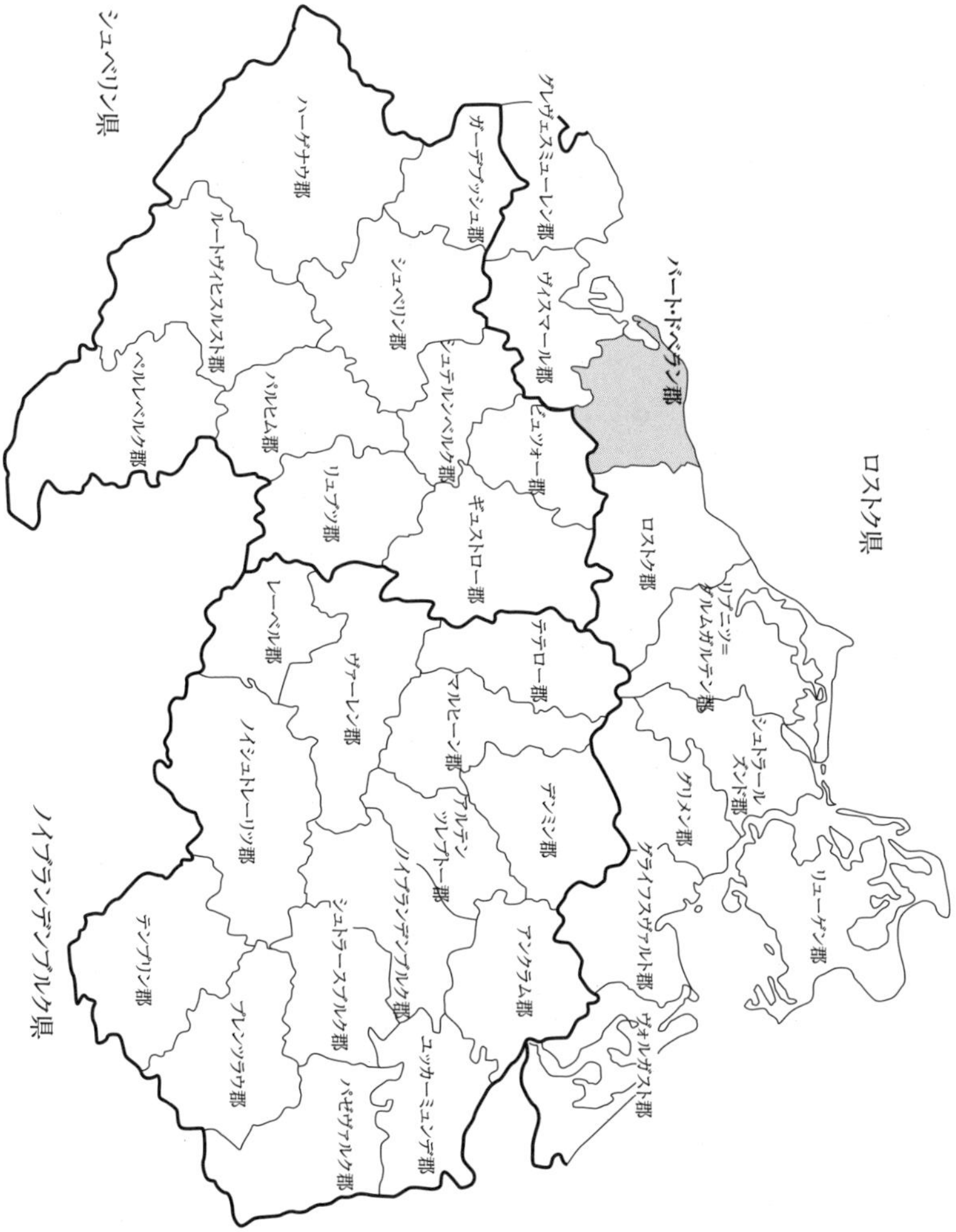

巻頭地図-3　1952年8月行政区域再編後における北部三県
（筆者作成）

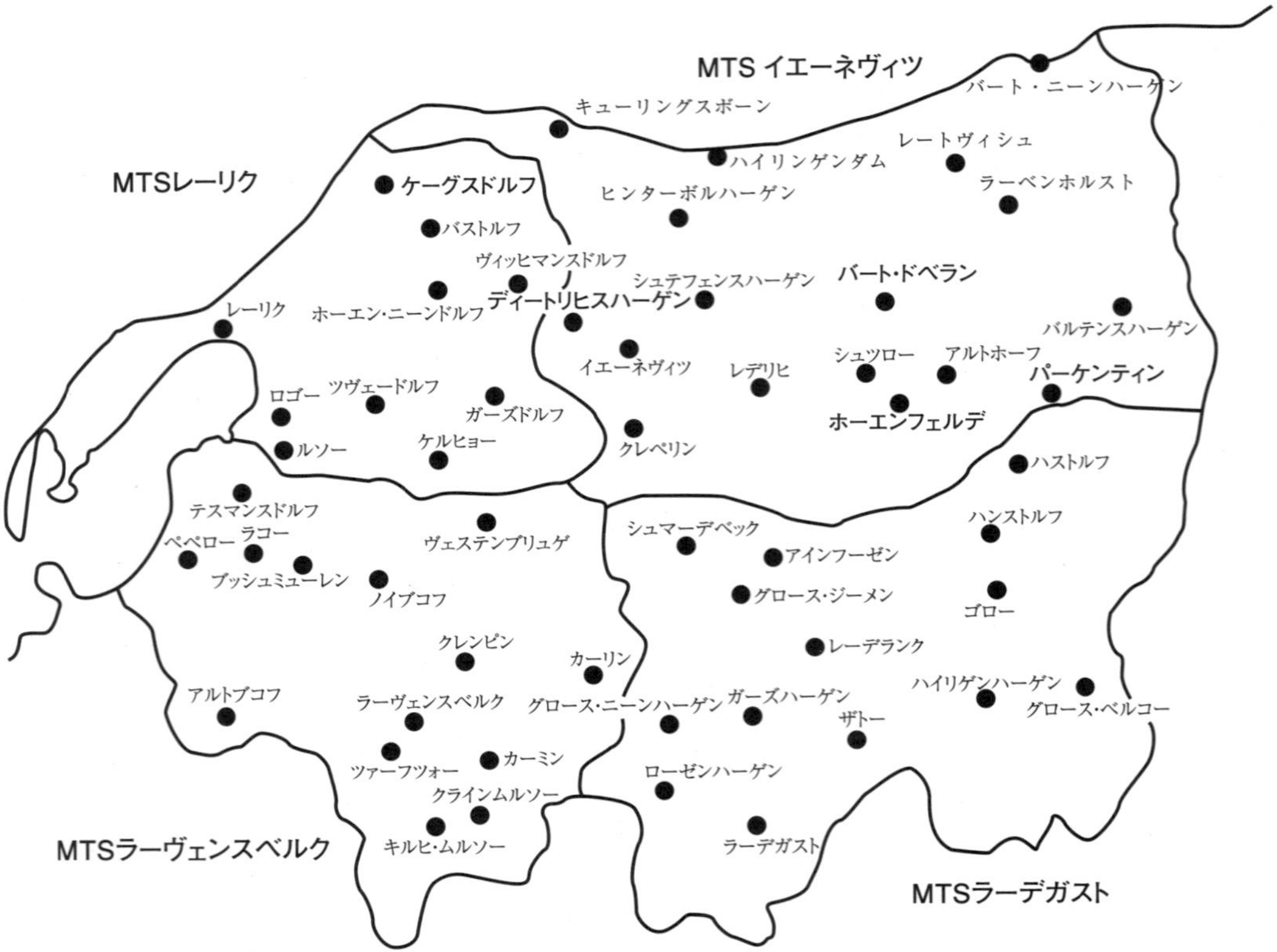

巻頭地図-4　バート・ドベラン郡（1952 年～ 1994 年）の村落と MTS 管区
（筆者作成）

目次

略語一覧（太字は本文中でとくに使用頻度の高いもの）

ABV	（アー・ベー・ファオ）	Abschnittsbevollmächtiger der Deutschen Volkspolizei	（人民警察の）村駐在警察官
BHG	（ベー・ハー・ゲー）	Bäuerliche Handelsgenossenschaft	農民流通センター
CDU	（ツェー・デー・ウー）	Christlich-Demokratische Union Deutschlands	キリスト教民主同盟
DBD	（デー・ベー・デー）	Demokratische Bauernpartei Deutschlands	ドイツ民主農民党
DDR	（デー・デー・エル）	Deutsche Demokratische Republik	ドイツ民主共和国（東ドイツ）
DFD	（デー・エフ・デー）	Demokratischer Frauenbund Deutschlands	ドイツ民主婦人同盟
FDJ	（エフ・デー・ヨット）	Freie Deutsche Jugend	自由ドイツ青年同盟
KPD	（カー・ペー・デー）	Kommunistische Partei Deutschlands	ドイツ共産党
LDPD	（エル・デー・ペー・デー）	Liberaldemokratische Partei Deutschland	ドイツ自由民主党
LPG	（エル・ペー・ゲー）	Landwirtschaftliche Produktionsgenossenschaft	農業生産協同組合
MAS	（エム・アー・エス）	Maschine-Ausleih-Station	機械貸与ステーション
MTS	（エム・テー・エス）	Maschine-Traktoren-Station	機械・トラクター・ステーション
NDPD	（エヌ・ペー・ペー・デー）	National-Demokratische Partei Deutschlands	ドイツ国民民主党
ÖLB	（エー・エル・ベー）	Örtlicher Landwirtschaftsbetrieb	村落農業経営
SBZ	（エス・ベー・ツェット）	Sowjetische Besatzungszone Deutschlands	ソ連占領区
SED	（エス・エー・デー）	Sozialistische Einheitspartei	社会主義統一党
SPD	（エス・ペー・デー）	Sozialdemokratische Partei Deutschlands	ドイツ社会民主党
VdgB	（ファオ・デー・ゲー・ベー）	Vereinigung der gegenseitigen Bauernhilfe	農民互助協会
VEAB	（ファオ・エー・アー・ベー）	Volkseigener Erfassungs- und Aufkaufbetrieb	国営調達・買付機関
VEG	（ファオ・エー・ゲー）	Volkseigenes Gut	国営農場

序　章　本書の課題と視角

―戦後東ドイツ農村における「社会主義」[1]経験の歴史化のために―

集団化の犠牲者を悼む石碑の除幕式

キューリッツ市では 2010 年 4 月 25 日，ドイツ農民同盟による集団化の記念碑が建立された．この式典を契機に，ブランデンブルク州では集団化をめぐる政治論争が生じた．詳細は序章末尾の注（70）（46 頁）を参照のこと．

出典：Märkische Allgemeinde Zeitung, d. 26.04.2010 „In Kyritz gibt es das erste Denkmal für die Opfer der LPG-Kollektivierung“.

一 東エルベ農業史と戦後東ドイツの土地改革・集団化

第二次大戦後、ソ連占領区となった東ドイツ地域においては、早くも一九四五年九月より一〇〇ヘクタール以上の大農場を無償接収・分割し、五～八ヘクタール規模の新農民経営を創出することを主眼とした土地改革が断行された。しかしそのわずか七年後の一九五二年七月には、社会主義統一党（以下、SED《エス・エー・デー》と略記）の第二回党協議会において農業集団化宣言がなされる。途中、一九五三年六月一七日事件（以下、「六月事件」と略記）による「挫折」や一九五六年秋のハンガリー動乱に象徴される東欧世界の「非スターリン化」による影響を強くうけつつも、一九五七年秋に農業集団化運動が再開され、一九六〇年四月二十五日にはついに全面的集団化の完了宣言がだされることとなった。よく知られるように、ベルリンの壁が建設されるのは翌一九六一年八月十三日のことである。この土地改革から全面的集団化にいたる約一五年間の出来事こそは、一六世紀以来の東エルベ農業史において、一九世紀前半期のいわゆる「農民解放」にまさるとも劣らぬ大事件であったと私は考えている。本書の目的は、この東ドイツ農村の戦後のありようを、かつてのような発展段階論に基づく社会主義生成論やソ連型社会主義の移植論の枠組みではなく、東エルベ農業史の連続／断絶と固有性に立脚しつつ、社会史の深みから明らかにすることである。それは何よりも東エルベ農村社会の戦後再編に関する社会史的なモノグラフであるのだが、同時に東ドイツ農村における社会主義秩序の形成過程に関する新たな歴史的理解の構築をめざすものでもある。

いわゆる東エルベ地域とは、一六世紀バルト海貿易により農場領主制《グーツヘルシャフト》が成立・展開した地域として一般にはよく知られていよう。地理的には現在のドイツ北東部、ポーランド、バルト三国あたりを中心とする地域であり、ワイマール期のドイツ領土に即していえば、東部ホルシュタイン、メクレンブルク、ブランデンブルク、ポンメルン、オストプロイセンなどのバルト海沿岸地域、およびその後背地から構成されるところである。ここは、かつて戦後日本の社会科学が特別な思いを注いだところであった。たとえば、農業経済学にとって東エルベ農業といえば、イギリスのノーフォーク地方と並ぶ近代農業と農学の揺籃の地にほかならない。近代農学の祖とされるA・テーアは、主としてブランデンブルクの農場経営をモデルに大著『合理的農業の原理』を書き、チューネン『孤立国』の舞台となったテロー農場といえば、メクレンブルク内陸部のテロー郡に位置しているのである。そのメクレンブルク地方は、ホルシュタインと並ぶコッペル農法（改良穀草式農法）の展開により一九世紀の「ドイツ農業革命」の「先進地」であった。[2]

他方、戦後歴史学にとっては、東エルベは「プロイセン的進化」論の舞台そのものであった。とりわけ一九世紀初頭のプロイセン農業変革ないし農民解放に関する研究は、近代市民革命論を旗印として掲げた戦後歴史学のメインストリームにあったといってよい。東エルベの大土地所有者は日本では「ユンカー」と呼称され、広範な関心と注目を集めてきた。そのピークは藤瀬浩司『近代ドイツ農業の形成―「プロシア」型進化の歴史的検証―』（一九六七年）であったろう。[3] そこでは、一九世紀の「上からの」農業変革によって過渡的形態としてのユンカー経営がいかに形成されたのかが――本書の主題に引きつけて言い換えれば、グーツ（＝農場）とホーフ（＝大農）の二元構造への移行過程はいかなるものだったのかが――、明らかにされたのであった。むろん、「プロイセン的進化論」の視野は一九世紀の農業変革に限定されるものではなく、二〇世紀前半におけるナチズムの社会的形成の問題領域にまで及んだ。農業問題に即して言えば、東部救済政策を軸にナチズムの権力掌握過程を論じる古典的スタンスが、その典型といえようか。こうした議論は、西ドイツ史学のいわゆる「ドイツの特殊な道」の議論とも重なり合いつつ、一九八〇年代前半まで影響力をもちつづけた。そしてこれらの理論的枠組みにおいて、東ドイツの土地改革は「ナチズムに至るプロイセン的進化」のエピローグとして位置づけられたのである。藤田幸一郎らによってこうした枠組みに対する相対化が本格的に開始されるのは、一九八〇年代以降のことである。[4]
「第三帝国」の崩壊とソ連占領を契機として開始される戦後の一連の改革は、そうした一九世紀農業変革以来の東エルベ農業構造を根本的に転換するものであった。それは「プロイセン的進化」の終焉である以上に東ドイツ社会主義の新たな社会的形成の過程でもあったが、しかし、「社会主義の実験」などと称して済まされるレベルの変化にとどまるものではまったくない。その過程は、一国単位の土地所有や農業制度の変更はもとより、戦時から戦後における国際的な規定性にも強く制約されつつ、農村社会や農業生産力の根本にまで及ぶような、包括的でかつ不可逆的な変化を引き起こすものだったからである。この点の具体的論拠として、ここではとりあえず以下三点をあげておこう。

まず第一に、戦後の土地改革は大土地所有の接収と農場分割を通して、グーツ村落を消滅させた。土地改革は日本の農地改革で想起されるような土地所有制度の変更に限定されるものではまったくなく、農場制農業の生産力の分割を伴う農業構造の抜本的改革であり、かつ大土地所有者の村落追放に象徴されるように ── 名望家層によるパターナリズム支配の終焉を意図する ──、農村社会支配の根底的変革でもあった。さらに一九五二年七月に始まる農業集団化は、反大農政策としての性格を濃厚に帯びることで、「六月事件」による挫折にもかかわらず農民村落における大農層の政治的社会的ヘゲモニーを決定的に後退させた。そして一九六〇年四月の全面的集団化の「完了」は、文字通り東部ドイツにおける家族制農業の解体と大規模機械化に基づく集団農業への本格移行の画期となったのである。それは同時に農業生産のみならず政治・社会・文化の総体をさまざまに特徴づけてきた「近代ドイツ農民層」の歴史的消滅をも意味した。

第二に、こうした包括的で根底的な変化は、しかし一国単位で説明できるような歴史的事件では毛頭ない。この点は、そもそも東ドイツという国家自体が、通常の近代の国民国家とは異なって、ナチ第三帝国の崩壊から冷戦体制の形成に伴う戦後ヨーロッパの政治的空間の再編のなかで、いわばその特異点としてはじめて形成されてくることからも明らかであろう。東ドイツ国家やベルリンの壁がいまなお冷戦時代を象徴するものとしてあまねく人々に語りつづけられる所以もここにある。農業領域もその例外では全くない。土地改革が東方ドイツ人難民の大量流入抜きにはまったく理解できないことや、あるいは一九五〇年代の農業集団化が、いわゆる「共和国逃亡」問題 ── 東ドイツ（ドイツ民主共和国）から西ドイツ（ドイツ連邦共和国）への「不法」出国 ── と表裏一体の関係にありつづけた点に、そのことが端的に示されている。

第三に、とくに現時点の事柄として指摘しておかねばならないのは、その変化の不可逆性である。一九九〇年のドイツ統一直後、東ドイツの「農業生産協同組合」（以下、ＬＰＧ《エル・ペー・ゲー》と略記）は解体の運命にあるとすら目されていた。しかし統一後二〇年を経た現在、当初意図された西ドイツ的な家族制農業構造への移行が主流となるにはほど遠く、旧ＬＰＧ末端組合員の大量失業の発生を伴いつつ、旧ＬＰＧ幹部層を主体とした「農業協同組合 Agrargenossenschaft」── 農業法人経営の一形態である ── への転化が基調となっているのが現状である。(5) むろん東部農村問題の深刻な状況については何人も否定しえないのだが、しかし大規模集団経営という点からみれば、確かにＬＰＧは形を変えつつ生き延びたといえなくもないのである。この点に関する当事者の自己意識としては、二〇〇二年に、現在はチューネン博物館となっている前述のテロー農場において「農業協同組合の過去と現在──ＬＰＧ設立五〇周年──」と題したシンポジウムが開催されたことにみることができる。とくにこのシンポジウムの当事者 ── 旧東ドイツ指導層が多い ── の発言に、やや屈折した形ではあれ、そうした自負心の表明を容易に読みとることができる。(6) ドイツ統一後、工業部門の国営企業にもましてＬＰＧが農業法人として生き残ることができたのは、むろん様々な条件が重層的に作用したことの結果にほかならないが、土地改革と農業集団化に代表される戦後期の構造転換がその「不可逆性」を深部で規定していたことは否定できないのではなかろうか。

以上のような重大な意義をもつ歴史的変化であったにもかかわらず、冷戦期、戦後東ドイツ農業史は、官許の学としての東ドイツ農業史学を別とすれば、歴史学の本格的な研究対象とはほとんどならなかったといってよい。上述のように、日本の戦後歴史学においては土地改革がプロイセン・ドイツ史のエピローグとして、もっぱら土地所有の視点から言及されるにとどまり、固有の意味での戦後的状況への関心は持たれなかった(7)。東ドイツ農業に関する研究といえば、これとはほぼ切断された形で、もっぱら現状分析として社会主義農業経済論の領域で進められることになってしまった。このためにとりわけ本書が対象とする一九四五年から一九六一年にいたる戦後期の農村研究は、あたかも学問領域のすきまに陥る形で「忘れ去られた」領域となってしまったのである。しかし冷戦終結に伴うパラダイム転換は、学問領域の再編や「再発見」を引き起こさざるをえない。ベルリンの壁の崩壊からほぼ二〇年を経た今、社会主義に大きく規定されてあった二〇世紀世界というものを新たな視角から考察することは現代歴史学にとって最重要な課題のひとつであると私は思う。求められているのは社会主義システムの欠陥を指摘することで自足することではなく、人々の「社会主義」経験を批判的視点から歴史化することではなかろうか。本書もまた、メクレンブルク地方、とりわけバート・ドベラン郡という地域を対象とした東ドイツ農村の社会史的分析を通して、この新たな歴史化に寄与することを目的としたい(8)。以下、本書の視点とその含意をより明瞭にするため、まずは従来の研究史に関して言及することから議論を始めることにしよう。

二　冷戦期における研究動向

1. 東ドイツ

東ドイツ国家にとって、戦後土地改革は、自らの統治の歴史的正当性を語る出来事として当初より極めて重要な意義を与えられてきた。いうまでもなく、反ファシズムとレーニン労農同盟論こそが東ドイツ国家建設の基本的イデオロギーであり、土地改革はファシズムの温床とされたユンカー層の廃棄と「勤労農民層」の樹立を同時に意味していたからである。それにとどまらず、さらに土地改革は、ドイツ農民戦争にはじまり、一八四八年と一九一九年の挫折をこえてようやく到達した近代ドイツ農民闘争の最終勝利としても位置づけられた。それは戦後変革が、敗戦に伴う「ソビエト化」ではなく、農民によって主体的に勝ちとられた革命でなければならなかったからである。

むろん、こうした建国神話のイデオロギー性は今となっては自明であるし、階級史観に基づく政治主義的な自己正当化は二〇世紀社会主義諸国家にあまねく観察されるものであろう。とはいえ、東ドイツの場合、その建国神話の現実遊離性の程度たるや、他にもまして顕著だったと思われてならない。この点は、たとえばソ連農業史であれば、反体制派の歴史叙述も含めて、それが「社会主義史」であると同時にナショナル・ヒストリーの一環でもあったことを想起すれば、容易に納得されよう。冷戦後、かつてのソ連農業史は比較的簡単に「二〇世紀ロシア農民史」に転化しえたと思われるが、そのことはこの点を裏側から物語るものではなかろうか。[9]だが、冷戦体制の最前線におかれた特異な分割国家東ドイツにとって、ナショナル・ヒストリーの構築は簡単なものではなかった。さまざまな試みがなされたにせよ、結局のところ東ドイツは歴史なき社会主義の人工国家の域を脱しえず、ナチズムの過去に関わる議論に典型的にみられるように、近現代ドイツ史は自他共に西ドイツ国民の名前において語られつづけてきたのであった。そしておそらくこうした現実遊離性――神話の虚構性――が顕著な分だけ、冷戦期の東ドイツの農業史研究は、他の社会主義国のそれにもまして官許の学としての性格を帯びざるをえなかったといわなければならない。もっとも逆説的ながら、その限りでは――建国神話の中心的要素を占めるがゆえにこそ――、農業史研究は奨励の対象とされ「活発に」展開されることになったともいえる。ロストク大学史学科図書館においては、東ドイツ時代に書かれた同学科の卒業資格論文を自由に閲覧することができるが、それらを一覧すると土地改革や集団化をテーマとする論文が想像以上にたくさん書かれていることに大変驚かされる。具体的にいうと、全面的集団化が完了する一九六〇年から一九六三年にかけて、「農業の社会主義改造」を主題とする論文が、私がメモした限りですら六本も提出されている。しかも、一瞥した限りの印象ではあるが、それらの論文は、対象とする郡が異なっていることを除けば、ほぼ同じ構成・同じ論調で書かれているように思われるのである。

こうした傾向に変化が見られるのは一九八〇年前後からであろう。一方では、一九七〇年代の研究をふまえつつ、公式見解にもとづく農業史研究がこの頃に学問的な体系性を整えていくこととなる。日本でも知られるV・クレム『ドイツ農業史―ブルジョア的農業改革から社会主義農業まで―』が農業史のテキストとして刊行されたのは一九七八年であるが、その第三編において東ドイツ農業史が扱われている。[10] これは東ドイツ農業史の通史の確立としてみなしてよい出来事である。

と同時に、こうした制度化の一方で、わずかとはいえ一次史料分析にもとづく新たな専門研究が開始されはじめたことも指摘しておかなければならない。たとえば、一九八四年刊行のJ・ピスコールやCh・ネーリヒらによる『農村の反ファッショ民主的変革』は、教条主義的な枠組みと使用タームにおいては何の新しさもみられないが、土地改革に対する農業労働者の消極的な態度や土地改革後の新農民経営の困難さ、また後述する新農民家屋建設プログラムの効果に対する批判的言及など、個々の事実についてはは実態に即したかなり詳しい記述がなされている。[11] またマクデブルク・ベルデ地方を対象とした民族学のプロジェクト研究――東ドイツ版日常史研究とされる――においては、戦後期に関しては周辺的位置づけしか与えられていないものの、また「社会主義的発展」が無条件に前提とされているとはいえ、個々には地域に即した具体的な事実に関する叙述がなされているのである。[12]

未刊行の学位論文となれば、新しい視点はもっと明確に主張される。注目したいのはD・シュルツとA・シュナイダーの学位論文である。前者のシュルツの論文は『一九四九年から一九五五年の東ドイツにおける農民と農業労働者の政治的経済的発展』と題し、一九八四年に提出されている。彼は、その冒頭部分において、従来の研究が刊行資料をもとにして「社会主義改造」ばかりに関心を集中させていたことが研究の空白を招いたと指摘したうえで、第一に体系的なアルヒーフ史料の読解に基づきつつ、第二にＬＰＧ農民のみならず個人農と農業労働者までを対象に、第三に経済的・政治的領域だけではなく文化的領域にも着目しながら、彼らのありようを全体として明らかにすることを論文の目的として掲げている。[13] こうした主張に、一九八〇年代の社会史・日常史の影響を読み取ることは容易であろう。また後者のシュナイダーの一九八三年提出の学位論文『一九四五年のソ連占領区における農村プロレタリアート』は、戦後の連続と断絶という視角から敗戦直後の時期について分析を行うことの重要性を強調したうえで、そのためにこそであろう、従来は無視されてきた「農村プロレタリアート」を戦後期に関して明らかにすることが論文の目的とされているのである。さらに「移住民 Umsiedler」――東ドイツでは戦後東方難民はこう呼ばれた――に関する問題がこれまで犯罪的といいうるほどに無視されてきたこと、ナチス統治下において農業労働者がナチズムを受容したこと、にもかかわらずこの点の研究がまったくなされていないことなどが、そこでは批判的に指摘されているのである。[14] 後述するように、ここで言及されている連続性・断絶性や戦後的状況の規定性、さらには戦後難民に重なるような非農民の農村下層民の存在に関わる問題こそは本書も共有したいと願う先駆的論点であり、その意味で私はシュナイダーの研究を高く評価したい。ただし、シュルツやシュナイダーの新たな試みも、具体的な実証分析の水準となるとその限界は否めず、かつ彼らの研究がいまなお学位論文としてしか読むことができない点に明らかなように、その広がりはきわめて限定的な範囲にとどまらざるをえなかったのではあるが。

2. 西ドイツ

冷戦思考に規定されていたのは東ドイツだけではない。もう一つの当事国というべき西ドイツの東ドイツ認識も、また同じ呪縛の中にあった。戦後西ドイツの建国は戦後西欧世界への編入のうえにはじめて可能であり[15]、「西欧民主主義」を標準とする国家編成がなされたから、その裏返しとして東ドイツは、東欧世界を覆う「全体主義」の国家として理解されざるをえない。東ドイツの土地改革・集団化も、土地所有と近代小農を暴力によって否定する農業におけるソビエト化、「ドイツ農業のボリシェビキ化」であり、従ってＳＥＤ独裁が「上からの革命」の過程として成立してくる過程にほかならない[16]。

しかしそれ以上に戦後西ドイツにおける東ドイツ研究に関して特徴的と思われるのは、同じく東ドイツを対象としているにしても、他の研究領域に比べた場合、農業史研究に対する関心が著しく低いことである。一般に西ドイツの東ドイツ認識は、戦後こそ「全体主義」論が支配的とはいえ、一九七〇年代のデタントを経るなかで、「全体主義的」な枠組みの影響力は著しく後退していったといわれる[17]。しかし、そうした変化も農業史領域では新しい研究を生むよりはもっぱら研究の無関心に帰結しており、このために戦後東ドイツ農業史に関する西ドイツの研究については、めぼしい成果といえるものがほとんどみあたらない。

じっさい管見の限り一九五〇年代の東ドイツ農業を主題とした本格的研究としては、ベルリンの壁崩壊の直前の時期にあたる一九八九年四月に刊行されたCh・クレプスの学位論文があげられるだけである。しかしこの研究も、マルクス主義農業理論への関心から戦後東ドイツ農業を切りとろうとしたもので、農村社会領域に対する関心はみられない[18]。また、東ドイツ土地改革に関する西ドイツ側の資料集として、土地改革により西側に亡命した旧大土地所有者たちの証言集として刊行された「土地改革白書」という書物がある。この書物の狙いは、農場接収と村落追放をコミュニストの犯罪的行為として告発することであり、その意味で、まさに戦後農村における「全体主義経験」の記録として編まれている。初版は土地改革の記憶が生々しい一九五九年であるが、約三〇年後の一九八八年に再版が出されている。その再版の冒頭に編者の序言が付されているのだが、興味深いことに、そこでは土地改革に関する詳細な資料がいまなおこの「白書」だけであることが嘆かれ、土地改革についての記憶の忘却が進行していることに対して強い危機感が表明されているのである。[19]

よく知られるように、西ドイツ歴史学においては、一九七〇年代から一九八〇年代にかけて、それまでの西ドイツ社会史（マクロ的な社会構造史ないし政治社会史）からアナール派の影響をうけた社会史・日常史（日常世界の経験を重視するミクロの社会史）へのパラダイム転換が起きるが、[20]研究領域といえば主として社会国家や労働史に集中する傾向が顕著であり、二〇世紀農業史領域に対する関心の低さという点では、社会史・日常史の登場前後において、さして大きな変化はみられないように思われる。[21]東ドイツ研究に関しては、史料アクセスの困難さが研究停滞の大きな理由であったのはもちろんであるが、しかし、同時に西ドイツの農業史研究に対する関心の弱さもその一因であったろう。興味深いことに、それは、東ドイツのマルクス主義史学における農業史研究の「厚さ」と好対照をなしているともいえる。

3．日本

最後に、日本における東ドイツ農業研究も、同様に戦後の冷戦的思考の枠組みに深く規定されたものとしてあらざるをえなかった。しかし、そのさい興味深いのは、日本の東ドイツ研究が多かれ少なかれ社会主義に対する強いシンパシーに支えられていたことである。その意味で日本の研究は西ドイツの「全体主義」論とはスタンスを大いに異にしていたが、逆にその結果として、ＳＥＤ支配に対する批判意識が総じて甘いという弱点を抱えこむことになった。[22]とくに比較的初期のものには「戦後人民民主主義革命」に対する高い評価や当該期の社会主義イデオロギーに対する強い政治的期待が横溢しており、その傾向が著しい。[23]スターリン批判が一般化した一九七〇年代以降ともなれば、さすがにそうした手放しの評価は影を潜めることとなる。戦後東ドイツ農業研究が歴史研究の対象とならず、これと切断された形で社会主義農業論としてなされたことは先に述べたとおりであるが、それは、具体的にはこの頃に比較社会主義農業論の一環として営まれることとなった。たとえば平田重明編『東欧の農業生産協同組合』（一九七四年）や大崎平八郎編『現代社会主義の農業問題』（一九八一年）がその代表であり、そこでは青木国彦や酒井晨史が東ドイツ農業の章を担当している。[24]「批判的マルクス主義者」Th・ベルクマンによる『比較農政論―社会主義諸国における―』の邦訳出版が一九七八年になされているが、これも同じ文脈にあるものとみることができよう。[25] いずれも社会主義理論で現実を一刀両断するのではなく、個々の社会主義の多様性の把握に目が向けられていることにこの時期の新たな問題意識を読み取ることができるが、とはいえそこでは「体制としての社会主義」、さらにいえば社会主義形態の国民国家が暗黙のうちに前提にされており、比較分析は主として経済制度に関して行われている。このためこれらの書物で描かれる東ドイツ農業の姿は、概括的かつ断片的にすぎず、また現存社会主義体制に対する肯定感がなお前提になっているという印象もまぬがれえない。

東ドイツ農業をプロパーとした農業経済学のまとまった研究としては、一九七〇年代以降に本格的に開始された村田武、谷口信和、谷江幸雄[26]らの研究があげられる。このうち本書が対象とする土地改革と農業集団化にいたる戦後期の農業構造の変化を主題としているのは、一九七七年から一九八三年にかけて発表された村田武の一連の研究である。[27] これこそが邦語文献としては本書にとっての唯一のまとまった先行研究であるといってよい。村田の研究は、終戦直後の「協同経営 Gemeinwirtschaft」の存在に着目したS・クンチェらの研究に依拠しつつ、何よりも土地改革後の新農民の経営実態をはじめて具体的に明らかにした点で評価されるものであり[28]、また一九八三年に発表されたマグデブルク地方のイルバーシュテート村の集団化に関する研究は、つい最近に至るまで邦語で読める唯一の東ドイツ集団化のモノグラフであった。[29] 村田の研究は、ことに経営分析や農業生産力分析においていまなお多くの示唆を与える内容となっており、この点は、後述するように冷戦後の近年のドイツにおける研究においてすら、なお農業生産力分析の観点が弱いことを考えるとき、とくに強調してよいことがらであると思う。とはいえ「生産力分析を基礎とする階級分解論」として構成されていることや[30]、また、何より当該期の東ドイツ研究者による学位論文に大幅に依拠せざるをえなかったことなど——ただし一九八〇年代の新しい研究ではなくそれ以前の世代に属する人々の研究であるが——、全体としていえば、史料の点でも分析枠組みの点でも同時代の制約を免れえなかったといわざるをえない。この点は、たとえば政治的タブーとされた「六月事件」の影響がまったく不問にされていること、そして旧農民層に関わる分析が欠落したままに、「五二／五三年の集団化は五九／六〇年の強行的集団化に比べれば穏やかであった[31]」と記述してしまっている点に象徴的に現れているように思われる。

これに対して谷口信和『二十世紀社会主義農業の教訓』は、国民経済学的視点ないし経営学的視点から四〇年間の東ドイツ農業の全体像をはじめて浮き彫りにしてみせた画期的研究である。記述の中心は全面的集団化以降の「農業の工業化」路線の度重なる挫折の過程にあり、とりわけ一九八〇年代の「村への回帰」傾向に分析の焦点があてられている。また、同じく比較といっても、冷戦体制を意識しながら東西ドイツ農業の比較が前面にたてられ、比較社会主義農業論という枠組みが後景に退いている点にも、冷戦期の「社会主義農業論」とは異なる谷口のスタンスの変化を読みとることができる。しかし、本書に即していえば、第一に議論の構成上、一九五〇年代に関してはあくまで前史として位置づけられているにすぎないこと、第二に国民経済の農業政策史として構成されているために東ドイツ農民の主体に関わる問題がほとんど論じられていないこと、そして第三に何より冷戦期日本の研究の延長線上にあるために、ＳＥＤ支配に対する批判意識の弱さをなお払拭し切れていないと思われること、これらの点を指摘しておかなくてはならない[32]。

谷口の研究は主として冷戦期の自らの研究に基づきつつ、ベルリンの壁崩壊後一〇年という時点で一つの書物としてまとめられたものである。しかしこうした反省的試みはやはり例外的であり、冷戦解体後、「社会主義農業論」は「市場経済移行国」農業の研究に雪崩をうって移行し、気がつけば戦後期のみならず冷戦期の東欧農業史までが日本においては忘れさられた研究領域になってしまった。本書の何よりの狙いが、こうした停滞状況を克服し、社会史的枠組みによる新たな東ドイツ農業史の書き換えを目指すものであることは言を俟たない。しかしここでいう「社会史的視点」なるものの方法的な有効性はいったいどこにあるのだろうか。この点を考えるためにも、次にドイツにおけるポスト冷戦期の最新の研究について検討してみることにしたい。[33]

三　パラダイム転換 ── ポスト冷戦期の新しい研究動向 ──

1．概況

言うまでもなく、冷戦終焉直後より、ドイツ社会はナチズムと並び克服されるべきもう一つの過去として東ドイツ史に向き合うことになった。すでに一九九二年三月にドイツ連邦議会において「ＳＥＤ独裁の歴史と結果に関する究明」調査委員会が設置され、一九九四年六月にその報告書が議会に提出されている。報告書によれば、調査委員会は二年間に計四四回の公聴会を開催し、さらに三七回の非公開の会合をもったという。当然ながらこの公聴会には、他の分野の専門家や「証人」にまじって数多くの歴史研究者が招聘されている。[34] 同じ動きは旧東ドイツの州議会でもみられ、たとえば本書が対象とするメクレンブルク・フォアポンメルン州の州議会では、連邦議会の調査委員会報告の結果をうけてであろう、一九九五年五月に「東ドイツの生活・一九八九年以後の生活 ── 究明と和解のために ──」と称する調査委員会が設置された。報告書は一九九七年に州議会に提出され了承されているが、これによれば土地改革と集団化の問題は、一九九六年三月開催の「経済と社会システム」部会の公聴会の主題としてとりあげられ、Ｉ・ブッフシュタイナー（キリスト教民主同盟推薦）、Ｓ・クンチェ（民主社

会党推薦)、H・ペトォルド(州「国家保安部」文書館推薦)の三名が、専門家としての報告を行っている。(35)

連邦議会の調査委員会の設置にあたっては、「SED独裁の正確な分析によりSED独裁の復活を許さないこと」や「SED支配の非正当性を論じることでその犠牲者の歴史的復権をはかること」とともに、SED独裁は東ドイツのみならず西ドイツの政治と社会にも大きな影響を及ぼしたとの認識に基づき、「ドイツ人の内面的統一に貢献すること」が主要な設置目的としてあげられている。かくのごとく、統一まもないドイツにとって、SED支配の単なる断罪をこえて、東ドイツ史を戦後ドイツのナショナル・ヒストリーのなかにいかに組み込むかは、きわめてアクチュアルな国家的課題であったのである。農業部門に関していえば、とくに統一直後の時期において急激なLPG解体・再編が実施される一方で、旧農場所有者や旧逃亡農民に属する人々による土地返還要求を契機に戦後土地問題が社会的にクローズアップされたことは、是非とも銘記しておかなければならない。さらにまた、近年、日本でも知られるようになった「オスタルギー」現象がドイツ社会の注目を集めたように、こうした東ドイツの過去をめぐる問題は、新連邦諸州の困難な経済事情を背景として、いまなおそのアクチュアリティに変わりがないことも、あわせて指摘しておこう。

さて、こうした社会的要請のなか、ドイツの歴史学自身も大きな変化を経験することになる。何よりもまず、ドイツ統一はドイツ現代史研究に「旧東ドイツ史」という新しい未開拓の有望な研究分野を突如出現させることとなり、多くの若い研究者がこの新分野に殺到した。しかし、そこにとどまらず、その影響は研究制度の再編にまで及ぶ。旧東ドイツ公文書館所蔵のアルヒーフ史料が外国人研究者にすら容易にアクセス可能になったのみならず、東西ドイツの文書館の統合と再編が一気に進んだのである。たとえば、東ドイツ時代にポツダムとメルゼブルクにおかれていた国立文書館史料は、一九九六年にベルリン・リヒターフェルデの文書館に統合されることとなり、いまではこの連邦文書館がドイツ現代史研究のメッカになっている。上記のような社会的要請を背景に、こうしたアルヒーフ史料の整備と早期公開が迅速に進んだことが、実証的な東ドイツ史研究を急速に進めることになったのは疑いない。ただしその過程で旧東ドイツ知識人の実質的な排除とこれに伴う大学人事の流動化が急激に進んだことも忘れてはならない点ではあるが[36]。

マイナーであるとはいえ、農業史研究の領域もまたこうした統一後の学問的な状況をめぐる劇的な変化の例外ではありえなかった。いな、戦後東ドイツ国家における農業問題の重要性に鑑みれば、新しい研究体制のもと、この領域において急速な研究の進展がみられたのはむしろ当然といえようか。アルヒーフ史料の整備が進められていくのと併進するかのように、東ドイツ農業史研究は急速に進展し、新しい研究成果が次々と公表されるに至っている。当初、それらは主として研究グループによる論文集の形で発表された。その代表としては、ここではA・バウアーケンパー編『「ユンカーの土地を農民の手に」?——土地改革の実施・作用・意義——』(一九九六年)をあげるにとどめよう[37]。(ちなみに「ユンカーの土地を農民の手に」は土地改革の有名なスローガンである。)さらに統一後一〇年前後を経た頃になると、研究成果は学位論文や教授資格論文をはじめとする個人の著作として一気に刊行されていく。扱われる領域も当初の土地改革期の分析から農業集団化過程の分析へ、さらにはU・クルーゲ編『土地改革と集団化のあいだ』(二〇〇一年)に編まれた諸論考を一瞥すればわかるように —— そこでは新農民の投票行動、農村の貧民問題、農村建築史、ライファイゼン組合の再編、ルイセンコ学説の受容のあり方、フィーヴェク事件にみる農業路線論争などがとりあげられている ——、より多様なテーマへと進化を遂げている[38]。他方で、これらの成果を受けながら二〇〇三年には、農業史学会編の『農業史・農村社会学雑誌』が「集団化と私有化—一九四五年以後の東ドイツ農業の転換—」というタイトルで特集テーマを組み[39]、また、これに前後して複数の研究集会が開催されることとなった。先述したように二〇〇二年六月にロストク大学主催による「農業協同組合設立五〇周年」のフォーラムがチューネン博物館で開催され[40]、翌二〇〇三年三月には「一九四五～一九八九年における東部農業発展と農村社会史に関する一〇年間の研究—総括と展望—」と題する現代史研究所ベルリン支部主催のシンポジウムが、ベルリン連邦文書館においてもたれている[41]。後者の現代史研究所のシンポジウムにはこの分野の有力研究者がほぼ勢揃いしており、現在の研究水準を示すと考えられるのに対して、前者のチューネン博物館のフォーラムでは、こうした有力歴史研究者だけではなく、当事者、ジャーナリスト、政策担当者が参加していること、およびこの構成とも関わって旧東ドイツ関係者の自己主張が顕著にみられる点が特徴的だといえる。

2.「社会史・日常史」研究

こうした状況のなかで、では研究方法にはいかなる変化がみられるのだろうか。現在の旧東ドイツ農業・農村研究は、歴史学のみならず、農政学、農業経済学、農村社会学、文化人類学など多様な分野からのアプローチがなされ、まさに学際的研究分野そのものとなっている。しかし冷戦後の戦後ドイツ農業史研究を主導してきたのは、何よりも「社会史・日常史」――以下、本書では社会史とする――であった。従って、ここでは、この社会史の新局面を軸にしつつ、現在の研究動向の特徴を論じることにしたい。

すでに述べたように西ドイツ歴史学界では一九八〇年前後に社会構造史から新世代の歴史研究者による社会史へのパラダイム・チェンジが生じた。ここでいう社会史とは主として人々の日常空間の経験や心性のあり方を重視する立場であるが、ドイツの場合、それがナチズム分析の新しいアプローチとして、具体的には従来の「全体主義」的ナチズム理解や「特殊な道」論にみられる社会構造史的なナチズム理解を相対化する狙いをもって受容された点に大きな特徴があったといえよう。日本でもよく知られているのはM・ブロシャートやD・ポイカートの研究であるが、しかし農業史領域に限ってみると社会史的アプローチによる本格的研究書が刊行されるのはようやく一九九〇年代半ばのことにすぎない。代表的な作品としては、ニーダーザクセンのプロテスタント農村を対象としたD・ミュンケル『ナチス農業政策と農民の日常』（一九九六年）やB・ヘルレマン『伝統にこだわる農民たち―ニーダーザクセンにおけるナチス統治下の農民の行動様式―』（一九九三年）などがあげられる。[42]

さて、冷戦後の東ドイツ史研究は、冷戦期の西ドイツ歴史学の系譜のうえに出発することになったから、「もう一つの近代独裁国家」を支えた東ドイツの分析にあたっては、シュタージに象徴される警察国家的な側面の研究が一段と進められる一方で、[43]国家よりも社会のありように着目する観点からは、ナチズム研究で開発された社会史の分析手法がまずは援用されることとなった。しかし、農業史領域についていえば、社会史的視角の有効性はそれに留まらないと思われる。というのも、土地改革から集団化に至る過程は、他のどの領域にもまして社会主義権力の発動が早期にかつ深くなされた場面であったからである。ナチズムの場合、その暴力やテロルは人種主義に基づきつつユダヤ人・占領地農民・外国人労働者など「民族共同体」成員の外部に向けてきわめて過酷な形で発動されるが、これに対し「労農同盟論」に基づく戦後東ドイツ農村の社会主義権力は、逆に内に向かう暴力の形で発動されるという点に大きな特徴があるのではないか。その意味では社会史的分析は、「域内平和」ともいうべきナチス統治期の農村研究以上に、劇的な社会再編を経験する戦後東ドイツ農村研究においてこそ、その有効性を発揮する可能性があるといえよう。[44]

東ドイツ社会に着目する観点から、SED支配のありようを民衆行動に焦点をあてて分析しようとする先駆的研究としては、「自己本位《アイゲン・ジン》 Eigen-Sinn」概念を前面に打ち出したTh・リンデンベルカーらのグループの研究が注目される。[45]ここでいう「自己本位」とは、SEDの政策意図や政策の実施過程を、行為者たる民衆自身が自ら固有な仕方で解釈するような態度を意味している。その自己了解の仕方に着目することで、国家に対する従属のあり方と同時に、他方でSEDの政策意図が換骨奪胎されるありようをも示すこと、もって支配の限界点をも見定めようとする点がこのグループの基本的なアイデアといえよう。彼らの研究は『独裁における支配と「自己本位」』として公刊されるが、そこではD・ランゲンハーンが、「働かない共産主義者には近寄るな」とのタイトルの論考で、ニーダーラウジッツの村落を事例に一九五二年以降の集団化に対する中農たちの行動のありようを具体的に分析している。[46]

こうした「自己本位」論に基づくアプローチは、極端な場合には「被支配的行為者を権力主体として捉える仕方」[47]でもありうることによって「支配と抵抗」の二項図式を越える可能性を内包するものとみなせるかもしれない。しかし他方では、何より「自己本位」概念の無限定性がつとに批判の対象となった。たとえば戦後西ドイツ農政史の泰斗であるクルーゲは、「『自己本位《アイゲン・ジン》』という言葉で表現される心性は、具体的な労働関係に対する配慮を欠いたままに、主要には個人の経済的自由と国家的管理の間の緊張関係において主題とされているだけである」と批判、社会的歴史的条件の分析の重要性を強調しているのである。[48]

3．A・バウアーケンパー『共産主義独裁下の農村社会―強制的集団化と伝統―』(二〇〇二年)

こうした議論を踏まえつつ、戦後東ドイツ農業史を社会史的視点からはじめて体系的に叙述したのが、A・バウアーケンパーの大著『共産主義独裁下の農村社会―強制的集団化と伝統―』であった。[49]この本は二〇〇二年の刊行であるが、彼は冷戦終結直後より東ドイツ農業史研究の第一人者としてこの分野の研究を主導しつづけてきた人物である。その意味でこの書物は、冷戦解体後の一〇年間の研究総括としても受け止めることができると思う。そこで、以下やや詳しくこの書物の内容について検討することにしよう。

さて、彼はまずその冒頭部分で東ドイツ国家支配における農業・農村社会の重要性を示した上で、従来の全体主義論が西欧民主主義を基準とし、人々の社会をもっぱら支配の対象としてのみ捉えてきたことを批判し、逆に、連続性への着眼から「社会が政治を規定する側面」にこそ焦点をあてるべきとする。また連続性に関わっては、伝統的価値や社会的ネットワークが「農村ミリュー」において戦後を越えて継続した点を強調する。[50]「ナチズムの歴史叙述と同様に、東ドイツ農村の断絶も、支配と社会の対立図式を越えて、政治介入が農業の構造転換や農村社会の日常生活に与えた作用が再構成されなければ」ならないのだ。こうして「本書では土地改革と集団化の圧力の下における農村の「断絶 Umbruch」と「伝統拘束性 Traditionsverhaftung」の関わりが研究される」としている。[51]

東ドイツ社会の「主体性」を発見し、それを「全体主義」論的アプローチ克服のテコとみなす点で、バウアーケンパーはリンデンベルクらの「自己本位《アイゲン・ジン》」論のスタンスを共有しているといえるだろう。ただし、ミクロ世界に局限されるような分析のあり方に関しては「中心部の決定過程や地域をこえた構造変化を捨象するために、大状況と小状況が結びつかない」とし、さらにまた「自己本位」論に対しては「具体的な要求に根ざす適応形態の多様性を説明できない[52]」と述べて、上述のクルーゲと同趣旨の批判を展開している。そして、この点を具体化するために、あるいは連続性の議論を意識してであろう、バウアーケンパーは、第一にマクロとミクロの双方を分析すること、第二に農民行動を説明するキー概念としては、「自己本位」という概念ではなく「伝統ミリュー」の概念を使用することになるのである。[53]

このように、彼にあっては東独社会主義権力と農民世界に関するある種の弁証法が構想されているとみなしてよい。[54]マクロ史とミクロ史を総合するために、この書物では全体が農政史、農村社会史、農民行動の三部から構成されている。結論的には、まず第一に、SED独裁が農村構造のみならず日常世界に対しても強い作用を与えたこと、そのさい前衛思想に基づくイデオロギーが暴力に対する正当化作用を果たしたことを確認している。その点ではSED独裁の暴力性を明確に主張しているのだが、ただし、これに関わって注意しなければならないのは、バウアーケンパーの主旨はSED権力の強制力を告発することにあるよりは、それが「技術主義と国家介入主義に特徴づけられた」東ドイツ型の農業近代化の経路であったとすることにある点である。[55]その意味で、市場主導の西ドイツ型の農業近代化と共進的なものとされているのであり(二〇世紀後半の脱農民化過程[56])、「強制的集団化」によって結果的に農業合理化がもたらされたことが否定されているわけではない。

そして、第二に――こちらの方が主たる主張となろうが――、こうした構造的断絶にもかかわらず、農民行動の分析からは「伝統ミリュー」の存続と効力が認められるとするのである。それは何よりも「伝統ミリュー」にみる連続性、すなわち民衆的世界の連続性であり、それがゆえの権力作用の限界点であり、ＳＥＤ政策に対する下からの修正圧力である。こうしてたとえば集団化の開始は、上からのプログラムの実行であるよりは、両者の矛盾に起因する危機の前方回避戦略とされることとなる。これは暴力発動の相対的な弱さに関する議論や、「ソビエト化」テーゼの相対化にもつながっていく立論だとみることもできよう。

バウアーケンパーの著作の評価点は何かと問われれば、大状況と小状況を総合するという要請を背景とした叙述の包括性・総合性が何よりもあげられなければならない。結論として主張されることについていえば、実は意外感はあまりないというのが私の読後感だが、個別テーマに関する豊富な言及のなかに数多くの斬新な着眼や指摘がなされているのである。たとえば、①戦前の農村支配を「官治的パターナリズム」とし、土地改革における農場主の村落追放をこれに絡めて理解していること、②ライファイゼン組合の解散と農民流通センター設立を軸とした一九四九年の農業組織の国家的再編に対する着眼、③林地分割に関わる営林署職員の強い抵抗と、これに関わる難民の林業課大量採用、さらに伐採禁止から事実上の国有林化への移行過程など、戦後の森林分割がもった固有の複雑な局面に関する記述、④一九五六年の非スターリン化におけるフィーヴェクの小農主義路線構想をめぐる対立についての記述、⑤戦場化・土地改革に伴う入植形態や耕地形態の変化など農村景観に関する記述、⑥「村落＝農業的ミリュー」に基づく下からの大農迫害に関する指摘、⑦農民の行動に関しては、「六月事件」に対する旧農民の反応や、一九五六年ハンガリー動乱の農村への影響、強制的集団化時における拡声器をめぐる攻防や農民の自殺――一九六〇年における集団化の暴力性を語るさいにもっともよく引き合いに出される事柄である――、さらには⑧ベッサラビア農民のソ連集団化経験、⑨農民の搾乳夫差別に関する指摘、などである。(57)

このようにこの書物は、社会史的視点のみならず全体性を志向する点に大きな特徴があり、それがゆえに研究史上の意義は大きい。農業史分野のみならず東ドイツ史研究にとっても、参照されるべきスタンダードな研究となることは間違いないと思われる。しかし、この点を十分認めたうえで、本書における私自身のスタンスをより明示するために、ここでは以下の三点を批判点として提出しておくこととしたい。

第一点は、「伝統ミリュー」概念の採用に関わる問題である。バウアーケンパーは農村文化の連続性を意識する観点から「伝統ミリュー」の担い手として農民を措定しているのだが、そうした仕方をすると、方法的にはどうしても「単一の農民主体」が設定されがちになるのではないか。より具体的には「伝統ミリュー」の代表的担い手として想定されるのは旧農民層であるために、論理的にはこの層に過度な比重がおかれてしまうのではないか。[58] 結果として、バウアーケンパーの本来の意図にもかかわらず、実際の叙述においては「〈ＳＥＤ権力〉対〈伝統農民〉」という二項対立図式がかえって前面にでてしまう結果になっていると思わざるをえない。[59] しかし、現実にはこの著作の豊かな内容が雄弁に語るように、主体のありようは単一性を破るほどにきわめて多様である。後に本書で詳述するように、同じ農民でも新農民か旧農民か、旧難民か旧土着農業労働者かによって、その行動様式には大きな差異が認められ、かつそれらは個人や家族のレベルのみならず、村落ごとの対応の差異とも重なっていた。さらに問題なのは主体の多様性だけではない。戦後期のような社会的流動性がきわめて高い移行期においては、「民衆主体」の構成のされ方そのものが常に変化せざるをえないのである。たとえば、機械・トラクター・ステーション（以下、ＭＴＳ《エム・テー・エス》と略記）の担い手にみられるように、戦後社会主義を担う農村カードルたちには多くの農村出身の若い人々が含まれており、他方で村外から入村する農業技師などの新支配層が土着の旧農民層と婚姻を通じて親族関係を結ぶことがままみられるのである。個々の政治カードルの軌跡をたどっていくと、その社会的上昇と下降の頻度は予想以上に高い。要するに「近代独裁と伝統」といっても、戦後期についてはローカル世界における権力と民衆のあいだを仕切る境界線のありようがかなり流動的なのである。長期的な視点からの解釈枠組みの構築にとってはともかく、具体的な分析においては「伝統ミリュー」概念の過度な適用は、「実践主体」の多様性や可変性の問題を相対的に軽視してしまうのではないか。

第二点は、空間的視点の弱さ、あるいは地域性に関する議論の弱さということである。バウアーケンパーの書物はブランデンブルク州を対象とした研究であり――序章ではメゾ・レベルの分析の方法的な有効性が主張されている――、さらにミクロ史を意識しつつイロー村という個別村落に関する叙述もなされているから、一見すると地域史が意図されているかのようにみえる。しかし、全体としては、州の分析も個別村落に関する分析も、どちらかと言えば東ドイツ全体のひな形として位置づけられており、とくに地域の歴史的個性を把握しようとする方法的意識は実は弱いのではないかとの印象を持たざるをえない。たとえば東ドイツ農村の南北の差異についての言及はもちろんなされているのだが、その比重は相対的には低く、比較史の意識はむしろソ連を中心とした他の社会主義国の農業集団化との違いに向けられており、結果として私の感覚からすれば「国制史に近い社会史叙述」になっている。鍵となる「伝統ミリュー」概念が特定地域の個性に関わるものとしてではなく、むしろ「階層」（ミリュー集団）に帰属する概念となっているのも、この点と深く関わっているのではなかろうか。

最後に、第三点として指摘しておきたいのは、農業生産力分析の弱さ、とくに経営資本や労働過程分析がほとんど重視されていないことである。もっともこの点はバウアーケンパーに限ったことではない。さきに述べたように旧西ドイツの現代史研究では二〇世紀農業史に対する取り組みが相対的に希薄であったが、その中でもとくに農業生産力に関わる分析はほとんど行われてこなかった。近年になって、環境史的な問題関心が勃興するなかで、はじめて自然と人間を媒介するものとして農業史が「再発見」されている状況である。もちろん旧東ドイツ史学においては、マルクス主義史学の立場から、階級史観とともに生産力史観が優位であったが、しかしその実際の理解といえば要素還元主義的かつ技術主義的な浅い分析に過ぎず、農業生産力や技術革新のありようを社会史的文脈において有機的に理解するという発想に基づく研究は、管見の限りでは皆無といわざるをえない。

以上の批判的検討からは、①「〈SED権力〉対〈伝統農民〉」の二項対立図式をいかに克服するか、②個別村落史への埋没でも国制史に回収されるものでもない地域史・ミクロ史をいかに構築するか、③要素還元主義的でなく社会史的な文脈において農業生産力の分析をいかに果たすか、という三つの新たな課題が浮かび上がってこよう。容易に気づかれるように、これらこそは本書の基礎におかれる問題意識に重なるものなのである(60)。

四　本書の課題と視角

繰り返しになるが、グーツとホーフからなる十九世紀以来の東エルベ農村社会が、一九四五年から一九六〇年の土地改革と集団化を契機に、いかなる形で再編されていくのか。そのありようを、可能な限り郡や村などのミクロ世界の人々の行動に分け入って描くこと、もって東ドイツ農村の社会主義化の実態を具体的に明らかにすること。それが本書の主要な課題である。そして、そのさいには、これまで述べてきたポスト冷戦期における社会史研究の問題意識を本書もまた積極的に共有していきたいと考える。ナチズムの農村支配とは異なる内向きの暴力発動や、ソ連軍占領・非ナチ化・冷戦状況などにより幾重にも屈折せざるをえない主体のありように鑑みても、こうしたミクロ史的分析がなお有効だと思うからである。本書の主眼はあくまで人々の行動から戦後農村の社会再編をみることにあり、政治的暴力の問題を正面に据えるものではないが、しかし、社会史的アプローチで判明する限りにおいてSEDの政治的暴力のあり方に関しても——直接には一九五二～五三年の大農経営接収問題と一九五八～六〇年の全面的集団化の過程に関わるが——、可能な範囲内で論じたいと思う。

だが、本書の方法的な意図は、そうした農村支配に関する社会史的分析の試みにだけあるのではない。むしろ東エルベ農村の連続性の問題を意識する観点からは、①戦後難民問題、②村落形態、③物的資源の社会的ありようの三点こそ、本書のオリジナルな観点として前面に打ち出したいと考える。換言すれば、これらの論点を打ち出すことで、伝統的ミリュー論を軸に構成されるバウアーケンパーのような仕方とは異なる社会史的な理解というものを構築したいと考える。そこで、以下、これらの点についてやや詳しく言及しておこう。

まず第一点は、戦後ドイツ人難民に対する着眼である。すでに一九三九年八月の独ソ不可侵条約と同年九月の第二次大戦開戦以降、戦時の東欧世界においてソ連とナチス・ドイツによる被占領地住民の強制移住政策がなされたこと、しかし第三帝国崩壊とソ連覇権確立に伴う戦後領土再編においては、それにもまして大量かつ多様な人々の「難民化」と「強制移住」が生じたこと、その一環として大規模なドイツ人避難民・被追放民――本書では「難民」と総称する――が発生したことはよく知られている。[61]ドイツにおける難民受け入れ数は一九四九年一月時点において西ドイツ七三三万人、東ドイツ約四三二万人、計一一六二万人に達した。[62]東ドイツの場合、難民たちは主として戦災が相対的に軽微であった農村部に配置され、とくに本書の対象とするメクレンブルク地方では、難民数が農村人口の半数にも達するほど高水準となった。彼らの与えたインパクト抜きには東ドイツ農村の土地改革も集団化もまったく語りえない。しかし冷戦期、難民問題を問うことは欧州の戦後処理の正統性を問うことでもあったから、東ドイツはもとより西ドイツにおいても難民問題研究は政治的タブーであったといってよい。冷戦終結後、ようやく近年になって戦争記憶に関わって戦後ドイツ人難民の経験に対する社会的関心が急速にたかまり、追放の過程や戦後社会統合に関する研究が進められることになった。東ドイツの難民問題に関しても、M・シュバルツの大著を筆頭に多くの著作が次々と刊行されており、それらにおいて土地改革が難民問題に対してもった意義に関しても本格的に論じられはじめている。本書は、農村難民と戦後農村社会再編のありようとの関わりに焦点を絞り、かつ土地改革期のみならず全面的集団化完了にいたる戦後期全体を視野に入れる形で、この問題について論じたい。むろん、その場合には、先にシュナイダーの学位論文に関わって言及したように、階層としては、新農民のみならず女性労働者や農業労働者など、いわゆる農村下層民の問題とも一部重ねながら論じることとなろう。いうまでもなく、戦後難民問題が戦後農村の新たな「他者」に関わる問題でもあるからである。[63]

第二点は、村落形態に対する着眼である。繰り返し述べるように東エルベ農村は、十九世紀農業変革を通して、単純化していえばグーツ村落と農民村落という二元的構造をとるにいたった。[64] 確かに土地改革によりグーツ村落は新農民村落となったが、しかしそれは村落の二元的構造の解消を意味するものではまったくない。土地改革の影響はもとより、農村難民問題、耕作放棄、「共和国逃亡」、集団化過程にいたるまで、その問題のありようは、新農民村落か旧農民村落かという村落形態の違いによって大きく規定されていた。本書は、東エルベ農業史の連続性とそれに基づく地域的個性を意識する立場から、こうした村落形態の二元性をとくに重視したい。

ただし、本書は農村問題の多様なあり方、わけても集団化過程に見られる多様性を、大きくは二つの村落形態に即して論ずるものの、決して村落形態に還元して説明しようとするものではないことは是非とも強調しておかなければならない。本書においては複雑な様相を帯びる村落諸形態を二類型以上には分類しない。それは、第一には一つのゲマインデ（行政村）にタイプの異なる複数の集落が含まれたり、かつ戦後に限っても行政区域再編が頻繁に行われるなどゲマインデの領域自体がかなり可変的であったりするために、二類型以上の分類の試みが手続き的にきわめて複雑かつ煩雑になってしまうという消極的な理由にもとづく（この点は本書第六章「はじめに」を参照）。[65] しかし第二に、より積極的には——繰り返しになるが——、集団化過程の多様性の理解に関しては、複数村落に関してミクロ史的な分析手法をとることで、これを静態的な村落形態ではなく、あくまで動態的で集合的な主体的行為のありように即して説明したいからにほかならない。換言すれば、村落形態による規定性はあくまで蓋然的なものとし、集団化の多様性を人々の主体的行動の結果として理解したいからである。したがってまた本書では、前述のように「〈ＳＥＤ権力〉対〈伝統農民〉」という二元的対抗図式に基づくのではなく、村落形態の二重性を踏まえた「農民＝村落＝郡党権力」という三層図式こそが念頭におかれる。この図式の上に、多様な形の村落再編のダイナミズムがいくつも折り重なっていくような過程として東ドイツ農村の社会主義形成の全体像を明らかにしていきたいのである。

最後に第三点として強調したいのは、物的資源の社会的ありように対する着目である。先に論じたように、従来の研究においては、農村支配のありようを論じるさい、農業生産力に関する観点がいかにも脆弱であることを共通の弱点として指摘しうる。この点は、分厚い農業生産力分析の蓄積をもつ戦後日本の近代農業史研究に照らすとき、とくに顕著だと思われる。[66] しかし戦後東ドイツは市場経済であるよりは国家統制経済であり、かつ土地改革と集団化は即自的には政治的手段による村内物的資源の大規模な社会的再配分そのものを意味するから、資源調整をめぐる争いがローカル世界の政治闘争の焦点となるであろうことは容易に想像されよう。そのさいの物的資源とは、むろん農地にとどまるものではない。それは畜産資源や森林資源（燃料と建設資材）から、トラクターなどの大型農業機械、さらには納屋・畜舎などの農業用建物にまで及ぶ。のみならず、とりわけ戦後難民問題と深く関わっていたのが村の住宅問題であった。村の農民組織が土地や農業機械の配分や利用の調整を担ったように、村落の住宅資源の調整は村の住宅委員会の管轄のもとになされた。農業集団化がこうした生活領域を含む村落のトータルな物的資源の再編過程であったことは、のちにLPGが、住居・上下水道・食堂など村の公共性を担う存在となったことからもうかがい知ることができよう。[67] 東ドイツ農村の大規模農業形成は、土地所有の集団化や大型農業機械の導入だけで語りうるものではなく、それに適応した農村生活空間の創出過程でもあったのである。

以上が主たる分析視点だが、対象地域の限定についても触れておかねばならない。本書が対象とするのはメクレンブルク・フォアポンメルン州である。東ドイツは、農業構造の上では、大きくは東エルベ的な北部地域と小農的な南部地域においてその様相が大きく異なり、これは産業構造でみた場合の農業的な北部と工業的な南部という区分けに重なっている。この点はポスト冷戦期の現在でもあてはまると思われる。じっさい現在のバルト海沿岸地域は農業とこれに連動するリゾートが基軸産業であり、ザクセン州、チューリンゲン州などの工業的南部に比べても統一ドイツの「周辺的地域」の様相を一段と強めていると私は感じている。繰り返し述べるように、本書は東エルベ農業の連続・断絶と固有性に立脚しつつ、かつての「プロイセン的進化論」とは異なる社会史的視点から戦後東ドイツ農村の社会的再編を論じるものであり、戦後東欧世界の再編を象徴した難民問題と、東エルベ農業を特徴づけた二元的な村落形態、および村落の物的資源への着眼がその要点であるが、メクレンブルク・フォアポンメルン州はとりわけこの特徴点を顕著に帯びているところといえよう。近世以来の歴史的な経緯を異にする小農的かつ工業的な南部農村についての戦後社会史は、やはり別の論理で書かれるべきであろうと思われる。(68)

ただし、もとより州全体を知悉した上でのミクロ史的な分析は、現在の私の能力では不可能である。したがって、とくに本書の核となる第四章以下の農業集団化過程に関わる分析に関しては、分析対象をロストク県バート・ドベラン郡 —— その位置については巻頭地図3を参照されたい —— に限定することにした。じっさいこれ以上の分析単位の拡大は、かえって村の集団化論理の内在的理解を拡散させてしまうように思われる。

以上を念頭におきつつ、最後に本書の全体構成について簡単に述べておこう。

本書は大きくはメクレンブルク・フォアポンメルン州を対象に土地改革期から集団化初期までを扱った前半部分と、バート・ドベラン郡を対象に一九五〇年代の農業集団化過程をミクロ史的に分析した後半部分から成り立っている。

まず第一章では戦後土地改革に関して、ソ連農場占領と難民問題を意識しつつ、土地改革期の最大の問題であった新農民問題について、家畜、トラクター、納屋・畜舎などの農業経営資本を中心とする村の物的資源の社会的ありように着目して分析する。土地改革は土地所有の分割のみならずグーツ経営の分割であったから、経営資本の再編が重要なポイントとなる。この点を経営資本の賦存量の問題にとどめず、新農民＝村＝郡の関わりにおいて各経営資本要素がどのような利用のされ方をしていたかをみることで、当該期の労働のヘゲモニーをめぐる対立点と、村の統治能力のあり方との関わりを論じることがこの章の目的である。

土地改革は戦後の新農民村落を特徴づけるが、戦後旧農民村落にとって重大だったのは難民の大量流入問題である。戦後難民で新農民となった家族はじつは少数派に過ぎない。彼らの多くは非農民の難民たち、とりわけ子持ちの単身女性や老人たちなどの弱き難民たちで、この人々こそは社会主義農村に沈む新しい貧民層を形成した。そこで第二章ではメクレンブルク地方の旧農民村落を対象に、農村難民たちの就業構造や住宅実態をジェンダー差に着目しつつ明らかにしたい。さらに、そのうえで彼らに重なるであろう「農業労働者」の自給規定問題に着目することで、当該期において社会主義国家が非農民の農村難民問題に対していかなる対処をしたのかについて論じてみたい。

第三章では、一九五〇年代前半の「共和国逃亡」のありようを、旧農民村落の大農弾圧政策と新農民村落の耕作放棄を軸に論じる。当該期は初期集団化の開始時期であるが、それ以上に、一方での一九四九年来の反大農政策と他方での新農民経営の困難により耕作放棄地が急増し、かつ戦後の「共和国逃亡」がピークに達する時期であった。従って集団化政策だけで当該期を語ることはできないのである。また同じく「共和国逃亡」といっても弾圧対象となった大農およびその家族と、むしろ労働力移動の延長でこれを行う新農民とでは、その意味内容が明確に異なる。この章では「共和国逃亡」にまつわる経営接収や経営返上のありようを明らかにすることで、一九五〇年代前半期のすさまじい農業荒廃の実態をも示すことになろう。

以上、第一章から三章までが州レベルの、どちらかといえば社会経済史的な分析であるのに対して、第四章以降の各章は、対象地域をバート・ドベラン郡に限定したうえで、当該郡における農業集団化のありようを文字通りミクロ史的に明らかにすることを課題としている。第四章においては、まず一九五〇年代の郡レベルの集団化動向を概観することで、多様な形態をとる農業集団化をいくつかのパターンに分類する。そのうえで第四章ではこのうち新農民村落の集団化の事例分析を行う。すなわち、第二節においては、元農民の有力難民層の主導により早期集団化路線を歩んだケーグスドルフ村の事例を、第三節においては、旧土着搾乳夫グループを主体とする村内少数派によって早期集団化が試みられたものの、「六月事件」の影響が甚大でＬＰＧが解散、このため村落紐帯が瓦解し、その後の全面的集団化に対しても村全体としての対応をとりえなかったディートリヒスハーゲン村の事例をみる。なお、両村のうち、より詳細に論じられるのは有力難民の役割が鮮明にでているケーグスドルフ村の事例となっている。

これに対し、第五章は旧農民村落の集団化の事例分析を主題としている。まず、第一節では、戦後の農場接収や大農弾圧の影響が甚大で、旧農民村落でありながら早期に集団化に同調していく傾向を示すホーエンフェルデ村の事例をあつかう。旧農民村落の支配層はいわゆるフーフナー（大農）層であるが、この章では本村で全一六戸を数えた大農家族の戦後期の経験とその行く末を可能な限り再現し、これを村政の変化や集団化に絡めつつ論じることで、旧農民村落の戦後における連続と断絶の実相をみることを主眼としている。ホーエンフェルデ村が早期同調型の村落であったのに対して、その隣村に位置し有力牧師を抱えるパーケンティン村は、集団化に対してかたくなに抵抗した郡内でも有数の大農村落であった。第二節では、その抵抗の論理を、主としてに近代農民村落の下層民であった農業労働者問題——この村のＬＰＧは当初農業労働者主導で立ち上げられる——との関わりで明らかにすることとしたい。

以上の第四章と第五章が一九五〇年代全体に関する個別村落を単位としたミクロ史的な分析であるのに対し、第六章は、一九五七年末から一九六〇年にかけて急速に進む全面的集団化の時期を対象とする分析となっている。小農的な南部農村の場合、当該期に焦点となったのは旧農民の中小農だが、戦後土地改革と一九五〇年代初頭の大農弾圧が甚大であった北部農村の場合、ターゲットとなるのは旧農民のみならず、それまで集団化に与せず「勤労農民」でありつづけた新農民たちであった。とくにバート・ドベラン郡においては、郡西部を中心に優良個人農の村落群 ―― 元農民の難民新農民が主導する村落である場合が多い ―― と、逆に郡内でも経済状況が劣悪な困窮地帯で、集団的凝集力に乏しいがゆえに集団化が困難であった村落が見いだされる。この章ではこれらの二種類の村落に焦点を合わせるかたちで、全面的集団化に対する新農民の行動のあり方について明らかにしたい。

最後に第七章ではやや視角をかえて機械・トラクター・ステーションを論じる。土地改革から全面的集団化にいたるまでの個人農とLPGの併存時期において、MTSは一九三〇年代中葉以降のトラクター普及に始まる本格的な農業機械化を東ドイツ農業において担う存在であった。当該期の農業生産力のありようを全体として論じるとき、また大型農業機械という物的資本の社会的存在のあり方を問おうとするとき、MTSの分析は不可欠である。ましてやMTSは、トラクター運転手のみならず、農業技師や政治課指導員などの新たな農村のカードル（幹部層）の供給装置でもあり、農村の政治的組織化の出撃拠点でもあった。以上の点から本章では、MTS内部の組織構造とその変化、各種作業ごとの農業機械利用のあり方、農村カードル層の社会的形成、集団化過程との関わりなどの分析を通して、MTSが東ドイツ農業と農村の社会主義化においてもった歴史的意義を明らかにする。

最後に終章においては、四つの論点を設定し、それらに沿って各章の内容をいわば縦断する形で本書の内容を整理し、もって本書において導き出された分析結果がいかなる歴史的含意をもつのかを、より広いパースペクティヴにおいて論じることとしたい。なお末尾には、本書のスタンスをより明確に理解してもらうために有効であろうとの判断から、既発表の関連書評を二本掲載した。

本書はアルヒーフ史料分析に基づいて書かれている。すでに述べたようにベルリンの壁崩壊後、旧東ドイツ史研究は統一ドイツにとってきわめて重要な課題として浮上した。これに応ずるかのように、膨大なアルヒーフ史料の公開と文書館の制度再編が急速に進行してゆく。インターネットなどの情報技術の発達がアルヒーフ資料検索に大いに役立ったことも付け加えなくてはならない。もちろん本研究もこうした近年の史料利用上の恩恵に十分与っている。ただし一九五二年の行政区再編により州が分割されて県となり、さらにこれに応じて郡域も再編されたことにより——第四章以降で対象とするバート・ドベラン郡がロストク郡西部とヴィスマール郡東部が分割合併される形で新設されたのも一九五二年八月のことであった——、アルヒーフ史料の存在がほぼ一九五二年を境に断絶している。このため資料検索上からは占領期と一九五〇年代の連続性がみえにくい状況となっており、このことが本書の構成のうえにもある程度反映せざるをえなかった。この点をあらかじめ踏まえた上で、以下、本書が利用した史料に関して簡単に言及しておくこととしよう。

まず第一章と第二章については、主としてシュヴェリン州立文書館所蔵のメクレンブルク州の内務省・農林省の行政文書、およびベルリン連邦文書館所蔵の農林省他の行政文書に依拠している。第三章は主としてシュヴェリン州立文書館所蔵のシュヴェリン県およびノイブランデンブルク県のＳＥＤ県党および県行政文書史料を利用している。これに対して本書の中核を構成する第四章以降のバート・ドベラン郡を対象とするミクロ史分析は、バート・ドベラン郡の郡文書室所蔵のＬＰＧ史料とゲマインデ史料、およびグライフスヴァルト州立文書館所蔵のバート・ドベラン郡ＳＥＤ郡党関連史料を用いている。このように章ごとで利用史料にばらつきが出たのは、第一には本研究が深まるにつれ依拠する史料がより末端レベルのそれへと移行したためだが、第二には上記のような一九五二年を境界とする史料の賦存状況の違いによるところが大きい。また関連するアルヒーフ史料は膨大であり、限られた時間と私の貧しい読解能力ではすべてを読み尽くすことは到底不可能であった。したがって本書は関連史資料をすべて狩猟した包括的研究というわけにはいかず、アルヒーフ史料の読み方は選択的とならざるをえなかった。収集文書の取捨選択にあたっては、とくに行政官庁や党機関による各種の情勢報告、調査旅行報告、およびLPG、村議会、MTSなどの各種議事録などを優先的に読むこととした。村議会議事録については村議会の実態に応じてその残り方や記録の詳細さにおいてかなり大きな差があったので――とくに新農民村落と旧農民村落の間の差は顕著であるように思われた――、必然的に情報量の多い村を選択することとなった。[69] なおアルヒーフ史料以外には、ドイツ民主農民党機関誌『農民のこだま』や、現在でも当地で発行されている『シュヴェリン人民新聞』や『バルト海新聞』などの地元日刊新聞のバックナンバー（ロストク大学所蔵）、さらに当時のMTS発行の『村新聞』（シュヴェリン州立図書館所蔵）、およびロストク大学所蔵の学位論文や大学紀要論文をみたが、全体としてこれらの利用は中途半端といわざるをえず、十分活用したとはいいがたい。なお、究極の史料ともいうべきシュタージ史料に基づく研究は、すでに言及したようにこれから整備が進むにつれて徐々に進展すると思われ、本書の準備過程では依拠しうるものではなかったことをあらかじめ断っておきたい。[70]

注

（1）本書でいう「社会主義」とは、同時代において自他共に「社会主義」と呼称され、あるいは「社会主義的」と規定された歴史的事象ないし歴史的経験をさすこととする。したがって、分析に先立って理論的に定義された概念としてこのタームを使用するわけではない。「いわゆる社会主義なるもの」という意味で使うのであるから、本来であればすべて括弧でくくって「社会主義」とすべきであるが、以下では煩雑になるので、本来の意図を強調する場合を別として、とくに括弧をつけることはしない。

（2）メクレンブルクのコッペル農法については及川順『ドイツ農業革命の研究（上・下）』（自費出版（及川博））二〇〇七年、およびこれに対する拙書評（『経営史学』第四四巻第三号、二〇〇九年）を参照のこと。

（3）藤瀬浩司『近代ドイツ農業の形成―「プロシア」型進化の歴史的検証―』（お茶の水書房）一九六七年。ドイツにおける農業史研究では、「ユンカー」概念は時代と論者によりきわめて多義的に用いられてきた。Vgl. Buchsteiner, I., Großgrundbesitz in Pommern 1871–1914. Ökonomische, soziale und politische Transformation der Großgrundbesitzer, Berlin 1993, S. 17–24. そのため、近年ではこの用語の利用頻度は低下し、一般には政治的含意を含まない——換言すれば貴族的土地所有者と市民的土地所有者の双方を包括する——「農場所有者 Gutsbesitzer」や「大土地所有者 Großgrundbesitzer」という言葉が用いられている。じっさい本書が対象とする旧メクレンブルク邦国に関して、戦間期の農場経営者の社会的系譜を個別にみると、「州有地借地農場主 Domänenpächter」の場合はもとより、「農場所有者」に関しても頻繁な農場売買がなされており、その流動性は農民層よりもむしろ高いほどである。このため、伝統的な在村の土地貴族層から、外国人の農場主、農学の学士号をもつ企業的な農場主、商業などのブルジョア的富裕層の兼業的農場主まで、多様な「農場所有者」が出現することとなった。一九三〇年代の農業恐慌がこれに拍車をかけたのは間違いない。Vgl. Niemann, M., Mecklenburgische Gutsherren im 20. Jahrhundert, 2. Auflage, Rostock 2002. いずれにしても、日本においては、いまなお「ユンカー概念」が土地貴族層のみを表象させる傾向があることに鑑み、本書ではこの用語の使用は必要最小限にとどめたい。大農場経営をさす言葉としては「グーツ（農場）」という言葉を用い、文脈に応じて「グーツ村落」、「グーツ経営」という言い方を用いることとする。もちろん後述するようにメクレンブルク地方では確かに壮麗な「グーツ館 Herrenhaus」を構えた一元的な農場制集落群が広がる「典型的なユンカー地帯」が存在するが、これに関しては、戦間期の日常的な用語法に従って「騎士農場区域」と表現することにする。

(4) 藤田幸一郎『近代ドイツ農村社会経済史』（未來社）一九八四年。この点に関しては拙著『近代ドイツの農村社会と農業労働者』（京都大学学術出版会）一九九七年、の序章を参照されたい。この系譜に属する最近の代表的研究としては、平井進『近代ドイツの農村社会と下層民』（日本経済評論社）二〇〇七年、をあげておく。この書物については拙書評（『村落社会研究ジャーナル』、第二九号、二〇〇八年）も参照されたい。平井の研究は一八～一九世紀が中心であるが、二〇世紀の東エルベ農村史に関する最近の研究としては、加藤房雄『ドイツ都市近郊農村史研究—「都市史と農村史のあいだ」序説—』（勁草書房）二〇〇五年、がある。

(5) Vgl. Busse, T., Melken und gemolken werden. Die ostdeutsche Landwirtschaft nach der Wende, Berlin 2001. 邦語文献としては、小林浩二『21世紀のドイツ—旧東ドイツの都市と農村の再生と発展—』（大明堂）一九九八年、および中林吉幸のチューリンゲン州とメクレンブルク・フォアポンメルン州に関する調査報告を参照のこと。中林吉幸「東部ドイツ農業の現状について」『農業法研究』第四六号、二〇〇六年。同「東部ドイツ農業の現状」『経済科学論集』（島根大学法文学部編）第三一号、二〇〇五年。

(6) Buchsteiner, I., u. a. (Hg.), Agrargenossenschaften in Vergangenheit und Gegenwart: 50 Jahre nach der Bildung von landwirtschaftlichen

Produktionsgenossenschaften in der DDR, Rostock 2004.

(7) その典型として、北條功「第二次大戦後の東ドイツにおける土地改革—プロシア型近代化の帰結—」『土地制度史学』第三五号、一九六七年。

(8) このように、本書でいう「歴史化」とは、戦後の東ドイツ農業・農村の社会主義経験に関する歴史学的な理解を構築するという意味である。これは後述するように、戦後日本の東ドイツ農業研究が歴史学としては語られてこなかったという反省に基づくものである。いうまでもないことだが、近代独裁国家としての東ドイツ国家のありようを免罪するようなものではまったくない。

(9) この点は奥田央編『20世紀ロシア農民史』（社会評論社）二〇〇六年、およびこれに対する拙書評（本書610頁以下）を参照のこと。

(10) フォルカー・クレム（大藪輝雄・村田武訳）『ドイツ農業史』（大月書店）一九七八年。

(11) Piskol/ Nehrig/ Trixa, Antifaschistisch- demokratische Umwälzung auf dem Lande 1945–1949, Berlin(o) 1984.

(12) Die werktätige Dorfbevölkerung in der Magdeburger Börde. Studien zum dörflichen Alltag vom Beginn des 20. Jahrhunderts bis zum Anfang der 60er Jahre, hg. v. Rach, H. J, Weissel, B. u., Plaul, H., Berlin(o) 1986.

(13) Schulz, D., Probleme der sozialen und politischen Entwicklung der Bauern und Landarbeiter in der DDR von 1945–1955, Diss. Berlin 1984 (MS).

(14) Schneider, A., Das Landproletariat der Sowjetischen Besatzungszone 1945/46, Diss. Leipzig 1983 (MS).

(15) この点は、柳澤治『資本主義史の連続と断絶—西欧的発展とドイツ—』（日本経済評論社）二〇〇六年、および拙書評（『西洋史学』第二二三号、二〇〇六年）を参照のこと。

(16) Vgl. Kramer, M., Die Bolschewisierung der Landwirtschaft, Köln 1951.

(17) Schöne, J., Frühling auf dem Lande? Die Kollektivierung der DDR-Landwirtschaft, 2. Auflage, Berlin 2007, S. 22–23. 仲井斌『ドイツ史の終焉—東西ドイツの歴史と政治—』（早稲田大学出版部）二〇〇三年、一一九頁。

(18) Krebs, Ch., Der Weg zur Industriemäßigen Organisation der Agrarproduktion in der DDR. Die Agrarpolitik der SED 1945–1960, Bonn 1989.

(19) Weißbuch über die Demokratische Bodenreform in der Sowjetischen Besatzungszone Deutschlands, Dokumente und Berichte, München

1988, S. 7-8. 同じく、一九八〇年代半ばにアメリカ人のドイツ農業史家ファルクハーソンが戦時と戦後のドイツ農業・食糧問題に関する論考を書いているが、その末尾において東西占領軍農政の「失敗」――西側の「畜産の耕種化」の失敗――に言及したさい、彼は土地改革に関する論点が捨象されなければならなかったことを不十分点としてあげ、「ソ連占領区における土地改革と集団化まで含むことで、はじめて長期の東西比較が可能だ」と述べている。Farquharson, J., The Management of Agriculture and Food Supply in Germany 1944/1947, Martin, B. & Milward, A. S. (ed.), Agriculture and Food Supply in the Second World War, Ostfildern 1985, p. 66.

(20) Vgl. Schulze, W. (Hg.), Sozialgeschichte, Alltagsgeschichte, Mikro-Historie. Eine Diskussion, Göttingen 1994, S. 7. なお、日本では「日常史」という用語はドイツ史研究者にほぼ限定されており、その含意は日本の近年の歴史学・社会科学においては、もっぱら「社会史」という用語により語られてきた。本書が「日常史」ではなく「社会史」という用語を用いているのは、そのためである。

(21) ドイツ史学における農業史に対する伝統的な関心の弱さについては、最新研究であるシェーネの書物においても指摘されている。Schöne, a. a. O., S. 26–27.

(22) この点は主として一九三〇年代を対象としてきた日本の伝統的なソ連農業史研究とのかなり大きな違いである。国家と農民を対抗軸とする通説的なスターリン主義理解は、「全体主義」のスタンスと通底するものといえる。

(23) 清水誠「東ドイツの土地改革―東ドイツの農業協同組合の覚書その1―」東京都立大学『法学会雑誌』第三巻第一・二合併号、石川浩『戦後東ドイツ革命の研究』（法律文化社）一九七二年、上林貞治郎編『ドイツ社会主義の発展過程』（ミネルヴァ書房）一九六九年。

(24) 酒井晨史「東ドイツにみる農業協同化の発展過程―一九四五～一九六〇年―」（第二章）、青木国彦「東ドイツ農業の計画化」（第五章）、いずれも平田重明編『東欧の農業生産協同組合』（アジア経済研究所）一九七四年、に所収。青木国彦「ドイツ民主共和国の農業」大崎平八郎編著『現代社会主義の農業問題』（ミネルヴァ書房）一九八一年、第一〇章所収。

(25) テオドール・ベルクマン（相川哲夫・松浦利明訳）『比較農政論―社会主義諸国における―』（大明堂）一九七八年。

(26) 谷江幸雄『東ドイツの農産物価格政策』（法律文化社）一九八九年。これは既存研究と刊行資料分析に基づく東ドイツ農産物価格制度に関する唯一の邦語文献である。冷戦解体直前にまとめられているが、「社会主義への移行期」というタームに象徴されるように、戦後の記述については発展段階論的な枠組みを前提に構成されている。

(27) 後に村田武『戦後ドイツとEUの農業政策』（筑波書房）二〇〇六年、の第一部に関連論文がほぼそのまま収められた。

(28) 同右第一、二章。とくに第一章。初出は「戦後東ドイツにおける土地改革と農民経営」『土地制度史学』第七七号、一九七七年。

(29) 同右第三章。初出は「東ドイツにおける民主的土地改革後の新農民経営と農業集団化（1）（2）」『金沢大学経済学部論集』第四巻第一号、一九八三年、である。

(30) 同右、五七頁。

(31) 同右、一一四頁。

(32) 谷口信和『二十世紀社会主義農業の教訓』（農文協）一九九九年。なおこの著作については拙書評（本書604頁以下）も参照されたい。

(33) 以上はあくまで戦後東ドイツ農業史に即した記述である。戦後期の東ドイツ史研究一般に関するものであれば、冷戦解体の状況を踏まえた新たな研究が日本においてもいくつか発表されている。代表的なものとして、「六月事件」を論じた星乃治彦の研究（『社会主義国における民衆の歴史—1953年6月17日東ドイツの情景—』（法律文化社）一九九四年）、一九五〇年代から六〇年代における消費生活を論じた斎藤哲の研究（『消費生活と女性—ドイツ社会史（1920～70年）の一側面』（日本経済評論社）二〇〇七年、の第二部）、一九五〇年代の造船業を中心に「計画経済」下の雇用関係のありようを論じた石井聡の研究（『もう一つの経済システム—東ドイツ計画経済下の企業と労働者—』（北海道大学出版会）二〇一〇年）、さらに占領期の工業部門の問題を論じた白川欽哉の一連の研究（巻末の参考文献一覧を参照）などをあげておく。このうち石井の研究は、本書が対象とするメクレンブルク地方の造船業を扱っている。本書との関連では、農業的なメクレンブルク地方における戦後の造船業の急拡大が、ソ連占領軍の賠償生産と結びつきつつ上からの集中的な投資によってはかられていくこと、さらにまた東方難民層が造船業労働者の主体となったとされていることが興味深い。メクレンブルク地方の社会主義は、農業のみならず工業においても「新開地」的側面をもち、その点で農業も工業も「伝統的」性格をなお濃厚に帯びていた東ドイツ南部地域とは相当に異なる社会だったのである。

なお、冷戦型思考のスタイルは、「社会主義」論に限定されるものではない。例えば、日本における戦後ドイツ農業に対する関心は、大きく言えば一方における東ドイツの社会主義的集団農業への関心と、他方での「日本農業の有用な参照系となるべき」

西ドイツの家族制農業への関心（近年では「先進的な」環境保護的な農業・農政のあり方への関心）という二つの領域からなってきたが、全体としてこの二つの問題関心は何らクロスすることなく全くの別問題のごとく扱われ、かつそのことが自覚的に問題とされたことはほとんどなかったし、現在なおそうである。このことは、日本における戦後ドイツ農村社会に関する歴史的研究の不在と裏腹のことがらであると思われる。

(34) Die Enquete-Kommission „Aufarbeitung von Geschichte und Folgen der SED-Diktatur in Deutschland“ im Deutschen Bundestag, Materialien der Enquete-Kommission „Aufarbeitung von Geschichte und Folgen der SED-Diktatur in Deutschland“ (12. Wahlperiode des Deutschen Bundestages), hg. vom Deutschen Bundestag, Bd. 1–9, Baden-Baden 1995.

(35) Tätigkeitbericht der Enquete-Kommission „Leben in der DDR, Leben nach 1989 - Aufarbeitung und Versöhnung“, hg. v. Landtag Mecklenburg-Vorpommern, Wahlperiode 23. 10. 1997. 報告書はロストク大学から『究明と和解―ＤＤＲ《デー・デー・エル》の生活・一九八九年以後の生活―』の第五巻として出版されている。Leben in DDR, Leben nach 1989 - Aufarbeitung und Versöhnung. Zur Arbeit der Enquete-Kommission, hg. vom Landtag Mecklenburg-Vorpommern, Bd. 5, Schwerin 1997.

(36) 東ドイツ史研究をめぐる動向に関しては日本でも比較的よく紹介されている。福永美和子「「ベルリン共和国」の歴史的自己認識―東ドイツ史研究動向より―」『現代史研究』第四五号（一九九九年）、仲井斌の前掲書、近藤潤三『統一ドイツの政治的展開』（木鐸社）二〇〇四年、同『東ドイツ（ＤＤＲ《デー・デー・エル》）の実像―独裁と抵抗―』（木鐸社）二〇一〇年、などを参照。さらにイギリスにおける東ドイツ研究の紹介として、河合信晴「イギリスにおける「東ドイツ研究」の展開―メアリ・フルブルークの議論を中心にして―」『成蹊大学法学政治学研究』第三二号、二〇〇六年、がある。

(37) Bauerkämper, A. (Hg.), „Junkerland in Bauernhand“? Durchführung, Auswirkung und Stellenwert der Bodenreform in der Sowjetischen Besatzungszone, Stuttgart 1996.

(38) Kluge, U. u. a. (Hg.), Zwischen Bodenreform und Kollektivierung. Vor- und Frühgeschichte der „sozialistischen Landwirtschaft“ in der SBZ/DDR vom Kriegsende bis in die fünfziger Jahre, Stuttgart 2001.

(39) Zeitschrift für Agrargeschichte und Agrarsoziologie, Jg. 51 (2003), Heft 2 (Themenschwerpunkt: Kollektivierung- Privatisierung. Transformationen der ostdeutschen Landwirtschaft seit 1945).

(40) Buchsteiner, I. (Hg.), Agrargenossenschaften; Kuntsche, S., „Agrargenossenschaften in Vergangenheit und Gegenwart“ Ein Kolloquium im

Thünen-Museum, 14. und 15. Juni 2002 in Telllow. Ein Tagungsbericht, in: Zeitschrift für Agrargeschichte und Agrarsoziologie, Jg. 51 (2003), Heft 2, S. 85–89.

(41) Poutrus, P., 10 Jahre Forschungen zur ostdeutschen Agrarentwicklung und zur Geschichte der ländlichen Gesellschaft 1945 bis 1989. Bilanz und Aussicht. Ein Kolloquium des Institut für Zeitgeschichte, 14. und 15. März 2003 in Berlin. Ein Tagungsbericht, in: ebenda, S. 90–93.

(42) Münkel, D., Nationalsozialistische Agrarpolitik und Bauernalltag, Frankfurt/M 1996; Herlemann, B., Der Bauer klebt am Hergebrachten. Bäuerliche Verhaltensweisen unterm Nationalsozialismus auf dem Gebiet des heutigen Landes Niedersachsen, Hahn 1993. なお、ナチズムと農業・農村問題に関する日本の最近の研究としては、前掲拙著のほか、農業労働者対策を論じた伊集院立の研究、チューリンゲン農村のナチス進出に関する熊野直樹の一連の研究、ナチス農政の転換点となった一九三四～三六年の時期を対象にナチス農業政策を詳細に論じた古内博行の研究、ナチズムの農本主義をエコロジー思想の観点から論じた藤原辰史の研究などがある（巻末文献一覧を参照）。

(43) シュタージを軸とする東ドイツ国家の「暗部」に関する邦語研究としては、前掲の近藤潤三『東ドイツ（DDR《デー・デー・エル》）の実像』（二〇一〇年）を参照のこと。この著作の序章において近藤は、オスタルギー現象に象徴される近年のドイツにおける「東ドイツ国家の過去の克服」に関する議論を踏まえつつ、「権力と抑圧の語り口」と「完全に普通の生活の語り口」（三〇頁）の対立を越える仕方を論じている。そして、近藤自身は、あくまで東ドイツ国家に対する批判的言説の後退を深く憂慮する立場から、「権力と抑圧の語り口で焦点に据えられる支配構造を視野に入れつつ、しかし支配構造自体ではなく、その底辺に生きた生身の人間に光をあてる」（三一五頁）立場に立って、東ドイツ国家の抑圧の実態を明らかにしている。

(44) 東ドイツ農村の場合、ソ連占領によるSED支配を自らの自明のアイデンティティーとして初発より積極的に受容したとはまったく考えられない。人々にとっては「敗戦意識」と「戦後的カオス」のなかでいかに生き抜くかが切実な問題となったであろう。この点もナチズムの支配のあり方とは正反対であり、むしろ植民地主体形成の問題に重なるような状況とすらいえるかもしれない。過酷な条件のなかでの人々の「戦略的行為」をとおして、どの程度の深さの、どのような「従属＝同意」が形成されていくこととなるのか。それが本書の問題関心であり、その過程を種別的に明らかにすることでドイツ農村の「社会主義」経験の歴史的特性を見いだそうというのが本書の目的なのである。

(45) Lindenberger, T. (Hg.), Herrschaft und Eigen-Sinn in der Diktatur. Studien zur Gesellschaftsgeschichte der DDR, 1999 Köln.

(46) Langenhan, D., „Halte dich fern von den Kommunisten, die wollen nicht arbeiten!", in: ebenda, S. 119–165. ただしラウジッツ地域を扱った論文でありながら、ソルブ民族問題との関わりがほとんど論じられていない。

(47) Ebenda, S. 23.

(48) Kluge, U., Die „Sozialistische Landwirtschaft" als Thema wissenschaftlicher Forschung, in: Kluge, u. a. (Hg.), a. a. O., S. 29–31.

(49) Bauerkämper, A., Ländliche Gesellschaft in der kommunistischen Diktatur: Zwangsmodernisierung und Tradition in Brandenburg 1945–1963, Köln 2002.

(50) Ebenda, S. 13.

(51) Ebenda, S. 14.

(52) Ebenda, S. 34, u. 506.

(53) Ebenda, S. 17–22.「ミリュー」というのはドイツ政治史分析に由来する用語であり、大まかにはある特定の社会集団の文化的ノルムともいうべき概念である。通常いくつかの類型化がなされており、「伝統ミリュー」というのもそうした類型の一つである。ただしバウアーケンパーは、これをブルデューの「ハビトゥス」の概念に重ねることで、理念型に特有の固定性を帯びかちな「ミリュー」概念を、「実践主体」のありようを論じる道具立てに変えようとしているように思われる。とはいえベアルン地方の農村独身者やアルジェリアの雑業的半プロ層に対する強い共感から出発するブルデューと比べると、彼の理念的な「伝統的ミリュー」論には、近代啓蒙主義的な視線がなお濃厚に内包されているように私には感じられた。ブルデュー『結婚戦略—家族と階級の再生産—』（藤原書店）二〇〇七年、同『資本主義のハビトゥス—アルジェリアの矛盾—』（藤原書店）一九九三年。

(54)「近代化の両義性論を越えるために、「強制的近代化」構想が、「伝統」との弁証法的な関わりにおいて探求されねばならない。」Ebenda. S. 17f.

(55) Ebenda, S. 194f.; Bauerkämper, A., Kollektivierung in der DDR und agrarischer Strukturwandel in der Bundesrepublik - Zwei Modernisierungspfade, in: Buchsteiner (Hg.), Agrargenossenschaften, S. 45–58.

(56)「脱農民化 Entbäuerlichung/Entagrarisierung」に関しては下記を参照。Mooser, J., Das Verschwinden der Bauern. Überlegungen zur Sozialgeschichte der „Entagrarisierung" und Modernisierung der Landwirtschaft im 20. Jahrhundert, in: Münkel, D. (Hg.), Der lange

Abschied vom Agrarland. Agrarpolitik, Landwirtschaft und ländliche Gesellschaft zwischen Weimar und Bonn, Göttingen 2000, S. 23–35.

(57) Bauerkämper, Ländliche Gesellschaft, S. 88, 134ff., 176ff., 226, 247f., 253ff., 290ff., 441f., 446, 453ff, 457, 460f., u. 465.

(58) たとえば次のような記述をみよ。「農村空間は戦時の経済的社会的流動化により動揺したが、旧住民の密度の高い生活共同体が東方難民の統合を遅延させることとなった。農村の強力な価値的な連続性と伝統ミリューは、一九五〇年代の集団化や農業大経営によっても完全には一掃されなかった。」Ebenda, S. 22.

(59) 誤解を避けるために念のために述べておくと、バウアーケンパーはもちろん近代と伝統の単純な二項対立図式に立つわけではない。(「全体主義論」批判のスタンスに立つ以上、これは許容できない。)彼の問題関心は両者の関わり方、もっといえば東ドイツの社会主義的産業化に、農民的な伝統がいかなる形で構造化されたのかに向けられている。したがってここでの私の批判は、近代主義的な「伝統と近代」観を問題にしているのではなく、農村の主体のありようを、伝統ミリュー概念に基づく「単一の農民主体」として措定する点に向けられている。

(60) 社会史的手法を軸とする戦後東ドイツ農業史研究は、相次ぐ関連書物の出版や各種シンポジウムの開催にみられるように、二〇〇三年前後にひとつのピークを迎えた。今後もアルヒーフ史料の整備がさらに進み、かつ新たにシュタージ史料による研究が進んでいくと考えられることから、より詳細な実証研究が積み重ねられることは間違いないであろう。すでに農業集団化に関する最新研究であるJ・シェーネの研究がそうした立場から書かれている。Schöne, J., Frühling auf dem Lande ?, Berlin 2007. しかし、他方では農村支配のありように問題を収斂しがちな社会史的研究スタイルを相対化しようとする研究も徐々に開始されている。本書はあくまで社会史的な問題意識を軸に構想された農業史研究の書物であるが、参考までに新しい研究動向についてここで簡単に触れておきたい。

そこでまずあげられるのが農村計画論ないし農村入植史などの一連の環境史的な研究である。その先駆的研究としてはA・ディックスの『自由な土地 ―― 戦後東ドイツ農村の入植計画 ――』(二〇〇二年)がある。Dix, A., 'Freies Land': Siedlungsplanung im ländlichen Raum der SBZ und frühen DDR 1945–1955, Köln 2002. これは、とくに「占領軍命令二〇九号」の新農民家屋建設政策に着目しつつ、農村建築史というまったく新たな視点から土地改革を考察した研究である。戦前以来の農村建築学・農村計画学の人的系譜を丹念にたどることで、ナチス入植学との連続性を発掘し、さらに新農民家屋設計思想になかにディックスはフォーディズム的な農村景観の形成をみようとしている。農業集団化過程も農村計画史から論じられ、メストリン村に代表される「社会主義」模範村や「文化会館」の分析を通して、集団化が「小都市空間様式」の創出とその失敗の過程として論じられている。従来の農村社会史やミリュー論とはまったく異なる視点から一九五〇年代の「社会主義」農村を論じたものとして注目すべき研究である。また、二〇〇四年に出版されたW・オーバークローメ『ドイツの故郷――ヴェストファーレン・リッペとチューリンゲンにおける自然保護・農村景観形成・文化政策の国民的構想と実践――』と題された書物においても、その一章として「社会主義」の景観形成が扱われている。ここでは東ドイツの国家と社会は、社会主義独裁の文脈よりは二〇世紀ドイツ環境史の枠組みのなかで位置づけられているのである。Oberkrome, W., „Deutsche Heimat“: Nationale Konzeption und regionale Praxis von Naturschutz, Landschaftsgestaltung und Kulturpolitik in Westfalen-Lippe und Thüringen (1900–1960), Paderborn 2004. なお、環境史を含むドイツにおける近年の農業史研究の動向については、R・グーデマンの以下のレビューが参考になる。Gudermann, R., Neuere Forschungen zur Agrargeschichte, in: Archiv für Sozialgeschichte, Bd. 41 (2001), S. 432–449.

二〇世紀史への東ドイツ農業史の統合はこうした新しい環境史に限定されない。農政史においても類似の傾向がいくつかみられる。すでに言及したバウアーケンパーの「強制的農業近代化論」がそうした枠組みで構想されているし、またハンドブックではあるが、U・クルーゲの『二〇世紀の農業経済と農村社会』（二〇〇五年）は東ドイツ農業史部分をも含めて編集されている。Kluge, U., Agrarwirtschaft und ländliche Gesellschaft im 20. Jahrhundert, München 2005. 農村空間史研究所編『年報：農村空間史』の二〇〇五年の特集「土地のレギュラシオン――ドイツ・オーストリア・スイス　一九三〇～一九六〇――」においても、東ドイツを含むドイツ語圏の二〇世紀農業史像を、レギュラシオン概念を軸に構築する試みがなされている。Langthaler, E. /Redl. J. (Hg.), Reguliertes Land. Agrarpolitik in Deutschland, Österreich und der Schweiz 1930–1960, Jahrbuch für Geschichte des ländlichen Raums 2005, Innsbruck 2005.

他方で集団化以後の時期に関する研究は、これまで主として民族学・人類学の分野において、B・シール、K・ブラウアー、さらにはアメリカの人類学者などによってなされてきている。Schier, B. Alltagsleben im „Sozialistischen Dorf“ Merxleben und seine LPG im Spannungsfeld der SED-Agrarpolitik 1945–1990, Münster 2001; Brauer. K., Im Schatten des Aufschwungs. Sozialstrukturelle Bedingungen und biographische Voraussetzungen der Transformation in einem mecklenburger Dorf, in: Bertram, H. u. a. (Hg.), Systemwechsel zwischen Projekt und Prozeß. Analysen zu den Umbrüchen in Ostdeutschland, Opladen 1998, S. 483–523. バーダールやビュッフラーなどのアメリカ人類学による成果については、菊池智裕「東ドイツ農村社会の研究（一九四五～一九九一年）――人

類学的農民研究の視点から―」(東北大学大学院文学研究科修士論文、二〇〇六年)、を参照されたい。これらの研究も、東ドイツ農業四〇年を全体として視野に治めているという点で、二〇世紀史の統合につながる知的営みと位置づけることができよう。

(61) 東側で「移住民 Umsiedler」、西側で「被追放民 Vertriebene」および「避難民 Flüchtlinge」と呼称された人々について、本書では日本語として最も普遍的である(戦後)難民あるいは東方難民という用語を充てることにする。「被追放民」という用語は、日本語としての違和感のほかに、戦後西ドイツ政治の保守主義イデオロギーを過渡に帯びているものであること、また主としてズデーテン・ドイツ人難民を表象させる用語であることから、東ドイツ地域を対象とする本書では原則として使用しないこととした。(ちなみにドイツ語文献では、「被追放民」という用語を使う場合と、「移住民」という用語を括弧付きで用いる場合の二つのパターンがみうけられる。)また一九五〇年代において東ドイツから西ドイツに「不法出国」した「東ドイツ難民」については、この戦後東方難民と区別するため東ドイツ側の表記である「共和国逃亡者」を括弧付きで用いることとした。本書では西ドイツ農村ではなく東ドイツ農村がテーマだからでもある。

　なお本書で「難民」の対概念となる人々には、「土着」――原語は Einheimische または Ortsansässige である――という言葉をあてる。終戦時点で当該農村に定住していた人々をさすこととし(具体的にはメクレンブルク地方においては難民たちから「メクレンブルクの人 Mecklenburger」と呼ばれた人々である)、必ずしも数世代にわたって特定村落に定住していることを条件とする言葉としては用いるわけではないので注意されたい。このためもともと移動性の高い搾乳夫などの農場労働者も本書では「土着」の人々として議論している。この点に関しては、前掲拙著、三〇頁、注(40)もあわせて参照されたい。

(62) Schwartz. M., Vertriebene und „Umsiedlerpolitik" Integrationskonflikte in den deutschen Nachkriegs-Gesellschaften und Assimilationsstrategien in der SBZ/DDR 1945 bis 1961, München 2004, S. 54f. この点の詳細は本書第二章第一節を参照のこと。

(63) 戦後難民問題は、上述のように空間的にはドイツのみならず、ポーランド、ウクライナ、チェコ、ハンガリーなど戦後中東欧全体に及ぶ歴史現象であり、各国の戦後社会主義政権の成立に大きな影響を与えた。したがって、本来であれば「東ドイツ」や「東エルベ」という地域設定をこえて、中東欧全体を単位とする比較史的視点からの分析こそが有効であり、かつ望ましいことはもとより自覚しているが、残念ながら現在の私はこれを果たすだけの力量をもちあわせていない。したがって本書では終章において研究展望としてこの点に言及するにとどめざるをえなかった。

(64) メクレンブルク地方においてはグーツ経営は平均して三七五ヘクタール（本書第一章注（4）を参照）、これに対して大農経営の経営面積は約二五ヘクタール、およびその倍の約五〇ヘクタールの二つの場合がみられる。じっさいにはかなりばらつきがあるものの典型的な農民村落は一〇〜一五戸のフーフナーを軸に構成されているとみてよい（本書第五章参照）。近代ドイツの農業経営統計では、一般にグーツは百ヘクタール以上の大経営、大農経営は二〇ヘクタール以上経営とされている。ちなみに農村社会の階層性が住宅形態に可視化されているのはドイツ農村の大きな特徴である。

(65) この点を考慮し、本書では「オルト Ort（集落）」も「ゲマインデ Gemeinde（行政村）」も、両者の区別が不明な場合はもちろん、とくに区別することに意味がない場合は、もっぱら「村落」ないし「村《ドルフ》」という言葉をあてることとする。なおゲマインデと行政村は同義とする。

(66) 西欧農業生産力の史的分析における経営資本分析の意義に関しては、三好正喜『ドイツ農書の研究―十六世紀ドイツの農業生産力と農業経営類型―』（風間書房）一九七五年、を参照のこと。

(67) Schier, B., a. a. O., S. 219f, bes. S. 221f: Kuntsche, S., Agrargenossenschaften als Gegenstand der Wirtschafts- und Sozialgeschichte, in: Buchsteiner. u. a. (Hg.), Agrargenossenschaften in Vergangenheit und Gegenwart, Rostock 2004. 本書第五章第一節のホーエンフェルデ村の事例も参照のこと。

(68) こうした北部とは異なる南部の固有性を意識した農業集団化に関する新しい実証研究として、菊池智裕「戦後東独南部における「工業労働者型」の農業集団化―チューリンゲン地方エアフルト市 1952-1960 年―」『歴史と経済』（近日掲載見込）、同「戦後東独における農林資源開発の構想と実態―50年代・60年代のエアフルトを事例として―」野田公夫（研究代表者）編『農林資源開発の比較史的研究』第Ⅳ部第三章、二〇一〇年、所収、を参照。

(69) 本書は、経済システムや普遍的構造よりは、人々の経験の固有性や一回性を重視する社会史的研究である。個々の村や個人の経験こそが本書の生命線と考えるから、党・ＬＰＧ・ＭＴＳの幹部など責任ある地位にあった人々は当然として、原則として村名も人名も可能な限り元来の固有名詞を表記することにする。とはいえ本書には個人情報が満載されていることも事実である。したがって人名に関しては原語を表記せず、すべてカタカナ表記とし、かつ原音主義をとらないこととした。ただしとくに個人の名誉に抵触する可能性がある例外的な場合に限って、日本語表記からドイツ語表記の類推ができないようカタカナ表記に若干の細工を施した。なお、面積表記に関して、一ヘクタール以下は小数第一位までとし、それ以下は四捨五入した（原

(70)
史料はおおむね小数第二位までの表記である)。

本書は土地改革から農業集団化にいたる戦後東ドイツ農村社会の再編過程の実態を明らかにすることを目的としており、いわゆる東ドイツの集合的記憶をめぐる問題を主題とはしていない。しかし、二〇一〇年四月から五月にかけて、この年が集団化完了からちょうど五〇周年にあたったこともあり、ブランデンブルク州において農業集団化の歴史認識をめぐる問題が政治問題化するという出来事が起きた。農業史のテーマが政治的駆け引きの対象になることは稀であり、また論争内容も現在の東部ドイツの農業事情を反映して非常に興味深いものとなっている。小さな出来事かもしれないが、以下、参考までに、その経過と背景について簡単に触れておきたい。

事の発端となった場所は、ブランデンブルク州のキューリッツ市(旧ポツダム県キューリッツ郡の郡都)である。ベルリン中心部から列車を乗り継いで北西に一時間程度行ったところにある町である。(二〇一〇年九月四日に訪れたさいには、とくに町の中心部に廃屋や空き屋が多いことが目についた。)ここは一九四五年九月二日にヴィルヘルム・ピーク――後の東ドイツ大統領である――が土地改革宣言をしたところとして知られており、その意味で戦後東ドイツの「社会主義」農業の始まりを象徴する場所でもある。その証拠に、一九八五年には当時の東ドイツ国家によって土地改革の記念碑が建てられている。

ウルブリヒトによる集団化完了宣言は一九六〇年四月二五日のことであったが、その五〇年後にあたる二〇一〇年四月二五日(日曜)、農業集団化のモニュメントがこの町の南東入り口に新たに建立され、その除幕式が行われたのである(序章の扉写真1頁を参照)。石碑の前面に埋め込まれたプレートには、「東ドイツのいわゆる『社会主義の春』において強制的集団化の犠牲となった人々のために」との碑文が刻まれている。農業集団化の犠牲者を悼む主旨の記念碑としてはドイツで初めてのものであるという。この記念碑を企画したのは、ザクセン＝アンハルト州に本部をおく旧東ドイツ地域の個人農の農民団体「ドイツ農民同盟 Der Deutsche Bauernbund」であった。除幕式には約二〇〇人が参加したという。

問題となったのは、第一に、除幕式にザクセン＝アンハルト州首相ベーマー(ＣＤＵ)が参加したにもかかわらず、キューリッツ市が属するブランデンブルク州からは、州首相プラツェク(ＳＰＤ)のみならず、いずれの州政府関係者も参加しなかったことであり、第二に、実はこの前日の四月二四日(土曜)に、同じキューリッツ市のホールにおいて、左翼党系のローザ・ルクセンブルク財団が企画した「農業協同組合 Agrargenossenschaft の過去と未来」と題するシンポジウムが開催され、こちらの会合に州ＳＰＤ議員(農業専門家)のフォルガートがシンポジウム討論者として参加していたことである。このような州政府関係者の態度は、記念碑の精神に反して「強制的集団化」の評価を曖昧にし、もってその不法性を相対化しようとするものではないか。こうして州野党であるCDU、FDP、九〇年連合・緑の党（以下、緑の党）が州政権を一斉に批判したのである。

これに対して州首相プラッツェクは、五月七日に開催された州議会の「主要委員会特別会議」の席上で反論を展開する。彼は、第一に集団化認識については「当時、数千人の農民に対して不法行為がなされたことは明白である」とその不法性を明言し、さらに第二に、自らの式典の不参加に関しては、そもそも農民同盟からは州政府に対し式典への招待がまったくなかったことを明らかにした。（石碑はもともと農民同盟の本部があるザクセン＝アンハルト州の企画として計画され、同州首相ベーマーも早々に式典への参加を承諾していたが、肝心の石碑建立候補地とされたイエンセン市とビスマルク市がこれを拒否したという。）さらに、州連立与党の左翼党も、党連邦議会議員テクマン女史（キューリッツ市在住）が、農業集団化は不法であったことは了解するとの認識を公に示し、これによって州野党による一連の批判は沈静化することになったのである。

ブランデンブルク州では、連邦政府と同じく、二〇〇九年九月の州議会選挙の結果をうけて、同じプラッツェク州首相でありながら、それまでのSPDとCDUの連立政権から、SPDと左翼党の「赤＝赤」連立政権への組み替えが生じたが、それ以降、東ドイツの歴史論争が顕在化するようになった。集団化記念碑の一件も、大きくは全ドイツのレベルで二〇〇九年春に始まる「不法国家」論争の一環であることは疑いないだろう。しかし、関係者の発言内容をやや詳しくみただけでも、この論争が単なる「不法国家」の議論にとどまらず、統一後の農業政策のありようや各農業団体の利害とも絡みあう複雑な背景をもっていることが浮かび上がってくる。

記念碑の前日に開かれた左翼党系ローザ・ルクセンブルク財団主催のシンポジウム——参加者は約七〇名——については、翌四月二六日付けで社会主義系新聞を自認する『ノイエス・ドイチュラント』紙が、「LPGの記念碑。単なる強制以上のもの」とのキャプションをつけて、その内容を紹介している。シンポの開会挨拶では、財団代表のプロコープが、集団化について「上から指令された『自発性』」であったと述べたという。つづいて基調講演を行ったのはS・クンチェ——旧東ドイツ時代の土地改革研究の第一人者——であった。クンチェもまた集団化の違法性を指摘しつつも、しかし、記事のキャプションにみられるように、集団化後の東ドイツ農業の発展を高く評価する観点から、全体として集団化は肯定的に評価されるべきものであることを強調している。すなわち、農民たちは加盟後はLPGに感激し、LPGの経済的社会的成功により、LPG農民であることは誇りあることとなった。さらに、のちの時代になると、なぜ人々が集団化にそれほどまで強く反対したのか多くの人々が疑問を投げかけるほどだった、などと述べているのである。しかし、ここまで極端ではないにしても、こうした見方はクンチェや『ノイエス・ドイチュラント』紙だけに限定されるものではない。州政府批判に対する反論として書かれたローザ・ルクセンブルク財団による反論（署名は東ドイツ研究者のデトレフ・ナカート）をみても、集団化過程において違法行為、政治的逸脱、「心理的テロル」などがあったことを認めつつ、やはり、それ以上に全体をみることの重要性が強調されている。すなわち「部分的には犯罪的な手段を用いて遂行された東ドイツの集団化は、その後農民たちに受け入れられ現在に至っている。……ＬＰＧに問題がなかったことはもちろんないが、しかし総じてみれば、経済政策的にも社会政策的にも成功例であった。……歴史的真実としては……協同組合的な構造は八九年以後も生き残り、現在は農業活動で大いなる実りをあげている。」ちなみに、左翼党系譜の人々は、集団化過程の不法性を認めつつも「強制的集団化」という呼称については冷戦期のタームであるとしてこれに対する拒絶感が強い。

こうした形の肯定の仕方は、しかし単に政治的アイデンティティーの確保のためだけでなく、ＬＰＧの継承経営である農業法人企業が州農業経済の基盤となっているという厳然たる事実に基づいている。ローザ・ルクセンブルク財団主催のシンポジウムに参加した上記のＳＰＤ議員フォルガートは、旧東ドイツ時代にはパール村ＬＰＧ組合長であったといい、かつ現在は州農民連盟の議長職を務めている。ブランデンブルク州農民連盟は、同じくドイツ農民連盟の傘下にありながら、旧西ドイツ諸州の農民連盟とは異なり、旧ＬＰＧ系譜の農業法人経営の結集体であるから、フォルガートは、その出自においても地位においても農業法人経営の利害を体現する人物と言ってよい。したがって彼が、大規模農業法人経営をブランデンブルク州農業のあるべき姿とする左翼党系財団のシンポに参加するのは、不自然なことではまったくない。さらに、現状のブランデンブルク州の農業を肯定的に評価する点は、フォルガートのみならず州ＳＰＤの立場でもある。州首相プラッツェクも、『メルキッシェ・オーデル紙』のインタビューに対して、「州農業を脅かすような行為は州の雇用機会に対して罪を犯すことである」と述べている。メクレンブルク・フォアポンメルン州と同じく、ブランデンブルク州においても、旧西ドイツ地域に対して比較優位をもつ大規模な農業法人経営は、州経済全体に対して重大な意義を有していると認識されているのである。

こうした州農民連盟と正反対の立場に立つのが、石碑建立を主導した旧東ドイツ地域の家族制農業の確立を目指すＣＤＵ系のドイツ農民同盟である。しかしブランデンブルク州では統一後の小農経営形成が脆弱であったために、その組織力はきわめて弱い。ドイツ農民同盟のブランデンブルク州の加盟数は三百経営にすぎず（全体でも千経営）、二千経営を要する州農民連盟の一五%でしかない。州農民連盟とは逆に、ＥＵ農業政策こそが大規模農業法人を不当に利してており、個人農経営にとって障害になっているとの不満が強く、さらに家族経営創出の方針を転換した統一後の移行過程のドイツ農政のプロセスに対しても批判的である。このためか、農民同盟のイデオロギーは冷戦時代の西側の小農イデオロギーをそのまま受容することになっている。三月二日付けのベルリン新聞の報道によれば、実は、当初農民同盟がキューリッツ市に対して提出した記念碑の碑文の原案は、「自由な大地に自由な農民を。追放、所有剥奪、強制的集団化を決して許さない」であったという。これは、小農主義の立場から、集団化のみならず、戦後の東方ドイツ人追放および土地改革までを明示的に否定する内容で、さすがにこの原案はキューリッツ市議会で否認されたという。

最後に、左翼党と農業法人経営が旧東ドイツ国家との連続性において見えている点では、あるいは強制的集団化によって形成された農業構造が農業法人経営の形で現在継承されていることが受容できないという点では――「一九八九年革命の裏切り」論ともいうべきか――、緑の党も同じである。記念碑の論争では、州議会の党代表であるフォルクマンが、大規模農業法人経営を「初期共産主義とレーニン主義」に基づくものだという発言を行い、州首相から失言として謝罪を求められる一幕があった。また州「緑の党」のホームページには、記念碑除幕式翌日の四月二六日付で「強制的集団化の犠牲者についての党州議会議員（農政担当）ニール女史の発言」が掲載されているが、そこでは「今後のブランデンブルク州農政は農民的農業経営の強化に置かれるべきであって、匿名性の高い大規模構造に向かうべきではない。大経営の背後には農業には関心のない投資家たちが隠れているだけだ」と書かれている。緑の党の見解は、エコロジー思想に支えられた小農主義に基づいている。興味深いことに、この西ドイツ出自の環境主義的な反グローバリズムの立場は、東部ドイツではＣＤＵ系農民同盟の農民主義イデオロギーの称揚と呼応し、大規模な農業法人経営を基盤とする東部ドイツの現実を原理主義的に批判する形になっている。

こうした緑の党の議論の仕方は、東のエコロジストによる発言であるにもかかわらず、この党の西ドイツ的な限界を示すのかもしれない。そしてそのことは、この集団化の記憶をめぐる議論がもっぱらブランデンブルク州のみで行われたにすぎず、旧西ドイツ側メディアではほとんど報道されていないこととも対応しているように思われる。ネット検索でヒットするのはブランデンブルク州とベルリンを中心とするメディアばかりである。ドイツ統一から二〇年を経ても、東西ドイツの農業文化の落差はかくのごとく深いままである。

（以上の集団化記念碑に関する記述は以下による。）Die Tageszeitung, d. 27. 04, 2010 „Der Agitprop-Trupp auf dem Land“;

Frankfurter Rundschau, d. 24. 04. 2010 „Bauer sucht Inschrift; Mahnmal zur Zwangskollektivierung in der DDR löst Debatte aus“; Tagesspiegel, d. 08. 05. 2010 „Der nächste Streit um die DDR-Vergangenheit“; Märkische Oderzeitung, d. 23. 04. 2010 „In die Geschichte vergaloppiert“; Ebenda, d. 23. 04. 2010 „Wir waren besser als die LPG“; Ebenda, d. 07. 05. 2010 „Platzeck: Wer an der Agrarstruktur rättelt, riskiert Arbeitsplätze“; Ebenda, d. 07. 05. 2010 „Schlagabtausch zur Zwangskollektivierung“; Berliner Zeitung, d. 02. 03. 2010, "Denkmal erinnert an LPG-Zwang“; Ebenda, d. 24. 04. 2010 „Kampf um die Äcker. Linke beklagt Vokabular des Kalten Krieges“; Neues Deutschland, d. 22. 04, 2010 „LPG unter Beschuss“; Ebenda, d. 26. 04. 2010 „Ein Denkmal für die LPG“; Lausitzer Rundschau, d. 07. 05. 2010 „Zwangskollektivierung sorgt weiter für Streit“; Märkische Allgemeine, d. 26. 04. 2010, „Erinnerung an erlittenes Land; In Kyritz gibt es das erste Denkmal für die Opfer der LPG-Kollektivierung“; 10 Jahre Landesbauernverband Brandenburg e. V., Festschrift, hg. zum 10. Jahrestag des Landesbauernverband Brandenburg e. V., 2001; Mitteldeutscher Rundfunk, „Denkmal für Opfer der Zwangskollektivierung eingeweiht“, d. 25. 04. 2010, http://www.mdr.de/sachsen -anhalt-heute/7276004.html; Florian Giese, „Das Gespenst der Enteignung; Die Brandenbruger Debatt um die Kollektivierung der Landwirtschaft in der DDR“, Friedliche Revolution. de, Presschau, d. 08. 06. 2010, http://www.friedlicherevolution.de/index.php ? id=49&tx_comarevolution_pi4[contribid]=753; Detlef Nakath, „Presseerklärung der Rosa- Luxemburg-Stiftung Brandenburg zur gegenwärtigen öffentlichen Debatte über die Veranstaltung „Agrargenossenschaften gestern und heute“ am 24. April 2010 in Kyritz“, Presseinformation, d. 07. 05 2010, http://www.brandenburg.rosalux.de/nc/aktuell/nachrichten/nachricht/datum/2010/05/07/presseinformation.html; Kirsten Tackmann, MdB DIE LINKE, Leserbrief zu “Gelegenheitsaktionen reichen nicht”, Kyritzer Tageblatt der MAZ vom 15. Februar 2010, http://www.kirsten-tackmann.de/bundestag/fraktion/agrarpol /3131098.html; Fraktion Bündnis 90/Die Grünen im Brandenburger Landtag, d. 26. 04. 2010 Ländlicher Raum, „Bündnisgrüne Abgeordnete NIELS gedachte Opfern der Zwangskollektivierung“, http://gruene-fraktion-brandenburg.de/startseite/volltext-startseite/archive/2010/april/26/buendnisgruene_abgeordnete_niels_gedachte_opfern_der_ zwangskollektivierung/?cHash=2c38010f8b; Ebenda, 05. 05. 2010, Enquetekommission, Beleidigungsvorwurf ist konstruiert, http://gruene-fraktion-brandenburg.de/startseite/volltext- startseite/archive/2010/mai/05/beleidigungsvorwurf_ist_konstruiert/ ? cHash=6a160eff68; u. s. w.

第一章　土地改革期の新農民問題

――難民・経営資本・村落　一九四五年～一九四九年――

土地改革：土地の境界に杭を打つ村の牧師

ギュストロー郡ブレデンティン村．牧師の向かって右側に立っているのが当時郡長のベルンハルト・クヴァント．クヴァントは戦前は共産党の州議会議員（1932 年 6 月当選）．1939 年開戦と同時に逮捕されるが，ザクセンハウゼンとダッハウの強制収容所を生きのび，戦後はギュストロー郡長，州農林大臣，州知事を経て，1952 年からシュヴェリン県党第一書記を務めた．

出典：Junkerland in Bauernhand: von der Junkerherrschaft zum Sozialismus, herausgegeben zum 15. Jahrestag der demokratischen Bodenreform, Schwerin 1960, S. 51 より転載．クヴァンテについては Podewin, N., Bernhard Quandt, Rostock 2006，を参照．

はじめに

1．ソ連軍進駐と土地改革の実施

東エルベ農村が劇的な変化を経験するのはソ連軍進駐時からである。戦場と化したオーデル河流域の農村はもとより、実質的に戦闘がなかった地域においても終戦前後の時期にソ連軍が各村に進駐し、抵抗者に対する殺害、家財や家畜の略奪行為、ナチスの中心的活動家らの逮捕、そしておそらく女性に対する性的暴力行為が繰り広げられた。ナチ親衛隊員や「村農民指導者《オルツバウエルンフューラー》」はもとより、多数の農場主とその家族も、この時に土地改革を待たずして西側占領区に逃亡した。すでに一九四四年から始まっていた東方ドイツ人難民の農村流入がピークに達する一方で、戦争捕虜や外国人強制労働者の帰還も開始された[1]。こうした中、同年六月には、スターリンの指示に基づいてウルブリヒトらが土地改革の着手を決定。同年七月後半から八月初旬のポツダム会談では、プロイセン軍国主義一掃と農村難民扶養を目的に土地改革の実施が連合国首脳に承認される[2]。一九四五年八月三一日、ザクセン＝アンハルト州議会で「一〇〇ヘクタール以上」を接収基準とする土地改革の実施が決議。序章の注（70）で触れたように、九月二日にキューリッツ市においてヴィルヘルム・ピークが土地改革宣言を行っている。翌九月三日にザクセン＝アンハルト州政府が土地改革令を発布。これを皮切りとして、九月五日にメクレンブルク・フォアポンメルン州、九月六日にブランデンブルク州とザクセン州、九月一〇日にチューリンゲン州と、各州政府により土地改革令が次々と発布されていく。そして、同年一〇月二六日には、占領軍命令一一〇号にもとづきソ連占領軍が各州政府に土地改革権限を付与することで、土地改革実施の法的な枠組みが整えられていくこととなった[3]。

各村落レベルにおける土地改革の実施は、対象となる農場・農業経営の無償接収と農場主・農民の村落追放、そして各村落における土地改革委員会の設置から開始される。農場の無償接収に関しては、現実にはすでに述べたように敗戦時から農場主とその家族の逃亡やソ連軍による農場占領が行われていたから、土地改革令は、むしろ現状の法的追認という側面が強いといえるだろう。接収基準は経営面積一〇〇ヘクタール以上であるが、メクレンブルク地方の場合、現実に圧倒的に多かったのは、グーツ経営の典型をなす二〇〇～五〇〇ヘクタール前後の農場村落であった[4]。また同じく農場村落といっても、その経営者が「農場所有者 Gutsbesitzer」ではなく「州有地農場借地人 Domänenpächter」である場合は、土地改革は借地契約の破棄を意味するにすぎないけれども、実際には彼らも村落追放処分となり生活の基盤を奪われたと思われ、その点では両者に大きな区別はないだろう[5]。「農場所有者」の村落追放に関しては、同年九月二九日付でメクレンブルク・フォアポンメルン州政府が、「サボタージュと遅延行為が明らかなため、すべての旧農場所有者を管財人に代え、農場所有者とその家族は少なくとも二〇キロ以上離れたところに移るものとする」という命令を発布、その結果、当該州では全部で三〇二五人が農場から追放されたといわれている[6]。もっとも近年刊行された当事者やその家族からの聞き取り記録を読む限り、彼らの多くは実際には党書記などによる意図的ともいえるような事前教唆をうけて西側への逃亡を決行したと推測されるが[7]、一部はリューゲン島などに「強制移住」させられたともいわれている[8]。

接収された一〇〇ヘクタール以上の農場は、戦犯及びナチ活動家の農民経営とともに、いわゆる「土地改革フォンド」[9]に編入され、新たに設置された土地改革委員会がこれを分割し、配分することとなった。村落土地改革委員会が農場分割案を作成し、応募者を募って割当てを決め――その配分はくじ引きである――、郡土地改革委員会がこれを承認する形をとる。メクレンブルク・フォアポンメルン州では一九四五年九月二五日に旧ヴィスマール郡のホーエン・ニーンドルフ村を皮切りに農場分割が始まったという[10]。土地改革委員会は、改革令の規定により農業労働者、難民、貧農層の各グループの代表者から構成するとされた。ただし、彼らの役割は最初の土地改革で終わったわけではなく、その後は農業機械など村落経営資本を管理する団体として各村に設立された「農民互助協会 VdgB」の有力メンバーに重なるなど、当該期の村政の中心的担い手になっていくこととなる。[11]

旧グーツ村落の場合、平均で三七五ヘクタールのグーツ経営が八ヘクタール規模の新農民経営に分割されるから、土地改革により一集落あたり四五戸程度の新農民経営が新設される計算になろう。メクレンブルクの土地改革令では、土地配分の受益者となるのは、旧農業労働者、および「戦争により無産となった難民」のほか、農民子弟、小作農、「五ヘクタール以下の小農民」などとされている。[12] このうち新農民村落では旧農業労働者と難民が受益者の大半を占めるが、ナチ活動家として接収された大農経営が土地改革フォンドとなるにすぎない旧農民村落では、「五ヘクタール以下の小農民」――具体的にはビュドナーやホイスラーなどと呼称されている人々――の占める位置が大きかったと考えられる。[13] その他に戦後食糧危機のもと、多くの非農民の人々に庭地として土地改革フォンドから土地が配分されている。この点に象徴されるように、耕作者主義を原則とする日本の農地改革から想像されるのとは異なって、東ドイツの場合、戦後食糧危機のもとで形式的にはすべての村民が新農民経営取得に応募することが可能であった。[14] 逆に言えば村落在住のグーツ農業労働者であっても新農民経営に応募しない「自由」があったことは、東ドイツ土地改革の特徴を考えるうえで重要な点であると思われる。

2. 東ドイツ土地改革の特徴と本章の課題

以上が、いわば一九四五年に行われた戦後東ドイツ土地改革の経過の概略である。簡単な記述ではあるが、これだけでも東ドイツ土地改革の特徴ともいうべき点がいくつか浮かび上がってくる。

まず第一にいえるのは、改革の短期性と徹底性である。農場主の逃亡が戦争直後から生じていたこともあり、農場接収と村落追放は、敗戦アパシーともいうべき状態とソ連軍の強制力のもとで、短期的かつ一律に行われたとみてよい。確かに四月から九月の間には、大規模農場を夢見る社会主義の原則から農場分割に反対する古参党員の声や、あるいは反ナチ農場主の扱いをめぐる議論を背景に、接収を逃れようとする農場主による州政府に対する陳情行為などもなされているが、しかしそれらはほとんど功を奏していない。「残存農場 Resthof」が認められることもほとんどないとみてよいだろう。(15) こうした徹底性は当然ながら村落追放に象徴される物理的暴力行使の結果でもあるが、しかしそれこそが同時に人的支配を意味するグーツのパターナリズム支配の終焉を可能にしたものでもあったことはすでに述べたところである。土地改革の犠牲者たる農場主による戦後記憶がもっぱらこの点に向けられる理由もここにある。興味深いことに、かれらには戦前・戦時期の農場支配に対する反省意識はほとんどなく、一九四五年以前に関する記憶の語りは、名望家としての、あるいは有能な農業経営者としての自尊意識に溢れている。

第二に、しかし土地改革の徹底性はその暴力性のみならず、その包括性をも意味した。ここでいわんとするのは土地改革の及んだ規模のことではなく、むしろその深さの方である。土地改革は、その言葉から連想されるような土地所有の分割と再分配にとどまるものではまったくなく、一九三〇年代より農場制のもとで大規模機械制農業を発展させてきた東エルベのグーツ農業生産力の分割・解体を意味したこと、より具体的には家畜、農業機械、運搬手段、納屋・畜舎など、農業属具と総称される農業経営資本、さらにはグーツ館などの生活手段まで、グーツの物的資源総体に及ぶものであったということである。それがゆえにこそ、改革直後には「協同経営 Gemeinwirtschaft」という名の過渡的農業経営のありようが問題とされ、さらにその後も改革目標たる新農民経営の確立は困難をきわめた。新農民問題が一貫して当該期の農政の最重要課題でありつづけた所以である。さらに、後に述べるように新農民経営の確立は、グーツ屋敷地の解体と新農民家屋の建設までを視野に含んで構想されていたことを考えれば、土地改革は、農業構造の改革の域をこえて、農場型農村空間を小農型の農村空間に改造する「社会主義的」な農村空間革命であったとすらいえるのである。

写真 1-1　土地改革による土地配分後の祝祭で踊る難民たち.

パルヒム郡フラウエンマルク農場（約 600ha），1945 年撮影．背後の建物は納屋か畜舎である．女性と子供が多いことにも着目．

出典：ドイツ歴史博物館写真文書館所蔵　G. Gronefeld/DHM, Berlin, Nr. GG 49/20 (BA101577).

ちなみにこの農場の旧所有者 ── 鉄兜団員でナチス支持者 ── は，土地改革前にトラクターで西に逃亡した．労働者たちにも逃亡のために馬車を利用することを認めたが，彼らはすぐに村に戻ってきたという．Niemann, M., Mecklenburgische Gutsherrn in 20. Jahrhundert, S. 149–157.

第三点は、土地改革の入植政策としての側面である。繰り返し述べるように戦後東ドイツ土地改革は、第三帝国の崩壊に基づく東欧圏の領土再編成と強制移住に関わりつつ、いわば東欧圏土地改革の一環として行われ、そのために敗戦国の東ドイツでは土地改革の受益者として多数の難民が登場することになった（写真1-1）。そもそも新農民経営の取得が応募制をとっていること、難民の流入は一九四〇年代を通して継続していること、さらに後にみるように新農民の流動性がきわめて高く経営者の交代が頻繁であったこと。これらの点により、東ドイツの土地改革は新農民入植の様相を色濃く帯びることになったのである。新農民経営の困難さは同時に農民入植政策の困難さでもあったのである。

このように、接収・分割・再配分を内容とする土地改革はあくまで一九四五年が焦点となるが――一九四五年の実施過程の分析、とくに農場接収の暴力に関わる実態分析はきわめて重要なテーマであるが、残念ながら上記の記述を超えてこれを本格的に論じるだけの準備が今の私にはない――、第二と第三の特徴点にみられるように、東ドイツ土地改革はじつはここで終わりうるものではなく、占領期から、さらには戦後期全体にまでおよぶものであった。要するに土地改革は短期性と長期性の両側面をもっていたのである。そこで、本章では農場接収に関する上記の認識を踏まえつつ、むしろ一九四五年以降の中心課題となる新農民問題について、そのありようを村落との関わりで明らかにすることを目的としたい。そのさい分析上の視点として、特に以下の二点に留意する。

第一に、とくにソ連軍の農場占領と農村難民問題の意義を重視したい。どちらも一九八九年以前は東ドイツ国家において政治的な理由からタブー視されていた問題領域である。特にソ連軍の農場占領はこれまでほとんど言及されてこなかったが――戦後の対ソ賠償問題を扱った研究書を繙いても農場占領に対するまとまった記述がみあたらない[16]――、しかし経営資本接収と、村政への影響力行使という点で新農民問題に対してかなり大きな否定的影響を与えている。他方、戦後難民問題については、序章で述べたように、近年とみに研究が活発となっている分野であるが、そのさいに研究関心は全体としての難民問題一般に向けられており、村落社会との関わりでこれを議論しようとするスタンスは必ずしも強いとはいえない[17]。しかし、くどいようだが、難民の新農民入植の問題を抜きに、東エルベ農村における土地改革と村落再編の関わり方を理解することなどまったくできないのである。

第二に、本章の中心となる新農民問題分析にあたっては経営資本の社会的なあり方に着目したい。上述のように、従来の研究では土地改革の生産力的な意味での失敗を強調する文脈で新農民経営の経営的困難さがしばしば強調されるものの、具体的な分析は一般的な経営資本の賦存量の分析――もっとも素朴には各属具総数を経営総数で割って一戸あたりの賦存量を割りだすだけのような計算――などのレベルにとどまっており、農業史分

表 1-1　東ドイツ土地改革の地域差（1950 年）

	メクレンブルク＝フォアポンメルン	ブランデンブルク	ザクセン＝アンハルト	ザクセン	チューリンゲン
総面積に占める土地改革ファンドの比率					
対農地面積比	54%	41%	33%	24%	15%
対経営面積比	46%	35%	29%	20%	14%
新農民経営数の内訳					
「農業労働者」出自	38,286	27,665	33,383	13,742	6,045
「難民」出自	38,892	24,978	16,897	7,492	2,896
同比率					
「農業労働者」出自	49.6%	52.6%	66.4%	64.7%	67.6%
「難民」出自	50.4%	47.4%	33.6%	35.3%	32.4%

出典：Stöckigt, R., Der Kampf der KPD um die demokratische Bodenreform, Mai 1945 bis April 1946, Berlin 1964, S. 262 u. 265 より作成.

析としての浅さが否定できない。しかし経営資本をめぐる問題は単に生産力的な問題にとどまるものではなく、これをどう掌握し管理するかは、きわめて社会的かつ政治的な問題でもあったはずである。本章では、「新農民＝村落[18]＝郡」の関わりにおいて、各経営資本要素がどのようなあり方をしていたかに着目することで、新農民の経営と労働のヘゲモニーをめぐる動態的な過程に着目したい。言い換えれば、経営資本分析から土地改革と村落統合について論じてみたいのである。

以上の二点は、じつは対象とするメクレンブルク・フォアポンメルン州の顕著な地域的特徴に重なるものである。表1―1は一九五〇年一月一日時点、つまりは東ドイツ建国初期の時点における土地改革の地域的な差異をみたものである（巻頭地図1も参照）。ここにみるように、当該州は、州総経営面積に占める土地改革フォンド比率が五四％と東ドイツの中で最高値であり、かつ東ドイツ全体の土地改革フォンドに占める比率も約三割と最大で、他州に比べ土地改革の意義が格段に大きい。州内の新農民に占める難民新農民の比率は五割、全東ドイツの難民新農民数に占める当該州のその比率も四二％となっている。また、難民流入のインパクトは新農民に限定されず、次章で述べるように、この州における東方難民の農村人口に占める比率はほぼ五割に達していた[19]。このように当該州は全体として戦後土地改革と難民問題の矛盾を集中的に体現する地域であったのである。この表からはザクセンやチューリンゲンなどの南部ドイツ地域に属する諸州がメクレンブルクとは対照的な位置になることも容易に読み取れよう。

ちなみに本書巻頭地図2は当該州における難民新農民の郡別の分布をみたものである。正確な日時は不明だが、新農民総数からみて一九五〇年頃と思われるものである。これによれば、絶対数については南西部小農地域のハーゲナウ郡とルートヴィヒスルスト郡などで極端に少なくなっており、土地改革との関連がここでも明確である。さらに比率でみると、シェーンベルク郡、ヴィスマール郡、ロストク郡、パルヒム郡などの西部地域、およびノイブランデンブルク郡とノイシュトレーリッツ郡で比較的高くなっている。これは難民一般の流入に対応するもので、とくに北西部地域の難民新農民の重さは、オストプロイセン難民がここに集中的に流入したためと思われる。これに対しフォアポンメルン地方のポーランド国境沿いの地帯はヒンターポンメルンからの難民が多いところだが、戦場化したことによる影響のためか、難民新農民比率は相対的に低くなっている。

史料としては、主にシュヴェリンの州立文書館、およびベルリンの連邦文書館所蔵の土地改革関連、および難民関連のアルヒーフ史料に依拠する。(20) このうち、もっとも有用であったのはシュヴェリン州立文書館所蔵の州知事情報局の文書（一九四七年二月～一九四八年九月）であった。(21) この文書は、州報告担当職員が州知事に対して定期的に各郡の状況を報告したものである。内容が雇用状況、土地改革、農業、商工業、郡行政、政治、食糧配給、世論、犯罪、難民問題、青年問題、社会福祉など多岐にわたっており全体像の把握が容易なこと、また当該州が農業地域であることにより農業関連に関する情報が圧倒的に多いこと、さらに当時の州政府の政治的・行政的関心が特に新農民に集中していることが特徴である。本章が対象とする時期も、ほぼこの史料の時期に対応してソ連占領時期に限定されることとなる。

第一節　難民問題とソ連軍農場占領

繰り返しになるが、メクレンブルク・フォアポンメルン州の土地改革においては、想像される以上に難民問題と農場占領問題の及ぼした影響が大きい。本節では、本論に入る前提として、第一に難民問題と村落形態の関わり、第二にソ連軍の農場占領と土地改革の関わりについて、全体の見取り図を示しておきたい。

1．難民問題と村落形態

メクレンブルク・フォアポンメルン州における土地改革と難民問題のあり方は村落形態によって大きく規定されている。次頁の図1-1、図1-2に掲げた二つの模式図は、それぞれ土地改革期の新農民村落と旧農民村落の村落社会構造を表したものである。いうまでもなくそのありようは多様であるが、本書全体の内容理解を容易にする意図も込めて、ここではこれをあえて単純化し、「理念型」として示してみた。このうち旧農民村落については第二章で詳しく論じることになるので、以下では、新農民村落を中心にその要点のみを簡潔に述べておくことにしよう。

一般にドイツの東エルベ型農村においては、一九世紀の農業変革における「償却」「調整」「共同地分割」の結果として、過度な単純化であることを承知のうえでいえば、大中農層（フーフナー）を支配層とする農民型村落と、グーツ経営を中核とするグーツ型村落の二形態から構成されることとなった。戦後土地改革は、このうち主要にはグーツ村落を対象とするものである。グーツ経営分割を内容とする戦後土地改革とは、村落形態論の観点からいえば、グーツ村落の新農民村落への転換として把握できるのである。こうした村落の二元的構造自体は、少な

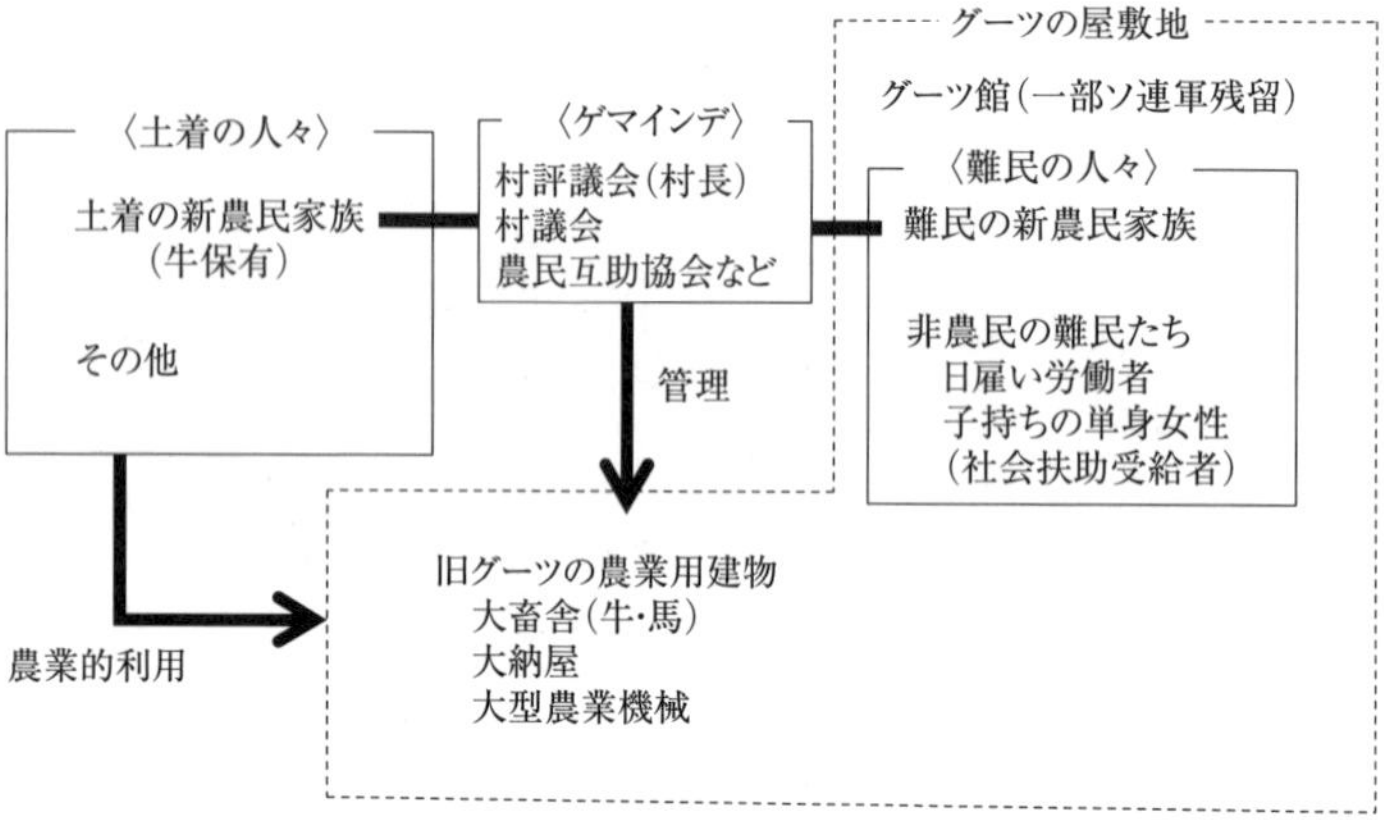

図 1-1　土地改革期の「グーツ村落→新農民村落」のモデル図

・「1 村＝1 ゲマインデ」の場合.

・土着新農民の住居に難民が居候するなど，住のありようは実際には遙かに複雑である.

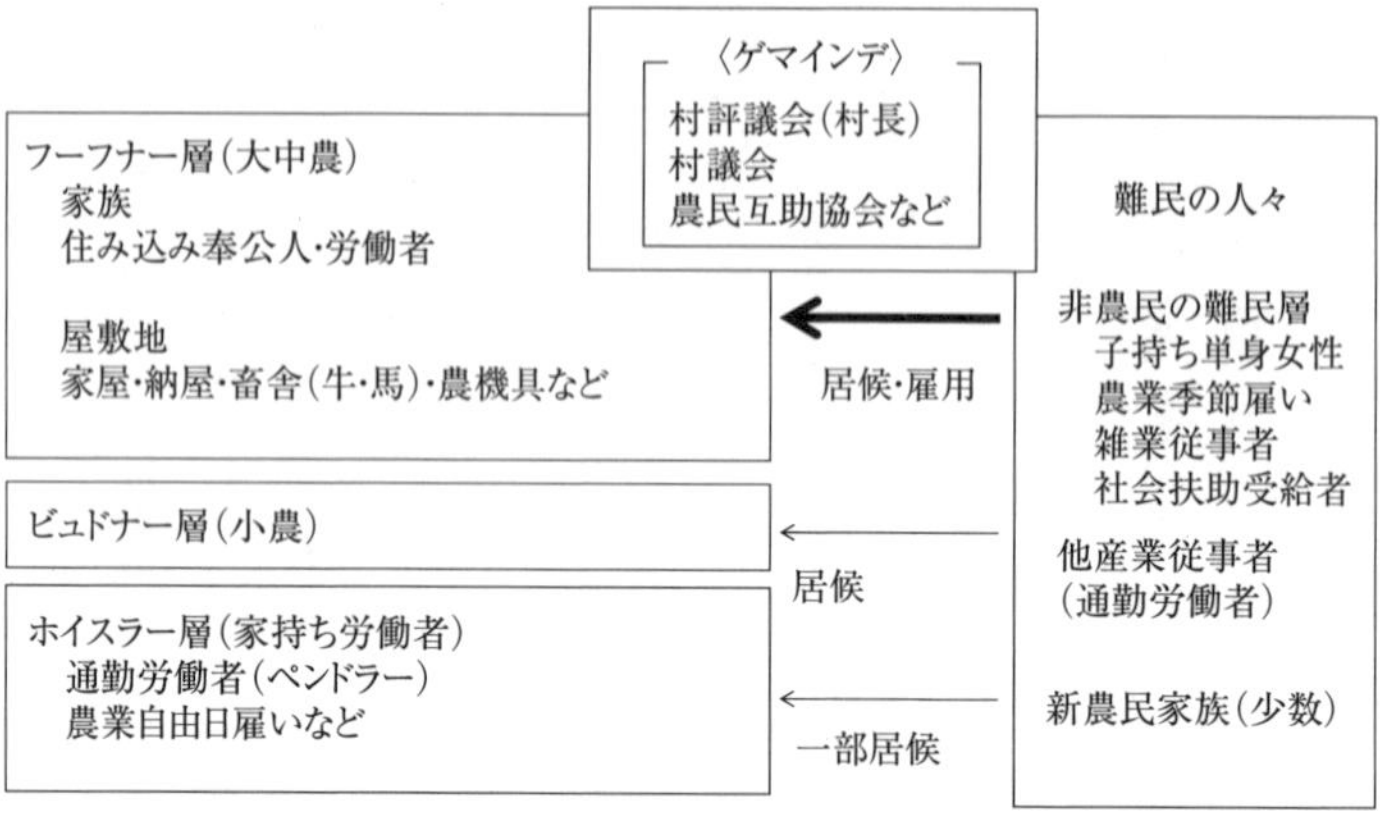

図 1-2　戦後における旧農民村落（大農村落）のモデル図

・「1 村＝1 ゲマインデ」の場合.

・詳細は第二章を参照のこと．そのありようは実際には遙かに複雑である.

くとも一九六〇年代の全面的集団化時点までは基本的には存続することとなった[22]。

難民問題のあり方は、こうした村落のあり方と大きな関わりがあった。戦後難民問題を語るとき、典型的な農村難民としては、農民家屋に居候する季節労働者としての難民家族が想起されるが、これは実は旧農民村落における難民のあり方を反映している。もともとドイツの大農・中農経営は、家族労働力を中核としつつも、男女の若い奉公人や、さらには外国人労働者など各種の自由日雇い労働者を下層労働者として雇用していた。第二次大戦中における外国人強制労働者はあまりにも有名であるが、難民労働者問題は、いわばその戦後版でもある。住宅問題、季節労働者問題、「子持ちの単身女性」問題など戦後農村難民問題の主要な形態は、主には旧農民村落の問題のありようを反映しているのである。

他方、旧グーツ村落、つまり新農民村落における難民問題のあり方は、旧農民村落とはかなり異なる様相を呈していた。第一に、難民の住宅問題のあり方が基本的に異なっていた。旧グーツ村落は、グーツ館、大納屋、大畜舎などからなるグーツ屋敷、および管理人住宅、グーツ常雇労働者住宅、グーツ職人住宅、外国人労働者用の「営舎」、居酒屋などからなっていた。二〇世紀前半の旧グーツ労働者問題の中心がかねてより住宅問題にあったことに示されるように、旧グーツ労働者住宅は、同居形態で難民を受け入れる余地をほとんどもたなかった[23]。このため難民たちは、まずは空き家となった労働者住居やグーツ館の大部屋に、そしてそれにあぶれれば納屋や畜舎に暮らすことになった。こうして新農民村落の難民の住宅問題は、第一にはグーツ屋敷問題としてあったのである。住宅収容力の小ささに基づく難民受入能力の限界性が、旧農民村落に比較した場合の新農民村落の大きな特徴である（詳しくは第二章第四節を参照）。

グーツ村落難民の第二の特徴は、すでに指摘したように多くの新農民の難民が存在したということ、彼らが難民の主体になったことである。ただし、このことはグーツ村落において難民の季節労働者や「子持ちの単身女性」の存在感が小さかったことを意味するわけでは全くない。家族を構成しえない人々は、家族労働力および経営能力の観点から新農民になるのは難しかったが、他方で「供出ノルマ」[24]のかかる新農民となるよりは、現物賃金、配給、社会扶助などによって当座を凌いだ方がましだった場合すらあったといわれる。ただし、彼女たちについては旧農民村落の難民の人々と比べてもその情報がきわめて乏しく、実態把握はかなり困難である。いずれにせよ、このように新農民村落は、旧グーツ労働者であった新農民、グーツ館に住む難民の新農民、および「難民季節労働者」「子持ちの単身女性」を典型とする非農民の難民貧民の三層から構成されることになった。もちろん、こうした分類に属さない人々、たとえばペンドラー（通勤労働者）として村落に定住する人々もいた。しかし本章は新農民問題に関心があるため、以下では分析対象は「旧グーツ村落＝新農民村落」に住む土着の旧グーツ労働者出身の新農民と難民の新農民に限定することにする。

2. ソ連軍の農場占領問題

新農民村落にとって土地改革に伴う新農民問題はすぐれて難民問題でもあったが、実はもう一つ、旧農民村落とは異なる新農民村落の大きな特徴がある。それはソ連軍の農場占領と経営資本接収――とくに家畜資源収奪――という問題である。従来の土地改革論ではソ連軍の農場占領の実態がほとんど明らかにされてこなかった。このため、以下、少し詳しくその実態についてふれておきたい[25]。

戦後直後、ソ連軍はドイツ侵攻とともに各地でグーツ経営の占領を行う。問題は、その範囲と占領期間である。ソ連軍が占拠したグーツ経営はどの程度に及んだのだろうか。残念ながらこの点を明瞭に示す数字を発見しえていない。個別的には、ヴァーレン郡について、一九四五年に土地改革により分割されたグーツ経営が一二〇経営、これに対しソ連軍に占領されたグーツ経営が八五経営という数字が報告されている[26]。これによればグーツの約七割がソ連軍に占領されたことになる。

占領期間以上に問題となるのは撤退状況である。上の一九四五年のヴァーレン郡からの報告では農場はまもなく徐々に村に返されるであろうとされており、農場占領は一時的であるような印象を受けるが、しかし他方では一九四七年、一九四八年時点でソ連軍がなお村に常駐している事例が多数確認されるのである。例えば一九四八年五月、ノイブランデンブルク郡ゴルム村では、村に常駐するソ連軍が村の牧草地利用を要求して困っているとあり、[27]また一九四七年のシュヴェリン郡難民実態調査資料においても、難民の住宅問題を深刻化させている要因として、グーツ館を占拠するソ連軍の存在が複数の村について言及されているのである。[28]一九四八年にはノイシュトレーリッツ郡で、機械ステーションの設置場所の問題に関わって、郡内六行政区のうちのヒュルステンベルク行政区における六村落がソ連軍の支配のもとにあると指摘されている（後掲表1-9参照[29]）。これらの点から、少なくとも一九四九年の東ドイツ建国までは、なお郡内の数村落において、占領軍拠点として農場占領が継続していたと推測できる。また、たとえ農場から撤収したとしても、それはソ連軍の村への介入がなくなったことを意味するのではない。一方でソ連軍のための物資の供出、各種の労働力・家畜の無償動員命令は占領期間中は常時見られるし、他方で、第四節で論じるように、様々な形での村政への介入を示す事例にも事欠かないからである。

では、ソ連軍の農場占領の実態はどのようなものだったのだろうか。これを表1-2に基づき見てみたい。この表は、ソ連軍の存在に苦しむ各村の不満の声を受けた州政府が、ソ連軍宛に出した請願書をもとに作成したものであるから、ここであげられているのはとくに占領の影響が大きかった村落とみなしてよいだろう。

まず第一に明らかなことは、これらの村落ではソ連軍が農場の経営資本を根こそぎ接収していることである。各農場ごとにその程度にはばらつきがあるのだが、第一に馬・牛などの家畜、これらを維持するための飼料、さらに農具類を接収していること、そして第二に、グーツに常駐する場合は、これに加えてグーツ館の占拠と労働力動員（ただし賃金支払いなし）および食用穀物の接収が行われていることが確認される。土地改革との関わりで注目されるのは、裸の農地についてはすぐに返却されていることである。これは、土地改革とはいっても、占領

（つづき）

グーツ名	ソ連軍から返されなかったもの / 返されたもの.	
グロース・ブリューテ村	・10 頭の馬と荷車のみ引き渡された.	×
グロース・ヴェルティン村	・引き渡されたのは老いた馬 11 頭，動かないトラクターなど	×
⑥シュトラールズンド郡の12 経営	・一般に播種用の種子以外は戻ってきていない．その他はすべて軍隊が保有している．人間と家畜の食料が保証されていない．これでは作業は不可能である.	×
⑦グライフヴァルト郡		
12 か村	・引き渡されたのは計 358ha，馬計 3 頭．機械や農具の類はほとんど残されていない．農場で赤軍のために働いていた人々は，そこで賄いをうけてきた．賃金は支払われず.	△
ボルテンハーゲン村	・480ha は引き渡されたが，30ha は赤軍が保持したまま．「グーツ館」も引き渡されず.	△
バンデリン村	・345ha のうち，305ha が引き渡された．「グーツの館」は一緒には返されなかった.	△
アルト・ネゲティンツ村	・340ha のうち 309ha が引き渡された．グーツ館は返されず.	△
ベーレンスホッヘ村	・467ha のうち 121ha が引き渡される．住宅を空けてほしいという要望は認められず.	△
ザンツ村	・257ha のうち 215ha が引き渡される．夏穀物種子，種芋，飼料と食料，3 棟のグーツの建物は返されず.	△
クライン・キーソー村	・384ha のうち，344ha が返ってくる．当地の館には 200 人の難民が暮らすことができるだろうが，この館は現在大佐 1 人と男 2 人が住んでいる．グーツ館はすべて返ってきていない.	△
ヴランゲルスドルフ村	・264ha のうち 224ha が返ってくる．難民 200 人収容できる城も明け渡されず.	△
メコー村	・300ha が返ってくる．ここでも夏穀物種子，種芋，飼料と食料はなし.	×
⑧ルートヴィヒスルスト郡一般	・一般に，グーツ建物のすべて，農地と採草地の半分，そして機械の大部分は軍が保持している．すべてのグーツで既に耕起された土地は赤軍が支配されている.	△
ベクティン村	・利用できるのは農業労働者住宅だけ．納屋，厩舎はなし．馬，牛の飼料なし.	△
レッセ村	・秋まきの終わった農地は赤軍に差し押さえられる.	×
ダンベック村	・納屋・厩舎は赤軍が管理.	△
メーレンスベック村	・125ha の裸地だけ.	×
カールスホーフ村	・農地の半分，建物を接収．農業労働者へは一度の賄いもなし.	○

注：○は建物接収および労働力動員の明示的記載がある村（ないし軍の常駐が明示されている村），×はどちらの明示的指摘もないもの，△はどちらか一方のみの指摘があるものである.

出典：B-Archiv, DK1, Nr. 7593, Bl. 99–119, bes. Bl. 110 より作成.

表 1-2　1945 年 9 月におけるソ連軍による農場占領の状態

グーツ名	ソ連軍から返されなかったもの / 返されたもの.	
①ギュストロー郡		
リュソー村	・引き渡されなかったもの：農地 40ha，すべての建物，森林，採草地・牧草地の大部分，すべての属具，すべての労働力.	○
ランゲンハーゲン村	・利用できるのは雄牛 10 頭，馬 4 頭．建物はひきわたされず入場禁止．労働力も動員されたまま.	○
カルチェス村	・裸の農地のみ返る．建物および農地 40ha 返らず.	
プルツュエン村	・農地 300ha が返る予定だが 200ha は返らず．建物返らず，労働力動員も解除されず．馬は 20 頭中 6 頭のみ．秋まき用種子は返らず.	○
アーレンスハーゲン村	・草なしの農地のみ返る．建物はロシア軍占領．機械と雄牛 10 頭だけは返る予定.	△
ツェーンス村	・穀物畑，製粉所，脱穀機，発電施設が返らず．すべての牛 Rindvieh が返らず．労働に賃金は一切支払われていない.	△
ノイドルフ村	・脱穀機とトラクター以外のすべての属具が返らず．パン穀物も飼料もなし．種子なし.	×
デーメン村	・返されたもの：農地，採草地，森林，湖，住宅 10 戸と厩舎．これでは 290ha は経営できない．軍は農地 150ha，馬 12 頭，雄牛 4 頭，男子労働力 2 人，女子労働力 2 人をなお保有．トラクターは返らず	△
カルコー村	・引き渡されたのは農地 350ha のみ．建物，属具はなし.	△
ヴィルヘルムスホーフ村	・ほぼ同上の状態.	△
②ハーゲナウ郡		
ゴルデニツ村	・返されたものは雄牛 8 頭，トラクター 2 台，裸の農地．建物，種子，飼料，食料は返されず.	△
プリッィア村	・馬もトラクターも返されず．種子も食料も飼料もない.	×
ハルスト村	・裸の農場だけが返される．馬，種子，飼料，食料，家畜なし.	×
③ヴァーレン郡	・85 経営がロシア軍に占領されているが，徐々に撤退の見込み.	
ノイシュレーン村	・返されたのは土地と建物の一部だけ．この経営は 487ha であるが，馬は 40 頭中 2 頭，トラクターは 2 台のうち 1 台．賃金は 5 月以来支払われず.	△
クライン・ルコフ村	・機械は返されたが，家畜は雄牛 3 頭だけ．馬はすべて占領軍が保有.	×
④ロストク郡		
シャルストルフ村	・農場の一部が返ってきただけ．家畜は一切返らず，機械は一部が返っただけ．飼料も食料もない.	×
⑤シュヴェリン郡		
マテルン農場	・返ってきたもの：土地 435ha，トラクター 1 台などの機械類．家畜と建物はすべて返らず．経営面積は 290ha.	△
シュトラーレンドルフ農場	・農地 107ha，犂 2 台など農具類，トラクター 1 台．馬 18 頭はロシア軍が保有している.	×

された農場においては、「裸の土地」が形式的に分割されたにすぎなかったということを意味している。後述するように、土地改革における新農民経営問題の中心は馬などの牽引力不足であるが、その原因は、戦時徴発や戦災による以上に、戦後の農場占領による家畜接収にあったことがここでは端的に示されている。その意味で、グーツ住民にとって土地改革とは文字どおりの農場解体であった。なお、表にあるように、既にこの時点でグーツ館の占領問題が難民問題と関わりで意識されていることにも注意しておきたい。

第二に注目すべきは、各農場によってその位置づけに差があると推定されることである。表1-2の備考欄の○と×の分布が示すように、グーツ館の接収と労働力動員の二点がともに指摘されているもの、つまりソ連軍が農場に常駐していると推定される村落と、そうでない村が存在していることがわかる。この点をふまえた上で、以下の個別村落の報告をみてみよう。これは、新農民村落であったロストク郡クライン・ベルコー村[30]の村長フリーべによる郡長宛文書の要約である。ここで村長は自分の村の困窮状況を、占領軍支配に関わらせて次のように切々と訴えている。[31]（ただし括弧内は引用者。）

「本村では一九四五年一〇月に土地改革が行われグーツは分割された。しかし、農場はいまも赤軍に占領され、村民は農場に対する自立的権限を認められていない。……（前任者によれば）畜舎の空き分と農地だけが村に引き渡されたという。上述のように農地は分割されている。……この秋に（牽引力として）われわれが保有しているのは雄牛二頭と老いた馬一頭だけである。……一一月一日～八日の期間にロストク郡より四頭の馬が割り当てられた。馬代金の支払いのために三千ライヒス・マルクを借金しなくてはならない。……

わが新農民村落 Siedlergemeinschaft の最大の問題は飼料不足である。去勢牛や馬に与える燕麦も挽割り麦も、粗飼料すらないのである。私が照会したところでは、われわれは収穫の三〇％が確保できるはずだが（実際には農場占領軍から得たのは、飼料穀物については冬大麦四五〇キロだけであった。ライ麦と小麦も約束の半分だけである。）……さらに、農場には各新農民の所有である乳牛二〇頭と未経産牛四頭がつながれている。旧グーツ労働者の新農民はそれぞれ各一頭の乳牛を保有しているのだが、これらの牛の飼料が全くないのである。というのも占領軍がすべての飼料、つまりカブ、干し草、わらなどを差し押さえたからである。……このままだと新農民は、自分の所有であるたった一頭の乳牛を処分せざるをえなくなる。（ジャガイモも牽引力不足のために畑に室《むろ》の状態で土で覆われたまま放置されているが、甜菜も含めこれに対しても私は何の手出しもできない。）

……農場にはグーツの分を入れて約三百頭の牛がいるが、これらすべてがわれわれの農地で必死に草をあさっており、畑に大きな被害をもたらしている。アルファルファは監視していなかったためにすべて食べ尽くされてしまった。占領軍の命令により、家畜は夜には畜舎に入れて番をしなくてはならない。（この牛たちを）搾乳する婦人たちの面倒もみなければならないが、彼女たちには賃金が支払われていない状態である。（そのうえ）牛の番をするにも必要な飼料が全くないのである。また畜舎はもともと三百頭の家畜を収容できるようには作られていないため、ほとんどの家畜を納屋につなぐことを強いられている。納屋には若干だが化学肥料が積んである。牛とは棒やハシゴで仕切っているが、牛たちは空腹のためにすべてを壊してしまう。化学肥料もほとんどは糞尿と一緒になってしまった。……

新農民の去勢牛や乳牛のために最低限の冬用飼料を確保できる唯一の可能性も、占領軍の乳牛を甜菜畑――戦争のために五月に間引きができなかった――で放牧することになったために失われてしまった。さらに乳牛は甜菜畑を掘り返して大きな被害を出したのである。

こうした困窮状態のもとで、本村の土地改革はきわめて危険な状態にある。新農民たちは、最終的には自分の農地で働くことができるよう緊急支援を望んでいる。さらにわが新農民村落において、家畜と荷車を持った土地なし農民を受け入れることについても注意を促しておきたい。これらの難民を受け入れることは無理である。というのも飼料がなく、グーツ館は一〇家族分のスペースを提供できるとはいえ、今は穀物の貯蔵のほか、一部屋が四人のロシア人に充てられているからである。」

表 1-3　メクレンブルクにおける牛乳生産　(1938-1949 年)

	乳牛頭数	1 頭あたりの搾乳量 (単位：kg)
1938	390,666	2,842
1939	388,456	2,936
1940	260,716	2,898
1941	266,465	2,943
1942	271,976	2,820
1943	274,873	2,323
1944	274,495	2,856
1945		
1946	228,313	1,824
1947	237,899	1,923
1948	244,226	1,953
1949	329,262	2,289

注：乳牛頭数は年間の平均頭数．明示されていないが「搾乳量 Michertrag」は明らかに年間搾乳量と思われる．

出典：Clement, A., Produktionsbedingungen und Produktionsgestaltung in den bäuerlichen Wirtschaften Mecklenburgs zur Zeit der Bodenreform 1945 bis 1949, Rostock Univ. Diss., 1992, Tab. 51 より作成．

このクライン・ベルコー村の事例では、農場占領された新農民村落のかかえた問題が典型的に、かつ極めて印象的に語られている。土地改革が裸の農地の形式的分割にすぎず、農民的個別経営の実態はほとんど存在していない。農業属具接収に伴う牽引力の不足、特に馬の不足が深刻であり、他方で、グーツ館のソ連軍による占領が新たな難民の受け入れに対する危惧を生んでいることが確認できる。また、後の議論と関わって、旧グーツ労働者の新農民たちが乳牛各一頭ずつを保有していること、またそれらの牛は、馬と異なり村の家畜にはカウントされていないことにも留意しておきたい。

しかし、この事例でもっとも注目すべきは、ソ連軍常駐村としてのこの村の位置づけである。この請願書では、とくに村の飼料不足が強く訴えられているが、その理由はソ連軍の過剰な家畜保有にこそある。もともとの収容力をはるかにこえる三百頭の乳牛が舎飼いされ、それが畜舎問題、過剰放牧、甜菜畑の荒廃の原因とされている。つまり、この村は単にソ連軍が常駐しているのみならず、軍が近隣の大農村落やグーツ村落で接収した家畜をこの村に集中し、村の資源を蚕食しつつこれを管理していたのである。[32]そのために四人の「ロシア兵」がこの村に常駐している。これは、軍が長期に駐留しなかった村についても、さらに新農民村落に限らず旧農民村落についても、実質的にソ連軍の組織的な家畜や属具の接収対象となりえたことを意味する。グーツ労働者たちにとって、土地改革はこうした植民地占領的なソ連軍の農業資源収奪と一体のものとして経験された。それは「土地改革に賛同する共産主義的な農業労働者ですら、こんな状態では村で何も語ることができなくなる」ほどの状態であったという。[33]

表1-3は、メクレンブルク州の戦時から戦後における乳牛総頭数および一頭あたり搾乳量の変化を示したものである。一般に戦時期ドイツ農業は一九四四年まで国内食糧供給に成功したといわれているが、この表からも戦時中は牛頭数にも搾乳量にも大きな変化がないことがわかる。ところが一九四六年 ―― 戦後に食糧不足がもっとも深刻であった年である ―― の数値をみると、乳牛頭数は二七万頭から二二万頭へと五万頭、比率にして二割も減少、同じく搾乳量も二割強と大幅に減少している。また頭数は一九四九年にむけて急速に回復しているものの ―― 後述の家畜調整による効果と思われる ――、一頭あたり搾乳量はそれほど回復していない。搾乳量減少はそのまま飼料不足の反映とみなしてよいだろう。これらの急激な生産力の解体は複合的な要因の重なりによるが、その原因の一つとして、上記のようなソ連軍の過剰放牧を伴う資源収奪が寄与したことは疑いないのである。[34]

第二節　農業経営資本の利用形態と労働のヘゲモニー

土地改革期の農業政策の焦点は新農民問題にあり、その中心は牽引力調達を軸とする経営資本問題であった。本節では、とくに馬、牛、トラクターの主要な農業属具に絞って、第一に、個別農民、村、郡という関わりのなかに各属具がどのような形であったのか、またどのような方向に再編されようとしていたのかを、各素材別に、かつ可能な限り動態的に分析したい。第二に、そうした観点からするとき村落内の土着新農民と難民新農民のあり方の違いはどのような差であったのかを見たい。以上の点をふまえ、難民問題を抱え込んだ新農民村落において、個別経営の自立の度合いや村による労働へゲモニーのあり方とその強弱、さらに郡の村に対する介入の特徴などについて考えてみたい。

1. 家畜

①馬

戦後、新農民経営の最大の問題は、牽引力・犂耕力の不足であった。一方でのソ連軍による接収と他方での戦後再建の必要、とりわけ農業のみならず建築における需要の急増によって、牽引力調達が最大の課題となったのである。牽引力・犂耕力の内容はトラクターと馬であるが、その中心は馬であった。後述のように終戦直後におけるトラクターは稼働率が著しく低かったからである。極端な場合、新農民たちはトラクターを売り払って馬と交換したり、あげくの果てにトラクターの犂刃を馬耕用の犂に加工するほどであったといわれている[35]。

馬保有の有無は農民経営の自立性を議論するさいの決定的な指標である。戦時期の馬の徴発、終戦直後のソ連軍による接収、および難民の大量流入とその新農民化、これらの事情によって馬の需給ギャップが拡大し、馬の絶対的不足が生じたのは自明だが、しかしその水準はどの程度のものだったのだろうか。

表1-4は、新農民村落単位での新農民経営数と馬頭数の関わりを、州や農林省官僚の各出張旅行報告をもとに、個別事例一覧として整理したものである。上級機関職員の監査旅行の数字だから、下級機関からの自己申告に基づく一般の統計数値よりは信頼性が高い情報だとみてよいだろう。この表から、一九四七・四八年において、

表 1-4　新農民の馬の保有頭数（個別報告による）

郡名—村名（年）		新農民経営数（a）	馬頭数（b）	馬のいない経営数	馬の保有率（＝b/a）	備考	出典[1]
ロストク郡	P 村（1947）	40	15		37.5%	劣悪	LHAS, 666a, Bl. 479
ロストク郡	N 村（1947）	54	27		50.0%	劣悪	LHAS, 666a, Bl. 479
シュトラールズンド郡	L 村（1947）	181	*51*[2]		(28.2%)		LHAS, 666a, Bl. 483
アンクラム郡	K 村（1948）	16	*11*	5	68.8%		LHAS, 667, Bl. 255
リューゲン郡	G 村（1948）	186	138	48	74.2%		LHAS, 667, Bl. 19
ヴァーレン郡	L 村（1948）	52	36		69.2%		LHAS, 667, Bl. 80
ヴァーレン郡	A 村（1948）	53	25		47.2%		LHAS, 667, Bl. 80
ヴァーレン郡	K 村（1948）	80	34		42.5%	劣悪	DK1, 8573, Bl. 121
ヴィスマール郡	S 村（1948）	53	27		50.9%	劣悪	LHAS, 666, Bl. 16

注：斜体の数字は計算値.
馬の保有率（%）＝馬頭数（b）/ 新農民経営数（a）× 100
「劣悪」：特に他村比べ家畜・牽引力が不足であるとされている村.
(1) LHAS は「LHAS, 6.11−2, Nr.」の略，DK1 は「B-Arch, DK1, Nr.」の略
(2) 村の農民互助協会保有数．個人有の馬がカウントされていないために比率が非常に低くでていると考えられる.

村の新農民数に対する馬頭数は五割から七割程度であること、このうち五割以下のところが当局によって問題村落とされていたことがわかる。さらに表1−5は新農民地帯であるギュストロー郡とノイブランデンブルク郡の一九四六年の馬保有比率をみたものである。どちらの郡も新農民が厚く存在し、かつその経営困難が他地域に比べどちらかといえば深刻とされるところであるが、これをみても馬保有経営は全体の半分以下となっている。

馬保有の水準が五戸に三頭程度、さらに条件が劣悪な村では二戸に一頭弱程度であったということは、自立的な新農民経営が不可能であること、従って馬は事実上「村の馬」としてあらざるをえなかったことを意味しよう。村農民互助協会の重要な役割の一つが、そうした馬利用の管理であった。各種ノルマ遂行が基本的に村を責任主体として課せられたこと、一般に耕起、収穫、脱穀作業は共同作業として行われていることにみられるように、新農民村落においては土地改革後はもとより、「協同経営」解体後においても村が生産過程のヘゲモニーを担い

表1–5　新農民の家畜保有（1946年10月）

		ギュストロー郡	ノイブランデンブルク郡	
		1946年	1946年	1947年
新農民経営数		5,514	4,265	4,804
馬	馬を保有する新農民経営	2,850	1,914	2,152
	（同比率）	52%	45%	45%
	同、馬頭数	2,869	2,109	2,242
	（同、保有1経営あたり）	1.01	1.10	1.04
牛	牛を保有する新農民経営	3,859	3,820	4,172
	（同比率）	70%	90%	87%
	同牛頭数	8,222	5,521	6,080
	（同、保有1経営あたり）	2.13	1.45	1.46

出典：Clement, a.a.O., Tab. 31 より作成.

つづけているが、その中心に馬の利用があったのである。例えば、一九四八年、アンクラム郡の春耕について、「各村の作付け計画もできあがった。一目瞭然で各農民が何をどれだけ播くのかがわかるようになっている。各村では作業計画も立てられており、これによって既存の牽引力（馬のこと —— 引用者）と農業機械が、同等の作業能力を持つ労働グループに割り当てられることがわかる」と報告されているのである[36]。

この点に関わって特に着目したいのは、「相互扶助がうまくいっていない村」について、それが土着対難民の村内対立と重なるとき、より深刻なものとして報告されている点である。ゲマインデ内の馬をめぐる対立は、それが旧農民集落を巻き込んでいる場合は、旧農民集落と新農民集落の集落間対立に重なると思われるが、しかし新農民村落が支配的な地帯では、新農民村落内部の対立が散見されるのである。たとえばシュトラールズンド郡の四村について、村長ないし農民互助協会に新農民間の争いを解決する能力がないことが指摘されており、さらにこのうちゼムロー村については、難民である村長は農業に関する知識は豊富だが、土着と難民の対立のために、農民たちが「相互扶助」を目的とする馬の提供に反発し、このため春耕が著しく遅れたと報告されている[37]。また、ヴァーレン郡の新農民村落アルトガーツ村については、「命令二〇九号」による新農民家屋建設計画が進展していないこと、その理由は「相互扶助」が拒否されているためであること、具体的には馬を所有する農民たちの負担が「牽引力のない経営」のために非常に大きくなっており、その一方で「馬のない農民」が、馬を借りる代償として牽引力のある農民に何らかの手労働を提供することを拒否していることが報告されている[38]。後者のヴァーレン郡の事例については新旧農民の対立である可能性ももちろん高いが、この地域が旧グーツ村落地域であることや、次節で述べるように新農民家屋建設に関わる対立であることなどから判断して、土着新農民と難民新農民の対立である可能性も十分あると考えてよいだろう。以上の二つの事例からは、馬については利用と所有の間に矛盾があったこと、馬保有のあり方に関して土着と難民の間に有意味な差があったこと、馬問題が土着と難民の対立と重なるとき村の農作業が困難に陥ったであろうことが読みとれよう[39]。

馬の公的利用に関わる問題は、単に村内対立に関わるだけでなく、村の内外での馬濫用問題という形でも鮮明に現れた。この時期、一方での飼料不足と他方での馬の酷使により、馬の屠殺・廃馬が目立って増大している。例えば経済的困窮地域とされたユッカーミュンデ郡では「一九四六年は三七四頭の馬が緊急屠殺されざるをえず、「一九一頭の馬が死亡した」とされ[40]、ノイシュトレリッツ郡でも一九四七年一月から四月の間に五六頭の馬が死亡、六〇頭を安楽死させたという[41]。さらに種牡馬は飼料不足で生殖力が減退してしまうありさまであった[42]。

馬の酷使の原因となったのは、農耕馬としての利用以上に、実は輓馬としての需要が急増したためであった。収穫物の搬入、販売用・供出用農作物の運搬ために馬は必須の労働手段である。だが、とりわけ負担感が強かったのが、住宅資材調達のための森林伐採と木材運搬のノルマであった。例えば、ノイブランデンブルク郡においては、一九四七年春、他郡のための木材伐採・運搬を課せられた農民たちは、春耕直前の時期に馬が死んで牽引力を失うことへの不安を訴えている。とくに遠方の他郡のための木材運搬は消耗度が大きいために抵抗感が大きく、これが木材運搬ノルマのかけ方に対する批判の声を引き起こしている[43]。また、収穫期になると、収穫と木材運搬について馬動員が競合するという問題が発生した。特に一九四七年には、収穫期において木材運搬ノルマを課することに対する不満が高まり、結果的に、郡当局はこの声をうけて収穫優先を指示し、木材運搬を一時的に停止させている[44]。

以上のように、絶対的な馬不足と戦後の建設需要のために、新農民村落の馬利用は公共的な性格を帯びざるをえなかった。それは、一方で馬資源の公共的な濫用を引き起こし、他方で村落内においては、土着と難民の問題と重なるとき「村の馬」利用としてもしばしば機能不全に陥った。馬の動員にさいしては、しばしば懲役刑という脅迫が利用されたり[45]、あるいは警察力の動員が必要と指摘されているが[46]、これらは馬をめぐる以上のような困難を裏付けるものといえよう。

②牛

馬と比べると牛のあり方はかなり異なっている。もちろん牛頭数の不足は随所で指摘されるが、しかし馬のような形での動員・共同利用についての報告がほとんどみられないのである。これは牛の利用のされ方が、馬やトラクターと比べ明らかに私的性格が強いからだと思われる。牛への関心という点でもっとも頻繁に出てくるものは、実は牛耕問題である。当局は、この時期、深刻な馬問題の解決として乳牛による代替を奨励したのである。しかし牛耕はほとんど普及しなかった[47]。その理由は、牛耕用の用具の不足[48]という事情の他に、主要には牽引による搾乳量の大幅減少を新農民たちが嫌ったからであったという[49]。深刻な飼料不足の問題があることはいうまでもない。牽引力不足問題の観点から代替的な役畜として乳牛をみる当局の視線と、あくまで乳牛として扱う新農民との態度との落差。ユッカーミュンデ郡ハインリヒスルー村では、ある農民が「牽引しない乳牛三頭を保有しているものの、自分では犂耕せず農民互助協会をあてにしている」と非難されているが、この農民の行動にこそ牛と馬のあり方の違いが端的に反映されているといえよう。

牛のこうした私的形態での保有のあり方は、経営階層ごとの乳牛保有の分布からも読みとれる。ここでさき

表1-6　家畜保有の階層構成
（メクレンブルク・フォアポンメルン州；1947年6月家畜統計）
単位：保有経営数

	経営階層	5－10ha		10－20ha	
馬	保有経営数	37,379	100.0%	22,005	100.0%
	1頭	31,559	84.4%	9,621	43.7%
	2頭	5,585	14.9%	11,531	52.4%
	3頭以上	235	0.6%	853	3.9%
牛	保有経営数	55,958	100.0%	25,329	100.0%
	1頭	37,996	67.9%	8,701	34.4%
	2頭	14,230	25.4%	5,471	21.6%
	3頭	2,939	5.3%	4,379	17.3%
	4頭以上	793	1.4%	6,778	26.8%

出典：LHAS, 6.11－2 Ministerpräsident, Nr. 678a, oh. Bl. より作成.

にあげた表1－5を再度みられたい。馬のいない経営が五割強の水準であるのに対して、牛のいない経営は二割程度にとどまっていることがわかろう。また、保有経営に限って一経営あたりの頭数をみてみると、馬が最低の一頭水準であるのに対して牛は一・五頭から二頭と複数飼育であったことがわかる。この点をより詳しくみるために表1－6をみられたい。これは、一九四七年六月における五～二〇ヘクタールの中小農層について馬と乳牛の保有状況を階層ごとに示したものである。新旧農民の区別がなされていないとはいえ、五～一〇ヘクタール層のほとんどは新農民とみなしてよく、また一〇～二〇ヘクタール層にも新農民経営が相当数含まれているとしてよい。そのうえでこの表をみると、馬の場合は五～一〇ヘクタール層において圧倒的に一頭保有に集中しているのに対して、牛については五～一〇ヘクタール層で三割強が、一〇～二〇ヘクタール層では七割強の経営が複数頭数の保有であることがわかる。ただし一〇～二〇ヘクタール層の馬二頭以上保有層および牛四頭以上保有層は旧農民経営とみなすべきで、この点は割り引かねばならないが。いずれにせよ、こうした牛保有分布のありようは、こうした格差を生むほどに牛が私的保有形態のもとにあったことを意味している。

表1-7　土地改革により分配された大家畜（州全体：1946年2月1日）

	農業労働者	難民	VdgB	その他
新農民経営数	36,492	23,340		
分配馬頭数 （一戸あたり）	8,056 (0.22)	3,723 (0.16)	1,061	358
分配乳牛数 （一戸あたり）	6,790 (0.19)	6,475 (0.28)	616	390

注：VdgBは農民互助協会.
出典：B-Arch, DK1, Nr. 8180, Gesamtstatistik über den Stand der Bodenreform, Bl. 145-160より作成.

もう一つ着目したいのは、実はこの牛保有の格差が、土着新農民と難民新農民の差にある程度まで重なるのではないかという点である。この点で興味深いのは、牛耕について、ヴィスマール郡において「東部難民たちはこの種の犂耕に移行しつつあるが、土着の農民たちは知ろうとすらしない(50)」といわれている点である。乳牛としての関心を示すのは主に土着新農民である。むろん難民の馬不足の深刻さの反映でもあるのだが。

表1-7は一九四六年二月において、土地改革により分配された馬と乳牛の内訳である。前表と比べたとき分配頭数が非常に少なくなっているが、その理由は不明である。しかし、取得者のカテゴリー別に各家畜の配分内訳を示す統計は他にはないので、信頼性を留保しながらであるがこの表をみてみよう。すると、馬については上述で確認したこと、つまり全体としての数値の低さ、土着労働者への偏り、さらに農民互助協会に対する分配数がある程度の意義をもつことなどが読みとれる。ところが牛に関しては、農民互助協会の比重が小さいことは上記の牛保有の私的形態の議論と一致するものの、予想に反して、土着と難民への分配数はほぼ同数であり、一戸あたりでみるとむしろ難民に有利に分配されたことがわかる（ただし、水準があまりに低すぎる感は否めないが）。この点に関わって想起すべきは、すでに農場占領に関する記述においてクラインベルコー村の事例で言及したところだが、もともとメクレンブルク地方の場合、旧グーツ労働者は労働者畜舎において自らの乳牛を一頭所有するのが通例であったことである(51)。一九二八年のことだが、グーツの常雇労働者が、畜舎をもっていたのみならず、

賃金協約にてグーツ牧草地の放牧権ももっていたことを示す紛争事例が存在する。[52] さらに戦時中も、全体の乳牛頭数は減らないことから、彼らは乳牛を保有し続けたのではないかと思われる。従って、難民に対する乳牛分与は、むしろ両者の保有差を意識した結果であると考えられるのではないかと思う。この点は同時に難民新農民層の方が、牛不足がより深刻な分だけ、土地改革や以下の家畜調整による当局からの家畜供給に対する期待や依存をいっそう強くしたであろうことをも想像させる。

③「家畜調整 Viehausgleich」

このように家畜不足は新農民経営、とくに難民経営の存立を深く脅かすものであった。よく知られるように、「州＝郡」当局は、「家畜調整」という名の家畜資源再配分政策により、この問題に対応しようとした。[53] 単純化していえば、これにより、旧農民の家畜資源を新農民経営に動員しようとしたのである。その際、注目すべきは、上述の馬と牛のあり方の違いが、「家畜調整」のあり方にストレートに反映していることである。

第一の違いは調達先である。馬は専ら郡内での調整、牛は東ドイツ内の南北間での調整という違いが明らかである。例えばルートヴィヒスルスト郡においては、調整予定の馬一六四頭中、郡内調整が一五八頭（九六％）とそのほとんどを占める。これに対し牛については、実績の数値で、四八六頭中、郡内二二六頭（四六・五％）と半数以下である。[54] 牛の主要な調達先は、ザクセンやチューリンゲンなどの東ドイツ南部諸州である。[55] 頭数を見ても牛は馬よりも四倍であり、馬の不足感が際立っている。

第二の違いは「家畜調整」実施過程におけるネックのあり方にみられる違いである。馬調整において主要な問題とされたのは、提供者である旧農民の強い抵抗であった。例えば農民的地域であるハーゲナウ郡について次のような報告があげられている。

「ノイハウス行政区は二七〇頭以上の馬を提供せよとされた。これに対して大きな怒りが起きている。シュティペル村の村長シュルト氏は次のように述べている。『本村には四一頭の農耕馬がいるが、これではその半分をだせということだ。他方で二〇〇モルゲンの牧草地を農地に変えよと要求する。毎年メクレンブルクは子馬をえるが、しかし馬を飼育する基礎を奪ってしまっておいて、我々に家畜増産計画を達成し、かつ従来のように農地を耕作せよなどと要求することなどできないのではないか』と。[56]」

この例に代表されるように、馬の「家畜調整」をめぐるネックは、提供する側の旧農民の拒否反応であるが、逆に、牛についてのネックは受容者側の問題にあった。典型的なものは、第一に、「家畜調整」で入手した牛が痩せていてミルクが出ない、飼料不足でミルクが出ないという受容者の不満であり[57]――前掲表1-3（70頁）の乳牛一頭あたり搾乳量の急減を思い起こされたい――、第二は、その結果、受容者が入手した牛を供出ノルマ負債の決済に当ててしまうという問題である。[58]その他に引き取り価格が高いという不満もあった。[59]これらの点は、第一に馬に比しての乳牛保有の私的なあり方を、第二に、乳牛不足と供出負債にあえぐ難民の新農民の状態そのものを語っていよう。

以上のように新農民経営の強化をねらった大家畜の資源再編は、馬についてはその不足感と旧農民の強い抵抗、牛については難民の新農民経営問題そのものにぶつかったのである。

2．トラクター

馬や乳牛などの家畜と比べると、トラクターの保有形態はある意味で単純である。表1-8は、一九四六年一二月のトラクターの利用状況をまとめたものである。第一に私的経営と公的経営の比率は六対四程度であること、第二に小型トラクターは私的経営に多く、これに対して大型トラクターは公的経営に多いことがわかる。この場合、私的経営で利用されたトラクターとは事実上旧農民所有のトラクターであり（その普及度は想像以上に高

表 1-8　トラクターの利用状況（州全体；1946 年 12 月）

	私的経営		公的経営	
小型トラクター（22 馬力以下）	972 台	(83.2%)	196 台	(16.8%)
大型トラクター（22 馬力以上）	1,243 台	(43.8%)	1,598 台	(56.2%)
総計	2,215 台	(55.3%)	1,794 台	(44.7%)

出典：LHAS, 6.11-2, Nr. 676, Landmaschinen und Traktorzählung より作成.

い）、公的経営で利用されたトラクターとは主に村農民互助協会所有のトラクターとみなしてよい[60]。東ドイツの土地改革においては、農場分割時にトラクターや脱穀機など大型機械は分割されようがないから、ソ連軍への接収や数少ない売却処分を除けばこれらは村農民互助協会所有という形態として存続した。公有トラクターに大型が多いのは、旧グーツ経営のトラクターを継承しているからである。表には掲げていないが原資料にはトラクターの車種ごとの統計が記載されており、これをみると二二馬力以上の大型トラクターは圧倒的にランツ社製トラクターであるのに対して、二二馬力以下の小型トラクターは、ランツ社製のほかドイツ《Deutz》社製やハノマク社製など数多くの下級ブランドの車種からなるが、この点も三〇年代のトラクター普及のありようをそのまま反映したものといえるだろう。いずれにせよ、この時点では新農民村落においては、従来の経営資源を踏襲しつつ、トラクターは利用も所有も共同的形態をとっており、この点では上述の乳牛のあり方とは対照的な姿を示している。難民問題との関わりも、馬や牛についてみられたような経営資本の所有と利用をめぐる問題としては存在せず、トラクター運転手や整備者に難民ないし復員兵が配置されるという雇用に関わる事柄として登場するにすぎない[61]。

ところで、公有トラクターをめぐる最大の問題は、その稼働率が著しく低いということであった。「（ヴァーレン郡の）フィーリスト村では三台のトラクターのうち稼働しているのは一台だけである。マルクスハーゲン村ではたった一台のトラクターが四月二一日に故障してしまった[62]」など、この種の報告はきわめて多い。稼働率が低い理由としては、故障が多いこと、代替部品が調達できず修理ができないこと、修理費が支払えないこと[63]、さらにはガソリン不足[64]があげられているのが目立つ。もっとも旧農民のトラクターについては稼働率が高いといわれていることを考慮すれば[65]、新農民村落の場合に稼働率が低い原因としては、トラクター管理能力が低く利用への動機付けも乏しかったことが指摘されねばならない。村農民互助協会については、極端な場合、財政問題を越えて活動が停滞し、存在そのものが形骸化していることすら指摘されているのである[66]。こうした事情のために、トラクターは事実上、村当局ではなく郡当局が全面的に介入する領域にならざるをえなかった。言い換えれば農業生産に対する郡の介入は、その公共性のもっとも強い——従ってもっとも動員しやすい——トラクターを軸に行われたのである。

それは第一に、特に播種と収穫の時期における「遅れた」新農民村落への村外トラクターの動員という形をとった。

例えば、一九四七年四月の春の播種作業について、ノイシュトレーリッツ郡のブランケンゼー行政区では、九村のうち三村が自力で播種が行えない状態であり、このためクメロー村（旧農民三戸と新農民五〇戸）に対して約九八ヘクタール分の耕起・播種のために二台のトラクターを投入することが決定され、またクルムベック村（旧農民二戸と新農民八〇戸）に対しては、一七五ヘクタール分の耕起作業のためにフェルデベルク行政区から一〇台の「連畜 Gespann」が投入されたという[67]。他にも、とくに同年春の播種作業について、シェーンベルク郡の郡長が、ハルムスハーゲン村に向けて他の地域からトラクターを動員するように命じ、三つの村に対してはこの村へのトラクター動員を拒否した場合は重罰を科すと明言。さらに同郡シュヴァンゼー村においても近隣地区からトラクター五台が新農民支援に投入されたといわれている[68]。

一九四七年の播種作業は、一九四六年の凶作による食糧危機の深まりを背景に大変重要な位置づけが与えられた。（にもかかわらず結果的には一九四七年は南部を中心に干ばつ被害が発生し収穫が減少したが[69]。）そのこともあるのだろう、この種の一連の郡当局による強力な介入が年間を通してみられる。上の事例からも、第一に介入対象とされたのは新農民村落であること、第二にノイシュトレーリッツ郡の二村の事例において対象とされた未播種耕地がそれぞれ九八ヘクタール、一七五ヘクタールと相当規模に及んでいること、第三に動員の対象となったのは、最も公的性格が強くかつ動員が容易なトラクターであり、ついでとくに深刻なケースにおいて馬であったこと、これらに注意されたい。「新農民村落＝農業の困難＝郡によるトラクター動員」という関連図式がここに改めて確認できるのである。同時にそれは農村の政治的焦点が新農民村落にあったことを意味しよう。ユッカーミュンデ郡、ウゼドム郡については、郡が作業の監視のために各地区に職員を貼り付けるほどであったとされる(70)。

トラクターを軸とする郡の介入は、第二に、播種や収穫における臨時措置的な介入を越えて、機械動員の制度化ともいうべき機械ステーションへの設置へと突き進む。メクレンブルク・フォアポンメルン州においては、一九四八年、全国的な機械ステーション設置の動きに呼応する形で、ベルリン農林官僚の強いヘゲモニーのもとに郡当局により行政区を単位とした機械ステーションが設置され、ここに村農民互助協会保有のトラクターを集中させることでトラクター稼働率を引き上げることがめざされた。担当者によれば、一九四八年二月時点における当該州の機械ステーションの設置総数は一三〇カ所であり、新農民村落に設置すること、その守備範囲は一〇キロ以内とすること、保有台数は一〇～二〇台とすることが設置方針とされており、また設置上の問題としては、トラクター運転手などの人材の確保、そのための住宅確保、および事務所確保があげられると報告されている(71)。

表1-9は設置が遅れているとされたノイシュトレーリッツ郡の設置計画を示したものである。利用可能なトラクターが全八八ヵ村で二七台ときわめて少なく、この郡におけるトラクター不足、低稼働率問題はきわめて深刻である。他郡については、表にあるように、シュトラールズンド郡フランツブルク行政区が、一六ヵ村でトラクター台数が二五台である。稼働率を当郡平均の七〇%とすると当行政区稼働台数は一七・五台となり――一村あたり一台の水準である――、ほぼ上記の州設置方針の一〇～二〇台に対応する数字となっている。この保有台数の点を別とすれば、ノイシュトレーリッツ郡においても、各村が全六行政区に編成されていること、機械工、鍛冶屋、車大工などの農村職人層が配置されていることなど、他郡からの報告と同じ内容が確認できる。トラクター

表 1-9　機械ステーションの設置計画

行政区名	対象村	台数	備考
〈ノイシュトレーリッツ郡〉 フェルトベルク	25 村	27 台 9 台	稼働可能な台数.（民間トラクターは 26 台） M 村に支所.VdgB 所属の鍛冶屋と車大工屋をおく.
フュルステンベルク	17	7	ブルムノフ村とプリパー村に設置．占領軍支配 (1).
ブランケンゼー	9	5	大きな納屋を機械置き場に利用.
コンツゥーレン	10	10	既に VdgB の修理場あり．3 人の機械工が従事. VdgB 所属の車大工と 2 人の鍛冶屋.
ブランケンフェルデン	16	0	大きな格納庫．VdgB 所属の鍛冶屋を修理場として設置.
ツィルトー	11	3	格納庫がありこれを修理場として利用.
〈シュトラールズンド郡〉 フランツブルク	16	105 台 25 台 (Lanz 製)	VdgB 所有が 105 台（稼働率 70%），民有 102 台 VdgB トラクターは従来の場所におき，ステーションの要請によって投入する.

注：(1) フュルステンベルク管区ではグーツ建物の 75%がソ連軍に支配されており，機械ステーションの設置場所がないとされている．VdgB：農民互助協会
出典：B-Arch, DK1, Nr. 8572, Bl. 188, u. 191–196.

稼働率の上昇のためには、運転・管理能力と修理部品の調達能力の上昇が必要であり、その点では機械ステーション設置は合理的な根拠を持つものであったろう。設置について各村の農民互助協会から特に強い抵抗があったとの報告はみあたらない。のちに第七章で述べるように、この機械ステーションがMAS《エム・アー・エス》の母体となり、さらに一九五二年のMTS《エム・テー・エス》設立へと連動していくことになるのである。

だが、むしろここで注目したいのは、この再編過程で民間トラクターの公的セクターへの半強制的な売却が試みられていること、かつ人々の不満もこの点に集中していたということである。例えばパルヒム郡では一九四八年に「機械調整」が実施され、それに対して六〇件の「苦情」が寄せられた。このため農業委員会の会合をもって協議した結果、全申請六〇件中二一件が却下されたという。そのさい個別保有が認められるのは、新農民村落に居住ないし就労している場合、トラクターで生計を立てている場合、あるいは農民の牽引力が不足している場合に限られるとされた。もっとも会議では、民間トラクターの回収には多額な補償が問題になること、トラクターよ

りも「馬の移管」の重要性を強調する発言があったことも指摘されている。[72] この例では、単に民間トラクターとしてのみ論じられているが、他の事例では、買い上げのターゲットとして、とくに土地改革後に各農民互助協会によって民間に売却処分されたものが明示的にあげられている。[73]

機械ステーションの実施と、その過程での民間トラクターの半強制的再回収。トラクターは馬ほどに深刻さが自覚されなかったとはいえ、この再編過程で見えるのは、文字通り「村のトラクター」が「郡のトラクター」へと集中されていく過程である。経営資本に即してみると、機械ステーション設置は郡による村の経営資源掌握の保塁として位置づけられたのである。

以上、農業属具を中心とする経営資本問題の分析からは、新農民村落の経営構造が、難民問題に絡みつつ「個＝村＝郡」の三層からなっていたことが浮かび上がってこよう。素材の点で言えば、もっとも私的経営で閉じていたのが乳牛、逆にもっとも公的性格を帯び稼働率の低さをテコに村から郡へと所有権が移動していくのがトラクター、そして、いわばこの両極の中間に問題の焦点としての「村の馬」が位置づけられる。難民問題との関わりでは、牛については乳牛保有という点では出発点で相対的に優位にあった土着新農民と、それすら不足していた難民新農民という対照性を、馬については難民新農民の経営問題の中心が馬利用にあったこと、およびそのことが新農民村落の調整能力を低下させたであろうことを指摘できる。結局のところ、土地改革直後の個別経営の実態とは、経営資本を通してみる限り、旧グーツ労働者の副業経営の継承・拡充ともいうべき乳牛保有経営のレベルにとどまっており、連畜（馬二頭）保有を必須条件とする一九世紀的自立農民経営が語りうる状態ではもちろんない。そればかりか「問題村」においては村単位での自立的再生産も危険な状態で、権力発動による資源動員という郡の介入を自らの支えとして受容せざるをえなかった。旧グーツ経営解体と難民問題を背景に、なお「村」を軸として作られる「個＝村＝郡」のトリアーデ。しかし、その経営的基盤はかように不安定きわまりないものでしかなかったのである。第六章で述べるように、こうした状況が部分的にも改善をみせるのは、新農民の急激な分解と流出を経て優良新農民層の限定的形成が認められるようになる「六月事件」後を待たなければならなかったのである。

第三節　グーツ屋敷の解体と「新農民家屋建設プログラム」

経営資本で問題になったのは、家畜やトラクターなどの労働手段だけではない。もう一つの焦点をなしたのが、住居、納屋、畜舎などの建物の問題である。注目すべきは、この問題には難民新農民の問題が深く刻印されていたことである。第一節で述べたように、新農民村落の場合、難民たちは新農民か非農民かにかかわらず、主要にはグーツ館や納屋に居住せざるをえなかったからである。住宅問題と経営資本不足が、難民新農民の主たる問題であった。一九四七年九月に発布された「占領軍命令第二〇九号。新農民住宅建設に関する占領軍命令」（以下、「命令二〇九号」と略記）こそは、この二つの問題を「新農民家屋建設」により一気に解決を図ろうとするものだった。しかもそのさい、煉瓦など建設資材は、「グーツ館」「畜舎」「納屋」などグーツ屋敷の主要建築物を解体することで調達されることとされた。グーツ村落支配の象徴であるグーツ屋敷の解体と、農民家屋・小納屋・小畜舎からなる農民的農場の建設。「命令二〇九号」は、「ユンカーの土地を農民の手に」という土地改革のスローガンを御旗に、一方で農村空間の物理的改造を目指すとともに、他方では新農民村落の難民問題解決策として位置づけられたのである。

従来の研究において「命令二〇九号」について言及がある場合にしばしば強調されるのは、人的・物的な資源賦存条件を完全に無視したこの政策の非合理性であり、目標値に対する達成率の低さで示されるこの政策の大失敗であり、ひいてはその裏返しとしての社会主義権力の政治主義的性格であった。(74) 本書もまた「命令二〇九号」

表1-10　パルヒム郡における「新農民」の居住状況（1948年5月）

	計	旧住民	難民
①「畜舎付きの住居」に住む者			
旧農業労働者住居に住む新農民	918	668	250
新築農場に住む新農民	32	4	28
改築農場に住む新農民	91	17	74
①の計	1,041	689	352
②「新農民農場」を持つ予定(48年末)			
新築農場に住む予定の新農民	504	69	435
改築農場に住む予定の新農民	85	29	46
②の計	589	98	481
①+②	1,630	787	833
自己住宅の見通しのない新農民	1,271	217	1,054

出典：LHAS, 6.11–2 Minsterpräsident, Nr. 667, Bl. 190, Kurzbericht より作成.

の非合理性については意見を同じくし、全体としてイデオロギー的色彩を色濃く付与されたところにこの政策の失敗の原因があると考える。グーツ屋敷解体による建築資材の再利用だけでは明らかに新農民家屋建設には不十分であり、石、煉瓦、葦、木材などの不足、あるいは資材運搬力の不足を嘆く報告、さらには建設にあたる大工などの建設職人と労働力の不足を指摘する報告は枚挙にいとまがなく[75]、当局の集計においても家屋建設の実績の貧困さ自体は容易に確認できる[76]。従って、本書ではこの点についてあえて再検討することはしない。だが、従来の見方は、非合理性と政治主義を見るあまり、第一に農村難民問題との関わり方、第二に新農民村落の経営資本のあり方との関わり方を分析していない。以下では、難民問題との関わりに焦点を絞って「命令二〇九号」について論じてみたい。

そこでまず表1-10を見られたい。これは一九四八年のパルヒム郡における新農民の住宅事情を示したものである。ここからは、旧農業労働者住居に住む新農民の旧住民と難民の比率は七対三であること、これに対して新築・改築農場に住む予定の新農民、および自己住宅の見通しのない新農民の圧倒的多数は難民新農民であることが示されている。この数字が物語るのは、難民新農民の一部は労働者住居の空き部屋に入居しているが他の難民は

表 1-11　グーツの解体状況（州全体：1948 年 10 月 31 日時点）

グーツの数		1,881（件）	グーツの数に対する比率
解体対象	館・住宅	61	3.2（%）
	厩舎	1,140	60.6
	納屋	1,148	61.0
	その他	366	19.5
解体中	館・住宅	17	0.9
	厩舎・納屋	498	26.5
解体完了	館・住宅	39	2.1
	厩舎・納屋	1,933	102.8

出典；LHAS, 6.11-2 Ministerpräsident, Nr. 547a, Bl. 68 より作成.

グーツ館に暮らしていること、新農民家屋により農場を取得できる予定の者は難民新農民の四分の一にすぎないこと、政策実施一年後において現実の恩恵に与っている難民新農民は五％程度にすぎないことである。このプログラムの難民的性格と限界性がここにははっきりと示されているといってよいだろう。

「命令二〇九号」は二つの局面からなっていた。グーツ屋敷の解体と新農民家屋建設である。上述のように、家屋建設においてネックとなったのは資材調達であり、当局はこの問題を、政治的意図を絡めつつグーツ屋敷の解体により達成しようとした。表1-11は政策実施一年後における州全体のグーツ屋敷の解体状況を示すものである。土地改革で分割されたグーツ経営は州全体で約二〇〇〇経営だから、この表の解体対象一八八〇経営という数字はほぼ州全体の旧グーツ地域におよぶものとみなしてよい。さて、この表によれば、納屋と畜舎は計画一年目で六割以上が解体されるに至っている。その後の数字が今のところ不詳なので評価が難しいが、遅々として進展しない新農民家屋建設計画に比べれば、その迅速さは顕著であるといってよかろう。つまりは「命令二〇九号」は、従来の容器的経営資本である大畜舎・大納屋の解体という点で決定的一撃であり、従ってまた「ユンカー支配」のシンボルとしてのグーツ屋敷の消滅という意味でも重大な事件であったのである。[77]

ところで、この表で注目されるのは、第一にグーツ建物中、グーツ館の解体が納屋や畜舎に比べほとんど進展していない点である。その理由として考えられるのは、ソ連軍による農場占領の継続もさることながら、主要には難民の住宅事情そのものである。グーツ館の解体は、非農民を含む村の新たな下層民である難民の文字通りのホームレス化に帰結してしまう[78]。結局のところ、グーツ館の解体の遅れは、それが与える政治的な象徴としての衝撃効果よりも、農村難民の切実な生活利害の方を現実には優先したことを示している。グーツ館は他にも村の学校や役場など公共的空間を提供していたことも、その解体を遅延させる要因となった[79]。

従ってグーツ屋敷の解体に関わって対立の焦点となったのは、グーツ館ではなく納屋と畜舎であった。しかし、前節で述べたように、馬と牛の一部はなお大畜舎で飼育されていた可能性が強く、特に納屋は村の農民には収穫物の貯蔵庫として決定的な意義を持っていたに違いない。その解体が、新農民村落の農業生産力に与える短期的なマイナス効果は明らかであり、農民たちは全体としてこの政策に対して拒否的にならざるをえない。にもかかわらず、注目すべきは、土着と難民の態度には明らかな差異が見られることである。

例えば、一九四八年五月、「劣悪な村」とされているパルヒム郡の新農民村落ツェデリッヒ・スタインベック村――新農民は二集落あわせて一二九人――について、次のように報告されている。

「本村では全部で一八戸の新農民農場を建設する予定で、……現在八戸が建設中である。ここでは相互扶助がもっと必要とされているが、旧住民は建設をほとんど支援しない。むしろ旧グーツの建物が解体されることに怒っている。旧グーツの建物がかれらの収穫物の貯蔵用に使えなくなってしまうというのが表向きの理由である。地区建設指導者としてこの村に入った左官メンゲ氏は解体した資材や建設用木材が盗まれると訴えている[80]」。

畜舎や納屋の解体は、土着か難民かを問わず当面の新農民経営に不利に作用するはずだが、この事例において解体に怒っているのは明らかに「旧住民」、つまり長期的には何も得ることのない土着新農民の方である。さらにこの村では、土着と難民という村内対立、および資材の盗難に象徴される村秩序の崩壊が加わって、問題が一層深刻になっている感すらある。いずれにしても難民利害をストレートに反映したグーツ館と比較すれば、畜舎や納屋の解体は土着新農民の利害を押し切る形で進められたといってよい。

もう一つの新農民家屋建設の局面においては、「命令二〇九号」をめぐる両者の対立が馬の動員をめぐって起きている。建設資材の運搬には馬が必要不可欠だからである。しかし、例えばヴァーレン郡では家屋建設への「住民の参加は芳しくない。とくに牽引力を備えている農民は新農民の窮状を正しく理解できない」とされ[81]、ユッカーミュンデ郡でも「農民の馬を使うことはできない。というのも農民の馬は改修用木材運搬のために必要だから」といわれている[82]。デンミン郡では、農民三名が「土地改革の決定に反対」で、「建築職人に対する昼食と夕食の賄いを拒否」したとされる[83]。これら州の東部および南部に位置する三郡――のちにノイブランデンブルク県に編入――は、旧農民が少ない新農民地帯である。むろん、馬に対する自己所有意識がより明瞭な旧農民の場合となれば馬動員に対する抵抗感は一層強かったであろう。さらにこうした馬動員に対する反発は、建設支援に対する農民互助協会の拒否的な態度としても現れた。同じくデンミン郡では農民互助協会の建設委員会が建設資材の運搬を拒否し[84]、グライフスヴァルト郡では「農民互助協会は無責任といえるほど「命令二〇九号」に対して無関心であった」といわれているのである[85]。

第二節で述べたように、農業属具の焦点は「村の馬」に対する過剰負担であり、土着の人々と難民たちの村内対立の焦点も馬の動員をめぐるものであった。新農民家屋建設プログラムはこの点の認識を完全に欠いており、この例に見るようにむしろ矛盾を深刻化させる作用があった。トータルな農業政策の中に位置づけられていなかったという意味で、住宅建設プログラムは、非合理的であった。

土着新農民に比べると、難民新農民の「家屋建設」動員への態度は複雑である。確かに既述のように、第一に「命令二〇九号」は政治主義的な側面を持っていたこと、第二にその受益に与ったのは難民新農民の二割程度にすぎないこと、第三に難民新農民の別の一部は土地への定着の意志が弱いこと、これらは難民のこの政策への参加を弱くする要因であろう。とはいえ、難民新農民の一部は明らかにこの政策を歓迎した。「命令二〇九号」発布前の時点ではあるが、ユッカーミュンデ郡では「新農民は新農民関連の建設が停止していることが大変不満」であり、[86] ハーゲナウ郡からは、新農民村落ヴィーベンドルフ村において「来週には新農民の納屋三棟が建設される予定である。この納屋のための木材は春耕期間中に運搬してきた。というのも本村は新農民だけからなる村だが、彼らには住むところが必要だからである」との報告がある。[87] こうした要求の存在が「命令二〇九号」の背景にあったことは疑いない。「命令二〇九号」の数少ない優良事例もこの層に絡んでいたと思われる。ギュストロー郡では「新農民村落ルソー村において、「命令二〇九号」による建設が活発に進められていることが確認された。一般に新農民はこの仕事に積極的である」とされている。[88] 第四章第二節で具体的にみるように、こうした難民新農民の対応の両義性は、難民新農民内部の分解を物語る。

以上のように、新農民家屋建設プログラムは、ユンカー解体というシンボリックな意味が付与されつつも、実は農村難民層の利害を全面に打ち出した政策であり、他方で「貯蔵庫としての納屋の解体」および「馬に対する過剰負担」という点で農業政策と不整合的であり、このために村内矛盾をむしろ深刻化させる局面をもったのである。

第四節　新農民問題 ―― 新農民の行動と村落の統合問題 ――

これまでは農業属具および住居・納屋・畜舎という旧グーツの経営資本に焦点を定め、その観点から新農民問題のありようをみてきた。その観点から見ても、ＳＥＤ政権が土地改革後の新農民村落の安定化と統合の条件を確保していたとは言いがたい。以下、本節では経営資本問題を離れて、新農民の行動の特徴を明らかにし、そのうえで新農民村落の政治的・社会的統合問題に迫ってみたい。

表 1–12　新農民経営の空き数（1948–1949 年）

	新農民経営総数	空き経営数	
	1950 年 (1)	1948 年 1 月 (2)	1949 年 7 月 (3)
州全体	76,342	762	986
ヴァーレン郡	4,981	130	94
ノイシュトレーリッツ郡	2,263	断然多い	27
ランダウ郡	1,775	200	130
マルヒン郡	6,146	106	58
デンミン郡	4,321		82
シュトラールズント郡	4,762	36	
ノイブランデンウルク郡	4,766		134

出典：(1) LHAS, 6.21—4, Nr. 149, oh. Bl.
(2) B-Arch, DO 2, Nr. 34, Bl. 147.
(3) B-Arch, DK 1, Nr. 10031, Bl. 80.

1．経営放棄

土地改革後の新農民をめぐる最大の問題は経営放棄問題であった。新農民の経営放棄は土地改革政策の失敗を象徴する出来事だからである。しかし、従来の研究ではその総数や比率を断片的に示すだけで、その水準についての検討をしないままに、「改革の失敗」という文脈に引きずられつつ経営放棄の高さを強調する傾向がある。そこで、以下、この点を考慮しつつ、新農民流出が本格化する以前の一九四八年から一九四九年頃までの経営放棄の実態についてみてみよう。

さて経営放棄は多様な形態を含むが、州・郡当局者の問題意識からは、経営者のいない経営数、つまり「空き数」として報告される場合が最も多い。表1-12と表1-13は、主に文書史料に出てくる一九四七～四九年のメクレンブルク・フォアポンメルン州における「空き」の新農民経営に関する情報を一覧に整理したものである。このうち表1-12は複数郡の「空き数」についてまとまった数値情報を提供している文書をベースに作成したものであり、これに対して表1-13は、経営放棄に関する各郡の個別報告内容を史料ソースに関係なく郡別に整理したものである。

表1-13　各郡の経営放棄に関する報告

郡名	年次	経営放棄の数と内容
ヴァーレン	1947年1月	・ヴァーレン郡では約300戸，ロストク郡ではそれ以上の経営が空いたままである．理由は新農民が暮らすべき住宅が不足しているためである．
	1947/48年	・本郡の主のいない新農民経営は，1947年において約95戸だったが，1948年は130戸である（自発的放棄の数）．
ノイシュトレーリッツ	1947年2月	**・この3ヵ月で104戸の新農民が経営を返上した．** うち，33件は経営能力のない者だが，71件は自発的な放棄である．
シェーンベルク	1948年4月	・本郡の総新農民経営数4189戸のうち，約3700戸は完全な新農民経営である．……**これまで約600戸が経営主を変えた．**
デンミン	1947年3月	**・3月期に64件の新農民経営放棄があった．** 4月15日の報告では，すべて後継者がみつかった．
	1947年7月	・空いている経営は70戸．理由は住宅および畜舎の不足．
	1947年10月	・経営放棄したい人の申請書が40件．供出ノルマと牽引力不足で経営放棄をする例もしばしば．住宅不足による空き経営が110戸．
グリメン	1948年2月	**・土地改革以来，262人の新農民が経営を離れた．** うち，39人は負債を抱えて．
シュトラールズンド	1948年3月	・36戸が空いたまま．うち25戸が住宅不足，11戸は家畜不足，供出義務累積のため．
ノイブランデンブルク	1946年12月	・46年12月，**71人の新農民が経営から離れた．** 新農民は住宅があって初めて定着できるが，時には住居や納屋が赤軍によって占領されている．
	1947年4月	**・4月は132人の新農民が経営を返上した．** うち110経営については新規応募者から埋め合わせた．
	1947年7月	・新農民75戸が，家畜不足，パン穀物不足，病気を理由に経営を返上．新規応募者は117名だが，ほとんどは住宅の見込みがたたず．
	1948年1月	・新農民経営5534戸のうち，（新規分割分の）410戸が空いたまま．土地改革以来，1223戸が分割地を離れた．**1947年だけで97件が放棄された．**

出典：LHAS, 6.11–2 Ministerpräsident, Nr. 666, Bl. 6, 34, 216–218, 269, u. 366; Nr. 666a, Bl. 442; Nr. 667, Bl. 277; LHAS, Ministerium f. Sozialwesen, Nr. 31b, oh. Bl.; B-Arch, DK 1, Nr. 8573. Bl. 131, u. 263, より作成.

さて、まず表1–12から州全体を鳥瞰すると、一九四八年が七六二件、それより多い一九四九年が九八六件と、意外にもかなり低いことがわかる。一九五〇年の新農民経営数を基準とした場合の「空き」の比率は、高い方の一九四九年の数値で計算しても、たった一・三％にしかならないのである。もっとも各郡の数値をみると、州全体の傾向とは逆に一九四九年の方が一九四八年よりもむしろ低くなっていることから、これらの数値は部分的であったり、あるいは集計途上のものであったりする可能性が高いと考えられる。じつは州全体の数値については、一九四八年一月にシュヴェリンで難民に関する会議が開かれたおり州議会議長モルトマンが新農民経営の「空き数」を約二千と述べたと報告されているので、これがより実態に近い数字であると思われる。[89] しかしこの数字を用いた場合でも、新農民経営総数に占める「空き」比率は二・六％に過ぎない。これだけであれば、当局の危機感が深い割には「空き」の比率はやはり予想外に低いということになろう。

しかし、この「空き数」だけでは経営放棄の実態を語ることはできないのである。次の表1–13で各郡からの具体的な報告内容を読めば、確かに深刻な事態が浮かんでくるからである。すなわちノイシュトレーリッツ郡からは「三ヵ月で一〇四戸」の放棄、デンミン郡からは「三月期に六四件」の放棄、ノイブランデンブルク郡からは、「四六年十二月に七一人」の放棄、さらに「四月に一三二人が経営返上」と報告されている。ここで表1–12と表1–13を比較してみよう。すると表1–12の「空き数」が表1–13の一ヵ月単位の「空き数」とほぼ同じであり、また、表1–13で三ヵ月単位の「空き数」を示す数値が、表1–12の「空き数」を上回っている場合があることに気づく。つまり、表1–12の「空き数」、さらには州難民会議の「二千経営」という数字は、実は特定時点での数値であり、このために新農民の流動性を反映したものになっていないのである。例えば表1–13のシェーンベルク郡に関して、約三七〇〇戸の「完全な新農民経営」――職人層などの兼業的新農民を含まない数という意味であろう――のうち、「これまで約六百戸が経営主を変えた」とあるように、新農民経営主の交代の頻度が極めて高かったのである。当郡の「空き数」は不明だが、「空き」の比率を上記の一九四八年一月の州平均値二・六％とすると

「空き数」は九六戸となる。ここから、一経営の交代数を一回と仮定すれば、単純計算で特定時点における「空き」経営数の約六倍にのぼる経営が経営者の交代――すなわち経営放棄――を経験したことになる（比率にすれば約一五％と計算される）。マイネッケとバウアーケンパーは、一九四九年七月のメクレンブルク州の経営放棄率を一七～一八％としているが、この数字は「空き比率」ではなく経営放棄者の比率とみなしてよいだろう。[90] いずれにせよ、これらのことからは、第一に、新農民経営の「空き数」と「経営放棄数」は一致しないこと、第二に、現実には新農民経営の一部について経営条件がとくに劣悪なものが存在し、その部分について経営者の交代が高い水準で起きていること、第三に、しかしこの時期にピークを迎える厚い農村難民人口圧力を背景に、新農民経営に対する応募者がなお恒常的に存在したこと、以上のことが導かれるだろう。一方で「経営放棄の申請書が山積みされて」いながら、[91] 他方で「空いた経営の九五％は即座に埋まって」いるとされ、[92] また「経営返上七五人に対して新規応募者は一一七名」であったとされていることは、[93] こうした推測を裏付けるものである。

　経営放棄問題の深刻さは、個別の新農民村落の実態報告において、よりリアルに現れてくる。ここでは二つの事例をあげておこう。まず一つはノイシュトレーリッツ郡の新農民村落コノフ村（旧農民二戸と新農民四八戸、総面積四四〇ヘクタール）について。この報告によると、一九四七年八月において、農場分割時に創設された新農民四八戸のうちすでに六戸が経営放棄となり旧農民二戸がこれを耕作。また残った四二戸のうち供出ノルマを達成したものは一五戸にすぎないという。従って「空き経営」比率は一三・四％、未達成新農民比率も六四％となる。さらにこの四二戸のうち「六人の新農民は、もう一年飢餓が続くことが分かれば（この年は干ばつの年である―引用者）経営を返却したい」と述べているとされる。[94] この村は「困難村」とされ、一九四七年時点としては「空き経営」の比率がとくに高いが、ここではそのことよりも新農民経営の多くがノルマ未達成であること、「空き経営」と同程度の数の潜在的な経営返上希望グループが存在することの方に注意したい。つまり交代頻度の高い劣悪経営グループの背後に、さらにそれと匹敵する予備軍が存在していたのである。経営放棄問題の深刻さは、じつは

（つづき）

経営番号	氏名	生年	出生地など		面積（ha）	引受年月日	経営者交代数
29	JA	1895	オストプロイセン	難民	8.07	不明	2
	TF					1945.10.01	
	RA					1948.04.15	
30	RK	1911	オストプロイセン	難民	7.07	不明	4
	GH		現在，西に．			1945.10.01	
	RM					1946.03.01	
	BA					1949.10.01	
	手書きで氏名抹消，RE に．						
31	KP	1896	クレペリン	郡内	7.81	不明	0
32	MH	1892	バストルフ	郡内	7.80	不明	1
	LM(16 番）が，47 年 1 月 1 日に一時引き受け					1947.01.01	
33	GM	1895	リトアニア	難民	8.00	1947.01.01	1
	ZJ		現在，西に．			1945.10.01	
34	SP	1908	ヘルツブルク		4.54	不明	0

注：リストのタイトルは「土地改革購入代金徴収基礎表」とある．出身地のジャンル分けは筆者による．経営者交代がある経営の場合，最初にあげられている名前が作成時点の経営者名．二番目以降が過去の入植者名で，入植順に並べられている．手書きによる追記は資料作成後と思われる．

出典：Kreisarchiv Bad Doberan, Rat der Gemeinde Bastorf, Nr. 2–335: Grundlist für die Einziehung der Bodenreform-Kaufgeldraten der Gemeinde Zweedorf, 06. 07. 1950 より作成．

表 1–14（b）

新農民の出自の分布	
難民	19
州内・郡内・当地	12
特定できず	2
記載なし	1
計	34

注：上記表（a）より作成．

表 1–14（c）

新農民経営交代数分布		
交代なし	19	55.9%
交代数 1	6	17.6%
交代数 2	7	20.6%
交代数 3	1	2.9%
交代数 4	1	2.9%
経営数計	34	100.0%

注：上記表（a）より作成．

表 1-14 (a)　ツヴェードルフ村の新農民経営一覧（1950 年 7 月 6 日）

経営番号	氏名	生年	出生地など		面積（ha）	引受年月日	経営者交代数
1	AH	1889	西プロイセン	難民	7.52	1945.10.01	0
2	LH	1893	オストプロイセン	難民	7.41	1945.10.01	0
3	PE	1905	ガーツ	郡内	8.78	1945.10.01	0
4	HA	1896	ブレンゴー	郡内	7.71	1945.10.01	0
5	LF	1906	ホーエンニーンドルフ	郡内	7.38	1949.04.01	2
	TE					1945.10.01	
	KG					1947.02.01	
6	ZR	1898	グライフスヴァルト	州内	7.54	1945.10.01	0
7	HR	1914	ヒンターポンメルン	難民	7.83	1947.01.01	2
	LM		ポーランド			1945.10.01	
	手書きで，氏名が抹消，別人の名に（判読できず）						
8	PF	1901	オストプロイセン	難民		1945.10.01	0
9	HO	1903	ツヴェードルフ	当該村	8.03	1945.10.01	0
10	GG	1906	オストプロイセン	難民	7.25	1945.10.01	0
11	FO	1905	ガーレンスドルフ	州内	8.10	1945.10.01	0
12	KW	1915	デリングスドルフ	州内	7.00	1945.10.01	0
13	RA	1906	ヒンターポンメルン	難民	8.86	1945.10.01	0
14	BA	1909	ヴァルテガウ	難民	9.20	不明	2
	LH					1945.10.01	
	RK					1949.04.01	
15	SR	1906	オストプロイセン	難民	8.72	不明	2
	HE		シュテルンベルク	州内		1945.10.01	
	KP					1949.10.25	
16	LM	1892	ヒンターポンメルン	難民	7.68	不明	0
17	H	1927	オストプロイセン	難民	8.20	不明	1
	手書きで，氏名抹消．WP に．						
18	AP	1906	ヒンターポンメルン	難民	7.66	不明	1
	手書きで，氏名抹消．SA に．						
19	RW	1902	シュヴァン	州内	8.09	不明	0
20	MS	1905	リトアニア	難民		1947.06.01	1
	HK					1945.10.01	
21	PF	1897	ビーンドルフ	郡内	7.75	不明	0
22	LO	1901	ハンマー	特定できず	7.70	不明	1
	手書きで氏名抹消，R に．						
23	HF	1899	記載なし			1949.10.25	2
	SR		マイアースベルク	州内		1945.10.01	
	手書きで氏名抹消，50 年 4 月より R が秋まで耕作を請負うとある．						
24	NE	1895	リトアニア	難民 F	7.94	不明	2
	手書きで氏名抹消，MA に．						
25	AA	1905	ヴァルテガウ	難民	8.64	不明	0
26	SE	1904	レンテタージェ	特定できず	7.90	不明	0
27	GD	1890	オストプロイセン	難民	7.85	不明	0
28	KE	1913	オストプロイセン	難民	7.90	不明	3
	BH		現在，西に．			1945.10.01	
	KF					1946.01.01	
	KW					1946.04.01	

こうした潜在的予備軍を意識して議論されていたと考えた方が適切であろう。

もう一つの例は、第六章で主に言及することになるヴィスマール郡の新農民村落ツヴェードルフ村――一九五二年八月一日の郡制再編によりバート・ドベラン郡に編入――である。表1-14(a)は「土地改革購入代金徴収基礎表」と題されたこの村の新農民リストである。みられるようにこの表では一九五〇年七月時点におけるこの村の新農民経営三四戸について、新農民の名前、生年月日、出生地、経営面積、そして「引受期日」が記されている。興味深いのは、土地改革から調査時点までに経営者交代があった経営については、歴代の経営者についても氏名と引受期日が掲載され――残念ながら旧経営者の出生情報は記載されていない――、「西への逃亡」とおぼしき情報も記されている。さらに一部については手書きで氏名が抹消された上で別の名前が書かれているが、これは表作成後、つまり一九五〇年以後に入植した新農民について追記したものとみなすことができる。出自までを含む個別経営ごとの経営放棄がわかる点で貴重なリストといえよう。

そこで、まず第一に、出生地情報から彼らの出自を確かめると（表1-14(b)）、出生地がオストプロイセン、ヒンターポンメルン、ヴァルテ管区（ポーゼン）など明らかに東方難民と判断できるものが一九名、これに対して州内・郡内・当該村などが一二名、その他三名である。ヴィスマール郡はもともと難民新農民が六八％と大変高いところだが[95]、本村もそうした村である。なお、平均年齢は出自による差はとくに認められず、新農民の平均年齢が四七歳と全体として高齢であることが特徴である。新農民になることは、土着か難民かを越えて戦争を生き抜いた中年男子の世代に重なる選択であった[96]。このリストには女性経営者はほとんど登場しない。

第二に、経営者交代の数をみると（表1-14(c)）、改革後五年間だけでも新農民経営全三四戸中、実に一五戸、比率にして四五％が少なくとも一回以上の経営者交代を経験していることがわかる。さらにそのうち九経営が二回以上交代を経験しており、いかに経営者交代が頻繁であったか、またそれがいかに特定の劣悪経営に集中しているかがわかる。しかし他方でこのリストで「空き経営」とみなされるのは二三番経営だけである。これは上述のように、確かに経営者交代は頻繁だが、それが少なくとも一九五〇年頃までは即「空き経営」となったわけでないことを意味する。ただし上記の「困難村」のコノフ村とは異なり、この村は、その後優良新農民村落とみなされるように、「空き経営」比率が低い部類の村落と考えられる。

最後に、経営放棄と難民問題との関わりをみると、交代経験のある一五経営のうち郡内ないし州内出身者が経営者であるのは二人だけであり、その他は不明分を除けばすべて難民出身者であることがわかる。(97)明らかに難民たちが劣悪な経営を引き受けていることになるが、引受期日をみればわかるように、これは彼らが土地改革後に、返上ないし放棄された新農民経営を新規応募者として取得したからである。流出者の出自が不明なのでわからないが、おそらく「西に逃亡者」三名の存在から察するに、土地改革で新農民となった土着労働者のうち幾人かは早々に経営放棄し村外に流出、これを新規で難民が引き受ける形で本村に入植したのだろうと思われる。前掲表1-13（93頁）においてヴァーレン郡、デンミン郡、シュトラールズンド郡、ノイブランデンブルク郡の欄では経営放棄問題が住宅不足に関わらせて議論されているが、これはこうした難民たちの入植行動をうかがわせる指摘であろう。もちろん彼らは先発組に比べて不利な条件におかれた。「村の難民集落化」ともいうべき事態が、難民新農民内の格差形成と同時に進行していたといえようか。(98)(99)

2. 乱伐と「サボタージュ」

経営困難に基づく「経営返上」は、土地改革の失敗を典型的に示唆する新農民のいわば「合法的な行動」であるが、しかし彼らの行動形態は、それに限定されるものではなく、より多様な形態を含んでいた。

このうちもっとも頻繁に登場してくるのが新農民による森林乱伐問題である。東ドイツ土地改革においては、グーツ経営解体が対象となったため、農場の一部を構成していた大量の林地も分割され、新農民はもとより旧農民にも分配された[100]。一般にドイツ農村においては森林はとりわけ燃料資源として重要であり、グーツ分割以前においてはグーツ労働者は現物給の一部として農場より自給用燃料木材を提供されていた[101]。しかし土地改革後、新農民となった人々は、各自が分配された林地から自ら木材を伐採して燃料を調達することとなる。これを逆手に取ったのが森林乱伐であった。

例えば、一九四八年のパルヒム郡ライスター村では、四四人の新農民が土地改革を通して一～三ヘクタールの林地を獲得したが、彼らの多くが雇用労働力を使ってまで自分の林地を乱伐し、これを燃料として販売したとされている。村長によれば、このうち特に四名が皆伐し、売却したという。人々は「森をお金にかえたら入植地を返上するという原則で行動しており、村長はこうした乱伐に対してこれまでのところ無力である」といわれている[102]。

当初より農業経営ではなく森林皆伐を目的として新農民となり、一儲けした後はさっさと経営放棄をして姿を消す。これが新農民経営の皆伐の典型パターンである。村や土地への帰属感に乏しい行動であることや、戦後森林課には難民たちが大量採用されたといわれることを考えれば、難民新農民を主体とする行動ではないかと推測されるが、とくに確証はない[103]。いずれにしても、当時、「乱伐と戦後復興のための木材伐採のために、森林面積は一九三八年比で四分の一まで減少した[104]」といわれており、その規模の大きさと問題の深刻さがうかがえよう。ブランデンブルク州では一九四八・四九年以降、州政府が土地改革の林地に対する管理を一気に高め、このため新農民は自らの林地から木材を得ることができなくなったとまでいわれている[105]。こうした乱伐行為の周辺には、新農民によるものとは断定できないが、非合法的行為としての畑泥棒、盗伐、密猟の多発が問題となっていた[106]。これらは闇家畜、闇屠殺、横流しなどに代表される旧農民の非合法的行為とは対照的である点がきわめて興味深い。

経営返上や乱伐と並んで当局を悩ませたのが「意図的なサボタージュ」であった。一般には、土地改革失敗という観点から、新農民の経営放棄のみが着目されがちであるが、実際には、これとは逆の当局による新農民経営の接収の事例がかなりの頻度で存在する。経営接収の多くは、元ナチスであるとの理由から、あるいは村の内紛にかかわって政争の道具として利用されるなど、主に政治的な理由から行われているが、これとは別に、単に経営意欲の喪失に基づいて、あるいは「サボタージュ」または「経営能力なし」と認定されて接収される場合が散見されるのである。

例えばヴィスマール郡において、「この数日間に二四人の新農民が悪意あるサボタージュを理由として接収されるか、あるいは自らの意志で経営放棄」したとされている。[107] また、ユッカーミュンデ郡の新農民村落コブレント村において、「二七人の農婦と農民が種子を借りたにもかかわらず穀物を全く供出できていない。ここでは種子がちゃんと播種されたのかそれとも食用に回されたのかという問題すらある。二七人の農民はサボタージュを理由に人民裁判所に送られ」た、さらに「類似の事件では他の村でも起きており六〇名が起訴」された、といわれている。[108]

接収にまで至らない単なるサボタージュに関する指摘だけならば、もっと多くの例をあげることができる。だが、その中で特に注目すべきは、同じ村内農民によるサボタージュ農民に対する告発が見られることである。例えば、一九四七年、シュトラールズンド郡ニーダームツコ村では、農民互助協会の集会において新農民ルュクハイムの農耕に対する無関心とノルマ未達成が隣人によって告発されている。彼の農地は「雑草が繁茂している」ほどの状態であった。[109] また、一九四八年ノイブランデンブルク郡ティシュライ村について、「村の数名の農民が意識的に農作業を怠けている。勤勉な農民が秋の供出の際に怠け者の負担を負わなくてはならず、これが村全体のやる気をそいでいる。二人の農民を有罪とすべきである」と報告されている。[110] この二つの例は、サボタージュ問題が村を責任単位とする供出ノルマ制度や、さらには新農民村落における労働のあり方と深く関わっていることを意味している。

以上のように、「経営放棄」を軸としながらも、その周辺に「乱伐」や「サボタージュ」などの「制御不能」な行為が広範囲に広がっていた。それは経営資本不足による経営困難、生活困難、供出負担の問題、村の労働組織のあり方、さらには土着と難民の村内対立の拡大、さらには高い流入と流出や難民新農民の分解などをはらみつつ展開していたのであった。そして、村の統合力が弱化した状態に呼応するかのように、サボタージュについては「人民裁判送り」や「接収」などの権力行為が、時には村内からも発動されているのである。このように、経営放棄は生産停滞という意味で農業問題の中心をなしたが、同時にすぐれて新農民村落の統合の危機をめぐる問題でもあったといえよう。

3．新農民村落の村政

戦後東ドイツの土地改革は、グーツの土地所有接収のみならず、グーツ村落を統治していた農場主《グーツヘル》家族の村外追放をもって開始された。これまで述べてきたように、村は農業生産や供出ノルマの最終責任単位として新たな役割を与えられる一方、しかし全体としての新農民経営の困難の深まりと、新農民の「制御不能」な行為の広がりに直面しており、いわば上下から挟撃される状態におかれていた。こうした中において、農場主《グーツヘル》なきあとの村の政治支配とはどのようなものであったのか。以下、やや概括的な叙述となるが、最後にこの時期の村の政治状態の特徴について触れておきたい。

表1-15は、一九四七年六月時点の党員数の内訳を示したものである。いずれの郡も農業郡であり、ノイシュトレーリッツ郡の数値に示されるように、本表の数字は農村部の動向を反映するものとして間違いない。各党間については党員数を指標とする限り圧倒的にＳＥＤ党が優勢であり、パルヒム郡においては対住民組織率は九％強にまで達している。対住民組織率は不明だが、難民比率が非常に高いヴィスマール郡において、党員の絶対

表1-15　党員数の内訳（1947年6月，単位：人）

	ノイシュトレーリッツ郡		ノイブランデンブルク郡	ヴィスマール郡	パルヒム郡	
	都市部	農村部				対住民比率
SED	1,623	6,539	6,065	14,400	9,401	9.5%
CDU	218	742	872	1,800		0.9%
LDPD	272	449	232	600		0.5%

注：SED：ドイツ社会主義統一党，CDU：キリスト教民主同盟，LDPD：ドイツ自由民主党.
出典：LHAS, 6.11-2 Ministerpräsident, Nr. 666, Bl. 244-256 より作成.

数が約一万四千人と群を抜いて高いことも注目に値しよう。ナチス統治期の東エルべ村落における共産党員比率は限りなくゼロに近いであろうから、農村部におけるSED党員比率のこの高さは明らかに土地改革の政治的成果としてよい。従ってまた、この点から考えれば、旧農民村落よりは新農民村落においてSED党員比率はより高いことは容易に推測されよう。[111] この点は、一九四八年四月、SED党主導により新農民の政治的組織化を狙いとして設立されたドイツ民主農民党（DBD）において、当該州がその主たる地盤となることからも明らかであろう。[112]

しかし、そのことは村SED党組織が村の統治集団として有効に機能したことを必ずしも意味しない。第一に、村当局がほとんど指導力を発揮していないことを批判する報告はかなり頻繁である。二つだけ事例をあげておこう。例えば、一九四七年のロストク郡のニーンハーゲン村について、「この村の……特に大きな問題点は、若干の新農民が村外居住者であり、労働意欲が乏しいことである。村会議長と農民互助協会委員は幾度となく交替しているが、村役場の業務は正しい軌道にのっていない」といわれている。[113] 同じく、一九四八年九月のヴィスマール郡について、「わが州報告担当職員は八月二四日に、（当郡の）三ヵ村に入った。この三村落は……いずれも供出成績が大変悪いところである。……ホルドルフ村では、村長は、何が脱穀されたか、どれだけ供出されているか、どれだけの面積が刈られ、あるいは搬入されているのかの情報を全く持っておらず、農場では穀物が室《むろ》にやみくもに搬入されているだけである」と述べられている。[114]

前者のロストク郡の事例において、村外居住者の新農民とは、新規応募者が村内で住居が確保できないために村外に居住したまま新農民となって通っている例である。この点からこの村では、新農民の経営放棄が生じていること、同時にロストク市近郊であることもあり住宅問題の確保がむしろ人々の関心になっていること、そしてこれらのために村の統合が脆弱となり、村政運営が困難な状況に陥っていることがわかる。ヴィスマール郡の事例の方は、より直裁に村農業の困難さが村長の姿勢によるものとされている。村を監視する立場にある州当局者の視点からの報告であるから多少割り引いて考えなくてはいけないとはいえ、どちらの事例においても村政の機能不全は疑いない。

第二に着目すべきは、村長の悪質ぶりである。例えばユッカーミュンデ郡からは、ある労働者から、村長から何の理由もないのに自転車でぶつけられ歯を一本折られた。村長はしばしば殴ってくるし、酔ったときには一緒にいる人の物を壊すとの告発があったとされる。(115) また、州政府に対する新農民の請願ファイル ── その主な内容は経営接収に対する新農民の抗議文であるが ── の中には、村内紛争に関わって村長の悪業を告発する生々しい文書が散見される。例えばギュストロー郡アイケルベルク村の農民二人による一九四七年一二月一〇日付の告発文書では、元村長タックが自らの私利・私欲のためにいかに村長権限を行使したかが、供出のごまかし、物資の不当な配分、村委員会議事録改竄による着服、入植地の不当取得、村住民に対する不当逮捕示唆と虐待など一五点にわたって述べられている。(116) また、経過が複雑すぎるので詳述しないが、当局の経営接収を不当とする請願文書において、抗議者が難民新農民で、かつ当局の経営接収が村長の自分に対する悪意から発したものである、従って村長の陰謀であると訴えるものが二件ある。(117) その他にも、ルートヴィヒスルスト郡クレミン村の新農民村長キースリングによる職権濫用事件についての文書においては、村長が自らの新農民経営をヤミで売却処分し、バイエルンへの逃亡を図ったとされ、(118) さらにロストク郡ヴィラースハーゲン村からの請願をうけての調査報告書では、「土地改革の際に他所から来て村の農民互助協会の議長におさまった人物が、権限を利用して分割地を取得し、さらにその後も建築資材の横流しを行い、馬をヤミで売却処分した。この男は現在州政府で農業検査官として働いているが、ヴィラースハーゲン村とその近郊地域住民の怒りを買っている」と書かれている。[119]容易に想像されるように、この種の悪徳村長ないし村役人は上位権力に敏感であるから、その多くは支配政党となったＳＥＤ党員であったと考えられる。グリメン郡についての報告では、「当郡では多くの汚職事件がおきており当局への不信が高まっているが、そのほとんどがＳＥＤ党員によるものである、これに対して教会に通う者は戦前に比べて一〇倍にも上っている」と報告されている。[120]

村長という職に対する信頼をさらに失墜させたのは、ソ連軍の村政へのきわめて恣意的な介入であった。極端なものとしてはソ連軍が村長人事に直接介入する場合が見られる。一九四七年ノイシュトレーリッツ郡の数ヵ村で、ソ連軍がドイツ自由民主党（以下、ＬＤＰＤと略記）村長の辞職とＳＥＤ党員の選出を求めたという。とくにカーヴィッツ村では、何度も選挙を繰り返した後、ロシア占領軍の希望によりＳＥＤ党員で無国籍で文盲の羊飼いが村長になった。彼はロシア語が流暢であったという。[121]

さらに頻繁にみられるのがソ連軍とのコネクションを武器に悪質村長が村を支配する事例である。例えばウゼドム郡ラデミッツ村に入ったベルリンの農林省調査官の報告によれば、「この村の新農民は、新農民の農民互助協会元書記が、（なおも）村で指導的な立場にあることを不満として訴えた。彼は郡占領軍の後ろ盾があるので誰もあえて彼に異を唱えることができない。彼は農民互助協会の書記をやめた後に村に入植し、一九四七年に新農民としてグーツの庭地一ヘクタール、一五〇本の果樹を手に入れたが、これに対する供出ノルマはたった一六〇キログラムであり、奉公人を雇用して自分では働かない。そうしたことが村人の怒りを買っている[122]」。

以上のようにＳＥＤ党員比率の高さは確かに土地改革の成果ではあったけれども、しかし当局に対する村民の同意調達を意味するとは必ずしもいえず、むしろ悪質村長と村政の腐敗は、彼らの当局に対する距離を一層大きくしたとすらいってよい。村の政治的統合はこうした観点からも脆弱なものであった。このことを裏側から根拠づけているのは、連続する村長の辞職である。一九四七年一二月、ノイシュトレーリッツ郡では、トルノホーフ、リヒテンベルク、ノイガルテン、ハーゼフェルト、カントヴィッツ、コノフの六村の村長が辞職を申し出ているが、その理由はこれ以上自分の善意に反するような行動をとることに責任が持てないからというのである。(123)

おわりに

これまでの叙述から、東ドイツ土地改革は単に「土地所有の改革」で語り尽くせるものではまったくないことは自明であろう。それは経営資本分析でみたように物的な農業生産力構造の「改革」であり、難民問題や農場主の追放にみられるように農村社会構成の「改革」であり、さらにソ連軍農場占領を被った村落では、農林資源収奪的な占領政策として経験される「改革」でもあったのである。こうした多義的な内容をもつ「土地改革」の「直撃」を受けた地域こそが、北ドイツを中心とする旧グーツ村落であった。

本章の課題は、そうした「旧グーツ村落＝新農民村落」に分析対象を限定し、難民問題を意識しつつ、経営資本分析を軸に土地改革期の「個＝村＝郡（＝国家）」のあり方を村落の場から問いなおすことであった。第一に農業属具の分析からは、単純化すれば「牛＝私的保有」、「馬＝村による調整」「トラクター＝郡の掌握」という三層構造が明らかとなった。土着新農民の乳牛保有が唯一の安定的要素である一方で、難民問題との関わりから、問題の焦点は「村の馬」の利用にあった。第二に、新農民家屋建設プログラムは、難民住宅問題の解決と土地改革理念の交差する地点に上位権力によって構想された政策であった。しかし、それは実態的には、農村難民利害を強く意識した政策でありながら、「倉庫」「牽引力」問題への対応策を備えておらず、むしろ村内の土着と難民の対立を悪化させてしまう。第三に、こうした経営資本調達をめぐる制約のもとで、経営放棄、サボタージュ、乱伐などの制御不能な新農民の行動が、おそらくは難民新農民経営の分解という事態と絡みつつ、予想以上の広が

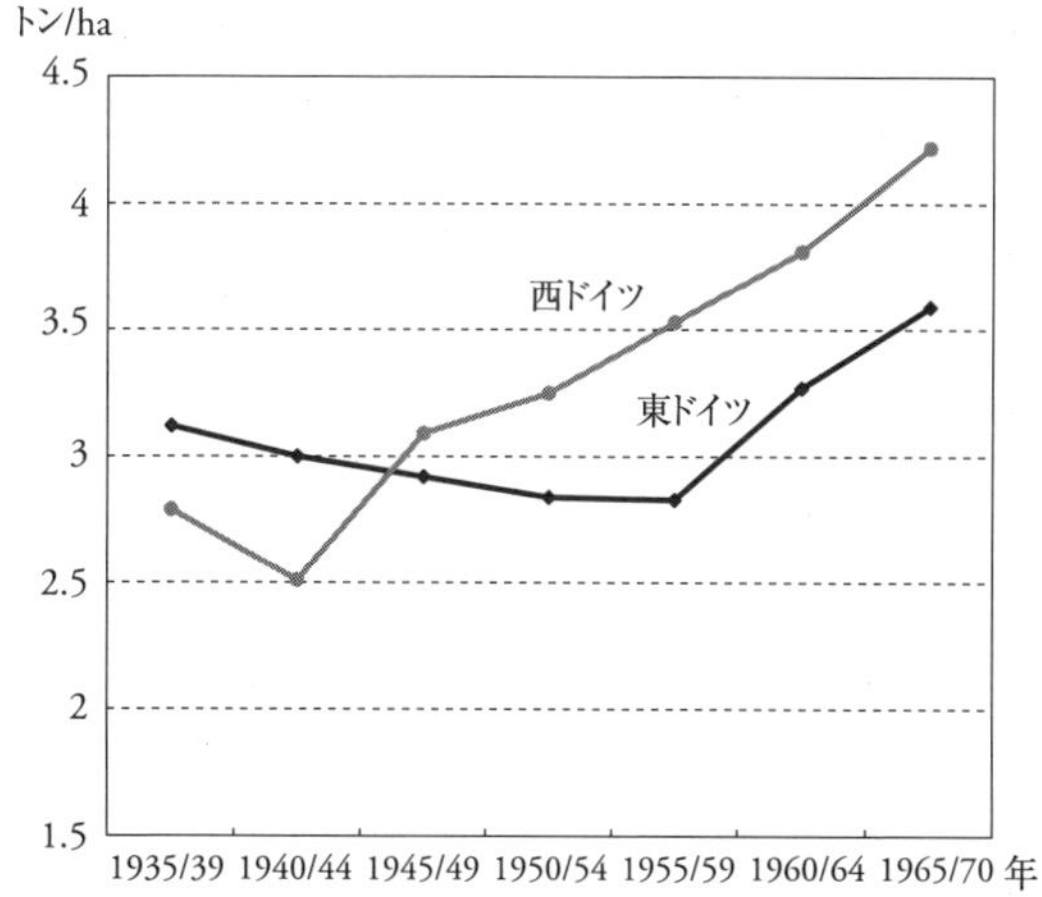

図 1-3　土地生産性の東西比較（5 カ年平均）

注：縦軸は農用地 1ha あたりの収量（穀物単位 Getreideeinheit で換算された数値）.

出典および算出の仕方：Weber, A., Ursachen und Folgen abnehemender Effizienz in der DDR-Landwirtschaft, in; Kuhrt. u. a. (Hg.), Die Endezeit der DDR-Wirtschaft. Analysen zur Wirtschaft-, Sozial- und Umweltpolitik, 1999 Opladen, S. 235f. u. 266 (Anm. 27) より作成.

りをみせる一方で、政治的には、土地改革実施過程で村SED組織の確立をみつつも、SED党村長による汚職事件の頻発に象徴されるように、村の統治能力の脆弱さは否定しようがないほど明白である。全体として当該期には、生産部面、供出部面を中心に、個人あるいは村に対する郡当局による介入・動員政策、および強権発動が顕著であるが、これは、新農民村落については、必ずしも強い国家システムの証左とのみ理解すべきではなく、むしろルーズで不安定な村落状態に対する「社会主義」権力の固有な反応の仕方と考えるべきであろう。

図1-3は、A・ヴェーバーが加工した数値により、戦後東西ドイツの「土地生産性」の推移を示したものである[124]。作付け作物の種類の多様性、東西の統計方式の相違、さらには統計数値の精度のために、この種の長期にわたる計量的比較は難しく、従ってこの図の統計処理に対して全面的な信頼をよせることは当面留保しておきたいが、全体の傾向を知る目安とはなると思われる。さて、

この図で見る限り、第一に東ドイツ地域は一九四五～一九六〇年の期間に一貫して土地生産性を後退させていること、第二にこれとは対照的に西ドイツ農業は土地生産性を上昇させていることが明らかである。もちろん、この図における東ドイツ農業の数値は新旧農民および南北を含む全体の数値であるから、東ドイツにおいてもっとも困難な状況下にあった北部の新農民村落については、この期間の生産力の後退と停滞は一層の深刻さを示すと推測される。全体の土地生産性の落ち込みは、北部における経営放棄地の増大を反映している。こうした生産力低下と回復への道の険しさこそは、戦後土地改革期の新農民村落のかかえた問題の根深さを物語っている。

一九四八年、通貨改革とベルリン封鎖により東西対立が激化、翌一九四九年に東西ドイツが建国される。こうしたなか、土地改革後の農業荒廃が改善をみせないなかで一九四八・四九年には各種農業制度の「国家化」と反大農キャンペーンが開始されることになる。だが、その前に旧農民村落の状況について見ておかなくてはならない。

注

(1) メクレンブルクにおける敗戦時のソ連軍の暴力行為、および土地改革期の村落追放ないし逃亡に関しては、以下の主として旧農場主関係者による記録に基づく。Niemann, M., Mecklenburgische Gutsherren im 20. Jahrhundert, 2. Auflage, Rostock 2002; Ders., Ländliches Leben in Mecklenburg in der ersten Hälfte des 20. Jahrhunderts, 2. Auflage, Rostock 2006. 外国人強制労働者の戦後は複雑である。ソ連軍進駐時の暴力に外国人強制労働者が報復行為としてこれに荷担する現象がみられたこと、ヤルタ会談によってソ連国籍の人々は本人の意志に関わらず強制帰還措置がとられたが（一九四五年内にほぼ移送を完了）、他方でウクライナやバルト三国出身者には戦時対独協力者などを中心に帰還拒否者が存在したこと、またポーランド人を中心に帰還しなかった人々がおり、その多くが海外移住の道や、故郷喪失者として西ドイツに暮らす道を選択したこと、などが指摘されている。Herbert, U., Fremdarbeiter. Politik und Praxis des "Ausländer-Einsatz" in der Kriegswirtschaft des Dritten Reichs, 2. Auflage, Bonn 1986, S. 341–345; Bade, K.-J. (Hg.), Deutsche im Ausland - Fremde in Deutschland. Migration in Geschichte und Gegenwart, München 1992, S. 367–373.

（該当部分の執筆者は Jacobmeyer, W. である）。外国人強制労働者の行く末とドイツ人東方難民の流入は、ともに東欧全体の戦後再編に伴う現象として、表裏一体的な関係にあったものとして理解できる。

(2) Bauerkämper, Ländliche Gesellschaft, S. 72.

(3) Buchsteiner, I., Bodenreform und Agrarwirtschaft der DDR. Forschungsstudie, in: Leben in DDR, Leben nach 1989, hg. vom Landtag Mecklenburg-Vorpommern, Bd. 5, Schwerin 1997, S. 9–61. u. 16–17.

(4) メクレンブルクからオストプロイセンまで、東エルベ地方の支配的な農場規模は二〇〇～五〇〇ヘクタールといわれている。Niemann, M., Mecklenburgischer Großgrundbesitz im Dritten Reich, Köln 2000, S. 43. じっさいメクレンブルク・フォアポンメルン州の土地改革において接収された百ヘクタール以上の私有農場は全部で二一九九経営、八二万三七二六ヘクタールであるから、単純計算で平均三七五ヘクタールとなり、二〇〇～五〇〇ヘクタールという数字とほぼ一致する。Stöckigt, R., Der Kampf der KPD um die demokratische Bodenreform, Berlin 1964, S. 261: Kuntsche, S., Agrarwirtschaftlicher und sozialer Wandel durch Bodenreform und LPG-Bildung, in: Leben in DDR, Leben nach 1989, hg. vom Landtag Mecklenburg-Vorpommern, Bd. 5, Schwerin 1997, S. 70 u. 93 (Tab. 2).

(5) メクレンブルク・フォアポンメルン州では、「州有地農場 Domäne」に関しては、四七二経営、一三万三四八九ヘクタールが接収されている。Ebenda. 戦前の州有地農場借地人については、以下の文書を参照のこと。LHAS, 5.12–4/2, Nr. 10635, Verschiedene Angelegenheit auf Domänen des Kreises Rostock, 1943–1946.

(6) Buchsteiner, a. a. O., S. 18.

(7) Vgl. Niemann, M., Mecklenburgische Gutsherren im 20. Jahrhundert.

(8) Buchsteiner, a. a. O., S. 18: リューゲン島のプローラ（ビンツ市）はナチ歓喜力行団による一大保養施設としてつとに有名である。この施設は、戦後は東ドイツ人民軍施設として利用されたのち、現在は一部が博物館になっている他は、廃墟となって立ち入り禁止になっている。

ホルツによると、リューゲン島内にはプローラとドレシュヴィッツの二カ所に通常の難民収容所とは異なる収容所がおかれていたという。一九四五年一一月三日付の行政区長報告では「ザクセンとチューリンゲンからの「新入植者 Neusiedler」を乗せた列車の第一便が到着。彼らは両州から追放されたファシスト、ナチ党員、ユンカーであり、ソ連占領軍の命令で、土地改革により各自三ヘクタールの土地が与えられる」とあり、さらに具体的な配置先としてリューゲン島内の三一の村が挙げられているという。こうして、ホルツは、当地がザクセン土地改革により追放処分を受けた農場主、借地人、農民たちの追放先であったとしている。ただし島を離れることが禁止されていたにもかかわらず、ほとんどの人々は一九四六年春までに西側占領区に逃亡し、チューリンゲンやザクセンに帰ることはなかったと述べている。Holz, M., Evakulierte, Flüchtlinge und Vertriebene auf der Insel Rügen, Köln 2003, S. 193ff.

上記のプローラの博物館は、一階がナチ歓喜力行団時代の保養施設建設過程の、二階が東ドイツ人民軍の展示室となっているが、一階の片隅には、戦災で廃墟となったこの大規模保養施設が、チューリンゲンやザクセンなどから追放された農場所有者の収容施設となったことを紹介するパネル二枚が掲示されていた。うち一枚はホルツによる解説であり（「シベリアではなくリューゲンだった」とのタイトルが付けられている）、もう一枚は「ドイツ貴族名簿」(Aus dem Deutschen Adelsarchiv) からの個別追放事例抜粋である（二〇一〇年三月一四日、筆者訪問による）。メクレンブルクの「土地貴族たち」もプローラにいたのか、そうではなく州外に集団追放されたのか、あるいはまた法規程どおり単に個別に遠隔地に強制移住させられただけなのかは確認できていない。

(9) 土地改革により接収された土地は、村・郡・県の各級土地改革委員会のもとで管理されるが、これらの土地は、通常の土地所有とは異なり「土地改革フォンド」として特別の法的規制のもとにおかれた。確かに低額とはいえ土地分与は有償であり、新農民には地券を発行することで土地所有権が付与された。しかし土地改革により取得した土地は、売却処分はもとより、分割、小作、抵当権設定が禁止された。相続権については土地改革立法に明確な規定がないが、原則として認められると解釈されている。Pries, S., Das Neubauerneigentum in der ehemalige DDR, Frankfurt a. M. 1994, S. 25-40. 後述するように、経営困難に陥った場合、人々が経営を国家に返却するのはそうした事情にもとづく。農政理念も、対象とする農業経営もまったく異なるが、法的要件の点からのみみれば、新農民の土地所有は、ナチスの世襲農場のそれに類似しているといえなくもない。

なおこうした「土地改革フォンド」方式にもとづく土地改革構想は ―― 農民的土地所有の保護と接収農地の国家管理の堅持を同時に担保しようというアイデアであった ――、一九四四年にモスクワの亡命コミュニストのグループの会合で、ヘルンレによって打ち出されたものであったという。Bauerkämper, a. a. O., S. 64.

(10) Buchsteiner, a. a. O., S. 17f.

（11）原語はVereinigung der gegenseitigen Bauernhilfe.「農民互助協会」は全国、州、郡、村落の各級ごとに組織され会員は農民に限定される。村落では事実上、有力農民による農業委員会として機能している。Bauerkämper, a. a. O., S. 90f., u. 119f.「農民互助協会」は一九四九年にライファイゼン組合を国家に再編統合する過程で「農民流通センター BHG＝VdgB」に再編される。この点は本書第三章「はじめに」187頁以下を参照のこと。

（12）Buchsteiner, a. a. O., S. 17.

（13）当該州の農民村落に関する土地改革についてはクレメントのハーゲナウ郡――当該州の小農地域である――に関する研究がある。Vgl. Clement, A., Produktionsbedingungen und Produktionsgestaltung in den bäuerlichen Wirtschaften Mecklenburgs zur Zeit der Bodenreform 1945 bis 1949: eine Untersuchung für die Kreise Hagenow, Güstrow und Neubrandenburg, Diss. Uni. Rostock, 1992, bes. S. 9f.

（14）第二次大戦後に世界史的な広がりをもって実施された土地改革に関する比較史的研究として、荒木幹雄他「戦後土地改革の比較史的検討」（日本農業史学会一九九六年度シンポジウム）『農業史研究』第三一・三二合併号（一九九八年）を、また、このうちとくに戦後日本の農地改革の特徴を比較史的な観点から論じたものとして、野田公夫「農地改革の歴史的意義―比較史的視点から―」『農林業問題研究』第三三巻第二号（一九九七年）を参照。

（15）一九四五年八月二五日の「民主ブロック」ハレ会議では、当初草案にあった一〇〇ヘクタールの残存農場規定が、結局はソ連軍に認められず、無償接収が基本となったという。Bauerkämper, a. a. O., S. 82f.

（16）Vgl. Buchheim, Ch. (Hg.), Wirtschaftliche Folgelasten des Kriges in der SBZ/DDR, Baden-Baden 1995.

（17）Vgl. Wille, M. (Hg.), Die Vertriebenen in der SBZ/DDR: Dokumente, I Ankunft und Aufnahme 1945, Wiesbaden 1996, II Massentransfer, Wohnen, Arbeit 1946–1949, Wiesbaden 1999.

（18）土地改革期を扱う本章で登場する村は、おおむねゲマインデ（末端自治単位としての行政村）と同一視してよいが、厳密には有力集落も含まれると思われる。従って本章では、ゲマインデも有力集落も、とくに区別する必要がない場合、すべて「村落」「村」とする。この点は序章注（65）（45頁）および第六章406頁を参照。

（19）一九四七年九月時点のメクレンブルク・フォアポンメルン州における住民中に占める難民比率は四三％、これに対して同時期の東ドイツ地域全体の平均は二四・七％である。B-Arch, DQ2, Nr. 3799, Bl. 90.

(20) 主に参照した土地改革関連史料は以下のとおりである。

Landeshauptarchiv Schwerin（以下、LHASと略記）

6.11–2 Ministerpräsident, Nr. 509–553, 664–680.

6.11–11 Ministerium für Innern, Nr. 146.

6.11–12 Ministerium für Sozialwesen, Nr. 31, 802, 938, 2105.

Bundesarchiv Berlin-Lichterfeld（以下、B-Archと略記）

DK1, Nr. 2911, 7593, 8079, 8168–8191, 8572–8573, 10031.

DQ2, Nr. 623, 1093, 1990–91, 2113–14, 2143, 2738, 3392, 3400, 3799.

DO2, Nr. 20–21, 34, 62–65.

(21) LHAS, 6.11–2 Ministerpräsident, Nr. 666 (–666a): Berichte der Informationsabteilung 1947; LHAS, 6.11–2 Ministerpräsident: Nr. 667, Berichte des Amtes für Information 1948; LHAS, 6.11–2 Ministerpräsident, Nr. 668: Berichte der Informationsabteilung über Streitsachen und Beschwerden.

(22) もっともグーツ経営と農民経営の混在村落や、旧農民村落でも「非ナチ化」の過程で接収された「元ナチ農民経営」が一定数あるところでは、新旧農民層が混在することになり、新農民問題のあり方も典型的なグーツ村落の場合とは相違してくると考えられる。またゲマインデは通常複数集落から構成されるが、それらは異なるタイプの集落からなる場合が多い。この場合もゲマインデ単位でみると新旧農民層が混在することになる。また戦後東ドイツでは、戦後日本のような未墾地開拓はなされず、原則として難民たちは既存村落内に定住することとされたので、もともと土着労働者数が極端に少なかった農場などを別とすれば、純難民村落といえるものはまれである。

(23) ワイマール期のメクレンブルク地方の農業労働者問題については、拙著『近代ドイツの農村社会と農業労働者』（京都大学学術出版会）一九九七年の第五章を参照されたい。

(24) 旧農民と同じく新農民も供出義務 Ablieferungspflicht を負う。供出ノルマは、農作物については収穫面積を基準とし、家畜については保有頭数を基準として課せられた。ただし新農民の場合、農作物の場合は二〇%の、家畜については五〇%の減免が優遇措置として認められた。供出義務遂行後については自由売却分として「市場販売」が認められることになるが、といっても、後に第六章で触れるように（429頁以下）、その売り先として認められるのは、「国営調達・買付機関VEAB」か、公的管理下に置かれた「農民市場」であった。Pries, S., a. O., S. 36. 戦後東ドイツの農産物供出制度と戦時ナチスの供出制度 —— 前者がソ連のネップ方式であるのに対して後者は原則として価格誘導型の全量買付方式である —— が、村落レベルにおいていかなる継承関係にあったのかは、この二つの支配体制の連続・断絶を農村社会再編との関連で議論する上では重要な論点となろう。戦時ナチスの農業・食糧政策については、さしあたり拙稿「戦時ドイツの農業・食糧政策と農林資源開発―食糧アウタルキー政策の実態―」『農林資源開発の比較史的研究―戦時から戦後へ―』二〇〇七年度〜二〇〇九年度科学研究費補助金基盤研究（B）研究成果報告書（研究代表　野田公夫）、二〇一〇年、第Ⅳ部第2章、二三八頁以下を参照のこと。

(25) 以下、当該州のソ連軍農場占領に関する叙述はB-Archiv, DK1, Nr. 7593によっている。

(26) B-Arch, DK1, Nr. 7593, Bl. 119.

(27) LHAS, 6.11–2, Nr. 667, Bl. 197–198. この報告では近隣村も牧草提供を要求されているとある。

(28) Vgl. LHAS, Ministrium für Sozialwesen, Nr. 31a, Bl. 38–66.

(29) B-Arch, DK1, Nr. 8572, Bl. 188.

(30) 一九五二年以後は、本村はバート・ドベラン郡グロースベルコー行政村の一集落である。場所については巻頭地図4を参照のこと。

(31) B-Arch, DK1, Nr. 7593, Bl. 29–30. 日付は一九四五年一一月一四日である。

(32) クライン・ベルコー村の隣村は、有力な大農集落であるグロース・ベルコー村や、グーツ集落であるマテルゼン村、ホーエン・ルコー村（国営農場）であり、後にこれら四村が一つの行政単位となる。

(33) B-Arch, DK1, Nr. 7593, Bl. 106–107.

(34) クラマーによる数値では、牛の頭数減は対戦前比（一九三五〜三八年平均）で六割水準、従って四割減と評価されている。同じ箇所では馬と豚についても言及されているが、これによれば馬については、一九四三年の対戦前比減少分 —— 戦時徴発分と見なしてよいだろう —— が五％に対して、戦後の馬頭数は約三割減となっている。また、豚については、すでに戦時期よりジャガイモ不足により三割減と相当の落ち込みだが、しかし戦後はその比ではなく八割減と壊滅状況である。Kramer, Die Landwirtschaft in der Sowjetischen Besatzungszone. Bonn 1953, S. 52ff.

なお戦時期のナチ農政と酪農業については、前掲拙稿「戦時ドイツの農業・食糧政策と農林資源開発―食糧アウタルキー政策の実態―」『農林資源開発の比較史的研究―戦時から戦後へ―』二〇一〇年、第Ⅳ部第2章、を参照のこと。

(35) B-Arch, DK1, Nr. 8572, Bl. 201; B-Arch, DK1–8573, Bl. 196 u. 199; LHAS, 6.11–2, Nr. 666, Bl. 227.

(36) LHAS, 6.11–2, Nr. 667, Bl. 254. 他にも、秋の供出ノルマ達成のために夜間脱穀が盛んに行われ、このために電力問題（停電）とショートによる火災の頻発がしばしば問題にされているが、これも村ないし農民互助協会によって脱穀が組織・管理されていたことを示す例であろう。LHAS, 6.11–2, Nr. 666, Bl. 180, u. Nr. 667, Bl. 130–131; B-Arch, DK1, Nr. 8573, Bl. 149.

(37) LHAS, 6.11–2, Nr. 666a, Bl. 454.

(38) LHAS, 6.11–2, Nr. 667, Bl. 73.

(39) 逆に新旧農民の相互扶助が模範的とされるのは、馬利用が順調な事例である。例えば一九四八年アンクラム郡カゲノー村では、一六人の新農民―うち馬のない新農民が五戸―と一一人の旧農民が三一頭の馬を使って八〇ヘクタールを犂耕、「相互農民扶助によりすべての播種と犂耕の困難が遅延なく乗りこえられた」という。LHAS, 6.11–2, Nr. 667, Bl. 255. また〈土着 vs 難民〉の対立という指摘はないが、一九四七年シュトラールズンド郡からの報告では、「個人的対立により」農民互助協会による収穫の共同作業が困難となり、このためＳＥＤが介入したとされる。LHAS, 6.11–2, Nr. 666, Bl. 184. なお、一般に家畜不足が難民についてあてはまることについて、Piskol, J. u. a., Antifaschistish-demokratische Umwälzung auf dem Lande 1945–1949, Berlin(o) 1984, S. 106–107.

(40) LHAS, 6.11–2, Nr. 666a, Bl. 692.

(41) Ebenda, Nr. 666a, Bl. 434.

(42) LHAS, 6.11–2, Nr. 667, Bl. 199.

(43) LHAS, 6.11–2, Nr. 666a, Bl. 647–648, u. Nr. 667, Bl. 285.

(44) LHAS, 6.11–2, Nr. 666, Bl. 197. 同じく、一九四八年にハーゲナウ郡では、木材運搬と占領軍の早すぎる穀物供出期限に苦しんでいる。B-Arch, DK1, Nr. 8573, Bl. 147.

(45) LHAS, 6.11–2, Nr. 666a, Bl. 537.

(46) B-Arch, DK1, Nr. 7583, Bl. 302.

(47) LHAS, 6.11–2, Nr. 666a, Bl. 575; B-Arch, DK1, Nr. 8573, Bl. 178. 当局による牛耕の奨励は、馬の飼料負担が大きいという事情も与っている。LHAS, 6.11–2, Nr. 666a, Bl. 690.

(48) LHAS, 6.11–2, Nr. 667, Bl. 375.

(49) LHAS, 6.11–2, Nr. 666a, Bl. 490–491, u. 646. これらの報告によれば、車をひく乳牛の乳量減少は四〇%にのぼるとされている。

(50) LHAS, 6.11–2, Nr. 666, Bl. 367–368.

(51) 一九二九／三〇年の農業労働者組合による家計調査によれば、メクレンブルクのサンプルである一一家族は平均して牛一頭（子牛含む）を保有している。Bernier, W., Die Lebenshaltung, Lohn- und Arbeitsverhältnisse von 145 deutschen Landarbeiterfamilien, Schriften des Deutschen Landarbeiter-Verbandes, Nr. 32, Berlin 1931, S. 102. ちなみにシュレスヴィッヒ・ホルシュタインでは、牛の保有はゼロであり、その証拠に現物給としてミルクが毎日支給されている。前掲拙著、二七八頁および三〇六頁を参照。

(52) Mecklenburger Land-Boten, hg. v. Deutscher Landarbeiterverband für den Gau Mecklenburg, d. 20. Juni 1928. この記事によればノイカーレン村マルコー農場において、一九二八年五月、農場管理人が農場の乳牛を放牧地に放したが、「村の乳牛 Dorfkühe」は畜舎につながれたままであった、賃金協約によれば労働者の乳牛にも同じように飼料を与えなければならない、経営レーテが「村の乳牛」も農場の乳牛と同じく放牧するよう要求した、などとある。

(53) ピスコールによれば、一九四七年後半から農民互助協会によりザクセン、チューリンゲンの南部諸州とメクレンブルク、ブランデンブルクの北部諸州のあいだで家畜調整がなされたという。ただし彼は南北間の調整についてのみ言及している。Piskol, a. a. O., S. 114.

(54) LHAS, 6.11–2, Nr. 667, Bl. 211.

(55) LHAS, 6.11–2, Nr. 667, Bl. 395, u. 411. 家畜調整が南から北への牛の移動という形でなされた背景には、一九四七年の干ばつの影響があった。一九四七年一一月七日付のロストク郡ＳＥＤ党経済・農業課の全郡宛文書によれば、同年の干ばつは、とくにザクセン＝アンハルト州、チューリンゲン州、ザクセン州などの南部において影響が大きく、飼料不足が深刻化し、牛が飢餓状況に陥った。そこで南部の痩せた牛を乳牛需要の強い北部に提供し、北部からは代替に飼料を供与するという対応がとられることになったというのである。この文書では、ロストク郡農業課は、ザクセン州グリマ郡およびウシャツ郡との間で四五〇〇頭の牛の供与に関する契約を締結したとしている。VpLA Greifswald, Rep. Ortleitung der SED Kühlingsborn, Nr. IV/6/23,

Bl. 37. こうした背景からすれば家畜調整において痩せた牛が提供されるのは当然の帰結であったといえよう。

(56) LHAS, 6.11–2, Nr. 667, Bl. 375–377, u. 391; vgl. B-Arch, DK1, Nr. 8573, Bl. 325–326. 一時的な馬の動員についてだけでも拒否感が強い。酷使に対する不安感からであろう。自分で馬を連れていくことで決着した事例すらある。LHAS, 6.11–2, Nr. 667, Bl. 346.

(57) LHAS, 6.11–2, Nr. 666a, Bl. 501; LHAS, 6.11–2, Nr. 666, Bl. 199; LHAS, 6.11–2, Nr. 667, Bl. 286. 牛が痩せていた理由は前頁の注（55）を参照。

(58) LHAS, 6.11–2, Nr. 666, Bl. 9; LHAS, 6.11–2, Nr. 667, Bl. 286.

(59) LHAS, 6.11–2, Nr. 666, Bl. 199.

(60) 個別の報告をみる限りでは、新農民村落の保有するトラクター台数は一村あたり一～三台の水準である。LHAS, 6.11–2, Nr. 667, Bl. 80; LHAS, 6.11–2, Nr. 666a, Bl. 541; B-Arch, DK1, Nr. 8573, Bl. 121. 興味深いのは、馬と異なり、トラクター台数の報告は、村単位の数字がほとんどなく、もっぱら郡単位ないし行政区単位の保有数として報告されることである。これは後述のトラクターに対する当局の関心を反映したものといえよう。

(61) B-Arch, DK1, Nr. 8572, Bl. 201.

(62) LHAS, 6.11–2, Nr. 666a, Bl. 541.

(63) LHAS, 6.11–2, Nr. 666, Bl. 81, u. 290; LHAS, 6.11–2, Nr. 667, Bl. 92–93.

(64) LHAS, 6.11–2, Nr. 666, Bl. 377 u. 384.

(65) B-Arch, DK1, Nr. 8753, Bl. 220.

(66) 例えば、ユッカーミュンデ郡についての一九四七年四月の報告。「農民互助協会の活動は本郡では非常に遅れている。各地区委員会の課題は、形式的には農民生活において生じるあらゆる事柄の担い手とされているが、実際にはほとんど自覚されていない。ともかく農民互助協会は農民層の代表としてはまったく成果を上げていない」LHAS, 6.11–2, Nr. 666a, Bl. 575. 他にもリューゲン郡（LHAS, 6.11–2, Nr. 666, Bl. 253–254）、ノイシュトレーリッツ郡（Ebenda, Bl. 20）、ヴァーレン郡（LHAS, 6.11–2, Nr. 667, Bl. 209）、パルヒム郡（LHAS, 6.11–2, Nr. 666, Bl. 282）についても同様な指摘がある。

(67) LHAS, 6.11–2, Nr. 666a, Bl. 538–539.

(68) Ebenda, Bl. 418. 同じくシュヴェリン郡ズュルテ行政区バンツコー村の事例も参照のこと。Vgl. Ebenda, Bl. 434.

(69) Bauerkämper, a. a. O., S. 263; Piskol, a. a. O., S. 114–115. 東ドイツの統計によれば、全東ドイツの穀物平均単収（一ヘクタールあたり）は、一九三四〜三八年平均が二・〇六トンなのに対し、一九四六年一・四八トン、一九四七年一・三八トン、一九四八年一・六〇トンである。じゃがいもの落ち込みもひどく、一九三四〜三八年平均が一七・三トンなのに対し、一九四六年一三・五トン、一九四七年一一・〇トン、一九四八年一五・四トンである。Buchsteiner, a. a. O., S. 23.

(70) LHAS, 6.11–2, Nr. 666a, Bl. 536–534, u. 539.

(71) B-Arch, DK1, Nr. 8573, Bl. 303.

(72) LHAS, 6.11–2, Nr. 667, Bl. 126.

(73) LHAS, 6.11–2, Nr. 666, Bl. 42.

(74) Bauerkämper, A., Von der Bodenreform zur Kollektivierung. Zum Wandel der ländlichen Gesellschaft in der Sowjetischen Bezatzungszone Deutschlands und DDR 1945–1952, in: Cotta. u. a. (Hg.), Sozialgeschichte der DDR, Stuttgart 1994, S. 123f.

(75) LHAS, 6.11–2, Nr. 666, Bl. 15; LHAS, 6.11–2, Nr. 667, Bl. 99, 145, 226–227, u. 249.

(76) 一九四五〜四八年の期間で新築ないし改築された新農民家屋は、住宅が八二〇九戸、畜舎が七九六〇棟、納屋が三四三四棟である。LHAS, 6.11–2, Nr. 547 u. 547a, oh. Bl. 前掲表1-1より一九五〇年の難民新農民の数は三万八八九二人だから、自らの住宅を取得したものは難民新農民中の二割程度にすぎないことになる。

(77) グーツ建物の解体については、LHAS, 6.11–2, Nr. 667, Bl. 249, 277, u. 287 を参照。

(78) 新農民家屋建設が、住宅問題に関わり難民内における新農民と非農民の対立を生むことについて、ノイブランデンブルク郡からの次の報告を参照。「難民について難しいのは「命令二〇九号」により「館」や「城」が解体されるべきとされた点である。そこには現在五千人の難民が住んでいる。……新農民は彼らの新住宅に難民家族を受け入れるかどうかという問題が発生する。」Ebenda, Bl. 312.

(79) 一九四八年のギュストロー郡からの報告によると「特に大きな問題点は、「命令二〇九号」は新農民村落の建設を目指しているが、しかし同じ新農民村落における学校の建設は全く考慮していないということである。旧グーツ館に学校がおかれていることにも無頓着である。というのも旧グーツ館は部分的解体が予定されていたり、あるいは難民が住んでいたりで、授業を順調に行うことができないからである。学校建設を困難にしているものとして木材の不足をあげなければならない。」Ebenda, Bl. 193.

(80) Ebenda, Bl. 172–174. 同じくロストク郡およびヴィスマール郡についても、新農民たちは、貯蔵庫問題を理由として納屋解体に反対であると報告されている。さらにこの例では建物の解体のずさんさも指摘されている。「作業が楽な部分だけが解体され、建物の基礎部分にあたるところは放っておかれている状態である。煉瓦の半分が野ざらしで、グーツ全体が荒れ果てて見える。」B-Arch, DK1, Nr. 8572, Bl. 89–90.

(81) LHAS, 6.11–2, Nr. 667, Bl. 100.

(82) Ebenda, Bl. 145.

(83) Ebenda, Bl. 73.

(84) Ebenda, Bl. 94.

(85) Ebenda, Bl. 226.

(86) LHAS, 6.11–2, Nr. 666, Bl. 388.

(87) LHAS, 6.11–2, Nr. 666a, Bl. 431.

(88) LHAS, 6.11–2, Nr. 667, Bl. 257.

(89) Wille, M., Die Vertriebenen in der SBZ/DDR, II, S. 348.

(90) Bauerkämper, Ländliche Gesellschaft, S. 282; Meinecke, W., Die Bodenreform und Vertriebenen in der Sowjetischen Besatzungszone, in: Bauerkämper, A. (Hg.), „Junkerland in Bauernhand"? Durchführung, Auswirkung und Stellenwert der Bodenreform in der Sowjetischen Besatzungszone, Stuttgart 1996, S. 149.

(91) LHAS, 6.11–2, Nr. 666, Bl. 34.

(92) B-Arch, DO2, Nr. 62, Bl. 81.

(93) LHAS, 6.11–2, Nr. 666, Bl. 269.

(94) Ebenda, Bl. 142. 経営返上を希望しても、家畜の売却が認められず返上できない事例として、ギュストロー郡新農民コレンハーゲンの請願例を参照。ただしこの新農民は馬一頭、乳牛二頭、子牛二頭を保有する優良経営である。返上理由は健康状態と死亡によるとされている。LHAS, 6.11–2, Nr. 534, oh. Bl., Plaaz, d. 13. 02, 1951.

(95) LHAS, 6.21–4, Nr. 149, oh. Bl.

(96) この点はＭＴＳ従事者の年齢構成と対照的である。この点は本書第七章を参照のこと。

(97) Kreisarchiv Bad Doberan, Rat der Gemeinde Bastorf, Nr. 2–235, oh. Bl. (Zweedorf, d. 06. 07. 1950)

(98) 一九四七年のノイシュトレーリッツ郡からの報告では、新入植者をみつけるのにさいして住宅問題がネックであること、またソ連軍による農場占領がその住宅不足に拍車をかけていることが指摘されている。さらに「難しいのは入植地の旧所有者が住居を明け渡さない場合である。多くの村では、一部屋に新農民二、三家族、場合によっては新農民四家族が暮らさなければならない状態である。入植放棄の理由としては、犂耕力と大家畜の不足によって農地が耕作できないことがあげられる」とあり、難民新農民の経営放棄が典型的に語られている。一部屋に数家族が暮らすというのは難民の暮らし方である。LHAS, 6.11–2, Nr. 666a, Bl. 678.

(99) 難民新農民の経営困難は東ドイツ政府も自覚していた。一九五〇年一〇月三一日付で東ドイツ政府は各州に対して難民新農民の供出ノルマ緩和実施の通達を出しているが、それがその証拠といえよう。そのさい供出ノルマ緩和対象となるのは「不十分な資本装備のために生産能力が低い人々」であること、この場合の「資本装備」とは、(a)建物（住居、畜舎、納屋など）、(b)生ける属具（各家畜の種類に応じて大家畜単位で）、(c)死せる属具（あらゆる種類の農機具と農具）であることが、特記事項としてこの通達に書かれている。B-Arch, DK1, Nr. 3127, Bl. 89.

(100) Vgl. Judt, M. (Hg.), DDR-Geschichte in Dokumenten, Berlin 1997, S. 104.

(101) 前掲拙著第五章を参照。

(102) LHAS, 6.11–2, Nr. 667, Bl. 170: 乱伐の報告は頻繁である。以下を参照のこと。LHAS, 6.11–2, Nr. 667, Bl. 49 (Wismar), 125 (Stralsund), 237 (Rügen), u. 256 (Demmin); LHAS, 6.11–2, Nr. 666a, Bl. 677 (Demmin); B-Arch, DK1, Nr. 8572, Bl. 58 (Stralsund).

(103) この点は本書第六章第三節453頁以下の記述も参照されたい。

(104) LHAS, 6.11–2, Nr. 666a, Bl. 677.

(105) Bauerkämper, a. a. O., S. 88, u. 247–248.

(106) B-Arch, DK1, Nr. 7593, Bl. 86. ただし一九四五年一二月の報告である。同じ報告には、地区委員会により無計画に国有林が分割され、新旧農民以外の人にすら配分されていたともいう。冬場の報告だから、明らかに非農民の難民をも含んだ深刻な燃料問題に対する緊急的な対応であろう。

(107) LHAS, 6.11–2, Nr. 666, Bl. 190.

(108) LHAS, 6.11–2, Nr. 667, Bl. 393–394.

(109) Ebenda, Bl. 92. 同じくパルヒム郡の農民互助協会において「自らの義務を自覚しないものは新農民を退くべきである」との発言が見いだせる。LHAS, 6.11–2, Nr. 666, Bl. 143.

(110) LHAS, 6.11–2, Nr. 667, Bl. 236. さらに一九四八年にリューゲン郡のドイツ民主農民党の集会において、「議論でいつも指摘されるのは、多くの新農民 Siedler、身体障害者、一人暮らしの女たちがうまく経営できないこと、それが他の農民の負担になっていることである。農民党は、能力のない農民を能力のある農民に代えることを趣旨とする立法を州議会で成立させなければならない」とまでいわれていた。Ebenda, Bl. 152.

(111) ここでは、党員数に関する限り通説的な理解に従っている。土地改革と農村政治の関わり方について、通説的理解に実証的観点から疑問を呈しているものとしてブランデンブルクに関する次の研究を参照。Spix, B., Die Bodenreform in Brandenburg 1945–1947. Konstruktion einer Gesellschaft am Beispiel der Kreise West- und Ostprignitz, Münster 1997, S. 84f.

(112) 本書第三章「はじめに」185頁以下を参照のこと。

(113) LHAS, 6.11–2, Nr. 666a, Bl. 479.

(114) LHAS, 6.11–2, Nr. 667, Bl. 35. ただし括弧内は引用者。

(115) LHAS, 6.11–2, Nr. 666, Bl. 279.

(116) LHAS, 6.11–2, Nr. 668, Bl. 76–79.

(117) 一つはグリメン郡の難民の職人入植者の請願書 LHAS, 6.11–2, Nr. 533, oh. Bl., Versand, d. 12. 07. 1948, もう一つはギュストロー郡の難民新農民による請願書 LHAS, 6.11–2, Nr. 534, oh. Bl., Sarmstorf, d. 20. 04. 1929.

(118) LHAS, 6.11–2, Nr. 536, oh. Bl., Schwerin, d. 06. 04. 1949.

(119) LHAS, 6.11–2, Nr. 668, Bl. 20. ただし引用者による要約。

(120) B-Arch, DO–2, Nr. 62, Bl. 135–137. ただし引用者による要約。

(121) LHAS, 6.11–2, Nr. 666, Bl. 84; vgl. LHAS, 6.11–2, Nr. 666a, Bl. 685.

(122) B-Arch, DK1, Nr. –8573, Bl. 121. ただし引用者による要約。この種の指摘は他にも散見される。Vgl. LHAS, 6.11–2, Nr. 666a, Bl. 496; LHAS, 6.11–2. Nr. 667, Bl. 771.

(123) LHAS, 6.11–2, Nr. 666, Bl. 277.

(124) Weber, A. Ursachen und Folgen abnehmender Effizienz in der DDR-Landwirtschaft, in; Kuhrt, E. u. a. (Hg.), Die Ende der DDR-Wirtschaft. Analysen zur Wirtschafts-, Sozial- und Umweltpolitik, Opladen 1999, S. 235f.

第二章　非農民の農村難民たち

――旧農民村落における難民問題　一九四五年～一九四九年――

戦後ドイツ人被追放民の犠牲者のモニュメント（シュトラールズンド市）

2001 年 9 月 9 日，筆者撮影．石碑には「戦争と暴力，避難と追放の犠牲者を想起せよ．東西プロイセン，ポンメルン，シュレージエン，ズデーテンラント，ならびに，その他のわが家があったところから来た人々のために．忘却にあらがうこと，そして生者には警告を．ドイツ被追放者同盟」と書かれている．

ドイツ被追放者同盟 Bund der Vertriebenen ―― ドイツの有力な保守勢力である ―― によれば，この石碑の建立は 1997 年である．他にも同盟はメクレンブルク・フォアポンメルン州においてこうした石碑を，アンクラーム（1995 年），グライフスヴァルト（1996 年），シュヴェリン（2000 年），ヴァーレン（1996 年）に建立している．

http://www.bund-der-vertriebenen.de/pdf-mahnmal/m-v.pdf

はじめに

前章では、土地改革期における新農民村落のありようを、難民問題と経営資本の社会的なあり方に着目する観点から論じた。とはいえ、ちょうど戦後日本の農業問題が農地改革だけでは語りきれないように、戦後東ドイツ農村の現実を語る上で土地改革はその重大な一局面ではあってもすべてではない。ことに戦後難民の大量流入は、東ドイツ農村に対して土地改革にまさるとも劣らないほど強烈なインパクトを与えた。土地改革の舞台とはならなかった旧農民村落にとってはとくにそうであるが、また新農民村落においてすら相当数の非農民の難民を抱え込んでいたのである。そこで本章では、まず第一に非農民の農村難民のあり方に着目する視点から、旧農民村落を中心に戦後期の東ドイツにおける農村難民問題の実態について、就業状況と住宅問題に着目しつつ明らかにしたい。そのうえで第二に、彼らの社会統合のあり方を「難民＝村＝国家」に関わらせつつ論じてみたい。

ところで戦後ドイツ社会の難民問題に関しては、冷戦イデオロギーの強力な影響力のもと、旧東ドイツにおいてはもとより旧西ドイツにおいてすら長期にわたってタブー視されてきたといわれる[1]。とりわけ新農民ではない農村難民は、量的には農村人口の相当数を占めるにもかかわらず政治的には新農民ほどには焦点とならなかったこともあり、従来ほとんどその実態が明らかにされてこなかった。序章でも触れたように、ようやく近年になってソ連占領区についても難民政策史に関する研究が急速に進展したが、それでも農村の非農民難民の実態に関わる研究は多くはない。この点ではボルドルフの研究が先駆的な研究として評価できるものといえよう[2]。彼は、農村難民問題を念頭に、社会扶助受給基準や配給基準の変更過程を分析することを通して、貧困問題に対する「社会主義」権力の対応を明らかにしようとしたのである。とはいえ、本章の問題意識からすれば、ボルドルフの研究も全体としてはやはり政策史的なマクロ分析であるために村落社会レベルのミクロ的分析が不十分で、土地改革から集団化へという農村社会の全体的な再編成との関わりでこの問題が論じられているとはいえない。本章では、「社会主義下の貧困問題」というボルドルフの問題意識を積極的に受容しつつも、むしろ新旧農民村落という村落形態の差と、村内権力のあり方との関連を意識しつつ、これをミクロ的な問題系列の中で論じることを重視することとしたい。対象地域はメクレンブルク・フォアポンメルン州であり、依拠するのは主としてシュヴェリン州立文書館およびベルリン連邦文書館所蔵のアルヒーフ史料である。(3)

第一節　戦後ドイツ人難民の発生と流入の地域性

戦後ドイツ人難民の「故郷喪失体験」は、じつは一九三九年の第二次大戦開始とともに始まるといわねばならない。独ソ不可侵条約に基づき開戦後まもなくソ連占領下におかれたバルト海、ポーランド東部地域、そして南東欧のドイツ系住民は、ナチスの「帝国《ライヒ》への帰還」というスローガンの下に事実上強制移住を余儀なくされたのである。具体的にはエストニア、ラトビア、リトアニアのドイツ人、旧ポーランド領についてはガリツィア・ドイツ人および西ウクライナのヴォリニア・ドイツ人、南東欧地域では、旧ルーマニア領東部の南北ブコヴィナ、ベッサラビア、ドブロジャのドイツ人たちがこれに該当する。(4)このうち比較的研究が進んでいるのはベッサラビア・ドイツ人である。彼らは一九世紀初頭に主としてシュヴァーベン地方から入植した農民たちであったが、一九四〇年六月のソ連へのベッサラビア割譲を契機に集団的な強制離村を余儀なくされたのである。一年以上の難民収容所における生活を経たのち、いわゆるナチスの東部総合計画に基づき、ポーランド人農民らが強制追放されたあとの農村部に集団移住をすることとなった。(5)一九四四年までに、総計九万三三四二人のベッサラビア・ドイツ人移民のうち「ダンチヒ＝西プロイセン」管区に四万一六〇三人が、ヴァルテ管区に四万一六〇三人が移住したという。ナチスがこの地域のゲルマン化をはかるために「民族ドイツ人」── ドイツ領土外に住む東欧のドイツ系住民はこう呼ばれた ── の農民入植政策を展開しようとしたことは比較的よく知られていよう。両管区への「民族ドイツ人」の移住数は、上記のベッサラビア・ドイツ人のほかには、エストニア・ラトビアのドイツ人一三万人（一九四〇／四一年）、ヴォリニア、ガリツィア、トランシルバニアのドイツ人二五万人（一九四四年）という数値が知られている。(6) 移住者のうち農民入植者がどの程度を占めていたのかはなお不詳であるが、多数派であったことは間違いない。さらにこの両管区には、こうした戦時難民ともいうべき「民族ドイツ人」だけでなく、ほぼ同数程度の「帝国《ライヒ》ドイツ人」── ドイツ領土内の人々 ── も入植している。(7) ただしドイツ人農民入植の実態といえば、「荷馬車の隊列で故郷を離れてやってきたものの入植するにはまったく至らず、終戦時まで……収容所で約束された農民農場《ホーフ》を待ち続けた」といわれるように、農民入植政策としての実質を伴うものでは必ずしもなかったことは指摘しておかなければならない。(8)

もちろん戦後ドイツ難民のなかでは、こうした「民族ドイツ人」など再難民化を余儀なくされる人々は少数派である。圧倒的多数を占めるのはオーデル・ナイセ河以東の旧ドイツ領に暮らすオストプロイセン、ヒンターポンメルン、ブランデンブルク、シュレージエンのドイツ人、およびチェコスロバキアのズデーテン・ドイツ人たちであった。大量難民化が開始される直接の契機は一九四四年八月のソ連軍のオストプロイセン進軍である。当初ナチスが徹底抗戦を主張し住民の避難を禁止したため疎開命令の発布が遅れたことが、難民たちのパニックに拍車をかけたともいわれる。その後、一九四四年末から四五年初頭の冬の間、ソ連軍のみならずポーランド人やチェコ人などの現地住民による自然発生的なドイツ人追放の民衆的暴力が行使された。(9) 対象となる地域に暮らすドイツ人は一九三九年時点で一八〇〇万人、うち難民となったのは一四〇〇万人であり、このうち逃避過程で死亡した人々とソ連への抑留者を除く一二五〇万人が東西ドイツに流入したといわれる。敗戦直前の一九四五年四月時点で東部地域の残留ドイツ人は四〇〇万人とされているので、終戦までのほぼ一年間の流入者は八五〇万人、比率にして七割弱という計算になる。したがって残りの約三割が終戦後に流入する難民となる。一九四五年夏にはテヘラン会議・ヤルタ会談・ポツダム会議における連合国の同意をふまえた追放措置が発布され、新ポーランド領から三〇万人、ズデーテン地方から八〇万人のドイツ人が追放。一九四六年にはその数は急増し、それぞれ二〇〇万人と一二〇万人が故郷を追われてドイツに流入した。[10] ドイツ人農民の追放はポーランドとチェコスロバキアの戦後土地改革の内容を大きく規定したといわれるが、このことは東ドイツのみならず他の東欧諸国の土地改革も戦後難民問題抜きには理解しえないことを示していよう。[11] ドイツ人追放が、東部ポーランド人難民および中央ポーランド農民の西部地域（旧ドイツ領）への移住とセットであったことは言を俟たない。[12] 最終的には両ドイツの難民受入れ総数は、一九四九年一月時点において西ドイツ七三三万人、東ドイツ約四三一万人、計一一六一万人に達したとされている。[13]

このような戦時から戦後におけるドイツ人の集団的な「故郷喪失」過程に関しては、ドイツのみならず、日本においてもすでに永岑三千輝や川喜田敦子の研究があり、また最近では三宅立により西ドイツにおける難民統合過程についての研究も発表されている。[14] したがって、ここでは上記のようにドイツ人難民が戦時の独ソの強制移住政策に起源をもち、かつ第三帝国崩壊および戦後の東欧領土再編とダイレクトに関わる現象であったことを確認するにとどめることとし、以下ではもっぱら受入れ側の東ドイツ農村に限定して議論を進めることとしよう。

さて、東ドイツの農業構造は北部と南部で大きな違いがあることはすでに述べたとおりだが、その地域差は同時に農村難民の比率の違いとも重なっている。本章の対象とするのは東エルベ型農村である北部のメクレンブルク地方であるが、当該地方の特徴を知るためにも、ここで一九五〇年代中葉にP・ゼラヒムによって作成された図を用いて難民流入の地域的特性について簡単に触れておきたい。

図2-1は一九五二年の難民分布を示している。もともと東部ドイツは農業的な北部で人口が少なく工業的な南部で人口が多いが、そのことはこの図からも容易にみてとれよう（図では円の大きさで示されている）。さらにこ

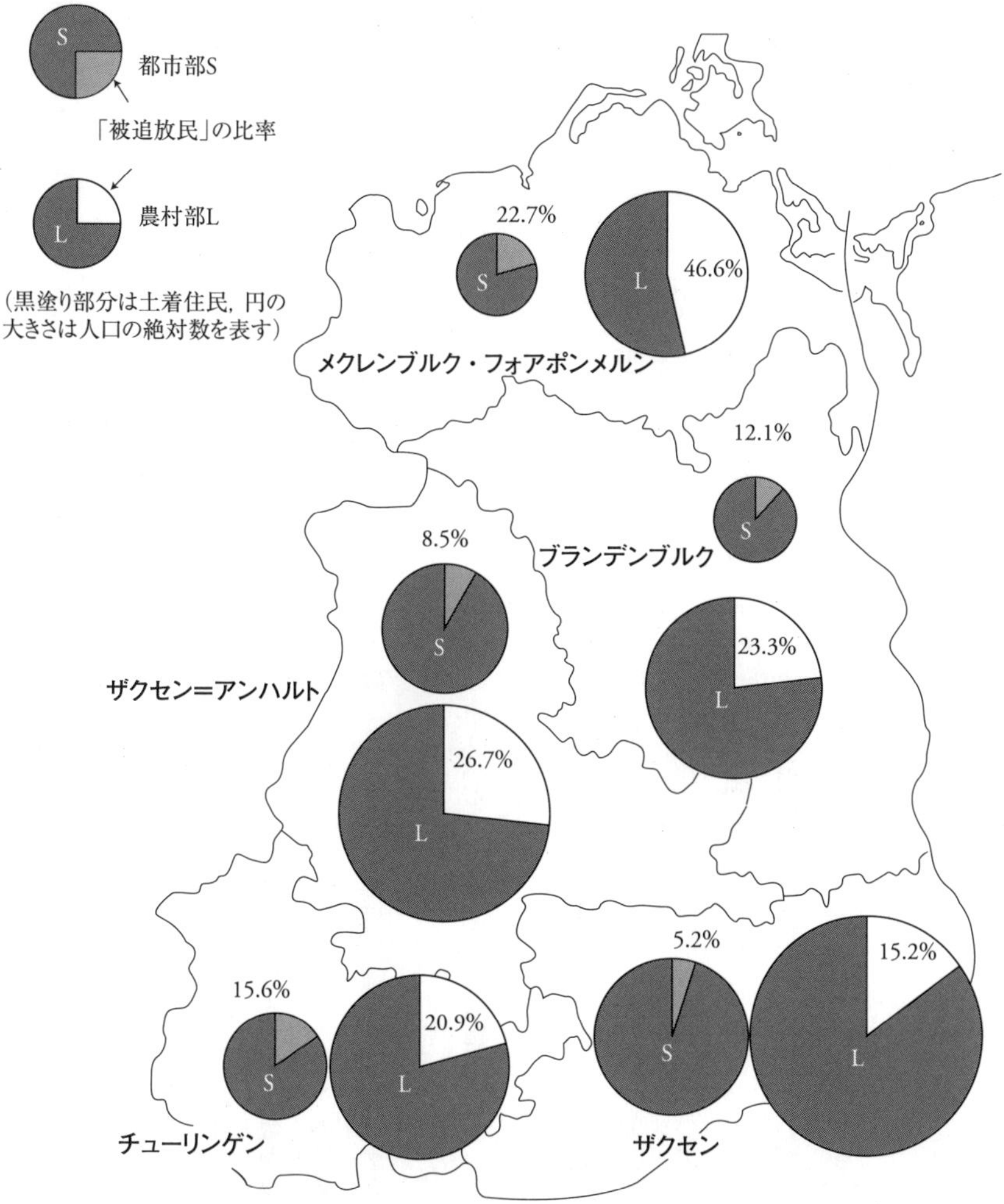

図 2–1「被追放民」の都市・農村別の分布（1952 年：ソ連占領区）
（出典：Seraphim, Die Heimatvertriebenen in der Sowjetzone, Berlin 1954, Anlage, より作成）

の図で難民の地域的分布をみると、まず絶対数では ―― この図からはわかりにくいが ―― メクレンブルク・フォアポンメルン州、ザクセン＝アンハルト州、ザクセン州で九〇～一〇〇万人とほぼ拮抗。これに対して戦災が深刻であったブランデンブルク州と、工業的地域だが総面積の小さいチューリンゲン州において六五～七〇万人水準となっている。しかしこの図から明瞭に読みとれかつ重要な点は、一九五二年段階においても圧倒的に難民たちは都市部よりも農村部に存在していること、および住民人口比率でみた場合、北部の方が南部よりも非常に高くなっていることである。とくにメクレンブルク農村部では大部分のところで難民数が農村人口の半数にも達している。図2-2は一九四六年における難民の対人口比率の地理的分布を示したものであるが、同じことがより詳細に明らかとなろう。このように戦後難民流入はとりわけ北部農村に強烈なインパクトを与えたのである。さらに図2-3は難民の出身地別の構成を棒グラフで表したものである。これによればメクレンブルク地方は圧倒的に旧オストプロイセンと旧ヒンターポンメルンというバルト海地域からの難民が多いことがわかる。と同時に、ズデーテン難民やポーランドからの「民族ドイツ人」がある程度の比率を占めていることにも注意しておきたい。先に言及したベッサラビア・ドイツ人などの戦時ポーランド農業入植者はここに含まれる。

メクレンブルクの農村部に難民が多いのは政策的な誘導によるが、そのさいには戦災の影響だけではなく土地改革の効果に対する期待が働いたことは疑いない。当該州では一九四七年時点において住民総数に対する難民の人口比は四五・五％に達している。当時のベルリンの難民課課長は、その報告においてメクレンブルクの難民負担が最大であることを認めたうえで、土地改革により経済構造が本質的に変化したのだから、当該州での人口倍増は正当であると述べている。[15] もっとも、一九五〇／五一年にはベルリンの労働省が、住宅事情が一向に改善をみせないなか、より生産的な人々のための住宅確保を優先させる目的で、老人・病人・障害者など非生産的な難民の人々を ―― ちょうど「家畜調整」における牛の移動とは正反対に ―― メクレンブルクからチューリンゲンに半ば強制的に転居させる政策を検討している。[16] 実施規模がどの程度のものだったかは不明だが、この提案から

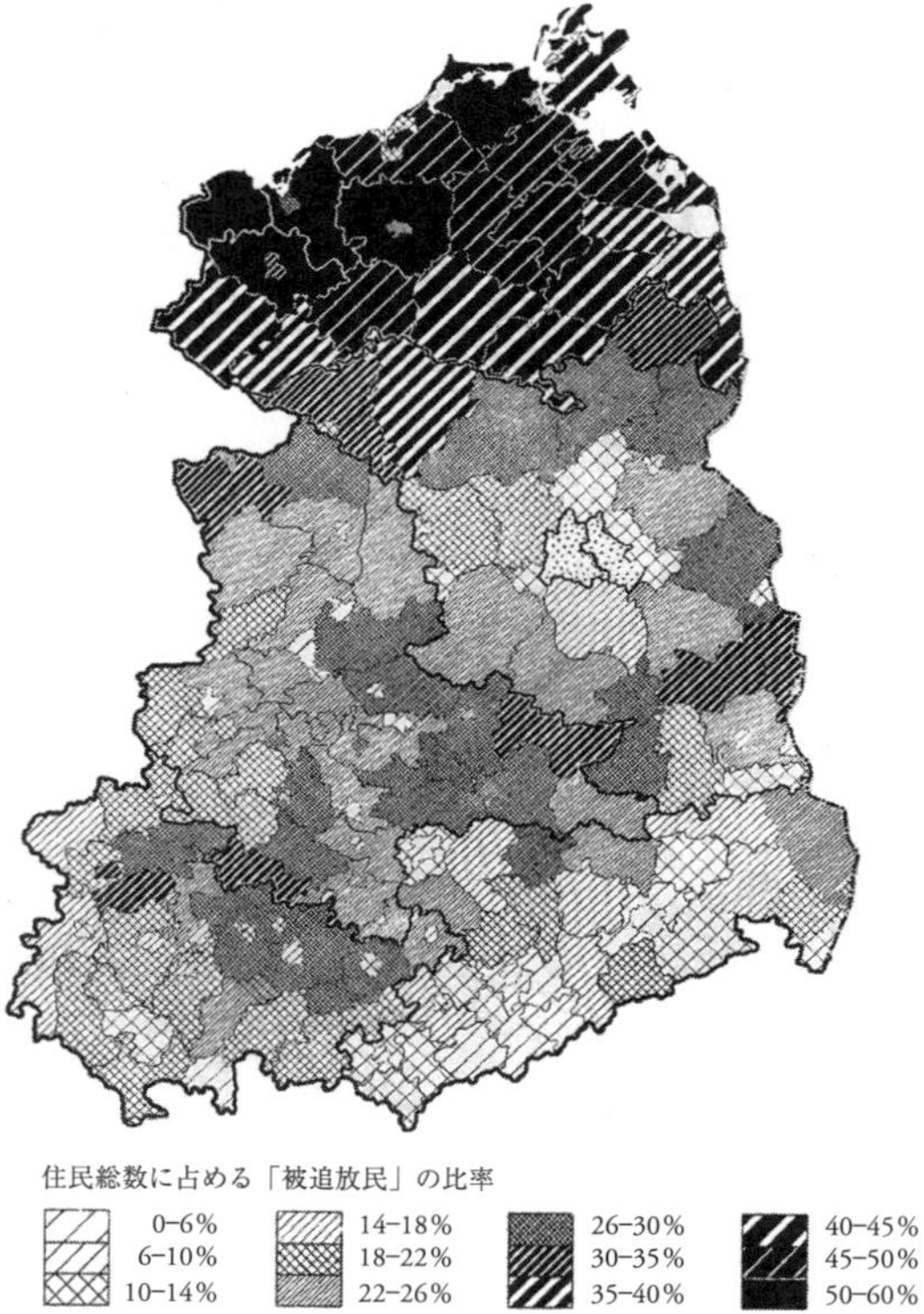

図 2–2　住民総数に占める「被追放民」比率（1946 年）
（出典：図 2–1 に同じ）

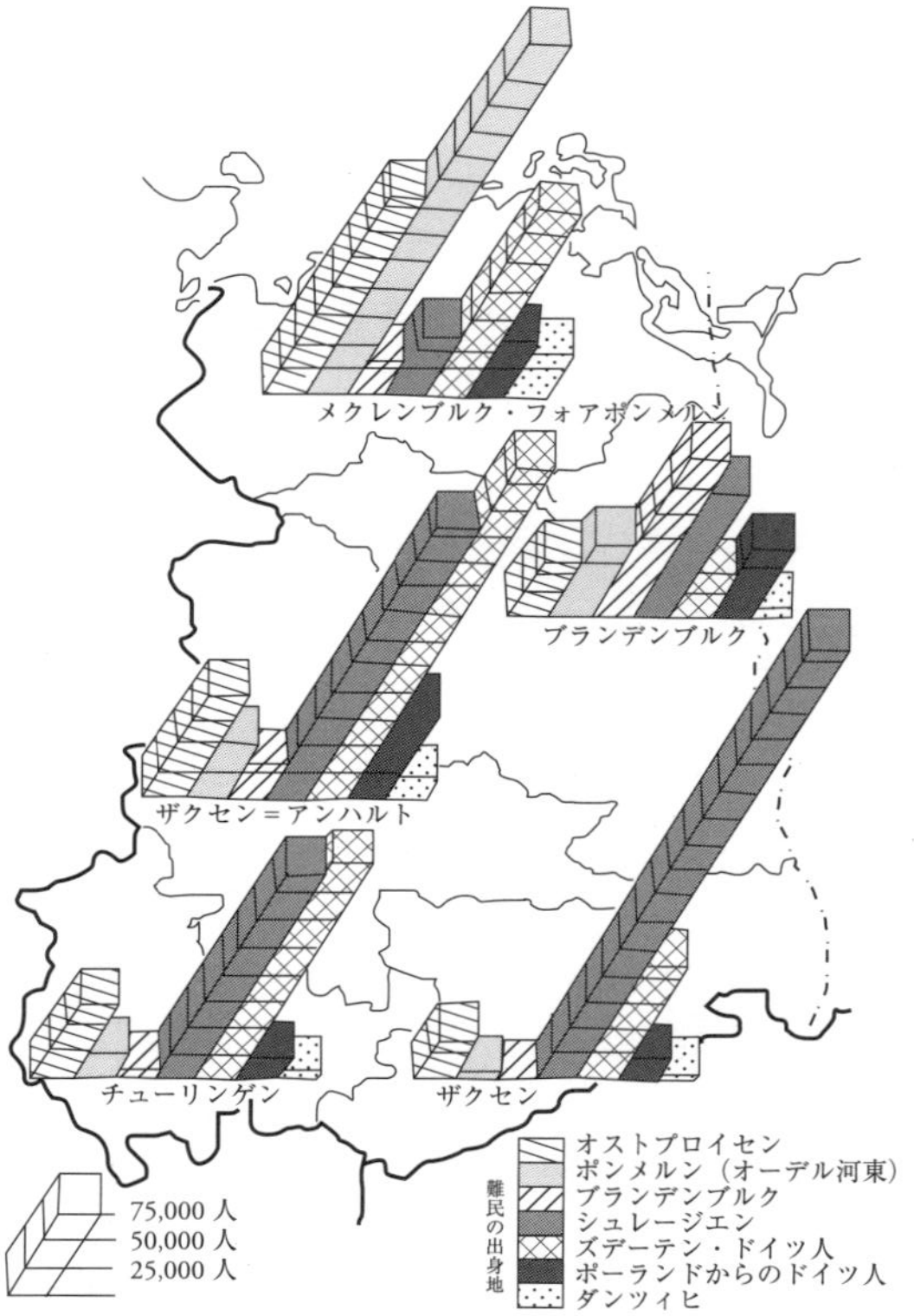

図 2–3　「被追放民」の出身地別内訳（1946 年：SBZ）
（出典：図 2–1 に同じ）

は、当該州の難民負担が南部に比べても相対的に重くのしかかっていたこと、ましてや土地改革がその切り札とはまったくならなかったことが明白に読みとれよう。

第二節　農村難民の就業状態―州レベルの統計分析による概観―

前述のように本章は村落レベルにおける農村難民の実態を明らかにすることに関心があるが、その議論の前提として、州全体の農村難民の就業状態を統計数値によりつつ概観しておきたい。

1．農業就業について

表2-1は一九四六年一〇月の国勢調査時における当該州の部門別就業者数を示している。この表からは、第一に男子で四三％、女子で五五％と就業者のうちほぼ約半数の人々が農林業に従事しており、農林業の比重が圧倒的であることがわかる。と同時に、戦前のメクレンブルク州の農林業従事者比率が三八・二％（一九三三年）、三一・九％（一九三九年）であったことを考慮すれば[17]、この数字は戦後の「再農業化」のすさまじさを表しているともいえる。また、第二に、この表の右欄は同年一二月の就業難民（ただし疎開者を含む）の部門別就業構造を示したものだが、これによると難民従事者数に占める農業従事者の比率もやはりほぼ五割であり、州全体の数値と同水準である。なお、州平均に比べ難民の人々が製造業部門に従事する比率がかなり高い。これは農業地域であったメクレンブルク地方における職人層の薄さを語るかとも思うが、その理由は現在のところ不詳である。

次に、表2-2は農林業従事者の階層構造の違いを表したものである[18]。

表 2-1　部門別就業者の州全体および難民別の内訳
（メクレンブルク・フォアポンメルン州）

	州全体（1946 年 10 月）		難民（1946 年 12 月）	
農林業	469,396	49.3%	174,798	51.5%
男	222,912	(43.9%)		
女	246,484	(55.4%)		
製造業（手工業・職人）	228,946	24.1%	94,240	27.8%
その他	253,535(1)	26.6%	70,482	20.8%
就業者計	951,877	100.0%	339,520	100.0%
男	507,359	53.3%	163,827	48.3%
女	444,518	46.7%	175,693	51.7%
東方難民・疎開者総数（子どもを含む）			952,822	

注：(1) その他（州全体）の数値は，商業・運輸業，公務サービス業，家事奉公人の合計数である．
出典：州全体の数値は LHAS, 6.11–2, Nr. 671, oh. Bl. より．難民の数値は LHAS, 6.11–12, Ministerium für Sozialwesen, 938a, Bl. 5 より作成．

表 2-2　農林業従事者の階層別内訳
（メクレンブルク・フォアポンメルン州）

	州全体（1946 年 10 月）（イ）		難民（1947 年 8 月）（ロ）		難民比率＝(ロ)/(イ)×100
経営者	122,657 人	26.1%	32,369 人	17.5%	26.4%
男	95,672	43.6%	24,914	28.8%	26.0%
女	26,985	11.0%	7,455	7.6%	27.6%
新農民（1950 年）(1)	77,178		38,892		50.4%
家族従事者	174,182	37.1%	35,538	19.3%	20.4%
男	35,786	16.3%	7,412	8.6%	20.7%
女	138,396	56.4%	28,126	28.7%	20.3%
職員	4,443	0.9%			
農業労働者	168,114	35.8%	116,686	63.2%	69.4%
男	88,020	40.1%	54,327	62.7%	61.7%
女	80,094	32.6%	62,359	63.7%	77.9%
農林業従事者計	469,396	100.0%	184,593	100.0%	39.3%
男	219,478	100.0%	86,653	100.0%	39.5%
女	245,475	100.0%	97,940	100.0%	39.9%

注と出典：(1) の 1950 年の新農民数は表 1-1（本書 59 頁）より．（イ）州全体の数値は LHAS 6.11–2, Nr. 671, oh Bl. より．（ロ）難民の数値は，B-Arch, DQ2, Nr. 3799, Bl. 507, 509, u. 515 より．（イ）（ロ）とも就業者の中には非自発的失業者を含まない．

第一に、農業従事者中に占める農業労働者の比率をみると、州平均の労働者比率が三五・八％であるのに対して、難民の労働者比率は六三・二％を占めている。さらに農業労働者中に占める難民の比率は六九・四％にも達している。このように土着と難民の差は階層差において歴然としていたのである。この難民労働者の実態こそは、旧農民経営の季節労働者として働く難民たちであった。

第二に、家族従事者と経営者をみると、難民で低く州平均で高くなっている。むろんこれは難民において労働者比率が高いことの裏返しの表現である。同時にこの点は、難民で新農民となった者が、家族従事者を含めて計算しても、難民の農林業従事者総数の約三七％と四割にも達しなかったことと対応している。[19] むろんこの四割弱という数値は他州に比べればおそらく格段に高い数字ではあろう。メクレンブルク・フォアポンメルン州においては、新農民の約半数が難民である点に象徴されるように、他州と比べても土地改革が難民入植の性格を強く帯びていた。にもかかわらず、この数値が語るように難民の就業問題は土地改革だけで解決できるような問題ではまったくなかったのである。

第三に、表2-2でさらに注目したいのは、土着層における非農民の人々の存在である。といっても土着の人々だけを対象とした数値というものは存在しないが、この表に記載されている数値から単純に計算する限りでは、農林業就業者中に占めるその比率は二割弱となるのである。[20] 難民層と比較すればその比率は顕著に低いとはいえ、また、戦後の「再農業化」による影響が一時的帰農という形で強くあらわれていることを考慮しなくてはならないとはいえ、土地改革を経ても土着の人々のうち相当数が、なお農業労働者であったという事実は決して無視できる事柄ではない。この数字を男女別でみた場合にとくに男子の比率が高いことから判断すると、彼らの実態は、難民に重なる季節労働者というよりも旧農民村落の農業奉公人ないしはホイスラー層 Häusler（＝家持ち労働者層）だったと考えられる。（ただし州農場などの農場労働者、搾乳夫、羊飼い、トラクター運転手なども考慮する必要はあろうが。）このように土着の人々の内部においても依然として階層差が解消されていないことは、この後の

表2-3　州全体における非就業者の内訳（1946年10月）

	計		男		女	
休職中の公務員	9,843	3.5%	8,241	10.8%	1,602	0.8%
傷害・事故・戦争未亡人年金生活者	127,691	45.7%	53,303	69.6%	74,388	36.7%
生活扶助受給者	4,887	1.7%	3,329	4.3%	1,558	0.8%
収容施設生活者	6,093	2.2%	2,197	2.9%	3,896	1.9%
主婦	111,184	39.8%	0	0.0%	111,184	54.8%
その他（計算値）	19,725	7.1%	9,486	12.4%	10,239	5.0%
非就業者計（a）	279,423	100.0%	76,556	100.0%	202,867	100.0%
就業者総数（b）（表2-1より）	951,877		507,359		444,518	
非就業率（＝a/（a＋b））	22.7%		13.1%		31.3%	
隠居者（施設入居者をのぞく）	6,194		2,492		3,702	

注：非就業率＝（非就業者）÷（就業者＋非就業者）．なお総人口が不明なので「扶養率」は算出できない．

出典：LHAS 6.11–2, Nr. 671, Bericht der Abteilung Statistik über die Ergebnis der Volkszählung von 29. 10. 1946（1946年10月国勢調査，メクレンブルク）より作成．

旧農民村落の問題を考える上で重要な論点となろう。

2．「非就業者」について

農村難民問題を考える際に重要なのは、非就業の問題である。人口倍増により受入れ村落がどのような社会的負担を負うことになるのか、その一端を非就業の問題が語るだろうからである。表2-3は州全体の非就業者内訳と非就業率を、表2-4は難民の非就業率を示したものである。[21] ここで着目したいのは土着と難民では、男女でねじれ現象が起きていることである。男子では州平均の非就業者率が一三・一%、難民のそれが一一・三%であるから、土着男子の方が非就業率が高いことになる。男子の非就業者の内容は、表2-3からわかるようにそのほとんどが戦傷者である。戦傷による労働能力障害が土着男子層において強い影響を及ぼしていたのである。農業に即していえば、このことは旧農民経営の経営者および家族労働力の問題の深刻さを意味することとなろう。他方、難民男子は、戦死、抑留、あるいは逃避行中の死亡が高いためであろうか、戦傷の影響は相対的に少なく非就業率が最も低いグループとなっている。

表2-4　難民の就業率（1948年4〜6月期）

	計	男	女
東方難民総数（a）（子供を除く）	645,498	254,506	390,992
難民の子供（14歳以下）	275,492		
「労働可能年齢」難民（b）	489,550	218,067	271,483
就業中の難民（c）	353,482	193,407	160,075
非就業率			
1-（c）/（b）	27.8%	11.3%	41.0%
1-（c）/（a）	45.2%	24.0%	59.1%

注：報告の日付は1948年7月6日．（a）疎開者が63220人いるが，東方難民には含めていない．
（b）「労働可能難民」とは老人と子供を除く数字．
出典：B-Arch, DQ2, Nr. 3799, Bl. 193より作成．

ところが女子については、両者の関係は逆転する。州平均の女性の非就業率は三一・三%であるのに対し、難民女性の非就業率はなんと四一・〇%にも達しているのである。両者の差は男子よりも歴然としている。[22]「主婦」の内容が不明なので断言はできないが、土着層より難民層に「専業主婦」的なあり方を想定するのは非現実的である。「難民の主婦」の多くは、実際には「非就業者」として「配給」などで暮らす人々だったとみるのが妥当であろう。「子持ち単身女性」というのが当該期の農村難民女性の一般像であるが、それは決して誇張されたフィクションではなく、現実的な根拠を持つものであったのである。そもそも表2-4において成人の東方難民の男女比をみると男二五万人（三九%）、女三九万人（六一%）と大幅に女子に偏っており「単身女性」[23]の比重の大きさにあらためて驚かされる。土着の人々を含む州全体（ただし子供を含む）についても、一九四六年一〇月の数字で男子八九万（四三%）、女子一二〇万（五七%）となっており（公刊の東ドイツ統計書による）、女性の過剰は顕著だが、その度合いは難民のそれに比べれば緩和されている。[24]非就業の難民女性こそは、非農民難民労働者の中核をなす戦後「社会主義」農村の新しい貧民たちであった。

第三節　村に収容される難民たち――一九四七年シュヴェリン郡難民調査から――

次に村落との関わりをみるために、村落レベルでの難民問題の実態をより詳細に語る資料に目を転じよう。まず依拠するのは一九四七年七月に実施されたシュヴェリン農村郡の一六村落に関する「難民の住居と雇用状態についての調査報告」である。[25] 閲覧した文書にファイリングされていたのは報告結果だけであり、この調査がどのような意図から、どのような経緯で、誰によって行われたのかの詳細は今のところ不明である。一六村落という数も郡全体の村落数からみれば、多めに見積もって二割ほどにすぎない。[26] とはいえ、この文書は、末端村落レベルでの難民の就業と住居に関わる詳細な実態が、異なる村落形態ごとに判明する史料であるという点で貴重である。記述内容、および他の文書との照合から、ここでとりあげられた一六か村の内訳は、旧農民村落一〇例（ただし混合村一例）、新農民村落五例（ただし一例が混合型、二例がソ連軍占領農場型、うち一例は後に国営農場に移行）であり、旧農民村落の事例が多数を占める。旧農民村落はおおむねシュヴェリン郡南部に位置し、これに対して新農民村落は同郡北部に位置している。難民新農民への言及が少ないことがこの報告の大きな特徴だが、このために逆に非農民の難民のあり方が判明するのである。

1．農村難民の就業実態――村落レベルのあり方――

①就業の実態

表2-5は、この報告をもとに就業状態に関する記述を村落別に整理したものである。各旧農民村落の難民人口の比率は、六割を超えるシュトラーレンドルフ――村内に旧グーツを抱えるので厳密には混合村である

表 2–5　農村難民の就業状態についての調査報告（1947 年 7 月シュヴェリン郡）

村名（難民比率）	住民構成	難民の就業状態	非就業者，扶助受給者，その他
〈旧農民村落〉			
ゴーデルン（51.7%）	住民総数　317 人（121 世帯） 土着　153 人（51 世帯） 難民　164 人（70 世帯）	・難民就業者 84 人（農林業，家事，自営業，行政職，内職など）． ・農民のもとでの雇用には住宅と賄い．現金賃金の支払いはなし．	・難民失業者　28 人．（うち 2 名は傷痍軍人） ・社会扶助 Fürsorge　8 人 傷痍軍人年金　2 人（26 才と 60 代老人） 社会保険 Versicherung　18 人 ・難民 42 人が社会扶助を申請中．残りも申請見込み．
リューベッセ（49.6%）	住民総数　594 人 土着　299 人 難民　295 人 成人：男 76 人，女 121 人 子供：男 43 人，女 55 人 ポーランド人　2 人（婦人と子供）	・男子の就業状態（女子就業についての記述なし） 農業　30 人 林業　4 人 道路建設　18 人 シュテルン・ブッフホルツへ　4 人 ・難民農業従事者：現物および現金での支払い	・男子：社会扶助および年金受給者　20 人 男 6 人は健康上の理由から労働不能である． ・労働能力のない難民家族は 22 世帯で，社会扶助による暮らし．(*) ・難民委員会の構成 難民　1 人，旧住民 2 人
クライン・ロガーン（50.3%）	住民数　493 人 土着　245 人 難民　248 人 男 70 人　女 101 人　子供　77 人	・農業 38 人（男 34 人，女 14 人） ・ゲーリング空港の非軍事化 21 人（男 9 人，女 12 人） ・泥炭採掘 19 人（男 11，女 8 人） ・その他の雇用　19 人 （村内 14 人，シュヴェリンへ 5 人）	・仕事ができない人（60 歳以上，または障害者）　69 人
シュトラーレンドルフ（65.7%）	住民総数　1,034 人 土着　354 人 難民　680 人	・難民は，老人や，労働能力がない者までもが，みな働いている． ・主に泥炭採掘場と農業．農業雇用は協約賃金規定による支払い．	・村は必要な難民には社会扶助を支給 (*) ・「一度だけの支給」はすべての難民が申請している．村長によれば大部分が処理済みで，20–30 件について支払いが行われた．

グロス・ロガーン (40.1%)	住民数 438人 土着 262人 難民 176人	・農業 35人 ・建設業 12人（男9，女3） ・泥炭採掘 18人（男16，女2）	・失業者は今のところいない．しかし，現在就業中の難民の80%は，秋には泥炭，建設業，農業の仕事の停止ないし縮小により失業見込み．
プラーテ (55.5%) 工業村	住民数 1,421人 土着 633人 難民 788人 （男267人　女338人　子供183人）	・農業：男12人，女7人 ・村工場（製材所とマーマレード工場）男97人，女61人 ・全員が就業．難民の9割が工場で働き，農業に従事せず． ・農業労働者は，協約賃金，賄いと住居の支給．	・社会扶助受給難民 37人（男10人，女27人）
ズュルテ (62.2%)	住民数 378人 土着 143人 難民 235人	・労働能力のある者は男女ともすべて仕事に就いている． ・労働可能な難民は，林業および火薬工場の解体に従事．	・一部の女性難民が遺族年金を受給． ・難民委員会：難民4名，土着1名． ・申請した難民たちは，みな自給用30–100㎡の庭地を経営．
ウェリツ (63.1%)	住民数 1,001人 土着 369人 難民 632人	・農民のもとで働く難民の婦人たちが現金賃金を受け取っていない事例を確認．	・村は社会扶助に月550RMを支出 (*)（「一回支給」には約100件の応募．） ・村議会議員12人のうち難民は1人．
ミロー (54.9%)	住民数 568人 土着 256人 難民 312人	・工業が存在せず，難民の一部が農業に従事できるだけ．（協定賃金20–40RM，および賄いと住居）	・仕事のない難民79人（老人と子持ち女性）．当地の農業にこれ以上の労働力需要なし． ・村当局の扶助支出は平均800RM (*)．
バンクツォー (49.8%)	住民数 1,425人 土着 715人 難民 710人	・主要には，林業，製材所，非軍事化，食品工場に従事．その他は農業． ・農業以外は協約賃金による支払い．農業に従事する難民は，相互契約により月額20–25RMと現物支給を得ている．	・労働不能者，傷痍軍人，多くの子持ち女性のほかは失業難民はいない． ・子持ち女性は公的には農民との雇用関係にはないが，事情に応じて仕事を手伝っている．

（つづき）

村名（難民比率）	住民構成	難民の就業状態	非就業者，扶助受給者，その他
〈新農民村落〉			
ラベンシュタインフェルト（59.2%）（混合村）	住民数　478人 土着　138人 難民　283人 上級学校生徒　57人	・新農民22人（村内の旧グーツ）土着10人，難民12人 ・労働可能者はみな就業. ・老人難民のためにわら編み細工の家内工業が設置.	・村の難民にはみな200㎡の庭地が与えられている.
ラムペ（49.8%）	住民数　223人 土着　112人 難民　111人	・難民新農民　18世帯．平均8ha．経営資本不足. ・非新農民難民は農民の労働者．現物・賄い支給.	・老人・虚弱者の他は失業者はいない. ・社会扶助は老齢の3家族に対してのみ. ・難民の「一度限りの扶助」は8家族，28人が申請済み.
クレーフェルト（67.6%）	総住民数　466人 土着　151人 難民　315人	・難民新農民120人（家族含む） ・難民の大部分は農業に従事（農業労働者）．現物支払い. ・チェコ難民が旧グーツ館に住み，赤軍の仕事に従事.	・ソ連軍占領農場. ・社会扶助　12家族（子持ちの婦人と労働不能者）.
カンプス（77.7%）	住民総数　341人 土着　76人 難民　265人	・新農民　2戸（土着9戸）・すべての労働能力ある人は，赤軍によりグーツで就労.	・ソ連軍占領農場. ・難民のうち100人はクレーフェルト村に居住. ・老齢年金及び未亡人年金受給　3人（老女）.
〈難民村落〉			
グネーヴェン（94.2%）	住民総数　312人（76世帯） 土着　18人 難民　294人	・新農民経営　42戸（土着4戸）. ・職人農業経営　8戸. ・22家族がアインリーガー（住込み日雇い労働者）．農繁期に新農民により雇用される.	・社会扶助申請者　13件.

注：(*) 扶助額はすべて月額（月額1人あたり大人10RM，子供8RM）．RM：ライヒスマルク.
出典：LHAS, 6.11–12, Ministerium für Sozialwesen, Nr. 31a, Bl. 38–66 より作成.

――、ズュルテ、ウェリツの三村を除くと四割から五割台であり、一九四六年のシュヴェリン農村郡の難民比率五四・一％[27]とおおむね同じ水準にある。以下、村落レベルでの雇用の実態と、「非就業者」の実態について、本表を手がかりに他の文書史料を参照しつつみてみよう。

本表からまず第一に判明するのは、村内に工場をもつプラーテとズュルテ両村を除くと、やはり難民雇用の中心となるのは農業雇用であることである。彼らこそが、通常は自ら同居する農民のもとに雇用され、「現物で支払いを受ける」難民の農業労働者たちである。ただし、この表では不明瞭であるが、季節労働については、一般的な私的雇用関係の他に村単位での季節労働力調達が行われていることがあったことも見逃してはならない。例えば一九四七年一一月、マルヒーン郡では「甜菜の収穫には現在六九九人の男女の労働者が三交代で従事している。このうちの八〇％は収穫が終わった村落や、泥炭や排水の仕事に携わっていた人々である」と報告されている[28]。さらにグリメン郡においても、甜菜の中耕・除草について全郡あげてのキャンペーンを行っている[29]。

しかし、第二に、むしろここで着目したいのは農業以外の就業である。新農民村落とは対照的に[30]、旧農民村落では農業雇用を中心としつつもその他の就業が意外に多く、その内容も食品工場、火薬工場、村外雇用、製材所、泥炭採掘、建設、非軍事化などと多様である。しかもシュトラーレンドルフ、ズュルテ、プラーテなど難民比率が相対的に高い村には、村内工場や大規模な泥炭採掘場が存在している。

さてここで注目すべきは、村内の各種工場や村外雇用は私的雇用形態として理解されようが、その他の就業は、事実上、当局による強制動員の形態をとっていたということである。例えば泥炭採掘は北ドイツ農村の典型的な在来産業であるが、一九四八年四月のマルヒーン郡からの報告では、労働課の担当女史の話として「農業から泥炭採掘の特別動員として一〇二名を確保する。これによって生じる農業の労働力不足分は女性の動員によって賄う」とされているのである[31]。また、一九四七年七月、ウゼドム郡は「泥炭採掘のために要請された労働力を本郡からは出すことができない」と動員要請を拒否し、その理由として第一に当郡「労働可能年齢者」の半数が「労働不能者」であり、その他の多くは主婦であること、第二に次々と来る動員要請に応じられないことをあげている。[32]

建設業でも類似の報告が見られる。とくに戦災の影響を強く受けた東部国境のアンクラム郡からは「農業に従事する労働力の一〇%が、郡外の仕事場に投入されるべきとされている。しかし七〇%も破壊されたアンクラムの町の再建や農業生産の上昇のために男九六二人、女一七二人の労働力が必要であり、……本郡はこれ以上外部に出す労働力の余裕はない」と報告されている。[33] これらの事例からは、農業と泥炭採掘、農業と建設業と郡外労働動員などが、とくに男子の労働力をめぐって競合していたことがうかがわれよう。

こうした強制動員は、当然ながら労働者の間に強い抵抗感を生みだした。一九四七年一〇月のアンクラム郡からは「労働規律の悪化はどんどん進み、とうとう労働課と地区簡易裁判所によって近いうちに拘置所が労働忌避者で一杯になる事態となった。……労働忌避は特に強制労働を指示する場合に顕著である。フェーネミュンデの非軍事化事業に動員された労働者のうち常に五〇～五五%が逃亡した」と報告されている。[34] また、一九四八年六月、グライフスヴァルト郡からは、六月一一日に新農民家屋建設促進を課題とする会議がもたれ、特に労働力問題がテーマとなったが、そのさいに「最近、労働忌避者に対して行われた警察の大規模手入れが言及された。午後に特定場所をうろついているすべての人々、午後にカフェや映画館にいる人々、これらの人々を仕事場できちんと管理する計画が立てられた。この手入れでは大きな成果が得られた」との報告がみられるのである。[35]

戦後復興期、農民たちにとって大きな負担であったものが森林の伐採・運搬ノルマであった。第一章で述べたように、それは特に動員される馬の疲弊をもたらすことで、農民層の当局に対する強い不満を醸成することになった。[36] しかし戦後再建への動員は農民層に限定されるのではなく、以上のように農村の労働者に対しても強制動員という大きな負担をせまるものだったと考えられる。その中核をなすのは難民労働者たちであった。彼らは、農業季節労働やその他の労働力動員の主要なターゲットであったが、当局から「労働忌避者」と認識されるほどに動員には強いアレルギーを示したのである。

②「非就業者」――下層に沈む女性難民たち――

既に統計分析の項で、土着の人々を基準としたときに難民男子は非就業者が少ないのに比べ、女子については逆にその非就業率が四割にも達していること、つまり具体的には「単身女性」問題こそが、農村の貧困問題の中核にあることを指摘しておいた。この点に関しては、前掲表2-5においても、不十分ながら難民労働者の就業状態の男女の違いが明瞭に読みとれる箇所がある。例えばクライン・ロガーン村について、男女比のわからない「その他の雇用」一九人を男女各半々と仮定して計算すると、成人難民人口に対する就業者の比率は男子で九一%、女子四四%となり、両者の差は顕著である。[37] さらにミロー村からの「仕事のない難民七九人はおおむね老人と子持ち女性だ」という報告も、この点を確認するものであろう。

では、こうした難民非就業者は働いていなかったのかというと、むろんそうではない。例えば一九四八年八月、パルヒム郡の郡長主催の会議においてクリンケン村の村長は、「村には老人、病人、子供など四〇%も労働不能者がいて、その数は正常な扶養者よりも数が多いほどである。彼らは世帯を持っており毎日農民を手伝っている」と発言している。[38] このように、仮に労働不能の「非就業者」として配給や社会扶助を受けているにしても、彼らが農業労働に補助的に従事することは一般的であったと推測される。

さらに「貧しい難民」の象徴であった「子持ち単身女性」となれば、統計や報告書類には現れないような様々な雑業に従事し、時には違法行為を行うことで生き抜くしかなかったことは想像に難くない。オストプロイセン難民でロストク郡シュテベロー村の大農のもとに、母と幼い兄弟三人で居候したエバ・マリー・オットーの回想が、その一端をリアルに語っている。彼女の母は、①村から供給された庭地で作物を栽培し、②居候していた大農経営から乳脂、リンゴ、梨などを盗みだし（乳脂からはバターを作って売却、現金収入を得る）、③春と秋の農繁期には子供とともに農作業に動員され、④甜菜収穫時の現物賃金として給付される甜菜を自らシロップに加工して販売し、⑤さらに「朝は五時か六時に起床し、手仕事、靴磨き、冬は暖炉、裁縫、編み物」という猛烈な働きぶりであったという。(39) ②と④のシロップとバターについては、一九四七年のウゼドム郡の報告でも「難民の現金不足は深刻である。難民たちがじゃがいもやパンを手に入れるためにバターや砂糖を売るということが生じている」とあり、(40) 難民たちの貴重な現金取得方法であったことがうかがわれる。

当局からみれば、動員すべき男子労働力不足が問題だったとはいえ、雑業などで暮らしを立てる女性難民からみれば良質の雇用機会が不足していることの方が問題だった。リューゲン郡からの報告では「働きたいが、しかし仕事がない多くの女や子供がいる。そこで『もみの木の根』からかごを作ってはどうかと考えている」とあり、女性難民の雇用機会創出の重要性が認識されている。(41)

またシュヴェリン郡難民課課長も、一九四八年、州難民課研究会の席上で、おおむね次のような内容の発言をしている。「難民女性を就業させるのは大変難しい。各村に対し幼稚園設置について照会をしたが、おおむねスペース不足を理由に設置は拒否された。……社会扶助で暮らす婦人たちのために家内工業を創出しなくてはならない。例えばウェリツ村には木工細工工房があり手籠や買い物かごを作っている。……農村部では籠あみや藁細工のような家内工業を作らなくてはならない。……われわれは女たちを安価な農業奴隷だと偏見の目でみている。彼女たちが仕事をしても昼食が得られるだけという状況は、断じてこれ以上続けさせてはならない(42)」。女性雇用機会創出を強調するこの発言からは、その意図とは裏腹に、「子育て」と「雑業」に沈みながら「安価な農業奴隷」視される女性難民の姿がありありと浮かび上がってくるであろう。

非就業者との関わりでは、「社会扶助 Soziale Fürsorge」の問題にも着目しておこう。前掲表2–5の右欄には、当該調査報告に出てくる社会扶助に関する記述を村落別に載せてある。一般にメクレンブルク・フォアポンメルン州においては受入難民数が多いことや農業的地域であることにより、扶助受給の基準となる慣行的賃金が低い。このため農村部の社会扶助受給者比率は相対的に低くなるという。[43] 残念ながらこの表から難民中に占める社会扶助受給者比率を推測することは困難である。とはいえ、第一に「社会扶助申請者」や「一度限りの扶助受給申請者」の数は相当数に上っていることから難民層の困窮感は深いこと、第二に、表2-5において、リュベッセ、シュトラーレンドルフ、ウェリツの四村が、総額にばらつきがあるとはいえ村財政による社会扶助負担を行っていることがわかる。社会扶助受給者比率が低くても、新たな社会問題としての難民貧困層の負担問題は重かったと言わなければならない。

2．農村難民の「住」の実態

難民とは暮らしの根城を奪われた人々のことである。戦後ドイツ難民も例外ではない。とくに受入れ農村の人口が倍増するような状況下では、住宅問題は難民問題の中心にあらざるをえなかった。旧農民村落の場合、当初は主に大農経営に難民たちは割り当てられたが（もともと戦時中に多数の外国人労働者が収容されていたから、農民層にはある程度の収容能力はあった）、難民流入の増大に伴い村の全戸が難民の受入れを求められることとなる。例えば、ギュストロー郡ツェルニン村の大農（女性）の回想によれば、ズデーテン・ドイツ難民が村に来るに至って「村中で彼らを収容しなくてはならなくなった。あらゆる部屋という部屋に詰め込まれ、これまでならこの件とは関係のなかった村人、例えばホイスラーの人々さえもが、難民を引き受けなければならなかった」と書かれている。[44] このように日本とは異なり、農地のみならず個人住宅までが公的な利用規制の対象となった点が、戦後ドイツ農村の社会問題の特徴を考える上ではきわめて重要である。[45] 以下では既述の一九四七年のシュヴェリン郡難民調査報告を素材にしつつ、難民の「住」の実態について見てみよう。

さて、この調査報告の最大の特徴は、村落ごとに、個別農家単位で「住」の実態が土着と難民別に報告されている点である。表2–6は、該当する記述を受入れ農家の階層別に整理したものである。報告では各旧農民が、多くの場合、例えば「A村1番フーフナー」というように、伝統的な村落の農家階層を示すフーフナー Hufner（大農層）、ビュドナー Büdner（小農層）、ホイスラー Häusler（家持ち労働者層）という分類名で呼ばれている。こうした呼び名が採用されたのは、むろん単にそれが人々の間で日常的な呼称として用いられていたこともあろうが、同時に住宅問題の観点からは農地面積ではなく、まさに物理的な収容能力である住居の大きさこそが問題とされたためとみることができる。農村の階層性が住宅形態において明示的に可視化されるのはドイツ農村の顕著な特徴である。

なお、この表の土着民総数と難民総数を比べると、大口のシュトラーレンドルフ村の旧村ホテル《ガストハウス》に住む難民五〇名――典型的な難民収容施設のひとつ――を除くと、土着一〇二人に対して難民一五九人と、難民数が土着数の一・五倍となる。前掲表2–5でみたように当該調査対象村落の難民比率はほぼ五割であるから、ここからは、難民受入義務を負わなかった土着層――典型的には日雇い労働者などの借家型の労働者――も、なお相当数が存在すると推定されることとなる。従って、この表で難民を受け入れていない土着家族とは「受入れ義務があるのに受け入れていない家族」と読むべき人々である。(46)

さて、以上の点を考慮しつつ、第一に、全体として土着と難民の差についてみてみよう。まず、住居水準の基準である一部屋あたりの人数をみると、平均で土着一・八人、難民三・三人となっており、一・八倍という明白な差があることが判明する。また、難民人口比率五〇・三%のクライン・ロガーン村については、個々の事例に関する記載はなされていないものの「住居配分は面積比で旧住民約六〇%、難民約四〇%」と報告されていることから、(47)その差は約一・五倍となる。このように旧農民村落の場合、床面積で土着層と難民層の間にはおおむね一・五〜二倍弱の差があったといえそうである。(48)

表 2-6　旧農民村落の土着 / 難民別の住宅事情の個別事例一覧．（シュヴェリン郡 1947 年，単位：人）

〈階層名〉村落名（任意番号）[1]	土着の人々の状態	人数 1家屋あたり	人数 1部屋あたり	難民の人々の状態	人数 1家屋あたり	人数 一部屋あたり	備考
シュトラーレンドルフ①				約 50 人．1 部屋 8 人．	50	8.0	旧村ホテル．学校に解放されなければならない．
〈フーフナー層〉							
シュトラーレンドルフ②	1 家族			13 人．1 部屋 3 人．	13	3.0	
シュトラーレンドルフ③	1 人で 1 部屋（10 ㎡）	1	1.0	3 人で 1 部屋（10 ㎡）．	3	3.0	
プラーテ①	6 人で 4 部屋	6	1.5	10 人で 2 部屋（各 5 人）．	10	5.0	全部で 6 部屋．
ウェリツ①	5 人家族で 2 部屋	5	2.5	2 家族（計 5 人）で 2 部屋．	5	2.5	2 人の子持ち女性難民と老夫婦．「難民の割当ては実現されている．」
ウェリツ②	5 人家族で 2 部屋	5	2.5	5 人家族で 1 部屋，8 人家族で 1 部屋．	13	6.5	2 人の女性難民が子供 3 人と一部屋に．もう一部屋に 8 人家族．
ウェリツ③	5 人家族で 2 部屋．父親が一部屋	5	2.5	3 人で 1 部屋，ホールに 4 人．	7	3.0	旧村ホテル．
ウェリツ④	3 人家族で 1 部屋	3	3.0	難民が 2 部屋を利用（家族数は不明）			
クライン・ヴェルティン①	夫婦で 2 部屋（各 16 ㎡）	2	1.0	3 人家族が屋根裏にベット 2 台で．	3	3.0	劣悪事例（フーフナーではなく農民と記述されている）．
クライン・ロガーン①	家族 5 人と奉公人 1 人で 4 部屋	6	1.5	3 人家族（子持ち女性難民）で 1 部屋（10–12 ㎡）．	3	3.0	
ゴーデルン①	6 人家族で 2 部屋	6	3.0	2 家族（2 人家族と 7 人家族）で 2 部屋．	9	4.5	劣悪事例．7 人家族は盲目，足切断が各 1 人．
〈ビュドナー層〉							
ゴーデルン②	2 家族で 2 部屋			2 人家族で 1 部屋．	2	2.0	娘が村の農民のところで賃金 2–2.5RM および賄い付きで働いている．
ゴーデルン③	2 人家族で 1 部屋	2	2.0	2 人で 1 部屋．	2	1.0	難民 2 人はこのビュドナー W のもとで働いている．

(つづき)

〈階層名〉村落名(任意番号)	土着の人々の状態	人数 1家屋あたり	人数 1部屋あたり	難民の人々の状態	人数 1家屋あたり	人数 一部屋あたり	備考
シュトラーレンドルフ④	2家族5人で2部屋(計36 m²)	5	2.5	9人で2部屋(計30 m²).	9	4.5	
プラーテ②				2家族(大人2人，子供5人)が1部屋に.	7	7.0	
プラーテ③	3人家族で3部屋	3	1.0	6人で1部屋(12 m²).	6	6.0	
ウェリツ⑤				2家族が2部屋(3人と2人，いずれも子持ち女性).	5	2.5	女性難民ひとりは村当局から社会扶助を受けている.
ウェリツ⑥	4人家族で4部屋と台所，食堂他	4	1.0				問題事例．受け入れ余裕あり.
ミロー①	3人家族で2部屋	3	1.5	2家族9人(大人3人と子供6人)が2部屋に(各18 m²).	9	4.5	農民との関係が良好.
バンツォー①	3人家族で，1部屋と1小部屋	3	2.0	1家族5人で1部屋.	5	5.0	10才の娘は，夜は女友達のところで寝ている．関係は良好である．婦人は難民にベットを使わせている．また家族は婦人から時には生活物資をもらっている.
バンツォー②	5人家族で2部屋	5	2.5	2親族5家族計9人で計3部屋.	9	3.0	関係良好．ベットを提供.
〈ホイスラー層〉							
ゴーデルン④				1人で1部屋.	1	1.0	
ゴーデルン⑤	「若い娘」が1部屋に			1家族6人(子持ち女性)で2部屋(劣悪な部屋).	6	3.0	難民女性は村の農民Hのところで働いている.
ゴーデルン⑥	5人家族で4部屋	5	1.3				難民受入を断固拒否．問題事例．説得が必要.
シュトラーレンドルフ⑥	5人家族で2部屋	5	2.5	2家族計7人が，2部屋(計30 m²)に.	7	3.5	

グロス・ロガーン①	夫婦で3部屋		2		残りの一部屋を二人に賃貸.		2	1.0	
プラーテ④					1家族3人で3部屋.		3	1.0	
ミロー②	2人家族で2部屋（計32 ㎡）		2	1.0	2人で1部屋（16 ㎡）.		2	2.0	
ミロー③	3人家族で2部屋		3	1.5	3人で1部屋（16 ㎡）.		3	3.0	
ミロー④	6人家族で，2部屋と小部屋が1部屋		6	2.4	1人が小部屋に.		1	1.0	
ミロー⑤	5人家族で2部屋		5	2.5	難民はいない.				
ミロー⑥	4人家族（夫婦，御者，女将）で2部屋（計45 ㎡）		4	2.0	難民はいない.				
バンツォー③	3人家族で3部屋（平均16 ㎡）		3	1.0	家族4人（うち子供2人）が1部屋（約13 ㎡）.		4	4.0	問題事例. 受け入れ余裕あり.
バンツォー④	3人で家族で，部屋3室と小部屋（6 ㎡）1室		3	1.0	2家族計4人が一部屋に同居.		4	4.0	問題事例だが，両者の関係は良好.
ウェリツ⑦	1家族				3家族計6人.		6		部屋数不明.
平均 (2)		102	3.9	1.8		159	5.5	3.3	
〈階層別〉	フーフナー層	39	4.3	2.1		66	7.3	3.7	
	ビュドナー層	25	3.6	1.8		54	6.0	3.9	
	ホイスラー層	38	3.8	1.7		39	3.5	2.4	

注：(1) 例えば「プラーテ①」は「プラーテ村の1番目の家屋」（番号は筆者による任意）を意味する.

(2) 平均欄の数字は，左から単純合計値，一家屋あたり平均人数，一部屋あたりの平均人数である．ただし算出にはシュトラーレンドルフ村の旧村ホテルに住む難民を除いている.

出典：LHAS, 6.11–12, Ministerium für Sozialwesen, Nr. 31a, S.38–66 より作成．階層が記されていない家の報告は掲載していない.

問題はこの差がどういう事情によるのかである。そこで個別に両者の割当ての仕方を見ていくと興味深いことに気づく。つまり土着の農家の場合、おおむね夫婦一部屋、子供一部屋が基本であり、さらに祖父母同居の場合は一部屋が別途に認められていることである。当該史料のミロー村に関する報告では「旧住民は平均して二部屋を利用している。台所は難民たちにも開放されている。小住宅で難民を受け入れていない屋敷地は当地にはほとんど存在しない」とされており、この点を裏書きしている。土着層の場合、一世代に一部屋が認められており、例えばウェリツ⑥、ゴーデルン⑥、バンツォー③、バンツォー④のようにこの条件を満たさない場合、問題事例として批判対象となっているのである。

ところが難民に対する部屋の割り当てられ方はこれとは異なっている。難民家族数が記されているものをみると、家族員数とは無関係に、ほぼ一家族一部屋が割り当てられている。家族のプライバシーが重視されているためといえようか。これが破られているのはプラーテ②、バンツォー②、バンツォー④、の三つの例である。このうちバンツォー②は「二親族五家族計九人で計三部屋」となっており、実は親族単位でプライバシーが保障されている。そして、この原則を逸脱しているバンツォー④が問題事例と見なされている。

次に受入れ農家の階層間に着目した場合、どのような差があるのかを見てみよう。

まず第一に、階層別の一部屋当たりの人数をみてみよう。土着も難民も上層に高く、下層に低いが、土着については、フーフナー層がビュドナー層とホイスラー層に対して若干高く、難民については、フーフナー層、ビュドナー層の受入れに対してホイスラー層の受入れの方が相当低い。ここでは特に難民について階層差が大きいことに着目したい。もちろん、これは第一にはもともとの部屋の物理的な条件による。大農層と労働者層の家を比べれば部屋の広さと質、そして部屋数に大きな差があることは自明であろう。第二に、この条件の下で、上記のように土着の人々には一世代に一部屋、難民の人々には一家族を割り当てようとすれば、大家族は農民に、小家族は労働者に割り当てることとなろう。実際に、ホイスラー層の難民を個別に見れば――個別のばらつきが大きいとはいえ――、一戸当たりの割当て難民の数は少なくなっている。

しかし、農民層とホイスラー層の大きな差は、大農層が難民を労働者として利用できる側面があったのに対して、ホイスラー層の場合、難民は居候以外のなにものでもないという点にある。本表でもゴーデルン②、ゴーデルン⑤について、難民女性が村の別の農民のところで――おそらくはマークト（女性奉公人）として――働きに出ていることが記されている。割り当てられる人数が少ないとはいえ、もともと劣悪な住宅状況の中にあったホイスラー層にしてみれば、難民の受入れはストレートに生活水準の引き下げを意味する。ゴーデルン村の第22番ホイスラーH家（ゴーデルン⑥）は難民の受入れを断固拒否したというが、その背景にはこのような事情があると考えられる。

当時、各村落は難民のこれ以上の割当てを拒否しているが、その具体的な内容は、このようなホイスラー層まで達する難民受入れ負担の増大であった。プラーテ村について「旧住民数に比して部屋数が少ない。ビュドナーやホイスラーは3×4m^2の部屋が二部屋あるだけ」であり、村にはこれ以上の受入れ能力はないとされているし、ウェリツ村からも「ビュドナー、ホイスラーらの調査により、難民を彼らの住居に受け入れることはできないことが判明した」と報告されているのである。

メクレンブルク・フォアポンメルン州農村の「高い」難民収容力とは、以上のような「就業」と「住」の実態に裏打ちされたものだった。とくに土着と難民の間には「住」の保障のされ方について明白な差異があったこと、その負担はホイスラー層などの末端の個人住宅の利用にまで及んでいたことを、ここでは再度確認しておきたい[49]。

第四節　新農民村落における難民たち ― 住宅問題を中心に ―

旧農民村落の難民たちが、主要には労働者であったのに対し、土地改革と深い関わりをもつ新農民村落の難民たちは、その多くが新農民とその家族であった。このため新農民村落の難民問題は、農業経営問題に比重がおかれ、とりわけ馬、牛、トラクターなどの経営資本問題を軸に展開されることとなる。この点については既に第一章で詳細に論じたところである。しかし新農民村落の難民問題は経営資本問題のみで語り尽くすことはできず、旧農民村落と同じく住宅問題を中心とした社会問題としての側面に触れておく必要がある。本章は旧農民村落の難民問題分析を主要な課題としているが、そのための参照系として、以下、新農民村落の住宅問題の実態について言及しておくこととしたい。

住宅問題から見たとき、旧農民村落と比較した場合の新農民村落の特徴は、なんといっても難民収容力が旧グーツ村落としての構造上、小さくならざるを得ないという点である。土地改革の結果、確かに旧グーツ労働者は農民層へと階層としては「社会的上昇」を果たしたが、住宅の物理的なあり方に変化があったわけでは毛頭ない。彼らが暮らす労働者向けの住宅は相変わらず狭隘で、旧農民の場合のように他人である難民家族をその一室に居候させる余裕など、まずなかったといっていいだろう。とはいえ、難民政策としての含意を強く帯びた土地改革であれば、多くの難民がここに入植し、新農民とならなければならなかった。難民たちの一部は、村の「空き部屋」などの通常住宅に暮らすことができたが、しかしその多くは、村の他の施設、つまりグーツ館、旧外国人労働者営舎、村ホテル《ガストハウス》などに仮住まいを強いられることとなったのである。

通常住宅に暮らす人々と、グーツ館などに仮住まいする人々はどの程度の比率だったろうか。この点に関する情報は多くはないが、すでに第一章の表1-10（87頁）でみたように、一九四八年のパルヒム郡について、「難民新農民」計一八八七人のうち「旧労働者住居」など「畜舎付き住居に住む」難民三五二名、将来農場を持つ予定の者四八一名、および今後も住宅見通しが立たないもの一〇五四名という数字が報告されていた。このうち後者の二つのグループが、報告時になおグーツ館など仮住まいの人々と見なすことができるから、難民新農民に占める比率はあわせて八一％となる。また、個別村落の事例としては、ロストク郡レーダースホーフ村において、一五人の新農民のうち五人は「古い家」に住み、改修・新築計一〇棟が必要だとされており[50]、同じくデンミン郡ヘルマンスヘーネ村では新農民八八戸のうち一四戸は「古い家」に住み七四戸の新築が必要だとされている[51]。この村の報告で新築が必要とされている人々をグーツ館などに仮住まいする人々と考えるとすると、仮住まいの比率は前者レーダースホーフ村では六六・七％、後者ヘルマンスヘーネ村では八四・一％となる。以上の例から、おおむね難民新農民の七、八割はグーツ館などの仮住まいだったと推定することができよう。

問題は、その「住」の具体的な内容である。前掲表2-5（140頁）にみるように、一九四七年のシュヴェリン郡難民調査においては、四つの新農民村落に関する報告がある。このうち典型的な新農民村落であるラムペ村の報告では労働者住宅に住む人々とグーツ館に住む人々の両グループについて、その実態が詳細に報告されている。

そこではまず、村長の話として、土着民と難民の関係は良好であるものの、土着民は以前から農場にいた人々であるから両者の住宅事情では平等ではないこと、さらに「一部屋に新農民二家族が同居している」ことが書かれている。そのうえで、実際の視察事例をみると、まず「レンプケ家の三人、ブレンスキー家の三人、およびボルク氏は、土着民として三部屋と共同台所を使用している。同じ家に、グルーンヴァルト家（難民で七人家族）が16 m^2の一部屋を利用している」との報告がみられる。これは労働者の共同住宅の空き住居一室に、難民一家族七人が入居したことを示しており、もとより土着労働者の家庭内そのものへの居候ではない。つまり、この事例では難民家族に対して狭いながらも一住居が与えられ、その限りで家族のプライバシーが保障されており、良好な方の事例であると考えられる。しかし、同じ報告では別の事例として土着民ホッホグラフ家（四人家族）が二部屋と台所・食堂を使用しているのに対し――土着民の場合は上記のような一部屋ではなくこの二部屋利用がむしろ一般的であろう――、難民についてはフランツ・ラモゼールとエルナ・ラモゼールの二家族計八人が、二部屋と台所を共同で使用している、同じくバンゼグラウ家とヴェソレク家の計一二人も二部屋と台所と食堂を共同で利用している、と記されている。先の事例と異なって、部屋の利用が一括して共同利用であるという書き方をしている点から、この場合の部屋とは、独立した部屋ではなく文字通りの小部屋である可能性が高い。前者の二人のラモゼールの場合は同一姓だから親族である可能性が高いとはいえ、いずれの場合も難民家族が共同住宅の一住居での家族生活が保障されず、二家族で一住居の共同利用を強いられている様子が読み取れよう。

通常の労働者住宅ですらこうした事態であったから、八割の人が強いられた仮住まいでの生活は、より一層厳しいものであったろう。

仮住まいでもっとも多くの難民が住んだのは、何度も繰り返すがグーツ館である。新農民村落の住宅問題の中心は、このグーツ館をめぐる問題であった。同じくラムペ村からの報告では、「グーツ館には、シュタール家とブレヒャー家（七人）が一部屋と物置を利用して暮らしている。これに対して、シュヴェリン郡の支所は、住居（職員用――引用者）および事務所として六部屋を利用している」とあり、ここではグーツ館が公共スペースに利用されていることを示している。難民から見ればグーツ館が公共スペースとして使われることは、ストレートに住居スペース不足に直結するのである。

それ以上に問題だったのは、グーツ館がもともと複数家族が住む空間としては作られていないということ、そのために住居面積の問題以上に、質的な面で問題点をかかえていたことである。大部屋となれば複数家族が一部屋に同居せざるを得ない。例えばプレーツ村では「グーツ館の大部屋に一六人が暮らす」と報告されている。[52] またグーツ館は「部屋がもともと大きいうえに暖房がきかない[53]」のであれば、冬の寒さが重大な問題となろう。さらにグーツ館で暮らす難民たちにとって「特に問題なのはトイレがないことであった」との指摘もある。[54] 家具が調達できないことも、旧農民家屋への居候と比較した場合のグーツ館の大きな欠点であった。

新農民村落においてグーツ館と並んで難民の仮住居となったのは「外国人労働者営舎」である。例えば一九四七年一二月のグリメン郡の住宅事情の調査報告では「われわれが訪問した村では、いまなお、ところどころに「大規模収容所 Massenquartier」が存在していた。例えばダイエルスドルト村とパサーウ村では、それぞれ「季節労働者営舎 Schnitterkaserne」があった」とあり、[55]複数の村で「営舎」が難民の住居となったことを伝えている。さらに、同じグリメン郡のブレンコー村の調査報告は、よりリアルに次のように伝えている。

「以前に夏の外国人労働者住居として利用していたバラックに、いまは冬の期間に九人以上が暮らしているが、防寒対策が大変である。ドア、窓、天井とも隙間だらけであり、さらに雪が舞い込み雨漏りがするために体が湿り、暖炉のそばですらボールの水が凍ってしまうほどだ。気温はいつも零度だからジャガイモも野菜も凍ってついてしまう。みんな冬の間はベットに横たわって過ごすしかない。また、旧経営用建物は修理が必要だが、しかしこの建物の３×３m^2の一室に八人の新農民家族が、７×７m^2の一室（石の床で湿っていて寒い）に三家族の新農民家族が、そして４×４m^2の一室には四家族一六人（新農民一家族、仕立屋親方一家族）が住んでいる[56]」。

二〇世紀初頭のころ、ドイツ農業の外国人労働者の就業期間は、普通三月から一一月であった。[57]従ってもともと「営舎」の防寒機能が弱いのは当然であり、また「営舎」は家族労働者向けにはそもそも作られていないから――この事例では九人の内訳が不明であるが――「営舎」で難民に家族生活を保障することはもとより不可能である。[58]ここでも質的な条件の劣悪さが明瞭であろう。またこの報告でいう「旧経営用建物」とは納屋と畜舎のことである。納屋暮らしは新農民村落の難民の住まいとしては最後の手段であり、従って難民の住生活の悲惨さが嘆かれる場合に必ず引用されるものでもあるが、この事例は、劣悪な納屋暮らしにおいてすら新農民たちが一家族一部屋を必ずしも保障されていなかったことを示している。

こうして難民の住宅問題に関しては、新農民村落は旧農民村落と比較して不利な条件下に置かれていたといってよい。住居スペースもさることながら、むしろそれ以上に質的な点で村の住宅の物理的構造のために、難民一家族に一部屋を保障することができなかったのである。と同時に、多くの難民がグーツ館・営舎・納屋に収容されたことは、土着と難民の生活空間の分離を引き起こした。当時の州の難民問題については、「大規模収容所はわが州の恥」という発言が見受けられるが、[59]この表現は新農民村落における社会問題としての難民問題の本質を言い当てている。一九四六年、ギュストロー郡についての難民報告は、旧農民村落と比較しつつ、グーツ村落の状態を次のように述べている。

「ここでは農業日雇い《ターゲレーナー》（旧グーツ労働者を意味する——引用者）が数の上では多数であり、難民たちはグーツ屋敷に住んでいる。というのはここが空いているからであり、他方でグーツ労働者の住居は他人が居候するには不適切だからである。グーツ屋敷の住居事情は劣悪である。過密状態で家族が別の家族と分離することすら、部屋の事情や共同台所のせいで不可能である。農民の家屋なら農民によって提供されるであろう家具や必需品の家事用具が、（館では——引用者）不足している。「大規模収容所」の欠点が顕著に現れている。内部の人間関係に関しても同じことがいえる。当然ながら難民たちの不満は大きく非難の声も大きい。すべてのことについて無関心でできるだけ早くここから出たいと考えている。難民と土着民の関係も同じく緊張している。私の考えだが、その理由は両者がそれぞれ集団として向き合っていることにある。個人的なつきあいも、互いが置かれた状況に対する相互理解も欠落している。ねたみ、そねみが渦巻いているのだ。こうした集落の例としては、ツェーナ、アルト・ザミット、ルーム・ケーゲル、キルヒケーゲル、ベルンの各村がある。[60]」

戦後期の新農民村落における難民政策の軸となるのは、「命令二〇九号」で知られる「新農民家屋建設」である。第一章で論じたように、この政策の背景には、政治的イデオロギーの問題や新農民の経営資本をめぐる問題があったわけだが、同時に、それらには還元しきれない、非農民難民を含む新農民村落の住宅問題——旧農民村落の難民の状態と比べても劣悪な——があったことを、ここでは再度強調しておきたい。

第五節　対立と統合のあいだ ── 旧農民村落の難民問題 ──

以上、農村難民の就業と「住」の実態について述べてきた。しかしそれらは難民問題のいわば客観的な状態を明らかにしたに過ぎない。難民問題が戦後東ドイツ農村やＳＥＤ権力のありようをどう規定していくのかという問題視角からすれば、実は本当の問題はこの先にある。いったい難民問題は各村落レベルで人々にどのように扱われ、これに対してＳＥＤ権力や東ドイツ国家がどのような方向付けを与えようとしたか、そして実際にはどのように「解決」していくのか。新農民村落に関しては第一章で論じたので、以下では旧農民村落を対象に、難民問題のあり方を「難民＝村＝国家」の関わりの中で論じる観点から、第一に土着と難民の対立のあり方について、第二に住宅問題と農業労働者「自給者規定」問題に見る国家の方向付けについて論じたい。

1．土着農民と難民の対立のあり方

本章第三節において述べたように、旧農民村落では土着と難民の間には就業と住宅事情の点で明白な格差があり、かつ住宅事情は全体として逼迫した状況にあった。この場合、農業雇用であれば労働と現物賃金の「交換」が語りえようが、住宅提供はとくに難民を労働力として活用できない土着小農のビュドナーたちや家持ち労働者層のホイスラーたちからすれば自分たちの所有の一方的侵害と感じられるだろうから、両者の日常的な紛争の表出が、雇用問題よりは住宅問題を軸に顕在化することは容易に推測しうることである。一九四七年六月一六日付のソ連軍宛文書において州難民課は、一九四七年前半期に難民に関わる苦情二〇〇件のうち、主要な訴えとして、燃料配給問題、配給切符の問題、年金支払い申請の難しさと並んで、劣悪な住居事情、家主との意見の相違、老

人ホームの住居申請、他地区への住居申請など一連の住宅問題をあげている。[61] このうち「家主と意見の相違」の具体的な例としてしばしばみられるのが台所や家財の利用などをめぐって発生する両者の諍《いさかい》である。例えば、同じ報告において、難民たちが「旧住民の家具、食器、小道具を使わざるを得ないことが」両者の対立の原因のひとつとされているのである。[62] これらは、過剰収容のもと日常的な接触面における両者のストレスがいかに高かったかを如実に伝えるものであろう。[63]

難民を受容しない態度は個別農民を超えて村政レベルでも明白である。もっとも頻繁に見受けられるのは各村が「これ以上の難民受入れを拒否」する場合であるが、これは物理的に収容の限界があったことの反映である。しかし難民の非受容は収容人数の問題に限定されるわけではない。旧農民村落については日常的に土着層の利害に沿って行動する村長の姿があり、難民の村政からの排除が一般的であったのである。例えばハーゲナウ郡委員会の会合において、難民委員会の代表は「難民委員会の発言力がなく、村長が彼のやりたいようにやる、つまりは旧住民が痛まないようにこれを行う」と不満を訴え、またテシン村の難民委員会議長は「村長と難民委員会が恒常的に報告を行い、見えないところで政治を行うことをやめるように要望した。村長が難民委員会や住宅委員会に何の相談をすることもなく、数人の村助役とだけで政策を決めるのは不適切である」と発言したとされているのである。[64]

同じことはパルヒム郡ベロー村についての出張報告でも述べられている。報告者によれば、この村において難民の劣悪な住居問題が解決しないのは、他村と同じく「村長の一貫しない態度にある。彼は村で主導的な役割を演じている旧住民の農民に対してあえて自分を主張できないでいる。彼は村の平和を望み、誰とも仲違いしたくないと考えている。難民は住民の三分の二を占めるが、ほとんどは現在の状態について諦めており、当局から支援される希望も捨ててしまっている」という。[65]

さらに一九四七年一〇月一三日のギュストロー郡での郡難民問題関係者の会議でも「多くの出席者から、旧農民の勢力拡大姿勢がますます強まっていることが報告された。各村におかれている住宅委員会は多くの場合全く活動しておらず、むしろこの傾向を助長しさえするものである」と報告されており、難民の住宅問題解決に対する旧農民層のサボタージュが批判されている。(66) これらの発言や報告に関しては、最後のギュストロー郡の例において発言の力点が反旧農民におかれていることに見られるように、多分に政治的な文脈の中で語られていることを考慮する必要があろうが、しかし、パルヒム郡の「難民の諦め」の報告にあるように、難民と村長・村政の間に明白な距離があることも否定できない。難民自身による村長・村政批判が当局者に対して行われること自身が、彼らの村社会へのアイデンティティーの欠落を意味している。

もちろん旧農民村落における難民の「非統合性」を語る素材は住宅と村政に限られるものではない。とくに土着層の難民に対する「他所者」視との関わりで注目されるのは、第一に難民たちが「ヤミ経済」「モラルの解体」「盗み」などネガティヴな事項との関わりで議論されている場合があること、第二にエスニックな差異が強調され、さらには戦時外国人強制労働者の代替として視られていることである。第一点の「犯罪者」視に関する例としては、一九四七年リューゲン郡労働課長の話として、当郡の四万人の難民がほとんど誰も労働斡旋の照会を受けないのは彼らが「ヤミ経済のうまみ」に結びついているからで、そのことで労働モラルがくずれていると報告されていること、(67) および一九四七年の農林省の農業労働者問題に関する文書において、農業労働者家族の扶養が農業経営の負担となっているだけでなく、農業労働者による広範な「非道徳化 Demoralisierung」、つまりは広範な「盗み」が発生していると指摘されていること、(68) この二つをあげておこう。また、第二点の「外国人労働者視」の例としては、パルヒム郡ベロー村において、難民問題が解決できない要因として、村長の態度とともに「この村の難民の一部は西プロイセン出身であるためその言葉と生活習慣から土着民と接触するのが難しい」とされていること(69)（ここでいう「西プロイセン出身の難民」は「民族ドイツ人」である可能性が高い）、および一九四七年一一月二四日開催の州難民課会議で「農村村落ではたいていの難民たちが姿を消した東方強制労働者の代用であるとの感が強い」とされていることをあげておきたい。ただし「外国人労働者視」については、通常は当事者による語りではなく、ここでも当局による旧農民層批判という政治的文脈の上で語られていることは考慮しておく必要があるが。

季節労働者、雑業層という階層的規定から、さらには飢餓や相対的な高死亡率[70]などとして語られる「新貧民」としての農村難民の実態。これに裏打ちされる形での、「他所者視[71]」と「村政からの排除」。これまでの叙述から土着の人々の難民に対する心性の一端をそのように整理することができよう。同時にこのことは旧農民の村落支配の継続を意味しており、同じく難民問題が大きな要素となりつつも、第一章で論じたようにそれが村政の機能不全に帰結しがちな新農民村落のあり方とは対照的であるともいえる。

とはいえ――ここが難しいのだが――、だからといって旧農民村落の難民たちが、一般に農村最下層と「スラブ人」視の重なりの上に成立する「外国人農業労働者」と同じ社会的位置づけを与えられたと規定するのは、やはり一面的であろう。旧農民村落が、旧住民数に匹敵する数の人々を生活水準の悪化を覚悟でともかくも引き受けたという事実がやはり重視されねばならないからである。土着の人々がかくも多くの難民を受け入れたのは、占領軍と国家の強制力の問題を別とすれば、彼らが難民たちを「同じドイツ人の戦争被害者」として認知する仕方を、積極的か消極的かはともかく、受容したと考えられるからである。いわゆる「負担調整 Lastenausgleich」に関わる論議はこれに対応する[72]。残念ながら、本章では、この一方での「異化の仕方」と、他方での「同一ナショナリティ」をもつ人々としての認知の仕方を全体として論じる用意がない。おそらくこの論点の解明は、本章のような農村の固有性を問題とするようなミクロ史的な実態分析だけではやはり不十分で、人々の戦争経験と「冷戦」認識に関する集合的意識を分析することが是非とも必要であろう。ここではそのことを指摘することだけに留めておきたい。

2．国家と村落 ―― 国家の方向付け ――

以上は、主要には旧農民村落の旧農民層の「難民」に対する心性であるが、次に問われるべきは国家の方向付けの仕方である。国家は難民問題をどのように「解決」しようとしたのかという問いがそれである。

①住宅問題

農村の難民問題の軸をなす住宅不足の抜本的な解決策として考えられるべきは新規住宅建設であろう。繰り返しになるが東ドイツでは、この課題は反ユンカー・イデオロギー（グーツ解体）と新農民経営強化を強く意識しつつ、占領軍命令二〇九号「新農民家屋建設プログラム」として実施された。しかし、この政策は難民新農民の利害を考慮したものであったとはいえ問題解決の現実的な効果は乏しいものであった。ましてや旧農民家屋に間借りする農村難民たちは新農民ではなく労働者であったから、この政策の救済対象とはならない。同じ難民であっても、新農民に比べると労働者難民の政治的な位置づけは格段に低かったのである。

次に、旧農民村落の難民に関わる住宅政策としては、一九五〇年九月八日の「旧難民の状態改善に関する立法」があげられる。この法律では、低利住居建設融資や新農民ノルマの五〇％引き下げなどとともに、難民に対して消費財購入用として一〇〇〇マルクの無利子融資をすることが謳われている(73)。既に指摘したように、家財や台所の運用をめぐる紛争は旧農民と難民の日常的な紛争の種であったから、家財購入のための融資措置はまさにこの問題を緩和しようとしたものであったといってよい。だが都市の難民を対象とするであろうこの政策が、メクレンブルクの旧農民村落の難民問題に対してどの程度の意義をもちえたのか、現在のところ不明である。

最後に、村における「住宅割当」「住宅紛争」に対する当局の介入がある。既述のように難民の各戸への割当て権限は村の住宅委員会にあったが、旧農民層がなお村政のヘゲモニーを掌握しているもとで、とくに劣悪な状態におかれた難民の利害は、限定的とはいえ当局の介入によって果たされたのである。これは具体的には当局が村落の「監査」「視察」を行い、それにもとづき州ないし郡から村に対して行政指導がなされる形で行われた。例えば、一九四七年一一月二四日州難民課会議において州知事代理のグーツマン女史は、近々州難民課職員が各地の住宅事情の視察にいき、その調査結果に基づき州住宅課が介入する、各郡でひどい事例が見受けられる場合には改善の提案を行うと発言している。[74] また一九四七年六月一四日付け文書におけるヴィスマール郡ドルフ・メクレンブルク村に関する報告では、「難民が一歩でも家に足を踏み入れたら自分の家ごと焼き落とす」とまで言い放って難民受入れを断固拒否するカンター婦人の「反社会的行動」がとりあげられ、「土着者がこうした反社会的態度を示した場合は難民の生活を身をもって体験して貰うために即座に数週間、収容所に入ってもらうという処置をするのが適切だと考える[75]」とまで書かれている。

このように「悪質な旧農民」に関しては、郡当局は介入を行った。これは既述の難民委員会における村長・村政批判と同じく、占領期の旧農民村落の場合には、村と郡当局の間に一定の政治的距離があったことを示している。「悪質な旧農民」を処理する郡当局者の言説には常に「反大農イデオロギー」がつきまとっていることも、両者の距離感の現れとみなせよう。とはいえこうした介入はあくまで臨時的・限定的な措置と言わざるを得ない。全体としてみれば、非農民難民の住宅問題についての有効な政策展開は、初期集団化以前については打ち出されてはいなかったのである。

②農業労働者の「自給者規定」問題

旧農民村落の難民問題に関する当局の対応として、もう一つとりあげるべきは「農業労働者の自給者規定」に関する問題である。

既に第三節において、旧農民村落の難民労働者の就業実態に関わって、とくに男女間で大きな相違があることを指摘しておいた。農業就業に限定して、その違いをいま一度述べれば次のようになろう。すなわち難民男子労働者は、戦傷者の比率の高い土着男子に比べて就業率が高く、相対的に常雇労働者としての需要が高い。既婚者であれば家族雇用契約を結んだと考えられる。この場合、彼らは常雇労働者なので賃金は現物で支給され、農民と同じく代用コーヒー、塩、砂糖以外の配給はない[76]。これに対して難民の女性たちは就業率が四割と低く、とくに単身の場合、その就業内容は農業季節労働、農家の補助的労働、そして雑業などとなる。季節労働者として就業している場合は、日雇い労働であるから現物形態の日払い賃金である。この現物賃金と雑業収入および配給切符が生活の糧となった。他方、非就業者とされる場合は、配給切符と雑業収入のほかに、社会扶助の受給が期待できる。だが、どちらの場合でも夫のいない女性難民たちにとって配給の意義は大きかった。難民たちによる村長・村政批判において不正な配給への言及が多いのも、こうした事情の反映と見ることができる[77]。

さて、「農業労働者の自給者規定」とはこの難民層の配給部分に直接関わるものであった。通貨改革後の一九四八年秋、占領軍の指令によりＳＥＤ政権は配給等級基準の見直しを行い、「自給者」該当者の大幅増、つまりは配給受給者の大幅削減を実施するのである。その影響については、パルヒム郡から同年八月二五日付けで以下のような報告が見いだされる。

「郡商業・配給課は各村の自給者の数を新たに確定するために各行政区長を召集した。約三〇名の行政区長と村書記が参加した。……自給家族の数を確定するためのアンケート用紙が配布された。アンケート用紙には各村で変更を必要とする自給者数が記された。村長たちは各村に何人の新たな自給者が確認されたのかを即座に数えることができた。本郡の各村ではこれまでよりも自給者数が二五％も増大していた。……議論では自給者数について異議が出された。実際よりも多くの人々が自給者とされているというのである。この点は毎月の検査で確認されている[78]。」

このパルヒム郡の例では自給者数の増大幅は二五％であるが、メクレンブルク・フォアポンメルン州全体では、等級見直しにより自給者数は四九・五万人（二三・三％）から六九万人（三二・四％）へ大幅に増大したといわれている。[79] 実に一九万人、約四〇％もの増大である。この見直しは、配給量を減らすことで当局が確保する食糧物資の量を増大させることにねらいがあった。そのさい新たに自給者とされた人々、つまり配給対象者から外された人々が、常雇労働者の家族とともに、「一時就労の農業労働者」、つまりは季節労働者であった難民の女性たちであったのである。もちろん生活水準を一方的に低下させるだけの政策では人々からの批判は免れないから、形式的にはこの再定義は「協約賃金」どおりの支払いを農民に強制することとセットして行われることとなった。[80] つまり配給減額分は、現物賃金上昇分で賄うとされたのである。当然ながら、農業界からは新たな負担増に対して大きな抵抗が生じ、例えば「農民は子持ちの母を女子農業労働者として雇用することを拒否した」といわれている。[81]

実際に、メクレンブルク・フォアポンメルン州の難民の農業労働者数の推移を見ると、女子の減少が顕著である。たとえば一九四七年一〇月においては男子四万七九八三人、女子六万一八三二人であるのに対し、一九四九年一〇月においては男子四万六二九四人、女子五万二五五六人、[82] 従って二年間の減少幅は男子が一六八九人、女子が九二七六人であり、女子の方が圧倒的に大きくなっている。また一九四八年五月には、当該州から中央宛に「配給切符の管理の厳格化のもとで過剰な労働力を農業から他の労働力へと斡旋することに成功している」との報告があったとされ、[83] さらに二年後の一九五〇年の中央宛文書においては、一九四九年の農業労働者保護法とMAS《エム・アー・エス》（機械貸与ステーション）設立の影響により、「非自立的農業従事者」が一年間で四万五千人（!?）も減少したと書かれている。[84] この文書において「農業労働者保護法」とは自給者再定義に伴う「協約賃金」の全面実施を意味している。

このように「賃金＝配給政策」から見えてくるのは、ここでも国家の難民救済の意志の薄弱さであり、女性難民労働者の政治的位置づけの低さである。確かに「反大農」イデオロギーを背後にはらみつつ、旧農民に負担を強制することで難民労働者の貧困化を緩和するという意図が表明されはするものの、それは当面は形式的な言説に他ならない。この政策自身の第一のねらいは、明らかに国営商店への物資確保であった。占領軍およびＳＥＤ政権は、農村難民労働者の貧困問題よりも都市の食糧問題の緩和、ないし西側の市場に通ずるヤミ経済に対する対抗の方をより明瞭に重視したのである。

ただし、この「自給者再定義」が旧農民村落の難民労働者の解雇と流出に直結したかどうかについては、なお留保が必要である。常雇男子労働者については、数字の上でも減少率が少ないうえに、戦傷によって土着家族労働力が弱体している経営からの需要が強く存在することを考慮すれば、雇用者が解雇を選択したとはとても考えられない。独身であれば彼らは旧農民経営にとっては貴重な婿候補ですらあるのである。時代がやや下るが、一九五二年のドイツ農民党の機関誌『農民のこだま』紙のバックナンバーをざっとみただけでも、そこには農家の婿をもとめる娘の記事や、あるいはこの種の婚姻を斡旋する結婚紹介所の広告記事がしばしば散見されるのである。(85)

男子の労働力減少は、「自給者再定義」によるよりは、ＭＡＳ設立による新規雇用や経済復興による農外労働需要に吸引されての流出の結果であろう。問題は主要なターゲットとなった「子持ち単身女性」などの弱い難民たちである。彼女たちの流動性は相対的に低いと推測され、上記の「非自立的農業従事者数」の減少がそのまま彼女たちの農村流出を意味するとはどうしても思えない。「自給者規定」が彼女たちの生活を直撃したことは明らかである。しかしここで考えなければいけないのがヤミ雇用である。ヤミ雇用であれば、不正とはいえ配給や社会扶助を受給する権利を失わなくてすむからである。時期は若干下るが、一九五二年、国営農場での季節労働者の不足問題に関する閣議提出文書草案において、すべての州政府が必要労働者数を把握しようとしているがこれが難しい。なぜなら農民たちが必要労働者数を申告せず労働力をヤミで調達しようとしているからである。さらに「扶助受給者はきちんと労働申告せず、むしろヤミで働いている。このため若干の州ではこれを防止するためにヤミ労働が推測される場合には、社会扶助を二〇マルク減額する措置をとっている」と書かれているのである。[86] ヤミ雇用の規模がどの程度のものだったかは全く不明である。だが少なくとも難民女性の一部は当局の方向付けを「骨抜き」にする形で対応した。この点でも、彼女たちと国家の間にはなお相当の距離が存在したといわねばならない。

おわりに――旧農民村落における難民問題の「解決」の行方――

本章の第一の目的は、旧農民村落を中心とした難民の実態を、就業状況と住宅問題に着目しつつ明らかにすることであった。まず就業状況の分析からは、第一に予想通り農業が難民雇用の中心となるとはいえ、他方で非農業雇用への従事も意外に多くみられること、また、難民労働者は当局による強制的な労働力動員の対象でもあったが、これに対しては強い拒否感が示されたこと、そして第二に男女の間で就業状態に顕著な差がみられたことを明らかにした。後者の男女の差については、難民男子の場合、一般に戦傷者の比率の高い土着男子に比べても就業率が高く、常雇労働者としての需要が強い人々といえるのに対し、難民の女性たちは就業率自体が極度に低く、とくに単身女性の場合には農業季節労働や農家の補助的労働としての就業のみならず、各種のインフォーマルな雑業的収入によりかろうじて暮らしを支えていたこと、これらが具体的な内容である。

次に住宅問題の分析からは、第一に、土着家族が「一世代一部屋」が保証されたのに対し、難民家族は「一家族一部屋」が保証されるにすぎず、その限りで両者の間には明白な差があったこと、しかし第二に、難民受入れの負担はホイスラーなど旧農民村落の最下層まで及んでいたこと、そして第三に、新農民村落の場合は住宅の物理的構造から難民受入れ能力が相対的に小さいのみならず、難民新農民の住宅事情は旧農民の難民労働者よりさらに劣悪であったこと、これらのことが明らかとなった。このように、確かにメクレンブルクの旧農民村落は大きな難民吸収力を示したが、その実態といえば私的な住宅空間の運用までもが住宅委員会の公的な管理のもとにおかれるようなあり方のもとに、最下層までが自らの生活水準の引き下げを伴っても居住空間の提供を余儀なくされるという内容のものであったのである。

問題は、以上のような「新貧民としての難民」の実態をふまえた上で、難民と旧農民、難民と村落の関わり、国家の方向付けをどのように見通すかである。これが本章の第二の課題であった。一方で土着の人々が自らの生活水準の大幅引き下げを甘受しても多くの難民を受け入れたことは、彼らを戦争被害者でありかつ同一ナショナリティであるものとして認知していたためとは思われるが、他方で住宅紛争にみる村長・村政の敵対的態度や、土着民の難民に対する「犯罪者視」「外国人労働者視」は、難民たちが村落の他者として位置づけられていたことをも物語ろう。国家当局については、既にこの時点で反大農イデオロギーの強さが明瞭でその文脈から難民労働者の保護が打ち出されているが、しかし実態に即してみれば、とくに単身の難民女性を意識した介入は弱い。かくのごとく農村の非農民の難民の政治的な位置づけは確実に低いままであったといわざるを得ない。

こうした占領期における旧農民村落の難民統合のあり方は、ある意味では新農民村落とは対照的である。土地改革によるグーツ経営の解体と難民の新農民化を経験した新農民村落は、第一に、本章で見たように住宅事情が旧農民村落の難民に比べてさらに劣悪であるのみならず、第二に、第一章で論じたように、新農民経営の困難と難民新農民の制御不能な行動の拡大を背景に村落の自律性・統合性が低く村政が全体として機能不全状態にあり、第三に、このため難民新農民利害の確保を基調とする形での占領軍・SED・郡などによる上からの権力介入の度合いが相対的に大きいことを特徴とする。旧農民村落と比較すれば、新農民村落の難民は経営的な不安定性とあいまって、村落下層の社会的カテゴリーとして固定化する度合いは明らかに弱く、後述するように有力難民新農民がSED権力と結びつきつつ村政を掌握するという事態が、こうした中からしばしば生じることになったと考えられる。しかしこれに比べると、旧農民村落の場合は、旧農民層を基盤とした村政の自立性・連続性を語りうる分だけ、逆に難民カテゴリーの社会的溶解は困難であったと推測できる。

しかし、東ドイツにおいては一九五〇年以降、公文書において「農村難民問題」はほとんど語られなくなってしまう。その第一は政治的な要因である。ドイツ問題や冷戦体制が先鋭化するなか、難民の故郷帰還がますます絶望的となる一方、東方難民を語ることはオーデル・ナイセ線の正当性を疑問視することを意味することになり、当局は難民運動を阻止するようになるのである。[87]

だが、政治的な要因だけで難民の「消滅」が説明できるものでは毛頭ない。やはり、旧農民村落についても、難民問題の社会的な「解決」の仕方が議論されなければならないのである。では、それは、どのように「解決」されたのだろうか。

まず思い浮かぶのは、難民の農外流出であろう。既述のように、一九四九年から一九五〇年にかけての農業労働者の減少は、じつは「自給者再定義」の影響が大きく、大量流出に直結するものとみなすことはできない。しかし一九五〇年代になると農業労働力の不足が顕著となってくる。例えば一九五一年一二月一九日付のベルリンの労働省文書においては、「一九五一年一〇月五日クリューガー同志がメクレンブルク州を調査旅行したさいに、大規模な不足を確認した」と報告されている。[88] これは主に国営農場などの季節労働者の不足に限定して言われていることだが、一九五二年になると東ドイツ全体について劣悪な住宅事情を理由とした農民経営の労働力不足や、さらに工業賃金上昇や人民警察募集に伴う農村流出についての指摘がきわめて頻繁にみられるようになる。[89] 一般に都市への移動や「共和国逃亡」が活発になるのもこのころからである。[90] こうした難民流出の局面は、旧農民村落においては難民は「同化」されることがなく、むしろ「他者」として放置されたがゆえに早期の農外流出に帰結したと解釈されるような内容でもある。農村構造に即して言い換えれば、難民問題は旧農民村落の社会構造に決定的な変更を迫る契機とはならなかったことを意味しよう。ただし、戦前・戦時の外国人強制労働者から戦後の難民労働者まで続いた潤沢な農業季節労働者の供給時代が終焉したことは見逃してはならないが。

しかし、私には「流出」だけで旧農民村落の難民問題の「解決」が語りきれるとは思われない。実際にはなおも多くの女性難民たちが、おそらくヤミ雇用や雑業者の形で農村に滞留していると考えられるからである。たとえば一九五二年には「農業の撫育《プフレーゲ》労働力の確保のため」、社会扶助受給者と「扶助受給者ではないが労働も行っていない膨大な数の主婦層」が動員されなければならない、との報告がみられるのである。(91) 農村の難民女性の多くも、この事例における社会扶助受給者と「膨大な主婦層」に含まれているはずである。

次章以下に見るように、一九五〇年代初頭には、大農経営の解体、大農の村落追放と逃亡、およびこれらの結果として大農の村落支配の終焉ともいえる状況が出現する。一九五〇年代中葉以降は、荒廃した大農経営の管理組織となった「村落農業経営ÖLB」を資源に、旧農民村落においても農業集団化が様々な形で進行していく。いまや「新しい農村下層」に沈んだ単身の女性難民たちのありようも、こうした急激な旧農民村落の再編と無関係ではありえないだろう。したがって彼女たちの問題の「解決」もこの点を抜きにしては語り得ない。国家にとってその位置づけが低かった彼女たちに関する情報は五〇年代になるといっそう少なくなり、仮に見いだせたとしても断片的であったりするために、その実態解明はかなり難しいが、しかし、第四章以降の個別事例分析において可能な限り彼女たちのありように迫っていきたい。そうすることでこの問いに対する答えを探ってゆきたい。だが、その前に、章を改め、一九五〇年代初頭の大農弾圧について述べなければならない。

注

(1) バウアーケンパーによれば、「戦後難民の社会統合の成功」という物語は、東西ドイツの双方において強靱なる神話でありつづけているという。Bauerkämper, A., Die vorgetäuschte Integration. Die Auswirkungen der Bodenreform und Flüchtlingssiedlung auf die berufliche Eingliederung von Vertriebenen in die Landwirtschaft in Deutschland 1945–1960, in: Hoffmann, D./ Schwartz, M. (Hg.), Gerückte Integration ? Spezifika und Vergleichbarkeiten der Vertriebenen-Eingliederung in der SBZ/DDR, Oldenbourg 1999, S. 193.

(2) Boldorf, M., Sozialfürsorge in der SBZ/DDR 1945–1953. Ursachen, Ausmaß und Bewältigung der Nachkriegsarmut, Stuttgart 1998.

(3) 以下 Landeshauptarchiv Schwerin は LHAS と、Bundesarchiv Berlin-Lichterfeld は B-Arch と略記する。なお依拠した史料の詳細は第1章注（20）（112頁）を参照のこと。

(4) 「民族ドイツ人」の移住政策の概略に関しては、下記の当該期の「ドイツ民族強化委員会」発行の内部向け冊子を参照のこと。Reichskommissar für die Festigung deutschen Volkstums, „Der Menscheneinsatz. Grundsätze, Anordnungen und Richtlinien", hg. v. Hauptabteilung I des Reichskommissariats für die Festigung deutschen Volkstum, Dez. 1940, gedruckt in der Reichsdruckerei, B-Arch, R186, Nr. 53. なおドブロシャに関しては、ソ連軍ではなく枢軸国であるブルガリア軍の「侵攻」による。

(5) Schmidt, U., Die Deutschen aus Bessarabien. Eine Minderheit aus Südosteuropa (1814 bis heute), Köln 2006, S. 127, u. 199ff. シュミットによれば一九三九年から一九四四年の間にヴァルテ管区から総督府地域へ強制移住されたポーランド人だけでも六三万人にのぼったという。Ebenda, S. 208.

(6) Bade, K-J., Europa in Bewegung. Migration vom späten 18. Jahrhundert bis zur Gegenwart, München 2002, S. 292–293. ただし一九四四年の強制移住は疎開的要素が強いといわれる。Ebenda, S. 297.

(7) ベンツは、独ソ戦開始期までの一年三ヶ月の期間に「ドイツ領に併合された西部ポーランドにおいて約三七万人の「帝国ドイツ人」と三五万人の「民族ドイツ人」が入植し、一二〇万人のポーランド人・ユダヤ人が追放されたとしている。Benz, W., Fremde in der Heimat：Flucht - Vertreibung- Integration, in; Bade, K. J, (Hg.), Deutsche im Ausland. Fremde in Deutschland. Migration in Geschichte und Gegenwart, S. 377.

(8) Ebenda, S. 376.

(9) Ther, P., Deutsche und polnische Vertriebene. Gesellschaft und Vertriebenenpolitik in der SBZ/DDR und Polen, Göttingen 1998, S. 54–55.

(10) Bade, K-J., Europa in Bewegung. Migration vom späten 18. Jahrhundert bis zur Gegenwart, München 2002, S. 297f. ただし終戦後三ヶ月間に百万人が帰郷したというから、一九四五年夏以降の追放は、こうした帰郷者をも含む数字となる。Ebenda.

(11) Bauerkämper, Ländliche Gesellschaft, S. 211–217: Ther, P., a. a. O., S. 188–204.

(12) ポーランド人の追放については Ther, P., a. a. O., S. 67–88.

(13) Schwartz, M., Vertriebene und „Umsiedlerpolitik“. Integrationskonflikte in den deutschen Nachkriegs-Gesellschaften und Assimilationsstrategien in der SBZ/DDR 1945 bis 1961, München 2004, S. 54–55. ただし、バウアーケンパーの数値では、一九三九年にオーデル・ナイセ線以東の旧ドイツ領土および東南欧諸国に暮らすドイツ人は一八〇〇万人、うち難民化したものは一五〇〇万人、一九五〇年に両ドイツに暮らす難民は計一二四〇万人となっている。Bauerkämper, Ländliche Gesellschaft, S. 236f.

(14) 永岑三千輝『ドイツ第三帝国のソ連占領政策と民衆：1941–1942』（同文舘）一九九四年。同『独ソ戦とホロコースト』（日本経済評論社）二〇〇一年。川喜田敦子「東西ドイツにおける被追放民の統合」『現代史研究』第四七号（二〇〇一年）。同「二〇世紀ヨーロッパ史の中の東欧の住民移動―ドイツ人「追放」の記憶とドイツ・ポーランド関係をめぐって―」『歴史評論』六六五号、二〇〇五年。三宅立「第二大戦後のバイエルンにおける難民の「統合」」、研究代表者・三宅立『欧米における移動と定住・地域的共同性の諸形態に関する研究』（「平成一六年度～一八年度科学研究補助金（基盤研究B（2）研究成果報告書）、平成一九年三月、一〇八～一二四頁。他に、管見の限りでは瀧川貴利、西田哲史らがこの主題に取り組んでいる。

なお、戦後西ドイツにおける旧ドイツ東方領土問題の政治史・論争史（追放の記憶や被追放者団体の活動を含む）を主題とした研究として、佐藤成基『ナショナル・アイデンティティと領土―戦後ドイツの東方国境をめぐる論争―』（新曜社）二〇〇八年、がある。

(15) 一九四七年六月一六日付の中央難民課課長ゲオルグ・ヒヴァルチュクの報告から。Manfred W. (Hg.), Die Vertriebenen in der SBZ/DDR, Dokumente II Massentransfer, Wohnen, Arbeit 1946–1949, Wiesbaden 1999, S. 227.

(16) Schwartz, M., Integration und Transformation. „Umsiedler“-Politik und reginaler Strukturwandel in Mecklenburg-Vorpommern von 1945 bis 1953, in: Melis, Damian von (Hg.), Sozialismus auf dem Land. Mecklenburg-Vorpommern 1945–1952, Schwerin 1999, S. 160.

(17) Niemann, M., Mecklenburgischer Grossgrundbesitz im Dritten Reich. Soziale Struktur, Wirtschaftliche Stellung und Politische Bedeutung, Köln 2000, S. 135. 一九三〇年代の農業従事者比率の急速な低下は、農業県であるメクレンブルク州におけるナチス時代の工業化の進展を意味しており、この点も注目すべき点である。

(18) 土着層だけを対象とする統計は存在しないため、本表では、全体の統計数値と難民に関する数値を比較することで、両者の差を明らかにする。

(19) 調査年が違うので正確な計算による比較は意味がないが、表2-2において、難民の新農民経営者と家族従事者の総数は六万七九〇七人、これを難民の農林業従事者総数で割るとその比率は三六・八％となる。

(20) 表2-2において、州全体から難民の数値をひくと、土着の人々の農林就業者は二八万四八〇三人、同じく労働者は五万一四二八人、従ってその比率は一八・一％となる。

(21) ここでは労働可能年齢人口に対する就業者の数の比率を就業率、同非就業者の比率を非就業率とした。子供の数は計算に含んでいない。

(22) 表2-3より、女子非就業者の内容が「戦争未亡人」と「主婦」であることがわかるが、難民非就業者の内訳を示す数値がないので、それぞれの項目について両者の間にどういう違いがあるかは不明である。

(23) ここでいう「単身allein」とは、もちろん「独身ledig」の意味ではなく、難民化による家族離散や夫の戦死・抑留の結果として「夫がいない」「身寄りがいない」状況になったことを意味している。以下、本章ではこの意味で「単身」という言葉を用いる。

(24) Statistisches Jahrbuch der Deutschen Demokratischen Republik 1956, Berlin (o) 1957, S. 7. 同じ統計で東ドイツ全体の男女比をみると男四二％、女五八％であり、メクレンブルク・フォアポンメルン州とほぼ同じ水準であることがわかる。

(25) LHAS, Ministerium für Sozialwesen, Nr. 31a, Bl. 38-66. なお、この文書とほぼ同一のものが、ベルリンの連邦文書館にも所蔵されていた。B-Arch, DO2, Nr. 67, Bl. 145, 185-196, 219, u. 221.

(26) 一九四七年におけるシュヴェリン農村郡の村落数は不明だが、一九五三年五月（一九五二年の郡制変更後）における当郡村落数は七三村である。B-Arch, DK1, Nr. 1207, Bl. 42. これを分母とすれば、調査村落数は全体の約二〇％となる。ちなみに一九四五年に分割された当郡のグーツ経営の数は八〇農場（B-Arch, DK1, Nr. 7593, Bl. 22）、一九五二年の大農接収があった旧農民村落は四二村落である（ただしガーデブッシュ地区を含まない）。LHAS, 7.11-1, Nr. 3057, oh. Bl.

(27) Seraphim, P. H., Die Heimatvertriebenen in der Sowjetzone, Berlin 1954, S. 186.

(28) LHAS, 6.11-2, Nr. 667, Bl. 379.

(29) LHAS, 6.11-2, Nr. 666, Bl. 225.

(30) 本調査報告では、新農民村落としてはソ連軍に占領される農場が二つもとりあげられている。表2-5の新農民村落で難民比率が異常に高いのは、事実上ソ連軍労働者として難民が利用されているからである。従って表2-5において典型的な新農民村落はランペ村のみである。

(31) LHAS, 6.11–2, Nr. 667, Bl. 248.

(32) LHAS, 6.11–2, Nr. 666, Bl. 268.

(33) Ebenda, Bl. 268.

(34) Ebenda, Bl. 32.

(35) LHAS, 6.11–2, Nr. 667, Bl. 100.

(36) 第一章第二節75頁を参照のこと。

(37) ただし、ここでは非就業者に老人を含んでいるから、表2–4の州平均の数値よりは就業率が低く出る。

(38) LHAS, 6.11–2, Nr. 667, Bl. 51.

(39) Eva-Maria Otto: „Steh nicht 'rum, tu was !“, in; Kleindienst, J. (Hg.), Nichts führt zurück. Flucht und Vertreibung 1944–1948 in Zeitzeugen-Erinnerungen, Berlin 2001, S. 164–172.

(40) LHAS, 6.11–2, Nr. 666, Bl. 49.

(41) LHAS, Ministerium für Sozialwesen, Nr. 31, Bl. 282.

(42) B-Arch, DO2, Nr. 34, Bl. 150. ただし、この引用は発言内容の要旨である。

(43) Boldorf, Sozialfürsorge in der SBZ/DDR, S. 37–38.

(44) Nieske, Ch., Vom Land und seinen Leuten. Leben in einem Mecklenburger Bauerndorf 1750–1953, Schwerin 1997, S. 308–309.

(45) この点は西ドイツ農村も同じである。すでに一九三九年の開戦時からナチス政権は、村の住居を登録制とし、これを強制的に管理、具体的には各村の村農民指導者《オルツバウエルンフューラー》が疎開者収容の責任を負ったという。シュレスヴィッヒ・ホルシュタインでは空爆の激化とともに疎開者が急増、その後、戦後になると東方難民が大量に流入した。彼らは、東ドイツの旧農民村落の場合と同じく、主として大農層に割りあてられ、食と住のサービスを受ける代わりに農業補助労働力を提供した。Tillman, D., Landfrauen in Schleswig-Holstein 1930–1950, Heide 2006, S. 147f.

(46) この難民調査報告では、「納屋や倉庫に住む難民」については言及されていないが、他の報告では、旧農民村落についてもしばしばそうした報告が登場する。例えば、一九四七年十月出張報告では、パルヒム郡ゴールドベルク村ベロー集落について「難民たちは納屋や倉庫で……不十分ながら過ごさねばならない。なのに土着の農民は十分で良質な住宅に暮らしている。子持ちの難民たちは一人あたり2～3m^2しか利用できない。これに対して農民の一人あたり住居面積は20～25㎡である」、と書かれている。B-Arch, DO2, Nr. 34, Bl. 56–57.

(47) LHAS, Ministerium für Sozialwesen, Nr. 31, Bl. 41–43.

(48) 時期は下るが一九五三年十月の中央政府の文書では、メクレンブルク・フォアポンメルン州について一人当たりの床面積は、土着者10・7㎡、難民3・9㎡であり、当州は住宅事情がもっとも劣悪だとされている。Wille, M., a. a. O., S. 282.

(49) 村落レベルの難民の住と就業の実態が詳細に判明する文書として、一九四五年十月のバート・ドベラン郡シュテフェンスハーゲン村の住民リストがある。Kreisarchiv Bad Doberan, Rat der Gemeinde Steffenshagen Nr. 3: Namentliche Ausstellung der Einwohner 1946, Einwohnerstand einschließlich Umsiedler, Oktober 1945. 本村はソ連軍が常駐する村である（VpLA Greifswald, Rep. 290, Nr. 17, Bl. 83)。このために村の労働力動員がどの程度まで可能かについて大いに関心があったのだろう、この住民リストを軍が村当局者に作成させたと思われる。そのせいもあってか、このリストは家族別ではなく個人別に構成されており、また各村民の職業と、その人物が就業できない場合はその理由が記されている。さらに、このリストは、第一に土着者と難民の区別がされていること、第二にその名前から男女の区別ができること、第三におそらく村の住宅の配置にそって作られていることから、家族構成や、特定家屋に同居する複数家族の構成がわかることなどの利点でとても有益だと思われる。

　この村はもともと二つの農民集落と一つのグーツ経営が一体となった混合村であり、リストに記載されている住民数も七八五人と多い。そのすべてを掲載するのは煩雑になるので、ここではそのリストの一部だけを表2-7（後掲181頁）に掲げることとした。さて、この表を一瞥すると、当該村落がフーフナー（大農）、ビュドナー（小農）、そして「新農民 Siedler」という各層の農家を基盤として成り立っていたことが改めて確認できる。人々はこれらの農家を基礎単位として、文字どおり狭い空間を分け合うようにして暮らしている。しかしここでは住宅に関しては本章の記述とほぼ重なるので、就業のありようを基準に特徴的な点をみておこう。

　まず土着層については、第一に基軸となる農民経営は夫婦を核として経営され、妻は農婦、息子は後継者ないし家族労働力、娘は家事手伝い、老夫婦は年金生活者という従来の型が維持されていることが確認できる。数は少ないが成人した青年や娘が郵便局員、戸籍課の職員などとして農外雇用機会に従事している事例が存在していることも注目すべきであろう。第二に、その他の階層については鍛冶屋や小売業などの伝統的な自営業はあるものの、近代的な農外雇用は総じて弱く、逆に大農層に雇用される土着の農業労働者層がなお相当数存在しているのがみてとれる。ちなみにこの村は郡都のバート・ドベラン市から比較的近く、その意味で交通不便な辺境村落ではないが、他の大型旧農民村落にみられるような製材所や煉瓦工場などの村内工場は存在していないようである。しかし第三に、戦後農村の女性問題に関わっては、「子持ちの母」が農家である自分の両親のところに同居するパターンが予想以上に数多く観察されることが注目に値する。とくに姓が異なる娘の同居例はそのまま若き戦争未亡人の存在を想起させる。土着農村の女性たちの場合、とくに独身女性の一部について比較的有利な雇用機会が開かれていたとはいえ、他方では親元同居を余儀なくされる「子持ち単身女性」が相当数存在していたことがわかろう。

次に難民層についてみると、その社会構成は土着層とはやはり相当に異なっていることがわかる。

第一に、最も目立つのはやはり「子持ち単身女性」と「年金生活者」などの社会的弱者であるが、その数が予想以上に多い。じっさい原リストをもとに当村の難民女性すべてを対象に家族形態別に数え上げてみると、有職者の夫をもつ既婚女性が二六人であるのに対して、子持ちの単身女性が三九人、単身の独身女性が一四人、なんらかの親族と同居の独身女性が一〇人、年金生活者が三二人であった。労働能力をもつ夫婦は完全に少数派であり、逆に「子持ち単身女性」の数はこれを大きく上回っているのである。なお彼女たちの抱える子供の数はばらつきが大きいが、おおむね母親一人あたり二人程度である。

そこで「子持ち単身女性」の職業欄をみてみると、圧倒的多数は「主婦」とのみ記されている人々であるが、同時に「家主のもとで農業手伝い」とされている人々も相当数存在する。形式的には前者は主に配給と社会扶助で暮らす人々として「非就業者」とされる人々であり、後者は補助労働者として主に家主である農民から支給される現物給によって暮らす人々を意味するが、実態としては両者はほぼ同じ境遇の人々と考えてよい。そしてこのことの裏返しであるが、「主婦」と「農業・家事手伝い」以外の有職女性はとても少ない。新農民となった「子持ち単身女性」四人を別とすれば、八人の「お針子」の女性が目立つ程度である。ここでも難民女性の就業の困難さが確認できよう。

第二に難民男子について見ると、年金生活者の老人と数人の戦傷者を別とすれば、やはり彼らのほとんどは就業している。その就業先は、新農民、農業労働者、林業労働者、鍛冶屋など農林業関連の職業が主となっている。このうち新農民となる難民男子が意外に少なく、逆に農業労働者や林業労働者として就業する人々が予想外に多いことが注目される。これはこのリストが一九四五年一〇月という土地改革開始直後に作成されたために、土地改革の結果を反映していない時期の数字であるためと思われるが、新農民よりも大農層の農業労働者として現物給を受けたり、あるいは戦後復興需要を背景に林業労働者として従事した方が有利であるという判断が働いていることも否定できない。さらに、農林業関係以外では、村の警察、土地改革委員会書記、教師、村役場書記など公務関係の仕事，さらには「ロシア人のもとでの雇用」があることが目立っている。ここでも難民層の方が、むしろ公務員などＳＥＤ政権に接近する姿勢を見せていることが読みとれるだろう。

(50) B-Arch, DK 1, Nr. 8830, Bl. 22.
(51) Ebenda, Bl. 22.
(52) LHAS, 6.11–2, Nr. 667, Bl. 421.
(53) B-Arch, DO2, Nr. 49, Bl. 459.
(54) Ebenda, Bl. 453 (RS).
(55) Ebenda, Bl. 459.
(56) 一九四七年三月三一日付のベルリンからグリメン郡住宅課宛文書。B-Arch, DO2, Nr. 67, Bl. 145. ただし要約である。
(57) 拙著『近代ドイツの農村社会と農業労働者』（京都大学学術出版会）一九九七年、第三章参照。
(58) 同上、第五章参照。
(59) LHAS, Ministerium für Sozialwesen, Nr. 31, Bl. 136–137.
(60) B-Arch, DO2, Nr. 21, Bl. 166.
(61) LHAS, Ministerium für Sozialwesen, Nr. 31a, Bl. 23.
(62) Ebenda, Bl. 22–23.
(63) 一九四七年六月二八日の州議会において、難民・疎開者の家財と衣料の問題がとりあげられ、ビルンバウム（ＳＥＤ）により趣旨説明と提案が行われている。そこでは、難民の人々の家財不足が深刻であること、にもかかわらずこの問題への関心が低いことが述べられ、州議会の名においてこの問題について難民支援をすることが提案された。議事録では全会一致で提案が了承されている。Akten und Verhandlungen des Landtags des Landes Mecklenburg- Vorpommern 1946–1952, Band I. 1, Frankfurt/M. 1992 (Reprint), S. 545.
(64) B-Arch, DO2, Nr. 34, Bl. 67–68.

(65) Ebenda, Bl. 73–74. より明白に村長と村サイドが、旧農民と難民の紛争に関わって、旧農民側にたって行動したことを示す例として、パルヒム郡ヴィルゼン村の電球をめぐる紛争がある。これは農民のマルヒョー婦人が、居候の難民シュバルツ――脚を切断した重度身障者にして難聴者――の部屋に侵入して部屋の電球を奪い、さらにベットをとりあげようとした事件である。シュバルツはこの件を簡易裁判所に訴えるが却下されたために、一九四七年二月二四日付で郡難民課に対して訴えの文書を提出している。この文書においてシュバルツは、事件は自分が「難民指導者 Flüchtlingsleiter」に選ばれたことへの恫喝であり、村長がこれを阻止しようとしていたこと、簡易裁判所の不当な判断も村長の圧力によると考えられること、村の党組織も組合もあてにならないことをのべ、さらに農民マルヒョーはジャガイモや穀物の隠匿をしていたことを告発している。これに対して、州難民課は、この件に関する郡難民課の調査報告のずさんさを批判し、旧農民側の主張を正当性のないものとして郡難民課に再調査を請求している。LHAS, Minsterium für Sozialwesen, Nr. 31b, Bl. 504, u. 588–589.

経過からみられるように、この事件は電球の奪い合いをめぐる形をとっているが、明らかに難民と「村長・旧農民層」との間の深刻な対立を背景として生じた政治的な事件である。シュバルツの訴えが「物資隠匿の告発」(もっとも頻繁な「告発」である)を伴っている点に象徴されるように、両者の間に村の同一成員としての感覚は全くみられない。

(66) LHAS, 6.11–2, Nr. 667, Bl. 398.

(67) LHAS, 6.11–2, Nr. 666, Bl. 269.

(68) B-Arch, DO2, Nr. 2783, oh. Bl. u. Nr. 623, oh. Bl.

(69) B-Arch, DO2, Nr. 34, Bl. 71–74.

(70) 「土着・難民」別の死亡率については一九四八年ハーゲナウ農村郡の数字がある。一九四八年の当郡の住民数一〇万七二三三人、死亡者一九四五人である。死亡者の内訳は、土着民八七五人、難民九九三人(うち難民収容所で死亡が四三五人)、疎開者五四人、その他一八人となっている。B-Arch, DO2, Nr. 49, Bl. 354–362. これによれば当郡の死亡者中にしめる難民の比率は五一%と算出されよう。一九四六年の当郡の難民比率が四三%であること(Seraphim, a. a. O., S. 185)、また特に一般に難民の年齢構成が土着層よりは若いことを考えると、一九四八年段階でもなお難民の死亡率の方が実態としても高いといえそうである。また、一九四六年のギュストロー郡の死亡状況に関する報告では、特に一九四五~四六年の平均死亡率は平時の約六~八倍と高水準であること、死亡数の増加は難民のみならず、土着の人々にも顕著であるとしている。そして死因としては、土着の人々については食糧不足（「老衰」と記される）、伝染病（難民収容所から地元の人々に感染したとされる）、自殺と射殺が、そして難民の人々については、一九四五年に関しては逃避行ないし移動に伴う辛苦が、一九四六年に関しては、食糧不足、収容所の劣悪な状態、冬の寒さ、非衛生な状況があげられている。しかし、難民の人々についても死因は「老衰」「一般的衰弱」と記されるのだという。B-Arch, DO2, Nr. 21, Bl. 163–164.

(71) 当時の史料のみならず、近年出版された回想録や研究書においても土着の人々が難民に冷淡であったことは一致している。Nietzke, a. a. O., S. 308–309; Kleindienst, a. a. O., S. 164; Ther, a. a. O., S. 290–292.

(72) Vgl. Ther, P., a. a. O., S. 211f.

(73) Michael R., Die Integration der Vertriebenen in Mecklenburg-Vorpommern unter besonderer Berücksichtung der Wohnraumproblematik, in: Wille, M. (Hg.), 50 Jahre Flucht und Vertreibung, Magdeburg 1997, S. 388–389; Schwartz, Vertriebene und „Umsiedlerpolitik“, S. 1019; Ther, a. a. O., S. 163–165.

(74) LHAS, Ministerium für Sozialwesen, Nr. 31, Bl. 139.

(75) LHAS, 6.11–2, Nr. 666, Bl. 383.

(76) Boldorf, a. a. O., S. 67.

(77) Vgl. LHAS, 6.11–2, Nr. 666, Bl. 37 u. 273; 6.11–2, Nr. 667, Bl. 285; 6.11–2, Nr. 668, Bl. 76–79; B-Arch, DO2, Nr. 623, oh. Bl.（一九四七年八月一日付文書。）

(78) LHAS, 6.11–2, Nr. 667, Bl. 51.

(79) Boldorf, a. a. O., S. 72.

(80) 協約どおりの賃金支払いが解雇の問題を誘発することは党中央当局も認識している。例えば一九四七年七月一五日付の党中央書記局から「商業・給養局 Verwaltung f. Handel und Versorgung」宛の文書では次のように述べられている。

「農業労働者協定賃金率のきちんとした実施は、ほぼすべての農業労働者は農民を通して自給しているという理由で、これまで事実上行われてこなかった。もし現在の規則が維持されれば、農民たちは既婚の農業労働者を、とくに子供の多い場合は、もはや雇用しないだろう。労働者の家族全員を扶養することなどできないからである。」B-Arch, DQ2, Nr. 623, oh. Bl.

(81) Boldorf, a. a. O., S. 67–68. 単身の女性難民に関するものではないが、東ドイツ全体について「農民たちは既婚労働者の雇用を、その家族の分まで自給で賄うことはできないという理由で拒否している」（一九五一年）とあり（B-Arch, DQ2, Nr. 2113, d. 10. 07. 1951, oh. Bl.）、またザクセン＝アンハルトからの報告では「家族持ちの既婚労働者は完全自給者として受け入れなければならず、農業者はこれを拒否している」（一九四九年）と記されている（B-Arch, DQ2, Nr. 1990, Halle, d. 15. 08. 1949, oh. Bl）。

（82）一九四七年の数字はB-Arch, DQ2, Nr. 3799, Bl. 496–516から、また一九四九年の数字は、B-Arch, DQ2, Nr. 3799, Bl. 194によるものである。

（83）B-Arch, DQ2, Nr. 1990, oh. Bl.（一九四八年五月四日付ドイツ経済委員会から党中央書記局宛文書。）

（84）B-Arch, DQ2, Nr. 2113, oh. Bl.（一九五〇年六月二八日付州労働省から各郡労働課宛文書。）

（85）Bauern Echo, Ausgabe Mecklenburg, Demokratischen Bauernpartei Deutschlands, 1952. もちろん、家父長制を基本とするドイツ農村社会で、農民経営に婿入りする難民男子の暮らしが精神的には多くのストレスを伴うものとなったであろうことも指摘しておかなくてはならない。例えば、一九四五年、一五歳でブランデンブルク州ベースコ郡のある村にやってきた難民男子Sは、その後農民の娘と結婚。しかし義父の農場での仕事は、「施しもの」と自ら嘆くような稼ぎをあてがわれたにすぎなかったという。一九五四年、SはMTSのトラクターの「交代運転手」となる。昼間に義父の経営で一日中耕作した後、夜の九時、十時以降に働くという過酷な労働であるにもかかわらずである。やがて彼は、一九五八年に全日従事の運転手、一九五九年に作業班《ブリガーデ》長、一九六〇年に管制主任になったという。ここには、婿入りの屈辱感をバネとして、MTSをテコに「男」としての自己回復を志向した難民男子のありようがくっきりと浮かび上がっている。Scholze-Irrlitz, L., „Umsiedler“ im Landkreis Beeskow/Storkow, in: Kaschuba, W. u. a. (Hg.), Alltagskultur im Umbruch, Weimar 1996, S. 144–145. 交代運転手については本書第七章525頁を参照。

（86）B-Arch, DQ2, Nr. 2114, oh. Bl.（一九五二年四月二九日付文書。）

（87）例えば一九四七年一月五日、マルヒーンの居酒屋でF・ベルガーにより難民同盟の設立集会が開かれるが、当局の介入により即座に解散させられている。ベルガーはブレスロー難民で、マルヒーンの職安に勤務する経験をもつSED党員。設立集会開催のため郡書記らに事前に説得を試みている。設立集会には州政府代表者も――実際には内偵者であるが――参加していたという。LHAS, 6.11–2, Nr. 666, Bl. 699, u. Nr. 802, Bl. 51–53.

（88）B-Arch, DQ2, Nr. 2113, oh. Bl.（一九五一年一二月一九日付文書。）

(89) B-Arch, DQ2, Nr. 2114, oh. Bl.（一九五二年四月二九日付閣議提出文書草案、および一九五二年四月二一日付の「春耕保証のための農業労働力調達政策について（案）」と題する文書の13～14頁。）

(90) A・フームによるチューリンゲン州のニーダーツィマー村の研究では、村の人口ピークは一九四七年、また一九四六年から一九五七年の期間において難民の約四割が流出、これに対して土着の流出は約一割であった。また階層別では労働者・職員層など非農業従事者が主で、その流出先は東ドイツの都市部であったという。Humm, A. M., Auf dem Weg zum sozialistischen Dorf? Zum Wandel der dörflichen Lebenswelt in der DDR und der Bundesrepublik Deutschland 1952–1969, Göttingen 1999, S. 44–53.

(91) B-Arch, DQ2, Nr. 2114, oh. Bl.（一九五二年四月二一日付の「春耕保証のための農業労働力調達政策について（案）」と題する文書の一五頁。）

　ブランデンブルク州の事例だが、戦後単身女性難民として村に滞留したまま人生を送ったW婦人の例を参考までにあげておこう。W婦人は一九一三年生まれ。一三ヘクタールの農地と三ヘクタールの採草地を所有する農民経営の出身であるという。敗戦時は三二歳で一三歳の息子二人とともに難民となる。シュプレーヴァルトの難民収容所を経てベースコ郡のある村の農民の一室に暮らすことになった。息子たちはまもなく村を出てセメント労働者などになるが、W婦人はそのまま村に滞在。月二五マルクの給料が不満であったため、もっと豊かな別の農民のところで月五〇マルクで働いたとあり、一九五〇年代を通して事実上は農民経営の奉公人であったことがわかる。一九六〇年の集団化後はＬＰＧにおいて農作業に従事。一九六七年に「年金生活」に入るものの、その後一三年間、つまり一九八〇年まで一日九時間の農業労働に従事、さらにその後も、交代労働者としてジャガイモ収穫作業などに動員されたという。住居に関しても一九六七年までは当初居候した農民家屋の一室に暮らし、その後、村の旧小学校を経て、一九七一年にようやく通常の住居に転居したという。ショルツェ＝イルリッツはこのW婦人の例を、希有なものとしてではなく、その職業生活を最後まで農業補助労働者として過ごした多くの単身難民女性の一例としてあげている。Scholze-Irrlitz, a. a. O., S. 142–143.

表 2-7　バート・ドベラン郡ステフェンスハーゲン村住民（土着および難民）リスト（抜粋）、1946 年 10 月

	土着（Ortsanssässige）家族姓（家族構成）	人数	社会属性	難民（Flüchtlinge）姓（家族構成）	人数	社会属性	家屋人数計
1	ケケンマイスター・クリスト	1	小農（Büdner）	ニザール（夫婦と子供）	3	ミュラー家でパン職人	5
	ハッカー	1	K に同居（親族か）				
2	ローデ（夫婦と娘）	2	小農（Büdner）				3
	その娘	1	戸籍課の職員				
3	シェファー（夫婦と息子）	3	小農（Büdner）				4
	ラングハイム（老婦）	1	年金生活者				
4	ヘルト（夫婦と息子）	3	小農（Büdner）	ケスナー（夫婦）	2	年金生活者	11
	チィントナー，・エマ（老婦）	1	年金生活者	ポトロック（子持ち女性）	3	「主婦」（娘が二人）	
	ミルケ（母と幼娘 2 才）	2	主婦，娘は病気				
5				ベーリング（夫婦と子供二人）	4	国有林野の林業労働者	10
				ヒルガース（16 才）	1		
				シュッツ（子持ち女性）	3	「主婦」（子供二人）	
				エヴァルト（子持ち女性）	2	「主婦」42 才，子供一人	
6	シューマッハー・ハインリヒ（男）	1	農民（Bauer）経営はせず．	グリースベルク	1	農業労働者（男）	10
	シェーレ（母と娘．あるいは姉妹）	2	この農家の女性経営者	クシノエク	1	農業労働者（男）	
				ピールナッハ	3	年金生活者の老夫婦と「主婦」	
				ダヴィダイト	1	農業労働者（男）	
				ミュラー	1	農業労働者（男）	
7	マース（農民夫婦）	2	農民（Bauer）	ピオトラシュケ	1	農業労働者（男）	11
	{その娘	1	家事手伝い	レーム	1	家事手伝い（女）	
	{その老母	1	隠居				
	シュルト	1	農業労働者（男）				
	ハーダー（夫婦と子二人）	4	農業労働者（家族）				
(8)	ローゼンクランツ	5	4 人の子持ち女性	ハイデンブルート（夫婦と年金生活者の老婦）	3	村の屋根葺き職人	9
				ランゲハンケ	1	年金生活者の老婦	
9	アントッホ（老夫婦：夫 64 才）	2	電気屋自営				2

（つづき）

	土着（Ortsanssässige） 家族姓（家族構成）	人数	社会属性	難民（Flüchtlinge） 姓（家族構成）	人数	社会属性	家屋人数計
10	フライアー（夫婦と子供一人）	3	ガルベ家の農業労働者				4
	フライアー（息子だろう）	1	ガルベ家の農業労働者				
11	ザーガー（母と娘）	2	母は主婦，娘は針子（内職）	ボック（夫婦）	2	年金生活者の夫婦	11
	子供	2	姓がちがうので孤児か	ボック（25 才と 21 才の娘）	2	バルテン家の農業労働者	
	プム・マリー	1	主婦（子なしの単身か）	ボック（子持ち女性）	2	主婦（母と娘）	
12	アルヴァルト（夫婦と子供二人）	4	夫：ガルベ家の農業労働者				4
13	ガルベ（農民夫婦）	2	農民（Bauer）	ブロチィンスキー・ヨーゼフ	1	家主ガルベの農業労働者（男）	13
	その娘	1	家事手伝い	シュナイデライト・フリッツ	1	バーテンの農業労働者（男）	
	その息子	1	若い農民（家族従事者）	メルコ・ベルタ（子供 5 人）	6	家主ガルベの家事手伝い（女）	
				シュツーベ（夫婦）	2	夫は年金生活者，妻は「主婦」	
14	バーテン・ヴァレー（母と子）	2	農婦（Bäuerin）	ヴィンター（老夫婦）	2	二人とも年金生活者	6
				リュプケ（子持ち女性）	2	「主婦」：母と娘	
16	ギルデマイスター（夫婦）	2	年金生活者				2
17	シュヴェーダー（夫婦）	2	年金生活者				2
18	シュテンゲル（夫婦）	2	勤労者（ボイラーマン）				8
	その子供	6	娘一人は消費組合の見習い				
19	グレーデ（夫婦と子供 5 人）	7	本村の牧師	アルブレヒト（子持ち女性）	2	「主婦」 子供一人	38
	＊以下，右の難民は，教会に住んでいると思われる難民たち．			ハインツ	1	子供（孤児か）	
				ヴォルフガング	1	子供（孤児か）	
				ケーラー	1	針子（内職）	
				ノイマン	1	針子（内職）	
				シュツーム・リディア	1	記載なし	
				シェール（母と子供 3 人）	4	新農民（Siedler）	
				チンケ（母と娘と孫 6 人）	8	新農民（Siedler）	
				ヴェントラント（母と子 4 人）	5	「主婦」	
				グロゼニック（母と子 6 人）	7	「主婦」	
20	ケケンマイスター（夫婦）	2	新農民（Siedler）	ブルーメル（老夫婦）	2	年金生活者	4

21	ヴェデフ・アンナ	1	主婦	バウアー（母と子）	2	「主婦」	2
22	シュライター（夫婦と子）	3	新農民（Siedler）	メツケ（母と子）	2	「主婦」	6
				ブーゼ・ヴィルヘルム	1	林業労働者	
23	クライノフ・マルタ	1	主婦				1
24	ケケンマイスター・カロリーナ	1	年金生活者				1
25	シェファー（母と子二人）	3	「主婦」	バウアー（母と子）	2	「主婦」	5
26	フレック（「主婦」二人と子二人）	4	「二人の主婦」……母娘か、姉妹か				5
	フレック・ヴェンダ	1	属性の記載なし.				
27	クルート（夫婦）	2	新農民（Siedler）				5
	その娘	1	郵便局職員				
	その娘	1	針子				
	末息子	1	子供				
28	ピトロフスキー	1	ロシア人のところで働く.	フーベルト（夫婦：夫57才）とその子供3人（18才, 15才）	5	記載なし	11
				シュツルケフスキー（母と子）	2	「主婦」	
				ティードケT・エマ	1	年金生活者	
				リテェナウ・ヘデヴィク（47才）	1	病気	
				プーケルヴァルト・パウル	1	病気	
29	ローゼンクランツ（夫婦と子供1人）	3	新農民（Siedler）	ルッツ（老夫婦）	2	年金生活者	5
30	オットー（母と子二人）	3	新農民（Siedler）				4
	ケーン・オットー	1	この新農民の元で働く				

（以下、紙幅の関係で省略）

注：シュテフェンスハーゲン村における住民名簿の一部である．リストは全部で785名分あり，この表はそのうちの冒頭部分の206人分，すなわち全体の約4分の1を掲載した．この名簿は個人別になっているが，おそらく住宅単位ごとに並べられている．そこで姓が同じ者を家族と見なし，かつリストが物理的な住居単位で並べられており，原則として難民層はリスト上に隣接する土着層のところに同居していると仮定して，住宅単位の居住者を復元してみた．その限りで，本表の住宅の区切り線，したがって左欄の住宅番号の付け方と，これに対応する右欄の各住宅合計人数は，私の推測によるにすぎないものである．なお第8番住宅が(8)としてあるのは，独立した家屋だと推定されるが，しかし7番農家に同居の可能性もあると考えられるからである．

出典：Kreisarchiv Bad Doberan, Rat der Gemeinde Steffenshagen, Nr. 3: Namentliche Ausstellung der Einwohner 1946, Einwohnerstand einschließlich Umsiedler, Oktober 1945

第三章　新旧農民の「共和国逃亡」

―大農弾圧と経営放棄　一九五二年～一九五五年―

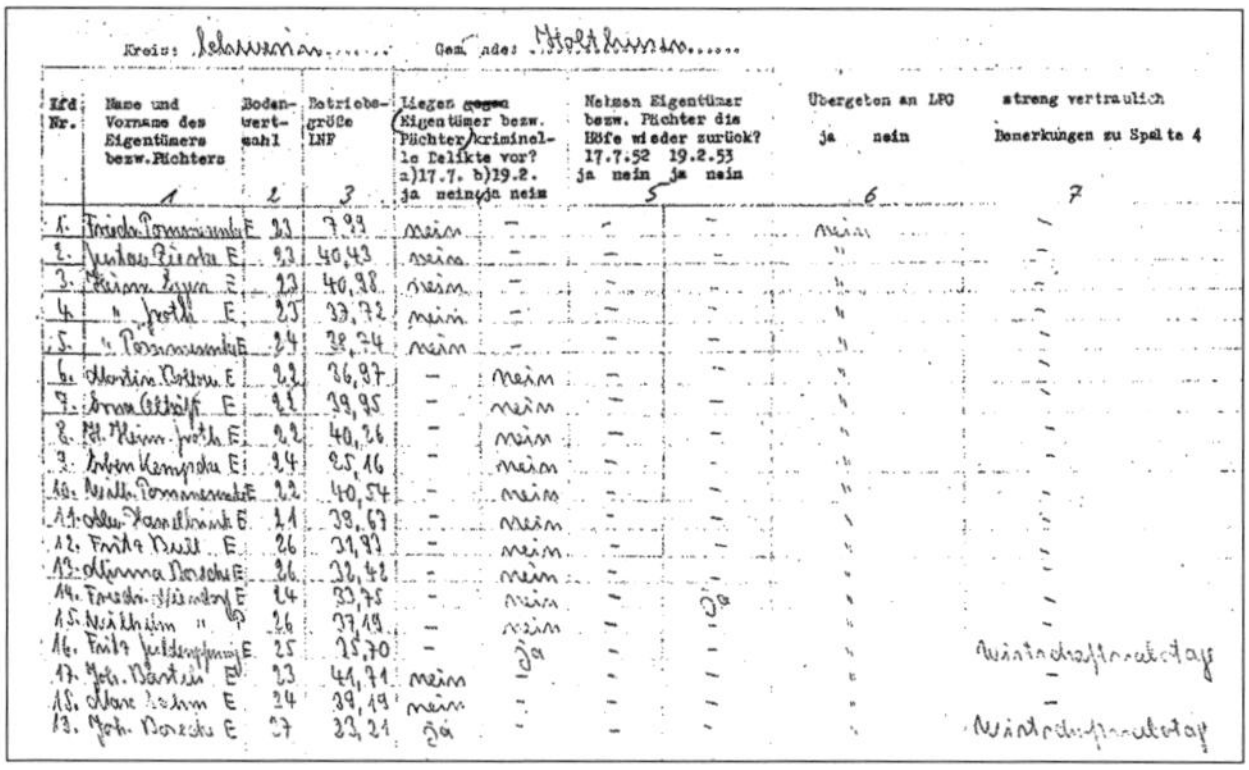
Kreis: Schwerin...... Gemeinde: Holthusen......

Lfd Nr.	Name und Vorname des Eigentümers bezw. Pächters	Bodenwertzahl	Betriebsgröße LNF	Liegen (Eigentümer bezw. Pächter) kriminelle Delikte vor? a)17.7. ja nein	b)19.2. ja nein	Nehmen Eigentümer bezw. Pächter die Höfe wieder zurück? 17.7.52 ja nein	19.2.53 ja nein	Übergeben an LPG ja nein	streng vertraulich Bemerkungen zu Spalte 4
	1	2	3	4		5		6	7
1.	[illegible] E	23	7,99	nein	–	–	–	nein	–
2.	[illegible] E	23	40,43	nein	–	–	–	〃	–
3.	[illegible] E	23	40,98	nein	–	–	–	〃	–
4.	〃 [illegible] E	25	37,72	nein	–	–	–	〃	–
5.	〃 [illegible] E	24	38,74	nein	–	–	–	〃	–
6.	[illegible] E	22	36,97	–	nein	–	–	〃	–
7.	[illegible] E	22	39,95	–	nein	–	–	〃	–
8.	[illegible] E	22	40,26	–	nein	–	–	〃	–
9.	[illegible] E	24	25,16	–	nein	–	–	〃	–
10.	[illegible] E	22	40,54	–	nein	–	–	〃	–
11.	[illegible] E	21	39,67	–	nein	–	–	〃	–
12.	[illegible] E	26	31,97	–	nein	–	–	〃	–
13.	[illegible] E	26	32,42	–	nein	–	–	〃	–
14.	[illegible] E	24	33,75	–	nein	–	ja	〃	–
15.	[illegible] 〃 P	26	37,19	–	nein	–	–	〃	–
16.	[illegible] E	25	25,70	–	ja	–	–	〃	[illegible]
17.	[illegible] E	23	41,71	nein	–	–	–	〃	–
18.	[illegible] E	24	39,19	nein	–	–	–	〃	–
19.	[illegible] E	27	33,21	ja	–	–	–	〃	[illegible]

シュヴェリン郡ホルトフーゼン村の離村農民の部外秘リスト（複写）

1952 年からの反大農政策により多くの農民が「共和国逃亡」などにより村から姿を消した．写真はシュヴェリン市近郊（南西）のホルトフーゼン村のリストである．1 経営が小農民であるほかは，みな 20ha 以上の大農経営．離村が 19 経営にも達するのはさすがに極端な例である．左欄から名前，農地の等級，農地面積，「違法行為」の有無，経営返還の有無，LPG への経営移譲の有無，備考となっている．詳細は本章 195 頁以下を参照のこと．

出典：LHAS, 7.11-1, Nr. 3050, Aufstellungen über verlassene Betriebe und beabsichtigte Bewirtschaftungsweise (Übergabe an LPG bzw. Rückgabe an die Eigentümer, nach Kreisen und Gemeinde, Mitte 1953), oh. Bl

はじめに

1. 一九四九年。農業諸組織の「国家化」と「反大農政策」の開始

一九四九年、前年の通貨改革やベルリン封鎖などにみられる東西対立の深化を背景として、東西の占領区において相次いで東西ドイツ国家が建国された。だが、この建国前後の時期は、東ドイツの農業部門においても、農業諸組織の「国家化」とも言うべき一連の農業制度の改革が進行する頃と重なっており、その点で重要な時期となっている。

すなわち、まず第一に、一九四八・四九年において機械ステーションがＭＡＳ《エム・アー・エス》（機械貸与ステーション）に糾合されていったことはすでに第一章で論じたとおりだが──副次的であるとはいえそれは同時にライファイゼン組合の機械修理部門を吸収するものであった[1]──、第二に、一九四九年には戦後東ドイツの農産物の国家調達を独占的に担う「国営調達・買付機関（ＶＥＡＢ）」が[2]、第三に、一九五〇年には農業資材取引を独占的に行うこととなる「農民流通センター（VdgB＝BHG）」が、そして第四に、農村信用業務の国家独占化を意味する「ドイツ農民銀行」が、矢継ぎ早といえるほどに次々と設立されているのである[3]。しかもこうした変化は、農業諸組織にとどまらず農村の政党組織の再編にも及ぶ。一九四八年四月、ＳＥＤに加盟しない新農民の政治的組織化を目的として、事実上の翼賛政党となる「ドイツ民主農民党」（以下、ＤＢＤ《デー・ベー・デー》と略記）がＳＥＤ主導で創設される。ヴィスマール市の「農民集会」がその設立の歴史的契機にされている点にみられるように、メクレンブルク・フォアポンメルン州こそはＤＢＤ創設の舞台であり、かつ、その後においてこの党の政治的地盤となる地域になった。当該州の場合、党員に占める新農民比率は六四％と圧倒的である[4]。

以上のように、土地改革の政策と理念は、グーツ経営解体や新農民経営設立などの所有・経営形態の変革にとどまるものではなく、東ドイツ建国の時期において、個人農を支える農業制度の「国家化」や、さらには翼賛政党への組織化を通して彼らを社会主義に統合するという内容にまで進展していくのであった。「社会主義的統制経済」ともいうべきこの土地改革の体制において、新農民は中小農民とともに「勤労農民 werktätige Bauern」となるのであった。

むろんこうした再編は、無矛盾に進展したのではまったくない。農業経済関連団体再編の焦点となったのはライファイゼン組合であった。よく知られるように、ナチス期には従来の各種農業組織は単一の農業団体としての全国食糧職能団《ライヒスネーアシュタント》に統合、ナチスの農業食糧政策はこの組織を通して実施された。しかし、第三帝国の崩壊により非ナチ化の一環として全国食糧職能団は解体され、その結果、占領軍命令一四六号によりライファイゼン組合が復活することとなったのである。一九四五年末には、すでに六三〇〇の協同組合が活動していたといわれるが、さらに土地改革により新農民が登場したことでその需要が急増、一九四七年までにライファイゼン組合はとりわけ肥料を中心とした購買事業をテコに急速に拡大し、農民組織として大きな影響力をもつようになったという[5]。しかし、第一章で述べたように、他方では土地改革を通して新たに農民互助協会も設立されたから、この結果、戦後の東ドイツの農民組織は二重化されることとなってしまったのである。こうした事態に対して、ソ連占領軍とＳＥＤ政府は、紆余曲折がありながらも、結局は農民互助協会にライファイゼン組合を吸収する形で、上からの再編統合をはかっていく。一九四八年以降、ＳＥＤ政府は協同組合に対する批判と弾圧の姿勢に転じ——その象徴が一九五〇年六月のギュストローの「見せしめ裁判」であった[6]——、その結果、ライファイゼン組合は消滅し、上記の「農民流通センター」の設立に帰結することになったのであった。

以上の過程は、同時に反大農政策の開始と軌を一にするものであった。農村におけるナチズム支配の原理となったのは人種概念に基づく「ドイツ農民」であったが、これに対して戦後東ドイツ政権が依拠したのは「勤労農民」であった。これがあくまで「社会主義的規定」であるのは、それが「人種概念」でも「民族概念」でもなく「階級概念」だからにほかならない。しかし興味深いのは、その「階級規定」が、具体的には「反大農政策」という否定形で発現することになった点であろう。(7) 一九四八年一二月、東ドイツ農業界の重鎮ヘルンレが、郡・村などの行政機関、農民互助協会、協同組合などから大農を「公職追放」するように要請。また、一九四九年には、農地面積による家畜供出制度や「等級化 Differenzierung」導入による大農層の供出負担の強化がはかられる。さらに前章で言及したように「自給者規定」や「農業労働者保護法」――協約賃金による支払いと社会保険料支払い――の実施など、雇用関係規制の面からも大農経営に対する上からの圧力が加えられていったのである。(8)

2．一九五二年へ。「共和国逃亡」の複合性と本章の課題

以上のような一九四九年以後の経緯の上に、一九五二年七月、東ドイツの農業集団化が宣言される。序章で述べたように、かつての冷戦期における「全体主義」論あるいは「ソ連型社会主義の移植」論の視座からする通俗的な理解では、東ドイツの農業集団化は、ソ連の全面的集団化の像に重ねられつつ、上からの暴力的な集団化の進行と西側に大量逃亡する農民の姿――東ドイツ政府はこれを「共和国逃亡 Republikflucht」(9) と称した――を基本として表象されてきたといってよい。そのシンボルがベルリンの壁建設であろう。しかし、事実はもちろんそれほど単純なものではない。

まず第一に、こうした通俗的理解では、一九五二年七月から一九五三年六月における初期集団化過程と、一九五八年から一九六〇年四月における全面的集団化過程の位相の違いがまったく問題にされていないことを指摘しなくてはならない。図3-1は主として西側に把捉された農業従事者の「共和国逃亡者」数の推移をあらわしたものであるが、これをみても「共和国逃亡」のピークは一九五二・五三年にあり、全面的集団化の時期はそ

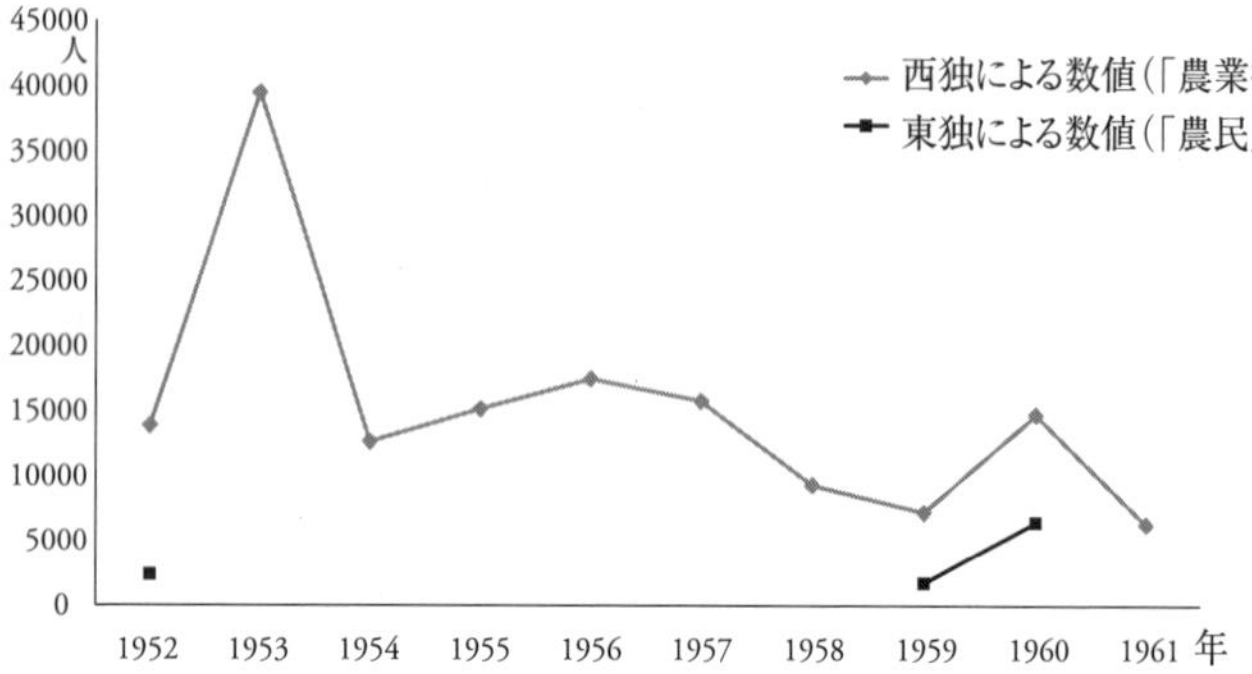

図 3-1　農業従事者の「共和国逃亡者」数の推移

注：西独の数値は「農業従事者」として数えあげられたもの，東独は「農民」として数えあげられたもの．分類と把捉の違いから，西側の数字が当然高い水準となる．

出典：Der Bau der Mauer durch Berlin. Die Flucht aus der Sowjetzone und die Sperrmaßnahmen des kommunistischen Regiemes vom 13. August 1961 in Berlin, hg. v. Bundesministerium für innerdeusche Beziehungen, Bonn 1986, S. 17; B-Arch, DO1-11, Nr. 967, Bevölkerungspolitik 1961/1962, Bl. 37.

れほどでもないことがわかろう。この違いがもつ意味は第四章以降の具体的な集団化過程の分析で明らかにされるであろう。本章の分析は主として前者の一九五二・五三年の時期に限定される。

しかし、第二に、それよりもここで強調しておきたいのは、農村の「共和国逃亡」現象が農業集団化運動に過度にひきつけられて語られてきたのではないかということである。というのは、一九五二年から一九五三年六月にかけての事態は旧農民村落にとっては開村以来の大農支配の終焉を意味するほど甚大なものであったからである。それはグーツ村落の土地改革に匹敵するほどの歴史的大事件であり、決して農業集団化だけに帰結させてすむ問題ではないのである。しかも後述のように当該期において放棄された大農経営がそのままＬＰＧ《エル・ペー・ゲー》に移管されるのはその一部であったにすぎない。一九五二・五三年の大農弾圧は、むしろ上記のように一九四九年以来の反大農政策の連続性の上に理解しうる側面があるのである。本章で集団化に先立って制定された「一九五二年荒廃経営法」をやや過剰といえるほどに重視するのはこの点に関わる。

第三に、一九五〇年代の農村の「共和国逃亡」は大農問題だけで語りうるほど単純ではなかった。旧農民の逃亡を上回るほどの新農民の経営放棄と大量逃亡現象が一九五〇年代をとおしてみられたからである。ところが、従来、当該期の「共和国逃亡」については、政治的な文脈で理解された集団化の暴力的な側面が強調されてきたために、逆に「自発的な」傾向の強い新農民の逃亡はほとんど分析されてこなかった。この新農民の「共和国逃亡」は、新農民主導の集団化との関わりもさることながら、何より第一章で論じた一九四〇年代の新農民経営の困難と経営放棄問題の延長線に生じた現象であった。さらに弾圧対象となった大農層についても、「荒廃経営 devastierte Betriebe」の問題、農民逃亡後の経営管理の問題、さらには残された農民家族の処遇問題など、暴力的側面のみを重視する視点からは往々にして抜け落ちてしまう重要な問題群が存在した。それは東ドイツの食料供給にとっては新農民の経営放棄にまさるとも劣らないほど深刻な問題であった。その意味で、新旧農民を問わず「共和国逃亡」とは当該期の東ドイツ農業の荒廃状況に重なる問題だが、従来この点の実証分析はあまりなされてきたとはいえない。たとえばようやく近年にいたってCh・ネーリヒが当該期の耕作放棄地の問題をテーマとした研究を発表しているが(10)、残念ながらその内容は耕作放棄の量的な分析の域をこえるものにはなっていないのである。

以上の点に鑑みつつ、本章では一九五〇年代前半の東ドイツ農村における「共和国逃亡」問題について、通俗的な「旧農民の政治的逃亡」論を超え、より広い問題群を視野に入れつつ、その全体像を明らかにすることを目的としたい。とくに、上述のようにこの問題は、土地改革から一九四八・四九年以後の政策展開の経緯をへて形作られてくる新農民問題と大農問題という二つの異なる問題系譜が重なることで発生している点に最大の特徴があった。従って、本章においても両者を峻別することに力点をおきたいと思う。両者の実態と差異を明らかにしたとき、この二つの問題の交差のうえに生じてくる一九五〇年代の農業集団化の全体像がはじめて浮かび上がってくると思うからでもある。また、時期的には旧農民層については一九五二・五三年を、これに対して新農民層については「六月事件」後の一九五五年前後を主要な分析対象としたい。そうする所以は行論のなかで自ずと明らかとなろう。

本章の対象地域となるのも前章までと同じくメクレンブルク・フォアポンメルン州である。ただし一九五二年に州が県に再編されたことで、当該州はシュヴェリン県、ロストク県、ノイブランデンブルク県のいわゆる北部三県に分割される。従って正確にいえば、本章の対象地域はシュヴェリン県とノイブランデブルク県となるが、この県の選択は単に利用した史料の制約によるものにすぎない。具体的には、史料としてはシュヴェリン州立文書館所蔵のアルヒーフ史料を中心に、ベルリン連邦文書館およびグライフスバルト州立文書館所蔵のアルヒーフ史料を補足的に用いている。このうちもっとも依拠したのは、シュヴェリン州立文書館所蔵の荒廃経営関連文書であった。その詳細は注記を参照されたい。[11]

第一節　「耕作放棄地」および「荒廃経営」の関連立法

前述のように当該期の土地問題は、新農民問題と大農問題の二つの問題系譜が重なっていた点に最大の特徴がある。この点は当時の関連立法からも明瞭に観察される。中心となるのは「非耕作地問題」と「荒廃経営問題」に関する立法であるが、このうち前者は主要には新農民が念頭におかれているのに対し、後者は大農層がターゲットになったものとみてよい。

まず、新農民については、一九五一年二月八日の「非耕作地法」および一九五二年三月二〇日の「非耕作地追加法」があげられる。これにより、村長を委員長とした「村委員会 Gemeindekommission」を新たに設置、これが「非耕作地」を管理すること、および土地改革フォンドを新旧農民経営の追加的な分与地および小作地として利用することが容認されることとなった。[12] また、後者の「非耕作地追加法」において、新農民を中心とした「非耕作地」

の引き受け手に対してさまざまな優遇措置が定められていることも目を引こう。ここでいう「非耕作地」は、多様な地目を含むものの、実際には新農民の放棄地のこととみなしてよいだろう。[13]それまでは新農民の経営放棄に対しては、第一章でみたように、もっぱら新規申請者による代替により対処がなされてきたが、[14]そうした仕方は一九五一年に至って明白な限界に直面しており、既存の村内新農民による放棄地の引き受けが模索されていたのである。さらにそれもかなわない場合について耕作放棄された土地改革フォンドを村が一括管理・経営することを認めたことは、新農民の経営放棄問題の深刻さとともに、個別農民の入植事業としての土地改革政策理念そのものの行き詰まりを物語るものといえようか。

他方で、大農層については、土地政策としてではなく経営管理政策の観点からより直接的な対処がはかられた。まず上記の「非耕作地追加法」と同じ日付をもつ一九五二年三月二〇日の「荒廃農業経営に関する立法」（以下、「荒廃経営法」と略記）[15]において、問題のある旧農民経営は、「逃亡経営」、「不良経営」、「脆弱経営」の三つに区分され、その管理方式が明示化されることになった。すなわち第一条において「逃亡経営」は無条件に「信託公社《トロイハント》」の管理下に移すとされ、第二条において「不良経営」とされた経営は郡当局の介入により「信託公社《トロイハント》」の管理下に移るかあるいは強制小作化されるとされた。逆に、第三条において「脆弱経営」とされた経営については再建対象とされ融資が供与された。このように、「荒廃経営法」では農民経営の私的なイニシアチブを明示的に否定しつつも、他方では必ずしも階級規定に基づく一律的な「大農否定」を行うのではなく、あくまで農業経営として十分な生産力を発揮しえているかどうかが基準とされているのである。

以上の前史の上に、第二回党協議会をうけて、一九五二年七月一七日「資産価値保全に関する法」[16]（以下、「七月一七日法」と略記）が施行される。ここにおいてはじめて「共和国逃亡者」の資産没収が明記され、かれらの農業関連資産を国家の管理下に移行することでLPGによるその無償利用が可能とされたのである。さらに一九五三年二月一九日「農業生産と住民食糧の確保に関する法」[17]（以下、「二月一九日法」と略記）においては、第一に供出ノルマ未達成の農民が「サボタージュ」の名の下に刑事罰の対象となり、その結果として経営が強制接収されることとなった。「共和国逃亡者」のみならず「反政府分子」の経営までもが強制接収の対象となった点が、この法律の最大の特徴である。当該者の逮捕を伴ったために、のちに大農弾圧のシンボルとしてもっとも批判されることになる法律でもある。第二に、この立法では従来は別系統で処理されてきた新農民の放棄地と旧農民の「荒廃経営」が一括して郡評議会のもとで管理されることとなった。これらは優先的にＬＰＧ利用に委ねられるとはいえ、それが不可能な場合には村評議会が暫定的に経営を委託されることとなった。これによって、新農民経営と旧農民経営の放棄地が、法的には郡の管理のもとでＬＰＧ化ないし村営化の方向で事実上一本化されたのである。

以上の農地関連立法は一九五三年六月一一日の新路線、および「一九五三年六月一七日事件」をピークとする一連の出来事により廃止された。そして一九五三年九月三日の「無主経営の運営と「村落農業経営」の設立に関する立法」[18]（以下、「九月三日法」と略記）において、国家管理下にあった旧農民経営は返却されることになり、あるいは所有者が返却を希望しない場合はＬＰＧや国営農場に対して売却することも可とされたのである。さらに同六条において期限の九月三〇日までに所有者に返却されずかつ村落の利用に付されている経営については、新設される「村落農業経営」（以下、ÖＬＢ《エー・エル・ベー》と略記）に、村に存するその他の公的経営とともに糾合されることになった。ここで新設されるÖＬＢは村落組織とされ、村長が経営管理責任を、郡が資金繰りを中心に監督責任を負うと法文では書かれている。現実には帰村して経営返却を申請する旧農民は一部にすぎなかった。たとえば一九五三年一二月三一日時点のロストク県における「経営返還」状況に関する一覧表によれば、「七月一七日法」と「二月一九日」によって経営を接収された大農一一八二経営のうち、実際に経営を自らの手に取り戻したものは二四〇経営であり、その比率は二〇％となっている。[19]もちろん、もともと所有意識が希薄な新農民については経営の再取得はそもそも問題にもならなかったろう。こうして、以後、おおむね一九五五年にいたるまで、最終的には全面的集団化に至るまで、新旧農民の経営放棄地はその多くが同法の規定によりつつÖＬＢにより村が抱え込むことになったのである。

第二節　旧農民の「荒廃経営」接収と「共和国逃亡」——一九五二・五三年——

1. 村落単位での旧農民「共和国逃亡」の実態

以上のような立法措置のもと、とくに一九五二年三月以降の旧農民「荒廃農業経営」の接収政策[20]と同年七月の第二回党協議会を契機として本格化する農民の「共和国逃亡」は、旧農民村落にとって有史以来ともいえる大きな出来事となった。しかし、その深刻さは一体どれほどのものだったのだろうか。まずは、この点を村落レベルで確かめることから始めることにしよう。

シュヴェリンの州立文書館には、「六月事件」直後に作成したと思われるシュヴェリン県内の村落（集落）ごとの「離村経営リスト Aufstellung über verlassene Betriebe」が所蔵されている（本章扉写真参照）[21]。このリストには、当該村落の各「離村経営主」の農民について、氏名、経営面積、適用立法（「七月一七日法」か「二月一九日法」か）、経営のＬＰＧ移管の有無、刑事処分の有無に関する情報が記載されており、村落レベルでの旧農民の「離村」実態を知るには格好の情報源となっている[22]。ただしこの史料には「離村」農民のみが記されており、村に残存している農民経営に関する情報が全く記されていない。そこで村落単位での大農層の消滅度合いを推し量るために、時代はかなりずれてしまうが——現時点では同時期の集落ごとの農家情報を知る術がない——一九二〇年調査の農場住所録（発行は一九二一年）に記載された各村落の大農経営に関する情報を用いることにしたい[23]。表３-１は農場住所録にて旧農民村落と確認できたシュヴェリン郡の二〇村について、上記リストに基づき、主に大農層の「離村」実態を村落別に整理したものである。中農層については一九二〇年の情報が不完全であると考えられるため、「離村率」を算出せず参考までに絶対数のみを掲載した。

さて本表からは、第一に、全体として当該郡の大農経営者の「離村」率は約六割であったことがみてとれる。東ドイツ経営統計から、全東ドイツにおける一九五〇年から一九五三年にかけての二〇ヘクタール以上層（大農層）の経営数減少幅は約四割と算出されるから、[24] シュヴェリン郡の大農「離村」実態はそれよりも二割程度も高かったということになる。対象とする二〇村のサンプリングの問題や、村域変更の問題を考慮していないのであくまで参考値でしかないが、しかし、もともと大農村落としての特徴をもつ当該州の農民村落が、全体として他州に比べても大きな影響をうけたであろうことは間違いないであろう。ただし、後述するようにこの場合の大農「離村」は、あくまで経営者に限定しての話であって、大農一家の「挙家離村」を意味するわけではなかった。

しかし、第二にそのことよりも注目したいのは、村落間のばらつきがとても大きいことである。大農村落とは言いがたいヤーメル村を別としても、ペカテル村やミロー村などの典型的な大農村落においては消滅大農が一戸にすぎないのに対して、[25] 他方で「離村率」が六〇％をこえる村落 ―― 以下「壊滅型」村落と呼ぶことにする ―― が計七村落も存在しているのである。この点は土地改革におけるグーツ経営の強制接収が一律であったことと鮮やかな対照性を示している。村落ごとのばらつきの大きさは、一方では郡当局による村落選別的な対応のあらわれであろうが、他方で各村落内における主体のあり方の違いが大きく作用していたことを推測させるものである。

第三に「離村経営」のうちＬＰＧに移管される比率をみると、全体として約二割に留まっている。もちろんＬＰＧに移管されるかどうかは個々の大農経営の事情によるのではなく、受け皿となる当該村落におけるＬＰＧの有無にこそ決定的に依存している。政策的には旧農民村落においては大農経営を基盤としてＬＰＧの設立が進められたはずだが、実際にはこの時点でＬＰＧ化の経営資源となった逃亡大農経営は全体の一部に過ぎなかった。むしろ実態としては多くの村が、逃亡した大農経営の管理問題を厄介な問題として抱え込むことに

表 3-1　シュヴェリン郡の旧農民村落における「離村経営 verlassene Betriebe」(1953 年中葉)

村名	農場住所録記載経営数 (1920 年)			リストに記載された「離村」経営数			大農の「離村」率	LPG 移管数		「違法行為」
	大農 (20ha 以上)	中農(*) (10−20ha)	計	大農	中農	計		移管	移管せず	件数
ヤーメル	1	2	3		1	1	0.0%		1	
ペカテル	8		8	1 (1)		1	12.5%			
ミロー	5	1	6	1		1	20.0%		2	
バンコー	12	3	15	4	1	5	33.3%		6	1
リューベッセ	8		8	3	3	6	37.5%		6	1
ズュルテ	10		10	4	1	5	40.0%	1	4	2
ゴーデルン	5		5	2	1	3	40.0%		3	
クライン・ローガン	5	1	6	2	4	6	40.0%		6	2
ヴュストマルク	7		7	3		3	42.9%		3	
ゴールデンシュタット	8	2	10	4		4	50.0%	4		
ピングスハーゲン	2		2	1		1	50.0%	1		
ドリスペート	7		7	4		4	57.1%		4	2 (2)
ヴィッテンフェルデン	12		12	7		7	58.3%		8	
プラーテ	10	1	11	6		6	60.0%		6	
アルト・メルテン	14	2	16	**9**	1	10	64.3%	13		
ダルベルク	6		6	4		4	66.7%		4	
ルーゲンゼー	6		6	4		4	66.7%		4	4 (3)
ジュズルストルフ	15	1	16	11		11	73.3%		11	1
ホルトフーゼン	13		13	18		18	100.0% (4)		19	2
ベーケン	5		5	7		7	100.0% (5)		7	1
	159	13	172	95	12	107	59.7%	19	94	16

注：「離村」リストにある集落のうち，1920 年の農場住所録にて旧農民集落と判明した 20 村について集計した.

(*) 農場住所録は "Hof" と称されるものだけ記されている．従って中農経営にはビュドナーの数は含まれていない.

(1) ～ (3)；各村につきそれぞれ次の注記がされている．(1)「分割された」，(2)「2 年間の強制収容所，資産没収」，(3)「2 経営がサボタージュ，2 経営が 4 年と 5 年の刑事罰で資産没収」

(4) (5)；計算値では (4) は 138.5%，(5) は 140% であるが，これは 1921 年の数値を用いているため，明らかに不適切なので，ここでは 100% とした.

出典：LHAS, 7.11−1, Nr. 3050 u. Nr. 3051, oh. Bl., および Niekammer's Güter-Adreßbücher, Band 4, Mecklenburg, Leipzig 1921 より作成.

なったのである。一九五三年五月一九日付ベルリン農林省による文書では、「多くの郡では二月一九日法が誤って理解され、当該農業経営がLPGに移管されたり、または農業労働者によるLPG化がなされたりするのではなく、ほとんどの経営が村当局に委ねられてしまっており、あまつさえいくつかの郡や村では接収経営管理のために特別な組織が設置されている。これは立法の精神に違反するものだ」、と厳しく批判されているほどの状況である[26]。

第四に着目したいのは「違法行為」の項目である。これは具体的には「供出サボタージュ」などを理由とした「二月一九日法」の適用による逮捕など刑事処分となった場合のことを意味する。本表によれば、刑事処分の対象となって村を追放された大農の比率は約一五％であること、しかしここでも村落ごとのばらつきが大きく、とくに刑事処分数が「壊滅型」村落に遍在していることがわかる。一五％という数字は多くの大農が経営接収や政治的弾圧に対する回避策として西ドイツへの逃亡を決意するには十分な比率だろう。また特定村落への集中については、前述のように郡による村落の選別と、それに対する村内の反応の特性によるものといえるだろう。

当該期の「反大農政策」の影響は、とくに「壊滅型」村落の事例においてもっとも激烈に経験されることになった。Ch・ニースケは、ビュツォー郡ツェルニン村の村史叙述において、ある逃亡大農ベーレンス家の姉妹――彼の母と叔母である――の聞き取りをもとに、その視点から戦後のツェルニン村の状況を描いている。この研究によれば、この村は一九三〇年代後半時点でフーフナー（大農層）一二戸、ビュドナー（小農層）一四戸、ホイスラー（家持ち労働者層）四九戸、および持ち家のない多数の日雇い層（農業・林業・鉄道の労働者）とアインリーガー（単身住込労働者）などからなる標準的な大農村落であった[27]。一五八一年の村のフーフェ数は一四経営であり一九三九年が一二経営であったというから、約三五〇年間におけるフーフェ数の分割・消滅はわずか二経営にとどまっていたこととなる[28]（もちろんこのことは売買などによる所有者の交代を否定するものではまったくない。）しかし土地改革時に一経営が分割されたのち（所有者はロシア軍進駐前に西に逃亡）、一九五二・五三年においては二経営が強制接収され（所有者は村から追放）、六経営が西に逃亡したというから、戦後の八年間だけでなんと九経営が消滅したことになる。[29] 残された大農経営は三経営となるが、このうち一経営はナチス時代に「州農民団Landbauernschaft」により「信託公社《トロイハント》」の管理下におかれたのち小作化され、もう一経営は一九四五年にロシア軍により所有者が射殺されたため小作化されたというから、名実ともに大農経営として実態があったのは、結局わずか一経営のみとなる。[30] このようにこの村の大農支配は一九五三年に歴史的終焉を迎えたのである。こうした過酷さには、一方でこの村では農業労働者を中心にＬＰＧが設立されていること、さらに度重なる大農の弾圧にみられるように、この村の大農たちが郡当局から「反動分子」とみなされていたことが与っていたと思われる。[31] この研究書では、この村の最大経営（六五ヘクタール）でもあった三番フーフェの女性経営者Ch・ベーレンスが、「サボタージュ」の罪による逮捕と証拠不十分での釈放、その後の干ばつ被害を引き金とするノルマの未達成、そしてこれを理由とした郡当局による飼料・種籾の押収などの一連の経過の後に、一九五一年に村から逃亡するに至った経緯が本人の口を通して生々しく語られている。そしてこの逃亡を皮切りにツェルニン村では約六〇名（！）が村を去ったと述べられている。[32]

2.「荒廃経営法」による接収の実態

①「経営接収理由」の分析

こうした大農層の総崩れともいうべき現象は、一九五二年七月に突然生じたものではなく、ある意味では一九四九年より開始される「反大農政策」の結果とみなしうるものである。前述のように農業労働者保護立法の施行、供出ノルマの「等級化」[33]、肥料などの経営手段調達における不利な扱い、ＭＴＳ《エム・テー・エス》の差別的料金体系、農地面積基準による畜産物ノルマ制度の導入などが、よくあげられる内容である。とくに最後の点については、一般に大農経営の畜産は高品質家畜志向が強く、このため農地面積あたりの頭数が少ない傾向があったために、査定基準が家畜保有頭数基準から農地面積基準へと変更されたことが、とりわけ大農経営にとって打撃的であったといわれている。[34] こうした政策の展開を受けて、一九五二年三月二〇日の「荒廃経営法」の施行により、「荒廃経営」の査定と、それに基づく接収が実施されることとなるのである。[35]

では「荒廃経営法」による接収は村落レベルではどの程度の比率で生じていたのだろうか。シュヴェリン県当局は「荒廃経営法」実施にあたって、各郡当局に対し、施策対象となる農民経営のリストを作成させている。そこには各「荒廃経営」の村落名、経営者氏名、接収理由（第二条適用）ないし再建理由（第三条適用）などが個別に記されている。この「荒廃経営リスト」（一九五二年三月作成）と、前述の「離村経営リスト」（「六月事件」直後に作成）をつきあわせると、村落ごとの「荒廃経営法」適用の度合いが、その後の農民「離村」全体との関わりで判明することになろう。とはいえ全経営について氏名をつきあわせていくのは大変な作業量を必要とするので、シュヴェリン郡において「離村」比率が比較的高い四つの旧農民村落に限定してこれを行ってみた。それを整理したものが表3–2である。

ここでも村落ごとの差異は無視できないが、本表からは、まず第一に「荒廃経営法」の第二条に基づき接収された大農経営数はおおむね村落あたり二経営前後であり、村落の大農経営数の一五〜二〇％前後であることが読み取れる。他方、第三条適用の「脆弱経営」は各村落で三経営前後でこれより多く、村落の大農経営数に対する比率も三割程度になっている。郡全体で集計した場合は「接収経営」が一四六経営、「脆弱経営」が一一二経営であり、[36] 逆に「接収経営」の方が「脆弱経営」より多くなることから、ここで対象とした「壊滅型」村落グループは他村に比べて「脆弱経営」が多いことをその特徴としていたといえようか。ともあれ第二条の「接収経営」と第三条の「脆弱経営」をあわせれば、「壊滅型」村落では大農経営の半数程度が、一九五二年七月に先立つ三月の時点で、「荒廃経営法」の対象となっていることに、まずは驚かされよう。なお、中農層については、村落ごとの経

表 3–2　村落別の旧農民の「接収」と「離村」の状態（シュヴェリン郡）

村名	経営階層	「離村経営リスト」に記載のもの			「荒廃法」対象者だが「離村リスト」に記載のないもの		計	1921年版農場住所録記載の農民経営数
		「接収→離村」	「脆弱→離村」	「離村」	「接収」で「離村」に記載なし	「脆弱」で「離村」に記載なし		
アルト・メルテン村	10–20ha（中農層）		1				1	2
	20ha 以上（大農層）	2	5	4			11	14
ホルトフーゼン村	10–20ha							
	20ha 以上	2	3	13			18	13
クライン・ローガン村	10–20ha	1		3	2	1	7	1
	20ha 以上	1	1				2	5
ラストー村	10–20ha	1		1	2		4	2
	20ha 以上	1	3	2	1		7	7
計	10–20ha	2	1	4	4	1	12	5
	20ha 以上	6	12	19	1		38	39
総計		8	13	23	5	1	50	44

注：「接収→離村」とは，「荒廃法リスト」において第 2 条の適用対象となっており経営を接収されたと考えられ，かつ 1953 年中葉の「離村リスト」に名前が出ているもの．
「脆弱→離村」とは「荒廃法リスト」において第 3 条の適用対象（経営再建対象）に分類され，1953 年中葉の「離村リスト」に名前が出ているもの．
「離村」とは「荒廃法リスト」に名前がないが「離村リスト」に名前があるもの，および荒廃法リストの第 1 条適用者（1952 年 3 月以前の逃亡者）であるもの．
出典：LHAS, 7.11–1, Nr. 3050, u. Nr. 3057, oh. Bl. より作成．両史料を名前で個別に照合した．農場住所録の出典は前掲表 3–1 に同じ．

営数が不明なので推定が不可能であるが、クライン・ローガン村のように中農村落と推定されるところでも相当数の経営が「荒廃経営法」の対象となっている場合があったことに留意しておきたい。

第二に「離村」との関わりを大農についてみると、「接収→離村」パターンが六件、「脆弱→離村」パターンが一二件、これに対して第二条の接収対象であって、かつ一年後に村に残っている可能性のある大農は、このサンプルでは一件にすぎない。これは「荒廃経営法対象」の大農経営は、結果として「離村経営」と重なることを意味する。またこの「荒廃経営」リストは実施前の査定リストであることを考えると、ほぼ査定通りの接収が行われたということもできるだろう。なお、その他の点として、中農層については残存率が高いと思われること、経営者は別にしてこの場合の「離村」は農民家族の離村を含まないこと、ここでも地域的な差異が観察されること、以上三点を指摘しておく。

さて、上記のシュヴェリン郡「荒廃経営リスト」には、簡潔ではあるが各経営の接収理由が記されている。表3-3はこの記述をもとに「接収理由」を分類整理してみたものである。以下、この表を素材に接収理由の分析から当該期の大農経営の特徴を探ってみよう。

まず第一に、接収理由としてもっとも多いのは「劣悪な経営、無能、サボタージュ、ノルマ累積」である。大農層では三六件、全体では五四件を占めている。大農層に対する高ノルマ負担は一九四九年来の政策指針であったし、そもそもが「荒廃経営リスト」は「劣悪経営」査定のためのリストであるから、これは当然の結果ともいえる。ちなみにパゼヴァルク郡の「脆弱経営」のノルマ達成率の内訳をみると、穀物供出の成績に比べ相対的に肉とミルクの供出成績が非常に悪いことが読み取れる。[37] 肉の過度な供出ノルマによる畜産の急速な縮小、それを契機とするノルマ累積の悪循環、これらの結果として経営破綻に陥った大農経営の姿がここからは透けてみえてくる。もっとも「劣悪経営」とか「無能」などいう抽象的な理由づけは、接収の正当性の弱さを、同じことであるが政治的恣意性の余地があったことを、強く感じさせるものでもある。

表3-3　シュヴェリン郡の「荒廃法リスト」における接収理由の内訳（1952年）

	小・中農層 0-10ha	中農層 10-20ha	大農層 20ha以上	計
経営数	16	30	100	146
	11.0%	20.5%	68.5%	100.0%
経営面積（単位：ha）	114	460	3,934	4,508
	2.5%	10.2%	87.3%	100.0%
第1条対象者（「離村」により接収）	2	1	8	11
第2条対象者（「不良経営」査定により接収）	14	29	92	135
接収理由の内訳（第2条対象者）				
高齢	2	2	21	25
病気・傷害による労働不能	4	3	11	18
所有者が「単身女性」	1	2	4	7
労働力不足	0	0	2	2
劣悪な経営・無能・サボタージュ・ノルマ累積	6	12	36	54
理由の記載なし・その他（*）	1	10	18	29
馬・属具への言及のあるもの	5	4	5	14

注：原リストは実施のための査定結果である．しかし1952年8月上旬の実績が125経営となっているから（LHAS, 7-11, Nr. 3055），ほぼこの査定通り実施されたと考えられる．なお，本表はガーデブッシュ地区を含む数値である．
（*）の圧倒的多数は「理由の記載がない」ものだが，「その他」の内容は小作関係，後継者不足，畜力不足などである．
出典：LHAS 7.11-1, Nr. 3057, oh. Bl. より作成．

同時に、他方では州当局が供出ノルマだけを基準とする接収を強く批判していることも注目される。一九五二年四月三日、ギュストロー市で開催された郡長会議では、「荒廃経営法」実施準備の遅れが批判されるとともに、特に各郡評議会が「荒廃経営」の査定にあたり「もっぱら調達の観点からのみの指導で、現実の各経営の基礎的な生産状態の観点から指導されていない。このため、供出ノルマを残しているすべての経営が三月二〇日法により接収される傾向が生じている」ことが強く非難されているのである[38]。過剰供出による生産力停滞による食糧危機を強く意識し、階級規定よりも「生産力主義」を前面に打ち出す上級機関と、逆に一律的な経営接収に走る郡官僚組織、ここからは両者のそうしたズレをみてとることができるかもしれない。

しかし、第二に、この表3-3でもっとも注目したいのは、「高齢」「病気と戦傷による労働不能」「単身女性」の項目が合計で約三五％と、かなりの比率を占めることである。この場合、「高齢者」とは後継者の不在を、「単身女性」は主として夫の不在を意味している。[39] どちらの場合も戦死・戦傷・抑留・行方不明など第二次大戦との関わりを強く想起させる事項である。それほどまでに戦争による農民家族の労働力の解体は、とくに旧農民経営において深刻であった。ヴァーレン郡ブッフホルツ村においては、一九五二年四月一二日に「荒廃経営法」の適用に関わって複数の該当農民と村当局関係者により協議の場がもたれている。その議事録によれば、このうち農婦ヒルデ・ブッフホルツ（二八・一ヘクタール）は、経営者の夫が戦争傷痍者で頭と脚に障害があり良好経営をするには負担が大きいこと、生ける属具は馬二頭、乳牛三頭、若牛二頭、豚二頭、鶏二羽であること、約三〇モルゲン分（約7.5 ha）については次年度ノルマは一ヘクタールあたり穀物三〇〇キロだが森林化の申請をすることも考えていること、ジャガイモ作付け義務の二一モルゲン分（約5.3 ha）については、約二・五ヘクタール分は農地への作付けが可能だが、十一モルゲン分（約2.8 ha）は劣等地に栽培しなければならず収穫が危ういこと、などが記述されている。[40] この例では、経営者の身体の問題を契機として、家畜不足やノルマ負担の重さに苦しむ大農家族の状況が表現されているといえよう。もう一つ、パゼヴァルク郡ベルクホルツ村に暮らす五三歳の単身女性の事例。彼女は「自分で経営することはできない。住居、畜舎に至るまでの経営用建物が戦争で破壊された。これまでは息子が支えてきたが、他の経営に婿入りすることとなった」とある。[41] この例は、夫の不在はもちろん、第二章で触れた戦死に伴う婿需要の強さとともに、とりわけ国境地帯の東部地域において戦場化による戦災がいかに深刻であったのかをも物語る。このように、当該期の大農経営の脆弱さは、「反大農政策」による影響もさることながら、かくも深く戦争の傷跡に規定されたものであったこと、そのことをここではとくに強調しておきたい。

第三に、表3-3では明瞭には読みとれないが、シュヴェリン郡に隣接するパルヒム郡の「荒廃経営リスト」に掲載された接収理由をみると、上記の「ノルマ負担」と「戦争による家族労働力解体」の他に、とくに小作人問題と雇用労働力不足が接収理由とされている例が数多くみられる。たとえばパルヒム郡フリードリッヒルーエ村では、「所有者（三九・八ヘクタール）は東ドイツに暮らし、経営をブドヴィッツに小作させていた。しかしブドヴィッツが小作地を離れ、戻らなくなってしまった。建物は荒れ果て、耕作状態は劣悪で、家畜保有状態もひどい」とある[42]。この例のように、小作人逃亡ないし小作地返還（小作契約解約）により、代替経営者が見つからないまま経営放棄されるケースがかなりの頻度でみられる。

戦後の大農経営は、大量に流入した東方難民を引き受けることで外国人労働者なきあとの農業労働力を確保してきた。高齢・病弱・戦傷に苦しむ経営者でも戦後に農業経営を継続できたのは、ひとえにこうした潤沢な難民労働力が存在したがゆえであった。しかし一九五〇年代以降、難民の農村流出が始まることにより、農村はナチス期以来の農業労働力不足に再度苦しみはじめ、労働力不足を一因とする生産力低下の結果、経営接収を余儀なくされるケースが生じてくる[43]。一九五二年四月、ハーゲナウ郡ホールト村の公開農民集会の場で「ノルマが平年の収益よりもはるかに高く設定されている」と強い不満を述べた大農クルセンドルフ（四七・一ヘクタール）について、当局の報告者は、隣村の旧農場所有者がクルセンドルフの義理の兄弟であること、クルセンドルフは三八馬力のトラクターを保有していること、当村の村長は一九四五年から一九四九年までクルセンドルフのもとで働いていたことなどを指摘したのち、「一九五〇年までは、この経営には十分な数の労働力がおりノルマも常に達成していた。クルセンドルフが一緒に働くことはほとんどなかった。仕事は労働者が行い、彼は営業や取引に従事していた。車やトラクターのスクラップを購入して、それで高い収益をあげていた」、しかし一九五〇年から収益が減退、供出ノルマが達成できなくなり、「一九四五年直後は難民たちはこの経営でパンが稼げるのをとても喜んでいた」が、現在はこの経営は労働力不足に陥っている、と述べている[44]。この例は、高ノルマのもとでも副業的な営業収入で利益をあげてきた大農経営が、一九五〇年前後の難民流出による労働力不足と、おそらくは通貨改革の影響により発展の可能性を奪われ、ついに供出ノルマ未達成にまで陥っていく過程を表しているといえようか。[45]

②「荒廃経営」接収後の経営管理の実態

ところで「荒廃経営法」により接収された農民経営は、法的には、「信託公社《トロイハント》」が直接管理するか、あるいは小作化することとされている。直接管理か小作化か、その両者の比率は郡によってかなりのばらつきがみられる。例えば、接収リストから算出すると、シュヴェリン郡とパルヒム郡においては、どちらの郡でも接収経営のうち「信託公社《トロイハント》」管理とされたものが約八割、小作化されたものは一割未満にすぎないが、[46]これに対してハーゲナウ郡では小作化された割合が三五％（一九五二年一〇月の数値）とかなり高くなっている。[47]同じくデンミン郡でも小作化が中心となっているが、その内容をみると、興味深いことに農業労働者を小作人とする例が相対的に多いことがわかる。[48]郡ごとのこうした対応の差が何によるのかは、現在のところは不明である。

とはいえ、もっとも多いのは「信託公社」によって管理される場合であった。表3-4は、一九五二年八月における「信託公社」管理の実態を郡別にあらわしたものである。「荒廃経営法」実施初期のものであるためであると思われるが、ここでも各郡ごとの接収実績にばらつきがみられ、とりわけノイブランデンブルク県の諸郡での進捗の遅れが顕著である。その点はさしおくとしても、全体としては、各郡においていくつかの拠点的な部署が設置され、そこから「作業班長」が派遣されて「荒廃経営」が管理される制度となっていたことが、本表からは読みとれよう。ここでいう「作業班長」と重なるかどうかは不明だが、興味深いのは元所有者が実態としてはそのまま経営を継続している例が見受けられることである。たとえば表中のシュトラールズンド郡では「一部の経営については労働者がいないために旧所有者が経営を占拠」しているとあり、グライフスヴァルト郡でも「旧所有者が経営しているところは即座に変更すべきである」と記されている。また本表ではハーゲナウ郡について「旧所有者は経営にはいない」と記されているにもかかわらず、二ヵ月後の一〇月二一日付の報告では、郡の各区域に七〜九戸の「荒廃経営」を割り当て、一区域に一人の農業技師と経営者をおいていること、そして経営者は旧グーツ労働者ないし旧農業労働者出身者とするが、こうした経営者が不足している場合は「荒廃経営」の元所有者が作業班長として自分の経営や他の経営に派遣されている、と述べられている。[49]

そこで表3-5をみられたい。これは一九五二年一〇月におけるルートヴィヒスルスト郡における「荒廃経営」接収後の所有者家族の居住状況を個別経営ごとに示したものである。一九五二年一〇月時点と早期のものであり、また「荒廃経営法」による接収経営だけを対象にしているために、一九五二・五三年の期間全体における農民の「共和国逃亡」の状況を示すものとしては十分ではない。また、当郡は他郡に比較すれば中農的な地域であり、その点で本表において大中農の区別がなされていないことも考慮する必要がある。

しかし、これらの留意点を承知した上で、それでもなお、この表において予想以上に多くの農民家族が村に残っていることにここでは着目したい。家族全員の逃亡が二経営、所有者のみの逃亡が二経営であるのに対して、小作を除く残りの一七経営は村に残っているのである。しかも彼らの多くは、高齢者・戦傷者・単身女性など社会的な弱者ともいうべき人々となっている。こうした社会的弱者は「東ドイツの政治難民」として西ドイツに暮らすという将来像をポジティブに思い描くことはもとより困難であったろう。その意味では彼らが逃亡ではなく残留を選択することは「合理的」な判断だったといえる。[50]

この表でもう一つ注目すべきは、「労働」の欄である。これは残された人々が自らの経営の労働にどう関わったのかを示したものだが、彼らの多くは季節労働を主とする農業労働者として自らの経営に従事していることがわかる。ちなみに、一九五二年一〇月の時点でハーゲナウ郡の「信託公社」のもとにあった農業労働力の内訳は、「旧所有者とその家族」が二四九名、「旧小作人とその家族」が一八名、旧農業労働者が一二二名、比率でいえば旧農民家族が六四％、旧農業労働者が三〇％であるとされている。しかもこの数字は、「信託公社」の農業経営に必要とされる労働力需要の五〇％にすぎない、と報告されている。[51] 表3-4にみられるように、なるほど複数

表 3–4　メクレンブルク・フォアポンメルン州各郡の「接収」状況と「接収経営」管理の実態　(1952 年 8 月)

郡名	接収状況 (1)	管理局運営体制（経理等は除く）	労働編成など	家畜の管理，労働遂行状態，難民関連など
シュヴェリン郡	136 経営 (125 経営済)	指導的農業専門家 2 名 副代表 1 名 拠点農業専門家 14 名		来週の初めには収穫完了予定. 50–55%が搬入済み. 脱穀はこれから.
パルヒム郡	77 経営 (12 経営済)	指導的農業専門家 1 名 副代表 1 名		収穫も脱穀もほぼ完了し，明日から供出. もっとも難しいのは農業労働者問題である.
ハーゲナウ郡	145 経営 (50 経営済)	指導的農業専門家 1 名 拠点農業専門家 7 名 (14 人が不足)	2–3 経営からなる各地区に作業班長を派遣. 旧所有者ないし旧小作人はおいていない.	
ルートヴィヒスルスト郡	26 経営 (8 経営済)	指導的農業専門家 1 名 拠点農業専門家 4 名	「移譲」済みの 8 経営には作業班長を派遣. 旧所有者は現在は「拠点農業専門家」の管理下で，他の経営で働いている.	
ギュストロー郡	75 経営 (§ 1=21，§ 2=54) (6 経営済)	指導的農業専門家 1 名 副代表はいない 拠点農業専門家 4 名 (近日中にあと一人獲得予定)		若干の経営では家財が競売されたといわれている. これについては同僚のヘッセ氏は，何も競売されていないはずだ，家財はわが「難民農業労働者 Umsiedler-Landarbeiter」のために充用しなくてはならないからであると言っている. ……101 か村で口蹄疫が発生. このため電話でのみ話が可能な状態である.
ヴィスマール郡	113 経営 (26 経営済)	指導的農業専門家 1 名 副指導者 1 名. 拠点農業専門家が不足	20 の拠点に編成	未だ引き渡されていない経営についても，現在既に「拠点農業専門家」が派遣されている.
グレヴェスミューレン郡	75 経営 (§ 1：28，§ 2：47)			当地の管理局は，郡評議会からはいかなる支援も受けていない. 一部の荒廃経営所有者は，自分の経営が荒廃経営とされることについて何の知らせも受けていない.
ノイブランデンブルク郡	74 経営 (52 経営済) 村長の立ち会いの下で行う.	指導的農業専門家はゼロ 拠点農業専門家 10 名.	旧所有者は経営で働いているが，若干の者は転居. 2–3 経営については一人の作業班長しかいないが，これは作業班長が不足しているためである.	家畜は種類ごとに各経営にまとめた. 2 人の上級搾乳夫がいる. 家畜は「焼き印」をつけている. 各経営に労働者たちを固定している. ……ライ麦収穫は 100%，夏穀物は 80–90%完了した. 脱穀を開始している. ……8 月 10 日より夜間脱穀を開始した.

デンミン郡	62経営 (26経営済)	指導的農業専門家1名 拠点農業専門家6名, 作業班長2名		刈り取りは終了，脱穀の指示を行った．ノルマの確定までは倉庫に置かれる．
パゼヴァルク郡(2)	32経営 (12経営済)			引き渡し済みの経営では，ライ麦の刈り取りは100%完了，他の経営も監督下にある．MASが犂耕し，浅耕がなされている．
ノイシュトレーリッツ郡	75経営（§1=10，§2=65）．この数は暫定的なもの．未着手．			
ヴァーレン郡	33経営（未着手）			
マルヒーン郡	42経営 (8経営済)		3–4の荒廃経営を持つ村に対して，作付け農地を糾合し，作物別にまとめて作付けすることを奨励．すべての農地が単一のものとして扱われている．投入と収益は3–4のまとまった経営ごとに分割される．	
シュトラールズンド郡	42経営 (36経営済)	指導的農業専門家1名, 拠点農業専門家9名．	一部の経営については，労働者Leuteがいないために旧所有者がなお「占有besetzen」している．	冬穀物収穫は100%完了，夏穀物収穫は50%完了．
ロストク郡	92経営	指導的農業専門家1名, 拠点農業専門家16名	全経営には作業班長が派遣され，旧所有者は経営の労働者となっている．作業班長《ブリガーデ》の多くは現在のところ二つの農場《ホーフ》を経営しなければならない状態である．	ライ麦は収穫が終わり，20%を脱穀．家畜は家畜の種類ごとに分けて各経営に収容した．菜種（の収穫）については，まだ始まっていない．MASが（荒廃）経営を後回しにしているからである．
グリメン郡	31経営 (15経営済)	指導的農業専門家1名 拠点農業専門家4名	労働力不足が大変深刻である．	家畜は集められている．収穫は残っていた燕麦と小麦も終了した．「未移譲（=接収）」の経営については収穫物搬入のため管理下に置かれている．
グライフスヴァルト郡	32経営 (14経営済)		旧所有者が自立的かつ単独で作業を行っている経営は即座に変更する必要がある．	
リューゲン郡	46経営 (21経営済)		7つの「拠点」に分かれている．他の経営では作業班長がいない．仕事は一時的に所有者によって実施されている．	21経営でライ麦収穫が終わった．

注：(1) §1：荒廃法第1条適用（「逃亡経営」として接収），§2：同第2条適用（「不良経営」として接収）
(2) パゼヴァルク郡は，1950年にユッカーミュンデ郡とランダウ郡他により設立されている．巻頭地図2および3を参照．

出典：LHAS, 7.11–1, Nr. 3055, oh. Bl. より作成.

表 3–5　接収後の旧所有者の居住状態と接収理由（ルートヴィヒスルスト郡；1952 年 10 月）

	所有者ないし経営の特徴	居住の有無	人数	労働	備考（接収理由など）
1.	（とくになし）	逃亡，老婦が残る	1	季節労働	家賃を支払う．所有者は家族とともに西に逃亡．経営は村の共同作業で行われている．
2.	高齢と戦傷	居住	2	従事	J は妻と 28 才の息子で経営をしていた．息子は足を切断している．他に 17 才の息子．J は進歩的な経営様式になれず，自分の義務を果たせないでいる．属具の装備も不十分．高齢でこれ以上は無理．
3.	（とくになし）	居住	2	従事	S（＝女性経営者）は娘夫婦と共同で経営．しかし娘夫婦に経営を渡す意志がないことが経営の再建と向上を妨げている．ノルマは遅れており，これでは責任が持てない．
4.	女．村ホテルを所有	居住	1	労働せず	
5.	息子の他出．高齢	居住	2	季節労働	妻と 2 人だけで経営に従事していた．2 人とも 60 歳以上でこれ以上は無理．息子は西に行き，長男は他の農民経営に婿入りした．
6.	単身女	居住	1	労働せず	B 婦人は，12 才の息子，母親，雇用労働者 1 人で経営してきた．しかし経営能力がない．「死せる属具」が一部しかない．農場全体がとても荒れた印象をうける．
7.	死亡．残った家族は高齢	居住	2	労働せず	3 人の老人で経営．所有者は現在入院中のため，現在 2 人で経営．雇用労働者が従事．
8.	単身女	居住	1	季節労働	家賃を支払う．単身で幼児を 2 人かかえている．雇用労働者もいない．彼女は経営する力はなく農地は毎年荒れる一方である．
9.	病気	逃亡，誰もいない	0		妻と 2 人で経営．B は肺病で労働能力 70%．1 年半，ロストクで入院生活．これ以上の経営は無理．建物の状態はよいが，家畜と農地の状態が悪い．
10.	高齢女性	居住	2	季節労働	女性所有者は 70 歳で，老齢の親族と共同で経営している．2 人とももはや経営できない．家畜も農地の状態も良くない．これ以上無理．
11.	単身男，2 経営分	居住	3	季節労働と作業班長	K の経営は単身で経営していた．ここに家族が入り経営を支援したが，生産性が悪かった．S の経営は数年来の劣悪な経営．手だてを尽くしたが失敗．S は経営にカリや石灰を施肥することを拒否した．S はわれわれと共同する意志がない．
12.	労働力不足	居住	1	季節労働	1945 年以来，労働力不足．経営再建の意欲なし．経営のために緊急に投入された役畜を売却した．
13.	高齢と戦傷	居住	3	季節労働	劣悪経営．M とその妻はともに 60 代で，経営を変える意欲なし．

14.	（とくになし）	逃亡			この経営には3人しかいなかった．I・Hは現在もなお民主主義体制に慣れず，法と秩序を脅かしている．「信託公社」の情報では14日前（52年9月末─引用者）に共和国逃亡をした．
15.	高齢・身障者	居住	1	常雇	所有者は70才の妻と，29才の半盲の息子と暮らしている．経営用建物も属具も状態は悪い．農地も耕起されていない
16.	（とくになし）	居住	1	常雇	経営能力なし．建物，家畜，農地の状態が良くない．家族は大人2人子供1人．雇用労働力はいない．
17.	高齢・身障者	居住	1	労働せず	Rは40haを所有しているが，この数年来30haを小作に出しており彼自身は10haしか経営していない．身体障害者でこれ以上の経営は無理である．
18.	単身女	居住	1	季節労働	女性は「単身」で子供をかかえている．同居の父親は老齢でもはや経営は無理．さらに病気の姉（妹）も同居している．小作化も現在の状況では展望なし．
19.	単身女	居住	2	季節労働	この婦人は単身での経営は無理．能力が全くない．彼女は老人を2人雇用しているだけである．
20.	逃亡，妻残る	居住せず	1	労働せず	男性所有者は西へ逃亡．（残された）婦人は，経営能力なし．妻と子供は病気．夫は懲役3年の前科，後にアムネスティに．
21.	単身高齢	居住	1	従事	所有者は80才，単身，年金生活者．相続人は経営に関心なし．この老経営者は全力を尽くしているが，この数年来生産は後退．ノルマ未達成．
22.	単身高齢・小作契約解消	居住せず	0		所有者は西に在住．45年以来小作に出している．小作人は1952年5月に郡と小作契約を解消．家畜と建物の状態が良くない．
23.	所有者行方不明・小作人	居住せず	0		小作経営．現在所有者は行方不明．現在の小作人に経営再建は期待できない．

出典：LHAS, 7.11–1, Nr. 3056 (Ludwigslust, d. 20. 10. 1952, u. d. 06. 10. 1952), oh. Bl. より作成.

の「荒廃経営」の一括管理を契機に農地と家畜を糾合しようという試みが一部においてはみられる。とはいえ、全体としていえば郡の「信託公社」の管理下に入ったからといって「荒廃経営」の実態に大きな改善が生じたわけでなかった。要するに村に残った大農経営の家族たちは、ある者は作業班長《ブリガーデ》または「経営者」として、そして老人、戦傷者、単身女性などの社会的弱者のグループは、新たな「農業労働者」ないし「季節労働者」として、「信託公社」の農業経営を、そして「六月事件」後はÖLB《エー・エル・ベー》の経営を支えることになったのである。前述のように、

「九月三日法」により信託公社管理下にあった経営は新設のÖLBに統合されたはずだからである。四経営が「荒廃経営法」の適用を受けたシュヴェリン郡ブレーゼン村では、郡から信託人が一人派遣され、四人の農業労働者とともに三つの「荒廃経営」を管理したというが、その運営はうまくいかず、村長が「（管理人は――引用者）折にふれて管理人マニュアルを振りかざす」と非難するほどに評判は芳しくない。[52] 一九五三年前半期の実態がなお不明ではあるが、一般に一九五二・五三年の大農経営の「接収」と「逃亡」は必ずしもLPGの設立に帰結しえず、また「六月事件」後に旧農民村落が膨大なÖLB農地を抱えこむことになるのも、こうした接収後の「荒廃経営」の悲惨な経営実態が背後に横たわっていたからといってよい。[53]

③「住」をめぐる問題

大農経営の接収後の処理において見逃してはならないものがある。それは住宅問題である。第二章で述べたように、戦後難民を大量に受け入れた旧農民村落では農民家屋は村の重要な物的資源であり、住宅不足を背景に村住宅委員会が各住居の個々の部屋にいたるまで管理する権限をもっていた。住宅配分はこの時代の村内紛争の中心問題のひとつであったのである。

旧農民の「共和国逃亡」や「荒廃経営」接収の問題も、住宅問題とは無縁ではなかった。逃亡により家族員数が減少する場合はもとより、「荒廃経営法」による接収の場合ですら所有者家族の住宅利用が制限される可能性があったからである。例えば、「荒廃経営法」施行直後の一九五二年四月一八日、ベルリンから出張してきた農林省官僚と州農林省職員とのあいだで持たれた会談の場においては、「高齢や労働不能によりこれ以上経営を継続できない所有者は、その経営に住み続けるべきであり、可能であれば経営の資産から扶養されるべきである。決して農場から追い立てることをしてはならない」と、大農追放と資産収奪の禁止が確認されている。[54] これは、住宅不足に対する強い不満が広範に存在しているからこそ、経営接収が安易な大農追放につながることを恐れたものと解することができよう。さらに前掲表３-４のギュストロー郡の欄においては「家財は難民の農業労働者のために必要である」と書かれていることから、(55)この問題が戦後難民問題と重なっていることも容易に想像される。

実際には、前述のように、接収や逃亡に関わっては、高齢者などの社会的弱者を中心として村に残った人々が村落追放される事態は生じないとしても、利用する部屋数が減らされたり、あるいは村内転居を余儀なくされたりする状況は広範囲に発生したと考えられる。やや極端な事例だが、一九五二年八月、ビュツォー郡グロース・ラントフ村においては、「荒廃経営」のケラーマン農場に派遣されたある管財人 ―― ラーゲ行政区農業技師として多くの農場に派遣されている人物とされる ―― が、「東ドイツの立法と行政命令を利用して、身体障害者で（旧所有者ケラーマンの ―― 引用者）姉を住宅から追い出して」自分が入居、そのさいには「ギュストロー市の「信託公社《トロイハント》」の二名が姉のところにやってきて、口頭で住居立ち退きを告げた」とされている。(56)

「七月一七日法」において逃亡農民の資産没収が公的に明記された後となれば、住宅の没収、あるいは村に残った大農家族に対する「住」の制約はより一層加速する。前述したギュストロー郡ツェルニン村のCh・ベーレンスの農場では、この女性所有者が逃亡したのち、村に残った所有者の母と老祖母が、かつての自宅の一室に押し込められてしまったという。彼女は当時の無念さを次のように回想している。「ある時、若鶏の調理をしていたとき、家に住むある女性からドアのすきまから食堂を見るように言われました。そこには新しい主が私の机に私の食器をもって座っていました。とても気の滅入る光景でした。かつての居間とサロンは新しい経営の事務所になり、その後はＬＰＧの事務室になりました。」おそらく住宅調整が実施されたのであろう、その後二人はそれぞれ村内の親族の一室に転居したという。(57)

住宅問題に関わってもう一つ着目すべきは、当局の大農家屋の住宅確保が村の労働力調達との関わりで強く意識されていたということである。たとえば、前述のシュヴェリン郡ブレーゼン村では、ＬＰＧ化のためには「良質の労働を保証するために経営の家族は他村か、あるいは他の家に転居させる必要がある」とされている。(58)また、一九五四年、パルヒム郡ゴルデンボー村の「脆弱経営」シュトイスロフ（四六・一ヘクタール）の接収協議において、農地のみの接収に限定しようとする大農家族に対して、郡当局はすべての経営資源をÖLB《エー・エル・ベー》に一括統合するよう主張している。すなわち郡当局は、「経営の移譲に際してはこの経営に付属するすべての居室が必要」である、なぜならこの村には「泥炭採掘があるため労働力不足であり、このために他所から家族労働力を呼び寄せなくてはならないが、しかしシュトイスロフ経営以外に住むことのできる場所はないからである」と主張しているのである[59]。このように、住宅問題は単なる社会政策的観点からだけでなく、農業労働力の調達の観点からも位置づけられていたのであった。

第三節　新農民の「共和国逃亡」と「経営返上」――一九五五年――

1. 新農民の「共和国逃亡」の概観

新農民に移ろう。一九五〇年代の農業・土地問題のもう一つの焦点は、新農民の経営放棄による非耕作地の急増問題であった。新農民経営の経営放棄の頻発や新農民の流動性の高さはすでに土地改革期からみられる現象であるが、第一章で述べたように一九四五～一九四九年における新農民の経営放棄については、なお難民層が流入する状況のもと、後継に新たな新農民が入植することで「空き」経営比率は比較的低い水準に抑えられていた。しかし通貨改革を契機に農村流出と「共和国逃亡」が開始される一方、新たな入植応募者が枯渇してくると、新農民経営放棄問題は土地改革フォンドにおける耕作放棄地の急増問題として一気に表面化せざるをえない。その当面の政策対応が、先に述べた一九五一年二月八日「非耕作地法」および一九五二年三月二〇日「非耕作地追加法」であり、じつはそれに続く集団化運動であった。一九五二年八月のシュヴェリン県の「空き」の新農民経営数は九六五経営、その面積は八五二五ヘクタールであり、土地改革フォンドに対する比率は四%である。[60] 州全体ではこの数値は八・一%まではねあがる。[61] むろん、第一章で論じたように、この数値の背後にはさらに膨大な数の経営困難な新農民が存在していた。よく知られているように一九五二・五三年の初期集団化は圧倒的に新農民層を担い手として立ち上げられるが、この点は新農民村落においてLPG化が新農民経営の経営放棄や経営困難の打開策として意味づけられたことを示している。

ここで表3-6(1)をみられたい。これは一九五五年の夏に行われたベルリンの農林官僚によるロストク県の農村「共和国逃亡」に関する調査報告書から作成したものである。[62] みられるように、ここには県農林課より提供されたものと県内務課より提供されたものの二種類が記載されている。月ごとの総数をみるとほぼ同じであるから、両者の数値の違いは情報ソースの違いではなく情報の分類の仕方の違いによるものと考えられる。興味深いのは、第一に県農林課の分類では「小農」と「大農」が消えていること、第二に「その他」の数値が異常に高くなっていることである。前者は「小農」が事実上は新農民層と重なり、また「六月事件」後に大農逃亡数が低下したことの反映であろう。後者については、県内務課の数値からみて、県農林課の農民逃亡の数値には経営者だけがカウントされたためと考えられる。これは「経営問題」を常に意識せざるをえない県農林課の立場によるものともいえるが、他方では農民逃亡が必ずしも家族単位では生じていないという実態を反映したものともいえる。

そこで、まず家族を含むであろう「共和国逃亡」の階層別の内訳をよりリアルに表している県内務課の数値をみてみると、一九五五年の農民逃亡の重心が新農民にあったことが明瞭であろう。現実に上述の報告者も「主要な部分は新農民層と青年たちである」と記述している。[63]「小農」が新農民に重なることを考えれば、その比率はもっと高まる。土地改革以来、新農民が厚く存在したノイブランデンブルク県からの一九五四年八月と一二月の農民逃亡情勢報告によれば、同県の逃亡農民はそのほとんどが五～一〇ヘクタール層であるとされている。[64]

もう一つの問題は、農林課の「その他」に含まれている人々、つまり経営者以外の農村逃亡者の内訳である。そこで表3-6(2)をみられたい。これは北部三県における一九五七年六～八月の農民逃亡者の内訳をあらわしたものである。上述のように「小農」が新農民に重なっていることを考慮すれば、新農民の比率がかなり高いことがわかろう。さらに、表3-6(1)と比較すると、LPG化の進展を反映してLPG農民の比重が急激に高まっていることも読みとれる。[65]しかし、そのことよりも、ここでは「MTS従事者」「LPG従事者」「農民経営就業者」などが意外に多いことの方に着目しておきたい。「MTS従事者」とは第七章で論じるように若きトラクター運転手たち、「LPG従事者」とはLPG雇用労働者ないし組合員家族、「農民経営従事者」とは新旧農民経営の農民子弟および農業労働者たちであろう。彼らは、この表では必ずしも数え上げられていないだろう無職の青年とともに、当時の農村逃亡の中心である農村青年層の具体的な内実を構成した。[66]表3-6(3)は一九五五年のヴィスマール郡の農民逃亡の内訳である。数値のスケールが小さいので明瞭とはいえないが、ほぼ同様の傾向をこの表からも読みとることができよう。

このように一九五二年から一九五三年の農民逃亡の焦点が旧農民村落の大農層であるとすれば、「六月事件」後の「共和国逃亡」の主役は新農民および農村青年たちであった。[67]もちろん、新農民の逃亡は一九五二・五三年においても決して少なくなかった。[68]しかし旧農民層との比較を意識する観点からは、新農民の場合、問題の焦点は「六月事件」後の動向におくべきであろう。というのも第四章でみるように新農民村落においては「六月事件」を契機としてかなりの村落においてLPGの解散や大量脱会が生じ、このため新農民問題の解決手段としてのLPGの意義が低下するという事情があったからである。LPGの影響力低下後の五〇年代中葉に、新農民たちはどのような行動をとったのだろうか。以下では、これらの点を考慮しつつ、また旧農民の場合と比較しながら、一九五五年前後を中心とした新農民層の「逃亡」と「経営返上」の実態についてより詳しくみていくことにしたい。

表 3-6 (1)　ロストク県農村の「共和国逃亡」
(1955 年 3 月～7 月．単位：人)

県農林課の数字	新農民	27
	中農	11
	LPG 農民	15
	その他 (大農含む)	167
	総数	220
県内務課の数字	新農民	141
	小農	53
	中農	32
	大農	9
	LPG 農民	43
	計	278

出典：B-Arch, DK1, Nr. 888, Bl. 9 より作成.

表 3-6 (2)　北部 3 県における農民の「共和国逃亡」(1957 年 6 月～ 8 月)

	シュヴェリン県	ロストク県	ノイブランデンブルク県	計
新農民	27	17	0	44
小農	19	22	61 (*)	102
中農	10	12	6	28
大農	1	1	2	4
LPG 農民	75	72	69	216
農民計	132	124	138	394
MTS 従事者	84	92	83	259
LPG 従事者	213	172	137	522
農民経営就業者	152	117	165	434
従事者計	449	381	385	1,215

注：(*) ノイブランデンブルク県の小農は事実上は新農民であると考えられる.
出典：B-Arch, DO1-11, Nr. 964, Bl. 164f. より作成.

表 3-6 (3)　ヴィスマール郡 (*) の「共和国逃亡」
(1955 年 3 月～7 月．単位：人)

逃亡総数			119
うち	青年		64
	農民		37
	農民内訳	新農民	5
		小農	1
		大農	1
		LPG	2
		MTS (機械・トラクター・ステーション)	6
		国営農場	2
		農業労働者と子供	8
		家族従事者	12

注：(*) ヴィスマール市域を除く.
出典：B-Arch, DK1, Nr. 888, Bl. 10 より作成.

2.「逃亡理由」の分析

大農層の「逃亡」や「荒廃経営」関連の県や郡レベルの行政文書を読んでいると、詳細な資産リストを綿密に作成するなど行政当局は大農の経営資産に対して強い関心を示す一方で、逆に大農の「共和国逃亡」の主体的な動機づけに関しては「反政府分子の工作」などの政治的な言説を繰り返すばかりで、それ以上の深い分析をすることがほとんどないことに気づく。新農民の「逃亡」についての当局の態度は、その点ではかなり異なっている。同じ「荒廃経営」の文書ファイルでありながら、新農民については「共和国逃亡」の動機に関する記述がみられるのである。ときには逃亡理由として「負債の累積、西の親戚、経済困難などが普通はあげられているが、しかし原因不明が最も多」く、このことは「村評議会ないし郡評議会が人々と十分には関わっておらず、逃亡理由の調査を十分に行っていない」ためだと、村・郡役人の態度を嘆く県当局の行政文書がみられるほどである。[69] 大農とは異なり、新生「社会主義」農村の支持基盤として期待される新農民であればこそ、その「逃亡理由」の正確な把握は当局にとって焦眉の課題であったに違いない。

そこで表3-7をみられたい。これはノイブランデンブルク県に属するデンミン郡とアンクラム郡の新農民逃亡の報告文書をもとに、「共和国逃亡」理由の内訳を一覧にしたものである。以下、この表を素材に、新農民の逃亡の特徴についてみていこう。

まず第一にあげられるのは、「ノルマ負担」、「劣悪な経営」、「負債」など新農民の経営困難に直結する理由である。全体としてデンミン郡で八九件中三三件、アンクラム郡で六六件中二四件を占めており、逃亡者の約四割弱がこの項目に該当している。たとえば、一九五六年一〇月に逃亡したデンミン郡の新農民ギルツ（八・三ヘクタール）は、義理母に宛てた手紙で「新農民経営では働いてもお金がたまらない」ことを逃亡理由としてあげたという。[70] もっとリアルなものでは、一九五六年四月に「共和国逃亡」をした同郡のユカリツ（一九二七年生）の例がある。

表 3-7　「逃亡」新農民の逃亡理由と逃亡後の管理形態（デンミン郡とアンクラム郡；1952–1956 年）

		デンミン郡									アンクラム郡			
		1952	1953 1–2 月	1953–54 6–1 月	1954 2–3 月	1954 4–12 月	1955 1–9 月	1955 10–12 月	1956 1–11 月	計	1952 (11/20 付)	1954 (4/13 付)	1955 (10/3 付)	計
新農民　計		20	22	6	6	23	18	7	24		38			
逃亡理由 (複数回答あり)	不明					10		1	10	21		14	7	21
	労働力不足					4			1	5				
	単身・病気					3	1	1	1	6	}33			
	ノルマ・劣悪経営・負債					4	9	2	7	22		}16	}8	}24
	返上申請却下					2	3			5				
	家族不和 / 妻の問題（他の個人的事情）					2	2		5	9		7		7
	西の親戚（逃亡家族含む）					2	1	1	8	12		7	1	8
	犯罪（非政治的）					2	3	1		6				
	その他					1		2		3		4	2	6
	計									89				66
管理形態	新規新農民						2				4			
	村（ÖLB）						11				17			
	分割 (2)						3				18			
	LPG						2				1			
	計						18				40 (1)			

注：(1) アンクラム郡の管理形態の合計が 40 となるのは分割管理される経営があるため．(2)「分割」は「分割地追加」や「小作」をさすと推測される．
出典：LHAS, 7.21–1, Nr. 2249 (Kreis Demmin および Kreis Anklam), oh. Bl. より作成．

彼は、元造船労働者の新農民であったが、逃亡したのは六人の子供をかかえているために妻が農作業に携われなくなったこと、そして彼女がいつも夫に対して新農民経営を引き受けたことを詰ったからだという。[71] 妻の夫に対する非難は造船労働者との生活の落差を反映しているといえる。いずれにしても彼らは新農民としての豊かな将来展望をまったく描けなかった人々である。

第二に、上の例にもいえることだが、なるほど経済的な困窮が背後にあるとはいえ、新農民の場合、逃亡理由として夫婦不和などの私的な人間関係悪化が数多く登場していることである。この点は政治難民としての色彩を帯びる大農逃亡の場合とはきわだった対照性をなしている。表3-7ではデンミン郡、アンクラム郡とも逃亡者の約一割がこれに該当する。何より目立つのは夫婦間の問題である。例えば一九二〇年生まれのデンミン郡の新農民は、「妻と口論がたえず、結局妻が子供を連れて実家に戻ったため」逃亡し、[72] また同郡の一九三〇年生まれの新農民は、「妻と離婚し、単身生活となったために経営返上を申請したが、若いからと許可されなかったため」逃亡したという。[73] さらにユッカーミュンデ郡の新農民は妻が子供を残して失踪し経営困難に陥ったために逃亡、その後はＬＰＧがこの経営を引き受けたという。[74] 夫婦の別れ方はいろいろだが、いずれのパターンも夫婦不和により妻が家族労働力から脱落することで経営困難に陥り、単身で西へ逃亡するという点では共通している。

私的な理由による逃亡は夫婦不和だけにとどまらない。アンクラム郡のカウシュ親子は形式的には別経営だが実態的には親子で一体的な経営を営んでいたものの、父子関係が悪化して息子が「共和国逃亡」したという。息子の経営には住宅も畜舎もなく、また経営はÖＬＢ《エー・エル・ベー》が管理することとなったと報告されている。[75] これは親子関係の悪化によるものだが、村人との関係悪化の事例もまま散見される。例えばアルテントレプトー郡タールベルク村では「他の農民と諍い」を理由とする逃亡が、[76] またアンクラム郡リブノー村では「村の暴れん坊」として知られ、ノルマを果たさない村の劣悪農民の逃亡が報告されている。[77]

第三に着目したいのは、刑事罰回避の手段として逃亡が選択される場合である。興味深いのはその内容である。

旧農民の場合は「供出サボタージュ」や「ヤミ経済関与」など政治的色彩を帯びた刑事罰に対する回避策として逃亡が選択されるが、新農民の場合に問題となるのは、より通常の意味で刑事犯罪といえるものである。表3-7ではデンミン郡において六件が数え上げられているが、その内訳は木材窃盗二件、喧嘩による傷害事件が二件などとなっている[78]。木材窃盗や喧嘩の内容については詳細な内容は書かれていないが、木材の不法伐採が土地改革以来の新農民に固有な犯罪行為であったことはすでに第一章で指摘したとおりである。またアルテントレプトー郡からは「酩酊のあまりに政府を批判したために逃亡」したケースが一件報告されているが[79]、政府批判も飲酒癖絡みである点に、農民的というよりは労働者的な彼らの心性があらわれているといえようか。

以上のように、新農民の逃亡理由分析から浮かび上がるのは農民的というよりはプロレタリア的ともいうべき彼らの行動様式である。先のベルリン農林省官僚によるロストク県調査報告書でも、逃亡の主要な部分は新農民層と青年たちであるが、その理由としては「大農は最後まで自らの所有を守ろうとするが、新農民は土地にそれほど結びついていない」ことがあげられ、さらに新農民が自分の子弟を農業ではなく他の職業に就かせようとすることが農村青年の流出の一要因であると指摘されている[80]。ただしこうした新農民の非農民的心性の背後には、旧農民の所有地と比較した場合の土地改革フォンドの所有権の脆弱さ——売買や世襲が簡単には認められず、新農民といえども「不良経営」であれば接収される——があったことを忘れてはならない。新農民の土地登記がろくに行われていなかったとの嘆きがその点をよく表している[81]。

3．「返上申請理由」の分析

新農民の「共和国逃亡」と密接な関係にあったのが、新農民の「経営返上 Abgabe」の問題である。数の上では少数派の「共和国逃亡者」と多数派の「経営返上者」となる。合法か非合法かという違いはあるが、どちらも新農

表 3–8　新農民による経営返上理由の内訳
（シュヴェリン県ギュストロー郡，1955 年 1 月～3 月）

「返上」申請経営数		約110件	備考
文書記載件数（申請のうち正当な理由があるとされたもの）		63	
返上理由	夫の逃亡	1	
	家族労働力の身体的「解体」（高齢，病気，死亡，事故など）	39	落雷 1 件あり．
	内：高齢でない身体障害	5	戦傷者の可能性が大きいもの．
	内：「身寄りなし」	11	未亡人はもとより，戦後難民あるいは後継子弟の流出によるもの．
	複数経営は無理	8	複数の新農民経営を引き受けるが，継続が無理となったもの．旧農民経営の引き受け 1 件を含む．
	他経営の婿入りなど婚姻	4	経営者同士の結婚．婿養子パターンが多い．
	転職・後継者難	5	兼業化を含む．
	共同経営者の撤退	3	
	労働力不足	1	
	農業嫌い，飲酒癖など	3	
	その他	2	

注：文書記載件数 63 と各返上理由件数の合計が一致しないのは，一部につき理由を複数数えあげたため．なお備考は史料に記されたものではなく筆者による．
出典：LHAS, 7.11–1, Nr. 3049–1, Güstrow, d. 07. 04. 1955, oh. Bl. より作成．

民の経営放棄であることには変わりはない。

表3–8はシュヴェリン県ギュストロー郡の「経営返上」申請許可リストに基づいて返上理由を大まかに分類し、その数を数え上げてみたものである。ただし原リストは主として申請数の約六割を占める返上許可分の返上理由を記しており、不許可によって逃亡を決意するような「経営返上」理由はここからうかがい知ることはできない。けれども、そのことは逆に逃亡しなかった新農民の状況をより明瞭に映し出すことをも意味するだろう。以下、ギュストロー郡を中心に、逃亡理由とは異なる「経営返上」理由の固有性に着目することで、この時期の新農民問題の別の局面を浮かび上がらせてみたいと思う。

まず第一に着目したいのは「複数経営」に関わる問題群である。ギュストロー郡では「複数経営は無理」が八件、「共同経営者の撤退」が三件、これに「婚姻」の四件を加えると、六三件中一五件を占め、その比率は約二割にも達する。このうち最初の「複数経営が無理」については、「妻が一〇〇％労働できなくなったため、二つの新農民経営をきちんと経営することはもはや無理」、「ヤーンケ夫婦はこれまで二つの新農民経営を経営してきたが、労働力不足のために二つの経営を継続することはこれ以上は無理」というものである。返上経営の規模はどれも一〇ヘクタール規模である。放棄された新農民経営を追加的に引き受けた新農民が、労働力不足のために一つを返上したいと求めている点でこれらは一致している。一般にも「勤労個人農民の多くが一九四五年に「二つの経営」を引き受け、現在このうちの一つを返上しようとするか、あるいはÖLB《エー・エル・ベー》から土地を引き受けた」人々と報告されている。[82]新農民の耕作放棄問題を、ÖLB管理ではなく新農民経営による引き受けの形で処理するやり方が、限界に達してしまったことをこれらの事例は物語っている。

「共同経営者の撤退」の三例も内容的にはほぼ同じである。一つは夫の死亡後に他の新農民と共同で経営を行ってきたが、この新農民が契約継続を拒否したためにとうとう立ちゆかなくなったというものである。引き受け新農民の継続拒否の背景に、上述の複数経営の負担感の増大と類似の状況があることは間違いない。残りの二例は、ある女性新農民が結婚後に兄（弟）とともに経営することとなったが、その後本人が経営意欲を喪失して撤退、しかし兄（弟）が二つの経営を継続することはできないというもの、および父の新農民経営と別の旧農民経営を引き受けていた息子が、父が高齢により撤退するため父の経営を返上したいというものである。[83]この二つの例は、新農民において父子や兄弟がそれぞれ経営を保有する場合、名義は別々でもじっさいには一体のものとして経営されていた場合がかなり多いこと――事実上、大農規模に匹敵する経営を営むこととなる――、しかし基幹的家族労働力などの確保に困難が生じたために、それが限界に達したことを意味している。

「婚姻」による経営返上とは、経営者同士の婚姻により一方の経営を返上する場合である。空間的に離れた複数農場の経営はもともと無理であるから、その意味では上述の「複数経営問題」とはいくらか性質を異にするといえる。しかし、そのことよりも注目すべきは、理由が判明する三件が実はすべて「婿入り婚」であることである。

たとえば「グロース・テシン村のザイフェルト（一〇・六ヘクタール）は、まもなく結婚しシュタインベック村の妻の新農民経営を引き受ける予定」なので自分の経営を返上するとある（ちなみに両村の距離は約五キロである）。レクニッツ村のペプケ（一四・六ヘクタール）も、新農民女性との婚姻により二つの新農民経営を運営することになるがそれは無理なので「自分の経営の方を解約申請した」という。さらにマルヒーン郡クロコー村の旧農民経営に婿入りしたラーゲ市のケルリン（一一・二ヘクタール）は、婚姻により自分の新農民経営の継続ができなくなったとして経営の返上をしている。(84)ドイツ農村社会は基本的には父系制である。にもかかわらず同じ新農民同士の結婚において「婿入り婚」が選択されるのは、これによって夫の側の経済的状況の改善が期待されるからである。第二章で述べたように、戦後東ドイツ社会は著しい女性過剰社会であるが、そのもとで経営の継続を求める新旧農民家族の娘と、自らの社会的上昇を期待する単身男子のあいだのカップリングはある程度の広がりをもったと思われる。いずれにしても「共和国逃亡」ではなく、「経営者同士の婚姻→劣悪な経営の返上」により家族労働力を確保することで農業経営の改善を図ろうとする仕方が新農民にはあったことをここでは強調しておきたい。親族結合による複数経営確保がなお模索されていたこともあわせ、こうした家族制農業確立路線とも呼ぶべき「戦略」の余地がなお存在しえたことは、のちに第六章で論じる優良新農民経営層の局地的成立に通じるものであった。

表3-8において最大のグループをなしているのは、高齢、病気、死亡、事故などにより家族労働力が解体してしまったグループである。彼らは「共和国逃亡」や「経営選択」はもとよりLPG化にも参加しなかった最弱の新農民たちであろう。とくに注目すべきは「高齢でない身障者」と「身寄りなき人々」である。前者は新農民層においても戦傷が大きな影響を与えていることを示している。後者に関しては、未亡人はもとより夫婦の場合も「身寄りなき人々」と記載されているところから、彼らが弱い難民層に重なっているか、あるいはまた、新農民層の高齢化の進行と、先にみた後継農村青年の高い離村志向が重なった結果であると推測できるものである。

ただし病気についてはしばしば仮病が使われた可能性があることは興味深い。例えばガーデブッシュ郡からは「患者がこれ以上農作業できない、あるいは経営を維持できないという文言の公務医療者診断書が広範囲に見受けられる。奇妙なことに、これらの無能力者の一部は経営返上後一四日以内にはÖLB《エー・エル・ベー》で働いている。つまりは再び農業に従事しているのである」と報告されている。[85] この仮病報告からは、経営返上により累積ノルマなどの経営的負担を回避しながら労賃収入等の雑収入で生きようとする弱者に固有ともいうべき対処の仕方を読みとることができる。

4．新農民経営放棄の処理の仕方 ―― 村落間のばらつきと「解決」の多様性 ――

以上の新農民経営の「経営返上」や「共和国逃亡」の発生度合いは、各村落間でどの程度のもので、どの程度のばらつきがあったのだろうか。表3-9は、前掲表3-8と同じく一九五五年の第1四半期におけるギュストロー郡について、村落間のばらつきをみようとして作成したものである。ギュストロー郡はメクレンブルク州でも中心的な農業郡であるが、一九四九年時点で旧農民経営二九一三戸に対して新農民経営六一七三戸と他郡にもまして新農民の比率が大きな郡である。[86] なお、表には示すことができなかったが、「放棄経営」数がゼロ戸である村落もむろんかなりの割合で存在すると考えられる。しかし、このグループにはもともと新農民経営をほとんど含まない旧農民村落が相当数含まれると想定されることから、ここでは「放棄経営ゼロ戸」村落は省いて考えることにする。

そのうえでこの表をみると、まずは「経営返上」数については各村落につきおおむね一から二戸であること、ただし多い村では六戸から七戸にまでのぼっていることがわかる。村落規模の問題があるので絶対数がそのまま深刻度合いを意味するわけではないが、同じ新農民村落のあいだでも問題の深刻さにかなりの幅があったことが

表3-9　新農民経営放棄戸数別の村落数の分布状況
（1955年1月～3月，ギュストロー郡．単位；村落数）

右欄該当経営数が	「返上許可」1955年4月1日現在		ÖLB管理下の新農民経営 1955年3月23日	
1戸	14	20		
2戸	6			
3戸	2	6	1	3
4戸	2		1	
5戸	2		1	
6戸	1	2	3	9
7戸	1		1	
8戸			2	
9戸			3	
10戸以上			16	16
計　（単位：村落の数）	28村		28村	
当該経営総数（単位：経営数）	63		357	(3,344ha)(イ)

注：（イ）は単純合計値．ただし原史料の総計欄は，空き総数354，同面積3,245haと記されている．

出典：「返上許可」の数値は表3-8と同じ．「ÖLB管理下の新農民経営数」の数値は，LHAS, 7.11-1, Nr. 3049/1, Güstrow, d. 23. 03. 1955, oh. Bl. (Betr. Flächenzusammenstellung mit Stellen, die ÖLB sind) より．郡の村落に関する情報は，LHAS, 7.11-1, Nr. 3049/1, Unbesetzte Neubauernstelle, Güstrow, oh. Datum, oh. Bl.

わかろう。

村落間のばらつきは「ÖLB《エー・エル・ベー》管理下の新農民経営数」をみるとより一層明瞭になる。[87]「経営返上」や「共和国逃亡数」はフローの数値だが、ÖLB管理数はいわば処理しきれない放棄経営のストック数を表している点で、各村落の新農民経営放棄問題の深刻度合いをより明瞭にあらわすと考えられるからである。そして本表をみるかぎり、ここでも三戸を抱える村から一〇戸を抱える村まで村落間には幅があること、ただしむしろ「一〇戸以上」という深刻な村落の方に全体としての比重があることが判明する。フローの「経営返上」数がおおむね二戸以下であることと考え合わせれば、全体としては、各種の「経営放棄」が長期にわたって日常化していたことがうかがわれる。[88]

ではこうした村落間のばらつきをどう考えたらよいのか。前述の「複数経営を理由とする経営返上」でみたように、個別経営による引き受けが全体として限界に達しているもとでは、経営困難となった新農民経営はＬＰＧに吸収されるか、さもなくばÖＬＢの管理下におかざるをえなかった。したがってÖＬＢが管理する新農民経営が少なくてすむ村落として考えられるのは、第一にはもともと比較的良好な条件におかれているなどの理由により経営放棄が相対的に少なくてすんでいる村落である。じつは次章で述べるように初期集団化運動でもＬＰＧ化が進まない新農民村落、あるいはＬＰＧ化が行われたにしても村の少数派による集団化にすぎず「六月事件」を契機に解散してしまう新農民村落がかなりの数だけ存在している。こうした村落がこの第一の場合に対応すると考えられる。

第二に考えられるのは、脆弱な新農民経営を主体として、村の多数派によってＬＰＧが立ち上げられている場合である。「六月事件」後も、なおＬＰＧがそれなりの意義をもって存続し、むしろ拡大している場合はおおむねこうしたパターンである。この場合、ÖＬＢの管理する放棄経営数は少ない傾向を示すが、それはＬＰＧがÖＬＢの代替機能を果たしているからにすぎない。[89]

したがって、これら二つの場合とは異なり、一九五五年中葉の時点でÖＬＢがなお多くの経営を管理している新農民村落というのは、多数の放棄経営を抱えながらもＬＰＧ化による解決がなお果たされていない村落、あるいはＬＰＧが経営的観点からこれを拒否している村落となろう。以下の一九五五年四月のガーデブッシュ郡からの報告にみる新農民村落の二つの事例は、こうした村の実態を伝えるものである。[90]

一つはもともと周辺的な位置におかれたヴェーベルスフェルト村の例である。この村は交通条件が悪く、すでに戦時中より農地の荒廃が進んでおり、かつ戦後は農地の半分を赤軍に占領されたという。また「あらゆる種類の職業に属する人々」に農地を与えたと書かれている点から脆弱な難民入植者が多い村である可能性も高い。一九五五年時点では「解約」――「経営返上」と同義である――六件、「逃亡」六件、「空き」五件、計一七件という多数の新農民の経営放棄が生じている。家畜不足が深刻でまともな畜舎も存在せず必要に応じて「仮設畜舎」

に収容されるだけであり、さらに数百メートルも離れたところに水を汲みに行かなければならないほどであった。おまけに負債が累積しているために追加融資どころか社会保険料未払いで医者にかかることすらできない。そもそも交通事情が悪いので医者が往診を拒否する、とまで書かれている。

注目すべきはこの村の逃亡者シェフェルマイアーの逃亡理由である。彼は自らの逃亡について「ここにはＬＰＧが建設されない、だからこの村を出るんだ」と言っていたという。そのうえでこの報告者は「ＬＰＧ化の前提条件はどこにもないにもかかわらず、この村落ではＬＰＧを結成することだけが唯一の解決方法である」と述べている。ここでいうＬＰＧ化の前提条件とは経営的な条件である。

同じく「困難な村」とされながら、これとは事情が異なるのが同郡メーツェン村の事例である。この村は、「解約」七件、「逃亡」三件、「空き」三件、計一三件の放棄経営を抱えている。このうち「解約」経営については、夫婦が高齢・病気・身障者で、かつ後継者がいない経営として三例があげられ（息子たちは職人希望であり、娘は結婚や逃亡等ですでに他出している）、さらに共同経営者の義父の引退によるものが一例、家畜の大量死によって経営気力を喪失したものが一例となっており、前述のギュストロー郡の分析とおおむね一致している。また一人は「メーツェン村を出て、ポクレント村のＬＰＧに加盟した」ともいう。

報告者は、当局の意向を反映しているのだろうが、ここでも問題の解決はＬＰＧ化しかないとしたうえで、それを阻害している要因として、村長の統治能力のなさとともに、「職業仲間たちの間であらゆる点で模範的であり顕著に優良な経営を行っている」新農民ミチュロッホがＬＰＧ化に反対していることをあげている。この模範農民は「ＬＰＧ加盟に敵対するつもりはないが、しかしＬＰＧからは何も生まれないという見解である。彼は個人農として毎年、八千～一万ドイツ・マルクの自由販売分（供出ノルマを除いた国家への売却分による利益――引用者）を稼いでいるが、ＬＰＧに加盟すればこれを失うことになる」と主張しているといわれている。

ヴェーベルスフェルト村の事例がもっとも劣悪で悲惨な新農民村落の事例であるのに対して、メーツェン村の事例はＬＰＧなき新農民村落のなかではおそらくかなり一般的な事例であったと思われる。つまり個人経営の存立が優先され、村落としては非耕作地の増大に対する明示的な関心を表明せず、あえてＬＰＧ化による「解決」も志向しないという態度である。すでに述べたように、「共和国逃亡」を決行しなくても「複合経営」解消や「婚姻」による経営の選択と集中にみられるような処し方が一部の新農民には存在していた。メーツェン村の事例は、そのような新農民の行動をベースにした村の対応といえるかもしれない。その意味では、それは一方で当局のＬＰＧ化政策に対して明らかに距離をおいた態度であるが、同時に他方では村の新たな「社会的弱者」の扶養責任を拒否し、当局に預けてしまう処し方だともいえる。ガーデブッシュ郡の報告が「土地改革の時は新農民経営に多くの関心が向けられたのに、現在では多くの村では無関心が支配的である」と述べているのは[91]、こうした村の人々の行動を反映していよう。こうした状況が生じたのは、第一に、旧農民村落と比較した場合の新農民村落の村落統治能力の弱さであり、第二に、当局にとっても、生産力的な観点からみたときに、新農民の耕作放棄問題よりも旧農民の大農の「荒廃経営」問題のほうがはるかに深刻なものとして意識されていたからではないかと考えられる。

おわりに

本章は新旧農民の「共和国逃亡」を手がかりにしながら、その周辺に拡がる問題群を探りあてていくことで一九五〇年代前半から中葉におけるメクレンブルク地方の農村問題のありようを照射することを狙いとした。これまでの叙述からわかるように、それは「強制的集団化の裏返しとしての農民の大量逃亡」論だけでは語りきれない複合的な要素を内包する現象であり、また、当該期の広範で深刻な農業荒廃を浮かび上がらせるものであった。以下、新旧農民別に本章のポイントを整理しておこう。

旧農民村落に関しては、まず第一に、一九五二・五三年における出来事の歴史的画期性が指摘されなければならないだろう。村ごとの差異が大きいものの、とくに「壊滅型」村落に象徴されるように、かなりの村においてそれは大農層の村落へゲモニーの歴史的終焉に帰結した。大農たちの多くは「共和国逃亡」の形で村から姿を消したが、しかし「壊滅型」村落において大農経営の半数程度がすでに「荒廃経営法」の対象となっていた点にみられるように、この出来事は一九五二年七月に先立つ反大農政策の作用を抜きには理解できない。本章の狙いの一つは、「荒廃経営法」のもったこの歴史的意義を、大農の「共和国逃亡」との関わりにおいて再発見することにある。と同時に、「荒廃経営」の接収理由の分析からは、一九四九年以降の累積的ともいえる「反大農政策」のもった甚大な影響のみならず、第二次大戦が旧農民の経営者と基幹的家族労働力に与えた想像以上に大きな傷跡が浮き彫りになったのであった。

第二に、大農経営接収後の処理に関わっては、LPGへ移管された接収経営は二割ほどにすぎないこと、接収された経営は当初は「信託公社《トロイハント》」に移管され、後にÖLB《エー・エル・ベー》の管理下に入るが、逃亡を選択せず村に残存することになった人々は、このÖLBの経営者、あるいは農業労働者として従来の経営に従事する場合があったこと、および住宅利用においては残存農民家族は不遇な状況を強いられる場合が多々あったことが明らかとなった。こうした背景には住宅不足に苦しむ村内下層民からの強い要請と、「良質な労働力確保のために」大農住宅を必要と考える郡当局による方向づけという二つの圧力が作用したと考えられる。なお、くどいようだが、従来のような西へ逃げた人々の視点から語られる農民の「共和国逃亡」論では、こうした「村に残った人々」の問題が抜け落ちてしまうことも、ここではあわせて指摘しておきたいと思う。

次に新農民に関しては、第一に、そもそも農民逃亡問題を一九五〇年代の新農民問題の新たな局面展開との関わりで論じようとする問題意識自体が従来ほとんどなかったが、現実には、新農民の「共和国逃亡」は、農村流出が顕著となる一九五〇年代初頭からほぼ恒常的に発生していたことが明らかとなった。とくに「六月事件」後ともなれば、旧農民の逃亡者が減少するのとは対照的に、農村青年（新農民子息を含む）ほどではないにせよ、新農民たちの「共和国逃亡」は継続的に発生しつづけている。注目すべきは、彼らの逃亡理由が、農民的というよりはプロレタリア的であるという点である。旧農民の逃亡が政治的規定性を帯びた経営問題と強く連動していたのに対し、新農民の逃亡理由で顕著なのは、夫婦の不和にみられるような私的な理由づけであった。さらにまた、経営世襲に関する自覚が乏しい彼らの子弟に対する態度も、当該期の農村逃亡者の主役である「農村青年層」の流出を促すこととなったことも見逃してはならない点であろう。

第二に、他方で、新農民の「経営返上」の理由の分析からは、もはや土地改革期のような家畜・牽引力不足ではなく、家族労働力の不足こそが新農民経営継続のネックとなることがわかった。しかしこれは、裏を返せば、新農民の対処の仕方としては、「逃亡」や「ＬＰＧ化」とは異なる方法、すなわち「複数経営の限界」を理由とした「返上」や、新農民同士の婚姻による一方の経営の「返上」に典型的にみられるように、家族労働力の確保が見込める限り、経営の選択と集中により経営改善を図っていく現実的可能性が存在していたことをも意味するだろう。つまりは、当該期の新農民の行動に関しても、「経営放棄→農村逃亡、さもなくば集団化か」という単純な論理だけで語りきれるものでは毛頭ないのである。確かに経営的に脆弱な村落では、「六月事件」後においても村落包括的なＬＰＧ化による「解決」がはかられていくが――それすらも困難な最悪な場合に絶望的な離村が生じる――、他方で、もともとＬＰＧ化に反応しない村落や、「六月事件」後にＬＰＧを解散してしまうほどの村落においては、耕作放棄地の問題を放置したまま個人農としての生き残りが明瞭に志向される傾向がみられるのである。新農民の老齢化と青年労働力の流出の同時進行が広範な新農民経営の弱体化と経営放棄を引き起こすと同時に、しかし家族労働力を軸とする優良新農民経営が局地的ながら成立するような二重の状況が生起していたこと、この点は第六章で個別村落に即してより詳細に論じられるであろう。こうして個人農を軸とした新農民村落においても、五〇年代前半から中葉にかけて新たな村落再編が進行していったのである。

本章は、一般には集団化の時期とされる一九五〇年代を、新旧農民村落の農業荒廃に絡めつつ「共和国逃亡」とこれに密接に関わる問題領域から見直す試みであった。これまでの叙述から、新旧農民別のあり方の差異はもとより、さらには新旧農民内部においても多様な「戦略」の可能性が開かれていたことがわかる。こうした「戦略」の多様性は、じつは農業集団化過程の多様なパターンとして現出することになる。この農業集団化の多様性を、バード・ドベラン郡を対象に、村を主体とするミクロヒストリーを通してより具体的に浮かび上がらせること、それが第四章以降の課題である。

注

(1) 本書第七章第一節484頁以下を参照のこと。

(2) 原語は Volkseigener Erfassungs- und Aufkaufbetrieb。農産物の調達および買取のための国家組織。具体的にはこの機関の郡支所が、義務供出分の調達、自由販売分の買取、およびそれらの貯蔵と販売を独占的に行うことになった。農民のいわゆる「自由販売分」も、この国家機関に売却されることになる。Bauerkämper, Ländliche Gesellschaft, S. 134. 供出価格と買取価格の二重価格制度に関しては、Berthold, T., Die Agrarpreispolitik der DDR. Ziel, Mittel, Wirkungen, Gießen 1972, S. 39ff.; Scherstjanoi, E., SED-Agrarpolitik unter sowjetischer Kontrolle 1949–1953, München 2007, S. 190ff. などを参照のこと。

(3) Bauerkämper, a. a. O., S. 134ff.

(4) ＤＢＤ設立は、新農民だけでなく難民の利益代表をも意識されていたという。その意味では難民比率が高いヴィスマール郡の新農民には受容しやすかったと思われる。この点も含めＤＢＤに関してはＴ・バウアーの研究を参照のこと。Bauer, T., Die Gründung der Demokratische Bauernpartzei Deutschlands, in; Melis, D. (Hg.), Sozialismus auf dem platten Land: Tradition und Transformation in Mecklenburg-Vorpommern von 1945 bis 1952, Schwerin 1999, S. 281–319; Dies., Blockpartei und Agrarrevolution von oben. Die Demokratische Bauernpartei Deutschlands 1948–1963, München 2003.

(5) Bauerkämper, a. a. O., S. 134–139; Schöne, J., Landwirtschaftliche Genossenschaftswesen der SED/DDR, in; Kluge, U. (Hg.), Zwischen

Bodenreform und Kollektivierung, Stuttgart 2001, S. 157–158 ; Schöne, J., Landwirtschaftliches Genossenschaftswesen und Agrarpolitik in der SBZ/DDR 1945–1950/51, Stuttgart 2000.

（6）この裁判ではメクレンブルクのライファイゼン組合の州役員八名が「重大な経済犯罪」――具体的には州補助金の詐欺・横領――により、東ドイツ国家の建設と人民の財産に対し著しい損害を与えたとして起訴された。一週間の裁判ののちに、八人には懲役刑の有罪判決が下された（懲役一五年と八年が各二人、懲役一二年、六年、三年、二年が各一人）。裁判の様子は地元新聞で連日報道され――紙面には「農民の敵」「ユンカーの手先」「財政のハイエナ」「怠け者」「悪質汚職人」の言葉が踊ったという――、さらに判決当日の土曜日には、州裁判所に隣接するホテルが興奮する多数の人々によってあふれかえった。ホテルの正面には「政府は農民の資産を守る」と書かれた横断幕が掲げられ、ライトアップもされたという。Langer, K., „Ein solcher Prozess ist eine gesellschaftliche Notwendigkeit.“ Zu den Hintergründen des Güstrower Raiffeisen-Prozesses vom 10. bis 16. Juli 1950, in: Zeitgeschichte regional. Mitteilungen aus Mecklenburg-Vorpommern, 2002, H. 1, S. 37–46.

（7）大農とは農地面積二〇ヘクタール以上の経営である。これは第二帝政期の農業経営統計に起源をもつ階層区分であるが、北西ドイツや北東ドイツの農村の場合、事実上、大農はフーフナーとほぼ同義とみてよい。さらにこれらの地域では、第二章でみたように農民階層間の違いが家屋形態の違いとして明示的に可視化される。このため、確かに戦後東ドイツにおいても大農概念は政治的概念でもあるが、ソ連集団化においてみられた「クラーク」概念の恣意的適用がなされる余地は小さいと考えられる。

（8）Bauerkämper, a. a. O., S. 142f.; Scherstjanoi, a. a. O., S. 229–247; Schier, B., Alltagsleben im „Sozialistischen Dorf“ Merxleben und seine LPG im Spannungsfeld der SED-Agrarpolitik 1945–1990, Münster 2001, S. 58f.

（9）西ドイツでは「東ドイツ《デー・デー・エル》難民」と称され、新たなタイプの政治難民として受け入れられた。

（10）Nehrig, Ch., Der Umgang mit den unbewirtschafteten Flächen in DDR. Die Entwicklung der Örtlichen Landwirtschafsbetriebe, in: Zeitschrift für Agrargeschichte und Agrarsoziologie, Jg. 51 (2003), Heft 2.

（11）本章が主に依拠した Landeshauptarchiv Schwerin（以下、LHASと略記）所蔵の「荒廃経営関連史料」は下記のとおりである。LHAS, 7.21–1, Bezirkstag/Rat des Bezirkes Neubrandenburg, Nr. 2247, 2248, 2249.（郡別ファイルされたノイブランデンブルク県の荒廃農業経営関連の文書）

LHAS, 7.11–1, Bezirkstag/Rat des Bezirkes Schwerin, Nr. 3049, 3049/1, 3050/3051, 3052, 3053, 3054, 3055, 3056/3057, 3058, 3059, 3060.（シュヴェリン県の郡別の接収経営リスト、村落別の離村経営リスト、新農民の経営放棄に関する文書など）

(12) Gesetzblatt der Deutschen Demokratischen Republik（以下、GBl. と略記）, 1951, d. 12, Feb. 1952, Nr. 16, S. 75; GBl, 1952, d. 27. März 1952, Nr. 38, S. 227.

(13) 一九五二年三月一五日時点での当該州の「非耕作地」の内訳は、「土地改革用地」八万八七五〇ヘクタール、「その他」二万五四二六ヘクタールであるから、土地改革用地が占める割合は七七％となる。「その他」の内訳は小作地、村有地、林地、国営農場などとなっている。B-Arch, DK1, Nr. 3127, Bl. 49–53.

(14) 本書第一章第四節92頁以下を参照。

(15) GBl, 1952, d. 27. März 1952, Nr. 38, S. 225. 以下本章では、本立法第一条適用経営を「逃亡経営」、第二条適用経営を「不良経営」、第三条適用経営を「脆弱経営」と呼ぶことにする。

(16) GBl, 1952, d. 26. Juli 1952, Nr. 100, S. 615.

(17) GBl, 1953, d. 27. Feb. 1953, Nr. 25, S. 329.

(18) GBl. 1953, d. 15. Sept. 1953, Nr. 99. S. 983.

(19) Landesarchiv Greifswald（以下、VpLA Grfeifswald と略記）, Rep 200, 4.6.1.2, Nr. 134, Bildung der örtlichen Landwirtschaftsbetriebe, 1953. oh. Bl. 容易に予測されるように、二月一九日法適用者の返却率は三七％と高いが、これに対して七月一七日法適用者はわずか六％に過ぎない。Ebenda.

(20) 「荒廃経営法」の場合、正確には「接収」ではなく「移譲 Übernahme」という言葉が使われているが、その実態は「査定に基づく接収」以外のなにものでもない。したがって本章では「接収」という言葉を用い、文字通りの「接収」の場合は「強制接収」という言葉をあてることとした。

(21) LHAS, 7.11–1, Nr. 3050/3051, Aufstellungen über verlassene Betriebe und beabsichtigte Bewirtschaftungsweise, Übergabe an LPG bzw. Rückgabe an die Eigentümer, nach Kreisen und Gemeinde, Mitte 1953. この場合の「離村経営 verlassene Betriebe」とは、西への逃亡のみならず、「荒廃経営法」による経営接収や、「二月一九日法」の適用による逮捕などを契機とする「離村」も含んでいると考えられる。

(22) 集計単位が「行政村 Gemeinde」か「集落 Ort」かは不詳である。集落単位である可能性が高いと思われたが、ここでは序章で述べたとおり、あえて両者は区別せず、村・村落として同等に扱う。

(23) Niekammer's Güter-Adreßbücher, Band 4, Güteradreßbuch von Mecklenburg-Schwerin und Mecklenburg-Strelitz, Leipzig 1921.

(24) Statistisches Jahrbuch der Deutschen Demokratischen Republik 1956, hg. v. d. Staatlichen Zentralverwaltung für Statistik, 2. Jahrgang, Berlin(o) 1957, S. 350–351.

(25) もちろん一経営程度の減少は、戦前期か戦後土地改革期に生じている可能性の方が大きいと考えられる。

(26) B-Arch, DK-1, Nr. 885, Bl. 5. ただし括弧内は引用ではなく、筆者による要約である。

(27) Nieske, Ch., Vom Land und seinen Leuten. Leben in einem Mecklenburger Bauerndorf 1750 bis 1953, Schwerin 1997, S. 24–34.

(28) Ebenda, S. 24.

(29) Ebenda, S. 344. なお、ニースケは聞き取りによってフーフェ九経営が消滅したと述べているが、これは上記「離村経営者」ファイルのなかにあるツェルニン村「離村者」一覧において、名前があげられている二〇ヘクタール以上層の九名に一致している。ちなみに本村の「離村経営者」数は一二名であり、うち二月一九日法適用対象者は五名、経営返還されたものが二名となっている。ニースケの研究では経営返還についての言及はみられない。LHAS, 7.11–1, Nr. 3050, oh. Bl., Kreis Bützow, Zernin.

(30) Nieske, a. a. O., S. 344.

(31) ニースケのオーラルヒストリー研究では、女性大農シャルロッテ・ベーレンスは一九五一年に州農務省職員から「村の反動分子」と明言されたといい、さらに「一九五三年一月からツェルニン村農民に対する大規模な行動が開始され、村共同体は解体した。この村のオストプロイセン女性難民がビュツォーの美容院で郡女性職員と並んで座ったさいには、この郡女性職員が「いまにツェルニン村は一掃される。それでもそこに居残るやつとは短期で小さな戦争をすることになる、と満足げにしゃべっていた」と話したという。Ebenda, S. 335, 338, u. 341.

(32) Ebenda, S. 330–344. なおこの経営はその後ツェルニン村ＬＰＧの本部となっている。

(33) 「等級化」導入により、一九四九年以降、五〇ヘクタール以上層の単位面積あたりの穀物ノルマは、五ヘクタール以下層のそれに対して二倍に、一九五〇年以降はさらに三倍に設定されたという。Bauerkämper, Ländlichen Gesellschaft, Köln 2002, S. 143.

(34) Ebenda, S. 142–143; Schier, a. a. O., S. 59.

(35) なお、メクレンブルク・フォアポンメルン州は他州に比べても突出して「荒廃経営法」適用件数が多い州である。一九五二年一二月九日時点において、第一条および第二条適用により接収された経営数は計一二二四件で全東ドイツ（二二〇八件）の五五％を、農地面積でみても四万五〇五八ヘクタールで全東ドイツの五七・四％を占めている。B-Arch, DK1, Nr. 884, Bl. 14.

(36) 「荒廃経営法リスト」に基づいて数え上げた。LHAS, 7.11-1, Nr. 3057, oh. Bl. (Kreis Schwerin)

(37) 煩雑になるのでここでは掲載を省略した。LHAS, 7.21-1, Nr. 2248, oh. Bl. (Vorschläge für die Gewährung von Kredit nach § 3 der Verordnung über devastierte landwirtschaftliche Betriebe vom 20. März 1952, Kreis Pasewalk).

(38) LHAS, 7.11-1, Nr. 3055, oh. Bl., Bericht über die Verordnung vom 20. 3. 1952(devastierte Betriebe).

(39) 「荒廃経営法」に即してではないが、D・ランゲンハーンはニーダーラウジッツ地方のある村落の分析の中で当該期の農民を三つに分類している。第一が、経済力のある農民で、国家や党指導部の要求に対して自己主張をしようとしたグループ。第二が「供出ノルマを遂行する能力はあるが、ＳＥＤの計画に反対する立場から、「農民的ずる賢さ」を発揮して、供出義務を果たさない、あるいは故意に遅れて果たす、もしくは刑事処罰という恫喝の後にはじめて果たすような農民たち」。そして第三のグループが「経済的に脆弱なグループ」で、その具体的内容を「息子が戦死した旧農民、子供が農外流出した旧農民、農場経営をする余力のない年輩の単身婦人」としている。Langenhan, D., „Halte Dich fern von den Kommunisten, die wollen nicht arbeiten!“ Kollektivierung der Landwirtschaft und bäuerlicher Eigen-Sinn am Beispiel Niederlausitzer Dörfer 1952 bis Mitte der sechtiger Jahre, in: Lindenberg, T., Herrschaft und Eigen-Sinn in der Diktatur. Studien zur Gesellschaftsgeschichte der DDR, Köln 1999, S. 132f. ただし、分析対象とされた村落には大農が不在であったことにもよるのだろうが、この村落は反大農キャンペーンも「六月事件」も無縁のところとされており（Ebenda, Anm. 47, S. 132）、大農村落解体はこの論文では論点となっていない。ちなみにソルブ問題への言及――ナチ時代に抑圧されたポーランド系ソルブ人社会に戦後ドイツ人難民が流入する形をとったために、ソルブ社会は他地域とは異なる複雑な問題を抱えた（Ther, P., a. a. O., S. 289）――もほとんど論じられていない。

(40) LHAS, 7.21-1, Nr. 2248, oh. Bl., Protokoll aufgenommen am 15. 4. im Gemeindebüro in Buchholz (Kreis Waren). 括弧内の面積は筆者が一モルゲンを二五アール（四分の一ヘクタール）として計算した。

(41) LHAS, 7.21-1, Nr. 2248, Pasewalk d. 17. 6. 1952, oh. Bl.

(42) LHAS, 7.11-1, Nr. 3057, oh. Bl., Parchim, d. 18. 10. 1952.

(43) 例えば、パルヒム郡テソー村のツェルナー経営（二九・九ヘクタール）では、「労働者に対する処遇がひどいために、この経営には労働者がいなくなり、経営放棄の状態に至った」という。Ebenda.

(44) LHAS, 7.11–1, Nr. 3058, oh. Bl., Schwerin d. 21. 04. 1952.

(45) さきにあげたニースケの研究で登場するビュッツォー郡の女性大農シャルロッテ・ベーレンス経営も、一九四六年から通貨改革の時期にかけては、キャベツ、ブロッコリー、トマトなどの野菜類や、ウサギの飼育、花卉栽培など、供出対象作物を迂回するかたちでの収益追求がなされている。その際、とくにウサギ毛については、オストプロイセン難民である老婦クララが紡ぎ、これをヤミでベルリンの知り合いに売却したという。また花卉については、妹のクリステルが「早朝、花束を二つの籠に入れて、八時の列車でシュヴェリンへ行き」、プファッフェン池に出店を出して商品を並べると、花束は飛ぶように売れたという。その後、花の栽培にはやはり女性難民で林官婦人だったタイジヒに助けを求め、花の販売に関しては一九四七年から農場で働いていたエリーを雇い入れた。その結果「私（クリステル）の稼ぎだけでシャルロッテの農場の女性労働者賃金の総額に匹敵するほど」になったという。Nieske, a. a. O., S. 321f. この回想からは女性大農家族が、居候の難民女性をうまく使って収益を上げていた様子がうかがえる。

(46) LHAS, 7.11–1, Nr. 3057 により数え上げて算出した。

(47) LHAS, 7.11–1, Nr. 3055, oh. Bl., Schwerin, d. 21. 10. 1952.

(48) デンミン郡カスリン村のルイーゼ（二〇・五ヘクタール）の事例をあげておく。「経営には負債はない。所有者は単身女性であり、農場を一人で経営していく意思も能力もない。農業労働者ヴィルラートが小作人として配置（einsetzen）されることになるだろう。家畜保有は完全に不十分である。建物は少しの修理できちんとしたものとなる。」LHAS, 7.21–1, Nr. 2247, oh. Bl., (Kreis Demmin).

(49) LHAS, 7.11–1, Nr. 3055, oh. Bl., Schwerin, d. 21. 10. 1952.

(50) なお、表3–5の「備考（接収理由など）」欄からは、労働力不足が決定的な作用を与えたことが読みとれる。

(51) LHAS, 7.11–1, Nr. 3055, oh. Bl., Schwerin, d. 21. 10. 1952.

(52) LHAS, 7.11–1, Nr. 3058, oh. Bl., Groß-Thurow, d. 09. 07. 1952. ちなみにこの報告によれば、この三経営のうちの一つのランゲンホフ経営（七一・〇ヘクタール）においては、所有者が一九五二年六月一六日に「共和国逃亡」し、妻（五一歳）、息子（一八歳）、父（八七歳）、姉（七三《ママ》歳）が村に残された。「残された家族は今も同じ農場で暮らし」、「特に逃亡者の息子は素行が非常に悪く、われわれの政策に対して常に否定的である。例えば彼はこの村の女性農業労働者ゲルトルートに対して、『今に見ていろ、すぐに状況は変わる。そしたらおまえたちは鞭打ちで、それ以上生かしておかないからな』と言っている」と書かれている。そして、この経営には農業労働者が三名いるとされ、頭部損傷の三〇歳の男とともに、妻と息子があげられている。同じく所有者が逃亡し、母（六〇歳）だけが残されたシュルツ経営では、農場の旧農業労働者四名が、そのまま農業労働者としてカウントされている。

(53) 一九五三年一月二四日の文書では、「荒廃経営」の農業労働者の食料事情は農民経営の農業労働者や国営農場の農業労働者に比べても著しく悪化、そのため彼らの急速な流出を惹起し、その結果、より一層の労働力不足となったために春耕が懸念される事態になった、と述べられている。LHAS, 7.11–1, Nr. 3058, oh. Bl., Schwerin, d. 24. 01. 1953.

(54) B-Arch, DK1, Nr. 3127, Bl. 19.

(55) 難民の家財問題については本書第二章161頁を参照。

(56) LHAS, 7.11–1, Nr. 3055, oh. Bl., Bützow, den 28. 08. 1952.（Hans Beyer 氏からドイツ国民民主党（ＮＤＰＤ）宛の告発文書。）

(57) Nieske, a. a. O., S. 337.

(58) LHAS, 7.11–1, Nr. 3058, oh. Bl., Groß-Thurow, d. 09. 07. 1952.

(59) LHAS, 7.11–1, Nr. 3052, oh. Bl., Parchim, d. 17. 06. 1954.

(60) LHAS, 7.11–1, Nr. 3049, oh. Bl., Schwerin, d. 08. 08. 1952. これによれば同県の非耕作地総面積は二万五四七六ヘクタールとなっているから、これに占める「空き」新農民経営の農地面積の比率は三三％となる。この数字を見る限り、農地面積の上では旧農民の逃亡のもつ影響の方が同県でははるかに大きかったということになる。Ebenda.

(61) B-Arch. DK–1, Nr. 3127, Bl. 49–53 (Maßnahmen zur Bewirtschaftung devastierter Betriebe, 2 Bde., 1950–52). この文書によれば一九五二年五月三〇日の当該州における新農民の非耕作地（土地改革用地に属する）は八万八五七〇ヘクタールとされている。シュテキヒトによれば当該州の一九五〇年の土地改革用地は一〇七万三五七八ヘクタールであるから（Stöckigt, R., Der Kampf der KPD um die demokratische Bodenreform, Berlin 1984, S. 260）、単純計算で八・二％となる。なお別の資料では当該州の一九五二年四月二五日の非耕作地は八万九五六七ヘクタールとなっている。LHAS, 7.11–1, Nr. 3055, oh. Bl., d. 25. 04. 1952.

(62) B-Arch, DK1, Nr. 888, oh. Bl., d. 06. 08. 1955.
(63) Ebenda.
(64) LHAS, 7.21–1, Nr. 2249, oh. Bl. Neustrelitz, d. 05. 08. 1954 (Situationsbericht), u. Dez. 1954 (Situationsbericht).
(65) 本章ではＬＰＧ農民の逃亡分析は行わないが、第一に「ＬＰＧ農民の場合は、たいていは争いごとである。組合長のセクト的な態度が組合員に影響を及ぼしている場合や、あるいは組合長とその支持者たちに隠し事がある場合である」といわれていること（B-Arch, DK1, Nr. 888, oh. Bl., d. 06. 08. 1955）、第二に、とくに全面的集団化の時期は、ＬＰＧ農民の逃亡の急増がみられるが、これは現実には一端ＬＰＧ農民になった旧農民層の逃亡を意味するものであることを指摘しておく。Vgl. VpLA, Greifswald, Rep. 200, 4.6.1.1, Nr. 258; VP Rapporte, VP Information, Enth. Landwirtschaft Information, 1959–1960.
(66) 先のロストク県出張調査報告には「離村新農民のほかに、ＭＴＳ、国営農場、ＬＰＧ、農業労働者、および個人農子弟の逃亡数が高い水準にあることが確認された。これは上記の数値（表3–6(1)をさす——引用者）に一部は含まれていたり、あるいは含まれていなかったりする数値である」と述べられている。B-Arch, DK1, Nr. 888, oh. Bl., d. 06. 08. 1955.
(67) 一般に一九三〇年代以降生まれの青年層については、労働能力の低さが問題であったとされている。Schwartz, M., Integration und Transformation. >Umsiedler<-Politik und regionaler Strukturwandel in Mecklenburg-Vorpommern von 1945 bis1953, in: Melis, D. (Hg.), Sozialismus auf dem platten Land, Mecklenburg-Vorpommern 1945–1952, Schwerin 1999, S. 177–178.
(68) 表3–8に示されたデンミン郡の逃亡数の変化をみるかぎり、数字が欠落する一九五三年を除けば、新農民経営者の逃亡数はおおむね年間二五人程度である。
(69) LHAS, 7.21–1, Nr. 2249, oh. Bl., d. 07. 06. 1956 (Betr. Informationischer Bericht der Staatlicher Kontroll über Republikflucht von Neubauern).
(70) LHAS, 7.21–1, Nr. 2249, oh. Bl., Demmin, d. 06. 12. 1956.
(71) LHAS, 7.21–1, Nr. 2249, oh. Bl., Demmin, d. 08. 08. 1956.
(72) Ebenda. ただしこの新農民は刑事事件を起こし、警察により調査が始まっていたとされる。
(73) Ebenda.
(74) LHAS, 7.21–1, Nr. 2249, oh. Bl., Ueckermünde, d. 08. 05. 1955.

(75) LHAS, 7.21–1, Nr. 2249, oh. Bl., Ankram, d. 19. 11. 1954.

(76) LHAS, 7.21–1, Nr. 2249, oh. Bl., Altentreptow, d. 25. 10. 1954.

(77) LHAS, 7.21–1, Nr. 2249, oh. Bl., Ankram, d. 15. 02. 1955.

(78) LHAS, 7.21–1, Nr. 2249, oh. Bl., Demmin, d. 20. 07. 1954, Demmin, d. 09. 05. 1955, Demmin, d. 30. 03. 1955, u. Demmin, d. 16. 01. 1956.

(79) LHAS, 7.21–1, Nr. 2249, oh. Bl., Altentreptow, d. 05. 02. 1953.

(80) B-Arch, DK1, Nr. 888, oh. Bl., d. 06. 08. 1955.

(81) 本章第三節4で言及するガーデブッシュ郡の新農民報告では、当郡では「土地登記がほとんど行われていない。土地台帳では少なくとも八〇%が所有の変更を行っていない。こうした事態は既に一九四八年から一九五〇年において生じている。このため新農民たちは自分が土地所有者であると感じていないし、実際にまた所有者でないのである」、と述べられている。LHAS, 7.11–1, Nr. 3049–1, oh. Bl., Gadebusch, d. 05. 04. 1955.

　なお土着か難民かの新農民の出自の違いにより「共和国逃亡」に差がみられるかどうかという点については、本章で扱ったノイブランデンブルク県史料からは確定的なことはいえなかった。（本節の主眼はあくまで「共和国逃亡」にみる旧農民と新農民の歴史的文脈と行動パターンの相違である。）ただし、次章以下で詳細に論ずるように、ロストク県バート・ドベラン郡の分析からは、村政を担う有力な難民層につながらない脆弱経営を抱える難民新農民層、および村政に存在感を示し得ない旧土着労働者出自の新農民難民層の両者は、村落との結びつきが相対的に弱く離村傾向も高かったと考えられる。また、本節の対象としたノイブランデンブルク県は、もともとグーツ村落の比重が高い地域であり、ロストク県に比べると旧土着労働者の新農民比率も相対的に高い（巻頭地図2参照）。このことから、本章で述べたようなプロレタリア的要素が強い人々の行動とは、旧土着労働者の人々の行動様式を比較的強く反映したものではないかと考えられる。

(82) LHAS, 7.11–1, Nr. 3049–1, oh. Bl. (7. April -Baracke- 3151/55; Betr. Analyse für Anträge auf Abgabe von Neubauernstellen sowie Alt- und Großbauernstelle und Republikfluchtiger.)

(83) Ebenda.

(84) Ebenda.

(85) LHAS, 7.11–1, Nr. 3049–1, oh. Bl., Gadebusch, d. 05. 04. 1955. この文書では、具体例としてノイシュタインベック村の元新農民ヴィツキの例があげられている。彼は一九五四年に経営返上を申請し、「筋変性と加齢のため、これ以上入植地経営に従事できない」という医師の診断書に基づき、郡「一般農業問題」委員会によって返上が許可され、経営はÖLB《エー・エル・ベー》に引き渡された。しかし返上直後、彼はクレムブ村ÖLBにおける労働を受け入れた、とされる。

(86) Clement, A., a. a. O., Tab. 37 の数字から。ただし〇・五ヘクタール以下経営は計算から省いた。なお表3–9の数値は、ちょうどÖLBをLPGに転化する政策が開始される時期にあたるものである。

(87) なお、表3–9右欄の原史料は、一九五五年三月という日付からみて、ÖLBのLPG化を推進している過程に作成されたものと思われる。この時点でシュヴェリン県においてÖLBのLPG化が早期に進められたのはシュヴェリン郡とハーゲナウ郡であり、ギュストロー郡は相対的に遅れていることから（LHAS, 10. 34–3, Nr. 989, oh. Bl., Schwerin, d. 05. 06. 1955, Situationsbericht und Übersicht über die Umbildung bzw. Anschluß von ÖLB zu LPG in der Zeit vom 1.1. 1954 –28. 02. 955, S. 2)、本表の「ÖLB管理下の新農民経営」の数値は、全体としてÖLBのLPG転化以前の状況をよく反映するものと考えられる。

(88) ただしギュストロー郡はもともと大経営が支配的な郡であるためであろうが、絶対数だけみると「新農民非耕作地」の総件数と総面積が他郡に比べて非常に高い。LHAS, 7.11–1, Nr. 3049, oh. Bl., Schwerin, d. 18. 08. 1952, Zusammenstellung.

(89) 次章以下に見るように、一九五四年以降、ÖLB対策としてこれをLPGに転化していく政策が郡主導で推進されるが、これは主として大農村落を対象としており新農民村落ではこのパターンは相対的に少ない。

(90) LHAS, 7.11–1, Nr. 3049–1, oh. Bl., Gadebusch, d. 05. 04. 1955.

(91) Ebenda.

第四章　農業集団化のミクロヒストリー（1）
―新農民村落　一九四五年～一九六一年―

ケーグスドルフ村のグーツ屋敷

2003年7月13日，筆者撮影．この時点では，グーツ館は荒れ果て ―― 正面1階右側の窓の上には「別荘ケーグスドルフ」と書かれた古びたプレートがかかっていた ――，屋敷地の前には建物の購入者を求める大きな看板が立てられていた．その後，2004年に改修され，現在はバカンス用の宿泊施設（Ferienwohnung）になっている．ケーグスドルフ村については本章第2節を参照．

はじめに

1．東ドイツ農業集団化の三つの局面

土地改革施行からほぼ七年後の一九五二年七月、SED《エス・エー・デー》第二回党協議会において党総書記ウルブリヒトが「農業の社会主義化」を宣言、ここに東ドイツ農業の集団化が開始されることとなる。そして約八年後の一九六〇年四月、農業集団化は「完了」するに至った。しかしこの集団化は直線的に進行したわけではまったくない。一九五〇年代の東ドイツ農業集団化は大きくは以下の三つの局面を経て進行していくこととなった。

第一の局面は、一九五二年七月から一九五三年六月にわたる時期である。第三章で詳述したように、新農民を主体とするLPG設立が進む一方――そのピークは収穫後の一九五二年末から一九五三年初頭である――、これとは別に「大農弾圧」がなされた点にこの時期の大きな特徴があった。しかし同年三月、食糧不足を予感させる春耕危機、「共和国逃亡」の急増、さらにスターリン死後におけるソ連指導部のドイツ問題に関する方針転換などが重なって「社会主義化」路線の行き詰まりが顕著となり、同年六月九日党コミュニケにより新路線を宣言、その直後に勃発した六月一七日事件により、路線の挫折と党権威の失墜が明白になるのである。(1)

第二の局面は、一九五三年七月から一九五七年夏にかけての時期である。第一局面における大農弾圧や「共和国逃亡」により発生した放棄地が「六月事件」後に「村落農業経営」(以下、ÖLB《エー・エル・ベー》)の管理に移ることになるものの、その経営問題が深刻化。その解決策として一九五四年から一九五五年にかけて、ÖLBの既存LPGへの吸収合併ないしÖLBからのLPG新設が、相当規模で進行してゆく時期である。従ってこの時期を集団化停止局面とみなすことは、じつはまったくできない。しかし政策的には一九五六年二月のスターリン批判、同年六

月のポズナン暴動とこれを契機とするポーランドの農業集団化放棄宣言、および同年一〇月以降のハンガリー動乱など一連の非スターリン化にかかわる重大事件が東欧圏で進行するなか、東ドイツにおいても農業集団化政策に対する批判が表面化した。この局面を農政部面で象徴するのが「小農主義的な社会主義」ともいうべき路線を唱えたクルト・フィーヴェクの登場であった。これは土地改革理念に通底する路線ともいえるものであった。しかし一九五七年一月、ウルブリヒトによるフィーヴェク批判が始まり、同年三月フィーヴェクは党を除名され、あっけなく失脚してしまう[2]。このフィーヴェク粛清により中央レベルにおける小農主義の敗北、したがって上からの再集団化路線が決定的となったとみてよい。

そして、第三の局面が、一九五七年秋から一九六〇年四月までの時期である。一九五七年一〇月第三三回中央委員会総会にて全面的集団化路線が決定、これをうけ一九五七年末より集団化運動が再開。さらに翌一九五八年七月開催の第五回党大会を経て、同年収穫後より集団化が本格的に加速されていく[3]。最終的には翌一九五九年収穫後から一九六〇年春にかけ強制的な様相を帯びつつ農業集団化が一気に強行され、同年四月二五日には全面的集団化の完了宣言がなされるに至るのである。このように第三局面では、ほぼ一年ごとに集団化の水準が段階的に引き上げられていくのだが、とくに最終局面の一九六〇年の一～三月については、その強制的側面に着目する観点から、一般に「強制的集団化」と呼ばれてきた[4]。

2. 本章の課題

以上が東ドイツ集団化過程の概略である。時期的な「ぶれ」の大きさが顕著だが、しかし東ドイツの集団化の特徴は、これだけにとどまらない。いなそれにもまして本書が注目したいのは、繰り返し述べてきたところであるが、集団化のパターンの多様性である。序章でも述べたように、こうした多様性の理解のためにこそ、本書では村落形態の差異をベースにした村民の主体のありよう、彼らがとった集団的ないし個別的な行為の特徴を具体的に分析することを試みる。これを通して東エルベ農村における「社会主義」権力の形成過程が、上からのＳＥＤの強制の契機からのみではなく、戦後東ドイツ農村の社会史に条件づけられたある種の「弁証法」として理解可能になるのではないかと思うからである。別言すればそれは独裁下においてなお存在した「民衆的戦略」の余地に着目するということでもあろう。(5) さらに、従来の集団化研究においては、社会史的な研究であっても州レベルのマクロ的な叙述か、逆に特定村落に閉じたモノグラフであることが多く、同一エリア内にみられる集団化の多様性に着目した研究は、管見の限りこれまで存在しないことも併せて指摘しておきたい。以下、これ以降の各章では、分析対象をロストク県バート・ドベラン郡の村々に対象を限定し、集団化と村落再編に関するミクロ史的な分析を施すことを通して、この多様性の意味を明らかにすることが目的となる。(6)

第四章と第五章において主として依拠するのは、バート・ドベラン郡の郡アルヒーフに所蔵されている一九五〇年代のＬＰＧ史料およびゲマインデ・アルヒーフである。前者のＬＰＧ史料は粗密こそあれ、個々のＬＰＧごとに関連文書がファイリングされて整理されているのが特徴で、同一郡に属する複数のＬＰＧ化の過程が各村落や集落に即した形で判明する点に最大のメリットがある。本章ではまず第一節でこの史料に基づきながら当該郡における一九五〇年代の集団化の村落ごとの特徴を一覧にすることで、郡全体の集団化の動向と集団化のパターンを類型化する。そのうえで新農民村落の対照的な二村の集団化過程を詳しくみてゆく。すなわち、第二節においては土地改革により難民新農民が村政を掌握し、彼らを担い手として早期集団化を果たしたケーグスドルフ村の事例を、可能な限り個人の行動のレベルまで掘り下げつつ分析する。第三節ではこれとは対照的に村内少数派によりＬＰＧが設立されるものの、「六月事件」によって解散を余儀なくされ、その後の全面的集団化においても上からの集団化に対する反応が鈍かったディートリヒスハーゲン村の事例を――ケーグスドルフ村ほどに詳しくはないが――分析することにする。さらに第五章では旧農民村落の集団化の二類型を、最後に

第六章では初期集団化に反応しなかった村落群――優良新農民村落と困窮型村落――について論じる。これらを通して一九五〇年代におけるバート・ドベラン郡農業集団化の全体像を浮かび上がらせていきたい。

第一節　バート・ドベラン郡集団化の全体動向

1．郡全体の動向

バート・ドベラン郡はロストク市の西に位置するバルト沿岸部の農業郡である（本書巻頭地図3・4を参照）。既に述べたように、本郡は一九五二年八月の行政区再編によりヴィスマール郡の東部とロストク郡の西部を統合して新設されるが、もともとの両者の地域的な構造の違いは、郡内の農業地域の構成に反映している。すなわち郡西部の旧ヴィスマール郡の区域は、かつてワイマール期の行政区画上では「騎士農場管区 Ritterschaftliches Amt」として区分されたような農場制村落が優勢であり、集落の中心にグーツ館を構える典型的なグーツ村落が展開しているところである。これに対して郡東部の旧ロストク郡はそうした「農場管区」の区域は相対的に少なく、ワイマール期の行政区画上は「州有地管区 Domanialamt」とされる地域が中心である。このため旧農民村落の比重が相対的に大きく、グーツ経営に関しても「限嗣相続」などの特異な権限が付随しない通常の市民的農場や、いわゆる「州有地農場借地人 Domänenpächter」形態のグーツ経営――もちろん第二帝政期メクレンブルク公国の御料地農場の遺産である――が数多くみられる。M・ニーマンの研究によれば、一九三九年のグーツ経営の平均的な経営面積はロストク郡が四四〇ヘクタール、ヴィスマール郡が三八一ヘクタール、同農地面積はそれぞれ二七六ヘクタール、二五〇ヘクタールである。旧メクレンブルク州の州平均五六一ヘクタールと比べると低い数字であるが、しかしこの平均値は巨大地主による上方バイアスがかかった数値であり、第一章で述べたように最頻度の経営規模は二〇〇～五〇〇ヘクタールといわれ、また土地改革対象農場の平均規模は単純計算で三七五ヘクタールであった。したがって両郡の農場規模はおおむねほぼ平均的であるが、「州有地借地農場」が優勢な分だけロストク郡の農場規模の方が大きいと考えてよいだろう。またヴィスマール郡は粘土質の重質土壌であるといわれており、この点で旧ポンメルン地域やノイブランデブルク県などの砂質の軽質土壌に比べれば、相対的に優良地に恵まれているといえる。(7) なお、バート・ドベラン郡は四つのMTS《エム・テー・エス》管区に分けられ、郡東部にはMTSイエーネヴィッツとMTSラーデガストが、郡西部にはMTSレーリクとMTSラーヴェンスベルクがおかれていた（巻頭地図4を参照）。これらのMTS管区は、領域的には一九五二年八月の行政区再編以前のMAS《エム・アー・エス》管区をほぼそのまま継承したものと考えられる。

さて、個別事例の分析に移る前に、本節ではまず当郡農業集団化の全体動向をみることでLPG化のパターンをいくつかに類型化しておきたい。

そこでまず表4-1をみられたい。これは各種文書をもとにバート・ドベラン郡のLPG数、組合員数、農地面積に関する情報を時系列で整理してみたものである。まず時期的な動きについてみると、本郡の集団化もまた全国的動向に対応していたことがわかる。LPG数が一九五三年から一九五四年にかけて四一組合から三一組合に減少しているが、これは「六月事件」によるLPG解散を反映したものである。逆に一九五四年から一九五五年にかけてはLPG数の増大が、さらに集団化運動としては停滞期であるはずの一九五六年から一九五八年にかけても各指標の増大と平均経営規模の増大が読み取れるが、これらはÖLB《エー・エル・ベー》を資源とするLPG新設、ないし既存LPGによるÖLB農地の引き受けがなされたことを意味している。最後に一九五九年から一九六〇年の各指標の急激な上昇は、ロストク県の全面的集団化が一九五九年末から一九六〇年三月の時期に一気になされたことを物語っている。

表4-1　バート・ドベラン郡の農業集団化の概況

		LPG数[1]	農地面積			組合員数	
			総面積 (ha)	同比率[2]	平均規模[3] (ha)		（うち婦人）
1952	12/31	19	1,044	*2.4%*	55.0	255	
1953	6月	41	(3,614)	*8.4%*	88.1	(605)	
1954	3/3	38					
1955	6月	54					
1956		51	9,859	*22.9%*	193.3	1,172	
1957	12/31		13,162	*30.6%*		1,538	456
1958	12/31	67	17,944	41.8%	267.8	1,985	
1959	12/31	74	22,185	51.5%	299.8	2,610	
	Ⅲ型	51	20,098	*46.7%*	394.1		
	Ⅰ型	23	2,087	*4.9%*	90.7		
1960	5月	110	35,969	*83.6%*	327.0	4,342	
	Ⅲ型	44	28,637	*66.6%*	665.0	3,479	828
	Ⅰ型	66	7,332	*17.0%*	111.0	863	98

注：(1) 1952年の郡再編時の当郡の行政村数は47といわれている．Buddrus, E., Durchführung, S. 18.（本書第5章注（64）397頁参照）

(2) 斜体は計算値．1958年のLPGの農地面積17,944ha，同占有比率41.8%から，総農地面積43,003haとし，これを基準として各年度の比率を計算した．1959年の数値に基づいて計算してもほぼ同じである．

(3) 平均規模は，LPG総面積をLPG数で除した値．

出典：1952年　1953年1月8日の数値．VpLA Greifswald, Rep. 294, Nr. 214, Bl. 34, より．

1953年　後掲表4-2を参照．ただし括弧を付けた数値はB-Archiv, DK1, Nr. 1207, Bl. 43より．

1954年　1954年3月3日の数値. VpLA Greifswald, Rep. 200, 4.6.1.2, Nr. 18, oh. Bl. より．

1955年　1955年6月13日の数値．VpLA Greifswald, Rep. 294, Nr. 214, Bl. 42–43より．

1956年　1956年10月18日の数値．VpLA Greifswald, Rep. 294, Nr. 214, Bl. 76f. より．

1957年　1959年8月14日開催の「LPG半年間の分析評価」に関する会議報告より．VpLA Greifswald, Rep. 294, Nr. 218, Bl. 1.

1958年および1959年：VpLA Greifswald, Rep. 294, Nr. 215, Bl. 93より．

1960年　1960年5月7/8日郡党指導者会議資料より．VpLA Greifswald, Rep. 294, Nr. 212, Bd 2, Bl. 106.

ただし仔細にみると、こうした一般的な理解には解消されない特徴もこの表からはうかがい知ることができる。この点で、まず第一に着目したいのは、第一期分のＬＰＧ化が郡全体では農地面積一割程度と相対的に小さいことである。しかし、これはＬＰＧ化がどの地域でもおしなべて弱いというよりは、村落ごとのばらつきが大きいためである。本郡ではＬＰＧ化に反応しない新農民村落があった一方で、全村をカバーするＬＰＧも存在していた。

第二に、全面的集団化の時期については、いわゆるⅠ型とⅢ型の区別が問題になる。耕地のみの集団化にとどまるⅠ型ＬＰＧに対して、Ⅲ型ＬＰＧとは、家畜の共同飼育と「労働単位（ＡＥ）」[8]による分配を基本とするより高度な集団化を意味する。[9]全国的には当該期の集団化に対する抵抗が小規模のⅠ型ＬＰＧの簇生として現れることとなる。本郡においても当該期にⅠ型ＬＰＧが急増するが、しかしその農地面積比率は約一七％にとどまり全国数値の三七・四％と比べ非常に低くなっている。[10]さらにそれ以上に興味深いのは、一九五九年から一九六〇年にかけⅢ型ＬＰＧの数が五一組合から四四組合に減少すること、およびⅢ型の平均経営規模が、計算値で四〇ヘクタール水準から六五〇ヘクタール水準へと急拡大していることである。これは当該期に複数ＬＰＧの合併が行われ、複数村落にまたがる大規模ＬＰＧが設立されたからである。[11]なぜ全面的集団化期にこうした合併・拡大が行われたのか。従来、この点に着目した研究は存在しないが、本章ではこのことのもつ意味についても考えてみたい。[12]

次に第一期のＬＰＧの内容をより詳細にみるため表4-2をみてみよう。これは当該期に設立されたことが確認できるＬＰＧ四一組合について、その情報を設立順に並べてみたものである。

この表から第一に気づくのはＬＰＧ設立の地域的な偏りである。当該郡の地理勘がないとわかりづらいが、全体としてＬＰＧは北西部バルト海沿岸地域からはじまり、郡東部地域、郡南部地域の順に設立されていく。[13]そして、この表に登場しない村落が当該期にＬＰＧが設立されなかった空白区となる。母数となる行政村（ゲマイ

（つづき）

	集落名（行政村名）[1] （太字は後掲表 4–4 で扱う LPG）	設立時[2]			1955 年 6 月 13 日[3]			面積増加率 / 解散日
		設立日	組合員数	面積（イ）	組合員数	面積（ロ）	型	（ロ）/（イ）
26	クライン・シュトレムケンドルフ（ペペロー）	1953.01.20	7	46.57		123.17	Ⅲ	2.64
27	ツヴェードルフ	1953.01.24	5	35.71	11	102.36	Ⅰ	2.87
28	**ケーグスドルフ（バストルフ）**	1953.01.27	13	96.64	12	123.06	Ⅲ	1.27
29	パンツォー（ノイブコフ）	1953.02.04	24	113.99	28	151.68	Ⅲ	1.33
30	**ピュショー（ラインスハーゲン）**	1953.02.10	14	47.40	13	60.01	Ⅲ	1.27
31	**ベルゲレンデ**	1953.02.12	4	29.81	5	33.71	Ⅲ	1.13
32	ザトー	1953.02.13	7	31.09	13	88.28	Ⅰ	2.84
33	ブロートハーゲン（レデリヒ）	1953.02.17	11	72.71	30	187.27	Ⅲ	2.58
34	**ゴロー**	1953.02.19	7	47.43				解散（'53, 7/15）
35	**シュテフェンスハーゲン**	1953.03.12	40	218.78	24	97.49	Ⅰ	0.45
36	レートヴィシュ	1953.03.13	18	91.87				解散（'53, 7/24）
37	**ローゼンハーゲン（ザトー）**	1953.03.13	6	56.00				解散（'53, 7/24）
38	**シュタインハーゲン（ラーデガスト）**	1953.03.20	9	39.20	5	23.12	Ⅰ	0.59
39	**アンナ・ルイゼンドルフ（ゴロー）**	1953.04.25	8	42.23				強制解散（1954, 12 月）
40	**ガースドルフ**	1953.05.06	8	61.09	9	35.11	Ⅰ	0.57
41	**アルト・カーリン**	1953.05.21	6	40.73				強制解散（1953, 7/7）
	（平均値）		9.44	60.57	16.23	113.57		

解散計	11
記載なし	1
縮小	6
計	18

注：(1) 集落名と行政村名が一致する場合は行政村名を省略した．1952 年の郡成立後の行政村区切りによる．
(2) 設立集会議事録による．VpLA Greifswald, Rep. 294, Nr. 219, u. Rep 200, 4.6.1.2., Nr. 142.
(3) VpLA Greifswald, Rep. 294, Nr. 214, Bl. 42–43. 他文書との照合から，ÖLB 引受前の数値と推定される．
(4) VpLA Greifswald, Rep. 200, 4.6.1.1, Nr. 134, Bl. 1.
(5) 解散に関する情報は，Kresiarchiv Bad Doberan, Nr. 1.1711 - Nr. 1.1746（後掲表 4–4 参照）による．
(6) Ⅰ型とⅢ型の違いについては本章注 (9) 317 頁を参照．

表 4-2　バート・ドベラン郡の LPG 一覧（1953 年 6 月事件前設立分）

	集落名（行政村名）[1]（太字は後掲表 4-4 で扱う LPG）	設立時[2]			1955 年 6 月 13 日[3]			面積増加率 / 解散日
		設立日	組合員数	面積（イ）	組合員数	面積（ロ）	型[6]	（ロ）/（イ）
1	**ヴィッヒマンスドルフ（ビュテルコフ）**	1952.07.15	10	87.36		記載なし		-
2	ハンストルフ（ハストルフ）	1952.08.15	11	69.1[4]	38	313.99	Ⅲ	*4.54*
3	**ホーエン・ニーンドルフ**	1952.08.16	7	47.06	5	28.32	Ⅰ	解散
4	**ディートリヒスハーゲン（イエーネヴィッツ）**	1952.08.28	6	40.33	5	26.58	Ⅰ	解散
5	メヘルスドルフ（ヴェンデルストルフ）	1952.09.01	7	33.54	7	30.35	Ⅰ	*0.90*
6	ケルヒョー（ザンドハーゲン）	1952.09.04	6	32.21	20	172.23	Ⅲ	5.35
7	バルテンスハーゲン	1952.09.25	3	22.64	15	159.57	Ⅲ	7.05
8	ガーズハーゲン	1952.09.26	5	47.69	8	76.7	Ⅰ	1.61
9	**アインフーゼン（シュマーデベック）**	1952.10.08	7	22.54				解散
10	**アルトホーフ（バート・ドベラン）**	1952.10.27	9	78.55	39	190.23	Ⅲ	2.42
11	**コノフ（ハストルフ）**	1952.11.03	6	42.78	3	19.8	Ⅰ	解散
12	ラーデガスト	1952.11.04	6	47.09	28	156.05	Ⅲ	3.31
13	プストール（ラーデガスト）	1952.11.06	5	52.94	18	169.74	Ⅲ	3.21
14	**パーケンティン**	1952.12.01	5	34.49	6	59.92	Ⅲ	1.74
15	シュタインハーゲン（キルヒ・ムルソー）	1953.12.19	3	29.96	18	188.82	Ⅲ	6.30
16	ベーレンズハーゲン（ラーデガスト）	1952.12.22	5	64.14	17	149.65	Ⅲ	2.33
17	**レーデランク（ザトー）**	1952.12.22	10	65.91	9	63.66	Ⅲ	*0.97*
18	ガーツァーホーフ（レーリク）	1952.12.31	7	41.39				解散(1953,7/6)
19	**グロース・ジーメン（シュマーデベック）**	1953.01.06	21	106.23				解散
20	キューリングスボーン	1953.01.13	4	29.49	13	119.17	Ⅲ	4.04
21	カーミン（カーミン・モイティン）	1953.01.13	13	116.64	17	180.3	Ⅲ	1.55
22	ヒンター・ボルハーゲン	1953.01.18	16	124.63	16	82	Ⅰ	*0.66*
23	グラスハーゲン	1953.01.20	4	27.33	29	156.8	Ⅲ	5.74
24	レチョー	1953.01.20	18	107.57	33	199.32	Ⅲ	1.85
25	**ホーエンフェルデ**	1953.01.20	6	40.50	9	65.75	Ⅲ	1.62

ンデ）ないし有力集落の数が不明なので正確な比率は出せないが、大まかにいえば北東部のロストク市近郊地区および旧農民村落地域と、郡西部旧「騎士農場管区」のうち南西部のノイブコフ市を中心とする地域が大きな空白区として浮かび上がる。前者は新農民比率の少なさで説明できるが、後者はそれでは説明がつかない。ここでは後者を念頭におきつつＬＰＧ化を傍観する新農民村落が、ある地域的まとまりをもって存在したことを確認しておこう。第六章で論じるようにこれらの地域こそは、一九五九年から六〇年初頭にかけての全面的集団化の焦点となる地域である。

第二に、設立時の規模をみると、そこにかなりのばらつきが認められる。もちろん実際には設立直後の数ヵ月間にかなりの人数が五月雨式に新加盟する場合があり、「六月事件」直前の時点ではＬＰＧ農地面積が村落全体の農地面積に対して三割から五割に達している場合が多い。それでもこの表にみられるように、三〇ヘクタールという小規模ＬＰＧからシュテッフェンスハーゲン村のような二一八ヘクタール規模のＬＰＧまで経営規模に大きな幅があることは否定できない。こうしたばらつきこそは本章が着目するＬＰＧ化の相違 ―― 村落一体型か村落の少数派によるか ―― の反映である。

第三に着目すべきは「六月事件」の影響の仕方である。「六月事件」は戦後東ドイツ国家の正当性を揺るがした民衆蜂起であり、これにより一九五二年七月以来の「社会主義」化路線が挫折したことは既に述べたとおりである。この事件は、従来、もっぱらベルリンやライプツィヒの労働者蜂起として論じられ、農村においてこの事件がどの程度の影響をもったかについてはほとんど論じられてこなかった。この事件を政治的に封印した旧東ドイツ史学はもとより、旧西ドイツ史学においても、「全体主義」論の立場からは民衆蜂起こそが評価に値する行為であるとされたために、集団蜂起形態をとらなかった農村は議論の対象とならなかったのである。近年になって地域史などの実証研究が進むことによってこうした認識は覆されつつあるが[14]、農村の「六月事件」の実態については、なおドイツにおいてもなおほとんど未解明な状況と言わざるをえないだろう。

しかし、「六月事件」は当該期の農村に多様な形で想像以上の衝撃を与えていることが、この表からはうかがうことができるのである。新農民村落において解散ないし縮小するＬＰＧをみると、前者が一一組合、後者が七組合（「記載なし」のヴィヒマンスドルフを含む）であり、計一八組合にも達している。これは全四一組合の四割にも相当する数である。[15] 逆に解散・縮小に至らずに存続するＬＰＧについては、「六月事件」後に、ばらつきがあるとはいえ、むしろ農地面積の拡大がみられること、およびⅠ型からⅢ型への移行が生じていることも指摘しておこう。

「六月事件」の甚大な影響にもかかわらず、一九五〇年代半ばにＬＰＧ化が進展するのは、ÖＬＢ《エー・エル・ベー》のＬＰＧへの転化・統合が政策的に促進されたからである。表4-3は一九五四年〜五六年に当該郡で設立されたＬＰＧを設立順に並べてみたものである。この三年間だけでも二四組合が設立されており、その数は解散数を上回っている。またＬＰＧブッシュミューレンなどの特異な例を別とすれば、そのほとんどが旧農民村落におけるÖＬＢ転化型のＬＰＧ設立であった。（新農民村落ではこうした動きはあまりみられない。）ÖＬＢは各村落が管理・運営する形をとっていたから、ＬＰＧ面積は各村落が抱える放棄経営数に応じて一〇〇〜二〇〇ヘクタールと幅があったことも、この表から読み取ることができる。

2. 村落単位でみる集団化の「類型化」

以上の記述を念頭におきつつ、表4-4（258頁以下）をご覧いただきたい。本章の冒頭で触れたように、バート・ドベラン郡の郡アルヒーフには、一九五〇年代について、二五村落分のＬＰＧ史料がファイリングされている。その情報量はまちまちとはいえ、各個別組合に即しつつ一九五〇年代ＬＰＧ化の過程が把握できること、しかもタイプの違う複数のＬＰＧについてそれが可能である点でこの史料は一九五〇年代のＬＰＧのミクロ的な理

表 4-3　1954–1956 年に設立された LPG のリスト （主に ÖLB 転化型の LPG）

	村落名	設立年月日	同面積	同組合員数	備考
42	ハストルフ	1954.08.22	37.1	6	有力大農村落
43	ブッシュミューレン（ノイブコフ）	1954.09.03	35.2	7	特異型（新農民）（第 6 章第 3 節参照）
44	バストルフ	1954.11.30	193.6	17	有力大農村落
45	レートヴィシュ	1954.12.28	178.1	28	
46	ローゼンハーゲン	1955.01.20	71.9	8	特異型（新農民）（第 6 章第 3 節参照）
47	ヴェンデルストルフ	1955.02.25	105.0	7	
48	グロース・ベルコー	1955.03.01	147.3	16	有力大農村落
49	ハイリゲンハーゲン	1955.03.05		37	有力大農村落．後に拠点化．
50	ホルスト（ガースドルフ）	1955.03.10			小集落．隣接 LPG ガースドルフに吸収
51	アルテンスハーゲン	1955.03.15			
52	バルゲスハーゲン	1955.03.22	131.9	18	
53	アルトブコフ	1955 年 3 月頃			有力大農村落
54	クレンピン	1955 年 3 月頃			有力大農村落
55	メシェンドルフ	1955 年初頭			
56	シュツロー	1955.05.03	149.2	6	
57	リュニングスハーゲン	1955.09.05	121.0	10	小集落．LPG レーデランクに吸収
58	レデリヒ	1955.12.01	101.3	16	
59	ゴロー	1956.04.05		5	新農民集落（第 6 章第 2 節参照）
60	アドマンスハーゲン	不詳			旧農民村落．後にバルゲスハーゲンと合併．
61	ラインスハーゲン	不詳			
62	ツヴェードルフ	不詳			新農民集落（第 6 章第 2 節参照）
63	クレペリン	不詳			
64	シュマーデベック	不詳			有力大農村落と脆弱新農民二集落からなる．
65	ヴィシュヌール	不詳			

出典：VpLA Greifswald, Rep. 294, Nr. 219, Kreisarchiv Bad Doberan, Nr. 1–2168（郡 ÖLB のファイル），および郡 LPG 史料（後掲表 4–4 参照）より作成．

解をする上で大変有効な史料であるといえる。ただし、表4-2および表4-3と比較すれば明らかなように、表4-4は当該郡に存在したすべてのＬＰＧを網羅しているわけではない。ここにあげられているのは一九五〇年代初期に設立されたＬＰＧが中心であり、また地域的には旧「州有地管区ドベラン」、続いて旧「騎士農場管区ブコフ」に属する村落が比較的が多いのに対して、旧「州有地管区ブコフ」に属するものは少ない。そしてもっともメジャーなはずの「新農民村落で存続型」と「ÖＬＢ《エー・エル・ベー》転化型」が本表では相対的に少なくなっている。とはいえこれだけのサンプルがあれば当該期ＬＰＧの多様なありようを知るには十分といえよう。そこでこれらのサンプルについて、新農民村落か旧農民村落か、解散か存続か、集団化に対して同調か抵抗かを主たる指標に、以下のように類型化することにする。

まず新農民村落については、「六月事件」を基準に「存続型」と「解散・消滅型」に分けることができる。このうち「存続型」については、当初より全村型で設立され、かつ政治的にも模範農場と位置づけられるアルトホーフ村などの「模範型」ＬＰＧ（当然ながら少数である）と、「六月事件」の影響を受けつつも一九五〇年代を通して存続し全面的集団化にいたるケーグスドルフ村やレーデランク村などのタイプがある。ただし同じく「存続型」とはいっても、その経営状況には、比較的優良な発展を示すケーグスドルフ村の例から（「存続発展型」）、慢性的な経営困難に苦しみ続けたレーデランク村などまで（「存続・停滞型」）、かなりの幅があることに留意されたい。

これに対して「解散・消滅型」は「六月事件」により解散――ないし縮小の結果として合併――することになるＬＰＧである。「解散・消滅型」は郡北西部の旧「農場管区」地帯と郡南部に比較的多くみられる。このうち前者のバルト海沿岸部のグループは、郡内でもっとも早くＬＰＧが設立されるが、村内の少数派グループによる設立であったためにＬＰＧと村内の個人農との対立が深刻であり、その結果「六月事件」の影響をまともにうけることになるＬＰＧ群である。隣接するディートリヒスハーゲン村、ヴィヒマンスドルフ村、ホーエン・ニーンハーゲン村のＬＰＧがこれにあたる。これに対して後者の郡南部グループは、他に比べ村落の経済困窮度が

おける LPG 一覧 (1952–1960 年)

LPG の特徴
多数派新農民により，早期より良好発展．「6 月事件」の影響も軽微で，模範組合として重点的に設備投資をうけることで，54 年には全村型の LPG に．(本章注 (101)，326 頁以下を参照)
新農民による LPG．1952 年 12 月末で新農民 12 経営と集落の 3 分の 1 ほどを占める．しかし「6 月事件」により大量脱会が生じ，事実上の解散状況に．隣村ハンストルフ村の有力 LPG 優遇に対する不満，過剰労働，「6 月事件」による牛舎建設の中断が，大量退会の理由．
本文参照 (第 5 章第 2 節 370 頁以下)．
本文参照 (第 5 章第 1 節 334 頁以下)．
典型的な ÖLB 転化型の LPG．ÖLB 経営者を組合長とし，ÖLB の農業労働者によって設立されているが，その後は「工業労働者」の加盟が目立っている．
強制小作に出されていた荒廃大農経営を基盤に，この経営の元小作人の旧農民 2 名が主導する形で LPG が設立される．しかし「6 月事件」により旧農民が脱会．その後は農業労働者による運営となるが経営状態は不良で，規模拡大もみられない．1956 年ごろにレートヴィシュ村の新設 LPG (ÖLB 転化型) に吸収される．
旧農民 (ビュドナー層) 15 名と「逃亡」大農経営の農業労働者によって LPG (I 型) が設立される．しかし「6 月事件」後，全員一致で即時解散を決定．極端な耕地分散により共同作業が不可能なこと，村の農民の 65% が加盟を拒否していることが解散理由．その後，1954 年末に，ÖLB を転化する形で LPG が新たに設立されている．
ÖLB からの転化型．労働規律に問題があり，うまくいっていない印象．住宅問題が深刻で，不当利用の告発あり．1956 年に大農経営引受け．組合員数は増大傾向．
旧州有地農場と二つの農民集落からなる街村．旧グーツの中核集落を中心に新農民層により全村型で大規模 LPG が設立．しかし「6 月事件」後に大量脱会．その後，旧農民 2 集落の ÖLB (300ha) を引き受け拡大へ．村政の中核は一貫して新農民層が握り大農層の権限は弱い (本書 174 頁以下も参照)．
郡内で最初の LPG 設立．新農民 9 経営と党アクティブの「妻」1 名で設立される．1953 年 3 月時点で参加新農民経営 15 まで拡大．しかし「6 月事件」後に内部対立によって，大量脱会が生じ，一挙に縮小．その後，隣村のガースドルフ村の LPG と 1955 年に合併．
新農民 7 名 (うち難民 4 名) により設立．脆弱新農民を主体とする LPG としての特徴が顕著．もめ事が多く，除名と共和国逃亡により 3 名，「6 月事件」で 3 名が退会し，結局半減に．LPG は村落住民より「敵対視」される．1954 年末には事実上解散状況に．
本文参照 (第 4 章第 3 節 296 頁以下)．
本文参照 (第 4 章第 2 節 264 頁以下)．
新農民型．設立は 5 月．直後に「6 月事件」．組合長は退会するが，他は残留し存続．Ⅲ型 LPG に移行できず．その後，1955 年ホルスト村 LPG とともに，隣村のヴィッヒマンスドルフ村 LPG と合併へ．MTS レーリクがもっとも頭を悩ませた LPG でもある．

表 4–4　バート・ドベラン郡に

	表4–2, 表4–3番号	村落（集落）名	LPG 類型[(1)]	設立年（解散年）	1920 年の集落の状況[(2)]	
郡東部地域	10	アルトホーフ Althof	新農民・存続型	1952	DD	州有地農場
	11	コノフ Konow	新農民・解散型	1952 (1956)	DD	州有地農場
	14	パーケンティン Parkentin	旧農民村落型	1952	DD	農民村落
	25	ホーエンフェルデ Hohenfelde	旧農民村落型	1953	DD	農民村落
	56	シュツロー Stülow	ÖLB 転化型	1955	DD	農民村落
	31	ベルゲレンデ Börgerende	旧農民村落型	1953 (1956)	DD	農民村落
	36	レートヴィシュ Rethwisch	旧農民・特異型	1953 (1953)	DD	農民村落
	52	バルゲスハーゲン Bargeshagen	ÖLB 転化型	1955	DD	農民村落
	35	シュテフェンスハーゲン Steffenshagen	新農民・存続型	1953	DD	州有地農場＋農民経営
郡北西部バルト海沿岸地域	1	ヴィヒマンスドルフ Wichmannsdorf	新農民・合併型	1952 〈1955〉	RB	「貴族農場」
	3	ホーエン・ニーンドルフ Hohen Niendorf	新農民・解散型	1952 (1956)	RB	「貴族農場」
	4	ディートリヒスハーゲン Diedrichshagen	新農民・解散型	1952 (1954)	DD	個人保有農場
	28	ケーグスドルフ Kägsdorf	新農民・存続型	1953	RB	「貴族農場」
	40	ガースドルフ Gersdorf	新農民・合併型	1953	RB	「貴族農場」

LPG の特徴
小規模の新農民型組合として設立，「6 月事件」で分裂・解散へ．しかし 1956 年に，より小規模ながら再結成される (一部組合員重複)．(第 6 章第 2 節 445 頁以下を参照)
ヴェストファーレン出身の中農 1 人と新農民 1 人，およびその労働者 (難民中心) で設立．事実上，私的運営であるとの理由で当局によって解散させられる．戦前期の入植村落の可能性あり．
グロース・ジーメンの隣村．新農民による全村型 LPG で，難民の比率が高い．早期にⅢ型に移行．解散理由は不明．
難民新農民が非常に多い村落．脆弱経営の難民による全村型 LPG として設立されるが，解散に．
新農民 (中規模型)，「6 月事件」後，多くが退会表明するが，結局は多数が残留．存続．
多数派新農民により LPG 設立．「6 月事件」で大量脱会により半減するが，ÖLB 吸収とⅢ型化で存続する．しかし隣村の LPG リュニングスハーゲンを合併吸収することで経営状態が悪化する．
ÖLB 転化政策で LPG 設立．1957 年に隣村の LPG レーデランクに吸収される．
困窮農民による小規模 LPG．無能組合長にて展望なし．解散直後に，組合長一家は西に逃亡．(第 6 章第 3 節 457 頁以下を参照)
辺境集落の旧農民 3 経営による小規模 LPG．当局の主導で LPG ラーデガストに吸収合併へ．
2 ヶ月だけの小規模新農民 LPG．難民女性の比率が高い．
事実上の親族結合 (難民 + 土着婚姻) による LPG で，森林の不法伐採．内部告発により発覚後，関係者が西へ逃亡．その後「工業労働者アクティブ」を中核に完全に外部者だけによる LPG の再建がなされるが，うまくいかず．(第 6 章第 3 節 453 頁以下を参照)

ないため省略した．

schaftes Amt Bukow に属する村落であったことをしめす．また「州有地農場 Domanialgut」は，土地所有者人保有農場 Landgut」は，所有者として個人名が記されているものである．どちらも「州有地管区ドベラン領管区ブコフ Ritterschaftliches Amt Bukow」に属するグーツ経営で，Allod., Lehn, Fid = Kom. などと記され

der LPG, Nr. 1.1711-1.1774, および Niekammer's Güter-Adreßbücher, Band 4, Mecklenburg, Leipzig 1921, より

(つづき)

	表4−2, 表4−3番号	村落(集落)名	LPG 類型[(1)]	設立年(解散年)	1920 年の集落の状況[(2)]	
郡南部地域	34	ゴロー Gorow	新農民・解散	1953, 1956 (1953)	RB	「貴族農場」(＋大農 6 戸)
	39	アンナ・ルイゼンドルフ Anna-Luisenhof	旧農民・特異型	1953 (1956)		1920 年に存在せず
	9	アインフーゼン Einhusen	新農民・解散型	1952 (1956)	DD	個人保有農場
	19	グロース・ジーメン Groß Siemen	新農民・解散型	1953 (1955)	RB	「貴族農場」
	30	ピュショー Püschow	新農民・存続型	1957	DD	個人保有農場
	17	レーデランク Rederank	新農民・存続型	1953	RB	「貴族農場」
	57	リュニングスハーゲン Lüningshagen	ÖLB 転化・合併型	1955 〈1957〉	DD	農民村落(大農 5 戸)
郡南西部地域	37	ローゼンハーゲン Rosenhagen	新農民・解散型	1953 (1956)	RB	「貴族農場」
	38	シュタインハーゲン Steinhagen	旧農民・特異型	1953 (1957)	RB	辺境農民村落(親村落のラーデガスト村はユンカー農場)
	41	アルトカーリン Altkarin	新農民・解散型	1953 (1953)	RB	「貴族農場」
	43	ブッシュミューレン Buschmühlen	新農民・特異型	1954	RB	「貴族農場」

注：近接地でまとめたうえで，設立順に整理した．Gaarzer Hof, Wendelstorf, Zweedorf は文書情報量が少
　(1) 分類については本文参照.
　(2) DD, DB, RB はそれぞれ当該村落が旧 Dominalamt Doberan, 旧 Dominalamt Bukow, 旧 Ritter-
　が州 Landesherrschaft で，借地農(ないし農場管理人)が農場を経営しているところであり,「個
　Domanialamt Doberan」に属するグーツ村落である．これに対して「貴族農場」としたのは「騎士
　ているものである.
出典：Kresiarchiv Bad Doberan, Abteilung Land- und Forstwirtschaft -Produktionsgenossenschaften-, Regiesterakte
　作成.

相対的に深刻であり、村内多数派の脆弱新農民たちにより困窮克服策としての「ＬＰＧ化＝家畜共有化」が試みられたところである。しかし、耕作放棄と労働力不足などにより早期に経営困難をきたしてしまい、「六月事件」であっさり挫折してしまう村々であった。具体的には互いに隣接するアインフーゼン村とグロース・ジーメン村の二集落を念頭においているが、どちらの村も難民新農民が多数を占めることも大きな特徴となっている。

次に旧農民村落については、設立時期に応じて第Ｉ期設立の「大農経営転化型」と第Ⅱ期設立の「ÖLB《エー・エル・ベー》転化型」に分かれる。前章で論じたように一九五二年以降の大農弾圧による放棄経営のうち直接ＬＰＧ化されたものは相対的に少数であり、多くはÖLB《エー・エル・ベー》に管理されることになった。そのため「大農経営転化型」の数はここでも少ない。さらに詳しく見ると、「大農経営転化型」でも、大農が早期に壊滅した結果、下からのＬＰＧ化が進む「大農同調型」村落――具体的にはホーエンフェルデ村――と、全面的集団化に至るまで大農経営が強力でもっとも反政府的な傾向を示す「大農抵抗型」村落――具体的にはパーケンティン村――があることが判明する（ちなみに両村は互いに隣接するゲマインデである）。これに対して「ÖLB《エー・エル・ベー》転化型」は、一九五四〜一九五五年に上からの政策的主導によってÖLB《エー・エル・ベー》の経営形態の転換として設立されるＬＰＧで、村民の側の動機づけがきわめて弱いＬＰＧである。本表でもシュツロー村とリュニングスハーゲン村があげられるのみであり（後者は早々にＬＰＧレーデランクに吸収されている）、ＬＰＧ史料の残り方もきわめて悪い。

最後に、以上の分類になじまないＬＰＧが多く存在している。このうち第二章の注（49）で触れたシュテフェンスハーゲン村は、もともとグーツ経営と二つの大農集落からなる「街道村 Reihendorf」形態の混合型村落である。このためこのＬＰＧには「新農民存続型」と「大農転化・同調型」の二つの特徴が同時に観察される。またレートヴィシュ村は、東エルベ型農業ではまれな小農を中心とする旧農民村落である。この村では、解散してしまうとはいえ第Ｉ期にビュドナー層によるＬＰＧ化が試みられているが、これはかなり珍しい事例である。最後に特異な経過をたどるのがブッシュミューレン村とローゼンハーゲン村である。このうちブッシュミューレン村の特異性は、第一にＬＰＧを隠れ蓑にしつつ親族ネットワークによる森林の違法伐採が繰り返し行われ、その結果当局により事実上取りつぶされることとなるほどに「悪質なＬＰＧ」であった点に、第二にその後処理として、「他所者 Ortsfremde」の工業労働者のみによってＬＰＧ設立が試みられた点にみることができる。

　これらの事例はそれぞれが興味深い事例であるが、第六章で詳論する第三の特異事例の二村を別として、シュテフェンスハーゲン村とレートヴィシュ村については位置づけが難しく、本書の議論の対象からは外すことにしたい。このほかにも郡ＬＰＧ史料にはファイリングされていないために本表には登場しない型として、ＬＰＧキューリングスボーン、ＬＰＧクレペリン、ＬＰＧザトーなど、郡内の小工業都市ないし大規模村落に立地する「拠点型」ＬＰＧが存在する。アルトホーフ村の模範型ＬＰＧとも重なるタイプであるが、工業労働者の転身を中心としたＬＰＧである点でアルトホーフ村とは異なるタイプである。ＳＥＤの集団化戦略上は重要な位置を占めると思われるが、史料上の制約のために「工業労働者」タイプのＬＰＧに関しては残念ながら本書における分析では断念せざるをえない[16]。

　以上より本書では、バート・ドベラン郡のＬＰＧ化を、①「新農民・模範型」、②「新農民・存続型」、③「新農民・解散・少数型」、④「新農民・解散・脆弱多数型」、⑤「旧農民・大農同調型」、⑥「旧農民・大農抵抗型」、⑦「旧農民・ÖＬＢ《エー・エル・ベー》転化型」、⑧「特異型」の八つの類型に分類しておきたい。これにここでは登場しない⑨「空白型」を加えると九つになる。とはいえすべての類型について同じ深度の分析をするのは無理であるし、また叙述も散漫になってしまうであろう。したがって本章ではミクロ史の有効性を意識して、新農民村落の事例としては、②に属するケーグスドルフ村と、③に属するディートリヒスハーゲン村の対照的ともいえる二村のみをとりあげることとし、これをできるだけ深く分析することを目指したい。引き続く第五章では旧農民村落の集団化の事例として、やはり対照的な二村である⑤に属するホーエンフェルデ村と、⑥に属するパーケンティン村について同様なスタイルの分析を行いたい。そして最後に第六章では⑨の「空白型」――優良新農民村落――と⑧の

「特異型」の集団化について、それまでとは異なり、個別村落のミクロ史としてではなく類似した複数の村落の集団化過程をセットでとりあげる形で論じる。その他の型については、文脈に応じて適宜言及するにとどめることとする。

第二節　ケーグスドルフ村の集団化
——有力難民主導ＬＰＧの同調化戦略と没落者たち——

最初にとりあげるのは、新農民村落の存続型ＬＰＧに分類できるケーグスドルフ村である。ＬＰＧケーグスドルフは、模範的なＬＰＧではないが存続型ＬＰＧのなかでは比較的良好な発展を示す組合である。さらに、第一にバストルフ村への吸収合併前の一九四五～一九四九年の期間について村会議事録が残されており、土地改革期との関わりが個人に即して相当程度判明すること、第二に本村では土地改革期より難民の住宅問題が深刻であり、このため住宅調整や「命令二〇九号」に基づく住宅建設過程などの記事が他村に比べて多く見いだされ、当該期の難民層の多様なあり方が明らかになること、以上の二点において他村の史料にはない利点がある。ただし合併後の一九五〇年代（とくに一九五〇年代後半）についてはバストルフ村の一集落になるために、逆に史料不足が顕著となり全面的集団化期の動向が見えにくくなるという難点がある。このため、とくに存続型のⅢ型ＬＰＧのキーとなる経営資本問題については、もう一つの存続型ＬＰＧであるレーデランク村の事例を適宜参照することにしたい(17)。

1．土地改革から農業集団化へ――経過の概略――

ケーグスドルフ村は郡北西部のＭＴＳレーリク管区にある。保養地のキューリングスボーン市に隣接し、かつナチ時代に開発された軍港都市レーリクからも近いところに位置する農場村落である。一九二八年の農場住所録によれば、本村はヴィスマール管区に属する「一元的農場 Allodialgut」で経営面積五六一ヘクタール、うち農地四六〇ヘクタール、保有大家畜は馬六〇頭、牛二〇〇頭となっており、メクレンブルクでは比較的規模の大きいクラスに属する大農場とみてよいだろう。ただし純粋なグーツ村落であったわけではなく村内には一七ヘクタール規模の中農クラスの旧農民経営四戸（計六八ヘクタール）が存在していた[18]。この四経営は戦後も一貫して存続し重要な役割を果たすことになる。戦間期の農場主はホーフシュレーガーという人物であった。ナチス政権誕生直後の一九三三年に村の灯台付近にある農地一五ヘクタールを軍事用に転用する話があったようで、ここを別荘用地として開発しようとしていたホーフシュレーガーがこれに対して抵抗を試みるという事態が起きている[19]。

戦後、そのホーフシュレーガーは西側に逃亡[20]、村はソ連軍により二年にわたって占領されることになる。一九五二年以前、本村はロストク郡キューリングスボーン行政区に属していたが、戦後はこの行政区におけるソ連軍の拠点農場の一つとなった。第一章で触れたように農場占領の対象となった場合、家畜などの経営資本の接収の影響が甚大となるが、この村もむろんその例外ではない。当時の農業技師ブルンナーの報告によれば、ここでは一九四五年一〇月四日に土地改革が行われ農場の分割がなされたが、その時の家畜保有頭数はわずかに役牛一〇頭、乳牛一六頭、馬一二頭とあることから、この農場が往時と比べ壊滅的打撃を受けていたことがわかろう。しかも残された家畜も飼料不足が深刻で、馬三頭が既に死亡、他の家畜も飢餓状況にあり至急支援が必要であると書かれている[21]。二年後の一九四七年一一月時点においても牽引力のない新農民は二五経営と、新農民全体の半分にも達している[22]。

ソ連軍駐留村落である以上、農場占領の影響は家畜だけにとどまるものではない。一九四六年一〇月時点で、赤軍は耕地三二ヘクタール、草地四二ヘクタールの他に、「馬舎・穀物貯蔵庫」、豚舎、牛舎、納屋、そして「館」の半分を占拠していた。同年一一月一一日付けの行政区長からロストク郡土地改革課宛の文書では、これらの各畜舎・穀物貯蔵庫は新農民の馬・豚・小家畜の畜舎および収穫物貯蔵庫として、同じく納屋と館は新農民の住居として、緊急に必要であると記されており、事実上、その即時返却が求められている。[23] ここでも農場占領が難民問題の深刻さとの関わりで当事者たちに意識されていたことが読みとれよう。これらの農場の建物がじっさいに村に返却されるのは、一年後の一九四七年八月のことであった。[24]

ケーグスドルフ村の土地改革は、上記のように州土地改革令布告約一カ月後の一九四五年一〇月に開始されているが、これが一応「完了」するのは翌二月のことである。[25] この間における土地改革の具体的な実施経過の詳細はなお不詳であるが、本村に関しては「完了」後の一九四六年五月時点における新農民の名簿一覧が残されており、新農民全員の名前、年齢、職業、経営面積がわかる。さらに、出生地は記されていないものの土着と難民の区別が記号によりなされており（前者はL、後者はUの印が付されている）、またその名前からは性別が判明する。そこで、これらに基づいて標準となる八ヘクタール前後の新農民経営の名義人の全体構成を示したものが表4-5である。これによれば、土地改革による農場分割を通して全部で五一経営が創出されたこと、土着新農民三〇経営、難民新農民一七経営であり、難民の占める比率が三六％であること、両者の他に、職人・商人などの非農民によるものが別途四経営存在したことなどが判明する。ロストク郡新農民における難民比率は、一九四六年初頭が四〇・七％、一九四九年が五四・八％であることを考えると、本村難民の新農民比率は、土地改革直後の数字とはいえ意外に低いといえようか。[26] さらに興味深いのは職業欄と性別である。みられるように職業欄にはおおむね男性は「農村民 Landmann」と、女性が「農業労働者 Landarbeiter」と書かれており、かつその傾向がとくに難民新農民で明瞭である。「農村民」の意味内容は不明だが、おそらく難民の場合は、文字通り「農民」のこと

表4-5　ケーグスドルフ村の新農民（8ha経営）の内訳

（1946年5月25日）

	職業	人数	うち女性
土着新農民	農村民 Landmann	16	0
	搾乳夫・園芸師・管理人	3	1
	農業労働者	11	8
	計	30	9
難民新農民	農村民 Landmann	11	0
	粉ひき	1	0
	農業労働者	5	5
	計	17	5
非農業従事者（車大工・機械工・商人）		4	0

注：本表のほかに3ha前後の新農民経営が6経営存在する.
出典：LHA Schwerin, 6.12–1/13, Nr. 857, Bl. 253-254, u. 266より作成.

を意味するであろう。これに対して土着の人々の場合は、もちろん主要には旧グーツ労働者を示そうが——ただし搾乳夫・園芸師が別扱いにされていることに注意——、この表記は、実は旧グーツ労働者とは言い切れない人々が多分に含まれていた可能性を示唆しているのではないか。

本村でLPGが初めて設立されるのは、バート・ドベラン郡でLPG設立が相次いだ一九五三年初頭のことである。一月二七日、『灯台《ロイフトトルム》』と名付けられたLPGが、組合員一三名、一一経営、経営面積九六・六四ヘクタールで設立されたのである。バルト海沿いに位置するこの村には、ちょうど海と反対側、バストルフ村との村境のあたりに当時より赤い灯台がそびえ立っており、いまなお村のシンボルでありつづけている（写真4-1）。イデオロギッシュな名前ではなく村アイデンティティーを前面に出した名づけであったことからも、郡党の政治的思惑により特別に位置づけられたLPGではなかったといえよう。

表4-6は、各種文書の情報より作成した設立時のLPGの組合員リストである。ここからは、第一に新農民を軸としつつも旧農民層二家族三名が参加していること、第二にキュヘンマイスター、ブッフヴァルト、ハーネマンを除く新農民

（設立時から「6月事件」以前まで）

農地面積（ha）	加盟日	備考
7.33	1953年1月27日	戦後は村助役．バストルフ村との合併後は村会議員．
16.47	1953年1月27日	退会（53年9月22日），再加盟（1954年9月30日）
6.61	1953年1月27日	
7.52	1953年1月27日	
	1953年1月27日	退会（1953年9月22日）
17.38	1953年1月27日	助役（48年），村長（49年）
7.05	1953年1月27日	
4.86	1953年1月27日	
6.30	1953年1月27日	
8.23	1953年1月27日	
8.28	1953年1月27日	農民互助協会委員長（1949年）
6.61	1953年1月27日	共和国逃亡（1953年3月1日）
	1953年1月27日	除名（1953年9月22日），再加盟（1954年9月30日）
	1953年2月26日	
	1953年2月10日	
	1953年4月1日	
	1953年5月15日	退会（退会日不明）

す．
ていないものを州外生まれとした．）
味する．

Bl. 314.）
313f. を参照した．

写真 4–1　ケーグスドルフ村の『灯台』
（2003年7月13日，筆者撮影）

写真 4–2　ケーグスドルフ村の旧グーツ畜舎
ケーグスドルフ村の旧グーツ館（本章扉写真参照）の横に建っている旧グーツ畜舎と思われる建物．現在はバカンス用の宿泊施設として改修されているが，玄関に1905年竣工であることを示すプレート（v. M. 1905）が掲げられている．2003年7月13日，筆者撮影．

表4–6　LPG ケーグスドルフ『灯台』の組合員一覧

氏名[1]		設立時役員[2]	生年	出生地[3]	1946年新農民名簿[4]	所属政党	階層
ラデュンツ	・R	組合長	1923	*Briesen*	U	DBD	新農民
シュトロイスロフ	・P	幹部会	1895	Kühlingsborn		無党派	旧農民
キュヘンマイスター	・W	幹部会	1922	Kägsdorf		無党派	新農民
ブッフヴァルト	・A	幹部会	1913	*Breslau*	L	SED	新農民
ランカウ	・K	監査委員	1891	Wohlau		無党派	農業労働者[5]
イエンス	・H	監査委員	1902	Kägsdorf		NDPD	旧農民
ファルク	・E	監査委員	1921	Glewitz	U	DBD	新農民
ラデュンツ	・K		1931	*Briesen*		無党派	新農民
ランカウ	・A		1931	*Königsberg*		無党派	新農民
フライガング	・U（F）		1936	*Gumbinnen*		無党派	新農民
フライガング	・H		1900	*Lüne*	U	DBD	新農民
ハーネマン	・H		1927	*Jacobshagen*		無党派	新農民
シュトロイスロフ	・B		1934	Kägsdorf		無党派	農業労働者[6]
ヴァルザコフスキー	・M				L		新農民
ブッフヴァルト	・K						農業労働者
ファルク	・E（F）						農業労働者
グレヴィチュ	・W						鍛冶職人

注：(1) 氏名のうち，名はイニシアルのみとした．（F）は女性組合員．(2)「幹部会」は組合幹部会委員を示
　(3) 出生地の斜体は，州外生まれの者を示す．（具体的には現在の市販地図にて州内に地名が記載され
　(4) 前掲表4–5の1946年の新農民名簿に名前があった新農民．Lは「土着民」を，Uは「難民」を意
　(5)「LPGには農業労働者として加盟」(VpLA Greifswald, Rep. 294, Nr. 219, Bl. 314.)
　(6)「組合員集会で決められた労働単位をLPGで行う義務を負う」(VpLA Greifswald, Rep. 294, Nr. 219,
出典：本文注（17）に記載の資料より作成．ただし設立時についてはVpLA Greifswald, Rep. 294, Nr. 219. Bl.

層のすべてが難民出身者であること（ただしブッフヴァルトとハーネマンは土着新農民に区分されているものの、ともに旧ドイツ東方領土の生まれである）、第三に一九四六年の名簿に掲載されていない若い新農民が新たに名前を連ねていることなどがわかろう。さらに年齢は一九歳から六二歳までとばらつきが大きく、政党所属はＳＥＤ党員が一名であるのに対しＤＢＤ《デー・ベー・デー》党員が三名と多い。また親子・兄弟での加盟が四組もみられるが、女性は新農民一名のみであり夫婦での加盟はみられない。設立後から「六月事件」までのほぼ半年間に、さらに新農民一名（「命令二〇九号」住宅新築受益者）と農業労働者二名、鍛冶屋一名が加盟するが、他方で二六歳の若い新農民が一九五三年三月に「共和国逃亡」を敢行している。「逃亡者」の経営はＬＰＧがそのまま引き受けることとなった。また同年四月の組合員集会の議事録からは、組合員の労働規律の弛緩が問題化していること、牛舎改築が資金不足によりうまく進んでいないこと、同席した郡代表者が組合員ランカウの住宅建設の促進を約束していることなどが判明する。

　組合設立のおよそ半年後、「六月事件」が起きる。本ＬＰＧもまたこの事件による影響を免れることはできなかった。中核メンバーであった旧農民シュトロイスロフの家族二名と老「農業労働者」ランカウ――年齢から見て上記ランカウの父である――がＬＰＧから退会しているのである。どちらについても――老ランカウは高齢問題が重なろうが――以前からＬＰＧの農作業に参加していないとされているから、これは事件以前に生じていた労働規律問題が「六月事件」を契機に退会に発展したものと考えられる。もっともシュトロイスロフ家の二人は、事件後に釈放された隣村農民による「脅し」にも等しい働きかけをうけて退会したともいわれており[27]、またじっさいに一年後にはＬＰＧに復帰していることからみても、本ＬＰＧにおける「六月事件」の影響は、他のＬＰＧに比べ軽微であったとみなしてよいであろう。収穫後の一九五三年一二月における本ＬＰＧの規模をみても、組合員数一五名、農地面積一二〇ヘクタールとなっており、事件前と比べて組合員数に大きな変動はなく、農地面積は新たに無主地三〇ヘクタールを引きうけた分だけ、むしろ拡大している。

一九五四年一月、本村LPGはⅢ型――すなわち畜産共同化――へ移行する。これは存続型LPGに一般的にみられる動きとはいえ大きな変化であり、本LPGの飛躍を意味した。一般にⅢ型への移行においてネックとなるのは畜舎問題だが、残念ながらこの点の詳細は不明である。しかし、Ⅲ型移行後、とくに一九五四年の収穫後の時期において、新農民一二経営、農業労働者二名（内一名はまもなく除名）、旧農民一家族（ネーバー家）二名、および組合員の家族など全部で二六名がLPGに新たに加盟しているのである。この点からみて、Ⅲ型移行後に本LPGは村内でのプレゼンスを一挙に高めたと考えられよう。[28] とくに新たに旧農民ネーバーが加盟したことの意味は大きく、これにより本村の非LPGの旧農民はグレフケのみとなった。一九五五年一一月時点で組合員四〇名、SED党員八名となり、[29] また二年後の一九五七年の組合員集会の議事録からは、少なくとも三〇名の組合員が現出席していることが確認できるから、ほぼこの第二局面の後半の時期において本LPGは四〇名規模を維持しつづけたとみてよいだろう。そして、第三局面の集団化運動再開後の一九五八年八月時点において、LPGの組合員数四三名、農地面積二五八ヘクタール、これに対して「勤労農民」一二経営となっており、さらにこの残存一二経営のうち収穫後に五経営がLPGに加入する予定であるといわれている。[30]

全面的集団化の時期について本村で特徴的なことは、個人農の抵抗がほとんどみられないことであるが、それ以上に注目すべきは、本LPGを拠点に当該MTS管区では大規模LPGの設立が一気に進められたことである。具体的にはLPGケーグスドルフとLPGバストルフを中軸にしつつ、近隣のホーエン・ニーンドルフ村とメヘェルスドルフ村を巻き込む形で村落を越えるLPG合併と、このもとへの個人農の加盟がなされるのである。この計画は既に一九五九年七月から検討されはじめ、[31] まさに全面的集団化の加速期である一九六〇年一月一日に大統合が果たされている。ロストク大学のヤーナマンが、「大規模LPG形態においてこそ、科学や大型機械が有効性を発揮する」と唱えて基礎組織党員を動員したともいわれている。[32] 第七章で述べるように本MTS管区はこれをテコに全体として大規模LPGが進捗し、MTSレーリクが例外ともいえるほど早い段階で解散・再編されている。大型機械のＬＰＧ移行に関わっても、旧ＭＴＳ第五作業班《ブリガーデ》のトラクター運転手全員が組合に加盟したという。[33] こうして経営面積一五八五ヘクタール、組合員数二三四名（うち女性六〇名）の巨大なⅢ型ＬＰＧ（大規模ＬＰＧバストルフ『灯台』）が設立されるのである。合併に参加した四組合のうちＬＰＧケーグスドルフ以外の三組合はいずれも一九五四年から一九五五年に設立されたÖＬＢ《エー・エル・ベー》転化型のＬＰＧである。合併後のＬＰＧの名称『灯台』が旧ＬＰＧケーグスドルフの名前と一致しており、またＬＰＧ幹部会委員一四名中、少なくとも五名がＬＰＧケーグスドルフの組合員であることから、合併がＬＰＧケーグスドルフを軸に構想され、かつ合併後も旧ＬＰＧケーグスドルフが運営の中核的な役割の一端を担っていたことは間違いない。[34] さらに全面的集団化工作に関わる郡の報告記事においてケーグスドルフ村がまったく登場しないことや、Ｉ型ＬＰＧが設立された痕跡もないことから、残存「勤労農民」の集団化に対する抵抗は弱かったと考えられる。一九五二年入植のシュルツが、家畜売却ができれば西へ行くと述べている程度である。[35] このように本村の集団化の帰趨は、一九六〇年初頭の強制的集団化の時期に先立って、実質的に決着していたのであった。

以上が、ケーグスドルフ村ＬＰＧ化の経緯の概略である。農場占領という劣悪な状況におかれながらも初期集団化をテコに早期の政治的同調とＬＰＧの存続・発展がみられ、全面的集団化の時期に当該ＭＴＳ管区の大規模ＬＰＧ化の拠点農場となっていったことがわかる。ただし難民新農民が多く、かつ旧農民層（中農）が早期に参加していること、「六月事件」の影響がある程度みられること、またＳＥＤ党員の数が多い割には、ＤＢＤ党員の影響力も大きかったこと。これらの点で、同じくＬＰＧの存続・良好発展と政策同調がみられたとはいえ、土着新農民を軸としかつ早期にＳＥＤへの統合が進んだ模範型ＬＰＧアルトホーフとはその性格を異にしている。[36] 模範型ＬＰＧは郡党組織より政治的配慮から優遇措置をうけた特異事例としての性格が濃いから、存続型ＬＰＧ分析には本村のような非直轄型の同調型事例の分析がどうしても必要である。以下、①中核的な担い手層、②難民層の分解、③「命令二〇九号」とＬＰＧ経営資本の関わりに着目しながら、ケーグスドルフ村の人々が全体として集団化政策に同調していく社会的過程を、複数の個人史・家族史を幾層にも重ねる形で描いてみることにしたい。

2. ＬＰＧと村政の中核的な担い手たち

本ＬＰＧは難民新農民と旧農民層を中心に設立されたが、同時に彼らは戦後土地改革期以来、一貫して村政の中核を担っていた人物たちであった。では、彼らはいったいどのような人々であったのだろうか。以下、ＬＰＧと村政の中心人物たちについて、各人に即してより詳しくみてみよう。

まずは組合長のルドルフ・ラデュンツについて。ラデュンツは一九二三年、旧西プロイセン生まれの難民新農民である。[37] 土地改革時の一九四六年一月には、本村に居住する九名の新農民のドイツ共産党（以下、ＫＰＤ《カー・ペー・デー》と略記）党員にその名を連ねている。[38] 一九四八年一〇月に、倉庫で暮らす母、祖父、弟[39]をケーグスドルフ村に引きとりたいが「今の住居は家族七人で暮らすにはあまりに狭い」との理由で住宅調整を申請し、部屋の一時取得に成功している。この難民家族の大所帯ぶりと同時に、難民に固有の住宅問題に彼もまた深く関わっていたことが、この記述からは読みとれよう。一九四八年一月二八日の文書では彼の「入植地」は良好であると報告されているから、家族一同がルドルフの力をあてにして本村に転居することになったと思われる。表4-7は土地改革期の本村の村評議会および村会議員のメンバー一覧である。ここにみるようにラデュンツは一九四八年と一九四九年に一貫して本村の助役を務めた。さらに重要委員会である村農民互助協会のメンバーでもあった。後述するように一九四九年には、新農民アンナ・ラデュンツ名により「命令二〇九号」に基づく新農民住宅建設をしている。これは上記の弟夫婦の転入に伴うものであろうが、ここにラデュンツの政治力が働いたであろうことは容易に想像できる。

表4–7　ケーグスドルフ村の村評議会および村会議員の一覧（1948-1949年）

	姓	名	職業	政党	在任期間	役職 1948年	役職 1949年
村評議会	ヴォイシュニッヒ	・M (*F*)	新農民（単身女性）		記載なし	村長	
	ラデュンツ	・ルドルフ	新農民	SED	1949年11月4日から	助役	助役
	イエンス	・ハンス	旧農民	無党派	1949年11月4日から	助役	村長
村議	イエンス	・ヴィリー	新農民	SED	1946年8月14日から	村会議長	村会議長
	レール	・J	新農民で園芸師		1946年8月14日から		第二助役（村議をかねる）
	シュトロイスロフ	・ポール	旧農民	無党派	1946年8月14日から	48年の文書に記載なし	
	シュトロイスロフ	・F			1946年8月14日から		
	ヴィーク	・F			1946年8月14日から		
	ペチョー	・H			1946年8月14日から		
	ラインケ	・C (*F*)	主婦	SED	1946年2月6日から	副議長（48年2月7日）	副議長
	ネーヴァー	・E (*F*)	主婦	無党派	1946年8月14日から	副書記	副書記
	クムビーア	・E	新農民	SED	1948年1月16日から		
	ヴィック	・E (*F*)		無党派	1946年8月14日から	書記	書記
事務職員	メッケル	・E		無党派	1948年1月1日から		
経理職員	（名前の記載なし）			無党派	1948年1月1日から		
	ボルクヴァルト	・H			1950年5月初出		

注：所属政党にDBDが見あたらないのは，DBD設立前の情報であるからと思われる．(*F*) は女性.
出典：Kreisarchiv Bad Doberan, Rat der Gemeinde Bastorf, Nr. 31 より作成.

こうして土地改革期にすでに村の有力者であったラデュンツは、ＬＰＧ設立には組合長として積極的に関与した。設立時には、ラデュンツ家からはルドルフと上記の弟クールの新農民二経営が参加しており、一家あげての参加だった。ルドルフの組合長としての評価は不詳だが、少なくとも一九五五年まではＬＰＧ組合長であったこと、同時にＬＰＧ利害を代表する意味もあったのだろう、一九五六年の時点でもなおバストルフ村の村会議員（ＤＢＤ所属）を務めていることからみて、村落有力者としての地位に揺るぎはなかったと思われる。[40] また、一九五九年一〇月二八日に開催された「郡農婦会議」においてＬＰＧケーグスドルフの女性農民ラデュンツ――妻のドーラと推測される――が、婦人のＬＰＧ加盟がいかに重要かについて発言している。[41] これらは一人ルドルフのみならずラデュンツの家族全体が政府に同調的な立場をとるＬＰＧの有力家族であったことを示していよう。

ラデュンツ家とともに有力難民新農民だったのがヘルムート・フライガングである。[42] フライガングはラデュンツとは異なり土地改革時のＫＰＤ党員ではなく、また村会議員でもない。とはいえ、土地改革期の村の重要ポストである村農民互助協会の委員長を長期にわたって務めている。一九四九年には、後述するように、自ら「命令二〇九号」に基づく新農民住宅建設の追加融資六千マルクを申請している。そして一九五三年一月のＬＰＧ設立時には父娘二経営でＬＰＧに加盟。娘は重要部門と思われるヒヨコの孵化を担当した。さらにその後一九六〇年のＬＰＧ合併後においても、フライガングは六〇歳の高齢にもかかわらず大規模ＬＰＧの幹部会に、ＤＢＤ所属の職員身分の委員として参加。一九六〇年四月七日付のＭＴＳイエーネヴィッツ管区の党文書では、この大規模ＬＰＧ設立におけるフライガングの貢献が高く評価されている。[43] この点も彼のケーグスドルフ村における影響力の大きさを物語ろう。一般に新農民村落では村農民互助協会は個人農の利害を代表するために、農民互助協会委員はＬＰＧと対立関係にあることが多い。しかしこうした傾向とは反対に農民互助協会委員長フライガングがＬＰＧ化の流れに積極的に乗っていくありようは、そのまま本村における個人農とＬＰＧの村内対立の弱さを示しているといえる。

ところで、本LPGには旧農民層が参加している。具体的にはシュトロイスロフとイエンスの二名である。前掲表4-7に二人の名前がみられるように、実は二人とも土地改革期においてすでに村政の中核を担っていた。このうちポール・シュトロイスロフは、終戦直後の村長（無党派）であり[44]、その後も村会議員を務め、さらにLPG設立時には幹部会委員に名を連ねている。しかし既述のように彼は初期のLPGに適応できず、「六月事件」を契機に家族全員でLPGを一旦退会するにいたっている。だが、それは彼が村政とLPGから身をひいたことを必ずしも意味しない。この点で注目すべきは、LPG設立直前の一九五二年のSED党指導部に、同じシュトロイスロフ姓の農民ハンスの名前があることである。彼の党歴は七年――つまり一九四五年入党――とあるが、戦後のKPDの名簿にその名はないので社会民主党（以下、SPD《エス・ペー・デー》と略記）党員だった可能性が高い[45]。ポールとハンスの関係は不詳とはいえ、難民新農民によるKPD系譜のSEDとは微妙に異なる距離感のなかで、村の有力旧農民コネクションの一端を代表する存在であったと考えられる。既述のようにポールは、まもなくLPGに返り咲いている。

より重要なのはもう一人の有力旧農民ハンス・イエンスである。彼は、旧農民の翼賛政党であるドイツ国民民主党（以下、NDPD《エヌ・デー・ペー・デー》と略記[46]）の所属であり、かつシュトロイスロフと異なり一貫して村の中軸を担いつづけている。同じく前掲表4-7にみるように、土地改革期は村評議会の助役として若き女性村長ヴォイショニッヒを支え、さらに一九四九年から一九五〇年の合併期まで村長を務めた。年齢的にも五八歳と長老格である。LPGでは幹部会には入っていないが、馬舎担当になっており、農民としての技術も評価されていたことがうかがわれる。

ところでハンス・イエンスについて注目すべきは、同じイエンス姓の新農民ヴィリー・イエンスとの関係である。ヴィリーは土地改革期の村会議長であり（SED所属）、村農民互助協会委員でもある。また、一九五二年の村ＳＥＤ党組織指導部のリストでは、「農業労働者」出自の新農民として、村党第二書記であり、その党歴は一九年と記されている。[47] バストルフ村との合併後も、村会議員に名を連ね（ただし所属はＤＢＤ）、かつゲマインデ農民互助協会委員である。これだけをみると筋金入りの農業労働者出自のＳＥＤ党員のように思われるが、実はこれは表向きに過ぎない。というのも、彼は村建設委員会委員の文書では、新農民ではなく「旧農民である」と明記されており、[48] かつ先述の一九四六年のＫＰＤ党員リストには彼の名前は見当らないからである。つまり、たしかにヴィリーは旧農民経営を営んでいたわけではないだろうが、村の旧農民家族出自の人物で、経緯はまったく不明だが、ワイマール期以来のＳＰＤ古参党員であったと考えられるのである。ハンス・イエンスについては「いつも新農民を支援している」と郡当局より評価されており、また実際に一九四八年の収穫と供出にさいしての馬支援では、ハンスがヴィリーを支援していると書かれているのである。これらのことから、明示的に確認はできないが、両者は同族の旧農民関係者として何らかの親族関係にあり、かつ村長と村会議長として村政を主導していたと考えることができる（ただしヴィリーは困窮経営であるとされ、またＬＰＧに加盟していない）。ヴィリーがラデュンツら難民主導のＳＥＤ村党組織の第二書記であったことから、彼が村内における旧農民と難民の「同盟」維持のうえで重要な役割を果たしていたのではないかと思われる。

ついでに、このヴィリーと、アルフォン・ブッフヴァルト――一九一三年ブレスロー生まれの新農民――の関係にも言及しておこう。ヴィリーの息子はアルフレッド・イエンスだが、そのアルフレッドの甥がハンス＝ヴェルナー・ブッフヴァルト、そしてその父親がアルフォンとある。ハンス＝ヴェルナーは、一九五四年に「勤労農民」としてＬＰＧ加盟していることから、おおよそ一九三〇年代の生まれであると推定される。アルフォンは一九四六年の新農民名簿では、難民ではなく土着民の印が打たれている。いつ入村したかは不明だが、ハンス＝ヴェルナーの継父でなく実父であるとすれば、すくなくとも一九三〇年代にアルフォンはヴィリー・イエンスの娘と結婚していなくてはならない。一九四九年に、アルフォンは連畜支援を必要とする脆弱新農民として文書に初登場し、ＬＰＧ設立時には唯一のＳＥＤ党員としてＬＰＧ幹部会委員に選出されている。またアルフォンがＬＰＧの豚舎管理人の職を辞したさいには、その代わりにハンス・イエンスが「豚の給餌と世話を担当すること」になったという。これらのことを考え合わせると、ブッフヴァルトは土着新農民のＳＥＤ党員といっても、実は「純粋な」グーツ労働者ではなく、むしろ旧農民親族コネクションのなかにいた人物であったこと、従って彼のＬＰＧ内の重要な役割もその上にはじめてあったと考えられるのである。

以上のように、戦後のケーグスドルフ村では、有力旧農民イエンスおよびシュトロイスロフの二親族を軸とするネットワークは、新旧農民と難民の双方にまたがるものとなった。村ＳＥＤ党組織もまた、ＫＰＤ系譜の難民新農民とＳＰＤ系譜の旧農民という村内の二大有力グループから構成されたのであった。こうした村支配のありようこそは、本村において村内対立が抑制され、ＬＰＧの存続・発展を促進する条件となったと考えられよう。一九五〇年において、村のＳＥＤ党員は二二名、ＤＢＤ党員は八名とされているが、一九六〇年の報告では、ケーグスドルフ村は、一九五二年から一九五六年にかけてＤＢＤの影響がとくに強い村落であったとされている[49]。土地改革を通してＳＥＤ支配の基盤が作られ、その後一九五〇年代中葉にいたって、村民のＤＢＤ入党を通して組織化がさらに進行したことがうかがわれよう。なお、とくにイエンス家の人々のとった行動様式は、同じく旧農民とはいっても、彼らが通常の旧農民村落の農民層とは史的系譜や社会意識の点で大きく異なる存在であったことを想像させるであろう。さらには、勝手な推測であるが、すでにホーフシュレーガーの時代において、この村内の旧農民四戸は、グーツヘルの村落支配において中枢的な役割を果たしていたのではないかとすら思われてくる。

以上の難民層と旧農民層の行動と対極的な推移をたどるのが、土着新農民層の動きである。土着新農民のうちでまず注目したいのは、専門的労働者であった園芸師レールと搾乳夫ホルツマンである。先述のように、土地改革直後において当村には九名の新農民のＫＰＤ党員がいたが[50]、その内訳をみると土着四名、難民五名、さらに土着のうち二人は、園芸師レール――ただしポーゼン生まれである――と搾乳夫ホルツマンであった。しかも、一九四六年初頭においてレールは支部長、ホルツマンは農民互助協会委員長とどちらも要職をあてがわれている。[51] しかしホルツマンが登場するのはこのときだけである。一九五四年一〇月のバストルフ村党指導部会議には、元SED党員で「勤労農民」ホルツマンが人民議会選挙の投票で「投票室」――よく知られるように東ドイツの選挙で反対票を投じるには投票所に設けられた仕切り部屋に行く必要があった――に行ったことが話題になっているることから、この時には彼が党指導部とかなりの距離をもっていたことがわかる。だが、これ以外には彼の情報は見当たらない。これに対しレールは、一九四八年には村助役と村会議員を兼務し、多数の各種委員会にも参加しており、確実に村の有力者一角を占める。しかし自らの政治力をフルに活用して、「命令二〇九号」による住宅建設の受益者となった後には、その影響力を低下させている。彼は確かに村党組織指導部の一員でありつづけるものの、LPGには加盟せず、また合併後のバストルフ村政にもその名が登場しないなど、自発的撤退とも形容すべき傾向をみせるのである。[52] さらにもう一人、戦後KPD党員ではないが、一九四六年の新農民名簿で、上の二人と共に特別扱いされた人物として、中年の独身女性ヴォイシュニヒがいる。職業欄には「農場管理人 Wirtsch.」とあることから、旧グーツ経営で重要な役割を担っていた人物と考えられる。前掲表4-7にみるように、彼女もまた戦後の一時期に、おそらくポール・シュトロイスロフの後任であろう、村長職を務めているものの、その後は新農民経営を返上し、村から姿を消している。このように、土地改革直後の時期には、土着新農民のうち旧グーツ経営の専門的労働者ないし管理人に対して新村政の担い手としての期待が向けられたが長続きせず、彼らが村のヘゲモニーを掌握することはなかったのである。ちなみに、一九四六年のKPD党員九名のリストにおいて、難民の新農民としては、先述の組合長ラデュンツのほか、設立時LPG幹部会委員となるファルク、およびDBD所属の村議でありつつ、その後、最後まで個人農であり続けたクームビールの名前が確認できる。[53] こうして難民新農民の影響力の増大に伴う村支配の再編が進行するなかで、有力土着新農民層は、その存在感を希薄化させていくのであった。

旧農民コネクションに属するのではなく、またグーツの専門的労働者・管理人でもないその他の土着新農民たちはといえば、村政に対してもＬＰＧに対しても、その行動はおおむね受動的であるといってよい。この点は、彼らが初期のＬＰＧ設立に積極的な関与をしておらず[54]、Ⅲ型移行後の一九五四年以降に徐々にＬＰＧに組織化されていくにすぎない点によく表現されていよう。一九四六年当時の土着新農民でＫＰＤ党員であった者のうち、一九五〇年代も名前が確認できるのはペチョーとラインケだが、ラインケは経営を引き継いだ息子が一九五四年に、ペチョーは一九五七年にＬＰＧに加盟しており、政治的な影響力を発揮することはない。そんな中で唯一ＬＰＧ内で頭角を現すのは、一九五四年加盟のザーブッシュ家の人々である。ザーブッシュは土着の農業労働者だが、上述のヴォイシュニヒの経営返上にともない、これを引き受ける形で新農民となった[55]。しかし一九四九年時点では連畜支援を受けるなど脆弱経営者であるが、その後のＬＰＧ設立には参加していない。しかし「六月事件」後の一九五三年六月三〇日に、「四二番分割地」八・七六ヘクタールを息子のエリッヒ（一九三五年生）に移譲して世代交代がはかられると、半年後の一九五四年三月、エリッヒとその兄ヴィリー（一九三〇年生）が、どちらも夫婦で新農民としてＬＰＧに加盟することとなる。弟エリッヒはＬＰＧ内で馬舎担当という重要な役割を引き受け、兄ヴィリーは一九五五～一九五七年の期間にバストルフ村の村会議員（ＳＥＤ）として活躍。さらにヴィリーはその後、一九六〇年の大規模ＬＰＧ結成時のＬＰＧ幹部会にＳＥＤ所属の委員として参加するなど、その活躍ぶりはめざましい。一般に一九五〇年代半ばには、外部からの党員テクノクラートの派遣によりＬＰＧ組合長や幹部会の大幅な交代が起きるが、これとは異なりザーブッシュ家の人々の経歴は、土着新農民の新世代がＳＥＤ入党とＬＰＧ加盟の二つのルートで社会的上昇を果たした事例とみなすことができる。しかし、繰り返すがＬＰＧ内で影響力を獲得する土着新農民はこのザーブッシュの例のみである[56]。

では、ＬＰＧ主導の本村において最後まで個人農としてとどまるのはどのような人々なのだろうか。実は史料上でＬＰＧ非加盟の個人農の軌跡をたどることはかなり難しい。しかし、①一九四八～一九五〇年の村政の各種委員会リストに名前があって、②経営放棄の記録もない新農民で、③かつその後のＬＰＧ加盟に名前がないという三条件を満たす人物としてはＷ・シュトロイスロフ、ヴィリー・イエンス、ネオダ、レール、クムビール、フォークの六名があがる。このうちイエンスとシュトロイスロフは旧農民人脈につながり、また上記のように、クムビールは戦後ＫＰＤ入党組の難民新農民、レールはＳＥＤ指導部である。また、一九五〇年四月開催の「土地委員会・農民互助協会・村議会・住宅委員会の合同会議」の出席者一七名について、[57]一九五五年までにＬＰＧに参加していないものをあげると、Ｗ・シュトロイスロフ、ヴィリー・イエンス、クムビール、クリーゼル、Ｗ・ヴィック、フォーク、ヴィーク婦人の七名が浮かび上がる。このうちヴィックは書記である。従って、彼を別にすると新たにクリーゼルとヴィークがリスト・アップされることとなる。このうちクリーゼルは一九五六年一月二六日のバストルフ村の村会においてノルマ減額を申請している。村会議事録には「クリーゼル氏は一九五五年秋にケーグスドルフ村で事故にあい長期入院した。彼はいつもＬＰＧに加盟するよういわれてきた。クリーゼルの経営は本村で最も劣悪な部類である。村会はノルマ減免を却下した」と記載されている。同じくヴィークについても、一九五七年三月二七日開催の村会議事録において「農民ヴィーク氏は高齢につきこれ以上「入植地《ジードルング》」を経営できないので解約措置をとることとする。この入植地の経営についてはケーグスドルフのＬＰＧと話し合うこととする」とあり、ヴィーク経営が経営困難でＬＰＧに吸収されたことが判明する。この二人の事例に象徴されるように、本村の個人農たちは、集団化再開時に反ＬＰＧ勢力を形成するにはあまりに脆弱にすぎたと言わざるを得ない。ましてや旧農民や難民有力者のコネクションの中で個人農であり続けた人々に、政治的な抵抗を期待するのは無理であろう。全面的集団化開始時に本村の「勤労農民」として名前が出てくるのはここにあげた人々ではなく、既述のシュルツのほか、ドモガルスキー、ハイマンという名前をもつ人々だが、このうちシュルツは一九五二年の入植者、ドモガルスキーはその名から推測されるように戦後難民である。いずれにしても、前述のように集団化再開時の一九五八年に「勤労農民」が一二戸存在するはずだが、その存在感はすこぶる小さく、とりわけ旧土着労働者出自の新農民といえる人々は、一部を除き、ほとんど見えてこないのである。

3．難民層の「分解」過程 ── 旧グーツ館に暮らした人々 ──

これまで述べてきたように、ＬＰＧケーグスドルフは、難民新農民を担い手に設立されるが、土着と難民のあいだ、および新旧農民のあいだにまたがるネットワークが形成され、これを資源とすることによって難民新農民層は、村政とＬＰＧの双方においてその有力な担い手となることが可能となったのであった。しかしながら、本村の難民層の多くがこうした上昇経路をたどったわけではない。「土着化」により「上昇＝同調」していく有力難民たちの裏側では、難民層の社会的分解ともいうべき事態が同時に進行していたのである。

土地改革期、新農民村落に流入した戦後難民の多くがグーツヘル追放後の旧グーツ館に収容された（本章扉写真を参照）。しかし、本村では土地改革期をこえて「六月事件」後の一九五三年七月においてすらも、なお、ハーク（二部屋）、ゲトー（二部屋）、シュトロイスロフ、グレヴィチュ（大小三部屋）、エガート（大部屋）、ヤンツォン（小二部屋）、判読不明者二名の計八家族が旧グーツ館に暮らしていた(58)。同じく同年八月には、ポストラハ、エガート、ペデ、ヤンツォン、ハークの五名が村からグーツ館の家賃の支払い請求をされている。本村旧グーツ館は農民互助協会の所有で、全面改修が必要とされ、また住宅用としても経営用建物としても不適切なものであったというから、彼らは最後まで戦後農村難民の住宅問題の苦しみを甘受し続けた人々といえる。以下、ＬＰＧ化との関連を意識しながら、この旧グーツ館に住む人々を中心に、有力新農民ではなかった難民層のありようを、可能な限り個人史に即して浮き上がらせてみたい。その運命は、ある意味ではＬＰＧ化の裏面の過程であるともいえる。

①没落する新農民の難民家族たち

まず目につくのは、同じく難民新農民であっても縮小・崩壊過程をたどった人々である。脆弱な難民新農民経営で、かつ没落過程をたどる典型的な事例がエガート家の例である。ヴィリー・エガートは村政では「等級化委員会」「労働保護委員会」に属しているが、同時にノルマ残や連畜支援必要者としても登場しているから、もともと脆弱経営の部類であったといえる。この家族に決定的な打撃となったのは一九五〇年春の馬の死亡であった。馬の喪失と同時にヴィリーは入植地を返却し、村を出てロストク市に転居する。転居先の住宅事情のためと思われるが、当初は夫のみが転居し、妻と娘は一時的に村に残留している。しかし、その後一九五三年には妻フリーダと娘が村に戻り、再び旧グーツ館の住民になっていることが確認できる。そこには夫の名前はみあたらない。同年七月にはフリーダが、旧グーツ館内の大部屋から「調理のできる小部屋二部屋」に移りたいと村住宅委員会に申請をしている。他方、ＬＰＧ関連史料においてはエガートの名前はどこにも出てこない。その後エガート婦人の名前が文書に登場するのは一九五七年三月一九日開催の村会議事録である。そこでは「搾乳夫家族用にＬＰＧ住居を空けるため、エガートの家族にはエマーリヒ婦人宅の住居（二部屋と台所）を割り当て、そこに転居させることとする」と記載されている。しかし転居先の条件に不満があったのだろう、早くも三月二六日の村会で「エガート同志が村内で転居したいという報告があった」という。この時点でエガート婦人がＬＰＧ組合員かどうかは不明であるが、彼女がＬＰＧ労働力資源と評価されていなかったことは、転居を強制するこの記述から明らかだろう。エガート家は典型的な単身女性の母子家庭として村の貧困層に沈んだままだったのである。

エガート家と同じく、難民新農民で困窮者としてしばしば登場するのがヤンツォン家である。一九五〇年の情報では、オットー・ヤンツォンは一八七九年グリュンヴィーゼ（オストプロイセン）生まれで、新農民経営七・三ヘクタールを保有している。一九四六年一月の本村ＫＰＤ党員にその名があるので、他の有力難民と同じく、土地改革時に新農民となりＫＰＤに入党したと思われる。しかし夫婦とも七〇歳を超える高齢でともに年金を受領しており、労働力としては機能しない。このため家族として嫁のミーナ（一九二〇年生）と大姪ドーラ・ヤンツォンがいるとされ、この女性二人が経営を担っていたと考えられる。一九四八年時点で新農民経営の名義を息子のエドワードに変更しているが、一九五〇年に息子の名前はない。実際には息子は初めから不在であったと思われる。このためこの経営は家族労働力が不足していることは明らかで、土地改革直後より村の困窮経営としてしばしば登場することとなった。一九四八年八月一六日にはヤンツォン婦人が供出拒否を明言したため、逆に村当局から脱穀機の停止措置を受け――脱穀は農民互助協会による共同脱穀である――、また同年一〇月にはヤンツォンが穀物備蓄が全くないためノルマ遂行も融資返済もできないと訴えるものの、逆に代替措置として羊と未経産牛を提供する羽目に陥っている。(59) 終戦直後のＫＰＤ党員でありながら村政における影響力も乏しく、戦後の各種委員会にはその名前は見当たらない。

一九五一年、ヤンツォンは入植地を大姪ドーラに相続するが、その一年後には経営悪化となり、ＬＰＧ設立直後の一九五三年二月、大姪のドーラは嫁のミーナとともに西に逃亡してしまう。女性労働力二名を失った結果、ヤンツォン経営はＬＰＧに引き渡されることになった。一九五三年には老ヤンツォン夫妻は旧グーツ館に暮らしている。一九五五年には「入植地の譲渡に対する補償がＬＰＧからなされておらず、ベットも竈《かまど》も戻ってこない」ことに不満を漏らしていると書かれている。これらのことから、嫁と大姪の逃亡による経営放棄を契機に、老夫婦は旧グーツ館に転居させられたと考えられる。この例は家族解体が老夫婦の孤立と窮乏化を招いた悲劇的な事例だが、それが住宅の割り当てにおいては旧グーツ館への押し込めと連動している点がとても興味深い。ＬＰＧの住宅確保が、ここでも優先されているのである。

障害者のハンディを抱えた難民新農民ジペルコの場合も、経営返還とともに旧グーツ館に転居している事例である。ジペルコもまた、戦後に連畜支援を受けなければならない脆弱経営であった。村委員会リストでも建築委員会委員に名前があるだけである。理由は不明だが、一九五二年に経営をカミンスキーに売却移譲するが、そのカミンスキーが二二〇〇マルクを未払いのまま「共和国逃亡」してしまう。入植地と属具はLPGが引き取るものの、一年たってもその代金をジペルコが受け取っていないことが問題となっている。一九五三年七月の旧グーツ館の部屋割りの調整では館の庭側の一室に住んでいたジペルコ婦人が、館を出て村のコッホ家の一室に移ることとされている。夫の消息は不明である。障害者のような弱い難民の場合、新農民経営の放棄にともない住宅問題でも最弱の調節弁とされるほどに村の最貧層に甘んじなければならなかったのである。

最後に、以上の事例とは逆に、優良経営であってLPGに参加しなかったケースとしてグスタフ・ペデの例をあげておこう。彼は一九四八年に食料委員会、農民互助協会、監査委員会など村の委員会に参加し、馬一頭を所有しており――ただし連畜の提供でファルクと組んでいる――、困窮グループに属してはいない。一九五〇年二月の文書では、兄ハンスの「三七番分割地」を弟ホルストの名義に書き換える申請をするが、そのさい父ペデは「勤勉な農民」でありこの「三七番分割地」を実質的によく経営してきたと評価され、この名義変更が認められている。六人家族で労働力が多いことが経営を支え、かつ優良農民としてそれなりの影響力をもっていたと考えられる。しかし旧グーツ館住まいだったためか住宅に対する不満は強かったようで、一九五〇年五月五日には、村当局がペデ婦人の出席の下、ペデの住宅問題を集中討議している。その結果、新農民ミェラーの村内転居により空く予定の住宅に入ることとなったが、その後新たに本村に入植する新規新農民ユルスの住宅確保の方が優先されたため、結局ペデはミェラー宅の確保に失敗してしまう。代わりに村当局はペデに別の住宅を割り当てるが、ペデはこれを拒否し、郡および村当局と対立する事態に至った。こうして一九五三年段階においてもペデは旧グーツ館に暮らし続けている。その後、ペデの名が登場するのは一九五三年七月の土地交換分合のときだけとなり、史料上にはほとんど登場しない。ようやく一九六〇年の全村集団化の最終局面で息子ホルストの名での LPG加盟が確認できる。[60] それは本村における最後の加盟者であった。こうしてペデ親子は、難民出自の優良新農民でありながら、ＬＰＧ存続・拡大の村内主流派からはじき出された家族であったといえよう。

②単身婦人たち

新農民村落の難民は新農民たちばかりではない。新たな農村の貧民層の核というべき子持ちの単身女性たちが、旧農民村落ばかりでなく新農民村落にもみられた。一般に彼女たちの多くは一九四九年以降、都市部に流出していくと思われるが、村に残った人々も多かった。彼女たちに関する情報はわずかでありその実態を知るのは容易ではないが、本村についても全体像は不明である。しかし関連史料をつきあわせることで、少なくとも以下の二つの家族の例が浮かび上がってきた。

第一はポストラハ婦人の例である。ポストラハ婦人は、一九四八年に村農民互助協会より〇・二五ヘクタールの庭地を与えられていること、一九四八年には難民で無党派の主婦として「国民連帯委員会」に、一九四九年には「社会委員会」に名前があること、これらの点から庭地と社会扶助に依存する典型的な単身難民女性であるが、同時にある程度まで村政にも参加していた女性であったことがわかる。一九五〇年と一九五三年に行われた旧グーツ館の住宅調整にはどちらにも名前が登場していることから、一貫して旧グーツ館に住んでいたと思われる。しかも部屋の家賃が月五マルクと他に比べて半額であることから、彼女の家族は少人数であった可能性が高い。おそらくは娘のアンネリーゼ[61]との二人暮らしであったと思われる。注目すべきはこのアンネリーゼ・ポストラハである。彼女がＬＰＧにいつ加盟したかは不明だが、少なくとも一九五四年九月のＬＰＧ議事録には、「アンネリーゼ・ポストラハより、馬舎の担当としての仕事から外してほしいとの申請があった」と記されている。馬舎担当という点から農業労働者としての加盟であり、かつ彼女が組合員として評価されていたことがうかがわれる。そして一九六〇年の合併時には彼女は農業労働者のＳＥＤ党員として大規模ＬＰＧの指導部委員に名を連ねているのである。[62]以上から、ポストラハ母娘の例は、貧しい単身難民女性家族が、娘がＳＥＤ所属のＬＰＧ

組合員になることによって貧困から脱出していった「同調＝上昇のケース」とみることができよう。

もう一つはランゲ婦人の例である。ランゲ婦人は六人の子持ちの単身女性である。一九四八年六月には旧グーツ館に暮らしており隣町に転居予定であるとされているが、一九五〇年においても本村で居候暮らしをしていることから、結局、旧グーツ館から追い出されたあと行き場を失ってしまった状態になったと考えられる。こうした状況を見かねたのであろう、一九五〇年一一月に村看護婦が郡住宅課宛にランゲ婦人の惨状を告発した文書が残されている。その文書においては、ランゲ婦人が六人の子供と一緒に暮らす部屋は屋根と床が抜け落ち雨漏りがして、かつ暖炉も壊れて暖房もできない状態であること、家主のグルムビーアは「新住民」でお金もなく融資も受けられないので修理ができないこと、二人の娘は一五歳と一六歳であり、七歳の末息子は不健康な住宅のせいで虚弱である、とその惨状が述べられている。そして、「村長のザイデル氏に対しては、すでに八月に私の方からこうした事情について説明をした。しかし、いかなる支援もなされていない」とバストルフ村当局が批判されている。この告発がどのような効果を持ったかは定かではない。しかし、これは村住宅委員会の認識不足というよりも、当該期の本村住宅問題の深刻さを語るものとしてここでは理解しておきたい。ランゲ家がその後どうなったか、ＬＰＧ化に対していかなる関わりをもったかも残念ながら不明である。

③難民の鍛冶親方

旧グーツ村落には農場の専門労働者として農村職人がいた。彼らの存在なくしては、農具の修理や管理はもとより機械化段階への移行期にあったグーツ経営の近代化はあり得なかったからである。第一章、第二章でみたように土地改革後は大型機械も、そしてライファイゼン組合の修理部門もＭＡＳ／ＭＴＳに吸収されるから、農村職人もその従業員として採用されていったと推測される。このためかＬＰＧ史料には農村職人の記述は、「工業労働者よ、農村へ」政策に関わるものを別とすればほとんど見当たらない。しかしケーグスドルフ村については、ＬＰＧの鍛冶屋確保との関わりで難民の鍛冶親方グレヴィチュについての記述が頻繁に登場する。以下、彼を通して、戦後の難民職人層のありようについても言及しておきたい。

さて戦後のケーグスドルフ村の農民互助協会議事録からは二名の難民職人が確認される。車大工のハーマンと鍛冶親方のグレヴィチュである。一九四八年一〇月には両名とも「区画地」を小作しているとあることから、ほぼこの頃に入村し零細畜産を営んでいたと思われる。転機は一九五三年五月に訪れた。隣村バストルフ村の鍛冶屋が「共和国逃亡」をしたために、本ＬＰＧがこの鍛冶屋を引き受けることになったのである。明示されていないが、これは逃亡者資産の国家管理とＬＰＧ移譲を定めた一九五三年二月一八日法に基づく措置であろう。鍛冶屋を引き受けるにあたり、ＬＰＧはグレヴィチュにこの鍛冶屋の経営をまるごと委託した。この時にグレヴィチュは鍛冶職人としてＬＰＧに加盟している。加盟時点では彼はバストルフ村に住み乳牛二頭を保有しているとされ、またこの二ヵ月後の一九五三年七月の住宅調整においては旧グーツ館に義理の両親分を含め三部屋を確保していることから、ＬＰＧ加盟時の経済状況はいかにも貧しかったと推測される。

その後一九五五年五月の村会議事録において「バストルフ村の鍛冶屋の小作料は月二〇マルク」であり、「鍛冶親方のグレヴィチュが機械その他の保持を引き受け、建物の保持は村が引き受ける」とあること、また同年六月にはノルマ負担に関わってグレヴィチュ経営をＬＰＧが引き受けたとあることから、この時点でグレヴィチュはＬＰＧを退会し鍛冶屋を自営することになったと思われる。さらに翌一九五七年には彼はシュターク婦人の家の購入を村当局に申請し許可されている。

Ｂ・シールは、旧東ドイツの公式のＬＰＧ像とは逆に、旧東ドイツ時代を通して農村職人層が自営業者として存続していたことを指摘し、彼らがＬＰＧで研修を積んだのち自営業者として独立したり、あるいは反対に熟練職人としてＬＰＧに加盟した後により高い所得を求めて退会したり、という行動をとっていたことを確認している。[63] 上記グレヴィチュの事例においても、一九五〇年代に限定されるとはいえ、また土着の鍛冶屋の「共和国逃亡」という「幸運」に恵まれたためとはいえ、農村職人がＬＰＧ加盟し、その後に自営化するという道をとりえたことがみてとれる。そしてグレヴィチュは、住宅問題も抱える貧困難民でありながら有力新農民ほどの政策的同調を示すことも、あるいは逆に経営放棄のような没落過程に陥ることもなく、自力で自宅を購入するほどに生活状況を改善できたのであった。それはなにより鍛冶親方としての彼の稀少な能力に基づくものだが、同時にＭＴＳ化にもかかわらず自前の鍛冶屋を抱えることが全村型ＬＰＧケーグスドルフの存続に有利に作用したという事情も見逃してはならないと思われる。

以上のように、本村では村政やＬＰＧの中核的担い手となる有力な難民新農民の裏面で、経営基盤や生活基盤の弱い多くの難民たちがうごめいていた。同じく新農民となった者でも、家畜の斃死、身体障害、病気、家族の「共和国逃亡」などをきっかけに、家族の解体を伴いながら没落の道をたどる人々がいたのである。戦後貧困層の典型である「子持ち単身女性」のままに、住宅確保もままならず村の下層に沈んでいく人々がいる一方、数は少ないが、「子持ち単身女性」でありながらも、その次世代が党やＬＰＧを踏み台に社会的上昇を果たしていくケースもあった。とくに個人農の力が脆弱であることを特徴とする本村では、住宅の確保を含めて、ＬＰＧ化に対してうまく適応できるかどうかが、脆弱難民層が村でステイタスを確保する大きな鍵となっているといえよう。優良難民経営でありながら、村から排除されていくペデの例は、この点を裏側から如実に語る事例ではないか。そしてこの例外をなしえたのは、能力を生かして独自のプレゼンスをもちえた鍛冶職人であったのである。

4．「命令二〇九号」とＬＰＧ化 ― 村の物的資源をめぐって ―

①「畜舎」をめぐる問題

戦後東ドイツの新農民村落では、旧グーツ畜舎・納屋からなる農業用建物をめぐる問題が物的資源問題の重要な争点を形成した。第一章で論じたように、それは土地改革期には「命令二〇九号」による住宅建設政策に伴う畜舎・納屋の解体の問題としてあったが、一九五〇年代には畜舎・納屋の利用をめぐるＬＰＧと個人農の対立としてあった。畜舎・納屋は、「命令二〇九号」で解体されなかった場合、相変わらず複数の個人農とＬＰＧにより分割利用されていたからである。時期はやや下るが、一九五八年八月には、郡助役から各村長に対して、改修や拡張をきっかけに「大建築物」をめぐる紛争が個人農とＬＰＧの間で生じていること、一九五〇年三月一一日付州土地委員会決定に基づき建物は人民所有とし、その利用をＬＰＧに委ねることができること、これらを指摘した上で、郡評議会の付託により各村においてＬＰＧとの協力のうえ建物の利用調査をするように求める指示文書が出されている。[64] この文書は、ＬＰＧ化の再開に伴い建物をめぐる対立が激化していること、また当局がＬＰＧに有利な形でこの問題に介入しようとしたことを示している。難民が継続的に流入するなか、戦後ソ連軍に村の建物を占領され、他方で「六月事件」後にもＬＰＧが一定のプレゼンスで存続したケーグスドルフ村であれば、畜舎・納屋の問題は土地改革期より一貫して重要な問題であったと思われる。

一九五〇年一月の村議会において、農民互助協会委員長のフライガングは、「命令二〇九号」については本村ではなすべき事が果たされていない状況にあること、この時点で新築三件、「改築」三件が完了し、建設中一件、建設予定一件であること、また一九五〇年には納屋二棟を解体し新たに牛舎を新築すること、そしてこれにより「ケーグスドルフ村はグーツ村落としての特徴はなくなり大畜舎も消えることになる」と報告している。そしてこの委員長報告を受ける形で「命令二〇九号」の対象者のフォークとレールが本計画の早期実施を訴えている。これらの報告と発言から、この時点では「命令二〇九号」の進捗状況は芳しくないものの、なお住宅建設に対する当事者の要求は高かったということができよう。

ところが、その三年後の一九五三年二月二五日ＳＥＤ郡党委員会におけるＬＰＧ組合長会議では、設立直後の本村ＬＰＧ組合長が「われわれは立派な牛舎をもっており当初よりⅢ型のＬＰＧに移行するつもりである」こと、しかし「現在牛舎には二人の入植者が家畜ともども住んでいる。この牛舎は整備されていない。一人の入植者が八日前の土曜日に姿を消した。このため残り半分がとても重要となる。秋までに別の形で飼養できるようにすることを彼らに話さなくてはならない」と発言している。[65]

「命令二〇九号」政策は、旧グーツの畜舎や納屋を解体しこれを建築資材とすることで新農民農場を建設しようとする個人農促進政策だから、共同畜舎を必須とするＬＰＧ化とはもともと矛盾する政策である。上記の文書からは、本村では一九五〇年時点で予定されていた納屋と畜舎の解体のうち、納屋は解体されただろうが新農民二名が利用している牛舎は結局は解体されなかったこと（前掲写真4-2（268頁）を参照）、むしろそのうちの一人の逃亡を契機に、すでにＬＰＧ設立時点で、「立派な牛舎」を生かしつつⅢ型に移行することまでが考えられていたことがわかる。その意味では「命令二〇九号」による解体の不徹底こそが、皮肉にも本村ＬＰＧの存続にプラスに働いたといえる。この逆説は他村にも当てはまることでもあろう。[66]

ただし、本村については村内対立が軽微でＬＰＧの畜舎掌握度が高いためか、「六月事件」後の畜舎に関する情報が乏しく、これ以上のことは不詳である。この次に畜舎問題が文書に登場するのは、一九六〇年の大規模ＬＰＧ設立時の開放牛舎および豚舎をめぐる問題まで待たねばならない。[67] そこで、同じく新農民村落のＬＰＧ存続型に分類できるＬＰＧレーデランクの事例を素材に、「六月事件」後におけるＬＰＧの存続と畜舎問題の関連をみておこう。[68]

ＬＰＧレーデランクは一九五二年一二月に設立、翌一九五三年一月の時点でその規模は新農民一九経営、農地面積一二四ヘクタールであり、単純計算で集落面積の四割弱を占める組合である。しかしＬＰＧケーグスドルフとは異なって「六月事件」の影響が甚大であり、事件直後に組合長が辞職、さらに収穫後の同年一一月には有力農民を中心に一一名が退会してしまう。この結果、残された脆弱な新農民九名が六二・三七ヘクタールという縮小された規模でＬＰＧを継承することとなった。そして一九五四年一月の再出発と同時に本ＬＰＧはⅢ型に移行することになるのだが、そのさいにネックになったのが畜舎・納屋の問題であった。まずⅢ型移行に伴い組合員の家畜は旧グーツ畜舎に収容され共同飼育がはかられる（ただし畜舎の三分の一のみを利用）。その後、さらに「牛舎の三分の一」を当該新農民の利用放棄により確保することに成功する。また納屋についても、郡当局に働きかけて、納屋の利用権をもっていた「国営調達・買付機関」[69]からこれを獲得することに成功する。だが、同年七月、牛舎の設備が劣悪なために乳牛五頭を病死ないし緊急屠殺で喪失してしまう。その後、隣村のＬＰＧリュニングスハーゲン――ÖLB《エー・エル・ベー》転化型のＬＰＧである――と合併することで経営状況をさらに悪化させてしまうが、集団化再開後の一九五九年八月には一七名の新規加盟（うち「勤労農民」は七名）を得て拡大に転じることとなる。結局、一九五九～六〇年の「強制的集団化」期においてＬＰＧレーデランクはＬＰＧザトーに吸収合併されるが、[70]そのさい本村では新たに新農民四経営によるⅠ型ＬＰＧが設立されている。

ＬＰＧレーデランクは、「六月事件」後のＬＰＧの経営状況が芳しくないこと、また「強制的集団化」の時期に小規模Ⅰ型ＬＰＧが設立されていることにみられるように個人農とＬＰＧの深刻な対立が継続していること、これらの点からわかるように、同じく存続型とはいえＬＰＧケーグスドルフとは村内事情をかなり異にしている。とはいえ、ここで注目したいのは、Ⅲ型移行が牛舎問題に悩む村の脆弱農民の生き残り策であったこと、その生き残りを可能にしたものがＬＰＧ化を梃子とする畜舎と納屋の確保であったこと、しかし設備のメンテナンスの点では大きな限界を抱えており、そのことが経営困難を引き起こしていたことである。ケーグスドルフ村の事例は存続型ＬＰＧの中では良好発展に属するために明瞭にはあらわれないが、ＬＰＧレーデランクの畜舎利用に鋭く現れた問題のありようは、他の存続型ＬＰＧに多かれ少なかれ当てはまるものと考えられる。

②「命令二〇九号」の受益者とＬＰＧ化

「命令二〇九号」の意義は、上記のような畜舎解体の有無という物的生産力の連続・断絶のみに限定されるものではない。ケーグスドルフ村においても目標達成には及ばなかったとはいえ、「命令二〇九号」政策による新農民家屋建設が実施され、そこには受益者が存在した。彼らは一体どのような人々だったのか。物的系譜ではなく、人的系譜からみたときに「命令二〇九号」はLPG化にどのような作用をもたらしたのだろうか。

先に触れたように、一九五〇年の村長報告によれば、本村の新農民家屋建設の成果は、新築三件、「改築」三件、建設中一件、建設予定一件の計八件であった。各種の文書史料をピックアップしていくと、このうち六件についての情報を得ることができる。六件の内訳は難民四、土着一、不明二である。以下、この六件の内容を立ち入ってみることで、上の問題を考えてみたい。

まず第一に、六件の対象者のうち、その後LPGに参加したのは三名であるが、注目すべきは、このうち二名は、実は、すでに言及済みの本村の有力難民、フライガングとラデュンツに関わる案件であったことである。まずフライガングが取得した新築住宅は、本来は土着新農民ザックを対象としたものだったが（ただし彼の主業は農業ではなく機械工である）、ザックが資金不足のために住宅建設を途中で放棄したため一九四八年一〇月七日に建設能力のあるフライガングがこの未完成住宅を引き受けることとなった。翌一九四九年五月九日にはフライガングは「命令二〇九号」に基づき六千マルクの追加融資を申請している。ザックはこの直後に経営を放棄している。

他方ラデュンツについては、一九四九年六月二日の農民互助協会総会議事録によれば、同会議において、女性新農民アンナ・ラデュンツがジンネの「入植地」を引き受けるにあたり、「属具融資」三千マルクの名義をジンネから自分に書き換えること、そして「すでにジンネの（家屋）建設に認められている建設融資五千マルクに加えて、さらにあと五千マルクの追加融資を受けることを求めた。建設計画は住居の建設を優先しており、また他方では畜舎も完成させなければならないのは明らかなので、五千マルクの追加融資許可の申請は認められた」ことが記されている。フライガングもラデュンツの場合も、未完成家屋の引き受けという形で「命令二〇九号」住宅を手にしている点が共通している。「命令二〇九号」の最大の問題は建設資金問題であり農民互助協会による建設コスト負担こそが村内対立を引き起こした。[71]この二つの事例は、とくに早期着工分については、政治力と資金力のある難民家族こそが「命令二〇九号」の受益者となり得たことを物語っている。逆にいえば、難民基盤の有力支配層の形成という点で本村の「命令二〇九号」は一定度の有効性をもったといえようか。

「命令二〇九号」の対象者で、かつＬＰＧ加盟した第三の新農民はヴァルザコフスキーである。[72]ヴァルザコフスキーは戦後の村の各種委員会には名前が登場しないから有力新農民とはいえない。住宅建設も上記二人に比べ順調ではなく、一九四八年には資金不足で建設困難であり、さらに一九五〇年においても住宅は完成の見込みすらなかったという。このため一一月にはとうとう郡が直接介入することになる。「郡建設委員会からの人材派遣により建設が再開された。この建設に利用できる資金はわずかであったため、郡の担当者は多くの作業を共同支援によって」行おうとし、一一月二七日（日曜日）にはこの家屋建設のための「特別派遣」を組織化するほどの力の入れようであった。しかし、その一週間後に出された「国民戦線」からゲマインデ当局宛の文書では、本集落の社会支援は極端に劣悪で、「建設の継続は、台所、給餌作業所、畜舎の棟上げができるかどうか、さらには粘土工法での屋根作りができるかどうかにかかっている。現在のところこれらの緊急を要する仕事のうちいずれも行われていない」と非難し、そのうえでバストルフ行政村当局が本集落に対して社会支援のテコ入れを指示するよう求めている。[73]

郡の過剰介入と村民の冷淡な反応が印象的だが、集落支援による家屋建設、さらには粘土工法による建設というのは、当時の「命令二〇九号」の政策基調でもあった。上の記述からは、住宅部分の建設は進んでいるものの、畜舎部分の建設が未着手であったことがわかるが、その後この部分を含めて当該住宅建設が完成に至ったかどうかは不明である。しかし集落に過度な負担をかけたことは、とくに有力難民層が自力建設を選択したこととの対比からみれば、ヴァルザコフスキーの村内で政治力を著しく後退させることになっただろう。その後彼はＬＰＧ設立に一カ月遅れで参加、さらに一九五四年には息子と妻が相次いでＬＰＧに新規加盟を果たした。しかし息子エヴァルドは加盟直後にＬＰＧから排除されてしまい、四ヶ月後に隣村のＬＰＧバストルフ――ÖLB《エー・エル・ベー》転化型のＬＰＧである――に設立メンバーとして加盟している。この息子の行動は彼が家族労働力として位置づけられていないこととともに、この家族のＬＰＧに対する関わり方が相対的に不安定であったことを意味しているものといえる。

最後に、「命令二〇九号」を梃子に数少ない有力個人農となったのが新農民アルバート・フォークである。フォークは一九四六年五月の新農民名簿に名前がなく、また一九四八年の各種委員会には参加していない。その名前が初めて文書に登場するのは一九四九年だから、この頃に新農民として本村に流入したと考えられる。[74]他の対象者とは異なり、彼の「命令二〇九号」建設の着手は一九五〇年であった。既述の一九五〇年一月の村会のフライガング報告にて「一九五〇年は新農民フォークのためにフルセット経営の新築を一戸予定している」と記載されているからである。その同じ会議では、フォーク自らが住宅委員会委員として本村の住宅事情が劣悪であることを述べたうえで、レールともども「命令二〇九号」建設政策の促進を強く主張している。その後ＬＰＧ史料にはフォークの名前はみられないから、少なくとも全面的集団化の前の段階までは彼はＬＰＧに参加していない。しかしバストルフ村との合併後の行政村では彼は村助役を務めており、有力個人農としてケーグスドルフ村の利害を代表していた。同じく有力者でもフライガングやラデュンツとは違ってフォークの例はＬＰＧ化の系譜には位置づけられないが、当該期における新農民系譜の有力個人農の政治的同調を示す数少ない事例として注目するに値する。[75]

以上より、ＬＰＧ化との関わりを意識しつつ「命令二〇九号」の受益者をみることで、おおむね以下の系譜が浮かび上がろう。第一は有力難民の新農民で、かつ資金負担能力もあったラデュンツとフライガング。彼らはＬＰＧ化の中軸を担っており、「命令二〇九号」家屋建設政策がＬＰＧ化に対しても政治的な効果をはっきりと発揮した事例である。第二に、これに対して同じくＬＰＧ設立に参加しつつも、資金不足で建設に際して過大な村民負担を引き起こしたヴァルザコフスキーの場合は、村内の影響力は乏しいままであった。従来の「命令二〇九号」の実施過程に関する否定的評価は、もっぱらこの資金不足のヴァルザコフスキーのような事例が念頭におかれて論じられてきたものと考えられる。第三に、これらとは異なり、もともとの「命令二〇九号」の主旨に沿ったといえそうなものが、フォークの事例であろう。ここでは「命令二〇九号」の本来の目的である「フルセットの新農民農場建設」による自立的農民経営設立が文字通り体現された。彼は、個人農でありながらＳＥＤ政治の同調者として一九五〇年代の村政を有力者として担っている。これはかなり稀有な例と思われるが、「命令二〇九号」のもう一つの政治的効果として無視はできないだろう。

第一章で論じたように、本村でも「命令二〇九号」は、事実上、難民新農民の住宅政策にかなり重なっている。しかしその成否を個別に詳しく見れば、一般に指摘される資材不足による建設困難というだけにとどまらず、一方でこれをうまく使い村落支配につなげていく有力者たちと、逆に政治力の過剰行使で信頼を失墜する者、さらには村のＬＰＧとは一線を画しつつ首尾よく有力個人農化する者がいたのである。

第三節　ディートリヒスハーゲン村の集団化――村内少数派ＬＰＧの挫折――

以上、ケーグスドルフの事例は、元農民の有力新農民と旧農民という二つの村内グループの連合を基礎とした村内有力者による集団化同調路線であり、それが一九五〇年代を通して継続する事例であった。これに対して同じく早期に集団化に踏み出した新農民村落でありながら、「六月事件」によってあっけなく弱体化し、解散・縮小・吸収合併に至る有力村落がいくつか存在する。クレペリン市からレーリク市にいたる幹線道路の北側に位置し、相互に隣接するディートリヒスハーゲン村、ヴィヒマンスドルフ村、ホーエン・ニーンハーゲン村の各ＬＰＧもこうしたタイプに属する。このうちホーエン・ニーンハーゲン村は土地改革期にメクレンブルク州で最初に農場分割がなされたところであった[76]。さらに前掲表4-2（253頁）においてバート・ドベラン郡におけるＬＰＧ設立時期をみると、ヴィヒマンスドルフ村が郡内設立一位、ホーエン・ニーンハーゲン村が同三位、ディートリヒスハーゲン村が同四位となっており、いずれのＬＰＧもが一九五二年七月から八月という第二回党協議会終了直後のまもない時期に、郡の先頭を切って相次いで設立されていることがわかる。このように戦後ＳＥＤ支配の積極受容とその挫折という点で、この三村は他村にもまして際立っているのである。この急激な動きはいったい何を意味するのだろうか。その挫折の意味を知るために、以下、とくにディートリヒスハーゲン村の事例に関してより詳しく見ていくこととしたい[77]。

1．集団化過程の概況

さて、一九二八年の農場住所録によれば、この村は一二〇ヘクタールから一四〇ヘクタール規模の三つの農場より構成されており、その他の農民経営は存在していない。いずれの農場も単に「農場 Landgut」と記されているだけであることから、ケーグスドルフ村のような単独の「騎士農場 Rittergut」でも、またアルトホーフ村のような「州農場 Domänegut」でもなく、市民的所有の農場であったと考えられる。このため壮麗な「グーツ館」は村には存在しないが、大農家屋よりは一回り大きな屋敷地がいまも存在している。ただし牛の保有頭数をみると、三農場とも六〇～七〇頭、うち乳牛が三〇～四〇頭となっており、経営面積の割に保有頭数がかなり高い水準を保っていることがわかる。現在の本村には大規模なリンゴ園が広がっているが、当時は酪農に傾斜した優良農場であったと推測される。

戦後の土地改革過程は不詳だが、一九五二年一一月の集落の住民数は三〇〇名、また一九五〇年時点の社会構成については、新農民四九経営、雇用労働者（村外雇用を含む）一四家族、年金生活者・社会扶助受給者二八名、森林経営と鍛冶屋経営が各一経営などとなっている。新農民四九経営という数字から、土地改革により三農場が完全に分割され、ほぼ純粋な新農民村落に転化したことがわかる。難民比率は不明だが、一九四九年の村会議員や村の各種委員会委員において難民層がほぼ半数を占めていることから、ここでは平均的な五割水準としておきたい。土地改革期の村の最大の課題が「命令二〇九号」の住宅建設とされている点も――計画では新築三二戸、改築一七戸であるのに対し、実績は一九四九年時点で完成三戸、一部完成二戸に過ぎない――、本村における難民新農民問題の重さを物語っていよう。ただし村の各種委員会委員の党派所属を見ると、総計で「土着」委員五名、うちＳＥＤ党員が四名を占めるのに対し、「新住民」は全六名のうち党員は二名だけ、しかもうち一人は「お針子」であり、この時点では土着の新農民たちがヘゲモニーを握っていたことがわかる。ディートリヒスハーゲン村は、土地改革後しばらくは単独ゲマインデであるが、一九四九年に隣村のＭＴＳ村落イエーネヴィッツ村に統合され、以後、旧農民集落ブロードハーゲン村とあわせ三村で行政村イエーネヴィッツを構成することになった。

この村で最初のＬＰＧが創設されるのは一九五二年八月二八日のことである。その名を『進歩《フォルトシュニット》』と称し、新農民五経営、組合員数六名によって設立された。前述のように郡内四位という早さである。その後一〇月には新たに四経営と組合員九名（設立組合員の家族を含む）が加わり、早くも畜産共同化を意味するⅢ型組合へと移行する。ただし、この間に若い組合員二人を、勤務態度が悪いという理由で人民警察派遣の形で事実上排除し、この新農民二名と「共和国逃亡」した新農民一名（非組合員）、計三名の経営分を放棄経営としてＬＰＧが引き受けている。この結果、発足二カ月後の時点で七家族（トラクター運転手一名を含む）、一一経営（引き受け経営を含む）、組合員一三名、経営面積七八・〇九ヘクタール（農地六五・一〇ヘクタール、採草地二・一三ヘクタール、放牧地一〇・八六ヘクタール）という規模になり、ここにＬＰＧとしての基本的な形を整えるに至っている。その後、一九五三年初頭には新農民一経営と七名の組合員が新たに加盟、同時に「共和国逃亡者」一名の経営を引き受けている。しかし、一九五三年春耕後の根菜類除草作業にさいして組合員の家族労働力の動員に失敗した頃からLPG経営に支障が生じるようになり、さらに「六月事件」後には経営管理のずさんさが問題化し、郡当局から疑惑の目を向けられ監査が入るまでになっている。「六月事件」後には三名を残して他の組合員が大量退会、ここにLPGは実質的に解体し、残存者についても経営は事実上個人で行われる状況となった。一九五四年一月にLPGの内部分裂が決定的となり、名実共に解散するに至っている。また「六月事件」後の一九五三年九月にはLPG党員集会において、MTSイエーネヴィッツ政治課指導員ゼーガー女史に対する組合員の差別発言がMTS指導部の内紛と絡んで問題となり、ここでも郡党からの介入を受けている[78]。

「六月事件」後の一九五四・五五年については、他村でみられるÖLB《エー・エル・ベー》のLPGへの転化は本村を含む行政村イエーネヴィッツでは生じていない。一九五七年一〇月の第三三回中央委員会総会の決定をうけ、ようやく隣村イエーネヴィッツ村にLPG『赤い十月』が設立される。ディートリヒスハーゲン村でも一九五八年二月にLPGが二家族によって新たに設立されるがこちらはまもなく解散してしまい、結局、全面的集団化期における本村の新農民はLPG『赤い十月』に加盟していく形となる。ただし彼らの反応は鈍く、ようやく本村がLPG加盟に踏み出すのは、一九五九年一〇月、本村の有力個人農シュヴァイツァーがLPGイエーネヴィッツの組合長になってからであった。このとき村の党員個人農がLPGに加盟したという。こうして一九六〇年三月の報告では、「この集落では外部者の支援を受けることなく、すべての農民がLPGに加盟」することとなった。ただし、東ドイツ全体に広くみられたように、本村でも新たに小規模I型LPG（三一・一九ヘクタール）が同時に別途設立されている。

2．ＬＰＧ『進歩《フォルトシュニット》』とその挫折 ― 搾乳夫の夢と村落の分裂 ―

以上が短命であったこの村の最初のＬＰＧと、その解体後の全面的集団化にいたる経過の概略である。このうちＬＰＧ『進歩』に関しては、第一に、ＬＰＧが全村化せず、あくまで小規模にとどまったこと、第二に、なにより「六月事件」がこのＬＰＧ挫折の最大の契機となっていることを、まずは特徴として指摘しなければならない。前者については、ＬＰＧの経営面積は最大でも八〇ヘクタール程度であり、組合員数をみてものべ二二名、参加経営数も最大で一二経営にとどまっており、経営面積でも新農民経営でも全村の二割ほどを組織したに過ぎないのである。

そこでまず、いったいどういう人々がこのＬＰＧに参加したのかからみることにしよう。ＬＰＧ『進歩』の組合員については、他のＬＰＧに比べ出生地の情報が欠落しているのが非常に残念だが、逆に珍しく新農民になる前の職業が組合員リストに書き込まれている。また戦後に単独ゲマインデであった時期については村役人・村会議員・各級委員会の役員名が判明し、当時の村政関与者がわかる。そこでこれらをもとに作成したのが、表4-8のＬＰＧ組合員リストと表4-9の村会議員リストである。また表4-10はゲマインデ統合後のイエーネヴィッツ村の村評議会委員・村会議員の一覧である。これらを参照にしつつ、この村の初期ＬＰＧの担い手たちについてみてみよう。

まずＬＰＧの中核となるのは、設立時の中心人物で組合長でもあるフリードリヒ・ズールビア、および一九五二年一〇月加盟組リーダーのアルフレッド・ポルムであった。二人はともに一九〇九年生まれの同年齢で ― ＬＰＧ内でもっとも年輩の組合員でもある ― かつ村の土着のＳＥＤ党員である。のみならず表4-9をみれば、二人とも戦後占領期にはＳＥＤ所属の村会議員でありつづけたことがわかる。村の各種委員会の役員名をみても、二人は土着ＳＥＤ党員として村の重要委員会である住宅・建設関連の委員会の委員を務めている。

表 4-8 LPG ディートリヒスハーゲン『進歩』組合員一覧

	氏 名			役員	生年	前職もしくは現職	加盟日	備考
1	ズールビア	・フリードリヒ		組合長・村会議長	1909	搾乳夫	1952年8月28日	
2	シュルツ	・G		幹部会	1899	製粉人	1952年8月28日	後に「共和国逃亡」
3	メレティヒ	・A		幹部会	1902	労働者	1952年8月28日	
4	メレティヒ	・H		監査委員	1931	労働者	1952年8月28日	人民警察へ（52 年 11 月頃）
5	グスキ	・P			1888	煉瓦職人	1952年8月28日	
6	クレチュマン	・R		監査委員	1931	労働者	1952年8月28日	人民警察へ（52 年 11 月頃）
7	クリューガー	・K			1921	羊飼い Schäfer	1952年10月1日	6 月事件後の組合長．後に「共和国逃亡」
8	ズールビア	・E			1921	搾乳夫	1952年10月1日	
9	ポルム	・アルフレッド		幹部会・村会議員	1909	搾乳親方	1952年10月1日	
10	ポルム	・K			1932	搾乳夫	1952年10月1日	
11	クリューがー	・H	(*F*)		1922	農婦	1952年10月1日	「共和国逃亡」（妻）
12	ズールビア	・Ch	(*F*)		1927	農婦	1952年10月1日	
13	ポルム	・M	(*F*)		1913	農婦	1952年10月1日	
14	アウルス	・H			1920	トラクター運転手	1952年10月1日	
15	メレティヒ	・E			1902	農婦	1952年10月13日	
16	ハーダー	・P					1953年1月24日	
17	ハーダー	・F				馬具職人	1953年1月24日	
18	ズールビア	・A	(*F*)		1910	搾乳婦（農業労働者）	1953年1月24日	
19	シュレリット	・E			1909		1953年1月25日	
20	シュルツ	・M	(*F*)			農婦	1953年2月11日	「共和国逃亡」（妻）
21	シャディ	・H				電気工 Elektoriker	1953年4月16日	
22	ポルム	・W			1936	経理	1953年6月1日	経理だが，無能につき，郡からチェック．

注：(F) は女性を示す．
出典：本章第 3 節注 (77) 324 頁に掲げた史料に基づき作成．

表 4–9　ディートリヒスハーゲン村の村会議員一覧 (1949 年)

氏　名		所属政党など	職業	村会・村評議会の役職	就任期	1946 年時の役職	備考
シュバイツァー	・カール	SED	新農民	村長	1949 年 7 月		
ホルスト	・H	SED	新農民	村助役・村議	1946 年 10 月	村会副議長	
ローゲンザック	・W	SED	新農民	村助役・村議	1946 年 10 月	助役	
ズールビア	・フリードリヒ	SED (土着)	新農民	村会議長・住宅委員	1946 年 10 月	村長・村会議長	LPG 組合長
ポルム	・P	SED	新農民	村会副議長	1947 年 7 月		
ビーデンヴェグ	・P	SED (土着)	新農民	村議	1946 年 10 月	村議 (書記)	辞職 (1950 年 3 月)
ガーリング	・W	SED	新農民	村議	1946 年 10 月	村議	
ポルム	・アルフレッド	SED (土着)	新農民	村議	1946 年 10 月	村議	LPG 組合員
ツィーンタール	・R	SED, VdgB (難民)	新農民	村議	1947 年 4 月		
ナーツ	・J	SED (難民・女性)	お針子	村議・書記	1946 年	村議 (書記)	病気辞職 (1949 年 3 月)
→ツィムマルク	・T	無党派	新農民	村議	1949 年 7 月		ナーツの後釜
プストラ	・W	SED	役場事務	村議・書記・経理	1948 年 1 月		
ツィマン	・W	SED	労働者	村副書記	1949 年 11 月		
ヴィッテンベルク	・G	無党派	新農民	村議・副書記	1949 年 1 月		

注：土着・難民 (「新住民」) の区別は判明するもののみ．VdgB：農民互助協会.

出典：Kreisarchiv Bad Doberan, Rat der Gemeinde Jennewitz mit Diedrichshagen und Boldenshagen 11, Nr. 22, Grundsätzliche Gemeindeangelegenheiten der Gemeinde Diedrichshagen, 1946–1949, に基づき作成.

表4-10　イエーネヴィッツ村（ゲマインデ）の村評議会・村議会議員リスト

（1955–1956年）

氏	名	所属政党・団体	備考
〈村評議会〉			
ヴィット	・G	SED	村長（1955年1月10日より）
クギニス	・P	SED	ディートリヒスハーゲン村
ベックマン	・H	SED	
〈村議会〉			
ヒュブナー	・K	SED	ディートリヒスハーゲン村
グロースマン	・Ch　(*F*)	SED	
ポルム	・アルフレッド	SED	ディートリヒスハーゲン村
シェルツィヒ	・H	SED	
ヒュルゲ	・A	CDU	
ガーヴェ	・L	CDU	
シュヴァイツァー	・ヴェルナー	FDJ	ディートリヒスハーゲン村
ツィーメンス	・H　(*F*)	DFD	
ヴィルクス	・H	DFD	
ハーダー	・F	VdgB	ディートリヒスハーゲン村
ティンペ			

注：(F)：女性．SED：社会主義統一党，CDU：キリスト教民主同盟，FDJ：自由ドイツ青年同盟，DFD：ドイツ民主婦人同盟，VdgB：農民互助協会

出典：Kreisarchiv Bad Doberan, Rat der Gemeinde Jennewitz mit Diedrichshagen und Boldenshagen 11, Nr. 17; Protokoll der Rats- und Gemeindevertretersitungen 1955–1957 に基づき作成．

ズールビアは終戦直後に村長および村会議長を歴任し文字通りの村の代表であり、ポルムは、表4-10にみるようにゲマインデ合併後も、本集落から選出されたSED所属の村会議員を務めている。このように土地改革で新農民となったSEDの村有力者がLPG立ち上げを担うことは前節のケーグスドルフ村の場合と同じであり、とくに珍しいことではない。

しかし、ここできわめて興味深いのは、新農民となる前の二人の職業である。表4-8に示したようにズールビアは搾乳夫、ポルムは搾乳親方とあり、さらにズールビアの妻と息子、ポルムの息子カールの前職も搾乳夫となっているのである。つ

まりはズールビアもポルムも、もともと搾乳夫家族であって家族単位で組合に加盟しているのである。おそらく当初のLPGの実態はこの二家族の経営連合のようなものであったのだろう。ちなみに息子たちは新農民として加盟しているから、土地改革によっていずれの家族も事実上各二経営を取得していたことになる。

ズールビアの経歴についてはこれ以上は不明だが、ポルムについては、時期は下るが一九六〇年九月五日付けの「村駐在警察官」[79]ベルクマン作成の調書があり、そのキャリアが判明する。これによればポルムはキューリングボーン市 ── 前節でみたケーグスドルフ村の隣接市である ── 生まれの搾乳夫で、様々な集落で搾乳夫として働いたあと、一九四〇年にディートリヒスハーゲン村に来て「大土地所有者クリューガーのもとで搾乳夫として働いた」という。そして「一九四四年まで村におり、その後一九四五年まで徴兵。捕虜収容所にはいなかった。子供たちは入植地で精力的に働き、一九五二年までに勤労農民経営を得ることとなった」と書かれている[80]。彼が典型的な土着搾乳夫であり、範囲は確定できないが同一地域内の農場を渡り歩いていたこと、戦後は抑留経験をしていないことから終戦直後に復員し、本村土地改革によって新農民となったであろうこと、さらにまた息子たちも、おそらく経営返上分だろうと思われる新農民経営を取得したことがここからはわかる。先に述べたように戦前この村にあった三農場は優良酪農経営だったと推測されるが、この点は一九四四年にポルムが搾乳夫として来村したことと符合しよう。また、組合員リストと村議リストを突き合わせてみれば一目瞭然だが、ズールビアとポルム以外の有力者二人以外の組合員は、息子も含めて村会・村政の役職にはまったく登場していない。ちなみに表4-8にみるようにこの二家族以外の新農民組合員の前職をみると、製粉屋、労働者、煉瓦職人、羊飼いなどとなっており、いずれも搾乳夫と同じく職人・下層労働者の出自であり、例えば農民出自の難民で新農民のタイプはいないことも重要な特徴である。所属政党についても、設立時は「六人の組合員中、SED党員は一人だけで、あとは無党派」といわれており ── この党員はズールビアと思われる ──、有力党員以外は党員がいないことも、このＬＰＧの搾乳夫・農村職人・下層労働者グループとしての性格に通じるであろう。

いずれにしても、以上の点から、このＬＰＧは、つまりは村内の搾乳夫を中心とする土着の旧知グループによる組合であり、その意味で村内の少数派グループによる立ち上げであったとしてよいだろう。一九五二年八月のＬＰＧ設立時における本村のＳＥＤ組織は、党員数こそ二一名と高水準を誇っているが、同時に「三月以来会議が一度も行われていない」と活動は停滞気味であった。村党書記――「村ホテル経営者 Gastwirt」とされる――はＬＰＧ設立集会があることすら知らなかったというから[81]、ＬＰＧ設立は、党を含む村内の合意をとったうえでのものではまったくなかったであろう。ズールビアもポルムも戦後の村の党の有力者であったが、難民出自の新農民たちの信頼を得ているとは言い難く、村ＳＥＤ党によるＬＰＧ化を語る余地はない。こうした搾乳夫を中心とする少数派ＬＰＧという点に関しては、かつて当該州において搾乳夫が、新たな専門職でありながらその移動的な生活様式のために賤視対象とされていたこととも関わる可能性があるかもしれない[82]。ＬＰＧ解散後のことであるが、上述の駐在員ベルクマンによるポルム調書によれば、ポルムは一九五四年に新農民経営を再取得後、子供たちを働かせるため彼らをろくに学校に通わせず、「実業学校にもやらなかった。このため違法行為を告発されて釈明をしなくてはならなかった」という。学校に通わせないのは、家族請負を前提とするような搾乳夫の営み方が反映されているためと思われるが、同時にこの書き方からは、搾乳夫に対する差別的な視線を容易に感じとることができよう。

さてこうした彼らの出自を踏まえると、彼らのＬＰＧ設立目的が、実はかつての酪農を軸とした農場を再建することにあったのではないかと思えてくる。一九五二年のＬＰＧ生産計画によれば、ＬＰＧの現況として、経営面積七八・〇九ヘクタール、馬九頭、牛二七頭（うち乳牛一七頭）、豚四一頭、畜舎は牛舎一棟（四五頭収容）、養豚所一棟、豚小屋一棟であり、そのうえで「今後の畜産計画」として馬を三頭売却して六頭とし、逆に牛は出産二頭、購入五頭、供出二頭、売却二頭、差引三頭増の計三〇頭とすることになっている[83]。稀少な馬を売却処分しつつ他方で乳牛を購入しようとしていることに、かれらの酪農志向を読みとることができよう。牛については、一九五二年一一月の組合員集会において郡に対して「LPG用に乳牛六頭の購入を委託する」ことが決議されている。さらに馬については一九五三年三月に種馬一頭が大農に売却処分されているが、そのさい正式な組合決議がなされず、また帳簿上の処理がなされなかったこと、さらにその代金が組合口座ではなく個人口座に振り込まれたことにより、これが郡当局から不正売却として問題にされることになった。これがのちにこのLPG全体が経理に関して郡当局より疑惑視される契機となっている。

畜産を重視するLPG『進歩』にとって、その発展の重要ポイントは畜舎の確保であった。これについてはまず、一九五二年一〇月の郡党組織農業課の文書において、本LPGの家畜の共同飼育のために畜舎改築が必要であることが強調され、丸太7m^3と背板6m^3が提供されたことで建設作業が開始されたと記されている。(84) さらに一九五三年四月にはLPGとして、以下の三点に関して名義の書き換えを郡宛に申請している。すなわち、第一に「離村」により無主となった新農民の経営をLPGが引き受けるに際しては、ポルムが土地改革で取得した自らの畜舎をLPG利用のために供与する代わりとして、この無主経営の「住宅持ち分」をポルム名義に書き換えること。第二に非組合員の新農民ボルドとグスキが所有する旧「牛舎＋納屋」を、代替建設地を用意する条件でLPG名義に登録替えすること。そして第三に旧「第三農場」の牛舎の名義も非組合員の新農民ヘプネ婦人からLPGに直ちに書き換えることである。さらに「六月事件」前後には（正確な日付は不明である）、同じく非組合員のテスマーに対して、一九五三年七月一五日をもって彼の「LPG畜舎の利用」を解約する旨を伝えている。いずれの措置も、村内にある既存畜舎を少しでもLPGに集中させるという姿勢で一貫していよう。

建物にかかわる思惑は、畜舎にとどまらず住居問題にも及んでいた。上記の畜舎をLPGに提供する代わりに住宅を確保しようとするポルムの行動にその点が表れている。前述のようにポルムの家族は大家族であった。さらにもう一つの例として、「Ⅲ型組合」移行時にLPG加盟したハーダー夫妻の事例が注目される。夫妻はLPG

加盟時に「住居と畜舎」をLPGに引き渡したというが、これは合併後のイエーネヴィッツ村当局により「住宅調整」が実施されると、これらの建物を利用できなくなる恐れがあるからである。ハーダー夫妻が難民出自かどうかは不明であるが、彼らがLPG加盟により住居所有をLPGに移すことで行政村介入を阻止し、実質的に現行住宅に確実に住み続けることを画策しようとの思惑で行動したものと考えられる。

土地改革後の経営資源稀少化の条件の中で、ときに上位権力をも積極的に動員しつつ村の経営資本確保、さらには住宅確保にまでひた走ろうとする村内少数派のLPG。しかしそうした行動は、郡党組織からはいわゆる「思惑的な組合員の行動」として疑惑の視線を向けられる一方で、なにより村の非組合員との対立を生むことになってしまう。このLPGが解散することとなったのは複合的な要因の重なりによるが、決定的な理由の一つは、「六月事件」による政治情勢の変化のせいで、上記の畜舎の所有権委譲に所有者の新農民が応じなくなったからであった。一九五三年八月一四日付の郡畜産技師ハウケの報告においては、「(LPGの)建物はますます老朽化している。大きな建物の所有者は、路線転換後、建物をLPGに引き渡すことを受けつけなくなった。また他の建設用地の委譲も受けつけなくなった。これらはLPG幹部会がLPGの存続の本質的条件と見なしていた」ものだ、と述べられている。「六月事件」により村の政治的な力関係がいかに劇的に変化したか、畜舎引き渡し拒否はその端的な現れであろう。搾乳夫たちの夢はここについえ、LPGは急速に衰退せざるをえない。一年後の一九五四年九月一〇日付けの郡農業課とMTS政治課指導員パプストの報告においては、LPGの組合員は三名だけとなり、農作業に関しても耕作も収穫も納屋への搬入も各組合員が個別に行っており、共同作業の実態はまったくないこと、さらに「国家の特別制度を利用し尽くそうという思惑的な態度の弊害、個人的な利益への姿勢が顕著」であること、組合長のクリューガーは経営返上を求め、ズールビアは組合退会を告知したことが指摘されており、その評価はきわめて低い[85]。

組合員たちにとって挫折のツケは、しかしLPG消滅にとどまるものではなかった。判明する限りであるが、彼らの末路が決して明るいとはいえないからである。もっともましと思われる有力者ズールビアでさえ、一九五七年に村評議会でノルマ滞納者として検討対象にあげられている。さらに他の組合員についても、メレティヒは自己経営の売却に走るが、それが認められず馬の買い戻しを村から強制されるという失態を演じているし、シェレリットは一九五六年三月に供出ノルマ未達成を村会でとりあげられたのち、翌一九五七年に経営放棄、彼の経営はイエーネヴィッツのÖLB《エー・エル・ベー》に引き渡されることとなった。LPG設立時の幹部会委員のシュルツと「六月事件」後の組合長である上記クリューガーに関しては、具体的な経過や背景は不明だが、ともにやがて夫婦で「共和国逃亡」する結末を迎えている。しかしこの点でも最も象徴的なのは、やはりポルムであった。ポルムは確かにLPG解散後も村会議員ではありつづけているが、前述のLPG時代の経理問題やゼーガー女史に対する差別発言に関わって郡党組織からの信頼を失っている。さらに先述の一九六〇年九月の駐在員による調書の後半部分では——もともとポルムの問題行動を告発する意図で書かれたものと思われるが——、ポルムの根っからの酒浸り生活がやり玉に挙げられている。彼はSED党員であり独ソ友好協会会員であり、また村会議員を長期間務めているものの、それらの活動には問題が多く、かつ飲酒癖のせいで家族関係もよくない。ポルムはようやく一九五九年一二月一五日にLPG『赤い十月』に加盟し搾乳夫として牛舎で働くこととなるが、飲酒癖で仕事をないがしろにするために周囲の評判は大変悪く、LPGでは彼を畜産作業班《ブリガーデ》から外す話が出ている、とまで書かれているのである。[86] また、これとは別の党情勢報告では、妻の話としてポルムは「畜舎から追い出されれば西に逃亡すると言っている」と述べられている。[87] この調書が書かれたのはベルリン壁建設直後のことだから「共和国逃亡」はじっさいには不可能ではある。ポルムの党からの排除を意図する政治的脚色の強い駐在員の調書ではあるとはいえ、これが彼が郡党からも村からも信頼を喪失していったあげくの失意の結末であったことは間違いないだろう。

3. 全面的集団化過程 ――「相互不信」の集団化受容 ――

「六月事件」の影響は、こうしたLPG設立に関与した人々の政治的影響力の喪失にとどまらず、本村住民におけるSEDの権威自体が大きく失墜する事態をもたらした。「六月事件」直後の一九五三年七月二三日に開催された村党指導部会議では、「同志たちは、本村の空気は不信に満ちており、政府の政策に対しては様子見の態度であると発言した。従来、本村の党活動はまことに不十分なものであった。同志たちも非常に困惑しており、本村は社会民主主義だという表現まで飛び出した。……彼らは、とくに村の難民たちのあいだで秋には故郷に戻りたいとの声がでている、と語った」と報告されている。[88] ここには「六月事件」が及ぼした政治的動揺のみならず、それが難民問題との関わりで人々に意識されていることがうかがわれる。一九五三年年九月にはディートリヒスハーゲン村の穀物供出の達成率が四〇％と停滞、新農民たちは「自分たちの家畜飼料に必要な分しか脱穀していない」といわれている。[89] さらに一九五四年一月のMTSイエーネヴィッツの党会議では、ディートリヒスハーゲン村に在住し村党組織に属していたMTS職員ポストラが、前述のゼーガー女史に対する差別発言にからむ件に関する村民の反応を問われたさい、「みんな私を避けている。彼らは私がMTSで働いていることを知っているからだ」と応じている。[90] この彼の疎外感は、MTSの党カードル世界と、党員を含むであろう村民の間に大きな心理的距離が生まれていることを端的に物語ろう。さらに一九五六年のイエーネヴィッツ村評議会においては「大衆」に対する党・政府の政策説明不足が指摘されており、また村会議事録を読む限りでも、全体として村当局に対する村民の反応は鈍く、SED権力に対して距離をおいた態度を示している印象はぬぐいがたい。ディートリヒスハーゲン村のSED党員数も一九五七年には一四名とあり、[91] 一九五二年の二一名と比べると七割弱にまで落ち込んでいる。

少数派LPG設立が村落の物的資源争奪を含む村内対立の惹起に重なり合い、その結果「六月事件」により

ＬＰＧグループの影響力喪失とＳＥＤの権威低下、さらには党組織の衰退が起きたディートリヒスハーゲン村。ではそうした村で全面的集団化はどのようにして達成されるのだろうか。先の経過で述べたように、この村の全面的集団化は、当初よりその反応は他村に比べて非常に鈍いが、本村の有力党員新農民のシュヴァイツァー家の若手活動家ヴェルナーが一九五九年一〇月に組合長となったことが大きな転機となってＬＰＧ『赤い十月』加盟が進捗することになった。表4-9からは父と思われるカールが戦後の本村の村長を努め、表4-10からヴェルナーがゲマインデ合併後の「自由ドイツ青年同盟」所属の村会議員であることがわかる。実は先述のズールビアが、これより一年以上早く、おそらく一九五八年前半にＬＰＧ『赤い十月』に加盟していると思われるが、そのとき加盟したのはズールビアのみであり、追随者は一人も確認できない。[92] その点からすると、シュヴァイツァーの加盟とその後の集団化の進展は、村有力者である優良中農層の動向が決定的役割をもったことを意味しており、その限りでは後に第六章で論じる優良新農民集落の集団化パターンにみるような「村民の主体的対応」事例をここに認めることができるかもしれない。

しかし、ディートリヒスハーゲン村の場合、そうした評価だけでは一面的であると思わざるをえない。というのも、まず第一に集団化が加速する直前の時期にあたる一九五九年一二月に、「村ホテル経営者」ヴィルツが、供出ノルマを果たさないまま豚二頭を屠殺したとして逮捕されている。[93] 彼は一年前の一九五八年一〇月に「村ホテル」で西側テレビ放送を流したとして逮捕されているので、[94] これは二度目の逮捕となる。これは「小さな事件」かもしれないが、明らかに政治的効果を狙った見せしめ的な行為であろう。ちなみにこの逮捕劇の二ヶ月前の一九五九年一〇月には、「イエーネヴィッツ村の文化会館で殴り合いの事件が発生、人民警察支援者とＭＴＳ指導者が侮辱され、警察が六人を拘束」するという事件も発生している。[95] 村内に強い反発があったことは明らかだろう。

もともとＳＥＤへの早期同調から出発したこの村にとって、集団化に対する反発は村ぐるみの単純な反

SEDに帰結するものでは毛頭なく、上からの政治的暴力の演出も村内対立と相互不信をいっそう複雑化させることになったと思われる。それを語るものとして女性たちの証言がある。じつはこの村の集団化過程では村の女たちの対立が根深く、彼女たちの反対が集団化のネックになっていたと報告されている。[96] このこともあったためだろうか、全面的集団化完了後の一九六〇年八月付で党カードルのフランクが、イエーネヴィッツ村の二人の女性と交わした会話の内容を一般情勢報告として郡党宛に伝えている。夫が反対してもLPGに加盟すべきことを求めるフランクに対して、シコフスキー婦人は次のように答えている。

「夫は何も言いません。彼はLPGでも何も言いません。だって夫はただの農業労働者です。だから私もLPG組合員になることには何の関心もありません。……（中略）……今、LPGのほとんどすべての仕事は老人たちがしています。若者たちは農業に従事せず、みな都市に行ってたくさんのお金を稼ぎます。私だって村の人々が仲が悪いのはいやですが、誰も状況を変えることができないのです。この村ではお互いが疑心暗鬼です。夫が党員である女たち、例えばベルクマン、チュールケ、ラドロッフさんたちはLPGで一緒に働いていない。彼女たちは、『個人農さん、LPGに加盟してください。それが進歩というものです。そうすればみんなが楽になります』、いつもそう言っていたのにです。彼女たちはいまはLPGの外にいます。[97]」

シコフスキー婦人はディートリヒスハーゲン村ではなくイエーネヴィッツ村の住民かもしれないが、しかしここで語られる政治カードル化したかつての仲間たちへの不信は、この村の深い傷を想像させるにあまりあるように思われる。

おわりに

以上、本章では一九五〇年代におけるバート・ドベラン郡の集団化の多様性に着目し、そのパターンをいくつかに分類した上で、一九五二・五三年の初期集団化期にＬＰＧが設立された新農民村落について、「存続・同調型」に属するケーグスドルフ村と「解散・消滅型」に属するディートリヒスハーゲン村という対照的な二つの事例をとりあげ、可能な限り各個人の行動や生活史に即しつつ、個人と村の集団化に対する関わり方を詳しく見てきた。繰り返しになるが、両村の集団化過程の特徴をまとめておこう。

まずケーグスドルフ村については、第一に土地改革を通して有力難民新農民が旧農民層とのネットワークを形成しつつ、戦後から一貫して村政の主要な担い手となった。このことが「六月事件」の影響を超えて本村ＬＰＧが存続・発展することが可能となった最大の要件といえる。このため逆に土着新農民層の弱さが顕著であり、その結果、村内対立も抑制されたと考えられる。搾乳夫・園芸師などの専門的労働者出自の土着新農民が早々に離村、「六月事件」後に土着新農民層のＬＰＧ加盟が相次ぐことで、ＬＰＧの村内プレゼンスが一気に高まる点に、このことが顕著に表明されている。

第二に、しかしこのことは本村において戦後難民問題が軽微であったことを意味するわけでは全くなかった。有力難民新農民層の登場の裏側では難民層の社会的分解ともいうべき事態が進行していたのである。難民新農民のうち、家畜の斃死や、病気、障害、「逃亡」による家族の解体を経験した者は没落する傾向にあり、もとより子持ちの単身女性難民は、住宅調整における不利な扱いにみられるように、労働力資源として評価されない限り村の最底辺に沈まざるをえなかった。この点は第二章で州全体に関して論じたことと重なる。

第三に、土地改革期の主要政策である「命令二〇九号」については、本村については上記のような農村統合のあり方を促進する効果をもったといえる。旧グーツの畜舎解体が不徹底であったことは、逆説的ながらLPGレーデランクにみられたようなⅢ型移行におけるLPG畜舎問題の深刻さを軽減した。他方で、人的系譜で見る限り「命令二〇九号」の受益者の一部は有力難民層に重なった。むろん彼らが集落への負担を最小化しえたことが重要で、そうした条件がなく、「命令二〇九号」実施がそのまま集落の負担増大を引き起こしてしまうような場合は、受益者の新農民は村内有力者にはなりえなかったのである。

次に、ディートリヒスハーゲン村については、第一に、第二回党協議会直後というきわめて早い時期にLPGが設立されたが、組合員についても経営面積についても村全体への広がりには乏しく少数派LPGにとどまった。

第二に、その担い手をみると旧土着の搾乳夫家族を中心とする村内の旧知の少数グループによっていた。難民新農民層の動向は不明であるが、このLPGには参加していない。さらに、LPG設立の動機づけを探ると、畜舎問題の動きにみられるように、この旧搾乳夫グループがLPG化による政治力を行使して村内の物的資源を掌握しようとする思惑が働いていたと考えられる。このためLPG化は村落結合をむしろ破壊する効果をもった。有力な党員新農民によるLPGではあったが、彼らの村落におけるヘゲモニーは弱い。

第三に、こうした内容のLPG化であったために、「六月事件」は本村において他村にまして大きなインパクトを与えることになった。「六月事件」が本LPGと組合員の村落における政治力を決定的に低下させたことがLPG挫折の最大の要因であるが、しかし「六月事件」の傷はそこにとどまらなかった。SED党員の多い村でありながら郡党組織に対する不信感が深くなり、そのことが全面的集団化期においても、主体的なLPG化戦略をなんら描くことなく、基本的には隣村LPGへの加盟という消極的形態をとった。それは「村ホテルの経営者」の逮捕劇を伴い、さらには当事者をして「疑心暗鬼な村」と言わしめるほどの「相互不信」を内包する受動的集団化に帰結した。ただし有力党員新農民のヘゲモニーの役割がみられ、かつゲマインデの形式は崩れていない点で、第六章で論ずる特異な困窮型集落のパターンとは異なることは指摘しておかなければならない。

このように二つの事例は、おそらく土地改革によりSED党員の新農民が村政の中心になった点で共通の出発点に立ちながら、その後の経緯においては、村の一体性を保持しつつLPGの良好発展を遂げるケーグスドルフ村と、逆にLPGの挫折により村の凝集力が解体し、相互不信を内包する受動的集団化に帰結するディートリヒスハーゲン村という対照的な経緯をたどった例とみることができよう。

それと同時に、二事例のミクロ史的な分析を通して浮かび上がってくるのは、有力難民層の強さと、旧土着労働者層の弱さというもう一つの対照性である。これは、ケーグスドルフ村の場合はラデュンツとフライガングの強さ、および旧土着労働者の存在感の希薄さに、ディートリヒスハーゲン村の場合は、確かに難民新農民の自己主張はみられないものの、ポルムとズールビアの政治力の弱さに現れている。もちろん新農民村落において有力難民が戦後より村政を掌握し早期集団化まで主導するケーグスドルフ村のような事例は、――上記のようなミクロ史的な分析をしてみなければわからないが――それほど多くはないと思われる。本郡で明白に確認できるのは、いまのところハンストルフ村のみである。（この村は難民主導ですでに「六月事件」時に三三〇ヘクタールと全村集団化に近い状況となり、また郡内でも早期にMTSラーデガストの支所が設置され、村に農業技師が常駐している「社会主義」村落である。[98]）第六章でみるように有力難民が土地改革を通して村政を掌握し、その後土地改革の困難を克服して村全体が良好発展をたどるのは、むしろ優良個人農村落になるパターンではある。とはいえ、LPG化村落を選択するか個人農村落にとどまるかの戦略の違いはあっても、どちらも戦後東ドイツの土地改革と集団化が、「入植型社会主義」ともいうべき性格を帯びていたことを雄弁に物語るものということができる。この点に関しては終章において再論したいと思う。

もう一つ本章で着目したいのは、ディートリヒスハーゲン村の少数派グループの行為、すなわち政治的な思惑に基づく初期集団化に対する過剰同調が、結果として逆説的な効果をもたらしたことである。第三章で述べたように、一九五二年から一九五三年までの第一局面は大農層の暴力的解体という点で旧農民村落に与えた影響が重大であったが、新農民村落においても、まったく別の論理ではあるが、「六月事件」のもった内なる傷はこの村でみたようにまことに深いものがあった。さらに、村の少数派の過剰同調が結果的にSED支配を屈折化させてしまう点は、当該期のSED農村支配を単純な二項対立図式で語ることの限界をも明瞭に示しているといえよう。

こうした「逆説」は、ディートリヒスハーゲン村ほどにクリアでないとはいえ解散型LPGの村落ではかなりみられた事例と思われる。ただし村落の対立のありようは各村において実にさまざまであり、いまのところなにがしかのパターンを見いだすのは難しい。例えば同じく早期に少数派によるLPG設立がみられたヴィヒマンスドルフ村とホーエン・ニーンドルフ村では、ディートリヒスハーゲン村とは異なり、LPGの担い手になったのは村の脆弱難民と思われる人々である。ヴィヒマンスドルフ村では、LPG設立直後にさっそく「二四〇頭収容の開放牛舎施設」の建設が計画されていることから、[99] LPG加盟による資源獲得が動機として強く働いていたことがうかがわれる。そしてその組合長ヴィッケに関しては「信頼されていないから、組合員の拡大は失敗するであろう」とか、彼は「決して組合員のために行動することがない。そのことが不満のもとになっている」といわれており、LPGの村からの評判はよくない。[100] このLPGは解散には至らなかったものの、類似の経緯をたどる隣村のガースドルフ村のLPGと合併を誘導する方向での政治的延命が図られていく。そのガースドルフ村は郡内指折りの政治的に「厄介な」村落として、MTSレーリク管区の頭痛の種であった（第六章第三節参照）。さらにホーエン・ニーンドルフ村は、じつにもめ事が多い村である。すでに「六月事件」以前にLPG内の対立が深く、「六月事件」により政治的な重しがとれることでLPGが一気に空中分解する形で挫折に至っているが、さらに「LPGが村内から敵対視される」にとどまらず、LPG内の個人的な対立がLPG解散後も村内の農民経営や住宅問題などの資源争奪をめぐる対立として継続している。ここにも村内の政治文脈を帯びて構想

されたＬＰＧ化が村を自壊させていく様子がうかがえるのである。(101)

注

（1）Vgl. Bauerkämper, Ländliche Gesellschaft, S. 171–173. さらに六月二七日法にて農民の供出ノルマが引き下げられ、その結果、個人農の自由販売分が増加する。谷江幸雄『東ドイツの農産物価格論』（法律文化社）一九八九年、一一六～一一七頁。

（2）フィーヴェクについては以下の文献参照。Scholz, M. F, Bauernopfer der deutschen Frage. Der Kommunist Kurt Vieweg im Dschungel der Geheimdienste, Berlin 1997; Kluge, U., Die Affäre Vieweg. Der Konflikt um eine sozialistische Agrarbetriebslehre, in; ders. u. a. (Hg.), Zwischen Bodenreform und Kollektivierung, Stuttgart 2001, S. 195–212; Bauerkämper, a. a. O., S. 176–181.

（3）従来、一九五八年の第五回党大会が集団化再開の画期とされてきたことに関して、シェーネは、その見方は「党大会史観」に基づくものであり、実質的には第三三回中央委員会総会の意義が決定的であったと指摘している。Schöne, J., a. a. O., S. 180–181. 第六章でみるように、末端村落では集団化工作の再開は一九五七年一二月頃から始まっている。

（4）本書では、この第三局面を、狭義の「強制的集団化」期と区別するため「全面的集団化」期と呼称することとしたい。これは日本におけるソ連農業史研究を参照にした筆者固有の用語法である。「強制的集団化 Zwangskollektivierung」という用語は当時の西ドイツ側の呼称に由来する。逆に、東ドイツでは、一九六〇年初頭の時期は、「完全集団化 Vollgenossenschaftlichung」という言葉のほか、とくに「社会主義の春 Sozialistische Frühling」と称された。農業集団化の「強制性」や「不法性」をめぐる現在の論争——集団化の呼称問題とも関わっている——については、序章の注（70）（46頁）を参照のこと。

（5）本章以下の集団化に関する分析では「戦略」という言葉を多用する。「戦略」という言葉は、本来であれば、農村社会の再生産システムに組み込まれた実践主体の選択的行動を含意するものとして使用されるべきであろうが（ブルデュー『結婚戦略』二〇〇七年）、戦後東ドイツのような「近代独裁」国家であってみれば、そこまで「自由」で、かつ制度化されたものとして人々の「戦略」を語ることはできない。本書では、そうした概念としてではなく、あくまで分析のスケールを個別村落や、さらには家族・個人レベルまでに縮小して観察することからはじめて浮かび上がってくるような人々の多様な「主体的」行動や対応の仕方をさす用語として、「戦略」という言葉を使用することにする。本章と次章がそのタイトルにミクロヒストリーを掲げるのはそういう意味であり、それ以上のものではない。

なお、Mikro-Histrie/microhistory の訳語としては、従来、日本ではミクロストリア（ミクロストーリア）という言葉があてられてきたが、本書では、日本語としてより理解しやすいと思われるミクロヒストリー（ドイツ語の発音と一致）という訳語をあてることにした。

(6) 本文で述べるように、本書でいう集団化の多様性は、主としてＳＥＤ権力に対する同調と抵抗の多様なあり方を基準にしている。従来の研究では ―― バウアーケンパー前掲書の第三部の叙述にみられるように（序章三―3、20頁以下参照）――、同調と抵抗については主として個別の農家や個人に即しつつ論じられてきたといってよい。しかし本書は、この同調と抵抗の問題をあえて「集団化の多様なあり方」の問題として読み替え、個人単位ではなく村落単位で論じるものである。

(7) Niemann, M., Mecklenburgischer Grossgrundbesitz im Dritten Reich, Köln 2000, S. 24f., u. 42-54; Niekammer's landwirtschaftliche Güter-Adreßbücher, Unterreihe: 4, Landwirtschaftliches Adreßbuch der Rittergüter, Güter und Höfe von Mecklenburg, Leipzig 1921.

(8) ＬＰＧの組合員に対する収益分配は土地拠出基準（以下、土地基準）と労働投下基準（以下、労働基準）による配分からなるが（Ⅲ型組合では後者の基準による配分が八割と圧倒的である）、このうち労働基準による配分は「労働単位 Arbeitseinheit」という単位を基準に支払われていた。会計年度末に全体の収益から労働配分の総量を決め、これを全労働単位数で除して一労働単位の評価額が決まる。この単価に各人の労働単位数を乗ずることで各組合委員の労働基準による分配部分が決済される仕組みである。

(9) 東ドイツのＬＰＧは集団化の度合いに応じて三つの経営形態が存在した。Ⅰ型は耕地のみを集団的に経営し（ただし住宅付属地は認められる）、畜産はなお個別に経営する形態である。したがって農業属具 ―― 家畜・畜舎・機械など ―― は共同化されない。収益分配は土地基準四割、労働基準六割の比率である。Ⅱ型は耕地のみならず、耕作のための農業属具 ―― 連畜・機械などの労働手段 ―― までが共同化されるタイプで、収益分配は土地基準三割、労働基準七割である。Ⅱ型のＬＰＧは現実にはほとんど存在しないので論じる意義はない。これに対してⅢ型は、耕地や農業属具のみならず、畜産も集団的に経営するタイプである。土地に関しても耕地のみならず、放牧地、牧草地、林地までがＬＰＧの管理下に入る。収益の配分は土地基準二割、労働基準八割である。組合員は住宅付属地のほか、乳牛一頭の飼育が容認されている（ただし農民出自の組合員に限定されるが）。Arlt, R., Grundrißdes LPG-Rechts, Berlin 1959, S. 45. クレム前掲書、一八九～一九〇頁など。Ⅲ型ＬＰＧの形態はソ連のコルホーズに支配的なアルテリ型に従ったものだが、同時にかつての「ユンカー経営」におけるデプタントの雇用形態に類似している点が重要であろう。

（10）一九六〇年の東ドイツ農業全体の数値は、Ⅲ型の農地面積比率は六二・六%、Ⅰ・Ⅱ型のそれは三七・四%である。Buchsteiner, I., Bodenreform und Agrarwirtschaft der DDR. Forschungsstudie, in: Leben in DDR, Leben nach 1989, S. 52 (Tab. 21). また、Ｂ・シールによれば、一九五九年一一月末から一九六〇年五月三一日までに新設されたＬＰＧ九二一三組合のうちⅠ型は六五四八組合に上るとされる。Schier, B., a. a. O., S. 71.

（11）一九五八年七月の第五回党大会において、ウルブリヒトが地域をこえたＬＰＧ化の促進を主唱している。Bauerkämper, a. a. O., S. 183.

（12）全面的集団化時期に関しては、本書第六章で詳しく論じる。

（13）設立時が一二月から一月に集中するのは、政策的な働きかけの問題もあるが、冬季農閑期であるという季節的要因によるところが大きい。

（14）この点をもっとも最初に指摘したのはミッターの下記論文である。Mitter, A., „Am 17. 6. 1953 haben die Arbeiter gestreikt, jetzt aber streiken wir Bauern“ Die Bauern und Sozialismus, in: Kowalczuk. u. a. (Hg.), Der Tag X- 17. Juni 1953, Berlin 1996. 最近の研究では以下のものがある。Engelmann, R./ Kowalczuk, I-S. (Hg.), Volkserhebung gegen den SED-Staat. Eine Bestandsaufnahme zum 17. Juni 1953, Göttingen 2005.

（15）一九五三年八月二三日付農林省文書によればロストク県の解散ＬＰＧ数（予定を含む）は七五組合となっている。一九五三年五月四日の同県ＬＰＧ数は三八〇組合であるから（B-Arch, DK1, Nr. 1207, Bl. 43）解散比率は約二割となる。しかし解散数計上の元となったと思われる解散ＬＰＧリストからバート・ドベラン郡の解散ＬＰＧを数え上げてみると、その数は六組合に過ぎないから、この県の統計数値は過少評価であるとみなした方がよい。なおバウアーケンパーは一九五三年末まで解散したＬＰＧを一割としている。Bauerkämper, Umbruch und Kontinuität, in: Langthaler, E./Redl, J. (Hg.), Reguliertes Land, S. 86. ＬＰＧ解散はとくに新農民村落に妥当するものであり、旧農民村落ではＬＰＧは存続傾向にあるが、「大農帰村が与える政治的恐怖」として語られるような政治的な緊張が「六月事件」を契機に生じたことは、事件のもう一つの衝撃として見逃してはならない。

（16）工業労働者主導によるＬＰＧに関する実証論文としては、エアフルト市について、菊池智裕「戦後東独南部における「工業労働者型」の農業集団化—チューリンゲン地方エアフルト市 1952–1960年—」『歴史と経済』（近日掲載見込）を参照のこと。

（17）ケーグスドルフ村に関する記述は、主として郡アルヒーフに所蔵の下記の史料に基づく。文書には頁数は記されていない。以下、これらに基づく記述については、煩雑になるのでいちいち典拠を示さないこととする。グライフスヴァルト州立文書館史料については出典を示す。

Kreisarchiv Bad Doberan, Abteilung Land- und Forstwirtschaft, -Produktionsgenossenschaften-

Nr. 1–1711: Registerakte der LPG „Der Leuchtturm“ Kägsdorf, 27. 01. 1953–03. 1959.

Rat der Gemeinde Bastorf 4 (Ortsteil Kägsdorf),

Nr. 27: Verschiedene Angelegenheit der Gemeinde, 1950. Enth; Zusammenlegung der Gemeinde Bastorf und Kägsdorf.

Nr. 31: Protokoll von Kommission und Ausschusse Landwirtschaft, Finanz-, Wohnungs- Sozial-, ……, 1950–1953, Enth; Protokoll der Gemeinde Kägsdorf 1948–1949.

Nr. 40; Protokoll von Gemeindevertreter- und Ratssitzungen, 1955–1957.

（18）Niekammer's landwirtschaftliche Güter-Adreßbücher, Unterreihe: 4, Landwirtschaftliches Adreßbuch der Rittergüter, Güter und Höfe von Mecklenburg, Leipzig 1928.

（19）Vgl. LHAS, 5.12–4/2, Nr. 11692, oh. Bl.

（20）VpLA Greifswald, Rep. 294, Nr. 240, S. 29.

（21）VpLA Greifswald, Rep. 290, Nr. 16, oh. Bl. (Kühlingsborn, d. 13. 11. 1945)

（22）LHAS, 6.12–1/13, Nr. 857, Bl. 143.

（23）LHAS, 6.12–1/13, Nr. 841, Bl. 12 u. 20.

（24）LHAS, 6.12–1/13, Nr. 857, Bl. 157. 農場占領されたグーツにはそのまま国営農場とされるものが存在する。キューリングスボーン行政区では、ケーグスドルフ村の他、シュテフェンスハーゲン村（第二章注（49）174頁参照）とヒンター・ボルハーゲン村の三村にソ連軍が駐留していたが、このうちヒンター・ボルハーゲン村は、バート・ドベラン郡でも代表的な国営農場となっている。

（25）一九四六年二月のキューリングスボーン行政区の村長会議において、行政区長がソ連軍の命令として土地配分を二月一五日までに完了するように各村長に指示している。VpLA Greifswald, Rep. 290, Nr. 17, Bl. 84.

（26）ロストク郡新農民の内訳は、一九四六年が「農業労働者」二九五七人、「難民」二〇三〇人であり（LHAS, 6.12–1/13, Nr. 840, Bl. 8）、一九四九年が「農業労働者」二八四三人、「難民」三四五三人である（LHAS, 6.21–4, Nr. 149, oh. Bl.）。なお、一九四六年のキューリングスボーン行政区の住民総数は九一八二人、このうち土着者は三九〇七人、難民は五二七五人となっており、難民比率が極端に高くなっているが（VpLA Greifswald, Rep. 290, Nr. 17, Bl. 6）、これは一九四六年という時期からみて、キューリングボーン市に一時滞在した多くの難民たちの人数を反映した数値であると考えられる。

（27）八月二二日の政治課指導員プラーゲマンの報告において、「釈放されたばかりのケプケが頻繁にＬＰＧ農民シュトロイスロフのもとを訪れ、いろいろと否定的なことを話している。例えば彼は、農民たちが彼の懲役刑に手を貸している、と言っている。さらに、この会話で彼は自分を『残忍な人間である』と述べた」、との文言がみられる。VpLA Greifswald, Rep. 294, Nr. 242, Bl. 47.

（28）一九五四年五月のＭＴＳ政治課指導員の報告において、本ＬＰＧはＭＴＳレーリク管区のなかでも「確固たる組合」と評価されている。VpLA Greifswald, Rep. 294, Nr. 242, Bl. 135.

（29）VpLA Greifswald, Rep. 294, Nr. 243, Bl. 47.

（30）VpLA Greifswald, Rep. 294, Nr. 243, Bl. 122.

（31）VpLA Greifswald, Rep. 294, Nr. 192, Bl. 179.

（32）VpLA Greifswald, Rep. 294, Nr. 233, Bl. 147. ちなみにヤーナマンは一九六四年から六八年までロストク大学農学部長を務めている。（ロストク大学農業・環境学部ホームページより。http://www.auf.uni-rostock.de/auf_historie.asp?zeit = ab1954）

（33）Ebenda, Bl. 148.

（34）VpLA Greifswald, Rep. 294, Nr. 229, Bl. 156f; Rep. 294, Nr. 215, Bl. 32f.; Rep. 294, Nr. 192, Bl. 179. 一九五八年九月のＭＴＳ管区指導員の政治分析では「経済的かつ政治的にみてＬＰＧバストルフとケーグスドルフがＭＴＳレーリク管区でトップである」とある。VpLA Greifswald, Rep. 294, Nr. 240, Bl. 37.

（35）VpLA Greifswald, Rep. 294, Nr. 243, Bl. 122.

（36）ＬＰＧアルトホーフについては本章末の注（101）（326頁）を参照。

（37）西プロイセンのブリーゼン生まれ。一九四八年一〇月二五日の村会議事録にも「ポーランド出身」と明記されている。

(38) VpLA Greifswald, Rep. 290, Nr. 17, Bl. 340.

(39) カール・ラデュンツ（一九三一年生まれ）のことと思われる。兄ルドルフは一九二三年生まれである。

(40) 経緯は不明だが、ＤＢＤ結成後にＤＢＤ党員に転身したと思われる。ただし、ＳＥＤとの二重所属の可能性も考えられる。ちなみに全面的集団化時にはＳＥＤ党員として登場している。

(41) VpLA Greifswald, Rep. 294, Nr. 193, Bl. 91.

(42) 娘と思われるウルスラ（一九三六年生）がオストプロイセンのグムビンネン（現グーゼフ）生まれであることから判断した。フライガング自身は一九〇〇年「リューネ」生まれとあるので、「リューネ」がリューネブルクをさすのであれば、北西ドイツ出自の可能性がある。VpLA Greifswald, Rep. 294, Nr. 219, Bl. 313f.

(43) VpLA Greifswald, Rep. 294, Nr. 233, Bl. 148.

(44) VpLA Greifswald, Rep. 290, Nr. 17, Bl. 77.

(45) VpLA Greifswald, GO der SED, LPG Typ III, Nr. IV/7/29, Bastorf, d. 9. 4. 1952, Bl. 1.

(46) ドイツ国民民主党 National-Demokratische Partei Deutschlands（ＮＤＰＤ）。一九四八年五月二五日ベルリンで設立。ＤＢＤとペアで、ナショナリズム諸潮流を糾合する目的で設立されたという。Sommer, S., Lexikon des DDR-Alltags, S. 237f. 第五章で取り上げるホーエンフェルデ村ではこのＮＤＰＤが旧農民層の政党として村政に強い影響力を保持している。

(47) VpLA Greifswald, GO der SED, LPG Typ III, Nr. IV/7/29, Bastorf, d. 9. 4. 1952, Bl. 1. ちなみに一九五二年の村党書記は灯台守のラヒョーである。

(48) LHAS, 6.12–1/13, Nr. 857, Bl. 122.

(49) 「とくに一九五二～五六年にかけては、メヘルスドルフ、ヴェンデルストルフ、ケーグスドルフの各村においてＤＢＤが強かった」VpLA Greifswald, Rep. 294, Nr. 229, Bl. 157.

(50) ただし二月四日付文書では党員数一一名とあるから（VpLA Greifswald, Rep. 290, Nr. 17, Bl. 6）、非農民の党員もいたことになる。

(51) ＫＰＤキューリングスボーン支部による郡党指導宛の一九四六年一月七日付文書では、ケーグスドルフ村党組織の「支部長 Stützenpunktleiter」としてレールの名前があり、一九〇四年ポーゼン県ヴェッケンドルフ生まれ、入党日一九四五年九月一八日と記されている。VpLA Greifswald, Rep. 290, Nr. 17, Bl. 77.

(52) 一九四八年一〇月にレールの家屋建設が着手。一一月一四日には「行政地区監督官」リピンスキーの働きかけにより、「命令二〇九号」に基づきレール建築分の建築資材の運搬を目的として、隣接するキューリングスボーン市とバストルフ村から連畜の動員がなされている。さらに一九四九年二月には、家屋建設に必要な運搬を自らの連畜 —— 正確にはラデュンツとレールの共同連畜 —— で行う代わりに、木材運搬ノルマを免除されている。

(53) 以上のホルツマン、レール、ヴォイシュニヒについては、本章注（17）に記載した郡アルヒーフ史料のほか、以下によっている。VpLA Greifswald, Rep. 290, Nr. 17, Bl. 77, 84, 102, u. 340; LHAS, 6.12–1/13, Nr. 857, Bl. 253–254; VpLA Greifswald, GO der SED, LPG Typ III, Nr. IV/7/29, Bl. 124.

(54) 土着の設立メンバーとしては唯一キュケンマイスターがあげられるが、彼はもともと「農業労働者」であり、ＬＰＧ加盟に伴い新農民となったと思われる。

(55) ザーブッシュは復員兵である。復員後、農業労働者として誠実に働き、村での評判が良好であったことが評価されて、一九四八年、村土地改革委員会の推薦にもとづき、複数応募のなかから選ばれる形で新農民経営を取得した。なお、この文書では、復員兵の場合、牽引力不足が深刻であるとされている。LHAS, 6.12–1/13, Nr. 843, Bl. 10.

(56) 脆弱経営でありながらＬＰＧ加盟を選択することでなんとか生き延びようとした「土着」新農民としてハーネマン家の事例をあげておこう。ハーネマンはポンメルン出身だが、土地改革直後のリストでは難民ではなく土着の新農民に分類されているから、おそらく戦前・戦時期に農業労働者としてこの村にやってきたと思われる人物である。だが、土地改革後、ハーネマンは結核のため入院を余儀なくされてしまう。このため娘のイムガートが一九四九年に雇用労働者を確保しようと、労働者用に一部屋の割り当てを村に申請するが却下されている。また、一九五〇年、父親が退院するにあたっても結核患者に適切な住宅確保ができず、住宅調整が難航した。その後、一九五三年、息子ハインツがＬＰＧ設立に新農民として加盟、四月の組合集会においてＬＰＧが国に対してハーネマンの住宅補助金の申請をしている。しかし同年六月、その息子ハインツが「共和国逃亡」を決行。この逃亡によりハインツ名義の土地と建物、および建設負債、つまりはハーネマンの住宅と経営はＬＰＧが引き受けることとなった。注目すべきはその後一九五四年に娘イムガートがＬＰＧに加盟していることである。ハインツ逃亡後の姉の加盟はＬＰＧ所有となった住宅に住み続けることが重要な動機であったことは疑いない。このように、この事例からは、「土着」新農民といえども深刻な住宅問題を抱えていたこと、およびＬＰＧ加盟動機が住宅改善と強く結びついていたことが判明する。

この家族がＬＰＧ内になんとかとどまり得たのは、ひとえに姉が若き労働力として有用であったためとも思われる（出典は本章注（17）を参照）。

（57）本村では各種会議が事実上は合同会議で行われているケースが多い。その意味では会議の実態は村の有力者会議であろう。ここから、この会議に参加した一七名はゲマインデ行政に対する関与が強い人々とみなしてよい。

（58）「バストルフ村からフリーダ・エーゲルト宛文書」の裏に書き付けてあった鉛筆書きの旧グーツ館の見取り図による。Rat der Gemeinde Bastorf, Nr. 31, oh. Bl., (Bastorf, d. 25. 07. 1953).

（59）具体的にはフライガングが家畜二頭を引き受ける代わりに、ルピナス二〇ツェントナー（＝一トン）を提供することで問題解決が図られている。

（60）VpLA Greifswald, Rep. 294, Nr. 229, Bl. 159.

（61）ただし、年齢が不詳なので妹や姪であった可能性も否定できない。

（62）VpLA Greifswald, Rep. 294, Nr. 229, S. 156.

（63）Schier, B., a. a. O., S. 222f.

（64）「大建築物を人々の所有に委ねることに関して」（一九五八年八月一三日付文書）。Rat der Gemeinde Bastorf 4, Archiv Nr. 2–335, oh. Bl.

（65）VpLA Greifswald, Rep. 294, Nr. 211, Bl. 36f.

（66）「命令二〇九号」による畜舎・納屋の解体に関する政策的変更については以下を参照。Dix, A., Ländliche Siedlung als Strukturpolitik, in: Langthaler, E./Redl, J. (Hg.), Reguliertes Land, S. 75f.

（67）VpLA Greifswald, Rep. 294, Nr. 224, Bl. 160–161.

（68）ＬＰＧレーデランクに関する記述は、以下の史料による。Kreisarchiv Bad Doberan, Nr. 1. 1716, (Registerakte der LPG „Einiges Deutschland" Rederank, Dez. 1952–Juli 1959.)

（69）第三章の注（2）（232頁）を参照。この納屋は調達穀物の倉庫として利用されていたと推測される。レーデランク村には、二〇〇三年時点においても、なお、赤煉瓦造りの古くて立派な畜舎・納屋が健在である。うち一棟は一八八七年竣工と正面に記されていた。

(70) VpLA Greifswald, Rep. 294, Nr. 218, oh Bl.

(71) 第一章第三節88頁以下の叙述も参照のこと。

(72) 息子が一九三三年ギュストロー生まれであることから戦後東方難民ではないが、しかしスラブ系の名前からみて通常の意味での土着ドイツ人ともいいきれないので、ここでは出自は「不明者」とした。

(73) Rat der Gemeinde Bastorf 4 (Ortsteil Kägsdorf), Nr. 27, Bastorf, d. 24. 11. 1950, u. Kühlingsborn, d. 30. 11. 1950.

(74) 一九四九年八月には「旧グーツ館を出た。その空き室をエーゲルトが取得した」との記載がある。「命令二〇九号」の開始は一九四七年九月であり、他の対象者は少なくとも一九四九年までに建設融資についての記述があるのに、フォークについての記述はみあたらないことから、別扱いであることは明白である。

(75) 残る二例は、前述の戦後の土着有力新農民で園芸師のレールと、難民ドボラックの例である。ドボラックも、ヴァルザコフスキーと似て、「命令二〇九号」の受益者でありながら、しかし一九五三年以降、ＬＰＧ組合員としても個人農としても、その存在感が消えてしまう新農民である。しかしその消え方が特異である。というのも、彼は一九五三年五月二日に、自らの老後の生活扶養を条件にシュピグラーと新農民経営の移譲契約を結ぶのである。合意事項の中には、ドボラックの家族は今後もシュピグラー家に無料で住居を得ることと書かれているから、実際はドボラック夫婦は建設融資返済ができないために、この「命令二〇九号」住宅に同居人として住み続けることを条件に、シュピグラーに経営移譲をしたと読むことができる。政治力を行使したレールなどと異なり、ここにみられるのは弱き高齢難民夫婦の窮余の生き残り策といったところであろうか（出典は本章注(17)を参照)。

(76) Buchsteiner, a. a. O., S. 18.

(77) ディートリヒスハーゲン村に関する記述は主として以下の郡および村文書史料に基づく。文書には頁数が打たれておらず、かつ煩雑にもなるので、これらに依拠する記述についてはいちいち典拠は示さない。グライフスヴァルト州立文書館史料に基づくものは、典拠を示す。

Kreisarchiv Bad Doberan,

Nr. 1.1718: Registerakte der LPG „Fortschritt" Diedrichshagen, Aug. 1952 - Mai 1956.

Nr. 1.1734: Registerakte der LPG, LPG „Neuer Weg" Diedrichshagen.

Kreisarchiv Bad Doberan, Rat der Gemeinde Jennewitz mit Diedrichshagen und Boldenshagen 11,
Nr. 5: Realisierte Beschlüsse 1955, 1956. Erfüllungen zu Beschlüssen des Rates des Kreises. Enth; Dorfplan für das Jahr 1955.
Nr. 6: Mitgliederverzeichnis 1953. Statut der LPG „Fortschnitt" 1952, Produktionsplan der LPG 1952, Dorfwirtschaftplan 1950–1952.
Nr. 17: Protokoll der Rats- und Gemeindevertretersitungen 1955–1957.
Nr. 22: Grundsätzliche Gemeindeangelegenheit der Gemeinde Diedrichshagen 1946–1949.

(78) 一九五三年九月二三日のＬＰＧ党員集会で、ＭＴＳ政治課指導員であったゼーガー女史に対する非難が続出、ポルムとズールビアが「こんな気狂いの女はもう見たくもない」と発言したとされる事件である。もっともこれが政治問題化するのは、翌一九五四年二月になってＭＴＳイエーネヴィッツにおけるラシャートとゼーガーの対立が激しさを増してからである。ＭＴＳ党会議では、ＬＰＧ党員集会に出席していたラシャートがゼーガー批判の署名を集めようとしたことが問題とされた（本書第七章第二節494頁参照）。ポルムらの差別発言にはＳＥＤ指導部に対する不信が、性差別意識により増幅されるかたちで表明されたものといえよう。

(79) 原語は Abschnittsbevollmächtiger（ＡＢＶ）。村駐在警察官はＳＥＤイデオロギーに忠実な人民警察の末端の警察権力の担い手であるとともに、村の日常世界にも属するという両義的な性格をもっていたという。農業集団化に対して村駐在警察官が果たした役割については、下記の論考を参照。Lindenberger, T., Der ABV als Landwirt. Zur Mitwirkung der Deutschen Volkspolizei bei der Kollektivierung der Landwirtschaft, in: ders. (Hg.), Herrschaft und Eigen-Sinn in der Diktatur, Köln 1999, S. 167–203.

(80) VpLA Greifswald, Rep. 294, Nr. 195, Bl. 98–99.

(81) VpLA Greifswald, Rep. 294, Nr. 214, Bl. 5.

(82) 搾乳夫の差別については、Brauer, K. u. a., Die Landwirtschaft in der DDR und nach der Wende. Lebenswirklichkeit zwischen Kollektivierung und Transformation. Empirische Langzeitstudie, in: Wirtschafts-, Sozial- und Umweltpolitik (Materialien der Enquete-Kommission „Überwindung der Folgen der SED-Diktatur im Prozess der deutschen Einheit" 13. Wahlperiode des Deutschen Bundestages, Bd. III-2), 1999, S. 1374; Major, P., Vor und nach dem 13. August 1961: Reaktionen der DDR-Bevölkerung auf den Bau der Berliner Mauer, in: Archiv für Sozialgeschichte, Nr. 39, 1999, S. 345f.: Bauerkämper, Ländliche Gesellschaft, S. 488.

(83) Kreisarchiv Bad Doberan, Rat der Gemeinde Jennewitz mit Diedrichshagen und Boldenshagen, Nr. 6, oh. Bl. 生産計画ではトラクターや脱穀機は保有していないが、これはＭＴＳに依存するためである。

(84) VpLA Greifswald, Rep. 294, Nr. 214, Bl. 14–15, u. 19.

(85) Kresiarchiv Bad Doberan, Nr. 1–1718, oh. Bl. (Bad Doberan, d. 10. 09. 1954); VpLA Greifswald, Rep. 294, Nr. 232, Bl. 97.

(86) VpLA Greifswald, Rep. 294, Nr. 195, Bl. 98–99.

(87) VpLA Greifswald, Rep. 294, Nr. 195, Bl. 57（+RS）

(88) VpLA Greifswald, Rep. 294, Nr. 234, Bl. 30.

(89) VpLA Greifswald, Rep. 294, Nr. 234, Bl. 45.

(90) VpLA Greifswald, Rep. 294, Nr. 234, Bl. 86 (RS).

(91) VpLA Greifswald, Rep. 294, Nr. 233, Bl. 42.

(92) VpLA Greifswald, Rep. 294, Nr. 243, Bl. 109.

(93) VpLA Greifswald, Rep. 200, 4.6.1.1, Nr. 258, Bl. 36.

(94) VpLA Greifswald, Rep. 294, Nr. 191, Bl. 180.

(95) VpLA Greifswald, Rep. 294, Nr. 193, oh. Bl. (Bad Doberan, d. 07.10.1959).

(96) VpLA Greifswald, Rep. 294, Nr. 233, Bl. 129; Ebenda, Nr. 195, Bl. 80.

(97) VpLA Greifswald, Rep. 294, Nr. 195, Bl. 61–62.

(98) VpLA Greifswald, Rep. 294, Nr. 186, Bl. 61; Ebenda, Nr. 235, Bl. 73.

(99) VpLA Greifswald, Rep. 294, Nr. 214, Bl. 14–15.

(100) VpLA Greifswald, Rep. 294, Nr. 184, Bl. 47–49; Ebenda, Nr. 185, Bl. 46.

(101) 各郡には政治的な観点から特別に位置づけれらた拠点型ＬＰＧが存在する。すでに何度も言及したバート・ドベラン市の一集落であったアルトホーフ村のＬＰＧは、そうした模範的組合の一つであった。拠点型ＬＰＧは、数は少ないが政治的には大変重要な位置を占めるので、以下、アルトホーフ村の集団化過程について述べておきたい。なお以下の記述は主として Kreisarchiv Bad Doberan, Nr. 1–1721: Registerakte der LPG „Einigkeit“ Althof による。

アルトホーフ村は近代メクレンブルク農業に特徴的な州有地借地人経営に属する農場制集落であったところで、その経営面積は終戦時で約二五〇ヘクタールである。土地改革により新農民二三経営（総計一七八・六ヘクタール）、「土地不足農民」一八経営（総計七九・六ヘクタール）、計四一経営が土地を取得し、新農民となった。LPGは一九五二年一〇月、新農民九人で発足するが、発足時に経営放棄された新農民経営四戸を引き受けている。さらに翌月には「農業労働者」「養豚親方 Schweinmeister」など六名が加盟。以後も一九五三年一月まで「女性農業労働者」や「職人」らが次々とLPGに加盟していく。そして翌一九五三年五月には、「Ⅲ型組合」に移行する。他の新農民村落の組合とは対照的に「六月事件」の影響による組合員脱会も生ぜず、組合員数は拡大傾向を示し、一九五三年一二月には組合員三九名、農地面積一八六ヘクタール、一九五六年には、組合員四一名、農地面積一九二・二ヘクタールに達している。これはこの村の旧州有地農場の農地面積の八割弱の水準である。アルトホーフ村が一九五四年には全村集団化村落と称された所以であろう（VpLA Greifswald, Rep. 294, Nr. 233, Bl. 137f.）。LPGの収益も、ジャガイモ不作に苦しんだ一九五五年を除き、一労働単価あたり七マルク水準を維持し、他のLPGに比べても良好な状態を実現している。家畜保有数をみても、牛が一九五三年の八八頭に対して一九五六年は一一八頭、豚が一九五三年の二〇一頭に対して一九五六年は二七五頭と、一九五五年のジャガイモ不作にかかわらず、増加している。この間、経営面積はほぼ一九〇ヘクタールで変化なく、また一頭あたり搾乳量にも大きな変化はない。現金収入は一九五三年の八万七七〇二マルク、一九五四年の一一万四一八〇マルクに対し、不振の一九五五年は四万二二二六マルクにまで急減するが、一九五六年は労働単価が回復しているところからみて、収益も急激に回復したと思われる。一九五五年の経営危機は、家畜縮小を極力避け、代わりに労働所得を急降下させることでしのいだと考えられる。

本LPGは、既に「六月事件」以前に村の中枢を担うⅢ型LPGとなっており、かつ「六月事件」の打撃もほとんどみられず、経営が良好発展をたどる。一九五三年二月一九日付の『農民のこだま』紙に紹介記事が掲載されたり、あるいは他村LPG組合員からの転入希望があったり、さらにはÖLB《エー・エル・ベー》のLPG化を検討する他の村々から —— 具体的には一九五四年のレートヴィシュ村と一九五五年一月のヴェンデルストルフ村である —— 模範組合として訪問を受けたりしていることなどから、明らかにバート・ドベラン郡において特別な扱いを受けていることがわかる。

問題は、こうしたアルトホーフ村の「良好発展」を支えた条件が何であったかである。この点にかかわって、まず最初に目をひくのは、本LPGが最終的に九戸分の放棄経営を引き受けていることである。この点は一九五〇年代を通してLPG農地に占める「国家管理地」比率がほぼ二五％水準にあることにも示されている。アルトホーフ村は郡都バート・ドベラン市に属する一集落であるから（鉄道によりロストク市にも十分に通勤可能な距離にある）、「脱農化＝ペンドラー化」の刺激が大きく、その意味では一般的な新農民の経営放棄とはその性格を異にする可能性がある。通常はＬＰＧは、劣悪経営の引き受けに対しては、ノルマ負担増大を嫌って消極的である場合が多いが、ＬＰＧアルトホーフの場合には、土地以外の家畜などの農業属具や新農民家屋の取得が大きな動機付けとして働いていた。さらに経営放棄のために批判勢力としての個人農の新農民が少数派となったことの効果も無視できない。このように個人農の早期分解のもとで、本村ＬＰＧは全村型組合として残存新農民により比較的早期に設立されたといってよく、その意味で「再グーツ化」とみなし得る事例であるといえよう。ちなみに組合員構成の点において難民比率が比較的低く、当村の近隣地区や州内生まれなど土着の人々が多いことも、こうした「再グーツ化」の重要な条件となったであろう。文書に登場する四二名の組合員のうち出生地が判明するのは二七名だが、このうち当村近隣生れが一三名、州内生まれが五名、計一八名に対し、難民・疎開者と推定されるのは九名（オーデルブルッフの洪水被害者一名、西側生れの二名を含む）となっている。

しかし、「拠点型村落」との視点から、次に注目したいのは経営資本調達の問題、具体的には農業用建物の問題である。まず第一に、本ＬＰＧは、従来、「国営調達・買付機関」が利用していた「修道院の納屋」を、郡当局の介入を積極的に引き出すことを通して取得することに成功している（今もアルトホーフ村の中心には無人の修道院の教会がある）。一九五三年四月にＬＰＧ幹部会がこの調達・買付機関から口頭にて納屋引き渡しの約束を取り付けたあと、六月に郡が文書にて「国営調達・買付機関」に速やかに納屋の引き渡しを実施するよう要請している。そのさい、郡の介入の根拠は「土地改革による大建造物は、必要であればすべてＬＰＧに引き渡す」という政府立法の存在におかれた。さらに第二に、郡ＬＰＧ課の内部文書によれば、ＬＰＧアルトホーフは「長期信用による建設融資二三万四千マルクをうけ、牛九〇頭収容の新牛舎と新豚舎を建設」し、室内外の機械化は順調に進展していると報告されている。このようにＬＰＧアルトホーフの良好発展には、拠点的な模範組合としての位置づけがなされたことにより、畜舎建設投資が重点的に行われたことが決定的な意味を持ったと考えられる。同じ報告には、「六月事件」の影響が本村では小さくＬＰＧ退会の動きはみられないが、しかし「建設作業が遅延すれば、退会が現実化する危険性が存在する」と指摘されているのである。

こうした郡による本ＬＰＧの政治的位置づけを支えるのは、ＳＥＤ郡党指導部とのネットワークであった。郡当局の分析では、本ＬＰＧの順調な発展は、一九五〇年代に一貫して組合長であり続けたオットー・ペーターズ ―― 戦前は本村農場の搾乳夫である ―― の力量によるとされている。彼はこの功績により「農民マイスター」称号を与えられ、かつモスクワ農業博に派遣されるという輝かしいキャリアを得ることになる。また、隣村のＬＰＧ化問題にも郡党関係者として積極的に関与するなど郡党内においても政治的影響力をもっていた人物と推測される。これを批判する立場の人々から、彼はしばしば「男爵」とまで揶揄されていた。さらに妻イルーゼがＬＰＧの家禽飼育班長、父と思われるハンスが一九五七年に本村の郡指導部に属する人物となっている（VpLA Greifswald, Rep. 294, Nr. 233, Bl. 38)。これらのことから、郡党指導部とアルトホーフ村ＬＰＧ有力者の間には、家族を含む党カードルたちの人的ネットワークが形作られていたことがわかろう。次章で述べるように全面的集団化過程では、この優良組合のアルトホーフ村が核となって抵抗型の二つの大農村落 ―― パーケンティン村とバルテンスハーゲン村 ―― を統合する形で、大規模ＬＰＧが創設されることとなるが、それもこうした郡直轄型ともいえるＬＰＧアルトホーフの政治的位置づけを顕著に語るものといえるのではないだろうか。

第五章　農業集団化のミクロヒストリー（2）

―旧農民村落　一九四五年～一九六一年―

パーケンティン村の大農屋敷地と教会

2003 年 5 月 11 日，筆者撮影．村の北側からみた風景．パーケンティン村は，上層大農を軸とする村であり，教会の影響力も大きかった．このため隣村のバルテンスハーゲン村とならんで SED 支配と農業集団化への抵抗が強かったところである．詳細は本章第二節を参照．

はじめに

繰り返し述べるように、本書の目的は、戦後東ドイツの土地改革・集団化に関して、これを近代ドイツ農業史の文脈に位置づけ、また「社会主義」における民衆主体のあり方に焦点をあてる観点から、戦後的な状況下における村落内部の再編過程を具体的に分析することである。とくに旧ロストク県のバート・ドベラン郡に研究対象を限定し、村落を単位とした農業集団化過程のミクロ史的な分析を試みる第四章から第六章は、本書の中核部分をなすものである。

集団化のありようが村落ごとにかなりの多様性を示すこと、さらにまた、それは旧農民村落か新農民村落かという伝統的な村落形態の違いによる規定性が大きいものの、それだけに還元できるものではないことは、すでに第四章第一節で論じたとおりである。第四章はこのうち新農民村落の二村の事例をとりあげたが、本章では旧農民村落の二村について集団化過程のミクロ史的な分析を行いたいと思う。旧農民村落については——新農民村落に比べれば一九五二・五三年の集団化に対する積極的な反応は明らかに鈍い——、大きくは第一に、早期に大農層の影響力が弱まり政策同調的な形で比較的早く集団化が推進されていくところ、第二に、これとは反対に大農層の影響力が根強く残り、集団化に対して最後まで非同調的なところ、第三に、逃亡ないし接収された大農経営の運営問題が深刻で、かつ村落の主体性が相対的に弱いために、一九五四／五五年に郡党組織による上からの主導による「村落農業経営（以下ÖＬＢ《エー・エル・ベー》）」から「農業生産協同組合（以下ＬＰＧ《エル・ペー・ゲー》）」への転化が進められたところ——多くの場合、新設ＬＰＧに対する外部からの農村テクノクラートの派遣を伴う——、以上の三類型が観察された。

バート・ドベラン郡では東部の旧ロストク郡に属する地域に旧農民村落地帯が存在するが、このうち郡文書館

ＬＰＧ史料によって集団化の事情が比較的よく判明するのはホーエンフェルデ村とパーケンティン村の二村落であった。ＬＰＧ設立はホーエンフェルデ村が一九五三年一月、パーケンティン村が一九五二年一二月であり、両村とも一九五二・五三年の集団化第一局面においてＬＰＧ設立がみられる村落であるが、興味深いことにこの二村は互いに隣接するにもかかわらず集団化のありようが対照的であった。ホーエンフェルデ村においては土地改革をとおして難民新農民が形成され、この層の主導のもとで早期に大農の政治的影響力が後退し、その結果ＳＥＤ《エス・エー・デー》権力への同調が比較的早くから見られるのに対して、パーケンティン村においては大農層の主導性が強固であり、また有力牧師の影響力も加わって、北隣の大農村落バルテンスハーゲン村とともに最後まで反政府的な姿勢が濃厚であった。本章では同調型と抵抗型のこの二村をとりあげて、前章と類似のスタイルによるミクロ史的な分析を試みたい。二村のうち中心とするのは詳細な事情が判明するホーエンフェルデ村である。また上記の第三類型——ÖLB《エー・エル・ベー》のＬＰＧ転化型——は、数の上では相当数に上ると考えられるが、史料の残存状態が悪いこともあり遺憾ながら本書では分析を断念することとする。

第一節　ホーエンフェルデ村の集団化——大農層崩壊と残存家族の同調化——

ホーエンフェルデ村は旧農民村落でありながら集団化に対して同調的であったところである。以下、そのミクロ史的な分析を試みたいが、そのさい以下の三点に着目することとしたい。すなわち、第一に、本村は旧農民村落でありながら土地改革が一定程度の意義を持っており、ここに難民新農民が入植する。そこで彼らが戦後の村政や集団化過程に果した役割に着目したい。同時に土地改革期については本村の非ナチ化のありようにも着目したい。第二に、この難民新農民の村内プレゼンスの高さの裏返しでもあるのだが、ホーエンフェルデ村は終戦直後や一九五二・五三年の大農弾圧にもかかわらず、残存大農層家族が早期に「社会主義」に同調していく点に大きな特徴がある。本節では弾圧と「同調／反発」の実態を可能な限り個別農家に即して詳細に論じることで、彼らの同調の仕方からみた村落再編のありようを明らかにしたい。第三に、当該期の村落再編は、同時に畜舎・納屋などの農業用建物や住宅など、物的資源の争奪戦と深く関わっていた。したがって一九五〇年代後半の集団化のあり方については村内資源の再編という観点からもみてみたい。なお依拠した史料に関しては注記を参照されたい。(1)

1. 村と集団化の概況

ホーエンフェルデ村（ゲマインデ）は郡都バート・ドベラン市に隣接する旧農民村落である。本ゲマインデは、ホーエンフェルデ村、および一九五二年に合併したイヴェベンドルフ村の二つの集落から構成されている。ホーエンフェルデ村は他のメクレンブルク地方の通常の農民村落と同じく典型的な中世後期入植の集住村落であるが、中核村落とは別にさらにノイ・ホーエンフェルデ地区（ここでは「地区」は「小集落」という意味で使用する）を含んでいる。図5-1は、この村の旧林業労働者ラダーの手による村史（一九六八年）の中に描かれたホーエンフェルデ村のフーフェ農民家屋のかつての配置図である（戦前期に関する記憶によるものだろう）。一六戸よりなる大農＝フーフナー層がこの村の基軸をなしていたことがこの地図上において見事に視覚化されている。ちなみに一九二八年農場住所録をみてもこの一六戸の存在が確認できる。(2) この一六戸の大農経営には、それぞれ一番から一六番まで番号がふられ、いわば屋号のように「一番フーフェ」などと呼ばれていた。(3) ただし、一経営の規模はいずれも二五ヘクタール前後と他村に比べて小さく、このためホーエンフェルデ村には本来の農業労働者問題が存在しない。またビュドナー層は存在するが、彼らは主として道路に沿って点々と家屋が存在するノイ・ホーエ

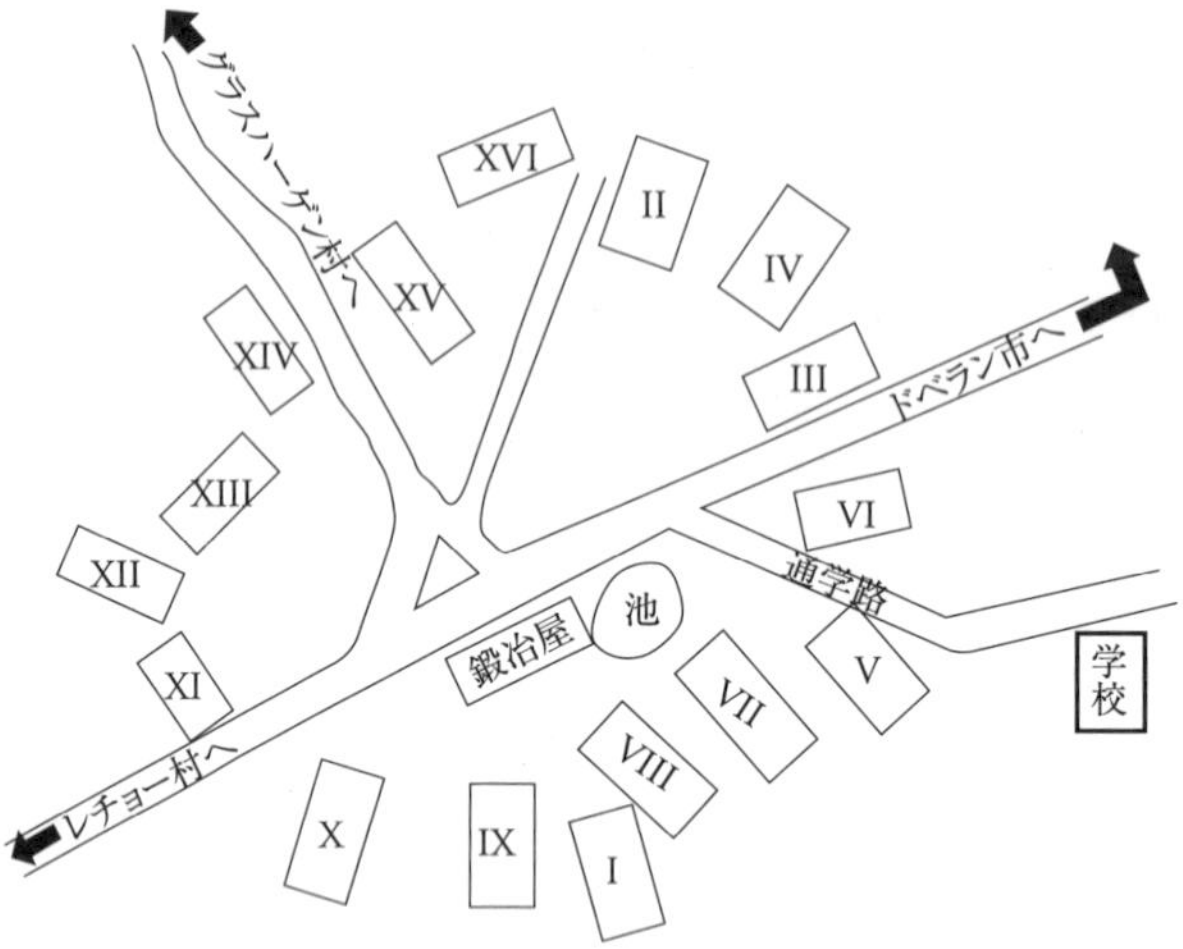

図 5–1　旧環状村落ホーエンフェルデ村の見取り図

ラダー筆による村史に掲載されたフーフェ農民の配置図（手書き）を転写したもの（原題は Lageplan des alten Ringdorfes Hohenfelde）．アラビア数字が各フーフェ番号を意味する．ちょうど鍛冶屋の前に位置する三角状の場所が村の広場にあたり，そこにはいまも大きな木が立っている．ここを軸に 16 のフーフェ農民が環状に居を構えていたことがこの見取図からよみとれる．

出典：Radder, W., Chronik der Gemeinde Hohenfelde, 1968.

ンフェルデ地区に居を構えている。[4]その他にも、ホーエンフェルデ村には煉瓦工場があり、またバート・ドベラン市やロストク市にも鉄道通勤可能な地域であることから、ホイスラー層や労働者層も居住している。一九五五年のホーエンフェルデ村については、村民就業者一五四名中、村外就労者は三三名、逆に村の煉瓦工場における村外からの就労者一八名となっており、[5]とくに通勤労働者の多さが目を引く。

これに対して一九五二年にホーエンフェルデ村に吸収合併されるイヴェンドルフ村は、一九二八年農場住所録においては大農六経営と森林官吏の一経営、計七経営が掲載されている。[6]ホーエンフェルデ村とは対照的に大農層はいずれも四一〜五六ヘクタールと大農上層に属する規模となっている。しかし村落規模が小さいため政治的な力は相対的に弱くならざるをえない。一九五三年におけるゲマインデ村民人口は両村あわせて五九一名であり、就業別内訳は、農民五二名、「農業労働者」四二名、工業労働者五六名、その他（非就業者を含む）四四一名となっている。(7) 農業を主体としつつも工業労働者などがある程度の厚さで存在する村といってよい。

ホーエンフェルデ村の大きな特徴は、旧農民村落でありながら土地改革が一定の意義をもったことである。隣接するグラスハーゲン村の農場主がホーエンフェルデ村に一部所有していた土地四〇ヘクタールが土地改革フォンドとなり、ここに難民三家族と土着ホイスラー一家族が新農民として入植した。また大農二戸が土地改革時に分割され、村有地とあわせてビュドナー層とホイスラー層に対して追加的な土地が供与されている。こうしてグーツ村落とは違った形であるが、土地改革を通して難民と土着者からなる八ヘクタール規模の中農層が新たに形成されたのであった。

さて、ホーエンフェルデ村の集団化の歴史は、一九五三年一月、この旧グーツ所有地に入植したホーエンフェルデ村難民新農民を中心に四経営六組合員によりＬＰＧ『新時代《ノイエツァイト》』が設立されたことにはじまる。当初規模は四〇・五ヘクタールと小さいが、これは上記の土地改革時の難民新農民入植地の規模にほぼ匹敵した面積である。そして早くも四月一日に本ＬＰＧは七番フーフェ大農（二六ヘクタール）を引き受け、畜産の共同化を意味する「Ⅲ型組合」へと移行する。(8)「六月事件」によるＬＰＧへの影響はほとんどみられない。

このＬＰＧに大きな変化が訪れるのは一九五五年である。ÖＬＢ《エー・エル・ベー》経営のＬＰＧ化という上からの政策をうけ、同年四月一五日、ＬＰＧは村ÖＬＢの土地と、同経営所属の「農業労働者」一五名の受け入れを決断したのである。これによりＬＰＧの規模は一気に拡大し、ＬＰＧの村内における存在感も高まった。さらにその後大農二経営分を引き受けた結果、一九五六年において加盟経営数一六、組合員数三五名となり、経営面積もホーエンフェルデ村分二九七ヘクタール（村面積の五四％）、イヴェンドルフ村分一二四ヘクタール（村面積の三三％）、計四二一ヘクタールに達している。(9) ただし、その後のＬＰＧ経営は順調というにはほど遠い状況であった。一九五〇年代後半を通して労働力不足を主因とするジャガイモの不作に悩みつづけ、一九五九年の一労働単位の水準も三・五マルクと模範農場であった隣村アルトホーフ村の半分にすぎなかった。とはいえ一九六〇年初頭には本村はホーエンフェルデ村の残存大農三経営、ノイ・ホーエンフェルデ地区のビュドナー七経営、イヴェンドルフ村の残存大農三経営、同ビュドナー三経営を吸収する形で全面的集団化を完了することとなるのである。

以上のように本村の戦後史においては、戦後の土地改革の影響が比較的大きいこと、初期ＬＰＧが難民新農民の主導により行われたこと、一九五五年前後にＬＰＧ拡大に伴って村政に大きな変化が生じ、その結果一九五〇年代後半には村内のＬＰＧのプレゼンスが高まっていること、一九六〇年の全面的集団化は集落間対立の様相を呈したことなどが指摘できる。以下、時系列にそいつつ、土地改革から初期集団化までの時期、やや特異な展開を示した村の「六月事件」、一九五五年前後の村政の変化、および一九六〇年前後の全面的集団化の各期ごとについて論じ、この間のホーエンフェルデ村の農村支配の再編過程の全体を可能な限りトータルに明らかにしてみたいと思う。

2．土地改革から初期集団化まで

①敗戦と土地改革

本村は土地改革が一定の意義をもっているが、この点で注目すべきは戦時期のナチス支配との関わり方である。村史の記述によれば、一九四三年、五番フーフェの大農シェーンフェルトの息子が、ナチス親衛隊の少佐として本村にやってきて数百頭の軍馬飼養を行ったという。五番フーフェには宿泊や資材置き場のためにバラックが建設され、また四番と一六番の放牧地で軍馬の飼育が行われた。しかし一九四五年五月にソ連軍が進駐。親衛隊少佐シェーンフェルトは西に逃亡した。また、進駐のさいビュドナーのシューマッハー父娘がソ連兵に射殺されたという。本村のナチス「村農民指導者《オルツバウエルンフューラー》」は七番フーフェの大農シュレーダーであったが、彼は逮捕され収容所送りとなった。村長ロース（八番フーフェ）は辞職したが、非ナチ化の対象とはなっていない。ソ連軍進駐後、新村長の大農ラングホーフ（一〇番）のもと、大農エラース（九番）、青年農民リーベ（三番）、難民ヴェセロフスキー、そして林業労働者ラダーによって村委員会が設立され、ここから村の戦後史がはじまっている[10]。

本村の土地改革フォンドは上述のように隣村グーツ所有地四〇ヘクタールと、戦時の軍馬飼育用地となった四番と一六番の二フーフェからなっている。親衛隊少佐であった五番フーフェは小作化され[11]、かつ家族の名がその後の文書にはでてこなくなることから[12]、五番フーフェ大農はソ連軍進駐時に家族ごと逃亡したと推測される。経営分割された四番フーフェと一六番フーフェの関係者もその後文書に登場しないから村を去ったと思われるが、詳しいことは不明である。これに対してナチス「村農民指導者」であった七番フーフェは経営接収を免れ、主なき後は息子が経営を継承している。

一般に旧農民村落の土地改革については非ナチ化にかかわって戦犯やナチ活動家の経営が接収されたといわれるが[13]、その詳細な実態はなお未解明の状況である[14]。ただ本村についていえば敗戦とソ連軍進駐は単なる土地改革を超える影響を与えている。分割対象となった二フーフェはもとより、五番と七番も致命的打撃をうけ、さらにソ連軍による家畜接収によって一一番フーフェが経営放棄を余儀なくされている。親衛隊軍馬飼養の件からみておそらく本村はナチスへの関わり方が他村に比べて深かったと思われるが、そのことが逆に非ナチ化による本村大農層への打撃を相対的に大きくしたと考えられる。

②難民の新農民とLPGの設立

戦後ドイツ農村の旧農民村落において東方難民問題が大きな意味を持ったことはすでに繰り返し強調してきたところである。ホーエンフェルデ村でも難民層の流入は大きな影響を与えた。ホーエンフェルデ村の難民流入は戦争末期の一九四五年冬にはじまり、とくに村ホテル[15]は多くの難民であふれかえったという。一九四七年のホーエンフェルデ村総人口は四八四名、うち難民数は二二九名とあるから難民比率は四七%となるが、これは平均的な比率とみてよい。また一九三九の村民人口が二五〇名、一九五五年の村内人口が約三七〇名であるから[16]、この間の純増一二〇名が定住した難民とみなすことができよう。定着率は約六割となる。実際には土着の農民や労働者層の流出や逃亡があることを考慮すれば、難民定着率はもっと高いだろう。戦後困窮者の代名詞である女性難民については詳しい情報はないが、一九五三年一月の社会扶助申請者リストにおいて三名のオストプロイセン生まれの女性が確認できる。そのいずれもが老母ないし子供とともに借間に暮らしており、臨時雇用以外の職をもっ

『新時代』の組合員一覧

4月 (ÖLB吸収時) まで)

階層	加盟日	備考
新農民	1953年1月20日	本村有力難民 (本文参照)
妻	1953年1月4日	同上の妻.
「新農民」	1953年1月20日	設立時組合長だが直後に退会 (本文参照).
「新農民 (女)」	1953年1月20日	同上の妻 (大農娘)
新農民	1953年1月20日	元土着ホイスラー. 土地改革で新農民に.
農業労働者	1953年1月20日	同上, 息子.
新農民	1953年1月20日	設立時幹部会. 難民で新農民入植.
妻	1953年1月4日	同上の妻.
新農民	1953年1月20日	同上, 息子.
農業労働者	1953年1月20日	
農業労働者	1955年4月15日	
農業労働者	1955年4月15日	
農業労働者	1955年4月15日	
農業労働者	1955年4月15日	
農業労働者	1955年4月15日	1番フーフナー (表5-2参照).
農業労働者	1955年4月15日	
農業労働者	1955年4月15日	夫婦
農業労働者	1955年4月15日	
農業労働者	1955年4月15日	
農業労働者	1955年4月15日	
農業労働者	1955年4月15日	11番フーフナー (表5-2参照)
農業労働者	1955年4月15日	同上, 娘 (表5-2参照)
農業労働者	1955年4月15日	
農業労働者	1955年4月15日	
農業労働者	1955年4月15日	イヴェンドルフ大農の息子 (本文参照)
	1955年4月15日	元5番フーフェの小作人.
	1955年4月15日	

から明らかに難民であるもの.

in der Neuen Zeit. 40 Jahre LPG Hohenfelde, Rostock 2004, S. 182ff.,

表 5-1　LPG ホーエンフェルデ

（1953 年 1 月（設立時）から 1955 年

	氏　名			役職	生年	出生地	
1	ヴェセロフスキー	・フリッツ		組合長	1895	Lyck（オストプロイセン）	SED
2	ヴェセロフスキー						無党派
3	ポゼール	・F			1911	Hastorf（郡内）	NDPD
4	ポゼール	・M	(*F*)		1921	Neustadt（ホルシュタイン）	無党派
5	ダールマン	・A		監査委員	1889	Biestow（ロストク）	無党派
6	ダールマン	・G			1936	Hohenfelde（当村）	無党派
7	ブロンカル	・E		幹部会	1904	*Kitchen*	無党派
8	ブロンカル		(*F*)				無党派
9	ブロンカル	・A			1933	*Plotow*	NDPD
10	ダリューゲ	・K		監査委員	1890	*Zambert*	無党派
11	ゼーア	・P			1907	Soldin（マルク・ブランデンブルク）	FDJ
12	ディーストリッヒ	・M	(*F*)		1901	Soldin（マルク・ブランデンブルク）	無党派
13	ザール	・H			1928	Soldin（マルク・ブランデンブルク）	
14	シャイベル	・K			1907	Rudnow	無党派
15	ユルス	・H			1930	Hohenfelde（当村）	無党派
16	プロイスナー	・J			1914	Friedland（チェコ・ズデーテン）	FDGB
17	フルヘ	・J	(*F*)		1895	Iglau（チェコ）	無党派
18	フルヘ	・R			1894	*Miglitz*	FDGB
19	ナウユカト	・H			1936	Seewiese（オストプロイセン）	無党派
20	ベーンス	・W			1888	Hohenfelde（当村）	無党派
21	ヴェステンドルフ	・M	(*F*)		1895	Hohenfelde（当村）	無党派
22	ヴェセロフスキー	・ウルスラ	(*F*)		1923	Hohenfelde（当村）	無党派
23	ズーナス	・J			1898	Wanaggen	無党派
24	ヴァルカー	・W	(*F*)		1901	Plausen（オストプロイセン）	無党派
25	ベッカー	・アルバート			1929	Apeldorn（オランダ）	無党派
26	ドール	・バジール		合併後の組合長			
27	オスヴァルト	・H		合併後の幹部会			

注：(F) は女性．出身地で地名だけのものは，その場所を確認できなかったもの．このうち斜体は別の情報

出典：本章脚注 (1) の史料にもとづく．1955 年以後については，Elsner, Eva-M./ Zielke, Monika, Vierzig Jahre Anlage10.

ていない。

本村の難民でとくに注目すべきは土地改革で新農民となった難民家族である。彼らは戦後土地改革だけでなく一九五二年のＬＰＧ設立をも担った。表5-1は設立時からÖLB《エー・エル・ベー》吸収時までのＬＰＧ『新時代』の組合員リストである。ここからは、本村のＬＰＧが事実上は難民新農民家族の共同経営であること——難民でないのはホイスラーから新農民となったダールマン親子だけである——、さらにまた、一九五五年に至るまで組合員がほぼ固定化されていることなどが判明する。注目したいのは組合長でオストプロイセン出身のフリッツ・ヴェセロフスキーとその家族である。フリッツはＬＰＧの唯一のＳＥＤ党員である。上述のようにフリッツはすでに敗戦時にはナチ追放後の村の新委員会において難民グループを代表するリーダーであった。しかしヴェセロフスキー家の影響力は組合長フリッツにとどまるものではなかった。年齢からみてフリッツには二人の息子がいるが、このうちハインツは終戦直後より村会議長を務め、もう一人の息子ヘルバートは一九五〇年代初頭より一貫して村ＳＥＤ党書記として登場している。また後述するように村会議長ハインツは、一九四七年に一一番フーフェの娘と結婚している。このように難民家族ヴェセロフスキー家は、旧農民層と親族関係を結びつつ、終戦直後より本村ＳＥＤ党を体現する存在となったのである。

ＬＰＧ設立の動機づけは新農民たちの共同化による経営改善であった。村史の記述においても馬不足が深刻で、とくに難民たちが耕起に困難をきたし、相互農民支援も村長ラングホーフの独裁的なやり方に頼らざるをえなかったという。[17] しかしＬＰＧ設立の動機はそれだけだったのではない。すでに設立直後の一九五三年二月の組合員集会にて、一二番フーフェの引き受けこそが、今後のＬＰＧ発展の基礎とされている。一二番フーフェはＬＰＧ農地に隣接し、かつ所有者ラウテラインの死亡により経営危機に直面していた経営である。[18] ＬＰＧ設立の条件として一二番フーフェの経営資源取得が折り込み済みであったのは間違いない。一九五三年四月一日に、正式に一二番フーフェの農地二六ヘクタールと属具一式が未亡人のラウテライン婦人よりＬＰＧに引き渡されているが、その内訳をみると家畜が、乳牛七頭、未経産牛三頭、子牛四頭、馬二頭、雌豚八頭、家禽四〇羽、農機具が脱穀機、わら圧縮機、荷車五台、刈り取り結束機、電動モーター（一〇馬力）、石油発動機（一〇馬力）などとなっており、属具総計は二万五九一四マルクと見積もられている。他方で、本ＬＰＧは他の大農経営を引き受けてはいない。大農弾圧による当該期の逃亡経営が、必ずしもＬＰＧ化に直結しないことがここでも確認できよう。

③ラングホーフとポゼールの問題

本村ＬＰＧ設立には、難民新農民だけではなく、当初「進歩的な勤労農民として村では知られていた」ポゼールが参加している。じつは本来は彼が組合長となる予定であった。しかしおそらく郡からクレームがついたのだろう、隣村ハストルフ村の大農であった父親の遺産処理がなされておらず、これがＬＰＧ標準規約に反するという理由で、設立直後にポゼールは妻とともに退会を余儀なくされている。

しかしこの問題はもっと根深い背景をはらむものであった。ポゼールは隣村大農の息子である以上に、戦後本村の村長となった一〇番フーフェ大農ラングホーフの娘婿なのである。一九二八年の農場住所録では一〇番フーフェの所有者はラインケとありラングホーフの名前はどこにも見あたらないから、ラングホーフが一〇番フーフェを取得したのはその後のこととなる。しかし戦後新村長になったラングホーフは、一九五〇年に彼の「東方労働者虐待を証言をする人物が現れたために」、西への逃亡を余儀なくされた。これにより本村では歴代より続く大農村長は終焉することになる。

ここで注目したいのは、この村長追放が、むしろ村民の強い支持によるものであるということである。そもそも事の発端が「証言者の登場」にあるように内部告発によるものであることにその点が端的に現れているが、より明白には、新村長アイヒホルンの郡農業課宛文書がそれを雄弁に語っている。アイヒホルンは、この文書において追放の嫌疑となった「東方労働者虐待」よりも、ラングホーフが戦後に「村の専制君主」として村民にいかに「悪業」を働きつづけたかを述べ、村長追放を正当化している。すなわちラングホーフは「住民を、数少ない友人に至るまでもっとも卑劣な仕方でいじめ、かつ経済的な被害を与えた」、また「旧ナチ党員ブーセンが五〇〇マルクの罰金刑で」すみ、しかもそのお金は「村から支払われた」。さらに「何人かの農民は、穀物と野菜のノルマが達成されていないとして二〇〇～五〇〇マルクのお金を村の金庫に支払わなければなら」ず、別の農民は同じ理由で「他の農民に家畜を差し出さねばならなかった」と指摘されているのである。これらの内容からは、ラングホーフが大農でありながらソ連軍やSEDの家畜接収や強制供出の要求を忠実に実施し、その結果、村民の強い反発を招いたことがわかる。皮肉なことに、村民利害に反した大農村長を事実上ナチ分子として追放したことは、逆に本村をSED同調化へと向かわせる大きなモメントとなる。

娘婿ポゼールの行く末もこの点を裏側から語っている。ポゼールは一九四九年五月から八・三九ヘクタールを妻と経営していたという。ラングホーフ逃亡後、一〇番フーフェは国家管理のもとにおかれるが、その最初の管財人に指定されたのがポゼールであった。つまり形式的には経営接収されていながらも、実質的には同一家族が経営を継続したのである。さらにラングホーフは逃亡したが、彼の妻も娘夫婦のポゼール一家もこの家に暮らしつづけている。ラングホーフは追放するが家族と経営は継続する、それが当初の村民の意志だったといえよう。

しかし郡当局はそれを許さなかった。ポゼールはその後、郡当局から反政府分子とされてマークされつづけるのである。まず一〇番フーフェの管理人の地位を外され、本経営は一九五〇年収穫後からティールケが小作をすることになった。[19]一一月には村のビュドナー層のあいだでも、ひとりポゼールのみが相互農民支援を行わないことが問題視され、さらに同月に郡から監査が入った。監査報告は、ポゼールが管財人としての供出ノルマを首尾良く達成していることに逆に疑念を抱き、牛のヤミ処分の疑いがあるとしている。これに連動してであろう、同年一二月には村から本人宛に「管財人として当該経営の馬の売却は契約違反」という内容の警告文が送付されている。翌五一年一月の郡宛文書では、ポゼールの農民支援拒否と難民ツルンシュケに対する虐待が告発されている。そしてこの件があった二年後に、上記のＬＰＧ設立時の加盟問題が起きたのであった。おそらくポゼールはＬＰＧ加盟によって郡のマークを逃れる意志があり、村も当初はそれを黙認した。しかし結果的にＬＰＧから排除されたことは、ポゼールが村から最終的に見捨てられることを意味した。一九五三年三月三日には、「一〇番フーフェはポゼールとその家族だけでは広すぎる」とされ、彼の家は村の住宅調整の対象となっている。そして一九五四年八月、ポゼールはとうとう自らの小農経営を売却するに至った。このあと彼の名は村文書に登場しなくなり、一九五五年に一〇番フーフェは拡大後のＬＰＧ本部となった。かれは家を追われ、村を出ることになったのである。[20] このように一〇番フーフェをめぐる複雑な攻防は、結果的には村の郡当局に対する同調化を方向づけるほうに作用したと言わざるをえないのである。[21]

④ホーエンフェルデ村の「六月事件」

既に第三章と第四章において論じてきたように、「六月事件」は農村においても大きな影響を与えた。バート・ドベラン郡においても、事件前後の時期の各種報告書をひもとけば、一方での逮捕大農の釈放、大農経営の返還要求、農民層の供出拒否、他方でのＬＰＧ解散と大量退会、ＬＰＧ内部対立の表面化などが広範囲に生じたこと、これらを示す記述に頻繁に出会うこととなる。こうした変化はＤＢＤ《デー・ベー・デー》の党機関誌『農民のこだま（メクレンブルク版）』[22]の紙面にもみることができる。六月九日の新路線発表後、六月一四日付で「逃亡農民の東ドイツ帰村第一号。農民ユングヘーネルが農林大臣を訪れる」という記事が第一面で報じられ、さらに事件後の六月二七日付の第一面では、「新路線」との大見出しのもと、中見出しには、供出ノルマの四〜二五％引き下げ、停電の一掃、庭先屠殺の自由化、衣料や靴などの消費財供給などの言葉が踊っている。逆に「六月事件」以前に頻繁に掲載されていた近代的な大型機械を操作する労働者の猛々しい写真などは、その後すっかり影を潜めている。

新農民村落における事件の作用については、前章のディートリヒスハーゲン村の事例で詳論したとおりである。旧農民村落については弾圧された大農の復権が中心問題をなすが、すでに第三章で論じたように、この弾圧は村落ごとによってかなりの幅があり、「六月事件」後を経ても回復不能なほどに壊滅的な打撃をうけた村がある一方で、もともと比較的無傷なまま終わった村落も存在した。ホーエンフェルデ村では「六月事件」前にユルス（一三番）、シュプレトストッサー（二番）、ラダー（イヴェンドルフ村）の三名が供出未達成で逮捕され懲役一年の判決を受けているが、「六月事件」直前だったために数週間の拘留の後に釈放されたという。[23] 後述するように本村ではこの他にも数名の逮捕農民が出ており大農弾圧が厳しかった村落に属するといえる。にもかかわらず、例えば「六月事件」においてＳＥＤを代表する難民新農民層が政治的に失脚するような事態は本村ではまったく生じていないのである。

本村の「六月事件」の波紋は、やや意外な形をとった。郡党機関発行の『バルト海新聞』（一九五三年六月二六日付）が、本村に在住する党カードルのゼーガー女史――彼女は村会議員でもある――による「もっと自由に、もっと批判を！」というタイトルの論説を掲載し、ホーエンフェルデ村の村議会と村会議員を紙上批判するという事件が起きたのである。[24] 残念ながら、当該記事を同紙のバックナンバーにて確認することができなかったため記事の詳細は不明だが、[25] 村から郡宛の文書によれば、ゼーガー女史は主として村評議会と村議会の活動を批判したようである。当時、本村村長はドイツ国民民主党（以下、ＮＤＰＤ《エヌ・デー・ペー・デー》）のマース、村会議長は既述のようにＳＥＤのハインツ・ヴェセロフスキーであった。前章で触れたように、ＮＤＰＤは一九四九年に旧農民層を組織化するために新農民党のＤＢＤとセットで作られた翼賛政党であるが、[26] ホーエンフェルデ村ではＮＤＰＤは主としてビュドナー層などを含む旧農民層を、ＳＥＤは難民新農民と村の労働者層を代表しており、その意味で終戦後より続く両層の妥協に基づく体制に変化はない。ゼーガー女史の論説は、「六月事件」後の言論の自由化を逆手にとりつつ、村のこうしたあり方を郡の立場から批判する意図をもってなされたといえる。

この論説は村民の大きな関心をよび、六月二七日の村民集会には、村ホテルのホールに入りきらないほど多くの者が参加したという。興味深いのはこの村民集会の決議である。決議文は論説の事実誤認を指弾し、村当局と村会活動には問題はないとしたうえで、ゼーガー女史について「村議会の欠席が多い」とその態度を批判、『バルト海新聞』に訂正記事の掲載を求めるものとなっている。また決議文の署名欄には、ＮＤＰＤ所属の村長とともにＳＥＤ所属の村会議長も名を連ねた。このように本村「六月事件」は村内対立ではなく郡党と村の対立を顕在化させることになったが、本村在住のゼーガー女史が村民から総すかんを食い、あるいは村党書記が村民集会で批判されているように、この時点では郡党に直結する人物たちは村の支持を調達しきれておらず、逆に党派横断的な村の自立性が確認されるのである。

しかし、すでにラングホーフとポゼールの事件でみたように同調的志向へと舵を切った本村であれば、郡党組織の切り崩しに対する抵抗力も脆弱であったろう。郡は七月二一日付の同紙読書欄にて編集者による本村の活動批判記事を再度掲載する。これに危機感を持った本村ＮＤＰＤ党員一〇名は、七月二四日付で村長支持の声明を公表した。しかし、結局は翌一九五四年二月、村長マースは辞職を余儀なくされてしまうのである。こうして一九五四年にはＳＥＤ党員の村長が外部より派遣されることになる。だがその点に移る前に、一九五五年のＬＰＧの拡大について触れておこう。

3.「村落農業経営ÖＬＢ《エー・エル・ベー》」の「農業生産協同組合ＬＰＧ」への吸収

①大農層の崩壊

旧農民村落の集団化は、一般に一九五五年における上からのÖＬＢのＬＰＧ化が大きな画期となっている。第三章で論じたように、一九五二・五三年の大農弾圧により多くの大農経営が接収や「逃亡」により事実上村落

フェルデ村のフーフナー（大農）の経緯一覧（1945–1960）

	経緯 [(1)]	1928 年農場住所録の記載事項：フーフェ所有者名（「姓・名」の順）	1928 年農場住所録の記載事項：経営面積 (ha)
B	煉瓦兼業．名義は父親（13 番のヘルマン）．父親が逮捕され「逃亡」したため，息子の名義に．その後，国有化政策で煉瓦工場ともども接収される．息子ヘルバートは ÖLB 労働者，LPG 組合員を経て，MTS のトラクター運転手に．弟（兄）が 15 番フーフェ経営者．	15 番に同じ．	
D	1953 年 ÖLB に委託されるが，「6 月事件」で返還．1957 年 LPG 加盟．	ハーマン・ハインリヒ	22
D	1957 年に LPG 加盟．加盟後，畜舎を豚小屋と穀物倉庫に改修．	リーベ・ルドルフ	25
A	土地改革で分割．畜舎はその後 LPG により幼稚園と村役場に改築．	ヴェステンドルフ・アンドリュース	22
C	ナチ親衛隊．戦後は小作化される．1955 年に LPG 委託．	シェーンフェルデ・マーチン	22
E	1960 年 3 月加盟．14 番フーフェと親族．	クルート・ハインリッヒ	22
C	ナチス「村農民指導者」として追放．息子が相続するが 1953 年に落雷にて焼失．息子は ÖLB 労働者を経て MTS カードルに．	シュレーダー・カール	23
B	ナチ時代の村長．ノルマ未達成で逮捕され経営放棄．家族も残存せず空き家に．ÖLB 管理下に入り 1955 年に LPG 委託．その後ヤーチュ夫妻が入居．	ロース・ハンス	26
E	1960 年 3 月加盟	シュミット・ハインリッヒ	26
C	戦後の村長．村民による告発，逃亡．1955 年に LPG 本部がおかれる．（本文参照）	ラインケ・ハインリッヒ	26
C	母と娘の経営．戦後のソ連軍家畜接収で経営放棄し ÖLB 管理下に．二人は ÖLB 労働者から LPG 組合員へ．娘は難民で村会議長のヴェセロフスキーと結婚．1958 年 LPG の新牛舎が建設．翌年サイロも．	ヴェステンドルフ・リチャード	24
C	夫が死亡．1953 年 4 月，LPG 設立時に農場を LPG に事実上売却．	クンチェ・オットー（グラスハーゲン村）	29
B	1 番フーフェと 15 番フーフェの父親．戦後は抑留後に復員，兄（弟）より経営を相続するが，供出ノルマ未達成で逮捕．釈放後「共和国逃亡」．1959 年，このフーフェに販売用子牛の牛舎が建設される．	ユルス・ヘルマン	28
E	1960 年 4 月加盟．6 番フーフェと親族．	クルート・ヨアヒム	25
E	13 番フーフェのヘルマンの息子，1 番フーフェのヘルバートの弟（兄）．1960 年 3 月加盟	ユルス・ソフィー	23
A	土地改革で分割	ラングシュヴァーガー・カール	16

マ累積で逮捕後 ÖLB 管理へ，C. B 以外の理由で ÖLB 管理へ，D. 1957 年に LPG 加盟，E. 1960 年まで残存

もとづく．1928 年の情報は Niekammer's landwirtschaftliche Güter-Adreßbücher; Unterreihe 4, Landwirtschaftliches Mecklenburg, Leipzig 1928 による．

の管理の下におかれたからである。「六月事件」後に返還されなかった農民経営については一九五三年九月三日法においてÖＬＢの管理に移されることになった。一九五五年のÖＬＢのＬＰＧ化は、旧農民の「荒廃経営」「逃亡経営」管理問題に対する政策対応としての意義をもっている。

ホーエンフェルデ村についても基本は同じであり、本村では一九五五年にÖＬＢのＬＰＧへの吸収が行われた。しかしそれは単なるＬＰＧの拡大にとどまらない意味を持った。これにより村におけるＬＰＧの存在感は飛躍的に増大し、村政のありようにも質的な変化が生じた。その意味では本村にとって一九五五年は一九五二・五三年に匹敵するほどの転換点であったといってよい。

そこでまず本村の大農経営が一九五五年時点においてどのような状況にあったのかをみてみよう。表5－2は

表 5-2　ホーエン

フーフェ番号	フーフェ所有者名（「姓・名」の順）	経営面積（ha）
1	ユルス・ヘルバート	16.0
2	ハーマン＝シュプレシュテッサー	
3	リーベ	
4	ヴェステンドルフ・アンドリュース	
5	シェーンフェルデ	
6	クルート・ハインリッヒ	28.8
7	シュレーダー	23.0
8	ロース	26.5
9	エラース	25.1
10	ラングホーフ・ヴィルヘルム	26.0
11	ヴェステンドルフ →ヴェセロフスキー	25.0
12	ラウテライン	26.0
13	ユルス・ヘルマン	28.4
14	クルート・ヴィルヘルム	22.3
15	ユルス・ブルーノ	17.0
16	ラングシュヴァーガー →ロース（旧小作人）	

注：(1) 分類は以下のとおり．A. 土地改革で分割，B. ノル
し全面的集団化時に LPG 加盟

出典：前表と同じく，本章脚注 (1) に記載の史料・文献に
Adreßbuch der Rittergüter, Güter und Höfe von Mecklenburg,

本村の中軸を構成する一六フーフェが戦後にどのような経過をたどったかを一覧にしたものである。すでに述べたように本村では土地改革時に四番フーフェと一六番フーフェが分割され、五番フーフェは小作人ドールに経営が委託される。また一二番フーフェが一九五二年のＬＰＧ設立時にその基盤となったこともすでに詳述した。他方で一九六〇年の全面的集団化時に最終的に残存していたのは六番、九番、一四番、一五番の四経営である。[27]また、二番と三番の二経営は一九五六年にＬＰＧに農民経営として加盟している。従って本村では全一六フーフェ中、一九五五年時点では一〇フーフェ（六三％）が、一九五六年時点では一二フーフェ（七五％）が「消滅」するに至った。第三章第二節（196頁）で述べたようにシュヴェリン郡おける大農経営の「消滅率」は「六月事件」直後の時点で平均して六割弱だったから、これに照らせば本村は大農経営の残存率は標準か、やや低い方の村落であるといえる。[28]

ホーエンフェルデ村のＬＰＧ農地面積は、ÖＬＢ吸収前が六六ヘクタール、吸収後が二三七ヘクタールであるから、[29]増加分は約一七〇ヘクタールである。五番フーフェの小作人ドールは新組合長としてＬＰＧに加盟しているから、この一七〇ヘクタールにはこの小作地分二〇ヘクタールが含まれている。従って、この分を除くと、吸収前の一九五四年時点でÖＬＢは、一フーフェ二五ヘクタールとみなして約六フーフェ分を管理していたことになる。[30]では、この六フーフェ分はどのような経過でÖＬＢの管理下に移ったのだろうか。

各種文書をつきあわせることで、この六フーフェについて経過が判明する。その内訳をみると六フーフェのうち三フーフェが、ノルマ未達成を理由に経営主が逮捕されたのち経営が接収されるパターンとなっている。この表にみるように、この村にはユルス家名義のフーフェが三つある。このうち一三番が父親の、一番と十五番の一回り小さい中農経営が息子たちのフーフェである（ただし名義は父親と思われる）。父ヘルマンは、抑留から復員して兄（弟）ハンスから元来のユルス家の所有地である一三番フーフェを引き継いだというが、供出ノルマ未達成で逮捕され、釈放直後に西に逃亡した。そして実際にはこれに連動する措置だったと思われるが、煉瓦工場を兼営していた一番フーフェも、「アクション・ローゼ」というバルト海沿岸部旅館業者を狙い撃ちした弾圧立法の適用により、煉瓦工場のみならず農場《ホーフ》までが当局に接収されてしまう。[31] したがってこのユルス一族の二フーフェがÖLBの管理下に入ることになった（ちなみに一五番フーフェは最後まで存続している）。さらに、詳細は不明だが八番フーフェの経営者ロースもノルマ未達成によって逮捕された後に経営を放棄、これに「六月事件」直前に逮捕されたが無罪放免となった二番フーフェを含めると、本村では全部で四フーフェが大農弾圧政策による犠牲者となっている。

残る三フーフェは経営者が直接逮捕されていないケースである。一〇番フーフェはすでに述べたラングホーフである。七番フーフェはナチス時代に「村農民指導者」であった経営で、経営者はソ連軍進駐後に強制収容所に送られ戦傷者の息子が農場を相続するが、一九五三年に落雷により農場と家屋が焼失してしまい、経営放棄を余儀なくされたケースである。最後に一一番フーフェは既述のように戦後の家畜接収により打撃をうけ一九五三年に経営放棄している。この件は一九五二年三月二〇日法（「荒廃経営法」）の適用事例であろう。

以上のように、個々のケースは多様だが、全体としてみると一九五〇年代前半の大農層の崩壊は、一九五二年の大農弾圧による直接的な打撃だけでなく、戦災による基幹労働力の解体、戦後の非ナチ化による大農層の脆弱化、さらには村長追放問題にみたような同調化傾向などが複合的に重なって生じていることがよくわかる。

② ÖLB《エー・エル・ベー》の実態

当該期の本村によるÖLB管理の実態についてみるとき、まず驚くのは、形式的には大農所有は国家管理下に移され、村落が主体となって経営管理がなされるといいながら、実際には旧大農家族による経営が継続している場合が二例についてみられることである。

すでに一〇番フーフェについては娘婿のポゼールが逃亡後の農場管理人として経営を継続したことを述べてお

いた。類似のことが二番フーフェについてもみうけられる。この経営は一九五三年三月に所有者が「経済犯」の嫌疑で逮捕されるが、「既存条件下では経営発展は不可能」として無罪放免される。しかし本人はその直後に逃亡。村当局は残された婦人には労働者を雇用する資力もないとして、一九五二年二月一九日法に基づき村が郡管理のもとで引き受けることを決定し、この「経営をホルスト・シュプレシュテッサー」に委託したという。しかし、ここでいうホルストは二番フーフェの息子である。つまり結果的には経営が継続されているのである。「六月事件」後には二番フーフェは再度大農経営(32)として記述されているが、これは経営が実質継続していたため事件後にスムーズに経営返還がなされたことを意味するであろう。ホルストはその後八番フーフェのÖLB管理人としても登場している。最終的には二番フーフェは一九五六年にLPGに加盟するが、その際にはホルストを含めシュプレシュテッサー家の三名がLPG組合員になっている。

イヴェンドルフ村のÖLB管理についても類似のことが確認できる。イヴェンドルフ村の接収大農経営で本村ÖLBの管理下にあったのはイヴェンドルフ村の二番、三番フーフェおよび他一経営の計一二四ヘクタールであった。一九五四年以降、この管理にあたったのがイヴェンドルフ村二番フーフェの息子アルバート・ベッカーであった。彼の父は「経済犯」として二度逮捕され、一九五三年、釈放後に西に逃亡するが、息子アルバートだけが「六月事件」後に帰村する。しかし「属具」が競売処分されたあとだったために経営返還は事実上不可能だったので、彼はÖLBのイヴェンドルフ村担当者となったのである。ベッカーは一九五五年のLPG吸収時にLPGに加盟し、そのままイヴェンドルフ村作業班長となり、またLPG耕種部門責任者となっている(33)。こうして、ベッカーの場合、ÖLB時代からLPG時代までを通して、父の経営のみならず、イヴェンドルフ村の農業、さらには本村LPGの主導的な担い手になっていくのである。彼は一九五八年より村会議員も務めている。

他方で、上記のように大農家族がÖLB管理者として経営を担うこととはならないが、「農業労働者」として接収された自己経営にそのまま従事している事例もいくつかみられる。これも第三章で論じたことだが、一九五二年のルートヴィヒスルスト郡の例において、経営接収された大農の残存家族たちは、そのまま労働に従事する者、季節労働のみに従事する者、居住はするが労働には従事しない者の三つの形が検出された。本村でも一一番フーフェにおいて母と娘が、また一番と七番フーフェにおいて息子がÖLB労働者となっている。大農家族からみれば自らの農場がÖLB管理となり、さらにÖLBがLPGに統合されることは、実は自らの住宅が村の管理下からLPG管理下に入ることを意味した。つまり彼らがÖLB労働者になることやLPG組合員になるのは、なにより自分の家に住みつづけるということと深く関わる事柄だったのである。

村当局が実質的に大農経営実態の保全を志向したのは、農業生産力を維持し、それを通して村の供出ノルマ達成を優先させたいからである。とはいえ経営実態の保全が可能だったのはあくまで少数に限られ、全体としては属具不足、労働力不足のもとでÖLB経営は低生産性にあえぎつづけた。一九五四年、村当局はÖLB管理のために外部から管理人を受け入れる。マース村長辞職後、新たにSED党員シュピーラが外部派遣村長として来村するが、そのさい彼は同時にÖLB管理人を兼ねていた。この点はÖLB対策が村にとっていかに難題であったかを語っていよう。ただしシュピーラは、村長権限を使って存続大農供出の穀物と菜種をヤミ経済で密売し、その直後に逃亡してしまうありさまであった[34]。その後はカツァーという人物がÖLB管理人となっている。しかし一九五五年一月の村議会では、ÖLBについて経営者自身が収支内容を把握していないこと、また家畜に十分に水も与えていないことなどが批判されており、改善の兆しは感じられない。

③LPGによるÖLB《エー・エル・ベー》統合

ÖLB経営の低生産性問題が深刻化するなか、東ドイツ政府は一九五四年ごろよりÖLBのLPG化を図っていく。バート・ドベラン郡でも一九五四年一二月一四日および一二月二二日に各村落の担当責任者を招集した会議が開催されている[35]。その議事録からは、①各村落のÖLB問題は、指定された担当責任者のイニシアチブのもとに村党組織にて協議されていること、②しかし当初、担当責任者たちの活動は停滞気味であること、③LPG側はÖLB経営の劣悪な低生産性ゆえにÖLB吸収に消極的であること、④他方でÖLB若年労働者は「LPGの稼ぎはÖLB賃金より低い」としてLPG加盟に抵抗していることなどが判明する。

ホーエンフェルデ村においてÖLBのLPG吸収問題がどのような過程をたどったか、残念ながらその詳細は不明である。ただし上記の郡主催の会議では当初ホーエンフェルデ村とイヴェンドルフ村のそれぞれにLPG設立が模索されていたことや、上述のような劣悪なÖLBの実態からみてLPG側がÖLB引き受けに難色を示したことは間違いない。いずれにせよ一九五五年四月一五日午後八時より、LPG組合長、村長、教師、村会議長などの列席のもと、ÖLB統合の集会が開かれ、出席した労働者一八名のうち一五名がLPGに加盟することとなった。

新組合長となったのは五番フーフェの小作人ドールであった。また新指導部には旧組合の設立メンバーであるフリッツ・ヴェセロフスキー（旧組合長）、ブロンカール、ダールマンの三名が、ÖLBからは労働者ズーヌス一名が入っている。さらに経理は後述の新村長ヒルデブラントの妻が担当し、家畜部門は設立時組合員ダールュゲが、耕種部門は既述のÖLBイヴェンドルフ村担当者ベッカーが責任者になっている。(36) このように拡大後のLPGは旧LPGを核としつつ、村政の中心につながる人々から構成されることとなった。

ではLPG新規加盟者の主体である「ÖLB農業労働者」たちはどのような人々だったのか。ここで前掲表5-1（340頁）のLPG組合員リストにもどってほしい。この表において加盟日が一九五五年四月一五日になっている者のうち、新組合長ドールと、外部から派遣されたと思われる幹部会委員オスヴァルトを除く一五名が、ÖLBからLPGに加盟した人々である（もちろんLPGに加盟しなかった三名はこのリストには登場しない）。そこでこれをみると、まず、年齢的には五〇歳以上が七名、三〇代と四〇代が四名、二〇代以下が四名となっており、高齢者の比率が高いことがわかる。次に男女別にみると、男が一〇名、女五名であり、女子が相対的に少ない。一九五八年には組合員とは別にＬＰＧ季節労働者二〇名が存在するといわれていることから、女性比率の相対的な低さは、彼女たちがＬＰＧ加盟を回避し農業季節労働者としてあることを選択していたためと思われる。最後に、社会的出自では、上記のベッカーを含め旧大農家族が五名と、全体の三分の一を占めていること、および難民出身者は判定が難しいが、少なくとも二家族を含む八名と全体の半数を超えていることがわかる。難民たちの出身地は、ここでもオストプロイセン、マルク・ブランデンブルク、ズデーテンを含むチェコなど実に多様である。以上から、本村「ÖＬＢ含む農業労働者」の主要部分は、ÖＬＢのありようを反映して、大農家族と弱い難民たちからなっていたとみなして間違いない。

４．村政と村議会の変化

ÖＬＢ《エー・エル・ベー》のＬＰＧ化は単独の変化ではなく、実は村政の郡党への実質的統合ともいうべき当該期の変化と対応する出来事であった。従って、次にこの点についてみておきたい。

さて、本村の「六月事件」に関しては、本村の村議会と村長が郡党組織により批判対象とされたこと、これに対し村が党派を超えて郡の介入を批判する態度をとったこと、しかし結局は翌一九五四年二月において村長マースが辞職を余儀なくされたこと、以上の点を指摘しておいた。マースは一九五四年二月の村議会において、「本人と連絡がつかない」ために村会議長ハインツ・ヴェセロフスキーが村長代理を務めるというやや異常な形で村長職を退いている。マース辞職後からほぼ一年後の一九五五年一月、逃亡したシュピーラ村長の後釜としてヒルデブラントが新たに村長として派遣され、以後一九六三年までの八年間この職につくことになる。本村の集団化は、ほぼこの村長ヒルデブラント時代に重なっている。この村長ヒルデブラントの登場は、行政官僚の性格をもった派遣村長が登場し、村の社会主義的再編の一翼を担ったという意味で、当該期の村政の変化を象徴的に示すものといえよう。

①村評議会・村会議員の構成

本村村議会議事録からは一九五五年から一九五七年にかけての村評議会と村会議員名が確認できる。表5–3はこれを一覧表に整理したものである。そこで、これによりつつ当該期の村政の担い手についてみておこう。

まず村評議会について。村評議会は村長と助役二名、計三名からなる村政の中核機関で、さらに村役場の日常的な業務を担当する者として事務員一名が配置されている。ヒルデブラントのもとで助役を務めたのは、新ＬＰＧ組合長ドールと旧ＬＰＧ組合長で有力難民のフリッツ・ヴェセロフスキーであった。かつての難民と旧農民の妥協体制はマース村長失脚により完全に崩れ、旧農民代表が村中枢から後退し、村評議会におけるＳＥＤとＬＰＧの影響力が高まっていることがここからは読みとれる。また戦後一貫して老難民フリッツが村の重職ポストにありつづけていることも注目される。

次に村会議員の構成を見ると、第一に、村会議員が各種団体・職能代表者によって構成されている点が一目瞭然である。政党ではＳＥＤ、「キリスト教民主同盟（以下、ＣＤＵ）」、ＮＤＰＤに各一議席（ただしＮＤＰＤはイヴェンドルフ村の農民層代表と重なる）が割り当てられている。また各種団体では、労働者代表として「ドイツ自由労働同盟（以下、ＦＤＧＢ）」に二議席、青年代表として「自由ドイツ青年同盟（以下、ＦＤＪ）」に二議席、婦人団体代表として「ドイツ民主婦人同盟（以下ＤＦＤ）」一議席、個人農代表として「農民互助協会」に一議席が割り当てられている。これにイヴェンドルフ村大農の代表者が一議席、および教師枠が一議席となっている。とくに職能代表の原則が機能していると判断するのは、村議交代時にはおおむね同じ母体から後継者が選出されているからである。具体的にはＤＦＤ、ＮＤＰＤ、ＦＤＪ、農民互助協会、教師枠においてこうした原則に基づいた議員交代がなされている。またイヴェンドルフ村の村落代表枠が保持されている点も、後の全面的集団化との関わり

表 5–3　ホーエンフェルデ村の村評議会と村会議員（1953–1957 年）

役職	氏　名（「姓・名」の順）		政党・団体	備考
村長	マース	・E	NDPD	1954 年辞職（本文参照）
	→スピーレルト		SED	1954 年春，「横流し」の嫌疑をかけられ西へ逃亡.
	→ヒルデブラント	・フーゴ	SED	1955 年よりの派遣村長．全面的集団化時の村長.
助役	ドール	・バジール	SED・VdgB	LPG 組合長（表 5–1 参照）
助役	ヴェセロフスキー	・フリッツ	SED	有力難民（表 5–1 参照）
村議 1	ヴェスナー	・K	SED	
2	クルーゼ	・A	SED	
3	ベッカー	・アルバート	NDPD	1953 年逃亡，その後帰村（表 5–1 参照）
	→ドール	・W	NDPD	1953 年 4 月より
	→シュルデュト	・E	NDPD	1955 年 7 月 1 日より
4	ラインケ	・A	NDPD	イヴェンドルフ村大農
5	クレンピン	・R	CDU	
6	クルーゼ	・K	FDJ	
7	レールダンツ	・W	FDJ	
	→ダムフェルデ	・A	FDJ	1955 年 7 月 16 日より
	→ブロンカル	・A	FDJ	1957 年 3 月より（LPG 組合員：表 5–1 参照）
8	ゼーガー	・A	DFD	MTS 政治課指導員（本文および第 7 章参照）
	→ベラウアー	・A	DFD	1954 年 2 月 11 日より 1957 年まで
9	シュトック	・H	FDGB	
10	ヴェセロフスキー	・ハインツ	FDGB	村会議長経験者．難民フリッツの息子
11	シュルトー	・H	VdgB	ビュドナー（表 5–4 参照）
	→ヴェステンドルフ	・K	VdgB	1954年1月1日より．イヴェンドルフ村ビュドナー
12	デドー	・F	SED/ 教師	
	→ホルン	・E	SED/ 教師	1954 年 1 月 1 日より
	→クラマー	・W	SED/ 教師	1955 年 7 月 1 日より
議事録	ノヴォトカ			
	デムボフスキー			

注：煩雑になるので，1957 年までに限定した.
　政党および団体の略記は以下の通り．SED：社会主義統一党，NDPD：ドイツ国民民主党，CDU：キリスト教民主同盟，FDJ：自由ドイツ青年同盟，DFD：ドイツ民主婦人同盟，FDGB：自由ドイツ労働者組合連合会，VdgB：農民互助協会.

出典：Kreisarchiv Bad Doberan, Rat der Gemeinde Hohenfeld 10, Nr. 52; Protokoll der Gemeindevetretersitzungen, 1953–1960, Bd. 2, 3, 4, より作成.

で注目すべき点である。

第二に各種団体・職能代表制といいながら、全体としてみればその多くは実質的にはＳＥＤの翼賛団体である。既述のように本村には煉瓦労働者や通勤労働者がある程度存在しており、このためであろう、労働組合と青年組織に計四議席が割り当てられている。これにＤＦＤ一議席、ＳＥＤ二議席、教師一議席を加えればＳＥＤ系グループは八議席になる。他方で非ＳＥＤ系の農民代表は、ＣＤＵ一議席、ＮＤＰＤ二議席――ＳＥＤのフロント政党ともいえるがここでは一応別政党としておく――、「農民互助協会」一議席の四議席となっている。確かに同調的な新農民村落の政党所属がほとんどの場合ＳＥＤないしＤＢＤ一色であることと比べれば、なお非ＳＥＤ系代表が存在する点で、本村のＳＥＤ党支配は弱い方ともいえるが――別の文書では本村ＬＰＧはＳＥＤ党組織が弱い村とされている[37]――、しかし、上記のように村評議会と村会議員の構成変化からみるかぎりでは、「六月事件」後に村政の質的な変化が生まれ、一九五〇年代後半になると村議会の翼賛化もかなり進行していたと言わざるをえない[38]。

②村議会における党アクティブ[39]の登場

とはいえ、ホーエンフェルデ村議会は原則公開で村民集会としての実質をもち、また村会議員の出席率も一般にはあまり芳しくはない。したがって村政のありようをより実質に即して議論するためには、第一に村議会における議論のありようと、第二に村評議会の活動実態を分析する必要がある。

そこでまず村議会の議論の主導性をだれが握っていたかをみてみよう。先にみたように「六月事件」直後の段階では、郡党カードルのゼーガー女史に対する批判的態度にみられるように、村の郡当局に対する一体性が示された。しかし一九五〇年代後半になると、村議会においても新たに党アクティブが登場し、彼らの硬直的発言が目立つようになってくる。具体的には若き村党書記のヘルバート・ヴェセロフスキーと教師クラマーの発言が前面に出はじめる。例えばヘルバートは一九五八年四月村議会において「国民戦線」と「農村の日曜日」の意義を論じている。その硬直ぶりのせいであろう、一九五九年九月の村議会ではベッカーがヘルバートと感情的に対立する場面がみられる。

教師クラマーとなるとその発言はもっと頻繁である。彼は一九五四年に当村に赴任し、一九六〇年八月まで教師として在職した。その意味で彼は本村の集団化過程をイデオロギーの面で担った人物といってよい。一九五七年にＬＰＧの屎尿問題で登場し、同年四月には婦人問題に関して党側に沿った発言をしている。さらに一九五八年九月の大農ラダーの供出問題や、一九五八年一一月一六日投票の「県会議員・人民議会議員選挙」（以下、「一九五八年選挙」と略記）(40)に関する議論でも郡党の立場に即した発言を行っている。その後、彼は一九六〇年八月にキルヒ・ムルソー村の村長に転任したというから、これは典型的な党アクティブの出世コースといってよいだろう。このように公共的な討論の場としての村民集会は、新農民村落に比べ統治能力が比較的高かった旧農民村落においても一九五〇年代後半には形骸化していくと思われる。

③村の個人農の組織化

ÖLB《エー・エル・ベー》吸収後、ＬＰＧの存在感が急速に増すなかで、村の公共性も長期的には村評議会ではなくＬＰＧが主導していくこととなる。例えば幼稚園の設置はＬＰＧの女性労働力動員対策として位置づけられており、さらには後述するように村の家屋の建設はＬＰＧ建設作業班《ブリガーデ》によって、また村の水問題もＬＰＧによる井戸のボーリングで解決されていくことになる。しかし全面的集団化以前はなお個人農の比率が高く、旧農民の統合と動員には村がなお一定度の役割を果たさざるをえない。

個人農の村落統合という点から当該期の村の活動で注目すべきは、個人農の供出達成に対する圧力と、収穫・脱穀作業の組織化および季節労働力動員に果たした役割である。(41)供出問題については村は各大農の供出状況を会議のたびごとにチェックし、供出未達成の農民を村当局や村議会に呼び出すこともしばしばであった。本村の場合、とくに反発姿勢が明確であったイヴェンドルフ村大農ラダーに対して繰り返し圧力がかけられている。

ここで注目したいのは収穫・脱穀作業の組織化の側面である。一般にすでに終戦直後の食糧危機と土地改革の時期において、供出遂行の圧力のもとに、村による春耕、収穫、脱穀作業に対する監督・組織化が郡の指導のもとに行われているが、[42]これは一九五〇年代に入っても継続された。[43]本村においても「六月事件」直前に九つの「作業組 Haus- und Hofgemeinschaft」が設置されている。事件後の同年九月にも、供出が遅れている経営に限定してではあるが「脱穀組」が各集落に設置され、イヴェンドルフ村は三経営、ホーエンフェルデ村は四経営が組織化されている。さらに一九五五年六月には村により「脱穀作業計画」が作成されているが、これをみるとLPGと各層農民が八組に編成されている。この計画では、LPGやMTSが所有する脱穀機のみならず、村のすべての個人農所有の脱穀機がピックアップされ、これを軸に全村の脱穀作業を村が組織化しようとしていたことがみてとれる。[44]

収穫・脱穀作業の組織化は、脱穀機のような経営資本調達だけではなく、労働力動員にも及ばざるをえない。脱穀計画が立てられた六月三日の村議会では「収穫物の完全な搬入は、生産者のみならず村民全員にかかわることである。農業に従事しない村民と議論することで、彼らが収穫物の経営への搬入、とくにＬＰＧへの搬入作業を支援するようすべきである。農民も、ＬＰＧ農民も、農業労働者も、だれもが収穫物搬入に責任を感じるようにすべきである」との決議がだされている。

一九五〇年代においては、ＭＴＳの慢性的な機能不全状況もあって季節労働はなお人力に大幅によらざるをえない状況であり —— カブとジャガイモなどの根菜類について顕著である ——、とくに過剰に土地を抱えるＬＰＧにとって季節労働力不足は深刻な問題となった。このため都市の経営・学校・行政機関などとの間で締結される「兄弟契約《バーテンシャフト》」に基づき季節労働力動員がはかられるが、一般にはこの郡レベルによる労働力調整は双方に評判が良くない。このため実際に頼りになるのは村民労働力、とくに女性労働力であった。一九五六年にはホーエンフェルデ村の「カブ除草に携わる女性たち」に関する記述がみられ、本村の季節労働が村の女性労働力に依存していたことがうかがわれる。(45) 本村には通勤労働者層が多く存在することが、彼らの妻たちを季節労働力として動員することを容易にしていたかもしれない。一九五九年九月九日の村議会において、ＬＰＧ組合長が「収穫期には本村住民から支援を受けた。このため今年は村外からの大規模な労働力投入を回避することができた」と感謝の言葉を述べているほどである。

こうした村の組織化は、暗に郡当局や村ＬＰＧの圧力を前提に構築されていることは自明だが、他方では村が自立的な機能性を一定度担保していなければ達成しがたい課題であろう。その意味では、政治的には郡当局に包摂されつつも、なお当該期に村が個人農や村民の統合に果たした固有の役割を過小評価すべきではないと思う。

5. 新組合長ヤーチュの登場とＬＰＧによる村内物的資源の再編

村がなお一定度の役割を担ったとはいえ、一九五〇年代後半期にはＬＰＧが村政の主導性を握りはじめる。それは同時にＬＰＧによる村内の物的資源の再編過程でもあった。以下、とくにこの点に着目しつつ、ÖLB《エー・エル・ベー》吸収後のＬＰＧのあり方をみてみよう。

すでに経過の概略で触れたように、拡大後のＬＰＧは順調な発展にはほど遠いものだった。一九五六年一月には、土地基準配当分がゼロとなり土地拠出組合員から強い不満が表明されている。また、「種ジャガイモ」調達の失敗や労働力調達の失敗などによりジャガイモの不作に苦しみつづけ、養豚部門に大きな損失が出てしまう。本村ＬＰＧは郡のなかでも劣悪なＬＰＧに位置づけられる状況であった。(46)

こうした事態を打開する人物として登場したのが畜産技師フランツ・ヤーチュであった。一九五七年七月、ＭＴＳイエネヴィッツ管区は、第三回ＬＰＧ会議の決定を受け畜産技師ヤーチュをホーエンフェルデ村ＬＰＧ担当として派遣したという。[47] そして半年後の一九五八年一月にヤーチュは新組合長に選出されることになる。その後、本村の全面的集団化は組合長ヤーチュのもとに遂行されることになるのであった。

ヤーチュの登場は、村長ヒルデブラントとともに、本村における農村テクノクラート支配の開始を意味する。しかし、ヤーチュについて注目すべきは妻レナーテの存在である。じつは妻レナーテは七番フーフェのシュレーダーの娘なのである。既述のように旧ナチス「村農民指導者」の家系である七番フーフェは一九五三年の落雷により焼失してしまうが、その後息子のカール・ハインツはÖLB《エー・エル・ベー》労働者を経てＭＴＳトラクター運転手になり、娘のレナーテはＭＴＳ上級畜産技師となる。しかもふたりとも本村ＬＰＧ担当のＭＴＳカードルになっている。[48] 一九五五年にレナーテは同僚であったヤーチュと結婚。[49] ヤーチュは一九五七年にＭＴＳよりホーエンフェルデ村に派遣されたさいに八番フーフェの家屋に夫婦で入居している。八番フーフェは家族が在村した形跡がない大農であり、兄カール・ハインツが家屋焼失後に入居した家屋である。妹夫婦の入居にともない兄は一番フーフェの敷地に新たに建てられたＭＴＳ支所の住宅に入居した。このように新組合長ヤーチュの誕生は農村テクノクラート支配の本格化を意味するが、本村に限っては、その内実は旧大農家族の系譜との親族結合を濃厚に帯びることとなった。この点は彼の村の同意調達に寄与し、組合長としての指導力の基盤強化にある程度の効力をもったとみなしてよいであろう。

さて当該期ＬＰＧの重要問題は、労働力問題を別とすれば、畜舎問題と住宅問題であった。新組合長ヤーチュは村議会の議論において畜舎老朽化がＬＰＧ発展の最大の制約であることをくりかえし強調している。一九五八年、ヤーチュの主導のもと、ＬＰＧは従来の農耕班と畜産班に加えて新たに建設班を組織し――この建設班は住宅修理・建設も担当する――、さらに村に散在していた牛を集中させるため一一番フーフェ農場に二八万六二〇〇マルクを投資して牛舎を新設した。ここにはその後「溝型サイロ」も建設された。もっともホーエンフェルデ村の水不足の制約により、新牛舎は上下水道施設が不備であるという欠点を持っていた。畜舎の給水問題と村の上水問題を同時に解決するため、ＬＰＧは一九五七〜五八年にボーリングを行うが水脈を当てられず、結局、多大な負債を抱える羽目に陥っている。[50]

ホーエンフェルデ村ＬＰＧは、郡より「養豚組合」として位置づけられていた。このせいであろう、畜舎については豚小屋に対する積極的な投資が行われている。三番フーフェの牛舎が豚小屋と穀物納屋へと改修され、さらに新たに豚小屋二棟の建設が着手された。しかし、建設資材の不足のために豚小屋の完成は結局一年以上も遅れている。[51] 畜舎なき状況のもとでは子豚の冬季飼育に大きな制約が生じざるをえなかったのだろう、翌一九五九年には豚飼育頭数の伸び悩みが指摘されている。このように本ＬＰＧは新組合長のもと、畜舎については積極的な村内資源の集中という点で一定の成果をあげたといえるが、他方で迅速で十分な外部資金調達とその有効利用という点ではなお脆弱であった。なお、納屋については、一九六〇年の収穫・脱穀作業計画において、複数の大農納屋と大小の脱穀機の配置を軸に入念に立てられていることから見て、全面的集団化以降、ＬＰＧが大農納屋を有効利用していることは間違いない。[52]

「物的資源」に関わるもう一つの問題が「住宅問題」であった。ＬＰＧによるÖLB引き受けは旧農民村落では旧大農経営の引き受けを意味するから、それは農地、畜舎・納屋、「農業労働者」のみならず、一部の大農家屋をＬＰＧのもとに掌握することでもあった。実際、ホーエンフェルデ村ではＬＰＧが「離村」農民住宅を改修し、新たに住居として再配分したといわれている。[53]

村当局も、一九五七年度の村計画において、牛舎建設と道路建設とともに「ＬＰＧ住宅」拡充を重点課題としてあげている。三月一一日村議会では「ＬＰＧの二つの建物のうち、部屋数を増やすために屋根部分を拡張する。村評議会は建築資材の調達に関してＬＰＧを支援する」とあり、一〇月一二日開催の村建設委員会においても「ＬＰＧの住宅増築は合理的である。委員会は村に対して村内の住宅事情を改善するために住居二単位を建設することを提案する」と書かれてある。さらに一九五九年一月の村議会では、村のＬＰＧ支援策として「二番のハーマンと一三番のユルスの建物」を組み込むこととし、「ＬＰＧに対して、一三番のユルスの建物を今年度住居増築計画の対象とし一九六〇年に完成させることを推奨する」としている。このように本村ＬＰＧ拡充は、村の側面支援を受けつつ旧大農家屋を含む村の住宅資源をＬＰＧにシフトさせることとセットとなっていたのである。

住宅問題は新築や増築ばかりが問題なのではない。建設資材不足の下では既存の住宅資源の利用こそが村内利害対立の中軸をなしたともいえる。一般に当時のＬＰＧ住宅問題とは、「ＬＰＧ住居に非組合員が居住していること」をめぐる問題であるが、この場合のＬＰＧ住居とは、既述のように主として旧大農家屋である。本村においてもＬＰＧに関わって住宅割り当て問題が幾度となく村議会で議論となっている。一九五七年四月の村議会では、空き部屋一室が未利用になっている理由を問い質され、村長が「ＬＰＧで働く予定のポーランド人に割り当てるため」と答えている。その直後に「ＬＰＧ住居とはなにか」という質問がゼーガー女史から発せられるが、これに対して村長は「ＬＰＧ住居とはＬＰＧが引き受けた経営の住居」だが、「村の住居調整の結果、ここにＬＰＧ組合員でない者が居住している」と答えている。さらにＬＰＧ幹部会の提案で臨時開催された同年九月二七日村議会では、ＬＰＧ住宅に国営煉瓦工場の労働者が居住している、この部屋を直ちに明け渡すように、との決議が採択されている。

ホーエンフェルデ村において興味深いのは一九五九年四月のバンゼマー家族の住居問題をめぐる村議会の議論である。ここで注目すべきはＬＰＧ住居としてその明け渡しを主張する組合長ヤーチュに対して、有力老難民フリッツ・ヴェセロフスキーが住宅調整は住宅委員会の権限であるとしてこれに強く反対しバンゼマー家族を擁護していること、しかしその後六月の村評議会の決定をみるかぎり、結果として組合長ヤーチュの主張が通っていることである。組合長ヤーチュからみれば、住居問題はＬＰＧ基幹的労働力の確保に関する問題と同義であるにすぎないのである。一般に旧大農家屋であるＬＰＧ住居に住む人々は、旧大農家族や難民たちに重なる可能性が高い。確かにこの件で問題となっているバンゼマーが難民かどうかは不詳だから（旧農民家族でないことは間違いない）、この例を難民問題と単純に同値して議論することは慎まなければならない。しかし、本村ＬＰＧは設立以来難民新農民の主導性が顕著であったとはいえ、もはやこの段階ではＬＰＧ幹部会は難民かどうかとは無関係に労働力調達の観点からのみ「ＬＰＧ住居」をみているといってよいだろう。裏返せば、農村テクノクラートからみたとき労働力資源になりえない人々は、もはやＬＰＧ統合の対象とはなりえなかったのである。

6．全面的集団化へ ― 同調する大農層と集落間対立 ―

①ホーエンフェルデ村残存大農層の同調

一九六〇年二月の本村の全面的集団化過程における大きな特徴は、中核集落であるホーエンフェルデ村の農民層の反発の弱さである。この時点でホーエンフェルデ村には四フーフェが残存しているが、もっとも優良だったクルート家の二経営（六番と一四番）さえもが容易にＬＰＧに組み込まれた、と郡報告は述べている。[54]しかし、これまでの叙述から容易に想像されるように、残存大農の反発が相対的に弱いのは、逆説的ながら、じつは本村ではすでにこれ以前の段階で村に残った複数大農家族がＬＰＧ同調化戦略をとることによりＬＰＧの中核部分に事実上包摂されていたという事情があったからに他ならない。

本村において大農家族全体が消滅したのは、非ナチ化関連の三家族（四番、五番、一六番）と「共和国逃亡」などによる三家族（八番、一〇番、一二番）の六家族であった。彼らはすべて一九五五年までに姿を消している。これに対して旧農民層としてＬＰＧ加盟した六経営はもちろん、そうでない四家族も、排斥された経営主たる父

写真5–1　ウルスラ・ヴェステンドルフの結婚式（1947年）
出典：Pfeffer, Steffi, 825 Jahre Hohenfelde, Hohenfelde 2002, S. 39.

を除いて何らかの形で「社会主義」に適応しホーエンフェルデ村にとどまる道を選んだのであった。
　その最も顕著な例は、既述の七番フーフェのシュレーダー家の兄妹である。レナーテについてはすでに詳述したとおりであり、組合長ヤーチュとの婚姻は農村テクノクラートと旧大農層の結合を象徴していよう。兄カール・ハインツも五〇年代末にはホーエンフェルデ村担当のＭＴＳスタッフとして村議会で一定度の存在感を示すようになっている。一九五九年三月の村議会は本村ＭＴＳ支所の事務所で開催されたが、そのさい彼はＭＴＳ来賓として本村のＭＴＳ春耕計画を詳しく報告している。なお、七番フーフェ家屋焼失後の屋敷地に仮設住宅として建てられたバラックは、その後ＭＴＳの事務所および台所兼食堂となったという。[55]
　同じく一番フーフェもＭＴＳトラクター運転手として社会的適応を果たしていく事例である。先に述べたように、一番フーフェは煉瓦工場を兼営していた経営であるが、一三番フーフェの父の逮捕・逃亡後、煉瓦工場ともども農場《ホーフ》が接収される。接収後、息子ヘルバートはÖＬＢ《エー・エル・ベー》で働き、一九五五年の吸収合併時にＬＰＧに加盟した。しかしその後ＭＴＳのトラクター運転手となったようである。一九六〇年の全面的集団化後にＭＴＳはＬＰＧに吸収されるが、そのさい彼は「ホーエンフェルデ村ＬＰＧのトラクター運転手」の一員となった。[56]このように一番フーフェも七番フーフェも、新世代はＭＴＳイエーネヴィッツへの就職を通して新体制への適応をはかっていくのである。
　もう一つの注目すべき例が一一番フーフェの娘ウルスラの事例である。これも繰り返しになるが、この経営は、父の死亡とソ連軍による家畜接収により経営が立ちゆかなくなり、一九五二年に「荒廃経営」指定により経営放棄する。母と娘はÖLB労働者となり、さらに一九五五年には「農業労働者」としてLPGに加盟した。しかし、ウルスラはすでに一九四七年に有力難民の家族で村会議長をつとめるハインツと結婚しているのである(写真5-1)。彼女は婚姻を通して村での地位を確保することに成功したといえよう。この婚姻は有力難民と旧農民の結合の象徴とみなしてよい。最後に、繰り返し言及してきたイヴェンドルフ村の大農の息子ベッカーも、LPG化に乗ることでSED体制への適応を果たした事例とみてよい。ベッカーはMTS女性農業技師マースと結婚している。

旧大農家族たちにとっては、父の悲惨な運命に象徴される戦後経験は激烈なものであったはずである。しかし彼らはそれをあえて封印しつつ、LPGとMTSという村内の社会主義セクターに自らの生き残りを求め、全面的集団化前の時期のLPGにおいてすでに有力な一翼を占めるに至ったのであった。

②イヴェンドルフ村とノイ・ホーエンフェルデ地区の集団化

従って本村の全面的集団化過程は、むしろゲマインデ内の集落間対立という様相をおびることになった。集団化の中心的な課題は、ノイ・ホーエンフェルデ地区のビュドナー層、およびイヴェンドルフ村の残存農民層をどう繰り込むのかにあったのである。

表5-4は、各種文書をつきあわせて作成したノイ・ホーエンフェルデ地区ビュドナー層一〇名(ただし所有者Eigentümerの二経営を含める)の一覧である。ここからは、第一に一〇経営中五経営で所有者の名義が変わっており、彼らの流動性がかなり高いことが判明する。戦後より一貫して所有者が変わらず、一九六〇年三月に農民としてLPG加盟したのはわずか三経営にすぎない。経営主交代の理由が不詳であること、「共和国逃亡者」はシュルトー一人であること[57]、他のビュドナーは村議会の議事録にもほとんど登場しないことなどから、政治的な背景によるものである可能性は低いと思われる。村会議員には一九五五年以降、やはりシュルトー一人だけが参

表5-4　ノイ・ホーエンフェルデ地区のビュドナー

番号	土地改革時の所有者名		その後の経緯と LPG 加盟
1番ビュドナー	ルース	・A	落雷で焼失しヴォルペに. 1960年3月LPG加盟.
2番　〃	フラーム	・H	ハーケンダールに. 1960年3月LPG加盟.
3番　〃	ハーマン	・H	ヴェーバーに. 1960年3月LPG加盟.
4番　〃	エヴァース	・E (女)	1959年11月LPG加盟.
5番　〃	シュルトー	・H	53年6月7日「共和国逃亡」し経営は小作化. その後帰村し, LPG加盟 (55年). (表5-3参照)
6番　〃	ラインケ	・P	クルートへ. 1960年3月LPG加盟.
7番　〃	ザース	・フリッツ	ザース・カールの名で1960年3月LPG加盟.
8番　〃	ジームス	・J	シュルドへ. 1960年3月LPG加盟.
4番所有者	ラインケ	・A	戦前は10番フーフェ所有者. 1960年3月にLPG加盟.
10番所有者	ハーマイスター	・H	1960年3月LPG加盟.

出典：Kreisarchiv Bad Doberan, Rat der Gemeinde Hohenfelde, Nr. 19: Verschiedene Angelegenheit der Gemeinde, oh. Bl.: Elsner, u. a., Vierzig Jahre in der Neuen Zeit, S. 52. などより作成.

加するにとどまっている。

さて一九五九年九月九日村議会議事録によれば、ノイ・ホーエンフェルデ地区には当初I型LPGの新設が検討されたが、イヴェンドルフ村大農ラダーの反対により断念されたとある。この時のノイ・ホーエンフェルデ地区のLPG化主唱者は、アルバート・ラインケであった。彼の妻は一九五九年一〇月二八日の農婦会議で、夫婦でLPG加盟の意志を表明しているが隣人たちがその正しさを理解しない、と発言している。その半年後の一九六〇年三月二日、全面的集団化の圧力をうけてノイ・ホーエンフェルデ地区のビュドナー層七名がイヴェンドルフ村有力農民のラダー（大農）とヴェステンドルフ（ビュドナー）とともに地区農民集会を開催、I型LPGを新設するのではなくホーエンフェルデ村LPGに加盟することを決議するが、[58]この場合もLPG加盟を主導したのはラインケであった。[59]ラインケは、戦前は一〇番フーフェであったが、何らかの理由でこれをラングホーフに売却し、分割された一六番フーフェの「残存農場 Resthof」を購入してビュドナーとなった。[60]ここから彼はホーエンフェルデ村大農層の人脈に連なっていた人物と考えられよう。ノイ・ホーエンフェルデ地区ビュドナー層の抵抗力の相対的な弱さは、第一にはその居住形態や流動性の高さにうかがわれるような階層としての凝集力の弱さによるが、同時にラインケの独特な役割も無視できない。

他方イヴェンドルフ村は、すでにベッカーを媒介にしたＬＰＧ支配が進捗していたが、残存農民層の反発は高かった。その一端は村議会においてイヴェンドルフ村大農の供出問題が頻繁にとりあげられている点にうかがわれる。当時のイヴェンドルフ村大農はラダー、リーク、アルヴァンテの三経営だが、一九五八年八月の村議会では、村長が「リークとラダーを村役場に呼び出したがラダーが出頭しなかった」と報告している。これを受けアルバート・ラインケが、この件でラダーに話をしたところ「一日中働いているので夜は疲れていると答えた」と発言、教師クラマーが「ラダーは厚顔だから、こちらも強く当たらなくてはならない」と述べている。さらに一九五九年二月三日村議会では、イヴェンドルフ村大農のラダーとリークのノルマ未達成のために本村供出達成状況が極端に低くなったと危機感が表明されたうえで、村党書記ヘルバート・ヴェセロフスキーの提案により農民互助協会と村評議会がリーク経営の問題と原因を調査し、その結果を村議会に報告することが全員一致で承認されている。ラダーの出頭拒否はホーエンフェルデ村主導の村政に対する明確な反発であり、さらにこれに村側が反発、両者が深い対立関係に落ち込んでいく様子がここからは読みとれる。

イヴェンドルフ村のビュドナー層の動向については不明である。が、結局はイヴェンドルフ村農民は大農層もビュドナー層も一九六〇年初頭にＬＰＧ加盟を余儀なくされている。ゲマインデ内の力関係からみて、イヴェンドルフ村旧農民層に明示的な抵抗をする力は残っていなかっただろう。しかし農民たちの反発はＬＰＧ加盟時の家畜屠殺という形で現れた。全村集団化後の一九六〇年八月一日村議会議事録では、一九五九年に個人経営において乳牛の大量処分が生じたために牛頭数が減少したこと、また乳量検査官が「この春に個人農から拠出された乳牛八～九頭が乳量が非常に低いので屠殺対象とすべきである」との所見をしたと書かれている。さらに翌九月村議会でも、組合長ヤーチュが「全面的集団化村落への改造のさいに、農地に応じただけの十分な豚が拠出されなかった。このことが現在の生産に影響を与えている」、と述べている。

これが本村の集団化の最終局面である。同調的村落であるホーエンフェルデ村では、集落間対立の形で村落内部に大きな傷をもたらしたが、全体としては矛盾は基本的にはゲマインデ内部で処理されることとなり、明示的な外部介入や村域を越えたＬＰＧ統合は起きなかった。その限りで村落の一体性が保持された事例といえるのである。

第二節　パーケンティン村の集団化―抵抗型大農村落と農業労働者問題―

パーケンティン村に移ろう。この村の大農は、もともとホーエンフェルデ村の大農よりも一回り大きく、このため奉公人を含む農業労働者層が存在する。逆に土地改革が意義を持たなかったために、ホーエンフェルデ村のような有力新農民は存在していない。このためパーケンティン村ＬＰＧは、逃亡した大農経営をそのまま農業労働者たちが引き受ける形で設立されていくこととなった。第三章でみたように一九五二・五三年の大農弾圧により生じた荒廃経営や逃亡経営が、経営に残った農業労働者を担い手としてＬＰＧ化するのはむしろ少数派であり、バート・ドベラン郡においてもこのパターンのＬＰＧ化に関する情報は決して多くはない。その意味でも本村ＬＰＧの事例は貴重である。農業労働者によるＬＰＧ設立は大農村落に固有のものであり、長年の農民村落の農業労働者問題の社会的解決のありようを考える視点からも重要なテーマとなろう。したがって本村ＬＰＧについては、農業労働者問題とＬＰＧの関わり方をとくに意識した分析を行ってみたい。

なお、私は当該郡の郡アルヒーフ調査においてはホーエンフェルデ村の史料調査を優先したために、パーケンティン村についてはＬＰＧ史料のみを閲覧しゲマインデ・アルヒーフを通読する機会を逸してしまった。このため村落全体の動向を正確に踏まえるという点では本節の記述は必ずしも十分であるとはいえない。しかし当村はその反政府的な態度のために、当該期の郡党情報局報告文書に登場する頻度が他村に比べると非常に高く、外部的視点からの情報ではあるがおおよその村の動向を知ることができるという利点がある。あわせて本節では、類似の経過をたどった隣村のバルテンスハーゲン村の動向に関する郡党の報告文書も参照することとしたい[61]。バルテンスハーゲン村はパーケンティン村と同じ大農主導の村落であるが、存続する大農が一〇経営に上るなど、パーケンティン村にもましてその影響力は大きく[62]、かつ一九五五年に「村民の八割が反政府的」と報告されているほどに[63]、郡当局から一貫して抵抗型大農層の牙城と目された村落であった。

1．村と集団化の概況

まず、本村のＬＰＧ概要からみていこう。パーケンティン村は、一九二一年の農場住所録では、三〇〜四〇ヘクタールを中心に大農一一経営がリストアップされており、典型的な大農村落である。数は不明だがビュドナーなどの小農層も多数いたと思われる。戦後の土地改革については、詳細は不明だが、「土地不足農民」——具体的にはビュドナーとホイスラー——三〇戸に対して総計五〇ヘクタールが配分されている。これに対し、新農民は三名のみであり、しかもその総面積はわずか一一・三八ヘクタールであるにすぎない[64]。したがって本村の土地改革は旧小農層に小地片を分与するにとどまり、それ以上の意義はなかったと見なしてよいだろう。ＬＰＧ史料にも新農民はほとんど登場しない。村の中心にはいまもなお立派な教会が建ち——列車から遠目にもはっきり認知できる——、また村落中心部には伝統的なタイプの大農屋敷地も複数残存しており、本村がかつて有力農民村落であったことを偲ばせている（写真5-2、5-3、および本章扉写真を参照）。

写真 5-3　パーケンティン村の大農屋敷地.
（2003年7月6日筆者撮影）

写真 5-2　パーケンティン村の教会
（2003年7月6日筆者撮影）

本村ＬＰＧ『曙光《モルゲンロート》』は、一九五二年一一月に「共和国逃亡」した大農ゲルダの経営（三三・四九ヘクタール）をもとに、同年一二月一日、この経営に従事していたと思われる農業労働者四名（出生地からこのうち父子を含む三名が難民出自と推測される）、および「勤労農民」アダム（八ヘクタール経営）の計五名によりⅢ型ＬＰＧとして設立された(65)。初代組合長は農業労働者のヴァイチェであった。ゲルダ経営は本村の良好経営であり、大農は「在庫を売却して」逃亡したというものの、その逃亡後にすら馬五頭、牛一八頭（うち乳牛九頭）、豚一八頭、羊三頭、家禽五〇羽の家畜が残されたという。ＬＰＧ設立のさいには、四名の農業労働者に対して、これらの経営資源からそれぞれ農地六ヘクタールと乳牛一頭の無償利用が認められている。これは形式的には農業労働者を「新農民組合員化」させてＬＰＧに加盟させる措置である(66)。

さらに一九五三年二月には大農ガーベが「共和国逃亡」、同年四月一日にＬＰＧがこの逃亡経営を引き受けている。この措置に対応してであろう、この経営に従事していたと思われる農業労働者三名と「旧農民」シュレーダーの計四名が同時にＬＰＧに加盟している(67)。また同年六月一三日は男一名、女二名、計三名の農業労働者が新規加盟している。このとき加盟した男子農業労働者が、この後ＬＰＧの中心人物となるツィーベルであった。この六月の加盟が何に基づくものかは残念ながら不明であるが、いずれにしても「六月事件」時点では、本村のＬＰＧは、逃亡した大農経営二経営を旧農業労働者がＬＰＧとして継承するという形をとって存在していたのであった。

他方、パーケンティン村全体については、大農ガーベが逃亡した一九五三年二月末には、「勤労農民」がＬＰＧへの強制加入をおそれて自殺したという噂や、「共和国逃亡」の相互支援の噂があるとの報告がなされており、この村が早い時点から反政府的村落とみなされていたことが読みとれる。一九五三年五月には、政府主催の成人式への参加に対して、村教会の牧師ゲルラッハが堅信礼への参加を村民に強く呼びかけ、政治的な緊張が生じている。こうした政治状況が背景にあってのことであろう、「六月事件」に対して本村は非常に敏感に反応している。六月九日の党コミュニケ発表ののち、六月一一日に牧師ゲルラッハが教会に住民たちを集め「教会に対する闘いは無駄であった」と演説し、参加者全員で祈りを捧げたといわれている。(68) その反対に、「国営企業管理人」のカーツドルフ同志は「大農が戻れば殴り倒され」、「五人の家族とともに再び納戸に押し込められるだろう」と強い恐怖を感じており、この村においても村の政治的力関係が「六月事件」を境に大きく変化したことがうかがわれるのである。(69)

本村ＬＰＧ自身は「六月事件」後も解散せず、一九五〇年代を通して存続している。しかしそれは事件の影響が軽微であったことを意味するわけではまったくない。第一に、上記ガーベ経営について、その四分の一にあたる七・四ヘクタールの所有権を保持するラドロッフ婦人の甥が一九五三年八月に西ドイツから帰村し、農地と家畜・建物の相当部分の返却を求めた。これについては、両者の交渉の結果、この甥とＬＰＧの間で小作契約を新たに締結することで決着がはかられ、ＬＰＧは経営返還をなんとか免れている。第二に、「六月事件」を契機にＬＰＧの内部対立が表面化し退会者が続出している。具体的には、まず「六月事件」直後に「勤労農民」アダムとＬＰＧ内の唯一のＳＥＤ党員であった搾乳夫クローツのあいだで対立が激化し、アダムがＬＰＧを退会している。またバーヴィヒが即時退会を表明、ＬＰＧ側は収穫後の退会を要請したにもかかわらず、九月からバーヴィヒは仕事をしなくなったという。同じく同年九月には中心人物で副組合長であるツィーベルと、上記のクローツの関係悪化がみられ、その後一九五五年にはクローツがＬＰＧを除名されるに至っている。

こうした内部対立の表面化の一方で、本村ＬＰＧは一九五四年に大農エヴァース経営を、一九五五年に大農クルュース経営を新たに引き受けている。前者のエヴァース経営はもともと一九五三年六月に引き受けることになっていたものだが、事件後に大農エヴァースが村に帰還したため引き受けが猶予されていたのであった。ちなみにエヴァースは高齢とされている。また後者のクルュース経営は、理由は不明だが父親不在の経営であり、ＬＰＧ移管と同時に二人の息子がＬＰＧに加盟をしている。二人は「農業に対する知識が豊富」とされ、このＬＰＧの重要な戦力とみなされた。しかし、これ以外の経営をＬＰＧが引き受けた形跡はみられない。

本村は「一九五八年選挙」キャンペーンや集団化工作に対しても根強い反発を示すが[70]、最終的には他地域と同じく一九六〇年二月に集団化が一気に進行した。ほぼ一ヶ月の間に、大農ザックを除く残存大農四経営と中農六経営がＬＰＧに加盟していることが確認できるのである[71]。ただし、一般にＬＰＧ加盟に対する抵抗が強い場合に見られるＩ型ＬＰＧ新設こそみられないものの、この最終局面では、西に隣接するアルトホーフ村の模範的ＬＰＧ（第四章注（101）（326頁）を参照）、およびバルテンスハーゲン村のＬＰＧとともに三組合が一気に統合され、「大規模ＬＰＧパーケンティン」が誕生、旧農民層は既存のＬＰＧに加盟するのではなく、この統合ＬＰＧに参加する形をとることとなった。一九六〇年四月七日の報告によれば、その規模は農地面積一四四〇ヘクタール、組合員数一八二名に及んでいる[72]。

2. 小規模ＬＰＧでありつづけたこと

以上の経過から、本村ＬＰＧの特徴として以下の三点を指摘することができる。すなわち、第一に全村型ＬＰＧではなく一貫して小規模ＬＰＧにとどまっており、村政治に果たす影響力も小さいこと、第二に、ＬＰＧ内の新農民のプレゼンスは一貫して皆無であり、農業労働者を主体とするＬＰＧ化であったこと、第三に、その結果、第一期の「六月事件」においても、また第三期の集団化の最終局面においても、本村は反政府的性格を示すことになったことである。以下、これらの特徴について、より詳しく見てみよう。

第一に、小規模ＬＰＧであることについて。本村ＬＰＧの経営実態は、結局のところ、旧大農経営の農業労働者による継続でしかない。「六月事件」までには旧大農二経営の連合体にすぎず、一九五八年時点においてもＬＰＧの土地面積は一五二ヘクタールとされ[73]、ほぼ四経営＋α[74]の水準を脱していない。このことは、ＬＰＧ化が農業生産力構造の点で大きな変更を引き起こさなかったことを意味する。反政府的な気分の強い村落にもかかわらず「六月事件」によってＬＰＧ解散に至らないのも、また新農民村落のＬＰＧ化であれば必ず出てくる畜舎の利用や改修をめぐる村内対立が出てこないのも、こうした事情が与っていると考えられる。さらにクルュース経営の引き受けのさいには大農息子二名がＬＰＧに加盟しているが、これも息子たちが従来の大農経営をそのまま担当することを望んだからと推測される。

村内における本村ＬＰＧ化の限界は、組合員数の動向からもうかがうことができる。表5-5は本ＬＰＧ史料をもとに作成したＬＰＧ組合員リストである。ここからは、経営構造の変化の乏しさに比べれば、組合員構成の変化が相対的に大きく組合員数も増大していることがわかる。とくに一九五五年には、「工業労働者よ、農村へ」政策のためと思われるが、工業労働者二名と元「村駐在警察官」の加盟があり[75]、さらに一九五七年の二月から四月にかけては五名の新入加盟が確認できる。この結果、一九五八年一月には組合員二一名を数えるまでになる。しかしその内訳をみると農業労働者六名、工業労働者八名、農民二名、娘三名、見習い一名となっている。このうち農民二名は高齢大農のエヴァースと早期加盟の中農シュレーダーであるから、農民の新加盟は相変わらずゼロであり、増加分はほぼ工業労働者の流入によるものとみなしてよい。一九五九年一月においても組合員数

パーケンティン『曙光』の組合員一覧

階層	加盟日	政党	役員・担当	備考
農業労働者	1952年12月1日	無党派	組合長（設立時）	
「勤労農民」	1952年12月1日	無党派	幹部会委員（設立時）	退会（53年7月23日）.
農業労働者	1952年12月1日	無党派	監査委員（設立時）	
農業労働者	1952年12月1日	無党派	幹部会委員（設立時）	
農業労働者	1952年12月1日	無党派	監査委員（設立時）	
農業労働者	1953年4月1日	SED		1955年3月除名.
農業労働者	1953年4月1日			退会（53年9月20日）．ただし1957年に在籍（再加盟か）.
農業労働者	1953年4月1日		副組合長（1954）	死亡1958年.
旧農民	1953年4月12日初出		57年組合長．しかし短期で辞任.	
農業労働者	1953年6月13日			1954年秋除名.
農業労働者	1953年6月13日			子持ち単身女性.
農業労働者	1953年6月13日		中心人物．ブリガーデ長，副組合長（1954），58年組合長.	
農業労働者	1954年11月22日	無党派		健康上の理由で退会（1958年）.
農業労働者	1954年11月22日			
土地なし	1954年11月22日			旧大農クルュース婦人の息子.
土地なし	1954年11月22日 (2)			旧大農クルュース婦人の息子.
	1954年12月17日初出			
工業労働者	1954年11月22日 (3)		55年，57年幹部会委員	搾乳夫として採用.
工業労働者	1955年1月14日			
農業労働者	1955年1月14日		57年幹部会委員	
農業労働者	1955年1月14日			
大農	1955年9月15日			
	1956年2月3日初出		56年幹部会委員	
ABV-VP (1)	元農業労働者	SED		
				怠慢を理由に除名（58年3月）.
	1957年2月初出		57年幹部会委員	
	1957年3月初出			
	1957年4月初出			
	1957年2月17日			
	1957年2月初出		57年監査委員長	
村長	1957年10月20日			
妻	1959年1月26日			
妻	1959年1月26日			
妻	1959年1月26日			
妻	1959年11月9日初出			

（2）1958年3月8日付けでも加盟記録．（3）1955年1月1日にも加盟記録.

表 5-5　LPG

組合員氏名			生年	出生地
ヴァイチェ	・F		1905	Culmen-Wiedutaten
アダム	・O		1902	Meseritz
ラディヒ	・R		1897	Krokau《ママ》
ラディヒ	・B		1931	Krokau《ママ》
ペータース	・KL		1924	Malchin（州内）
クローツ	・W		1928	
バーヴィヒ	・W		1921	
ディク	・A		1889	
シュレーダー	・K			
クローツ	・H	(*F*)	1932	
ヴィット	・F	(*F*)	1908	
ツィーベル	・H		1927	
ラディヒ	・H	(*F*)	1932	
ラディヒ	・P	(*F*)		
クルュース	・H		1936	
クルュース	・H		1937	
マース		(*F*)		
フライハイト	・E			
シュルツ	・R			
グロートマン	・A			
アラインシュタイン	・M	(*F*)		
エヴァーズ	・P		高齢	
ケッペン	・G			
ローゼンフェルト	・W			
パーゲル	・L		1939	
リュブケ	・E			
シュテピュタト	・H			
ピオッホ	・K			
ヴァイチェ	・S			
シェーンロック				
テューメルン				
ツィーベル		(*F*)		
シュテピュタト		(*F*)		
フライハイト		(*F*)		
バーヴィヒ		(*F*)		

注：(F) は女性.（1）ABV は人民警察の村駐在警察官.
出典：本章注（61）397 頁に記載の史料他より作成.

は二三名であり、拡大傾向は見られない。

　こうした本村ＬＰＧ拡大の弱さは、しかし本ＬＰＧの同調的態度に必ずしも連動したわけではない。全面的集団化時点のパーケンティン村の大農の数は五経営[76]、これに対してこれ以前のＬＰＧ引き受け経営が四経営であるから、なお二経営程度の大農の放棄経営が発生しているはずである。このうちの一つが二番フーフェのパツェル経営であるが、一九五七年に、この経営の引き受けをめぐって本村ＬＰＧと隣村のＬＰＧバルテンスハーゲンがお互いにこの経営を押しつけあうという事態が発生している。もともとは一九五二年にＬＰＧバルテンスハーゲンがパツェル経営を引き受けたようだが、一九五六年、ＬＰＧバルテンスハーゲンから引き受け要求がなされた。団地化の観点から一旦は本村ＬＰＧは引き受けを承認するものの、その後、①経営状態が不良であること、②畜舎・納屋の改修費用の負担はバルテンスハーゲン村が負うべきであること、③「附属住宅」が経営とは無関係な人々によって占領されていること、以上の三点をあげてこの要請を拒絶するのである。一般にはＬＰＧは放棄地管理体としての意義を政策的に与えられ、多くのＬＰＧは土地過剰と労働力不足に苦悩するが、この事例はＬＰＧがそうした指針を経営的合理性の観点から受け入れなかったことを意味する。こうして農業労働者を主体として立ち上げられた本村ＬＰＧは、一方で生産力構造の連続性を示しながらも、他方で村内におけるプレゼンスの弱さと、政府への同調の低さを併せもつ存在だったと推測される。こうしたＬＰＧであれば、旧農民村落で全面的集団化を担う中核になりきれないのは自明であろう。一九五八年一一月に「パーケンティン村の元ＬＰＧ組合長がＬＰＧは崩壊寸前だ」と論じる一方で[77]、翌五九年二月には「パーケンティン村のほぼすべては旧農民であり、自分たちの経営は強力であると考えている」との報告がみられるほどであった[78]。本村の集団化の最終局面が、模範的ＬＰＧであるＬＰＧアルトホーフの主導のもとに統合された大規模ＬＰＧの結成を伴わざるをえなかったことが、この点を裏書きしている。

3. 農業労働者問題とＬＰＧ化の関わり

つぎに本村ＬＰＧのありようを農業労働者問題の文脈で考察してみよう。近代ドイツの農民村落における農業労働者問題は、ナチスの時代にも政策的な解決が果たしきれなかった問題であるが、戦後東ドイツの土地改革も主たる対象はグーツ村落におかれたため、農民村落の農業労働者問題の解決は、やはり手つかずのままにおかれたといえる[79]。その意味で一九五〇年代にはじまる大農経営解体とこれを資源とするＬＰＧ化は、農民村落の農業労働者問題のありように対して決定的な変化を与えたと推測される。しかしながら、他方では、難民問題にみられるように、戦後的な状況の変化により「農業労働者」の構成内容そのものに大きな変化が生じていたことは、すでに本書第二章で論じたとおりである。

①住宅問題

以上の点を意識しながらＬＰＧパーケンティンの事例をみるとき、第一に注目すべきは、史料中にかなりの頻度で登場する住宅問題である。前節でみたところであるが、本村においても、旧大農家屋がＬＰＧ所有となり、そこに住む「経営と関係のない人々」を追い出そうという試みが、郡当局の上からの嚮導性とは異なるＬＰＧ固有の要求として非常に強く押し出されてきている。例えば一九五三年四月にＬＰＧが引き受けた大農ガーベについては、ＬＰＧは経営引き受けと同時に大農家屋も自らの管理下においている。しかしこの家には、逃亡せずに村に残ったラドロッフ婦人の他にも、少なくとも戦後の住宅調整の結果であろう、プロプストマイアー婦人（単身者）、シュライバー婦人、および老ベルヤン夫婦が暮らしていた。ＬＰＧ指導部は、彼らをここから追い出しＬＰＧ組合員のクローツ兄妹の住居を確保しようとしたのである。クローツはもともと住居をもたない搾乳夫であるから、ここには戦前より続く農民村落の農業労働者の住宅取得要求の一端を垣間見ることができる。ただし「六月事件」の影響のためか、一九五四年一二月においてもプロプストマイアー婦人と老ベルヤン夫婦はなおこの家屋に住んでおり、ＬＰＧの再三の要請にもかかわらず、「村は住宅指導をしようとしなかった」といわれている。ＬＰＧの弱さの所以である。

これとは別に、一九五三年一〇月には、バーヴィヒの組合脱会にさいしてＬＰＧ幹部会が、彼が住む大農家屋の部屋からの立ち退きを要求している。明け渡した後には、当時「義父アダモのもとから毎朝二キロの距離を通っている」旧ガーベ経営の作業班長《ブリガーデ》ツィーベルが入居できるようＬＰＧが郡宛に働きかけをしている。この例は、農業労働者の場合、ＬＰＧの加盟／脱会問題にさいしては、土地資源よりは住宅資源の確保をめぐる問題の方がより重視されていたことを物語っている。さらには先に述べたように、一九五七年に生じた二番フーフェの引き受けをめぐるＬＰＧバルテンスハーゲンとの対立でも、本ＬＰＧは旧大農家屋の確保に多大な関心を抱いていたのであった。

以上のように、パーケンティン村の住宅問題には、戦前来の農業労働者による自己住宅の取得要求、戦後の難民流入に伴う住居問題、さらには残存大農家族の処遇問題や、新規加盟の「工業労働者」組合員の住宅問題などが複雑に絡み合っていた。[80] 一九五〇年代のパーケンティン村のＬＰＧ化は、ＬＰＧの労働力確保要求とも関わりつつ、とくに新旧農業労働者の住宅確保要求と強くリンクしつつ展開されていったことをここでは改めて確認しておきたい。難民出自の男子農業労働者の場合、ＬＰＧ設立への加盟が大農家屋における住居確保の意図に裏打ちされていたことは想像に難くない。[81]

②搾乳夫クローツの問題

農業労働者のありように関わってもう一つ着目したいのは、搾乳夫クローツの問題である。既述のように「六月事件」後に、副組合長ツィーベルとクローツ（搾乳夫）兄妹の関係は、馬小屋で殴り合いの喧嘩をするほどの事態になるまでに悪化し、一九五五年にはとうとうクローツ兄妹がＬＰＧを除名されるに至っている。ツィーベルは、のちに組合長となるように本ＬＰＧの中心人物であり、他方でクローツはＬＰＧでは唯一のＳＥＤ党員であった。[82] この点から、両者の対立はＬＰＧの主導権をめぐる対立でもあったとみなしうる。事実、郡当局は、「唯一の党員の除名事件」としてこの出来事に強い関心をよせ報告書を書かせているほどである。

さてクローツの除名理由としては二つの点が記されている。一つは規約違反とされた労働モラルの低さであり、具体的には指定された馬担当の労働をせず、あるいは仕事をしてもいないのに労働単位数を書き込んだことがあげられている。二つ目の理由は、青年組合員に対する暴力行為である。この青年たちとは旧大農クルュースの息子たちのことであるが、正副組合長が研修で不在中にクローツが彼らに暴力を振ったことが除名理由とされた。実はこれ以前に、搾乳夫として「工業労働者」のフライハイトが新たにＬＰＧに採用され、かつ、この新搾乳夫がこの息子たちと同じ家屋に暮らし互いに親密であったとされていることから、クローツはＬＰＧで孤立しており、そのことがこの暴力行為の引き金になったと思われる。

注目すべきは除名理由に記されたクローツの素性に関する記述である。クローツの家族は搾乳夫一族であり、LPG加盟以前は村の牧師農場で働いていたようである。父アルバートは「旧ナチス活動家にして村農民指導者《オルツバウエルンフューラー》であり、一九四八年に西に逃亡した牧師の農場小作人と連絡をとっている」とされる。さらにクローツは一九四七年に、妹は一九五四年に、ともに窃盗の罪で有罪になっており、LPGばかりか村の中でも二人の評判は大変悪く、党員といえども救いがたいことが強調されている。

一般にSED権力の農業労働者に対する視線は、農業労働者保護の強調とは裏腹に、きわめて冷淡なものがある。本LPG初代の組合長のヴァイチェについても、「大農とトランプ仲間であり、組合長の責任は果たせない」と報告され、その評価は低い。もとよりこの点では旧農民層も同じ態度であり、この点が本LPGの拡大にとって大きな制約となっている。しかしこのクローツの事例は、単なる農業労働者に対する差別的視線を超えて、第一に、農業労働者に対する以上に根深い旧搾乳夫に対する差別意識が、村内のみならず実はLPGでも一貫して存在していたこと、第二に、当初はそうした村の被差別者が、旧農民村落における数少ないSED党員と重なっていたこと、第三に、そうした彼らがLPGの確立過程で排除されていったことを示唆している。(83)

当然ながら、この事例を性急に一般化することには慎重でなければならないであろう。しかし、当該郡に限っていえば、意外なほどに旧搾乳夫たちはSED党員や初期LPGの中核的な担い手として登場する。その描かれ方は必ずしも一様ではないが、LPGアルトホーフの模範的組合長ペータースのように「高い」評価を得て在村の党アクティブとなる人物がいる一方で、少数派LPGの担い手として登場する場合は、上記クローツのように犯罪者や飲酒癖など否定的な人格をもつ人物として記される場合が多い。第四章第三節で言及したディートリヒスハーゲン村のポルムはまさにそうした人物であった。また隣村バルテンスハーゲン村においても、「六月事件」にさいして大農がLPGの搾乳親方に向かって「大農が全員帰ってきたら、おまえらLPGは解散だ」と言い放ったとされており、[84]初期LPGに対して「SED＝LPG＝搾乳親方」図式があったことがうかがわれる。このように、とくに旧農民村落においては、LPG化が搾乳夫に代表される戦前以来の「他所者」農業労働者と否定的な形で結びつく場合、全面的集団化の遂行のために彼らを社会主義セクターの指導的位置から排除する過程が生じたとも考えられる。本村に即した場合、工業労働者の農村派遣は、こうした過程に対応するものと解釈できる。

4．全面的集団化過程の特徴

農業集団化政策は、一九五七年一〇月第三三回中央委員会総会決定、翌一九五八年七月第五回党大会の「農業の社会主義的改造」決議を経て、一九五九年末から一九六〇年初頭にかけて一気に加速する。第四章第一節で言及したように、バート・ドベラン郡の全面的集団化にさいして主たる焦点となったのは、集団化にもともと無反応な新旧農民村落、「六月事件」後にLPGが解散・消滅する新農民村落、抵抗型の旧農民村落であった。すでに述べたように本村はバルテンスハーゲン村とともに代表的な抵抗型旧農民村落に位置づけられる。

①集団化工作と農民の反集団化

当該郡では、一九五八年以降、とくに「農村の日曜日」という形での一斉行動日が設けられている。集団化工作は、一般には、郡党アクティブが工作班として各重点集落に派遣され、村落内の関連組織（村党組織、LPG幹部会はもとより、村長、村会議員などの行政組織、さらに「国民戦線」、婦人会、青年組織などのフロント団体）を動員しながら進められていく。[85]

パーケンティン村ではすでに一九五七年に郡主導の「農村の日曜日」の名の下に外部からの政治動員が行われ

ている。[86] さらに先述の「一九五八年選挙」において本村は重点区の一つに位置づけられていることも重なって、同年一〇月以降、多様な集団化工作が展開された。このため同月の郡党文書には、本村の中農・大農層が集団化に強い反発を示したことを示唆する報告が集中的に登場することとなる。例えば、一〇月一五日付の文書では、反ＬＰＧの強硬派の大農ザックの息子が、ゲルストマンという人物のＬＰＧ加盟を妨害する目的で「ＬＰＧは第二の刑務所だ、加入するな。飢えるぞ」と言ったとあり、[87] 一〇月一六日付の文書では、「村の勤労農民たちが、『ＬＰＧは模範ではあり得ない。ＬＰＧではクローバーも甜菜の種子も腐っている』と怒っている」[88] と報告されている。前者は、大農層が抵抗の中核であったこと、後者は既述したように本村ＬＰＧの脆弱さが旧農民のＬＰＧ加盟の大きな障害となっていたことを物語る。この点については、同月二一日文書において、郡会議員でもあるトラクター運転手シュライバーに対して本村村長チュンメルが、隣村コノフ村では「播種浅耕」がすでに終了しているのに対し「ＬＰＧパーケンティンは「播種浅耕」はなお五〇％を終わっただけで、いまだ一グラムの種子も条播していない」と嘆いた、などと報告されることからも確認できる。[89]

残念ながら、一九六〇年初頭の本村の強制加盟の実態を詳細に伝える報告はなお発見できていないが、ピーク時にあたる一九六〇年二月一八日付の文書においては、「パーケンティン村の農民互助協会委員長にしてＤＢＤ党員のツロストが、農民クレーガーおよび他のＤＢＤ党員との会話のなかで、招集されている農民集会への参加を思いとどまるよう彼らに忠告した。パーケンティン村の何人かの個人農は、ＬＰＧに加盟するぐらいなら首を吊った方がましだ、と言った。パーケンティン村の村長チュンメルが、ツロストはパーケンティン村農民のＬＰＧ加盟を妨害する人物だ評している」[90]、との報告が記されている。集団化の最終段階においてすら、本村の農民互助協会は、集団化動員組織としてではなく、むしろ反対勢力として存在していたのであった。[91]

②牧師ゲルラッハ

こうして本村の旧農民層の集団化に対する反発は他村にまして明瞭であった。それは既述のように農業労働者主体のＬＰＧの脆弱さと表裏一体の現象と理解できるが、他方でパーケンティン村が反政府的態度を明瞭に示しえたもうひとつの条件として、強い農村教会の存在、とりわけ牧師ゲルラッハが果たした役割や存在感を無視することはできない。当局の報告だから誇張されていることは間違いなかろうが、一九六〇年七月の報告文書では、村の父母集会において牧師ゲルラッハがフラムという名の生徒を厳しく断罪（理由は不明）、「何人かの婦人は、牧師が告訴されるのではないかと不安になるほど」であったが、参加者は「普通の人だったら処罰される。牧師のゲルラッハだから許される」という意見である、と書かれている。[92] 一九六〇年に至って、なお自立的な教会活動が許される余地があったといえようか。いずれにしても、集団化に対する拒絶に代表される政府への反発は、当該村では「宗教問題」を介して表明されたのである。

牧師ゲルラッハと当局の対立は、既述のように一九五三年には「当局の成人式か、教会の堅信礼か」の問題として顕在化したが、一九五八年秋には小学校の宗教の時間をめぐる対立として現れた。すなわち当局の報告によれば、「一九五八年選挙」の集会において「牧師ゲルラッハが反政府的な雰囲気を作り上げようとした。彼はなぜ村議会決定をパーケンティン村民に伝えないのかと質問し」、さらに「学校で宗教の時間がもたれることを認める東ドイツ政府の声明を引用した」うえで、「パーケンティンの小学校が宗教の時間のために教室を使わせないのは理解できない」と主張したという。これに対して校長ビショフ――ＳＥＤ党員――が、「牧師の婦人宛の文書において、この件で牧師に来校されたい旨を伝えたではないか」と応えるが、ゲルラッハは「出頭を命じるようなことはできない。だれも教会の案件に介入する権利はない」と反論し、「これ以上の論争を避けるために彼は集会の場から立ち去った」[93]、と記されている。

ゲルラッハの活動は、表立っての反ＳＥＤの態度表明だけでなく「共和国逃亡」支援にも及んでいた。同年一〇月一日付の報告では「パーケンティン村で昨日何人かが共和国逃亡をした」が、このうち牧師ゲルラッハと親交のあった「個人農エルンストが妻と子供二人と一緒に、また教師シュルツが妻とともに逃亡した」と書かれている。[94]

バルテンスハーゲン村に比べて大農存続率が低いにもかかわらずパーケンティン村が強い交渉力を保持しえたのは、この教会と牧師の存在があり、政治問題が宗教問題とリンクしたことが大きな要因であったとみてよいだろう。もっとも他方では、これに先立つ一九五七年五月に、牧師経営の搾乳夫が人民軍に入隊したために農業経営が立ちゆかなくなり、[95]一九五八年八月、ＬＰＧがこの牧師経営を引き受けたとも記述されている。[96]どの程度の経営か不明であるから正確な判断が難しいが、搾乳夫問題がここでもアキレス腱になっているのは、大農と搾乳夫の対立を反映しているようでたいへん興味深い。

③統合ＬＰＧへ

以上のような状況下で、パーケンティン村の集団化は、結局旧農民層が既存の村内ＬＰＧに加盟することではなく、パーケンティン村、その西隣のアルトホーフ村、そして北隣のバルテンスハーゲン村の三組合を統合することによって大規模ＬＰＧ設立に向かう道をたどることとなった。設立直後と思われる一九六〇年四月七日付の「ＭＴＳイエーネヴィッツ管区下の村落における政治的イデオロギー的状態に関する評価」が、この点を明確に語っている。[97]すなわち、この大規模ＬＰＧは二つの農民村落と旧グーツ村落からなるが、このうちアルトホーフ村[98]はすでに一九五四年には全面的集団化村落であると称された模範型ＬＰＧで、「大規模ＬＰＧ統合により、農地と草地の比率の改善がはかられ良好な畜産経営、特に酪農が発展する前提」が作られる。他方、残り二村については、「全面的集団化の過程で、バルテンスハーゲン村の大農九名全員とパーケンティン村の大農四名がＬＰＧに加盟」したが、このうちとくにバルテンスハーゲン村はみなが強力な大農たちであり、また二村の党基礎組織は、経済的な成果にもかかわらずどちらも党活動の発展がみられなかった。にもかかわらず、今回「経済領域での成果が可能となったのは」、本郡の重要区であるバルテンスハーゲン村の「克服」のために、党組織建設の観点から郡が全力を投入し、さらに国家機関からの物質的支援が与えられたからである、などと書かれているのである。これらの記述から、模範的ＬＰＧのアルトホーフ村の主導のもとに、大規模ＬＰＧの設立を通して抵抗の強い二つの大農村落の政治統合をはかろうとしたこと、また、このためとくに強力なバルテンスハーゲン村の大農層の封じ込めを念頭に、大規模な外部からの人的および物的動員の号令がかけられたことがこの報告からは読みとれる。

さらに本文書は、その後半部分で今後の警戒事項として、第一にＬＰＧ加盟の大農層について「彼らは、その経済知識により個々のＬＰＧ農民から、いまや評価を得ていることをみておかなければならない」こと、第二にイデオロギー闘争の点では「牧師のゲルラッハが評価されず孤立するようにしなくてはならない」と記されている。前者は、事実上、生産力維持のために大農層のＬＰＧ内への包摂が必要不可欠であったことを認めており、後者は牧師の影響力がなお無視できないものであることを表現したものといえよう。

おわりに

本章では、隣接村でありながら対照的な傾向をみせた旧農民村落二村——ホーエンフェルデ村とパーケンティン村——の集団化のありようをみてきた。ホーエンフェルデ村に関しては、一九五五年にＬＰＧのÖＬＢ《エー・エル・ベー》吸収による飛躍的拡大がみられ、かつ同時期に村政がＳＥＤに掌握されるなど旧農民村落としては集団化に対する早期同調性が特徴であり、逆にパーケンティン村に関しては、一九五〇年代初期にＬＰＧ設立がみられるものの、全面的集団化に至るまで大農の存在感が大きく郡内でも反政府的な態度が濃厚な村の一つであったことを特徴としている（隣村のバルテンスハーゲン村もほぼ同じパターンである）。この両者の基本的な違いをふまえつつ、両村の集団化過程の特徴点を、ここで再度整理しておくことにしよう。

まずホーエンフェルデ村に関して。本村の同調化の第一の要因として、難民新農民層が土地改革を通して終戦直後に本村に入植したこと、とくにヴェセロフスキー家の人々が戦後一貫して村内ＳＥＤ派として有力な位置を占めつづけたことがあげられる。本村ＬＰＧも難民新農民を主体として設立されたのであり、一九五五年のＬＰＧ拡大後も、彼らは指導部の一角を占めた。こうして難民新農民の登場は、この旧農民村落の支配秩序に決定的な変更を引き起こす要因となった。

第二に着目すべき点は、非ナチ化とソ連軍占領、および村長追放事件が旧村落秩序の崩壊に大きな影響を与えたことである。本村は戦時期ナチスへの関与が深かったために、逆に戦後の非ナチ化の影響が大きく、このため終戦直後の大農層の崩壊度が相対的に高かった。さらに戦後占領期を担った村長ラングホーフがナチ分子として内側から告発・追放されたことは、結果的に村の意志を超えて郡の介入を誘発することになり、この点でも同調化を促進することとなった。「六月事件」に対する対応では、村の一体性がなおみられたものの、直後に生じた村長交代劇を契機に村議会の翼賛化が進行してしまう。一九五〇年代後半の農村テクノクラートの登場はこうしたことの延長線に位置づけられよう。

第三に、決定的であったのは、こうした外部条件のもとでホーエンフェルデ村に残った大農家族の新世代が、過去をあえて封印しつつ同調的な戦略をとったことである。本村においても「六月事件」までに大農六家族が消滅を余儀なくされており、当該期の大農層の受難の深さは否定しようもないが、他方でいくつかの大農家族の子息たちは、経営放棄後にＭＴＳ職員あるいはＬＰＧ幹部としてＳＥＤ支配を受容し、むしろ村の新たな支配グループに連なる道を選択するのであった。その過程で彼らは有力難民新農民の子息、新組合長、ＭＴＳ女性農業技師らと婚姻関係を結んでいるが、それは彼らの「転向」を象徴する事柄であるといえよう。このようにＬＰＧが旧大農層系譜の人々を早期に包摂したことは、本村農民層のＬＰＧ受容を容易にしたのである。

第四に、以上の経緯は単なる村落諸階層の再編過程だけに限定されるものではなく、同時に村内物的資源がＬＰＧセクターに掌握されていく過程に重なるものであった。戦後東ドイツ土地改革期の大きな特徴は、土地のみならず畜舎や住宅が村落規制の対象となった点にある。一九五五年のＬＰＧ拡大以降、村議会の側面支援をうけつつ、ＬＰＧは増改築をとおしてこれら村の物的資源を自らのものとして掌握していく。こうした物的観点の優位の中で、住宅問題の処理にみられるように、社会政策的視点よりは労働力確保の観点が優位になっていくのである。こうして旧農民村落においては、物的資源に関わる利害再編も絡みつつ、大農層も難民層も、社会層としては分解していくことになったと思われる。

次にパーケンティン村に関して。第一に、本村では逃亡大農を資源に早期にＬＰＧが設立されるが、その実態は複数の大農経営の連合体の域を脱しえず、最後までＬＰＧが全村化することはなかったことが、まずは確認されるべきである。農業労働者を主体にＬＰＧが立ち上げられたために有意義な数の旧農民層の参加がみられず、新加盟はもっぱら外部からの工業労働者の補充によらざるをえなかったことも、その反映であった。

第二に注目したいのが、住宅問題と搾乳夫の問題である。住宅問題については、ＬＰＧ化が、ＬＰＧの労働力確保要求とも関わりつつ、戦前から継承された農村下層民である農業労働者の自己住宅の取得要求[99]、さらに戦後の難民労働者や残存大農家族の住宅問題と強くリンクしていた。また、搾乳夫問題については、第四章第三節のディートリヒスハーゲン村の事例でもみたように、当該期には搾乳夫のＳＥＤ党員が少数派ＬＰＧの担い手となる事例がみうけられるが、パーケンティン村においては、ＬＰＧ化の定着過程で搾乳夫クローツがＬＰＧのみならずＳＥＤからも排除されていく過程がみられた。

なお、本文では全く言及しなかったが、ＬＰＧ化に関わって積極的アクターとして登場する「農業労働者」がもっぱら男子に限られていることは、非農民の難民労働者問題との関わりでは重要な点である。女子の農業労働者は、ここでも交渉主体としてほとんど言及されず、第二章や第四章で述べた単身女子難民の社会的弱者としての状況に変化はない。ＬＰＧ化による再編は、こうしたジェンダー差を自明の前提として進捗している。

第三に、こうした非同調的な旧農民村落であれば、全面的集団化の過程は大きな困難が伴わざるをえない。その非同調的意識は、まずは当該村の牧師の行動にシンボライズされた。そして、結果的には、既存の村ＬＰＧへの大農層の加盟ではなく、隣接三組合の統合再編に基づく大規模ＬＰＧ設立という形で全面的集団化が遂行されていくのである。これは、一九五〇年代初頭にみられた農業労働者主導の集団化戦略がここで明確に切断され、逆に旧農民層（大中農層）のＬＰＧ内への包摂が上からも志向されたことを意味していよう。

以上が両村の集団化の主たる特徴である。ここからは有力難民の有無、戦後の非ナチ化のありよう、農業労働者（とくに男子）の存在の有無などが、両村の大農へゲモニーの相違を規定していたことがうかがわれる。とりわけ有力難民の登場と屈折した非ナチ化を経験したホーエンフェルデ村においては、一九五〇年代前半においても、ÖＬＢ《エー・エル・ベー》の換骨奪胎的な運営の仕方や「六月事件」の特異な経過にみられるように、郡党との関係は複雑であり、そのことが一九五〇年代半ばの早期の「自発的従属」を生じさせることになるが、パーケンティン村（およびバルテンスハーゲン村）の場合は、おそらく下層民たる農業労働者の存在がネックとなって、土着世界を体現する大農の強さが発揮されるのであった。本書第三章においては、一九五二・五三年の大農弾圧が旧農民村落に与えた重大性と、他方での村落ごとのばらつきについて論じたが、この二村の大農の対応の対比をふまえれば、これらの点も、必ずしも上からの大農弾圧だけで一方的に語りうるものではないことが明らかとなってこよう。

しかしこうした大農へゲモニーのあり方の差異にもかかわらず、他方においては、しかしいずれの村においても、少なくとも明示的な形での物理的暴力の行使がみられないまま――大農逮捕に関する報告はほとんどみられない――、全面的集団化が結果的に達成されたことは重要である。これは両村に限らず、多かれ少なかれバート・ドベラン郡の旧農民村落の共通性として指摘しうることであると思われる。例えば郡西部ＭＴＳラーベンスベルク管区のカーミン村では、全面的集団化期に大農が独自のＬＰＧを設立せず既存のＬＰＧに加盟したことで、従来は停滞的であったＬＰＧが当該管区でも最良の部類のＬＰＧになったと評価されている。さらに「新会員を加えた最初の組合員集会では、大変事実に即した議論が行われ」、家畜拠出についても大きな問題を生ぜず、旧大農息子ニールセンを作業班長《ブリガーデ》に選出、その後ニールセンは組合において良好な働きをしている、と述べられているのである。(100) 同管区のアルトブコフ村バンツォー集落についても、Ⅲ型ＬＰＧが設立されたさい、組合長には大農ゾンマーが選出、その仕事ぶりは組合員から高く評価されている旨が報告されている。(101) 同じくＣＤＵ所属の大農が強い影響力をもつクレンピン村に関しては、一九五八年頃には政治的・イデオロギー的には嘆かわしい状況とされつつも、集団化完了時の一九六〇年四月時点では、大農が加盟したためであろう、少なくとも経営的には「飛躍的発展がみられた」と述べられているのである。(102)

こうした背景の一つとしては、当該期にＳＥＤがＬＰＧ経営改善を目的に、むしろ大農層をＬＰＧの中心的担い手として包摂する戦略をとっていたことがあげられねばならない。すでに「六月事件」後の一九五四年一二月にはライプツィヒで開催された第三回ＬＰＧ会議にて大農のＬＰＧ加盟が容認されている。さらに全面的集団化の再開を意味する一九五七年一〇月の第三三回党中央委員会総会では、全農民層のＬＰＧ加盟が謳われたから、大農層もＬＰＧ加盟の積極的な対象者となった。一九五八年九月のＭＴＳラーベンスベルク管区の報告では、一九五七年一〇月以降、「管区の大農二四名、八五〇ヘクタール」がＬＰＧ加盟を果たしたと述べられている。こうした大農層の加盟が、しかし他面では農村ノルムに反する党「不良分子」の排除を伴っていたことは、パーケンティン村のクローツの事例が示唆するところである。(103) 大農の積極受容と農業労働者の暗黙の排除。この点では一九五二・五三年の初期集団化時とはまったく正反対のことが、全面的集団化時には起きていたのであった。

しかし、ホーエンフェルデ村の戦後史に関するミクロ史的分析が示唆するように、こうしたＳＥＤと大農層の「妥協」は決して平和的な事件として語りうるものではまったくなく、戦後の悲惨な事件と人々の屈折した対応の累積のうえに選択されたものであった。全面的集団化期における村内の集落間対立や集団化後の家畜頭数の減少は、そうした鬱屈した村内ストレスの強さを感じさせるものである。しかし、長期的な観点から見れば、こうした人々の行動様式こそは、ＳＥＤ支配に対する「自発的」な政治的従属や、さらには歴史的な農民文化の消滅を自ら招くことに帰結していくのであったと言わざるをえない[104]。

注

(1) 本章第一節のホーエンフェルデ村の分析は主として下記のバート・ドベラン郡の郡文書館所蔵史料によっている。
Kreisarchiv Bad Doberan, Rat der Gemeinde Hohenfelde (10)
Nr. 9: Fürsorgestatistik für die Monate Oktober 1946 bis April 1948.
Nr. 19: Verschiedene Angelegenheiten der Gemeinde.
Nr. 24: Verwaltung devastierter und velassenen Einzelwirtschaften.
Nr. 35: Anbauplanung und Frühjahrs- und Herbstbestellung.
Nr. 49: Verschiedene Statistiken.
Nr. 52: Protokoll der Gemeindevertretersitzungen, Bd. 2, 3, 4.
Kreisarchiv Bad Doberan
Nr. 1.1744: LPG „Neue Zeit“ Hohenfelde.
Nr. 3.1: LPG „Neue Zeit“ Hohefelde.
Nr. 3.2: LPG „Neue Zeit“ Hohefelde.
Nr. 2051: Erfassung der Groß- und Mittelbauern.
Nr. 1.2168: Umwandlung ÖLB in LPG.

とくに本村の村議会議事録は充実しており有用であった。以下、上記の郡文書館所蔵史料については煩雑になるので、原則として出典をいちいち記さない。前章までと同じく、グライフスヴァルト州立文書館所蔵のバート・ドベラン郡党関係文書については出典を明示する。

この他に本村には村民ラダーによる手書きの村史、およびこれを元に書かれたプペファの普及版ともいうべき新村史が存在する。Radder, W., Chronik der Gemeinde Hohenfelde, 1968; Pfeffer, S., 825 Jahre Hohenfelde, 2002.（ともにホーエンフェルデ村公民館所蔵。）また二〇〇四年には本村ＬＰＧ清算事業団の依頼をうけ、エルスナー他により本村ＬＰＧの通史が書かれている。Elsner, E. M./Zielke, M., Vierzig Jahre in der Neuen Zeit. 40 Jahre LPG Hohenfelde（ただし非売品）。これらの点で本村はバート・ドベラン郡では他村に比べ格段に情報量が多いという分析上のメリットがある。

（2）Niekammer's landwirtschaftliche Güter-Adreßbücher; Unterreihe 4, Landwirtschaftliches Adreßbuch der Rittergüter, Güter und Höfe von Mecklenburg, Leipzig 1928, S. 152.

（3）メクレンブルク地方の大農村落の場合、農場売買などにより所有者は交代してもフーフェ番号（屋号に匹敵）は変わらない。大農層は農場所有者・農業労働者・過小農層などの他の農村階層に比べもっとも土着性が高いが、しかしフーフェとしての継続性は大農家族の継続性と必ずしも対応していないのである。日本的感覚からすれば、むしろ「土地＝フーフェ」が「農民家族」を選ぶ（相続・貸借・売買などの形態で）と考えた方がわかりやすい。

（4）ノイ・ホーエンフェルデ地区は一九世紀初頭の農業変革の結果、一八二〇年ごろに成立したという。Radder, a. a. O., S. 16.

（5）Kreisarchiv Bad Doberan, Rat der Gemeinde Hohenfelde, Nr. 35, oh. Bl.

（6）Niekammer's landwirtschaftliche Güter-Adreßbücher, 1928, S. 153.

（7）Kreisarchiv Bad Doberan, Rat der Gemeinde Hohenfelde, Nr. 52, Bd. 2, oh. Bl.

（8）Ⅲ型移行時のＬＰＧの家畜保有は乳牛一七頭、若牛三三頭、豚五三頭、羊一八頭、馬七頭、馬舎、牛舎、豚舎各一棟となっている（Kreisarchiv, Nr. 1.1744, oh. Bl.）。

（9）以後、ＬＰＧの経営面積は一九五八年まで四二一ヘクタールで変化はない（Kreisarchiv Bad Doberan, Rat der Gemeinde Hohenfelde, Nr. 35）。家畜保有は牛が一九五七年一五三頭、一九五八年一六一頭、豚が一九五七年二九一頭、一九五八年三五七頭となっている（Ebenda, Nr. 52, Bd. 3 u. 4, oh. Bl.）。一九五八年二月の組合員年次集会の議論からは、一九五七年にジャガイモの不作により収益が低下したこと、その理由が労働力動員に失敗したことにあることが判明する。Kreisarchiv Bad Doberan, Nr. 1–1744, oh. Bl, Protokoll, am 14. Febr. 1958.

(10) Radder, a. a. O., S. 39–41; Pfeffer, a. a. O., S. 36; Elsner, a. a. O., S. 12f.

(11) Elsner, a. a. O., S. 30.

(12) ただし、のちに息子が西から一時帰村し、反政府的な言辞を述べている。VpLA Greifswald, Rep. 294, Nr. 229, Bl. 141.

(13) 一九五〇年一月一日におけるメクレンブルク・フォアポンメルン州全体の数値で一一五七件、三万七八四五ヘクタールである。この百ヘクタール以下層の、百ヘクタール以上層の接収面積に対する比率は経営面積基準で四・四％である。Stöckigt, R., Der Kampf der KPD um demokratische Bodenreform, Berlin 1964, S. 261.

(14) ブランデンブルク州に関しては、以下の研究がある。Hartisch, T., Die Enteignung von „Nazi- und Kriegsverbrechern" im Land Brandenburg, Frankfurt a. M. 1998.

(15) この村ホテルは一九五六年に経営者が閉鎖を申請、村の消費組合に移管されることになった。Kreisarchiv Bad Doberan, Rat der Gemeinde Hohenfelde, Nr. 52. Bd. 3, oh. Bl.

(16) 一九三九年と一九四七年の数値は Radder, a. a. O., S. 33 より、一九五五年の数値は Kreisarchiv Bad Doberan, Rat der Gemeinde Hohenfelde, Nr. 35, oh. Bl. より。

(17) Radder, a. a. O., S. 4; Pfeffer, a. a. O., S. 38f.

(18) 一九二八年の農場住所録では一二番フーフェは隣村グラスハーゲン村のクンツェの所有地となっているから、ラウテライン家がこの経営を取得したのは一九三〇年以降のことと思われる。Niekammer's landwirtschaftliche Güter-Adreßbücher, 1928, S. 149.

(19) ティールケはバート・ドベラン市の旧農民である。一九六〇年の同市のＬＰＧ設立のリストにその名前がある。VpLA Greifswald, Rep. 294, Nr. 222, Bl. 5. ただし彼の小作経営は管理がずさんで、短期間のうちに村によって引き揚げられている。

(20) ハンストルフ村を経て、ベーンケンスハーゲン村に転居したという。Elsner, a. a. O., S. 28.

(21) 新旧村史でもラングホーフについては簡単な言及がみられるだけであり、ポゼールについての叙述はみられない。エルスナーのＬＰＧ通史ではポゼールについて簡単な言及がある。

(22) Bauern Echo, Ausgabe Mecklenburg, Demokratische Bauernpartei Deutschlands, 1953.

（23）Pfeffer, a. a. O., S. 40.

（24）ゼーガー女史はMTSイエネヴィッツ政治課指導者で、本村の村議でもあり婦人同盟委員長でもあった。第四章注（78）（325頁）にみたように、ディートリヒスハーゲン村でも党を代表する人物として人々の嘲笑の的になった。「六月事件」後、MTSではゼーガー女史と所長ラシャートの間の対立が表面化する。この点は本書第七章第二節（494頁）を参照のこと。

（25）ロストク大学に所蔵されているのはロストク市版のみであり、バード・ドベラン市版は所蔵されていなかった。

（26）DBDについては第三章「はじめに」187頁、および同注（4）（232頁）を参照のこと。

（27）六番と九番は同じクルート家の同族である。この村は他にもユルス家、ヴェステンドルフ家の一族が土地改革前まで複数のフーフェを所有している。村内の同族関係の存在は、残存家族が村にとどまる大きな理由となったであろう。なお、一五番フーフェの経営規模は一六ヘクタールである。本章ではフーフナーを大農層と同値する。

（28）イヴェンドルフ村については、一九五五年段階の数値は確定できないが、全面的集団化時における残存大農は三戸である。村のフーフェ数は六戸であるから「消滅率」は五割となる。数値の上からはホーエンフェルデ村よりも大農の残り方が高いといえよう。

（29）吸収前の数字はVpLA Greifswald, Rep. 294, Nr. 214, Bl. 42より、また吸収後の数字はKreisarchiv Bad Doberan, Rat der Gemeinde Hohenfelde, Nr. 35, oh. Bl. より。

（30）仮にホーエンフェルデ村のフーフナーが半フーフェ農民であれば、三フーフェ分というべきかもしれないが、ここでは面積ではなく大農戸数を問題にしているので、本村フーフナー一戸分を一フーフェとする。なおイヴェンドルフ村のOLB《エー・エル・ベー》管理経営数は二～三経営（こちらは一戸あたり面積はホーエンフェルデ村の約二倍だから、四～六フーフェ分となる）と推定されるから、全ゲマインデでは八～九経営となる。

（31）Elsner, a. a. O., S. 36.「アクション・ローゼ Aktion Rose」は、一九五三年二月、バルト海沿岸部のホテル・ペンション・飲食店などの所有者の迫害と経営接収をさす。第三章で論じた「一九五三年二月一九日法」と、時期的にも内容的にも重なる。供出未達成農民が経済犯として逮捕され経営を接収されたのと同じように、小営業の所有者は家宅捜査を受け、逮捕され、資産を没収されたのである。Marxen, K. u. a., Die strafrechtliche Aufarbeitung von DDR-Unrecht. Eine Bilanz, Berlin 1999, S. 42. 旅館業とは直接の関係がないこの村の煉瓦製造業者がどうして「アクション・ローゼ」の対象となったかは、上記「二月一九日」法との関わりを意識したためとは思われるが、不詳である。
(32) 旧名のハーマン経営として村議会議事録に登場する。
(33) 一九五四年七月村議会議事録、および Elsner, a. a. O., S. 37.
(34) Radder, a. a. O., S. 44; VpLA Greifswald Rep. 294, Nr. 187, Bl. 104f.
(35) Kreisarchiv Bad Doberan, Nr. 1–2168, oh. Bl.
(36) Elsner, a. a. O., S. 39 f.
(37) VpLA Greifswald, Rep. 294, Nr. 229, Bl. 32f. 集団化後については Ebenda, Bl. 140–144.
(38) 一九五七年に本村の村会議員定数が五名増員されるが、これも村党書記ヘルバートが選出されているようにSED派の勢力増大に帰結したと考えられる。
(39) 党アクティブは党活動家のこと。厳密には党アクティブ称号を取得した者のことを言うが、本書では単に党イデオロギーに確信をもって積極的に活動している人々という程度で用いる。これに対して（党）カードルとは（党）幹部層の意味であり、党・国家・経営などの社会主義セクターにおいて重要ポストにつき、職務としてその執行に従事する人々とする。もちろん党カードルは多くの場合に党アクティブであるが、逆に党アクティブは必ずしも党カードルとはいえない。カードルについては第七章注（3）（553頁）も参照。
(40) Der Scheinwerfer. Dorfzeitung für den MTS Bereich Jennewitz, Oktober 1958, Jg. 4, Nr. 8.
(41) その他にも住宅調整はもとより、学校教育、文化会館、販売所などの公共機関の設置や運営も村の重要な活動内容であった。
(42) 本書第一章第二節を参照のこと。
(43) 一九五三年七月二三日付の『農民のこだま』紙にはグリヴォー村で五つの「作業組 Haus- und Hofgemeinschaft」が結成されたという記事が掲載されている。
(44) 本村の脱穀計画の詳細に関しては本書第七章第四節（516頁）を参照のこと。
(45) VpLA Greifswald, Rep. 294, Nr. 189, Bl. 26.
(46) Elsner, a. a. O., S. 42.
(47) Ebenda. ちなみにヤーチュはベルリンの壁崩壊後、一九九四～一九九九年にも本村村長になっている。Pfeffer, a. a. O., S. 27. なお、

ＭＴＳ農業・畜産技師のＬＰＧ派遣については第七章第三節503頁を参照のこと。

(48) 年齢不詳につき兄妹か姉弟かは不明。以下は日本語表記上、兄妹と仮定して叙述する。

(49) Elsner, a. a. O., S. 40.

(50) Elsner, a. a. O., S. 44–50.

(51) 一九五八年一二月一七日付の郡ＬＰＧ課文書にも、ＬＰＧホーエンフェルデに豚小屋二棟を新築予定であり、とくに一五〇頭収容の豚小屋一棟が六月三〇日までに完成予定であったが、ＬＰＧ監査の結果、豚小屋の屋根が未完成であった、このため豚小屋を「一九五八年内に利用できる見込みはもはやない。これによる本ＬＰＧ畜産生産の損失は、子豚二〇〇頭、肥育豚二〇頭、金額にして二万マルクに達すると予想される。本ＬＰＧには一九五八年中に総額七万五一〇〇マルクの経済支援を支払うことになる」と書かれている。VpLA Greifswald, Rep. 200, 4.6.1.2, Nr. 32, Bl. 1–3.

(52) ＬＰＧホーエンフェルデの収穫計画において、搬送先の納屋に関しては以下のように記述がなされている。「ライ麦二二ヘクタールについて、イヴェンドルフ村はペパーとアルバートの納屋、ホーエンフェルデ村は煉瓦工場の納屋と戸外乾燥。夏小麦九ヘクタールについてはイヴェンドルフ村のラダーの納屋。燕麦四〇ヘクタールについてはホーエンフェルデ村はラウテリーンの納屋。ただし四ヘクタール分はリーベのところへ。混合麦六四ヘクタールについては、イヴェンドルフ村がリーク、ザンベルト、ラダーの納屋。ホーエンフェルデ村がリーベ、ドールの納屋と戸外乾燥。」Kreisarchiv Bad Doberan, Nr. 3.2, LPG „Neue Zeit“ Hohenfelde, Protokoll der Vorstandsitzungen, Ernteplan der LPG „Neue Zeit“ in Hohenfelde, oh. Bl., oh. Datum. 日付は記されていないが前後文書の日付から一九六〇年の文書と思われる。

(53) Elsner, a. a. O., S. 45.

(54) VpLA Greifswald, Rep. 294, Nr. 229, Bl. 140. なお、本村は大農層の経営規模が小さいこともあり、本来の意味での「農業労働者問題」の意義が小さかったが、後述のパーケンティン村との比較を考慮すると、この点も大農層のＬＰＧ加盟を容易にした条件と考えられる。

(55) Elsner, a. a. O., S. 35.

(56) 本村では一九六〇年にＭＴＳがＬＰＧに吸収されている。Ebenda, S. 58–60.

(57) シュルトーは、その後帰村し、ÖＬＢ《エー・エル・ベー》を経てＬＰＧに加盟している。

(58) Elsner, a. a. O., S. 52 に掲載の史料写真から。

(59) VpLA Greifswald, Rep. 294, Nr. 194, 1960, Bd. 11, oh. Bl.

(60) Radder, a. a. O., S. 13.

(61) 以下、ＬＰＧパーケンティンについてはKreisarchiv Bad Doberan, Nr. 1–1722 (Registerakte der LPG „Morgenrot“ Parkentin, Dez. 1952–Nov. 1959) による。（ＬＰＧバルテンスハーゲンに関しては郡ＬＰＧ史料ファイルには含まれていなかった。）以下、この史料に依拠する場合、煩雑になるので原則としていちいち典拠は示さない。ここで参照した郡党の報告文書とは、既述のグライフスバルト州立文書館所蔵のバート・ドベラン郡ＳＥＤ党関係文書のことである。ここまでと同じく、こちらは出典を記す。

(62) VpLA Greifswald, Rep. 294, Nr. 211, Bl. 42f.

(63) VpLA Greifswald, Rep. 294, Nr. 188, 1955, Bl. 97. バルテンスハーゲン村は大農弾圧も激しいが、同時に「六月事件」後の帰村や返還件数も多い村である。具体的には、「六月事件」直後の時期の文書では、逮捕されていた大農ツロストシュヴァルツが釈放され帰村したこと、彼らの経営は秋にはＬＰＧから返還されるであろうこと（VpLA Greifswald, Rep. 294, Nr. 185, Bl. 189）、ヴェステンドルフ経営は返却され、かつ逃亡中のブリンクマンも郡に対して返還請求したこと（Ebenda, Nr. 232, Bl. 25）などが記されている。これらのうち最後のブリンクマン経営についてはＬＰＧが返還を拒んでいるが（Ebenda, Rep. 200. 4.6.1.1, Nr. 134, Bl. 7）、他の経営についてはそうした記述がないことから返還されたと思われる。「六月事件」後にこれだけの帰村・返還がみられるのは珍しい事例である。

(64) Budrrus, E., Die Durchführung der demokratischen Bodenreform im Kreis Bad Doberan und ihre historische Bedeutung, in: wissenschaftliche Zeitschrift der Universität Rostock, 10. Jg., 1961, Reihe Gesellschafts- und Sprachwissenschaften, H. 1, S. 44. 一九五八年一月のＬＰＧ年次報告で、ボルブリュッケ集落のヴィックが自らの農地を土地改革フォンドに返却、これをＬＰＧが引き受けたことで農地面積が一〇ヘクタール増加したと書かれているから、実際には土地改革分はこの新農民の分だけだったと思われる。ボルブリュッケ集落は、本村親集落のパーケンティン村から西に一キロほどのところにある小集落である。

(65) ただしブルという名の人物の加盟を設立時に拒否している。理由は不明。

(66) 農業労働者の加盟のさいに形式的に新農民化させる措置は他の場合でも頻繁にみられる。政策的な指針が作用したものと考えられる。

(67) この「旧農民シュレーダー」の素性は不明である。逃亡後のガーベ経営の管理責任者である可能性も否定できない。

(68) VpLA Greifswald, Rep. 294, Nr. 185, Bl. 174.

(69) VpLA Greifswald, Rep. 294, Nr. 185, Bl. 179. なおカーツドルフが所属する「国営企業」が何であるかは不明である。

(70) VpLA Greifswald, Rep. 294, Nr. 191, Bl. 206, u. 220.

(71) VpLA Greifswald, Rep. 294, Nr. 224, Bl. 59, u. 93. このファイルの59頁のリストにはザックのところに×印が打ってあり、95頁のリストにはザックの名前はみあたらない。また次の注（72）にあげた文書では、本村から大農四名が参加したとあるから、ザックの加盟は確認できない。なお前者の加盟リストには他に五ヘクタール以下の零細層一四名があがっている。

(72) VpLA Greifswald, Rep. 294, Nr. 233, Bl. 137.

(73) 村の総面積は不明だが、一九二一年農場住所録での大農一一経営の総面積が約四〇〇ヘクタールである。従ってＬＰＧの面積比は三八％となる。中農層の面積分を考慮すれば、実際の比率はさらに低い。

(74) +α分については、前頁の注（64）の土地改革フォンド分を想定している。

(75) 「村駐在警察官」（ＡＢＶ）については、第四章注（79）（325頁）を参照のこと。

(76) VpLA Greifswald, Rep. 294, Nr. 224, Bl. 59.

(77) VpLA Greifswald, Rep. 294, Nr. 191, Bl. 206.

(78) VpLA Greifswald, Rep. 294, Nr. 236, Bl. 12.

(79) 近代ドイツの農業労働者問題については拙著『近代ドイツの農村社会と農業労働者』（京都大学学術出版会、一九九七年）を、またナチス期について古内博行『ナチス期の農業政策研究』（東京大学出版会、二〇〇三年、三一五～三三一頁）を参照。

(80) 大農家屋の確保は、ＬＰＧ事務所や消費財販売所の設置などの新たな公共スペースの確保とも関わることは指摘しておかねばならないが、基本的には住宅問題であると考える。

(81) 本村の農業労働者については、難民出自の農業労働者と、クローツのような土着の農業労働者の二系譜から構成されていると思われるが、出生地の情報が乏しいので、その区別が困難である。難民農業労働者の前職 ―― 農民か農業労働者か非農業従事者か ―― に関する情報となると皆無である。このため以下では、この点を考慮し、難民労働者問題も農業労働者問題に重ねて論じることにする。

(82) VpLA Greifswald, Rep. 294, Nr. 189, Bl. 18.

(83) 研究文献における搾乳夫差別の言及に関しては第四章注（82）（325頁）を参照のこと。
なお、バルテンスハーゲン村に関する一九五八年頃と思われる郡党指導部農業委員会の報告文書においては、本村にはなお大農一〇経営が存在し、その総面積は計三八一・八ヘクタールで村農地面積の六八％を占めていること、これらの経営には約二〇名の「農業労働者」が従事していること、そして「そのほとんどは農林業労働組合に組織されている」ものの、「この組織は労働者階級の階級組織とほとんど関係」がなく「農業労働者たちはドイツの社会主義的将来についてはまったく不案内で、現在なお大農に強固に従属している」と書かれている。「農業労働者」の具体的な内容が不明であるが、ここにも農業労働者に対するＳＥＤの冷淡な視線を読みとるのは容易である。VpLA Greifswald, Rep. 294, Nr. 211, Bl. 47.

(84) VpLA Greifswald, Rep. 294, Nr. 186, Bl. 25

(85) この点は本書第七章第五節539頁以下を参照のこと。ブラウアー他によるメクレンブルク・フォアポンメルン州の農民村落トランリン村（匿名）の聞き取りに基づく研究によれば、ラウドスピーカーを使ったり、執拗な戸別訪問による「対話」をとおして、反対派農民のＬＰＧ加盟が「強制」されたという。とくに最終局面では「見せしめ裁判」による恐怖の演出もされたとしている。Brauer, K., a. a. O., S. 1356–1359.「農村の日曜日」が事実上の神経戦であることは下記をも参照。Schier, B., a. a. O., S. 150.

(86) VpLA Greifswald, Rep. 294, Nr. 190, 1957, Bl. 86. ただし、このときは必ずしも集団化が主目的ではない。

(87) VpLA Greifswald, Rep. 294, Nr. 191, 1958, Bl. 149.

(88) Ebenda, Bl. 154.

(89) Ebenda, Bl. 162.

(90) VpLA Greifswald, Rep. 294, Nr. 194, Bl. 41.

(91) ＬＰＧに対する反発のうち、もっとも甚大な影響を与えたのは集団化後の家畜頭数の激減である。ロストク県の家畜頭数の激減問題についてはVpLA Greifswald, Rep. 200. 4.6.1.2, Nr. 275（Tierverlust im Bezirk, 1961–Jan. 1963）を参照。

(92) VpLA Greifswald, Rep. 294, Nr. 195, Bl. 31.

(93) VpLA Greifswald, Rep. 294, Nr. 191, Bl. 219 f.

(94) Ebenda, Bl. 133.
(95) VpLA Greifswald, Rep. 294, Nr. 190, Bl. 78.
(96) Kreisarchiv Bad Doberan, Nr. 1–722, oh. Bl.（一九五八年八月五日 LPG 組合員集会議事録）
(97) VpLA Greifswald, Rep. 294, Nr. 233, Bl. 137f.
(98) 本書第四章注（101）（326頁）を参照のこと。
(99) この点は前掲拙著の第五章を参照のこと。
(100) VpLA Greifswald, Rep. 294, Nr. 240, Bl. 96.
(101) Ebenda, Bl. 95.
(102) Ebenda, Bl. 66–67, 99, u. 143.
(103) Bauerkämper, Ländliche Gesellschaft, S. 174, 181, u. 390; Brauer, K., a. a. O., S. 137lf.
(104) なお、ホーエンフェルデ村もパーケンティン村も、ロストク市とバート・ドベラン市に鉄道・バスなどを通して通勤可能な村であり、他村に比べてもかなりの数のペンドラー（通勤労働者）が在住していたことは間違いないと思われる。村の社会主義勢力を語る上では彼らは重要な意義をもつが、本書ではこの問題をほとんど論じることができなかったことを断っておきたい。

第六章　全面的集団化と「勤労農民」たち

——個人農村落の集団化対応　一九五七／五八年～一九六一年——

LPG 設立の議事録に署名する農民

1960 年 3 月，ロストク県ウゼドム郡ランクヴィッツ村の LPG『人民の歓喜』設立集会．全面的集団化のピーク時の光景である．

出典：ドイツ歴史博物館写真文書館所蔵　DHM, Berlin, Nr. F66/911 (BA 010086).

はじめに ―― 本章の課題と郡の空間構造 ――

先に述べたように東ドイツ農業集団化の第三局面にあたる全面的集団化は、一九五七年一〇月第三三回中央委員会総会にはじまり、一九五八年七月開催の第五回党大会をバネに加速され、ほぼ一九六〇年四月に完了することになる。とくに最終局面の一九六〇年の一～三月に関しては、西では「強制的集団化」、東では「社会主義の春」と称されるほどに農業集団化が急激に進捗したが、その先駆をなしたのはロストク県であった。一九六〇年一月一六日、ロストク県党指導部全体会議で「集団化の飛躍」が決定、これによって全農民に対して事実上の加入強制が行われた。県党第一書記のカール・メービスが、権力闘争の思惑から集団化を精力的に推進し、工作班《ブリガーデ》を各村落へ派遣することを郡党活動家に命じたのだといわれる。これを皮切りに全東ドイツで集団化が進められることになった[1]。

本章は、この一九五七／五八年以降の時期に焦点をあて、ロストク県バート・ドベラン郡の新農民村落を対象に、当該期の農業集団化の実態を明らかにすることを目的としている。

序章で述べたように、近年の戦後東ドイツ農業史研究はめざましいものがあるが、しかし一九五七／五八年以降の全面的集団化の局面に関して、この時期に焦点を合わせ、かつその固有の意義を明らかにしようという研究は必ずしも多いとはいえない。例えばバウアーケンパーの著作をみても、第一に、「強制的集団化」局面に限定しての叙述は全体の比重からみれば多いとはいえず、第二に、この時期の特徴としてはもっぱら上からの政治的な作用が強調される傾向がみてとれる。すなわち「一九六〇年二月に上部機関の圧力のたかまりと集団化扇動の急進化のもとでＳＥＤ党活動家はＬＰＧ加盟同意署名の数をあげることに必死になった。その過程では暴力やテロが行使されただけではなく、結果を求めるあまり政治的な活動が制御不能な状況にまで達した。その背景には活動家たちの昇進に対する期待があった」と記述されているのである。[2]「自己本位《アイゲン・ジン》」論にもとづくランゲンハーンの研究においても、「立法上の措置と工作班」など上からの制度的強制とこれに抵抗する旧農民層が描かれ、オーラルヒストリーの手法に基づくブラウアーの研究では、体験者の記憶として集中的な宣伝攻勢や、さらには「見せしめ裁判」の恐怖と効果が強調されている。[3]

「強制的集団化」期のような短兵急な農村変革については、過剰なまでの権力手段の動員がなされるであろうことは容易に想像がつく。こうした暴力を末端で担う党活動家層の主体的な動機づけの問題も重要である。さらに「見せしめ裁判」が恐怖を通して人々の意識と行動に与える潜在的な効果は想像以上に大きいであろう。とはいえ、私がここでとくに着目したいのは、戦後全体をみわたすとき、確かに集団化比率という点では、明らかに一九五九・六〇年の「強制的集団化」期が格段に高水準で進行するが、前章までみてきたとおり物理的な暴力が頻繁かつ顕著になされたといえるのは、むしろ「非ナチ化」と連動した土地改革期であり、またとりわけ一九五二・五三年の「大農弾圧」の時期であったということである。前掲図3-1でみたように（第三章190頁）、戦後農民の「共和国逃亡」数のピークが一九五二・五三年にあり、これに比べると「強制的集団化」期の「共和国逃亡」数が相対的に少ないことも、この点を裏書きしているように思われる。[4]集団化の不当性やスターリニズムの政治的特質に目を奪われるあまり、こうした東ドイツ集団化過程をめぐる暴力のありようの時期的な差異が従来見落とされてきたのではなかろうか。

もちろん、「強制的集団化」期を含む全面的集団化期における暴力作用が相対的に弱いことについては、従来においても一部では指摘されている。例えば、ベルクマンはこれを「新農民の土地執着の弱さ」によって説明している。[5]また日本の代表的研究である谷口信和の著作においては、一方で、集団化の「非自発性＝上からの強行的組織化」が主として大農に即して指摘されつつ、しかし全体としては「集団化は当時の厳しい冷戦対決下での階級闘争史観の支配、社会主義・共産主義実現への極度の楽観主義と性急さの存在という状況のもとで、東ドイツ支配層の「合理的な政策選択」の結果でもあった」とされている。[6] しかしベルクマンの説明はあまりに一般的であるし、かたや谷口の説明の仕方も、「強制性」を強調する論調とは裏腹に、限定付きとはいえ集団化の暴力を「合理的選択」論によって容認してしまう形になっている。いずれにしても、時期的な差異をふまえない一般的な指摘にすぎず、暴力のありようが主題化されているとは言いがたい。

さて、本書においては、これまで農業集団化の多様性に着目しつつ、土地改革以降の農村再編のありようとの関わりを強く意識しながら、バート・ドベラン郡を対象に一九五〇年代の農業集団化と村落に関するミクロ史的な分析を行ってきた。その結果、ケーグスドルフ村やホーエンフェルデ村でみたように、一九五四・五五年あたりを分岐点としてＳＥＤが村政を掌握する過程があり、かつそれがＬＰＧ化と重なっている村落がかなり存在していること、そうしたところでは既存ＬＰＧが核になりつつ周辺の小集落や残存個人農を巻き込む形で全面的集団化が図られたことが判明した。とくにホーエンフェルデ村のミクロ史的な分析からは、一九五二・五三年の大農弾圧の影響が非常に大きく、むしろ集団化停滞期を含む一九五五年前後の時期において、集団化の帰趨を事実上決着させる変化がみられたのであった。

とはいえ、一九五七年末〜五八年初頭においてＬＰＧなき個人農の村落がなお数多く存在している以上、集団化の最終局面にみられる固有の特徴を明らかにしない限り、集団化過程の分析は完結しない。小農的な南部の場合、全面的集団化過程で主たるターゲットとなるのは旧農民の中小農層だが、戦後土地改革の規模と作用が甚大であった北部において全面的集団化の焦点となったのは、それまでＬＰＧ化に与しなかった新農民たち――北部では「勤労農民」[7]の主要部分を構成する――であった。こうしたところで集団化はどのような形で行われていったのだろうか。この点を問うことは、新農民の消滅過程を扱うという点において戦後東ドイツ土地改革の終焉局面を問うことをも意味しよう。本章においては、第四章第一節で予告しておいたように、バート・ドベラン郡を対象に、全面的集団化時の「勤労農民」に焦点を絞り、上からの権力手段の動員や行使の局面ではなく、もっぱらＬＰＧ化と村落との関係のありように着目しながら集団化の社会史的側面を明らかにすることを目的としたい。

本章は、第四章と第五章で行ったような村単位のミクロ史分析とはやや趣を異にし、郡ないし機械・トラクター・ステーション管轄区域（以下、ＭＴＳ《エム・テー・エス》管区と略記）を視野においた分析を行う。具体的には後述するように初期ＬＰＧ化に対する反応が鈍かったＭＴＳラーヴェンスベルク管区を中心とする新農民村落をとりあげる。前章までの村のミクロ史分析では、村内の複数の家族や個人のありようを明確に浮かび上がらせることに重点がおかれたが、本章では当該ＭＴＳ管区を構成する複数の新農民村落を対象に、これらをいくつかのグループに類型化し、それぞれの特徴を浮かび上がらせることを目的としたい。

ところで、郡ないしＭＴＳ管区レベルで複数村落の集団化過程をまとめて取り扱おうとするとき、すぐさま集団化を論じるさいの「村」をどう扱うかという難しい問題につきあたる。序章で簡単に触れたように、ドイツ農村の末端の行政単位は「ゲマインデ（行政村）」であり、さらにゲマインデは通常複数の「オルト（集落）」から構成されている。またこれまでの叙述にみるように、各ゲマインデには、村評議会（村長と助役）、村議会、各種委員会がおかれている。集落は大きくは旧グーツ集落である新農民集落と、大農を中心とする旧農民集落の二類型からなるが、ゲマインデも集落も現実にはもっと多様なあり方をしている。そのうえさらに一九四九年以降、ローカルな事情に応じてゲマインデの統合・再編が繰り返し行われたために、ゲマインデのあり方はよりいっそう複雑になってしまった。こうして全面的集団化時点のゲマインデは必ずしも実効的な「村」とは言いきれず、従って形式的なゲマインデを集団化の実質的な空間単位に等置して議論をすすめることができないのである。

実は史料を読むと明白だが、当局の報告や文書で日常的に登場する村の名前は、第四章でとりあげたケーグスドルフ村やディートリヒスハーゲン村のように、基本的には終戦時のゲマインデにほぼ重なるような「有力集落」の名前である。また、「集落を越えたＬＰＧは一般に問題が多いとされる」(8)という記述からは、当局がＬＰＧ化にさいして農村空間の統合単位としての「集落」をある程度自覚していたことが示唆されている。ただし政治的動員をテコとする集団化工作はあくまでゲマインデ単位で計画され実施されており、ゲマインデと有力集落が同等の扱いをうけたわけではまったくないことも留意しておく必要がある。以上から、やや厳密性に欠くことになるが、本章ではこの有力集落を「村」の基本単位として議論をすすめていきたい。このため「村」や「村落」という呼び方も、これまでどおり、ゲマインデと有力集落のどちらに関しても用いることとしたい。有力集落は実際にはゲマインデに重なることが多いが（ホーエンフェルデ村のように有力集落がゲマインデの中核を担っている場合は両者を同一視してかまわない）、元来の大ゲマインデや当該期にゲマインデ統合が繰り返された場合、両者は重ならない。[9]

ところで、これらの標準的な村落とは別に、政治的経済的な拠点と位置づけられている「小都市」や「拠点村落」ともいうべきところが存在する。戦後東ドイツ農業史は単なる村の農業経営の構造変化にとどまるものではなく、郡を単位とする地域の政治的・社会的な空間の再編過程の歴史でもあった。具体的には郡都のもとに、「小都市」ないし「拠点村落」があり、さらにその下に通常のゲマインデがおかれるという三層構造が形成されていくのである。本書巻頭地図4に示したように、本郡の場合、郡都のバート・ドベラン市のほかに、レーリク市、クレペリン市、ノイブコフ市の三つの「小都市」と大規模拠点村落ザトー村があり、[10]ほぼこれに対応する形でレーリク市、イエーネヴィッツ村、ラーデガスト村、ラーヴェンスベルク村に計四つのＭＴＳが設置されていた。郡都とこれらの市と村には「農民流通センター」や「国営調達・買付機関」の穀物倉庫などがおかれ、各種の教育機関も設置されている。政治的には郡党指導部のもとにＭＴＳ管区党組織がおかれ、ＭＴＳ政治課が各村に対する政治的な出撃機関となっているのである。

なお、本章の分析においても、前章までと同じく難民問題との関わり方を重視したい。繰り返し述べてきたように、戦後東ドイツの農業改革、とくに北部地域のそれにおいては大量流入した戦後難民問題が大きな規定要因となっている。後に詳しく述べるように、元農民で新農民となった難民たちは、その農業経営能力や村政統治能力の高さなどにより村政の担い手となり、村の集団化においても重要な役割を担った。しかし、他方では村結合とは異なる難民の親族結合に依拠しながらの対応をとる人々もみられた。このように戦後一五年を経た一九六〇年においても難民問題は実質的になお一定の意義をもっていたのである。(11)

以上に鑑み、本章では、まず、第一節においてＭＴＳラーヴェンスベルク管区とＭＴＳレーリク管区について全面的集団化のありようを概観し、優良新農民村落群と劣悪新農民村落群の二つのグループを浮き上がらせる。次に第二節では優良新農民村落としてラコー、キルヒ・ムルソー、ラーヴェンスベルク、ロゴー＝ルソー、ツヴェードルフ、ゴローの六村をとりあげ、その政治的、社会的、文化的特徴をふまえた上で、これら村落における集団化過程のありようをみてみたい。そして第三節では劣悪新農民村落とされた村のうち、とくに特異な二つの村落、つまり難民親族結合をテコとする集団化が挫折していくブッシュミューレン村と、郡内最困窮地域において同じく難民結合型集団化がみられたローゼンハーゲン＝ガーズハーゲン村をとりあげて集団化過程の特徴を論じてみることにしたい。なお本章の分析は、主としてグライフスヴァルト州立文書館に所蔵されているロストク県農林省史料、および同県バート・ドベラン郡ＳＥＤ党関連史料に依拠している。詳細に関しては注記を参照されたい。(12)

第一節　一九五七年秋以降のバート・ドベラン郡の集団化の概況

一九五七／五八年、つまり第三三回党中央委員会総会後におけるバート・ドベラン郡の総農地面積に占めるＬＰＧ農地比率は約三〇％であった。その後、ＬＰＧ農地比率は、一九五八年末四一％、一九五九年末五〇％、一九六〇年五月八〇％と急上昇を遂げていく（第四章表4-1、250頁参照）。ここでいう農地面積には国営農場[13]や村有地などの面積が含まれているから、一九六〇年初頭の八〇％という水準はほぼ全面的集団化の完了を示すものとみなしてよい。このように当郡においては集団化再開以前にすでにＬＰＧ化がかなり進捗していた。とはいえその進み方は必ずしも一律ではない。既述のように本郡は四つのＭＴＳ管区に分かれていたが、このうち旧ロストク郡に属しかつ旧「州有地管区」で農民的村落が相対的に多いＭＴＳイエーネヴィッツ管区とＭＴＳラーデガスト管区ではＬＰＧ化比率が比較的高いのに対し、旧ヴィスマール郡に属しかつ典型的な旧グーツ地域であったＭＴＳラーヴェンスベルク管区とＭＴＳレーリク管区（同じく典型的な旧グーツ地域だが旧ロストク郡と旧ヴィスマール郡にまたがる）においては一九五〇年代におけるＬＰＧ化の進捗が相対的に鈍いことを特徴とする。とくにＭＴＳラーヴェンスベルク管区の村々においては、一九五二・五三年の初期集団化局面において集団化運動がほとんど生ぜず、他方ではもともと旧農民村落の数が少ないために一九五四・五五年の「村落農業経営（以下、ÖＬＢ《エー・エル・ベー》）」のＬＰＧ転化もなされていないのである。これとは対照的にＭＴＳレーリク管区の村々は、ケーグスドルフ村のような事例は少数派で、ディートリヒスハーゲン村の例でみたように、全体としては一九五二・五三年の初期集団化局面に早期ＬＰＧ設立がなされるものの、「六月事件」を契機に一気にＬＰＧが解散してしまい、結果的にＬＰＧ化が進捗しないという傾向がみられる（第四章参照[14]）。

以下では集団化の進捗が遅れた二管区について検討するが、まずは本章の主たる対象地域であるＭＴＳラーヴェンスベルク管区における集団化の実態からみていこう。ここで集団化直前の状態を知るために表6-1をみられたい。これは一九五八年に集団化計画の基礎資料として作成されたと思われるものである。ここには本管区に属する一七村の大農層、ＬＰＧ、ÖＬＢ《エー・エル・ベー》の農地面積が掲載されている。また、表における「社会主義化すべき農地面積」は、おおまかに新農民村落については残存新農民の農地面積の合計値を、旧農民村落については大農を含む残存個人農の農地面積の合計値を示すものとみなすことができよう。

表 6–1　MTS ラーヴェンスベルク管区の村落別農地利用状況（1957 年末）

ゲマインデ / 集落	集落形態[イ]	20ha 以上経営 経営数	20ha 以上経営 面積（ha）	LPG 面積（ha）	ÖLB 面積（ha）	「社会主義化すべき農地面積」 面積（ha）
ノイブコフ		3	105.0			510[ロ]
ブッシュミューレン	NB			167		33
パンツォー	NB			193		18
マルペンドルフ	NB					163
シュプリフーゼン	NB					205
ラコー	NB	3	86.8		38	507
ペペロー（+クライン・シュトレムケンドルフ）	AB（NB）	1	49.7	365		71
キルヒ・ムルソー（+クライン・ムルソー，シュタインハーゲン）	NB（NB、NB）		11.8	260[ハ]	132	531
ガルヴェンスドルフ	NB			175		22
クラウスドルフ	NB					201
ラーヴェンスベルク（+ツァーフツォー）	NB（NB）				87	375
アルト・カーリン（+ダンネボート，ノイ・カーリン[ニ]）	NB（NB，AB）				445	798
ヴェステンブリュッケ[ホ]	NB				311	245
クレンピン	AB	5	198.2	147	45	289
カーミン	AB	5	187.3	185		234
アルトブコフ（+クヴェスティン）	AB（AB）	6	268.4	400		296
テショー	AB	1	45.6			159
計		24	802.2	1532	1058	3569

注：原表は，有力集落を単位として構成されているために，ゲマインデを構成しない集落のうち非有力集落についてはゲマインデの中核集落に合算されてしまいその名前が出てこない．本表ではこうした集落について括弧内でその名を示した．

（イ）NB は新農民集落，AB は旧農民集落．括弧は「ゲマインデ / 集落」欄に対応している．

（ロ）ノイブコフ市の数値が，市内 4 集落分の一部を含むか含まないかは不明．

（ハ）シュタインハーゲン集落の優良 LPG（1952 年 12 月設立）の経営面積である．

（ニ）ノイ・カーリン集落は旧農民 5 戸程度からなる小規模な集落である．

（ホ）ヴェステンブリュッケ村には国営農場（畜産）が存在する．1957 年 11 月時点の経営規模は 488ha である．

出典：VpLA Greifswald, Rep. 294, Nr. 239, Bl. 163 より作成．

この表からは、まず第一に、旧農民村落には、小規模村落テショー村を除き、ペペロー村を含めすべての村落でⅢ型ＬＰＧが設立されているのに対し、多数派を占める新農民村落をみると、ＬＰＧが存在するのはブッシュミューレン、パンツォー、シュタインハーゲン、クライン・シュトレムケンドルフ、ガルヴェンスドルフの五村にとどまっていることがわかろう。これは他のＭＴＳ管区と比較した場合のＭＴＳラーヴェンスベルク管区のかなり顕著な特徴である。ちなみにこのうちＬＰＧブッシュミューレンとＬＰＧシュトレムケンドルフは当地区で不良経営として有名なＬＰＧであった。

第二に、ÖＬＢ《エー・エル・ベー》面積がかなりの範囲で残存していること、しかもＬＰＧなき新農民村落にÖＬＢが偏って分布していることがわかる。これも本管区の特徴である。第三章で論じたように、ふつうÖＬＢ問題は旧農民村落を中心に大農弾圧に関わって生じ、本郡では一九五四・五五年にＬＰＧ化されるかたちで問題の解決がはかられていった[15]。旧農民村落を中心にⅢ型ＬＰＧが多いのはこのためである。しかしこれとは異なり、本管区のÖＬＢ問題は新農民経営の経営放棄に関わり生じたものであり、しかも一九五七年末においてもÖＬＢ問題が解決されないままであったことがわかるのである。

以上の点をふまえながら、次に約二年半後の一九六〇年春、つまり全面的集団化完了時点における本管区の状況についてみてみよう。表6-2は、郡党情報局資料や党ＭＴＳ管区指導員による郡党宛報告書などの関連史料をもとに、村落ごとにＬＰＧ化の帰結の仕方を一覧にして整理してみたものである。様々なことが読みとれようが、ここでは以下の五点を指摘しておきたい。

まず第一に、新農民村落の既存ＬＰＧについてみると、ノイブコフ市のＬＰＧを別として、表6-1において一九五七年末時点で存在していたキルヒ・ムルソー村に属する二つの集落（シュタインハーゲン村とガルヴェンスドルフ村）のＬＰＧは存続し、そのまま集落ＬＰＧに拡大していることがわかる。この二集落はすでに一九五八年以前にＬＰＧが村落のヘゲモニーを掌握していた集落ということができる。

の村落における全面的集団化の状況（1960年）

農地面積(ha)	組合員数(人)	党員数(人)	LPG化の経過
925		27	1950年代末に，おそらく当初より村内他集落を糾合する形で設立．ゲマインデ単位の大規模LPG.
231	*18*		1950年代末か60年初頭に，ノイブコフの残存大農数戸を中心に設立されたと推測.
70	*7*		1953年にⅢ型LPGが設立されるが，これは上記ノイブコフ大規模Ⅲ型LPGに吸収．残存農民がこのⅠ型LPGを設立.
64	*7*		1954年にⅢ型LPGが設立されるが，これは上記ノイブコフ大規模Ⅲ型LPGに吸収．残存農民がこのⅠ型LPGを設立．（本文参照）
99		11	1950年代末か60年初頭に優良新農民により設立．しかし集団経営の実質に乏しい．上記ノイブコフ大規模Ⅲ型LPGへの統合が模索されている.
250		3	集落の勤労農民は30名で，強力なDBD組織が存在．Ⅲ型とⅠ型が並立．Ⅲ型はDBD党所属の優良個人農を核に設立．Ⅰ型は59年に設立されている．（詳細不明）
99			
659	*54*		優良新農民集落．50年代末に全村単位でⅠ型LPG設立へ（本文参照）
586			新旧農民二集落よりなる．1953年に新農民によりLPG設立され，「6月事件」後も存続．その後，旧農民経営とÖLBがこのⅢ型に吸収される形で全村化.
114	9		キルヒ・ムルソーとクライン・ムルソーの二集落は一体的な動き．優良党員新農民により1958/59年にⅠ型LPGが三つ設立される．クライン・ムルソーが全集落型LPGに帰結するのに対して，キルヒ・ムルソー集落は二つのⅠ型が並立することに．（本文参照）
94	*5*		
298	45		
384	56		1953年に新農民を主体として設立．「6月事件」後も存続・発展する早期優良LPG型．他集落農地も吸収か.
			1955年にⅢ型設立か．当初の経営状態はよくないがその後回復し，良好発展型LPGに.
109	5		Ⅰ型は優良個人農により設立．他は上記隣村ガルヴェンスドルフ集落のⅢ型LPGに加盟か.
			1953年設立のLPGは強制解散．1955年のÖLBのLPG化に失敗．1958年にÖLBは国営農場化される形で解決．この国営農場は本村の4集落に及んでおり，ゲマインデ規模の農場．国営農場化しない残存経営がⅠ型LPGを設立.
43	*4*		
163			1958年3月DBD党員の新農民を中心にⅠ型を設立．残りはÖLBで，上記国営農場に吸収．（詳細不詳だが優良新農民集落に準ずると推測される）
84	10		旧農民5戸よりなる小集落．50年代末か60年に全戸によるLPG設立か．（詳細不明）
	4		教会の影響力が強い集落．詳細は不明だが，新農民4戸により1959年，Ⅰ型LPG設立．その他は国営農場に.

表6-2　MTSラーヴェンスベルク管区所轄

ゲマインデ名	集落名	集落形態(イ)	1921年農場面積(ロ)(ha)	LPG(ハ) 名前	LPG(ハ) 型
ノイブコフ市(Neubukow)	ノイブコフ	AB		Heinrich Schliemann	Ⅲ型
				Am Wallberg	Ⅰ型
	パンツォー	NB	356	Empor	Ⅰ型
	ブッシュミューレン	NB	370	Lebensfreude	Ⅰ型
	マルペンドルフ	NB	205	Einheit	Ⅰ型
	シュプリフーゼン	NB	283	Frieden	Ⅲ型
				Freundschaft	Ⅰ型
ラコー村(Rakow)	ラコー/テスマンドルフ	NB	640	Am Salzhaff	Ⅰ型
ペペロー村(Pepelow)	ペペロー/クラインシュトレムケンドルフ	AB/NB		Freiheit	Ⅲ型
キルヒ・ムルソー村(Kirch-Mulsow)	キルヒ・ムルソー	NB	262	Frieden	Ⅰ型
				7. Oktober	Ⅰ型
	クライン・ムルソー	NB		Freundschaft	Ⅰ型
	シュタインハーゲン	NB	289	Neues Deutschland	Ⅲ型
	ガルベンスドルフ	NB	280	Rotes Bahner	Ⅲ型
	クラウスドルフ	NB	282	Am Hellbach	Ⅰ型
カーリン村(Karin)	アルト・カーリン	NB	458	国営農場	
				Waldeslust	Ⅰ型
	ダンネボート	NB	269	Mit vereinter Kraft	Ⅰ型
	ノイ・カーリン	AB		Am Wolkenberg	Ⅰ型
	ボルラント	NB	145	Bergland	

農地面積 (ha)	組合員数 (人)	党員数 (人)	LPG 化の経過
80		*11*	優良新農民集落で複数 LPG 設立型．規模の大きい I 型 LPG は DBD 党員新農民による．SED 党員新農民の I 型 LPG は伸びず．（本文参照）
213			
59		*17*	50 年代末か 60 年に新農民により設立．老人が多いとされている．
123			こちらが集落では有力な LPG．1958 年頃に設立された I 型 LPG で，設立時に引き受けた ÖLB の耕作状態が良好とされている．
208	23	20	複数の元大農家族の「農業労働者」により 1953 年 1 月早期設立され，その後も存続した LPG．系譜的にはやや特殊だが大農主導型 LPG といえる．ただし本村には「勤労農民」が 26 名存在するとされるが，彼らの詳しい存在形態や集団化のありようはまったく不明．
575			旧農民集落で大農放棄に基づく ÖLB を 1955 年に LPG に転化．1960 年に残存大農・中農を統合．本村もカーミン集落と同じく 21 名の「勤労農民」がいるが彼らの詳細は不明である．
415			この国営農場は畜産経営で戦後期に設立されたと思われる．全面的集団化期に村内 ÖLB を糾合することで全村規模に拡大したと思われる．
86	6		
117	9		1958 年 3 月に土着層を中心とする壮年の男子新農民 4 名により設立．その他農地は国営農場に吸収か．（情報少ない）
146	17		1958 年 6 月設立．ただし 60 年 4 月報告ではこの I 型組合は内部不和により経営不安定につき，国営農場化が組合内で検討されているという．ただし当局側は望ましくないとして渋っている．
778			1955 年 4 月，ÖLB 転化により LPG 設立．
217	15		詳細不詳．
102			残存大農 3 戸による LPG だが，詳細不詳．アルトブコフへの村落統合が検討されているが、村民はこれに反対．

Niekammer's Güter-Adreßbücher, Band IV, Leipzig 1921 より．
294, Nr. 222, Bl. 35–58 より)，そうでない数値は主として 4 月に関するものだが (LAG, Rep. 294, Nr. 240,
も LPG の党員数とはいえない．I 型とIII型については第四章注 (9) 317 頁を参照．
のファイル) より作成．

（つづき）

ゲマインデ名	集落名	集落形態(イ)	1921年農場面積(ロ)（ha）	LPG(ハ)	
				名前	型
ラーヴェンスベルク村（Ravensberg）	ラーヴェンスベルク	NB	346	Fritz Reuter	Ⅰ型
				Mühlenberg	Ⅰ型
	ツァーフツォー	NB	220	Sputnik	Ⅰ型
				V. Parteitag	Ⅰ型
カーミン・モイティン村（Kamin-Moitin）	カーミン・モイティン	AB		Lichte Zukunft	Ⅲ型
クレンピン村（Krempin）	クレンピン	AB		Zum besseren Leben	Ⅲ型
ヴェステンブリュッゲ村（Westenbrügge）	ヴェステンブリュッケ	NB	407	国営農場	
				Am Buchenberg	Ⅰ型
	ウーレンブロック	NB		Glückauf	Ⅰ型
	パルヒョウー	NB（AB）	326	Land am Hellbach	Ⅰ型
アルトブコフ村（Altbukow）	アルトブコフ（クヴェスティン）	AB		Neue Staat	Ⅲ型
	バンツォー	AB		Vorwärts	Ⅲ型
テショー村（Teschow）	テショー	AB		Einigkeit	Ⅰ型

注：（イ）NBは新農民村落（Neubauerndorf），ABは旧農民村落（Altbauerndorf）を示す．
（ロ）1921年の農場情報は，Güter-Adreßbuch von Mecklenburg-Schwerin und Mecklenburg- Strelitz.
（ハ）LPG農地面積・組合員数・党員のうち斜体の数値は1960年7月のもの（VpLA Greifswald, Rep. Bl. 89−104より），それ以外も含む．なお党員数は村党組織のものが記されている場合があり必ずし
出典：本章注（12）467・468頁に記されている史料群（とくにVpLA Greifswald, Rep. 294, Nr. 239 - Nr. 241

第二に、ノイブコフ市に属する集落にあった旧ＬＰＧは、集落単位のＬＰＧ化には帰結せず、五集落を包括する大規模ＬＰＧが、いわば市域を範囲とするＬＰＧ連合体のような形で設立され、ここに吸収される形となっている。後述するように本郡においては、拠点都市、ないし既存有力ＬＰＧを中核に大規模ＬＰＧ[16]が設立される事態が広範に生じているが、これはその典型的な事例である。そして他方で、この大規模ＬＰＧとは別に各集落内において新農民による小規模Ｉ型ＬＰＧが別途新設されているのである。

第三に、カーリン村ではÖＬＢ《エー・エル・ベー》問題の処理と抱き合わせで一九五八年に国営農場が新たに設立されている。大規模ＬＰＧという形をとっていないが、この事例もÖＬＢ問題を別とすれば周辺集落新農民の大規模経営への吸収がはかられたものとみてよいだろう。他方で一九六〇年のカーリン村Ｉ型ＬＰＧの農地面積が小規模であることから、この国営農場は事実上本村に属する全四集落を統合する新たなゲマインデ単位の国営農場として立ち上げられたと思われる。一九五七年末におけるÖＬＢアルト・カーリンの面積は四四五ヘクタールであり、さらに同年に「アルト・カーリン、ノイ・カーリン、ダネボルト、ボルラント、この四つの村が一つの政治的ゲマインデに統合された」といわれている。これら四村はそれぞれ有力集落一村を中核とする旧規模ゲマインデだから、ÖＬＢの国営農場化とゲマインデ統合が深く関連していたことは間違いないだろう。またヴェステンブリュッゲ村の国営農場は新設ではなく終戦直後に設立されたものと思われるが、国営農場がÖＬＢを吸収する形でÖＬＢ問題の解決が果たされている点は同じである。ＬＰＧ化の過程において本来の政策意図と外れるであろうこうした「ÖＬＢの国営農場化」については、他にもＭＴＳラーデガスト管区ザトー村でもみられ、予想以上の意義をもっていたと推測される。

第四に、ＬＰＧなき新農民村落では、ほぼすべてのところで「勤労農民」を主体とするＩ型ＬＰＧが新設されている。一般に、集団化に対してほとんどの有力新農民は拒否的な態度を示し、その報告たるや枚挙にいとまがないほどだが、しかしそうした新農民が小グループではなく集落としてまとまって存在し、かつ全村型ＬＰＧ

設立に向かうのはむしろ少数である。MTSラーヴェンスベルク管区はそうした「全村型」の事例が相対的に多いのが特徴で、具体的に確認できるものとして、ラコー村、クライン・ムルソー村、ラーヴェンスベルク村の三村をあげることができる。これらのLPGは他のI型に比べて経営規模が大きく、全村I型に帰結する傾向を示している。とくに六〇〇ヘクタールに達するラコー村は明確に「全村I型」村落となっている。情報不足につき断定できないが、農地面積からみてウーレンブロック村も同型の事例である可能性がある。また前掲表6-1を再度みれば、これらの村落がいずれも相当規模のÖLB面積を抱えていることも注目すべきである。

第五に旧農民村落については、既存III型LPGを中核に全村集団化が達成されるが、逆に村落を越えた大規模LPG化には帰結していないこと、そのさいカーミン＝モイツィンおよびクレムピンの二村にはいずれも相当数の「勤労農民」――新農民ではなく旧ビュドナー層だろう――が存在していると思われること、同じくいずれも大農がLPGの担い手となっており大農主導型LPGとみなしうること、とくにカーミン＝モイツィン村のLPGはもともと大農家族出自の「農業労働者」によるLPGを起源としていること、以上の点を指摘しておきたい。とくに村落における大農＝ビュドナーの階層関係が、LPG化を経てもある程度維持されていたと推測される点が興味深い。

MTSレーリク管区に移ろう。表6-3は本MTS管区における全面的集団化状況を不完全ながらまとめてみたものである。一瞥してわかるように、本管区においては全面的集団化が軒並み大規模LPGに帰結する傾向を示すことが最大の特徴である。とはいえその内容は各ゲマインデごとにかなり個別的である。上から順に述べれば、まず第一にレーリク市においては、拠点都市レーリク党組織を軸に、周辺集落のLPG連合体として大規模LPGが新設されている。これはノイブコフ市の大規模LPGと同型とみなしうるだろう。第二にバストルフ村（ゲマインデ）においては、バストルフ村とケーグスドルフ村の既存の二つの優良LPGを軸に周辺村落農民を統合することで大規模LPGが形成されている（第四章第二節を参照）。さらに、これに連動する形でヴェンデ

における全面的集団化の状況（1960 年）

おける LPG(ハ)		
組合員数（人）	党員数（人）	LPG 化の経過
142	33	1955 年 3 月にⅢ型 LPG として設立．詳細不明だが，拠点都市型か．大規模 LPG の核となる．
		党員新農民が存在し，村党組織もあるが，LPG 化に対して強い拒否反応．詳細は不明だが大規模 LPG に吸収．
		人口 60 名弱の小集落．55 年頃，ÖLB 転化の LPG 設立か．詳細不明だが大規模 LPG に吸収．
		人口 70 名弱の小集落．52 年 12 月に新農民 7 名により LPG が設立されるが，「6 月事件」で解散．その後は情報少なく不明．
		不詳
		1954 年 12 月に ÖLB 転化型として LPG 設立．
61		1955 年に ÖLB からの転化型 LPG．LPG ケーグスドルフとともに大規模 LPG 形成の核になる．
		難民主導で 53 年 1 月と早期設立の優良 LPG．「6 月事件」後も存続・拡大．大規模 LPG の核になる．（第四章第二節参照）
		本村には酪農場，鍛冶屋がある．近隣集落 ÖLB を統合した村 ÖLB を基盤に 1955 年に村 LPG を設立．組合の組織率は高かったが，飲酒癖など労働モラルが低く，また内部対立などにより経営が不安定，中心人物の共和国逃亡も発生している模様．結局大規模 LPG に吸収される．50 年代に，近隣小ゲマインデとの統合がなされ中核集落になるが，結局は大規模 LPG 設立にともない行政的にもバストルフ村に統合される．
		LPG が早期に設立されるが，「6 月事件」で解散に．新農民放棄経営は ÖLB Wendelstorf に統合される．1957 年に新 LPG 設立が設立されたようだが詳細不明．結局大規模 LPG に吸収．LPG 解散後は一貫して周辺的集落として位置づけられる．
		不明．
		小集落．詳細不明
		難民集落. LPG が早期に設立されるが「6 月事件」で縮小・存続か. その後の詳細不明.
		新農民の村党組織あり．1954/55 年頃，ヴィシュヌール集落の ÖLB 転化により LPG が設立される．勤労農民の集団化に対する抵抗感が強い．全面的集団化はこの LPG を軸になされたようであるが LPG は不安定で機能せず, 生産性も低い．郡内でももっとも困難な LPG とされ，1960 年 4 月には LPG 分割と近隣 LPG への吸収が検討されるが，話し合いがまとまらずうまくいかないとされている．
		早期設立するも「6 月事件」で打撃大きく縮小．その後隣村の LPG ガースドルフ / ホルストと合併する．残存新農民が全面的集団化期にどういう経路をたどったか，つまりこのⅢ型 LPG “Zum friedlichen Aufbau” に加盟したのか，それとも上記ビュッテルコフ＝ヴィシュヌールの LPG “Vorwärts zum Sozialismus” に加盟したかは不明である．

表6-3　MTSレーリク管区所轄の村落

ゲマインデ	集落	集落形態[イ]	1921年の農場面積(ha)と大農経営数[ロ]	1960年に		
				名前	型	農地面積(ha)
レーリク市	レーリク市		*			
	ブレンゴー	NB	493ha			
	メシェンドルフ	AB	大農3	Ostseewelle (大規模LPG)	Ⅲ型	978
	ガーツァーホーフ	NB	179ha			
	ノイガルツ	NB	227ha +大農4			
バストルフ村	バストルフ	AB	大農6	Einigkeit	Ⅰ型	46
	ケーグスドルフ	NB	561ha +大農4			
ヴェンデルストルフ村(バストルフ村と合併)	ヴェンデルストルフ	AB	大農3	Am Leuchtturm (大規模LPG)	Ⅲ型	1586
	ホーエン・ニーンドルフ	NB	308ha			
	ガルフスミューエン	NB	107ha			
	ヴェストホーフ	AB				
	メヒェルスドルフ	NB	396ha			
ビュッテルコフ村	ビュッテルコフ	NB	238ha	Vorwärts zum Sozialismus	Ⅲ型	810
	ヴィシュヌール	AB	大農5			
	ヴィヒマンスドルフ	NB	477ha	Zum friedlichen Aufbau	Ⅲ型	

おける LPG[ハ]		LPG 化の経過
組合員数(人)	党員数(人)	
		難民新農民の集落．LPG ガースドルフは LPG ホルストと合併後，上記隣村の LPG ヴィヒマンスドルフと合併．その他の多数派の個人農たちは LPG 化に対する抵抗感が大きく，異なる傾向を示す．当局は政治的に問題のある集落としている．結局，小規模Ⅰ型 LPG が設立されたことを別とすれば，ケルヒョー村の優良 LPG に加盟していったと思われるが，詳細な経緯は不明である．
		村に教会あり．50 年代初頭はゲマインデだが，途中でガースドルフに合併される．詳細不詳．
		早期設立（1952 年 10 月）の優良 LPG で「6 月事件」後も存続拡大．55 年にヴェステンブリュッゲ村（サンドハーゲン村の南側隣村）の ÖLB を吸収．全面的集団化期はそのまま残存新農民が加盟．
		当初より一部新農民が上の LPG ケルヒョーに参加．全面的集団化期には残存新農民もこの LPG に組織されたと思われるが，当村にはビュドナー層が相当数おり，彼らが LPG に一致して反対しているのが特徴．なお，「6 月事件」後に大農経営返還の動きあり．また 61 年においても当村には党員の個人農が残存している．
8		優良新農民集落．大農経営を資源とするⅢ型 LPG もあり．どちらも強力な党組織を誇るが，村内対立は深い．全面的集団化期には勤労農民グループが崩され，Ⅲ型 LPG に吸収される者と小規模Ⅰ型 LPG を設立する者に分かれる．Ⅲ型 LPG は隣村のロゴー＝ルソー村Ⅲ型 LPG と合併へ．（本文参照）
		難民的性格が強い新農民集落．50 年代後半に優良新農民集落に．全面的集団化期には村内対立を抱え込んだまま全村型 LPG を目指すが，経営不安定につき，上記のツヴェードルフのⅢ型 LPG と合併に．
4		村内少数派による小規模Ⅰ型 LPG．
7		同上．
		不詳．
		詳細不明だが，優良新農民型の全村型 LPG．経営は安定とされている．ただし SED 党員はおらず DBD 主導の LPG．
		設立経過は不詳．高齢組合員が主体の LPG だったが，旧農民と工業労働者が加わって若返ったという．経営状態は困難な状況．
5		3 名の組合員が自家用車を持つほどの優良新農民による I 型 LPG．

（つづき）

ゲマインデ	集落	集落形態(イ)	1921年の農場面積(ha)と大農経営数(ロ)	1960年に		
				名前	型	農地面積(ha)
ガースドルフ村	ガースドルフ/ホルスト	NB	422ha	Waldfrieden	Ⅰ型	
				Aufbau（大規模LPG）	Ⅲ型	
	ビーンドルフ	AB	大農7			
ケルヒョー村	ケルヒョー	NB	368ha			
	ザンドハーゲン	NB/AB	大農4			
ツヴェードルフ村	ツヴェードルフ	NB	330ha ＋大農4	Reiche Ernte	Ⅰ型	78
				Rotes Banner（大規模LPG）	Ⅲ型	991
ロゴー＝ルソー村	ロゴー＝ルソー	NB	1012ha ＋旧農民5			
	ロゴー			Am Haff	Ⅰ型	34
	ルソー			Friedlicher Nachbar	Ⅰ型	62
				Freundschaft	Ⅰ型	
イェルンストルフ・レーネンホーフ村	イェルンストルフ	NB	319ha ＋大農4	Ernst Thälmann	Ⅰ型	242
	レーネンホーフ	NB	286ha	Lindenhain	Ⅲ型	
				Einigkeit	Ⅰ型	53

注と出典：表6–2の注記（414・415頁）に同じ。

ルストルフ村とバストルフ村のゲマインデ統合までが遂行されている。次のケルヒョー村の場合も、ゲマインデの再編統合こそ伴っていないが、既存の優良ＬＰＧを核としてケルヒョー村とサンドハーゲン村の両有力集落の個人農を統合する形で集団化が進行しており、バストルフ村と同型のものといえるだろう。第三に、これに対して、ビュッテルコフ、ビーンドルフ、ガースドルフの三つのゲマインデを包括する区域の集団化の経緯は複雑を極める。全体として集落とＬＰＧ化の領域が対応せずモザイク状になり、事実上集落分解状況に陥っている様相がうかがえよう。当局もとくにガースドルフ村の集団化について非常に難しいものとみなし、このためゲマインデ統合の方向も打ち出せていない。最後に、ツヴェードルフ、ロゴー＝ルソー、ヨルンストルフの各村はいずれも優良新農民村落であり、ツヴェードルフ村の大農経営を資源とする小規模ＬＰＧを除き、一九五二・五三年の初期集団化期にはＬＰＧ設立がみられなかった地域である。全面的集団化期になってはじめてヨルンストルフ村は村落単位で、ツヴェードルフとロゴー＝ルソー村では両者が統合される形で大規模ＬＰＧが設立されることとなるのであった。

このように両ＭＴＳ管区を一瞥しただけでも当該期の集団化のありようがいかに複雑、かつ多様であるかがわかろう。だが、ここでは、本章全体の主旨を念頭に、とくに新農民村落の集団化に関して、一方でのおおむね村落単位のＬＰＧ設立に帰結する村落群と――ただし小規模Ｉ型ＬＰＧを分立する場合としない場合がある――、他方での村落としての一体性をもちえず、同一村落の中で大規模ＬＰＧないし国営農場への吸収と小規模ＬＰＧ分立が同時に生じたり、あるいはひどい場合は事実上、村落が分解状況に陥ってしまったりなど、全体として自立的に村落単位の対応をなしえなかった村落群との対照性に着目したい。ここでは便宜的に、前者を「優良新農民村落群」、後者を「劣悪な新農民村落群」と呼ぶこととしよう。既存有力ＬＰＧを軸とするケース、及び「劣悪な新農民村落」のうち「解散／縮小型」の一般的事例については、すでに第四章でケーグスドルフ村とディートリヒスハーゲン村の対照的な二つの事例分析において論じているので、ここでは扱わないか、簡単な言及にとどめることとする。それでは、まず、優良新農民村落の集団化からみていくことにしよう。

第二節　優良新農民村落の集団化

一九五〇年代の郡アルヒーフ史料には、郡の党役員やMTS政治課指導員の手によるその時々の村落状況に関する報告文書が多数残されている。これらの報告書を読みながら気づくのは、一九五〇年代後半期に前面にでてくる村々は、一九五〇年代前半期に頻繁に登場した村々とは異なるということである。それらの村は、まさに全面的集団化期において個人農たちの抵抗感が大きく、当局によりマークされていた村々であった。例えば「一九五八年選挙」キャンペーンにおいて、郡党指導部は運動の重点区として「バート・ニーンハーゲン、キルヒ・ムルソー、ノイブコフ、アルトブコフ、パーケンティン、ローゼンハーゲン、シュマーデベック、ガーズハーゲン」の各村の名をあげている。(17) さらにまた、全面的集団化に際しては各MTS管区指導員らのイニシアチブのもとで、村在住の党・国家アクティブを動員する形で「集団化班」が結成され、個人農への説得工作が展開されることになるのだが(第七章第五節参照)、一九六〇年二月頃に作成されたと推定される「わが郡の迅速な農業社会主義化工作班一覧」と題された文書において、「工作班」の構成一覧が記載されているのは、ゴロー、ラーデガスト、ベルコー、ヒンター・ボルハーゲン、バストルフ、グラスハーゲン＝シュツロー、パーケンティン、ヨルンストルフ、ロゴー＝ルソー、ラコー、テショー、キルヒ・ムルソー、クレムピンの一三村となっている。(18) これらの村は、一部を除き、なお大農層が村政に対する影響力を保持している抵抗型の旧農民村落、優良新農民層が村政を主導している新農民村落、さらに経済的・政治的に困難な新農民村落から構成されている。

以上をふまえ、本節では、主としてキルヒ・ムルソー村、ラコー村、ラーヴェンスベルク村(以上MTSラーヴェンスベルク管区)、ロゴー＝ルソー村、ツヴェードルフ村(以上、ＭＴＳレーリク管区)、ゴロー村(ＭＴＳラーデガスト管区)の六村を、ここでいう政治的焦点の一翼となった優良新農民村落群としてとりあげ、その特徴を探っていくことにしたい[19]。本書巻頭地図４からわかるようにこれらの六村はゴロー村を別とすれば、ＭＴＳラーヴェンスベルク管区を中心に、ほぼ郡西部地域に位置する村々である。村の抽出は、上記のように文書史料上での言及頻度が高いこと、さらに登場する農民層の社会的・経営的性格に類似性が見られること、とくにＭＴＳラーヴェンスベルク管区に属する村については、既述のように大規模ないし中規模Ｉ型ＬＰＧ設立に向かうことなどを根拠としている。一九六〇年の本郡Ｉ型ＬＰＧの報告において、「組合員数八〜一〇名の小規模ＬＰＧ」が大きな困難に直面しているのに対し、「ラコー、ガーズハーゲン、ヨルンストルフなどの比較的規模が大きいＩ型ＬＰＧでは」集団指導体制が実現していると述べられていることからみて[20]、これらの村では集団化前後において多かれ少なかれ村落の主体性が維持されたところと考えることができる。

1．ラコー村の集団化 ― 優良難民新農民主導による全村集団化 ―

優良新農民村落のなかでも、もっとも典型的な特徴を示していると思われるのがＭＴＳラーヴェンスベルク管区に属するラコー村である。そこで、まずこの村の集団化過程をみることから始めたいと思う。

さて、ラコー村(ゲマインデ)はラコー村とテスマンスドルフ村の二集落からなるが、一九二一年農場住所録においてレストルフ家が両村を所有し、その経営面積はあわせて六四〇ヘクタールであると記載されているように、事実上は一体とみなしてよい村落である。この他にテスマンスドルフ村には三〇ヘクタール規模の大農が三経営存在している。戦後については本村の農民互助協会の加盟経営数は六四戸とあり、またテスマンスドルフ村の「勤労農民」は二〇戸とあるから、ラコー村の新農民数は差し引きで四〇戸強と推測される。全体としてほぼ典型的な「騎士農場管区」地域の新農民村落といえよう[21]。

戦後から一九五〇年代前半にかけてのラコー村の情報は少ないが、一九五三年二月の情勢報告においては、「テスマンスドルフには勤労農民二〇名と大農二名」がおり、「勤労農民の一部はオストプロイセンの旧大農である」、また三番目の大農経営は「同志シャハトが小作している」と述べられている[22]。

さて、本村に関する情報が登場しはじめるのは一九五五年以降からである。一九五七年のMTS管区指導員による報告によれば、本村は一九五〇年から一九五五年まで供出においては常に模範的村落であったという。これは当時のSED党員村長ローレンツが村内に豊富な人脈をもちこれを維持したことによるが、しかし、一九五六年以降はこうした村長の主導性が弱化し、供出達成は郡の平均水準まで下がったという。また、本村では「共和国逃亡」が頻発し、一九五一年以降だけでも四六名を数えると指摘されている。村民総数は不明だが、農民戸数からみてこれはかなり高い比率ということができる。村SED党組織の党員は一三名と高水準にあるが、しかし郡党指導部メンバーのゼムブラットと村長ムシェルトの二人のボスを軸とする党内対立があるために、村の党活動は停滞。さらに「党員のほとんどが旧難民（ベッサラビア人）であり、教会の強い影響下にある」ことが党活動上の困難をもたらしているといわれている。なお村農民互助協会は上述のように六四戸に達し――戦前期の村総面積からみて事実上全員加盟と推測されよう――、党に対する影響力も大きいという[23]。

一九五六年六月一三日の警察報告によれば、同月一一日に上記の党員小作人の「大農」シャハトが「赤軍が自分の牧草地に大砲を設置し、そのせいで牧草がだめになった」と非難したといい、報告者はこの行為を反ソ的言動と警戒している。また、同じ報告において、レーリク市在住の「共和国逃亡」者の妻がテスマンスドルフの娘のところを訪れ、「反政府的な農民のもとで働いている」とわざわざ付言がなされており、郡当局が本村に対して不信感を抱いていた様子がうかがわれる[24]。

以上のように、本村では戦後入植した元農民の難民新農民層が党組織の主体となり、農民互助協会を通してほぼ村政を掌握していること、そして旧大農経営についても旧難民の党員がこれを小作していたことなどがわかる。また、こうしたことの結果、本村は党員難民新農民層の強力な指導の下で「模範村落」であったが、しかし他方では、高水準にのぼる「共和国逃亡」が生じていることから大規模な新農民の経営放棄が起きていること、さらに厚い党組織がありながら当局からは不信感を抱かれる状況にあったことが読みとれる。

本村の集団化は、一九五七年一一月、第三三回中央委員会総会決定をうけてのことと思われるが、ＭＴＳラーヴェンスベルク管区指導員が、ラコー村、キルヒ・ムルソー村、クライン・ムルソー村に対する集団化工作班を設置したところから開始される。ラコー村の党基礎組織において二回にわたって村党会議をもち、また多数の個人的な会話を通して党員に対して「社会主義的な発展」について説明、これをふまえて公開の村議会を開催したという。村党会議では村会議員の党員シャハト（上記の旧大農経営小作人である）が、「私は自分の支持者の意見を実現するために村会議員に選ばれたのであってＬＰＧを設立するためではない。われわれにはＬＰＧなんて必要ない」と反対を表明。また公開の村議会においては、勤労農民グラトップが「いま私は毎月千マルクの純所得があるが、この所得はＬＰＧでは得られない。以前、妻が病気だった頃、自分もＬＰＧに入ろうかと思っていたが、今は妻は健康となり私の経営は順調に伸びている。だから私はことの行く末を見守ることにしたい」と発言。さらに、郡農民互助協会委員かつドイツ民主農民党（以下、ＤＢＤ《デー・ベー・デー》と略記）村代表という村有力者のエーラーが――彼は後のＬＰＧ組合長である――、「私はわが村にもＬＰＧがつくられることは承知している。しかし私自身はＬＰＧがわれわれの経営を凌駕するまでは加盟しない。……君たちは一体何がしたいのか言ってほしい。私にはＬＰＧより勤労個人農の方が生産性が高いのは自明のようにみえる。ＬＰＧブッシュミューレンやＬＰＧシュトレムケンドルフの事例をみるだけで十分に分かるだろう」、と反対を表明。ＬＰＧ加盟に前向きなのは、「ゼムブラット同志、ヘルム同志、ヴィント同志など経済状態は芳しくない者だけであった」と報告されている。[25] ゼムブラットは郡党指導部に属する本村在住の党アクティブであり、上記のように村内紛争の一方の当事者であり、村民の信頼は厚くないと思われる人物である。

　残念ながら、ラコー村のLPG設立過程の詳細は不明である。ただ一九五八年九月一五日におけるMTSラーヴェンスベルク管区の分析において、「ヴェステンブリュッゲ村、ツァフツォー村、ラコー村の党組織では、イデオロギー活動の強化により、党員たちがLPGに加盟することで多くの無党派の個人農のLPG加盟を勝ち取った」、また「ラコー村にはDBD郡党書記が投入されたことで既存LPGが飛躍的に発展した」とあることから、[26]先の一九五七年一一月の工作班投入ののち、一九五八年に推進派の党アクティブを軸にLPGが設立され、その後のDBDグループの加盟を機に、LPG化が急速に進展したと推測される。一九五九年九月の報告では「勤労個人農ラント氏が、個人農は今日第二階級の人々であり、ほとんど戦争犯罪者と同じ扱いを受けている」と発言したとあることから、なお個人農が残存するものの、彼らは村の少数派勢力に転落したことが判明する。[27]そして一九六〇年二月に八名からなる集団化工作班が投入され全村化が完了したと思われる。この班には、MTS所長、MTS党書記、酪農場長（非党員）、村長などとともに、DBD党代表ヨスビッヒと、上記の有力者でLPG組合長となったエーラーが加わっている。[28]一九六〇年四月には、ラコー村農地面積六八六ヘクタールのうちLPG（I型）が五六五ヘクタール、残りの面積がÖLB《エー・エル・ベー》農地という状況になり、さらに同年七月にはLPG農地面積が六五九ヘクタールとさらに拡大し、組合員数は五四名となっている。こうして本村LPGはÖLB農地の一部を吸収し、ほぼ全村農地を掌握するに至った。ただし同月には「かつては個人農として堅固な経営を確立し、LPGでの仕事ぶりも満足のいくものであった」ブラウンが放牧地問題に関わりLPG退会を思案したり、あるいは党書記フンケが素行の悪さと労働意欲の低さのせいで信頼を失い党会議において党書記の地位を解任され、代わりに上記党アクティブのゼムブラットが党書記となるという事態が起きている。酪農生産の低下、中核農民の退会の動き、「無能」な党書記問題など、本村LPGはこの時点において、なお不安定な状況にあったことがうかがわれよう。[29]

以上が全面的集団化に至るラコー村集団化の経過である。ここからはいろいろと興味深い論点が見いだせるが、ここでは、第一に、本村は優良新農民を主体とする個人農村落であるが、同時に「共和国逃亡」の頻発やÖＬＢ問題をも伴っていたこと、第二に、早期より新農民を主体に村ＳＥＤ党組織が確立しているが、彼らは農民出自の難民グループであり党上部機関からは警戒感を抱かれていること、第三に、しかし郡党組織とＭＴＳ管区指導員の主導のもとに集団化工作班が設置され、最終的には村有力者の同意をえて村落単位の大規模Ｉ型ＬＰＧの形成へと帰着していくこと、以上の三点を確認しておこう。実はこれらの特徴はラコー村だけではなく、先にあげた他の優良新農民型の集落にもしばしば観察されるものであった。以下、主として上記の優良新農民集落群を念頭に、これらの特徴点について詳しくみていきたい。

2. 優良新農民の形成とÖＬＢ《エー・エル・ベー》問題

①新農民富裕化の実態

全面的集団化に対して強い拒否感を示したのは「優良新農民層」であった。既存ＬＰＧが個人農に対して経営的に劣位である状況に変わりがない以上、それはある意味で当然である。しかし、注意したいのは、こうした「優良新農民」化現象、とくに集落単位でのそれは一般的なものでは決してなく、あくまで限定的なものであること、およびそれがÖＬＢ問題のあり方と結びついているという点である。以下、これらの点を念頭におきつつ、まず「優良新農民」の実態からみていくことにしよう。

さてＳＥＤ郡党指導部は、一九五七年秋以降、集団化工作を開始し、翌五八年にはそのテンポを一気に引き上げるが、そこで新農民の強い反発に直面することになった。そのせいであろう、一九五九年には「なぜ中農のＬＰＧ加盟はこれほど鈍いのか」というタイトルの内部文書が作成され、ＭＴＳイエーネヴィッツ管区ラーベンホ

表 6-4　ラーベンホルスト村党員新農民ニムツの経営状態（1958 年）

	豚（kg）	牛（kg）	卵（個）	ミルク（kg）
「市場生産 Marktproduktion」(1)	1,912	483	3,444	12,038
義務供出分 (2)	624	287	117	4,103
国家買付分 (3)	1,488	296	2,270	7,935
その他（「農民市場」など）(4)	?	?	1,057	0
農地 1ha あたり「市場生産」(5)	251	63	453	1,582
同東ドイツ個人農の平均（1958 年）(6)	103	51		853

注：(1)「市場生産」は自家消費分を除く売却分の総計を指す．
(4) は原文書にはない計算値である．計算式は (4) = (1) − {(2) + (3)}．豚と牛については数値がマイナスになり，かつ端数がない不自然な数字となるので，ここでは数値を書くことをしなかった．ミルク供出は酪農場に出すしかないので，その他がゼロとなるのは自然である．
(5) は (1) の数字をニムツの農地面積は 7.61ha で除したもの．
出典：VpLA Greifswald, Rep. 294, Nr. 215, Bl. 90 より．東ドイツの個人農の平均の数字 (6) は，Berthold, T., Die Agrarpreispolitik der DDR, Gießen 1972, S. 79 による．

ルスト村の党員個人農ニムツの例が引き合いに出され具体的な分析が試みられている。そこでまずこの文書をみることから当時の優良新農民の経営実態をみてみよう(30)。

さて、ニムツは土地改革で九・八七ヘクタール（うち農地は七・六一ヘクタール）を得たといい、小作地はないとされているから、農地面積から見る限り彼は標準的な新農民であったといえる。家畜保有頭数は、牛八頭（うち乳牛三頭）、馬二頭、豚一三頭、羊一七頭であり、「乳牛頭数が大変少ない」が、これは前年に乳牛数頭が病死したために、一九五九年は二頭の牛が出産したことで保有頭数を回復したという。馬二頭という最低限の牽引力を確保し、酪農を主体とする農民経営であったことがわかろう。

表6-4は本文書に掲載されているニムツの農産物出荷状況を示している。ここで「市場生産 Marktproduktion」とは農業生産のうち自家消費分を除く部分をさし、具体的には義務供出分、国家買付け分、「農民市場 Bauernmarkt」分の三つからなることになる。前二者は「国営調達・買付機関」が買い上げることとなるもので（二重価格制）、当然ながら供出価格よりも国家の買付け価格の方が高く設定される。「六月事件」後は、農民の生産を刺激するために供出ノルマが固定化される一方で国家買付け価格が引き上げられ、さらに「農民市場」の復活が一定の条件のもとで認可された。「農民

市場」とは、いわば地場の農産物流通であり、従来の「週市」のようなものといわれるが、「農民市場指導者」が実際の市を監視したという。[31] 実は、この表のもとの文書には「農民市場」仕向け分としての記載はみあたらないのだが、「その他」として算出した差し引きの分は実質的に「農民市場」分と考えてよいだろう。（ただし計算値があわないので、数字の信頼性に疑問が残るが。）そうした前提のうえでニムツの出荷状況をみてみると、まずは義務供出分の水準が低いのに対して、国家買付け分が大きな比重を占めることがわかる。だがそれ以上に着目したいのは、卵とミルクにみられるように酪農からの収益が順調であること、かつ卵は約千個が地場流通に向けられ重要な意義を占めていることである。さらにこの表で単位面積あたりの「市場生産」を同年の東ドイツの個人農の平均値と比べると、牛を除く豚・卵・ミルクの「土地生産性」で平均よりもかなり高い水準を達成していることがわかる。ここからは畜産・酪農を軸にした優良個人農ニムツ経営の姿が浮かんでこよう。

経営支出の内訳が不明なので農業所得水準の詳しい算出は本表からは不可能だが、何より驚くのは、この党員新農民が「家はモダンに改築し、住居と畜舎に水道施設をつけ、かつ風呂も備えた。テレビも自家用車も手に入れた」と報告されていることである。さらに彼は「牧草刈り機とコンバインは他の二人の農民と共同で利用」し、脱穀機についても一九五七年に全村農民による二万四千マルクの現金払いで購入し共同利用したという。脱穀機の購入はもとよりコンバインなどの最新の大型農業機械をも共同利用したという指摘からは、ニムツが個別に富裕化しているわけではなく、同じ状況が複数の新農民について当てはまること、さらにはこうした村単位の富裕化によりＭＴＳ依存から脱却していく可能性すらあったことをうかがい知ることができる。（ただし次章で述べるようにトラクターに関しては別で、むしろＭＴＳ委託を上手に使い機械コストを下げる戦略をとったと考えられる。）

後年、小型国産車トラバントが旧東ドイツ社会を揶揄する象徴となったことを知る者からは意外に思われるかもしれないが、この頃になると自家用車を保有する農民への言及が、この村に限らずともしばしば登場する。彼らこそは、上記の優良新農民たちに重なる人々であろう。例えば一九六〇年、レーネンホーフ村Ｉ型ＬＰＧの組合員は「経済的に強力な農民」五名からなるが、このうち三名までが自家用車を保有しているとある。[32] ロゴー村では一九六〇年九月、LPG組合長ブリッツが若妻と幼い子供とともに「共和国逃亡」を敢行するが、その さい彼は自動車を購入し「すべての家財を積んで車で家から姿を消した」とされている。[33] 同じことは他郡の報告にもみられる。一九六〇年三月四日にはリープニッツ郡ブルンスドルフ村のLPG農民グラーゼ(一九二六年生)が、妻、息子、母とともに自家用車でベルリンへ「共和国逃亡」したとあるし、またヴィスマール郡でも、一九六〇年六月二六日にLPG農民ハルトマン(一九三〇年生)が、妻と子供一人をつれて自家用車を使って「共和国逃亡」をしたとある。[34]

ただし、ニムツの例はこの村のトップ農民の事例だろうし、また報告者の政治的な意図による歪みを考慮すれば、富裕化が過度に強調されているだろうことは留意しなければならない。というのも、例えば当時この種の近代マシンをわがものにする現実的な仕方は、自家用車を保有することよりはMTSトラクター運転手になることだったからである。MTSトラクター運転手は農村部に残留する若者にとっては数少ない魅力的な就職先であった。彼らにとって大型マシンを扱うことは誇りでもあったろう。MTSトラクターを個人的な移動手段として利用することが党MTS指導部により問題視されたり、MTS内で貴重な自動車利用をめぐって党カードル内部で口論が絶えないのも、自動車の個人保有が一般化していないことを物語るものといえよう。[35]

とはいえ富裕化した優良新農民がある程度のスケールで形成されてきた現実は、報告者の政治的バイアスを考慮しても否定できないと思われる。そしてそうした優良新農民であれば、LPG加盟拒否はある意味で自然であった。上記党員新農民ニムツは —— 彼は村党書記にして村評議会のメンバーでもある —— LPG化について次のように述べたという。

「(LPG化を契機に自分の)住居に隣接する畜舎を牛舎に改築する予定がある。これは、私や、この畜舎の反対側に住む私の仲間にとっては、いまの部屋を空けて新しい住宅を建てることを意味する。しかしこの家には手間とお金をかけているのでこの考えには同意できない。自分で育てた果樹の木々が生える附属の庭地も失うことになる。他方でわれわれは一部の機械を調達し、それによって農作業や畜舎の仕事が楽になり、ＬＰＧよりも自由で快適な暮らしをしている。現在われわれの生産と現金収入はＬＰＧよりも高い。収入が半分も減少するのがわかっているのだから、ＬＰＧに加盟したり新たにＬＰＧを設立するのは難しい。それにわれわれが調達した機械や農具の支払額はだれが弁済するのか。私は、国家がもっと肥料と飼料を供与し、ＭＴＳによる支援がもっと受けられるのなら、個人農は生産を上昇させることさえできると思う。この点は私だけでなく村の他の仲間も同じ意見だ。[36]……」

ここには単なる所得の問題だけではなく、土地改革以後の党員新農民の「自己経営への投資と蓄積」の成果が、またそれゆえの自己経営に対する執着が典型的に表出されている。しかも個人ではなく、村の優良新農民群を代表して主張されているのである。その意味では、皮肉なことに、国家組織に支えられた豊かな個人農――「勤労農民」――の創出を夢見た土地改革理念がここに実現されていたともいえるのである。それこそはニムツらが、党員新農民として社会主義農政を肯定的に受容してきた所以でもあった。

② ÖLB《エー・エル・ベー》問題との関わり

すでに述べたようにＭＴＳラーヴェンスベルク管区ではÖＬＢ面積がかなりの規模で残存するばかりか、それがとくにＬＰＧなき新農民村落に偏って分布していた。このことは何を意味しているのだろうか。幸いなことに「ＭＴＳラーヴェンスベルク管区の放棄地経営の現状」と題された郡党第一書記宛の文書が存在する。[37]以下、この文書から優良新農民形成のありようを土地問題の側面から探ってみよう。

さてこの文書では、なおÖＬＢを抱える村落として、ラコー、クレムピン、ラーヴェンスベルク、キルヒ・ムルソーの四村をあげる。これらは旧農民村落のクレムピン村をのぞき、本節でいう優良新農民村落に属する村である。報告は、まずÖLB農地は村当局が管理しているものの、農繁期における実際の作業はMTSが行っていること、また費用節約を目的として施肥や労働投入を削減したが、その結果、逆に収益悪化を招いたこと、これらを指摘したのち、とくにÖLBが村の農民層の利害調整手段として利用されていることに注意を促している。すなわち、「村当局でも村落の会合でも、各耕区をより有効に経営するためにÖLB農地との交換分合が認められている。村評議会の許可のもとでÖLB農地を集めて〇・五～一ヘクタールの小区画の団地をつくり出し、その利用を勤労農民に任せる一方で、それより小さな各個人農の耕区をÖLBに委ねるやり方が行われている。このせいで機械作業が著しく損なわれたが、他方で各個人農の思惑的な狙いが促進されることとなった。……こうした交換分合の結果、もっとも痩せた辺鄙な場所の村有地がÖLB農地となった。」

この記述からは、新農民が交換分合を通して村の劣等地をÖLB経営とMTSに委ね、自らのもとに優良地をかき集めたことがわかる。しかもそれは村ぐるみで行われているのである。報告書では、各村評議会が「農民の土地需要に応じて個人農と利用契約を結び、個人農がÖLB農地を自由に利用する」ことを事実上容認しており、このため「ラコー村やラーヴェンスベルク村では勤労農民たちが大農に発展している」とまで書かれている。例えばラーヴェンスベルク村について、有力農民ヴェンディヒはかつては七・七六ヘクタール経営であったが、いまや一八・五ヘクタールを経営している、このうちの増加分は無主地利用の形態でヴェンディヒに委ねられたものであるとされ、また農民レプケは、自らの農地とは別にÖLBから一〇・四ヘクタールを借り受けてこれを経営しており、その内容は乳牛、養豚、家禽類であると記されている。これは付属地経営といえどもかなりの水準であるといえよう。ラコー村についても、「農民ボーアは一七・七ヘクタールを経営しているが、彼の本来の基盤に経営しているという。さらに新農民経営ではないが、本村村長が自らÖLB農地を利用して住宅付属地経営面積は七・三ヘクタールにすぎず、「したがって一〇・五ヘクタールがÖLB農地からの利用」であると書かれている。

ÖLB《エー・エル・ベー》利用が有利なのは、供出ノルマが通常に比べて低いこと以上に、引受地について直接供出義務を負わなくてすむからである。この点についてキルヒ・ムルソー村では「ÖLB農地約二五ヘクタールが勤労農民により耕作されている。しかし彼らは村との間で利用契約を結んでいるわけではない。供出するのはÖLBであり農民たちは当該小作地については供出義務を免除される」と述べられている。

さらに注目すべきは、こうした土地利用の仕方が、実はÖLB農地に限定されていないという点である。すなわち「上記のÖLB農地とは別に二六四・六ヘクタールが勤労個人農の利用に出されて」おり、その内訳は、ラコー村一〇五・四ヘクタール、ラーヴェンスベルク村七〇・三ヘクタール、キルヒ・ムルソー村八八・九ヘクタール（＋不明分）とされている。さらに「ラコー村では牛二九頭、豚五五頭、馬四頭、羊一〇頭が、ラーヴェンスベルク村では牛一五頭、豚一三頭、馬三頭、羊五頭が勤労個人農の利用に付されている。キルヒ・ムルソー村については村長が、MTSはこの件の情報を求める権限はないとして情報を出してくれない。われわれは彼が欠落分の二五ヘクタールについて誰が経営しているのか、どの農地なのかを調査する意志がないからだとみている」という。そして、この報告書の最後では、この小作地から農民が得ている「経済効果」の総量が計算されている。それによれば、穀物については農地一六〇ヘクタールから計四五〇トンの収穫があり、ここから供出量六八トンを差し引いた残り三八二トンが豚飼料として充用されるとしている。同じくジャガイモ九〇ヘクタールについても総収穫量二一六〇トンから、供出量二八八トンを差し引いた一八六二トンが養豚飼料とされており、こうして穀物とじゃがいもを飼料として計一九一トンの豚肉が生産され、ここから供出量一二・五トンを差し引いた計一七八・五トンが「自由売却分」となり――主として国家買付け分であろう――、その総収入は一六万六五〇マルクに達すると見積もられている。

これはかなりショッキングな報告内容である。最後の農民小作地の追加的収益の見積もりは机上計算にすぎず、ここでは問わないにしても――豚肉に収斂させる計算の仕方は当時の新農民の富裕化が部門としては養豚業と関連していたことを示唆していてきわめて興味深い――、ここからは第一にÖLB農地以外にも実は小作地が相当規模にのぼっていること、第二に土地だけではなく大型家畜についても個人農への貸与がなされていたこと、従ってÖLB経営といいながら、村落主体の営農としての実態はまったくないこと（この点は大農経営をまるごと引き受ける旧農民村落のÖLBとは大きく異なる点である）、第三に、キルヒ・ムルソーの情報提供拒否にみられるように、これらは村ぐるみで行われていたことが確認できよう。

一般に新農民が経営放棄した場合、その農地は、既存農民が小作地として引き受けるか、LPGが引き受けるか、ÖLBが管理するかである。[38]これらの小作地はÖLBよりも土地条件が良好な土地と思われる。とはいえ、その点を別とすれば、ÖLB農地が小区画に分割されて事実上小作地のように運営されたり、しかも家畜までが個人利用に委ねられるのであれば、小作地とÖLBが個人農経営にとってもっていた意味は――供出ノルマ水準がどちらも低く設定される――ほぼ同じとみてよいだろう。当該管区の新農民経営の富裕化とは、こうして一九五〇年代に新農民経営の分解とともに発生した大量の耕作放棄地問題を背景に、ÖLBの主旨を村ぐるみで換骨奪胎し、通常の義務供出とÖLBのあいだにあった制度的な隙間を逆手にとりつつ、村落全体で行われていた。[39]こうした構造であればÖLBのLPG化による解決が不可能であることは明確であろう。ÖLB問題はLPG化ではなく個人農の富裕化に資する形で「解決」されていたからである。

しかし、こうしたÖLB利用は決して郡当局に対して秘密裏になされていたわけではなく、ラーヴェンスベルク村がMTSがおかれている拠点村落であることから想像がつくように、ある程度まで当局により不承不承ながら黙認されていたことがらであったと考えられる。むしろ逆説的なことに、これらの村落が土地改革以来のSEDの影響力が強い村落であったことが、村の自立性を政治的に強化し、村内資源の裁量度を高めることで、上記のようなÖLBの有効利用を可能にしたのではないかとも考えられるのである。この点を見るために、次に政治的・社会的側面から優良新農民村落の主体のありようについて考察してみよう。

3．優良新農民の政治的・社会的性格 ― 党と難民と教会 ―

一九五七／五八年以降の集団化過程で注目すべきは、ターゲットとされた「勤労農民」の多くがSED党員であることである。集団化がある程度進んだ一九五九年八月時点でも、当該郡残存個人農一八〇四人のうち、二五〇人（約一三・八％）が党員の個人農であると報告されている。[40] 集団化工作はまず党員「勤労農民」を切り崩すことから開始されたことを考慮すれば、再開時点の党員新農民比率はもっと高かったと推測される。とくに本章で問題とする優良新農民村落について、一九五七年ないし一九五八年の村の党員数をみると、ラコー村一六名、キルヒ・ムルソー村二二名、ゴロー村一〇名（ただし一集落の党員個人農の数）、ツヴェードルフ村二〇名（ただしLPG八名を含む数）となっている。ゲマインデの集落数や村民人口数などに幅があることを考慮しても、二〇名前後の党員数からみていずれも党の影響力が強い村であることは間違いない。ロゴー＝ルソー村も一九五五年党員数が一八名と高水準だが、他方でキリスト教民主同盟（以下、CDU《ツエー・デー・ウー》と略記）党員が一四名と一大勢力を保っている点が他村とは異なっている。[41] 以上はSED党員だけの数字だが、事実上の翼賛政党に近いDBD党員などを加えるとその裾野はもっと広くなろう。一般に土地改革を通して新農民村落がSEDやDBDの基盤となったことを考慮すれば、SED党員が多いこと自体はとくに不思議な現象ではない。当郡における各村落の政党状況に関する報告 ― SED、DBD、CDU、ドイツ自由民主党（以下 LDPD《エル・デー・ペー・デー》と略記）の他に、大衆団体としての「ドイツ自由青年同盟（FDJ《エフ・デー・ヨット》）」、「ドイツ民主婦人同盟（DFD《デー・エフ・デー》）」、独ソ協会などを含む ― においても、史料を読んでいる限り一般にLDPDやCDUは旧農民村落に多く、新農民村落には稀である。

むしろ注目すべきは、同じく党員といっても、ラコー村で見たように優良新農民村落の場合、単に党員数が多いだけではなく、SEDないしDBD党員が農民互助協会委員長など村の有力者として村政を把握している場合が多いこと、このため村内対立が表面化しにくいということである。郡党内文書でも、郡全体の動向として、集団化に対する反応が鈍い理由として、各村の議員や活動家がLPG加盟を必ずしも確信していないことがあげられたうえで、「彼らはたいていは村の模範的個人農であり、村農業の社会主義改造に大きな影響力を持っている」と指摘されている。(42) 後述するように、この点において優良新農民村落は、集団化過程で村の統合力が弱いために大規模LPGに吸収されていく「劣悪な新農民村落」とは明確に異なっている。後者では村のSED党員が村内少数者のさまざまな「不良分子」と結合し、村内対立が「SED対反SED」という党派対立をとる結果として村の凝縮性が解体していくのである。

当該期の優良新農民村落に関する特徴を論じる上で、党員数の高さとともに着目すべきもう一つの点は、難民新農民の存在感が非常に大きく、村政の主導者となっている場合がままみられることである。

典型的なのがラコー村とゴロー村である。前述のようにラコー村では党員新農民は事実上旧難民集団に重なっており、しかも数名の元大農の難民新農民が存在し、彼らが村の中枢を担っている。ゴロー村は、一九五九年の報告において、残存する勤労個人農民一八名のうち一〇名が党員であるが、その「党基礎組織はもっぱら経済的に強力な中農から」なっており、さらに「党員個人農一〇人のうち八人は旧難民で、かつ旧上層農」であると述べられているのである。(43) キルヒ・ムルソー村については情報が少ないものの、オットー・ポガンスキーというオストプロイセン出身の勤労農民が、村農民互助協会委員長、村評議員、モイツィン農民流通センター議長を歴任し、村でパパと呼ばれるほどの村内の中心人物であったというから、(44) ここでも村を主導する党員新農民は難民出自であったことになる。村党組織が「本来ならあらゆる課題を実現できるほどに強力」であり「勤労農民」経営が良好とされるツヴェードルフ村については、すでに第一章第四節で詳しく言及したように、一九五〇年の新農民リストが判明する（96頁以下参照）。これによれば、全三四経営のうち州内生れは一二名、難民および一九四六年以降の新農民経営取得者一九名、その他二名となっており、旧グーツ労働者の新農民は明らかに少数派であった。村長の党員ランゲはオストプロイセン生まれ、村農民互助協会（二一名）委員長のブレットシュナイダー（非党員）も少なくとも一九四六年以降の入植者である。村党書記のヘニングのみが一九〇三年の当村生まれの新農民に過ぎない(45)。

バート・ドベラン郡でもっとも難民的性格が強かった村の一つはロゴー＝ルソー村である。本村にはオストプロイセン難民が集中しているとされる。先に述べたように本村のSED党員数は一八名と高水準であるが、他方でCDUも一大勢力を誇る。一九五三年には「悪しきSED村長」のもとでSED党内対立が深刻化、全村は分裂状況となり「旧住民と新住民の間に深い対立」が生じたとされているが、一九五四年にはSEDのCDUに対する指導性が確立し、村落の一体性が回復したという。こうした一体性の回復にかかわっては「良質の無党派農民グループの存在」とともに、党員を含む教会の影響力の強さや、ほぼ全村婦人を組織化するほどの力を持ったという「ドイツ民主婦人同盟」の存在が注目される。ちなみに当該婦人同盟のトップは村長夫人であった。

このようにロゴー＝ルソー村の村内事情は複雑であるが、一九五八年の集団化のさいに鍵となったのは党員の難民新農民たちであった。一般にバート・ドベラン郡の集団化は党会議招集をテコにした党員新農民の切り崩しから始められるが、その党会議においては「幾人かの農民はリアス（西ベルリンのアメリカ放送のこと――引用者）や北西ドイツ放送のスローガンに沿って発言しており、敵対的な議論が強まっている。とくにロゴー＝ルソー村でそれが顕著である」と報告され、その理由として本村が難民村であり「郷土感情」がなお非常に根強いこと、そして牧師がその支柱になってきたことがあげられている。

一九五〇年代後半、「緑の週間」という戦前より続く著名な農業見本市が西ベルリンで毎年開催されているが、ここに本郡の難民たちが参加している。「共和国逃亡」に直接つながりかねない集会であるから当局のこのイベントに対する警戒感は当然強く――ロゴー村はとくに「共和国逃亡者」が多い村とされている――、各種報告書において「緑の週間」に関する言及がみられる。とりわけ一九五八年二月の情勢報告においてはロゴー村からの参加者で国家機関により拘束され強制退去させられた五名の名前があげられているが、このうち一人は別文書よりSED党員と確認される人物である。このようにロゴー＝ルソー村においては他村ほどには「優良党員の難民新農民による村政掌握」も、従って村落の強固な一体性も語ることはできないものの、党員新農民が重要な役割を果たしていること、および相対的に強固な東方難民意識を所持していることが確認できるのである[46]。

ラーヴェンスベルク村の場合はSED党の影響力は脆弱だが、やはり元大農の難民が村政を担っている。本村の中心人物は前述の無主地を利用して七・八ヘクタール経営から一八・五ヘクタール経営となったヴェンディヒであるが、彼もオストプロイセンの元大農の難民とされ、一九五五年には「西ドイツのオストプロイセン集会」への参加希望を表明している。その後、彼は本村の中核的なI型LPG（二二三ヘクタール）の設立を担い組合長になっている[47]。ラーヴェンスベルク村で優良農民がSED党員とならなかった理由は不明だが、本村がMTS拠点村落であり、そのため村の政治構造や党組織のあり方が他村とは異なったことが影響していた可能性があると思われる。

一九五八年のMTS管区指導員の報告には、「一九四五年にユンカー権力が瓦解し土地改革によって農地が土地なし農民、土地不足農民、難民に分配されたとき、特徴的だったことは、従来搾取されてきた本管区の農業労働者は自らの経営について良好発展を示しえず、逆に小農経営や、かつて経営を所有していた難民たちの方が相対的に早く、かつ多く、優良中農層に発展したことである。……こうした勢力をその後に社会主義セクターに獲得するのは特に難しい[48]」という非常に示唆的な記述を見いだしうる。第一章で論じたように一般には土地改革期には難民層は経営資源配分の点で旧グーツ労働者よりは不利であり、家畜不足に象徴されるように経営的安定性に乏しいが、その後の新農民層の分解を経て、とくに元農民の難民新農民が村の優良農民となっていく場合が限定的ながらみられるのである。戦後村政を掌握した有力難民の新農民は、一方でケーグスドルフ村やハンストルフ村のように初期の優良LPGを担うこととなるが、そうはならなかった場合――こちらが多数派であろう――、程度の差こそあれ上記のように主としてSED党員優良新農民として村政の中核を担うのである。裏を返せば旧グーツ労働者の新農民が村政の中軸を担う村は、想像以上に少ないのである。例えば本節で対象とする優良新農民村落についていえば、旧グーツ労働者が村政を掌握したと確実にいえるところはひとつもないのである。

こうした旧グーツ労働者と元農民の有力難民の差を生み出した要因として、やはり農業知識を含む経営能力ないしリテラシーの問題をあげなくてはならない。もとより旧グーツ労働者はフーフェ農民とは異なる行動様式を示すが、他方でSEDは、次章でみるMTSカードル世界が体現するような工業労働者文化を基本としていた。その意味で旧グーツ労働者は、実は農民文化の系譜からもSED党文化からも異質なところに位置していた。この点はSED郡党組織も自覚していたのだろう、一九五五年以降、LPGについては、一方で既存「不良の党員」を排除しつつ、他方で村において信頼の厚い農民の入党促進、「工業労働者よ、農村へ」政策による村外カードル派遣、そして党学校や農学校の整備によるカードル層の教育・研修に力を入れているのである。[49] これに対して元農民の有力難民たちは、とくに言及されているわけではないが、戦後の過酷な体験にもかかわらず農民文化としての経営者能力やリテラシーを保持しており、それが新農民経営の優良化に寄与したと考えられる。

もう一つ、農村難民の自己意識のあり方を考える上で見逃せないものとして教会をめぐる問題がある。混乱期の戦後東ドイツ社会にあっては、宗教や教会が農村に暮らす人々の精神的な支柱となっている。バート・ドベラン郡においても、農村女性による「聖書の会」が自宅で頻繁に開かれたり、バプティストやメソディストなどの非福音派教会の活動がみられるなど、当該期の宗教活動は伝統的な農村教会による儀礼的な宗教行事のレベルにとどまらないものであった。[50] 宗教問題が政治化するのは、「成人式・堅信礼」参加や村の学校における「宗教の時間」の扱いをめぐって世俗権力のSEDと教会が対立する場合である。すでに第五章でみたように、抵抗型の旧農民村落パーケンティン村にあっては在村牧師の反SED姿勢が明確であり、反集団化の精神的シンボルですらあった。郡党当局の不信は、当該牧師や教会が「共和国逃亡」支援ルートとなっていると疑うところまで深まっていたのである。[51]

こうした対決型とは別だが、もう一つきわめて興味深い現象がSED党員と教会の関係である。すなわち村の中軸をなす党員において、社会主義イデオロギーの内面化が非常に浅く、逆に教会への精神的依存が強いため、結果的に村のSED党員であることと信仰をもつことが無矛盾に両立している場合が多々あることである。しかもその拡がりは想像以上に大きい。例えば、MTSラーデガスト管区に関する一九六〇年四月の報告文書において、自宅で「聖書の時間」を恒常的に行っている「敬虔なSED党員」五村八名の名前があげられており、これに続いて「ゴローー村LPG党書記のベッカー同志のもとでは、村の子供たちとともにキリストの教えの時間がもたれている」と書かれている。さらに彼らは教区参事会委員も務めているとされ、具体的にはハンストルフ村、グロース・ジーメン村、グロース・ベルコー村、ガーズハーゲン村について各一名の党員の名前があげられている。非党員となれば当然ながらその拡がりはもっと大きく、上記の報告書の「聖書の時間」リストにおいても一二名の名前があげられている。このうち四名がガーズハーゲン村に集中している[52]。

全体として郡党指導部は、こうしたSED主導村落と教会の結合に関して、反政府的な村の教会活動とは明確に区別し、単に党員たちの理解不足、ないし古い伝統に束縛された遅れた意識の現れとみなし、党内啓蒙の対象とみなしている。例えばザトー村党組織について「宗教問題への理解不足が典型的にみられる。同じことは農業の将来についてもいえる」とあり、またアルトブコフ村の党組織について、党員が「教会と強固に結びつくなど……古い習慣や理念にとらわれている」と書かれている[53]。とはいえ、党内啓蒙の困難さは、集団化のみならず宗教問題についても明白であった。一九五九年四月、レーデランク村からの報告では、党会議における党員批判が侮辱として受けとめられてしまうことを嘆く文脈において、党員シュルトが「教会との結びつきが強いために、党員集会より『聖書の時間』を優先する。党指導部が態度を明確にするように迫ると、『これは個人の問題だ。もしこれを党員集会で問題にするというのなら、もう参加しない』と発言した」という[54]。

しかしここで問題にしたいのは党員一般ではなく、優良新農民の意識のありようである。すでに述べたように難民意識が高かった優良新農民集落ロゴー＝ルソー村は、同時に村民の教会への結合が村の一体性に大きな役割を果たしていた。すなわち「党員のあいだで教会のイデオロギーの影響が強く、そのことが党生活に妨害的に作用している」のであった。ラコー村についても、前述のように旧難民党員たちは「教会の強い影響下にある」と言われていた[55]。このように、数量的な確定は難しいものの、一般に村の難民たちは党員を含め教会との結びつきが相対的に強く、これまでとりあげてきたラコー村、ロゴー＝ルソー村、ゴロー村など優良新農民についても例外ではないことが確認できる。ＭＴＳレーリク管区に関する記述では、党員のなかには「経済的に発展した優良個人農が多くいる。彼らは影響力があるにもかかわらず社会主義の道を歩もうとしない。さらに彼らには世界観の問題、つまり教会問題のプレッシャーも大きい」とある[56]。逆に、興味深いことに、旧グーツ労働者の新農民主導による早期ＬＰＧ化の道をたどったシュテファンスハーゲン村では、村の中心部に立派な教会があり、かつ牧師が常駐しているにもかかわらず、教会の影響力が全くないと報告されている[57]。

このように党員個人農といえども、彼らの心性は郡党組織やＭＴＳ世界のカードル党員とは様相を異にしており、とくに有力難民の場合はその傾向が顕著であった。彼らはその内面になお難民意識を潜在化させ、かつ教会文化との結びつきが強かったが、そのことと自らが村のＳＥＤ農民であることはなんら矛盾する事柄ではない。彼らは土地改革を通して、あるいは一九五三年「六月事件」以降の新路線のなかで、農外流出や「共和国逃亡」の道ではなく、むしろこれらを逆手に取りながら「社会主義」を支持しつつ有力新農民として自己形成をはかっていくことのできた人々だったからである。フィーヴェクの「小農主義的な社会主義」を支えたのはじつはこうした文化の中にあった農民層ということができる。その意味では、一九五八年以前の第二局面の時期においては「土地改革の理念」が限定的ながら根付いていたということができるであろう。

こうした彼らの意識のあり方からは、村の党活動がレーニン主義的な基準から逸脱せざるをえないのは当然であった。とくに優良新農民村落では、村内活動を重視するためもあろうが、党会議の開催や参加など党独自の組織活動の水準はとても高いとはいえない。党費未納問題はもとより、とりわけ村党書記不足や村党員高齢化が深刻化であり——当該期は高齢な村党員と村に派遣されてくる若いカードル党員の対照性が際だっている——、党会議もたいていは管区指導員が入ることで初めて開催されるにすぎず、他律的であるとの印象が拭えない[58]。またこのころ大農のもとで働く村の党書記の話が複数にわたって出てくるが[59]、これも彼らの意識のありようの一端を語っていて興味深い[60]。

4．反発から受容へ

以上の叙述をふまえれば、当該期に富裕化してきた一部の新農民層が全面的集団化路線に対して反発をすることはある意味で当然であろう。先にラーベンホルスト村ニムッツの言葉にあったように、彼らは「六月事件」後の新路線のもとで自己経営の資本蓄積に勤しんできたのであり、「社会主義体制は支持するが農業集団化には反対」という立場なのである。しかし現実には、少なくとも一九五二・五三年におけるほどの暴力や政治的緊張を惹起することなく、一九六〇年四月には全面的集団化が当郡でも完了する。それはなぜなのか。あるいは、彼らは集団化圧力に対してどのように対応していったのか。

以下に述べるように、優良新農民村落の集団化過程においては、大局としては村政を担う優良新農民が反発から受容へと態度を転換し、むしろ新設ＬＰＧの中核を担う方向に自らの生き残りをかけていく姿が観察される。それはＳＥＤからみれば優良新農民の高い生産力をＬＰＧに包摂すること、つまり生産力水準を維持することを意味した。この点は第五章でみたように同調型の旧農民村落における大農層のＬＰＧ包摂についてもあてはまることである。とはいえ、この反発から受容への転換過程、さらにはその結果として立ち上がってくるＬＰＧのありようは、同じく優良新農民村落といえども各村落の性格に応じてかなり多様である。以下、この点を、本節でとりあげた六村を事例に個別にみていくことにしよう。

ラコー村の場合は、すでに見たようにこの転換がもっとも典型的に進捗した。一九五七年一一月の党会議にて中核党員を軸にＬＰＧが設立された後、村の有力農民エラーに体現される村ＤＢＤと村農民互助協会の支持をとりつけることでＬＰＧが早期に全村化することとなる。若干の不安定性を残しつつ、しかし村落単位のＩ型ＬＰＧに帰結する点で、受容への転換が村落秩序を壊すことなく進捗した村と評価しえよう。

しかし他村の場合はこれほどきれいには進んでいない。キルヒ・ムルソー村（クライン・ムルソー村を含む）ではラコー村と同時期の一九五七年一一月に党員の切り崩しが始まる。党会議では、党員、とくに村の「党員と無党派の個人農に大きな影響力をもつ」党書記フレゼーと農民互助協会委員長ポガンスキー ―― 前述の本村の有力農民 ―― が反対の態度を示した。ポガンスキーは「七～八戸の経済的に強力な勤労農民の同意を得てからでないと自分は協力できない」と表明。かたやフレゼーは、もっぱら議論を回避したり、「上位指導部やＭＴＳの同志が議論をするさいにこれに同意を示すだけ」で発言せず、「ＬＰＧに加盟したくない。他の人にどのようにふるまえばよいのかわからない」と苦悩したという。史料不足のためその後の経過は不明だが、結局キルヒ・ムルソー村には二つのＩ型ＬＰＧが、ポガンスキーが在住するクライン・ムルソー村には一つの全村型Ｉ型ＬＰＧが設立される。このうちクライン・ムルソー村のＬＰＧ幹部会の活動は良好であるとされており、郡党からの評価は高い。キルヒ・ムルソー村に二つのＬＰＧが並立した理由は不明だが、設立時期に差があることと、後発の小規模ＬＰＧの組合長ロイターが非党員で「一九四五年以前はイロー村農場管理人であった」とされている点から、非党員の村内少数派が一九五九年に別途ＬＰＧを設立することになったと思われる。(61)

同じく複数ＬＰＧに帰結する事例でありながらラーヴェンスベルク村はやや様相を異にしている。既述のように本村は、有力農民グループが非党員である村落であった。ここでは、他村に一足遅れる形で、一九五八年に最初のＬＰＧが村内党員新農民を中心に設立されている。しかしＬＰＧ経営が不安定で有力農民の加盟が得られず、ＬＰＧ農地面積は一九六〇年七月時点でも八〇ヘクタールと小規模のままである。一九五八年一一月の「農村の日曜日」の行動では「勤労農民が、わが郡すべてのＭＴＳの仕事ぶりがひどいことに苦情を訴えた」とある。また、一九五九年九月には、本村在住の「郡会議員タイヒェルト同志が最近アルコールで酔いつぶれて」おり「住民の間で大きな問題となっている」とあることなどから、ＭＴＳ拠点村落であるにもかかわらず――ゆえにというべきかもしれないが――、党主導のＬＰＧに対する反発は強かったと推測される。結局、集団化の最終局面――一九六〇年冬と思われる――において、前述の有力新農民ヴェンディヒを中軸に第二のＬＰＧが別途設立されることとなった。一九六〇年七月における農地面積が二三〇ヘクタールとあるから、この組合は党主導の小規模ＬＰＧを除いた村内農地を掌握しているとしてよく、その意味で不完全ながら村単位のＬＰＧであったといえよう。とくに注目すべきは、党のＬＰＧ分析文書において、この第二ＬＰＧの経営が良好とされ、組合長ヴェンディッヒのＬＰＧ指導能力が高く評価されており、「今後は最初に設立されたＬＰＧを後から設立されたＬＰＧに吸収することが見込まれる」とまで書かれていることである。このように党上層部は、むしろ優良新農民を担い手とするＬＰＧを軸に村単位のＬＰＧ統合を推し進めようとしていたのである[62]。

以上のラコー、キルヒ・ムルソー、ラーヴェンスベルクの三村は、既に述べたようにＭＴＳラーヴェンスベルク管区に属しÖＬＢ《エー・エル・ベー》残存地問題を抱えていたところである。集団化過程でとくに論点として顕在化してはいないものの、ÖＬＢが村落単位で個人農経営に組み込まれていたことが全村型ＬＰＧ形成に与っていた可能性があることは是非とも指摘しておきたい点である。

さて、他村が一九五七年秋以降より早期に集団化を進めるのに比べ、党員村落でありながらＬＰＧ化への抵抗が強く集団化テンポがもっとも遅れるのがゴロー村である。既述のようにこの村は難民集団の強力新農民党員を中核とする村落である。本村も第三三回中央委員会総会をうけ、一九五七年一一月より党会議にて議論が開始されるが、党員新農民は強くこれに反発。とくに翌一二月の集まりでは党員ブリアンが「私は一九四五年に共産党に入党したが、それは大土地所有者の土地が分割されたからだ。だから私は集団化には反対だ」、と土地改革理念を前面に出した反対論を展開している。翌一九五九年八月の報告では、「模範農民であり、かつ村会議員でもあるシェリフ同志は村評議会と村議会にほとんど出席していない」とあることから、中心人物が欠席戦術をとっていたことがわかる。ようやく翌九月になってI型LPGが設立されるが、これも当初は三名の参加に過ぎない。さらに強制的集団化運動のピーク期である一九六〇年二月においてすら本村は「とても豊かな勤労個人農が暮らしており、うち一〇名がわが党員である」といわれている。おそらくこの頃に郡とMTSを主体とする集団化工作班が投入され、四月になって本村の中核的党員新農民一〇名がI型LPGに加盟する形で集団化の決着をみたのであった。こうした抵抗の強さにもかかわらず、同じ四月報告においては、本LPGは良好新農民経営によるLPGであり、組合長エリッヒは「もともと社会主義の共同労働に懐疑的だった人物だが、現在は良好な仕事ぶりであり、その能力と良好な対人関係から全組合員の信頼を得ている」、と高く評価されるに至っている[63]。

ゴロー村で注目すべきは、実は一九五三年と一九五六年と二度にわたってLPG設立が試みられていることである。一九五三年設立のLPGは主として無党派の高齢者によるもので「六月事件」後に解散している。これに対して一九五六年のLPGは、無党派の三家族六名（うち一人はロストク生まれの旧農業労働者）によって設立されている。一九五八年一月一日には、一九五三年の第一次LPG設立組を中心に新農民五名が新たにLPGに加盟するが、しかしほぼこれに相前後する形で、設立家族三世帯から退会が相次いでしまう（うち一人はMTSへの転職、一人は他村LPGへの転出である）。LPGの経営規模も一九五八年二月時点で五一ヘクタールと小さく、経営も不安定な状況が続いた。結局、このIII型LPGは一九六〇年一月に、本ゲマインデに属するクラウスドルフ村のÖLB《エー・エル・ベー》とともに隣村のハンストルフの模範的LPGに吸収統合されてしまうのであった[64]。このように本村ではSEDが優良新農民を代表し、LPGは無党派の脆弱新農民を代表するというねじれ現象が観察されるのであり、かつ両者はほとんど交わるところがない。以上から、ゴロー村では全村型ＬＰＧ形成については語ることはできず、村の脆弱部分を切り捨てる形で優良農民によるⅠ型ＬＰＧが設立されたということができる。じっさい「ゴロー村の農地の半分はＬＰＧハンストルフによって経営されている」状況であった。[65] こうした切り捨て型対応が、村の「強い難民」と「弱い土着」の対立によるものなのかどうか、あるいは村の階層分解が他村に比べ強烈だとか、脆弱部分が「共和国逃亡」などの形で流出することなく村内に滞留していたとか、そのような事実が本村にあったのかどうかは、いまのところ残念ながら不明である。

次に難民的性格を強く帯び、他村に比べ不安定であったロゴー＝ルソー村についてみてみよう。本村でも第三三回中央委員会総会決定をうけ、一九五七年に村党書記シェルリップ他三名の党員によりＬＰＧが設立された。党報告では、村ＳＥＤの党内対立が深刻であること、および既述のように本村難民の「郷土感情」が根強いことが集団化の阻害要因として懸念されているが、しかし翌一九五八年九月にはＬＰＧ農地面積は三九〇ヘクタールと村農地面積の四割弱を占めるに至ること、および「組合員は一九五八年七月一日以来八名の増加」とあることから、ＬＰＧ化自体はかなり速いテンポで進捗していったことがわかる。また一九五八年八月時点でＬＰＧ幹部会の構成は「ＳＥＤ二名、ＣＤＵ一名、無党派二名」と複数党派からなることなどからみて、ここでも全村包摂型ＬＰＧが目指されていたと考えられる。しかし詳しい経過は不明だが、本村では、最終的には、隣村ツヴェードルフのⅢ型ＬＰＧと合併する形で大規模ＬＰＧが成立する一方、ロゴー集落で一つ、ルソー集落で二つ、計三つの小規模Ⅰ型ＬＰＧが乱立する状態になっている。

本村ＬＰＧの大きな特徴は、全体としては村の一体性が保持されつつも、村の党内対立が深刻でそれがＬＰＧ内に持ち込まれていくことである。本村の精神的支柱である党員村長夫妻の影響力が低下する一方、一九六〇年四月のＬＰＧ合併後においても本村では「ラジーナ同志とシェルリップ同志が深刻な対立関係にあり」、このため党活動全般が停止するほどであるといわれる。組合長が設立当初のシェルリップから一九五八年にラジーナに代わっていることから、ＬＰＧ全村化のなかで両者の妥協が図られた可能性が高いが、しかし結局対立はＬＰＧ内に持ち越され解消していない。こうした党内対立をともなうＬＰＧの不安定さがＬＰＧツヴェードルフとの合同を必要とさせ、他方で非党員優良農民による小規模ＬＰＧ化をもたらすこととなったのだろう。党報告では組合長ラジーナが政治的に未熟であるとされる一方で、高い専門能力をもつ農民がいるロゴー集落Ｉ型ＬＰＧから農民メーテルを作業班長《ブリガーデ》として引き抜くべきとの提案がなされているが、これも本ＬＰＧの不安定化を裏書きするものといえよう。もっともこのＩ型ＬＰＧも、組合長ブリッツが一九六〇年九月二三日に「共和国逃亡」するなど決して安定しているとはいえなかったが。このように難民村落ロゴー＝ルソー村は全体として村の流動化が確認される。ただしその後の経緯は残念ながら不明である[66]。

最後にロゴー＝ルソー村とＬＰＧ統合するにいたるツヴェードルフ村[67]について。既述のように本村は党員優良新農民が多く存在して村政の中軸をなし、供出において模範的とされるほどのＳＥＤ村落である。一九五八年において村の婦人同盟（ＤＦＤ）は四〇名を数えてその活動は活発とされ、村農民互助協会も二二名を誇っている。が、他方で旧大農経営を資源とする小規模Ⅲ型ＬＰＧが別途存在しており（一九五五年に設立[68]）、かつゴロー村の場合とは異なりＬＰＧ党組織の力が強いことが特徴である。党員数は一九五八年時点で村党組織一四名[69]、ＬＰＧ党組織八名となっている。従って、全村集団化は両党組織のあいだの主導権争いを生んだと思われる。すでに同年九月時点でこのⅢ型ＬＰＧの農地面積は二三〇ヘクタールであり村農地面積四五〇ヘクタールの約五割を占めていることからみて、かなり速いテンポでⅢ型ＬＰＧへの加盟が進んだといえよう。しかし、これに伴い両者の対立がかえって深刻化したと思われる。すなわち、同年九月二〇日には、党員の農民たちは「ＬＰＧ抜きで収穫祭を党の催し物として行った」と報告され、さらに同年一一月の「一九五八年選挙」のさいには「県議会議員候補ゼンクと人民議会議員候補ゴールデンバウムの描かれた選挙ポスター四枚が破られた」といわれているのである。その後の経過は不詳だが、非党員農民による小規模Ｉ型ＬＰＧ設立を惹起しつつ、全体としては先に見たようにロゴー＝ルソー村とのＬＰＧ合併に帰着する形で全面的集団化を終えている。おそらく、Ⅲ型ＬＰＧ主導の集団化は、「階層対立」を解決しきれない不安定な状態まま、郡党指導部の指導の下に近隣ＬＰＧとの合併に向かった。結局、この模範的な新農民村落は、全面的集団化の中で、階層としては村政の主導権を剥奪されていくこととなったといえるだろう。ただし他方で合併相手も類似構造をもつロゴー＝ルソー村であったことは合併の重要な条件だったと思われる。一九五六年五月、問題の多い村落とみなされていた隣村ガースドルフ村とのゲマインデ統合が提案されたとき、本村は断固としてこれを拒否している(70)。

以上、優良新農民集落六村について見てきた。村のあり方にはある程度の類似性がみられるにもかかわらず、集団化過程の様相がはるかに強い個別性を示していることに改めて驚かざるを得ない。しかし、ここでは全体的な傾向として以下三点を指摘しておきたい。

第一点は、第三三回中央委員会総会の直後に、いずれの村でも党組織をテコに集団化工作が開始され、ゴロー村を除き相対的に早いテンポで村の集団化が進捗していることである。その点からいえば、いかに新農民たちの社会主義イデオロギーの内面化が「浅い」とはいえ、優良新農民村落がＳＥＤの牙城であったことが村のＬＰＧ化の促進要因となったことはやはり否定できない。その意味では、土地改革理念の終焉局面において土地改革期の政治効果が作用するというきわめて皮肉な結果になったといえる。実際、有力難民新農民層こそは土地改革理念の体現者といえるだろう。この点は、集団化過程において難民性の問題が潜在化してしまい、明示的に顕在化しないことと連動していると思われる。

第二点は、村ごとの濃淡にはかなりの差がみられるが、優良党員新農民たちの多くが集団化後はＬＰＧの中軸としてこれを積極的に担っていること、そして郡ＳＥＤ党の側も生産力主義的な観点から「優良農民層のＬＰＧへの取り込み」を意図的に追求し、かつ評価していることである。この点は上記六村のみならず、より一般的に確認されることである。

例えば一九六〇年四月のＭＴＳラーデガスト管区についての報告書においては[71]、「これまで個人農党員が支配的だった党基礎組織 ── ゴロー、ラインスハーゲン、グロース・ベルコー ── が、実り豊かな論争の結果ＬＰＧ設立に踏み出し活発に活動している。……これらの同志たちはＬＰＧ加入後は全力でＬＰＧのために尽力」し、また「何人かは各ＬＰＧで役員をしている。……グロース・ジーメン村のシューマッハー同志は少し前まではＬＰＧに加盟するなんて考えられないと述べていた。当時彼はシュマーデベック村のキーパーソンだった。現在彼はＩ型ＬＰＧの組合長であり、ＬＰＧを前進させようとがんばっている」。報告書はさらにこう続ける。「ＬＰＧ加盟を拒んでいた多くの農民たち」は「かつては農場を捨てようとしていたが、いまは誇りと良心をもってＬＰＧの完全なる組合員として働いており、最良のＬＰＧ農民になっている。……農業における強烈な転換過程は、本来党がもっと目を向けなければならなかった多くの有能なる人々を発展させることになった」、と。政治的なバイアスは割り引いて読まなくてはならないとはいえ、こうした形で人々が上からの集団化に順応しようとした側面は否定できないのではないかと思う[72]。

第三に、とはいえそれは単純な順応を意味したわけではない。六村の事例でみたように、各村落は対立を抱え込んでいるのであり、各村が示す多様性もこうした対立の解消の仕方の差異の反映ともいえなくもない。これらは大きくは、キルヒ・ムルソー村の複数ＬＰＧの並立、ラーヴェンスベルク村の党員ＬＰＧの孤立、ゴロー村の「切り捨て」型戦略など村内対立が外部化する場合と、ロゴー＝ルソー村やツヴェードルフ村のように、むしろＬＰＧ内に対立を抱え込む場合に分けることができる。後者の場合などは、かえって対立が深刻化してしまい、ＬＰＧがいっそう不安定な状況に陥っている。そして最後には、数は少ないとはいえ、個人的な「解決」方法として「共和国逃亡」の道が残されていた。こうして、全体としては優良新農民層包摂路線ともいうべき仕方で農業生産力水準の維持が目指されつつも、他方で不断の不安定性を全面的集団化後の優良新農民村落はなお抱えつづけることになったと思われる。

第三節　劣悪な新農民村落の集団化――「特異型」を中心に――

1.「解散・縮小型」の新農民村落の集団化

すでに第一節で述べたように、全面的集団化期にあらたにＬＰＧ加盟を余儀なくされた新農民は、優良新農民村落の人々ばかりではない。むしろ多数派を占めた「勤労農民」とは、優良新農民であるよりは、主として大規模ＬＰＧに統合されていくこととなる人々であった。いったい彼らは集団化に対してどのようにふるまうことになったのか。以下、この問題を、優良新農民村落との比較を意識しつつ、村の主体性のあり方に焦点をあてつつ分析をしてみたいというのが本節の意図である。

ところで村の主体性の弱さという点で着目されるのは、一九五二・五三年の初期集団化期に早期にＬＰＧを立ち上げつつ、「六月事件」を契機にＬＰＧ解散（ないし極端な縮小）に追い込まれ、結果として「勤労農民」村落にとどまった村々である。傾向的にいえば、こうした村々では全面的集団化にさいしては、隣村有力ＬＰＧないし大規模ＬＰＧに統合される経過をたどる場合が非常に多い。すでに第四章第三節では、このタイプの型に属するＭＴＳイエーネヴィッツ管区のディートリヒスハーゲン村について分析を試みた。繰り返しになるが、そこでは、①初期ＬＰＧはもともと村内少数派によって設立されていること、②ＬＰＧの中核は党員の村内有力者だが組合員はそうではないこと、このためＬＰＧ設立は村内対立を顕在化させたこと、③したがって「六月事件」は村内の力関係の転換を意味し、このためＬＰＧは解散、その後も旧組合員のＳＥＤ党員は政治的影響力をもちえず、むしろ「不良党員」などとして村内・党内の評判はよくないこと、④全面的集団化期においては、主体的なＬＰＧ化戦略を描ききれないままに、「相互不信」を内包するような受動的集団化に帰結したこと、これらの点をこの村の集団化の特徴として指摘しておいた。「不良党員」問題は、一般に「酒浸り党員」問題として当該期の報告文書において広範にみられる現象である。また、村内対立については、ディートリヒスハーゲン村については戦前来の「搾乳夫差別問題」が絡んでいたことが推測されたが、他村における村内対立については内容の特定が難しいうえに個別性も強いように思われる。ただし、村内対立が「不良党員」問題と結合する場合には、集団化にさいしては党の信頼回復上、在村「不良党員」のパージが何らかの形で行われる場合が多くなると考えられる。

解散型の村落ほどに劇的ではないが、「六月事件」後にＬＰＧが村落内に存続していても、それがもっぱら村内脆弱農民の生き残り手段として消極的に位置づけられる場合は――第四章第一節では「存続型」に分類したが――、同じくＬＰＧに全村化する力はなく、結果的に近隣の有力ＬＰＧないし大規模ＬＰＧに集落全体が吸収されることになる。先にみたゴロー村で有力新農民から切り捨てられたⅢ型ＬＰＧはまさにこの例に当てはまる。とくにＭＴＳラーデガスト管区においてこのパターンが頻出しており、具体的には、ラーデガスト村、ハストルフ村、シュマーデベック村、ラインスハーゲン村、ザトー村の各ゲマインデにおいて、優良ＬＰＧを拠点に他集落の脆弱ＬＰＧや新農民を包摂する形で七百ヘクタールから千ヘクタール規模のＬＰＧが全面的集団化期に設立されている。例えば第四章第二節で触れたレーデランク村は、郡内では比較的優良なＬＰＧでありながら「六月事件」で急激に縮小、さらに隣接するリュニングスハーゲン村のÖLB《エー・エル・ベー》転化型ＬＰＧを自らに吸収することを余儀なくされたことが、ＬＰＧの経営をいっそう悪化させてしまう。その対策として、外部からカードル派遣によるテコ入れがとられたのち、最終的には大規模ゲマインデであるザトー村のⅢ型ＬＰＧに吸収される形で、村の集団化を完了するのであった。プショー村のＬＰＧも「六月事件」後に多数が退会して脆弱化、ラインスハーゲン村のＬＰＧに吸収されている。Ⅰ型ＬＰＧも分立しているが、おおむね少人数の極小規模のＬＰＧに過ぎない[73]。

2. ブッシュミューレン村 ── 難民ネットワークによるLPG化とその挫折 ──

ところで、これらの比較的よく見られるケースとは別に、少数ながら明らかに当局を困惑させるような「特異な」事例が、バート・ドベラン郡にはいくつか存在する。具体的にはブッシュミューレン村、ローゼンハーゲン＝ガーズハーゲン村、ガースドルフ＝ビュッテルコフ村の三村落である。これらの村におけるLPG化の経過は多様であるが、興味深いことに、優良難民村落の場合とは異なる仕方においてであるが、全体としていずれも難民問題が絡んでいる点で共通している。こうした視点から、以下、ブッシュミューレン村とローゼンハーゲン＝ガーズハーゲン村について順にみていくことにしたい(74)。

そこでまずMTSラーヴェンスベルク管区内でも、「最悪」の部類に属するであろうLPGブッシュミューレンの事例からみていこう(75)。ブッシュミューレン村はノイブコフ市（ゲマインデ）に属する旧グーツ集落である。一九五二・五三年にはLPG化の動きがみられたものの、「投機家で大規模新農民」（三経営を保有）で農民互助協会委員長でもあったヴェグナーがこれを潰したとされる(76)。本村が特異なのは、その後一九五四年九月に、無党派新農民五経営、組合員七名で新たにⅢ型LPG（三五・二ヘクタール）が設立されていることである。一般にこの時期に新農民を主体としたLPG新設は珍しく、本郡でもブッシュミューレン村と、後述するローゼンハーゲン村だけである。LPGの中心となったのは組合長ミュラーを軸とする親族関係にある二家族であった。そして早くも翌一〇月には、規約違反で新農民三名 ── 組合長の非親族 ── が除名される。

事件は翌一九五五年三月から五月にかけて起きた。三月一〇日、女性LPG組合員クレチュマンが ── 彼女は唯一の当村生まれで、かつ組合長の非親族員である ──、ノイブコフ市当局に自ら出向き、LPGの違法伐採と家畜の違法処分を内部告発する。またほぼ同時期に、MTS政治課指導員による「組合長のいうことは全くの嘘」との報告がみられる。これらに対する対処なのだろう、翌四月には、市当局が党員チュメル（新農民）を

ＬＰＧに派遣した。その結果、同年四月の組合員集会において組合長ミュラーが辞任しチュメルが新組合長に就任することになるが、そのさい二人は殴り合いの喧嘩を演じている。さらに五月一三日にミュラーがＬＰＧ女性経理に対する「強姦未遂」で身柄を拘束され、おそらくその釈放直後に「共和国逃亡」を敢行し、村から姿を消している。ちなみに被害者であるはずの若い女性経理も経理のずさんさを理由にＬＰＧを除名されている。その後、同年七月にベルリンの高官が本ＬＰＧに調査に入り、組合員集会において元組合長一族の組合員の除名が、彼らの欠席のまま決議されている。

こうした「上からのクーデター」ともよぶべき介入により元組合長一族は一掃されるが、当該期に行われた「工業労働者よ、農村へ」政策も作用したのだろう、この結果、本村村民とは関係のない工業労働者が中心になってこのＬＰＧの再建がはかられることとなった。しかし、それは経営安定化にはほど遠い状況であった。一九五六年には組合員一六名となるが、その大多数は工業労働者である。指導層の農業知識の不足はもとより、組合員の飲酒癖、仮病による労働忌避など労働モラルの低さは深刻であり、一九五八年一月のＬＰＧ年次総会報告では、組合員数こそ二四名まで増大しているものの、一九五七年度労働単位の単価はわずか〇・二〇マルクと低迷している。さらに同年八月の組合員集会報告――報告者は集会に同席していたであろう郡ＬＰＧ課職員である――によれば、「作業班《ブリガーデ》長を含む組合員の一部が酩酊状況であった。理性的な議論にはほど遠く、酩酊した組合員、とくに作業班《ブリガーデ》長、ゼルケ、ハーネスが意味もなくわめきちらし、出席した国家活動家たち……を侮辱した。国家活動家たちは評議会決定とこれに関わる諸問題について説明しようと努力したが、やかましくてできる状況ではなかった」。さらに「ゼルケは、組合員の暮らしは旧グーツ所有者時代よりもひどくなった、と繰り返し述べた」といい、結論的に「ゼルケはＳＥＤ党員であるから基礎組織は彼と対決しなくてはならない。……この邪魔者と組合の敵を排除することが適切かどうかを調査しなくてはならない」とまで書かれる始末であった。結局は本ＬＰＧは、既述のように一九六〇年、ノイブコフに新設された大規模ＬＰＧに吸収されることになる。[77]

他方、村内新農民については、一九五七年において「勤労農民」数が一七名とある。（同時期のＬＰＧ員数は二〇名である。）一九五七年一一月以降の集団化過程の詳細は不明だが、結果的には村の新農民層はⅢ型組合員と新設Ⅰ型ＬＰＧ組に分かれることとなった。後者のⅠ型組合は非ＳＥＤ党員を中心に、当初、組合員七名、農地面積六四ヘクタールで設立されたが、直後に「入植地を二経営もっているラウプティーンが退会し、Ⅲ型ＬＰＧに加入」したとあり、このため農地面積が四七・七ヘクタールまでに縮小している。こうしてブッシュミューレン村では、村内少数派を残しつつ、旧ＬＰＧと同じく新農民多数派もノイブコフ市の大規模ＬＰＧに吸収される。一九六〇年七月報告では「ブッシュミューレン村には、大規模ＬＰＧ『シュリーマン』の作業班《ブリガーデ》がおかれ、これが村のすべての大型建物を畜舎として利用している」と記されており、本ＬＰＧが村の物的資源を掌握していることが判明する。[78]

以上がブッシュミューレン村におけるＬＰＧ化の経過の概況である。一九五〇年代のＬＰＧ化とその失敗が象徴するように、全体として村落としての一体的な対応は感じられず、村の外側で工業労働者によるＬＰＧ化が進む一方、新農民も分裂的で結果的にⅢ型大規模ＬＰＧに吸収されている。

しかし、そのことよりもここで着目したのは、一九五五年設立のＬＰＧの性格である。上述のように、このＬＰＧは親族経営であったが、この親族は難民コネクションと深く関わっていたと考えられるのである。[79]この親族は組合長ミュラー家とチェリンスキー家からなるが、後者はオストプロイセン出身の難民家族であったことが確認できる。この二家族は負債を抱えており、ＬＰＧ設立直後に融資を申請していることから負債返済がＬＰＧ化の直接の動機づけだと推測され、その限りで困窮難民の一族だったといえる。注目すべきは違法伐採である。上述のクレチュマンの内部告発によれば、木材の売却が以前から行われており、「特に三月七日と九日には巡査長チェリンスキーが木材をノイブコフに搬送した。彼はノイブコフに駐在しており」、組合長ミュラーの義理の息子であるという。さらにクレチュマンは、「新農民ヴォローシンが三月六日の土曜日に、荷車はもう一度森に戻り木材を搬出する、と私に話した。毎日木材がノイブコフに搬送されるにもかかわらず、私が退会表明をすると、組合長は私から六メートルの木材を取り上げた」と告発している。[80]

戦後東ドイツ農村において、難民たちがとくに多数を占めた部門として公務員と林業があげられる。当時、メクレンブルク・フォアポンメルン州においては、非ナチ化の一環としての公職追放措置と関わるのだろうが、難民が公務員に大量採用されたといわれる。[81] さらにまた、これはブランデンブルグ州に関するものだが、州農林課の従事者の三一％以上が難民であり、一九四六年には旧林務官が大量解雇されたため、代わりに「被追放民」が林業課に大量採用されたという。[82] このように林業部門は難民のネットワークと深い関係にあったが、本村の一九五五年ＬＰＧ設立は、まさにこの点と深く結びつく現象だったと思われる。上記のように組合長が親族の巡査官と結びつき、かつ村の新農民ヴォローシンを半ば公然と動員していることからみて、このネットワークはかなりの広さと深さがあった可能性がある。こうした結合は、前述のロゴー＝ルソー村のような明示的な難民意識に裏打ちされたものではないが、地縁原則に基づく村落結合とは異なる難民固有の「親族結合」の存在を物語るものだ。その点では難民結合と村落支配がある程度重なっていた優良難民新農民の場合とは非常に異なるとみることができよう。他方、これに対して当局はＬＰＧ内「クーデター」を敢行することによってこの親族結合を一掃しようとした。これは、第一に、確かに難民の親族結合に依拠せざるを得ないほどに党支配は脆弱ではないこと、裏を返せば難民ネットワークの強さも限定的であることを意味するが、第二に、こうした「腐敗難民」の粛清が村落統治政策上は必要不可欠であったと判断されたことをも意味する。こうして、おそらくもともと脆弱であったろう本村の村落結合は、難民親族結合の作用とその物理的排除、さらには上からの工業労働者の入村により解体したといえる。全体として、本村の集団化は、難民親族のネットワークが村落の解体と大規模ＬＰＧ統合を促進する効果をもたらした事例であったと、ここでは規定しておきたい。

3. ローゼンハーゲン＝ガーズハーゲン村 ── 郡内困窮地域の「分裂的」集団化 ──

次に同じく難民親族結合が観察されたローゼンハーゲン村の事例についてみてみよう。ローゼンハーゲン村は一九五八年時点で行政村ガーズハーゲン村（ゲマインデ）に属する有力集落であるが、このゲマインデは、時期は不明だが、一九五五〜五八年頃にガーズハーゲン村、グロース・ニーンハーゲン村、ローゼンハーゲン村の旧グーツの三村落が合併してつくられたと思われる。興味深いのは、これら隣接三村が、一九五〇年代半ばにおいて経済的な困窮地域として登場している点、およびいずれも難民村落の色彩が強い村と思われる点である。

経済困窮についていえば、とくにローゼンハーゲン村についてはその度合いが深かったようである。一九五四年には村自らが、経済困窮と劣悪な土地条件を根拠に郡当局に対して土地査定の見直し、したがって供出ノルマの見直しを求める文書を提出している。文書では、第一に困窮状況について、「この九年間というもの、必要な衣服すら購入できない状況」であり、多くの新農民が「これではヤミ経済に手をだせというようなものだ」と公言するほどだ、と述べている。第二に、困窮の理由としては、劣悪な土壌状況（石や砂利）、交通事情の不便さ、冠水する採草地など、全体として他村に比較した場合の土地条件の劣悪さを強調し、最後に自分たちが「忘れ去られた村である」と訴えている[83]。

また、グロース・ニーンハーゲン村については、一九五三年に「牧草地開墾に適する土地がない」と優良地不足を嘆く報告があり、また一九五五年に「みんな飢えているからＬＰＧの創設すらできないと村長が言っている」と述べられている[84]。そして一九五八年の報告でも、やはり「本郡の忘れ去られた村」と称されていることから、ローゼンハーゲン村と同様に劣悪な土地条件に起因する経済困窮状態が確認される。ガーズハーゲン村については経済的困窮を直接指示する文書はみあたらないが、党活動について「最低のレベル」という記述がみられる。ただしグロース・ニーンハーゲンとガーズハーゲンの両村については、その後「既存ÖＬＢ《エー・エル・ベー》農地を基礎に」個人農が健全化したとあり、経済困窮の結果として発生する放棄経営を逆手にとった優良個人農の形成が、部分的ながら読みとれる。また、これらの点は「共和国逃亡」の頻発にもつながろう。例えば、一九五七年六月報告では、本郡のいくつかの村で連鎖的な「共和国逃亡」がみられるとされ、その事例としてグロース・ニーンハーゲン村の例があげられている。すなわち「バーデが、最近たくさんの荷物を西に発送した。村民たちはバーデが共和国逃亡するのではないかとみている。彼の妻と娘は約三ヶ月前に共和国逃亡している」と述べられているのである[85]。

次に、もう一つの特徴である難民的色彩の強さについては、例えばガーズハーゲン村について、「六月事件」後に難民たちが故郷帰還に備えて「リュックサックを編み終え、トランクに荷物をつめている」とされること、さらに時期は下って集団化第三局面の一九五九年においても「党員個人農のあいだでは農業の将来についての理解不足が顕著である。過去にも当地ではオーデル・ナイセの平和国境線の問題があった」とされていることなどが注目されよう。しかしそれ以上に興味深いのは、当該三村でとりわけ宗教活動が盛んなことである。一九五八年の情勢報告書では、ノイブコフ市のバプティスト教団による復活祭の宗教儀礼に、ローゼンハーゲン村とグロース・ニーンハーゲン村から参加があったことが驚きをもって語られている。また、先述のように一九六〇年四月のＭＴＳラーデガスト管区報告では自宅にて「聖書の時間」の集まりをもつ者のリスト二〇名（うち党員八名）が掲げられているが、そこにはローゼンハーゲン村の二名（うち党員一名）、およびガーズハーゲン村の五名（うち党員一名）、計七名があげられており、他地域にもまして宗教活動が活発であることがうかがわれるのである[86]。

さて、ガーズハーゲン村とローゼンハーゲン村では一九五三年、つまり集団化の第一局面においてＬＰＧが設立されている。これは二村の新農民の困窮状況を反映したものであろう。しかしローゼンハーゲン村の場合は「六月事件」後にＬＰＧは解散、しかもその直後に「酒飲みの」組合長ヴィットが家族とともに「共和国逃亡」する事件が発生している[87]。他方、ガーズハーゲン村のＬＰＧにおいても「六月事件」後に解散宣言がなされている。もっとも、これは郡当局が介入し強制的に解散宣言を撤回させたためであろうか、その後もこのLPGは存続している。しかしその経営規模は小規模なままであり、経営も不良であったのだろう、第三局面の全面的集団化期においては、村長と村評議会はこのLPGのことにまったく関心がないとされている。また党の報告文書における情報量が非常に少ないことをみても、本LPGの存在感は稀薄のままであったと思われる。(88)

ここで注目したいのは、ローゼンハーゲン村において、前述の村の「勤労農民」による郡当局への経済困窮の訴えとほぼ同じ頃、つまり一九五五年一月頃に、第二次LPGが村内党員を中心に設立されたことである。参加者は四経営八名、経営規模は農地七一・九ヘクタール、林地一三・二ヘクタール、あわせて八五・一ヘクタールであり、設立にさいして新農民放棄三経営を引き受けている。既述のように本郡においては「六月事件」後の新農民村落におけるLPG新設は珍しく、管見の限りブッシュミューレン村とローゼンハーゲン村の二村落だけであった。(89) そしてこのLPGも設立一年後には難民親族結合を核とするLPGになるのである。

本LPGの設立を担った村党員とは、村党書記モルと組合長クローンホフマンであった。このうちクローンホフマンは一九二九年チェコ生まれの難民新農民であり、第一次LPGにも参加した経歴をもっている。さらに出生地、年齢、姓から組合長の母および弟と思われる人物二名がこの設立メンバーに「勤労農民」と「農業労働者」として名を連ねている。他にもチェコ生まれの男性一名、ポーランド生まれの女性一名が無党派の「農業労働者」としてLPGに加盟しているが、彼らはもともとクローンホフマン家――新農民二経営を設立時にLPGに拠出――で働いていた単身難民である可能性が高い。(90) ところが一年後の一九五五年一二月に、「モル同志がヴィスマール郡に転居し大農」になり、村の党員はLPGの二人（父と息子）と元村長だけになってしまった、このため「LPGではクローンホフマン同志の妻と娘を党員候補にしようとしている」と報告されているのである。(91) ここでいうクローンホフマンとは組合長の父のことである。こうしてモル家の離脱により、少なくとも父と母、その息子二人と娘、計五人からなるこのチェコ難民家族が、事実上本村LPGと村党組織の中核を担うことになった。三年後の一九五八年には、「村党書記クローンと副書記グレチェルを含め、村党員五名はすべてお互いに親族関係にある」とまでいわれている。[92] 他方、本村には七名からなるＤＢＤの党組織があるが、彼らはこの親族結合に属さない「勤労農民」たちだと思われる[93]（ただし困窮度合いに差があったかどうかは不明である）。

興味深いことに、本村ＬＰＧにおいても、ブッシュミューレン村の事例に類似して、難民ネットワークに連結するヤミ経済への関与があった。とはいっても詳細は不明なのだが、上記の組合長クローンホフマンが、おそらく一九五七年か一九五八年ごろ、ＬＰＧ所有物の横領の罪で逮捕され二年間の実刑判決をうけているからである。また、日付不明の文書によれば、この組合長逮捕を受け、ＬＰＧ強化のためにＭＴＳから党員農業技師二名が派遣されたが、しかし二人とも「ＬＰＧ内に食い込んでいる否定的な分子たちの前で挫折を余儀なくされた。ＬＰＧの組合長代理だったホッケ同志はすでにこのＬＰＧから離れている。組合員のいずれもこのＬＰＧを指導することはできない。このＬＰＧ内では労働モラルも労働規律も最低の状態である。……ほとんどの組合員は大酒飲みである。このためＬＰＧの労働モラルがひどい。彼らは酩酊状態で知的カードルたちを苦しめ、殴りかかり、進歩的勢力を中傷する。ここ数週間は警察による介入をしなくてはならなかった。派遣された農業技師の党員たちはこうした状況には脆弱なために、彼らの餌食になった」。こうして「ＬＰＧ内での党の指導的役割などお話にもならず、どの党員も党との結びつきはなく、他のＬＰＧ組員への模範にもならない」と書かれているのである。[94]

この文書からは興味深いことがいくつか読みとれる。第一に一九五五年の設立から一九五八年前後までに組合員数が拡大している。第二に「労働モラル」の低さや、上からの指導の挫折、さらには警察の介入までがみられるように、本ＬＰＧは「厄介な」ＬＰＧであり、経営も不安定でありつづけている。第三に、ＬＰＧの中核はクローンホフマンがなお掌握している。彼は一九六〇年に釈放されて村に帰還しているが、この前組合長は現組合長を「すべての面で上回っている」。またクローンホフマン同志の妻は経理であり、このため彼はＬＰＧのすべての面で事情に通じている」と評価されているのである。最後の点からは、本LPGにおける難民の親族結合は排除されなかったことがわかる。

　ローゼンハーゲン村のその後の展開は、ブッシュミューレン村の場合とは異なり、外部工業労働者主導のLPG化や、大規模LPG吸収には帰結しなかった。一九五八年二月時点におけるローゼンハーゲン村のセクター別農地内訳をみると、LPGが二〇九・四ヘクタール、ÖLB《エー・エル・ベー》が八三・二ヘクタールであるのに対し、「勤労農民」はたったの一戸だけとなっており、なんとすでにこの時点で、事実上全村集団化が完了しているのである。意外にも、本村LPGは郡全体でも早期に全村集団化を達成した上位五つの村落に入っているのである。さらに一九六〇年四月報告では、その経営規模は五一二・五ヘクタールとなっており、明らかに隣村の二集落にまでLPG農地が拡大している。ところが「ローゼンハーゲンのLPGはとくに赤字がひどく」、根本治療が必要であるといわれているから、実はこのLPG拡大は経営の強さによるものではまったくないとしなくてはならない。他方、このゲマインデは、とくにÖLB問題が深刻であり、その規模は四百〜五百ヘクタールとゲマインデ全体の農地面積の四割にも達する勢いであったが、これは結局LPG化によってではなく、国営農場ザトーの分農場にする形で名目上は処理されることになった。以上から考えると、この村の困窮状態は、国営農場に吸収されるÖLBを別として、劣悪なⅢ型LPGの中に各経営が包摂されただけで、これによって困窮状況がなんら解決されたわけではなかっただろうと推測できる。

　他の二村の帰趨についても言及しておこう。まずガーズハーゲン村はもともとSEDが優勢な村であったが、党員や村評議会に対する村民の信頼感が弱いこともあり、村としての主体的対応をとりえていない。一九五三年設立のⅠ型LPGも、一九五六年に九〇ヘクタールだったものが、一九六〇年時点では七二ヘクタールほどと推定されるから、其の規模はむしろ縮小傾向にあった。他方で当村の集団化に関しては、数名より成る強固な反対グループがあったものの、集団化が「あまりにも迅速に進行したため、彼らはこれに対応できずに孤立した」

といわれていることからみて、本村新農民の多数派は上記ローゼンハーゲン村Ⅲ型のＬＰＧに加入したと考えられる。これに対してグロース・ニーンハーゲン村はもともとÖＬＢ《エー・エル・ベー》農地が一一四ヘクタールと多いところであるが、おそらく非ＳＥＤ党員の元大農難民を中心に優良新農民層が形成され、彼らを担い手として百ヘクタール規模のⅠ型ＬＰＧが成立している。その限りで経済困窮地域のなかに優良新農民型の集団化パターンが観察される[95]。

しかし、本ゲマインデにおいては、優良新農民型ＬＰＧはやはり限定的なものにすぎず、全体としては先述のように大規模な放棄地の国営農場化と、劣悪Ⅲ型ＬＰＧの拡大が基本であったといわなければならない。この結果、従来の有力集落（旧ゲマインデ）としての村域はその意義を喪失してしまい、いわば複数ＬＰＧと国営農場がまだらに形成されていく。こうして難民的色彩が濃厚で郡内困窮地域に属した本ゲマインデは、全面的集団化を経ても「忘れ去られた村」という周辺的位置づけを越えられず、独特の「分裂的」集団化に帰結したのである。これが本村の集団化の実態であった。こうして、このゲマインデは、ＭＴＳラーデガスト管区においても、大規模ＬＰＧとそれに伴う党組織の再編統合を近い将来に展望できない唯一のゲマインデとなったのである。

おわりに

他のＭＴＳ管区に比べ一九五〇年代のＬＰＧ展開が脆弱であったＭＴＳラーヴェンスベルク管区を対象に、まずは「優良新農民村落」と「劣悪な新農民村落」の二群を浮かび上がらせ、そのうえでとくに前者を中心に、当該期の集団化の社会史的な局面について、村のあり方や難民問題との関わりを意識しつつ具体的に明らかにすること、それが本章の目的であった。以下、本章の骨子を簡潔にまとめておこう。

まず前者の新農民村落群については、何より、土地改革から一九五〇年代前半の経営困窮期を経て、一九五〇年代後半期には、脆弱新農民「逃亡」の結果として生じたÖLB農地の村ぐるみによる換骨奪胎的な利用をも随伴しつつ、限定的とはいえ経営的に優良な新農民村落が形成されていたことが重要である。同時に彼らはSED党員として村政の中枢を担い、かつ往々にして元農民の難民たちであった。元農民としての彼らの高い農業経営能力や村政統治能力が、こうした村落の「優良化」に寄与していたことは疑いない。しかし、教会との結合の強さにみられるように、彼らは文化的には党イデオロギーを内面化していたわけではまったくなく、彼らのSED党支持はあくまで土地改革の受益者としてのものであった。その意味で、限定的とはいえフィーヴェクの「小農型社会主義」路線の農村における支持層を、ここに見いだすことができるのである。

このように優良新農民村落はかなり同質的な特徴を帯びていたが、にもかかわらず各村の集団化に対する対応の仕方となると、その個別性は顕著であった。すなわち全村一体的なLPG化、複数LPGの並立、党員LPGの孤立化から、これとは正反対の党員新農民による既存LPGの切り捨て、あるいはまた、村内対立包摂型のLPG化まで、村内対立のありように規定されて集団化対応の幅はかなり広かったといえる。とはいえ、形式的とはいえすでに有力新農民が党支配の枠内にあったために、第四章第二節で論じた抵抗型旧大農村落のパーケンティン村やバルテンスハーゲン村でみられたような顕在的な対決姿勢はみられないこと、しかし他方で劣悪新農民村落のようなアパシー状況に陥るわけでもなく、あくまで各村落の中軸部分が戦略的対応を模索しつづけたことは、優良新農民村落にみられる人々の行動の大きな特徴として、是非とも強調しておかねばならない事柄であろう。

これに対して、当該期新農民の多数派をなすであろう劣悪新農民村落においては、「六月事件」を契機とする村の早期分裂により村落の主体性がすでに失われ、事実上「周辺集落」的な位置づけに甘んじざるをえなかった。そうした状況のもと、上からのヘゲモニーにより近隣有力村落の大規模LPGないし国営農場に包摂される形で集団化が進行したのである。この過程で多数出現するI型LPGも、その実態といえば極小規模の孤立的なLPGにすぎず、優良新農民村落のI型LPGに比べ存在感の低さは否定しようがない。ただし、本章で分析対象としたのは、こうした多数派事例とはやや異なり、郡党指導部がとくに処理に困惑した特異な二つの村落、すなわちブッシュミューレン村とローゼンハーゲン村であった。二村は、①郡内の困窮地域とみなされていること、②難民主導によるLPG設立であるが、LPG化が村落結合に重ならず難民の親族ネットワークをテコとしていること（従って一般の難民意識とも異なること）、③結果としてとくにローゼンハーゲン村にみられるように、全面的集団化において既存の村落領域はその空間的意味を喪失し、LPGや国営農場が「まだら」状の形態をとる「分裂的集団化」ともいうべき様相を呈したこと、これらの点を特徴としていた。これは、この二村ほど明瞭ではないとはいえ、今回はとりあげなかった本郡のもう一つの「厄介」な村落であるガースドルフ村についてもある程度まであてはまるものである。いずれにしてもこれらの「困窮難民型」ともいうべき逸脱的な新農民の行動パターンは、従来はまったく見落とされてきたものといってよい。

以上は当該期の全面的集団化における暴力の相対的な弱さに関する社会史的な説明でもある。本章冒頭で論じたように、戦後東ドイツ農村で物理的な暴力が顕著な意義を有したのは、ソ連軍進駐時の戦時暴力を別とすれば、非ナチ化と連動した土地改革期において、グーツ村落のパターナリズム打破を目的として農場所有者に対して行使された暴力と、一九五二・五三年の旧農民村落の大農支配打破を目的として行使された暴力である。両者の暴力は内容的に大きな差があるとはいえ、いずれも暴力が当事者の「村落追放」ないし「共和国逃亡」に、すなわち村落空間からの有力者の「消去」に帰結した点で共通しており、ここに既存村落秩序解体に与えた物理的暴力の意義を見いだすことができよう。しかしこれらと比べるとき、すでに村落結合が自壊していたともいうべき劣悪な新農民村落はもとより、優良新農民村落においても、村政の担い手の性格や村落結合のあり方からみて村落単位の徹底抗戦路線が志向される可能性は低く、矛盾はむしろ集団化受容のうちに内向せざるをえず、それがゆえに多様な対応の仕方を生むことになったと考えられる。こうしたもとでは上からの物理的暴力の必要性も相対的に低くなるのではなかろうか。あるいは暴力の行使が、「見せしめ裁判」などの象徴的効果や、党アクティブによる執拗なアジテーションやオルグ活動にとどまった理由がここにあったと言い換えてもよい。ただし他方で、ＳＥＤ側が、農業生産力水準の維持を堅持するために、「不良党員」を排除する形で新旧の優良個人農をＬＰＧの中軸に積極的に包摂する路線をとったことも、「暴力のソフト化」のための重要な政策的要件であった。

ところで、土地改革期の新農民のありようを論じた本書の第一章においては、私は土地改革期における経営資本問題のありように着目する形で、一方で受益者としての難民新農民の意義を指摘しつつ、他方でその経営の困窮度合いからその「失敗」を強調した。一九五二・五三年の第一局面における初期集団化が主として脆弱な新農民層に担われたことを根拠に、農業集団化を土地改革の失敗と関連づけて論じることは、ドイツ学界ではむしろ新たな通説となっているといってよい。[96] しかし、分析の時期を一九五〇年代後半までに拡大してみると、本章で論じたように、限定的ではあるとはいえ戦後の困窮を越えて優良化した新農民村落群を見いだすことができるのであった。

このことのもつ歴史的な意味は大きい。第三章冒頭で述べたように、一九四七・四八年、戦後復活したライファイゼン組合が事実上強制解体され、代わって「国営調達・買付機関」、「農民流通センター」、「ドイツ農民銀行」などが新設される。[97] この三つの国家組織にＭＡＳ・ＭＴＳを加えれば、ＳＥＤ農政における新農民国家統合システムについて語ることも可能であろうと思う。むろん政治的には一九五二・五三年においては、これらの組織は集団化路線に資する国家装置であるが、すくなくとも「六月事件」後の「非スターリン化」の時期については、「勤労農民」を基盤とする土地改革体制を支える機能を限定的とはいえ併せ持ったといいうる。土地改革受益者としての難民新農民の問題が全面的集団化期になってはじめて「党員個人農の問題として」浮上するのも、こうした事情があってのことである。それはこれに先立つ一九五六年のフィーヴェクによる小農主義的な社会主義路線の提唱と、ウルブリヒトによるその排斥とも関わる点である。そういう意味では、東ドイツ土地改革の歴史的意義も一九六〇年までを射程にいれて、すなわちあくまで集団化過程とセットで論じる必要があると思われる。

注

(1) Bauerkämper, Ländliche Gesellschaft, S. 185f. メービスは一九五二年から一九六一年までロストク県第一書記であり、一九五八年から一九六三年まで中央のＳＥＤ党政治局候補である。県第一書記の後は東ドイツ国家経済委員会議長のポストに昇進していることから、集団化の成功がキャリアアップに結実したとみてよいだろう。Ｍ・ニーマンによれば、メービスは「断固たる男」ないし「暴君」で、一九六〇年一月に農業集団化を一気に完了するという大胆なキャンペーンを仕掛け、同年三月にはロストク県を全面的集団化が完了した最初の県にした。ただしニーマンは、メービスがこうした行為を完全に独力でしたとは考えにくく、ウルブリヒトからの明示的な了解は得られなかったものの、「慢性的食料問題を改善するには急速な集団化しかない」と主張するロストク県ソ連総領事からの薦めに依拠してこれを行ったと論じている。Niemann, M., Die Sekretäre der SED-Bezirksleitungen 1952–1989, Paderborn 2007, S. 178–179, 187, u. 224–225.

(2) Bauerkämper, a. a. O., S. 186. ただし、序章で論じたように、この著作は全体としては、旧農民の心性や「伝統」がＳＥＤ農政との対抗過程で、むしろ党・国家のもとに包摂・内生化され、もって東ドイツ的な形での農業近代化＝脱農民化が進行したことを強調している。

(3) Langenhan, D., „Halte Dich fern von den Kommunisten, die wollen nicht arbeiten!“ Kollektivierung der Landwirtschaft und bäuerlicher Eigen-Sinn am Beispiel Niederlausitzer Döffer 1952 bis Mitte der sechtiger Jahre, in; Lindenberg, T. (Hg.), Herrschaft und Eigen-Sinn in der Diktatur, 1999 Köln, S. 119–165; Brauer, K. u. a., Die Landwirtschaft in der DDR und nach der Wende. Lebenswirklichkeit zwischen Kollektivierung und Transformation. Empirische Langzeitstudie, in; Wirtschafts-, Sozial- und Umweltpolitik (Materialien der Enquete-Kommission „Überwindung der Folgen der SED-Diktatur im Prozess der deutschen Einheit“ 13. Wahlperiode des Deutschen Bundestages, Bd. III–2), 1999, S. 1351–1358. シュヴェリン県の裁判所では、一九五八年に一件、一九五九年に二件の「見せしめ裁判」があったとされる。一九五八年にはある農民とその息子が懲役四年の判決を受けている。一九五九年秋には大規模な裁判が立て続けに起きている。すなわち同年九月の裁判では、国営調達・買付機関の所長と職員、製粉所所有者、パン焼き親方二名、

トラック運転手、大農三名など全部で一二名に対して、国家機関の活動および東ドイツ国民経済を破壊し社会主義建設を妨害しようとしたとして、懲役刑の判決が下されている。さらに同年十月の裁判では、シュヴェリン県の大農十二名が「経済犯罪」で起訴され、同じく懲役刑の判決が下されたという。Pätzold, H., Zersetzungsmaßnahmen im Zuge der Kollektivierung der Landwirtschaft, in: Leben in DDR, Leben nach 1989 - Aufarbeitung und Versöhnung. Zur Arbeit der Enquete-Kommission, hg. von Landtag Mecklenburg-Vorpommern, Bd. 5, Schwerin 1997, S. 188–189.

(4) 「階級闘争」の犯罪性に厳しいペトォルドも、「集団化に反発する自立的農民の抵抗を打破しようする」裁判が、「六月事件」後に弱まったと述べている。Pätzold, a. a. O., S. 187.

(5) テオドール・ベルクマン（相川・松浦訳）『比較農政論―社会主義諸国における―』（大明堂）一九七八年、一三九～一四〇頁。

(6) 谷口信和『二十世紀社会主義農業の教訓―二十一世紀日本農業へのメッセージ―』（農文協）一九九九年、二〇四頁。

(7) 「勤労農民 werktätige Bauern」は、レーニン主義的な労農同盟論に基づく政治的な農民層規定であり、「大農＝クラーク」概念の対概念であるが、実態的には旧農民の中小農層、および新農民層に重なる。本書第三章「はじめに」188頁も参照のこと。

(8) VpLA Greifswald, Rep. 294, Nr. 236, Bl. 188.

(9) 当該郡のゲマインデ統合のあり方は、おおきくは中核集落に周辺集落が統合されるパターンと、複数の有力集落が連合する形で統合するパターン、および両者の組み合わせのパターンがみられる。

(10) このうちレーリク市はナチス時代に軍港として急速に発展した街である。VpLA Greifswald, Rep. 294, Nr. 240, Bl. 37–38.

(11) ただし、第二章で触れたように、第三局面の時期はすでに東方難民問題はタブー化され、難民問題を扱う国家・党の部署は存在していない。このため当郡について農村難民についてのまとまった公文書群は見いだせなかった。本章では個々の報告書に散見される記述を丹念に集めて分析するという方法をとった。

(12) 本章はグライフスヴァルト州立文書館所蔵文書に基づくアルヒーフ分析である。主に依拠したのはバート・ドベラン郡ＳＥＤ党関連史料、およびロストク県農林省史料である。とくに郡党情報局文書（一九五一年から一九六二年、計一五ファイル）と郡内四カ所のＭＴＳ管区党関連史料は有用であった。他にバート・ドベラン郡所蔵のＬＰＧ文書も参照にした。閲覧した文書ファイルは下記の通りである。

Landesarchiv Greifswald（VpLA Greifswald と略記）

Rep. 294, Kreisleitung der SED Bad Doberan, Abt. Parteiorgane
Nr. 184–198, 211–215, 217–220, 222–227, 229, 231–246, 291–292.
Rep. 200, 2.1, Bezirkstag und Rat des Kreis Rostock, Vorsitzender des Rates
Nr. 37, 121, 147, 434, 443, 444, 445, 487, 506.
Rep. 200, 4.6.1.1, Bezirkstag und Rat des Kreis Rostock, Abt. Landwirtschaft
Nr. 32, 60, 61, 74, 75, 77, 84, 93, 134, 178, 184, 209, 215, 231, 258, 376.
Rep. 200, 4.6.1.2, Bezirkstag und Rat des Kreis Rostock, Abt. Landwirtschaft, UA LPG
Nr. 12, 18, 21, 32, 40, 72, 134, 207, 219, 260, 268, 275.
Kreisarchiv Bad Doberan, Nr. 1–1715, 1–1724, 1–1728, 1–1732, 1–1735, 1–1774, 1–2168.

(13) 国営農場の原語は Volkseigenes Gut であり、通常ＶＥＧ《ファオ・エー・ゲー》と略記される。文字通りには「人民所有農場」だが、本書では実質的な意味合いを重視し、「国営農場」という用語をあてる。後述するように、集団化過程において「国営農場」のもった意義は想像以上に大きい。

(14) なお一九六〇年にはＭＴＳレーリク管区はＭＴＳラーヴェンスベルク管区に統合されている。

(15) Vgl. Kreisarchiv Bad Doberan, Nr. 1–2168, Umwandelung ÖLB in LPG 1955–1956.

(16) 本章では複数の村落・有力集落を包摂するＬＰＧを大規模ＬＰＧ（Groß LPG）と呼ぶことにする。

(17) VpLA Greifswald, Rep. 294, Nr. 191, Bl. 250.

(18) VpLA Greifswald, Rep. 294, Nr. 215, Bl. 133f.

(19) 情報量が少ないため明言できないが、レーネンホーフ村、ヨルンストルフ村（以上、ＭＴＳレーリク管区）、マテールゼン村、ホーエン・ルコフ村、クライン・ベルコー村（以上、ＭＴＳラーデガスト管区）、バート・ニーンハーゲン村（ＭＴＳイエネヴィッツ管区）も優良新農民集落群に入ると考えられる。

(20) VpLA Greifswald, Rep. 294, Nr. 222, Bl. 56.

(21) 一九二一年の農場に関する情報は、Güter-Adreßuch von Mecklenburg-Schwerin und Mecklenburg-Strelitz. Niekammer's Güter-Adreßbücher, Band IV, Leipzig 1921 より。本章におけるラコー村の記述は以下の VpLA Greifswald 所蔵文書による。Rep. 294, Nr.

185, Bl. 44; Rep. 294 Nr. 188, Bl. 93–96, 167, 171, u. 203; Rep. 294, Nr. 189, Bl. 22; Rep. 294, Nr. 191, Bl. 150; Rep. 294, Nr. 193, Bl. 37, u. 136; Rep. 294 Nr. 194, Bl. 72; Rep. 294, Nr. 195, Bl. 39; Rep. 294, Nr. 215, Bl. 36, u. 133; Rep. 294, Nr. 218, Bl. 49–50; Rep. 294, Nr. 222, Bl. 39–40, u. 56f.; Rep. 294, Nr. 239, Bl. 82–83, u. 86–87; Rep. 294, Nr. 239, Bl. 152–158; Rep. 294, Nr. 240, Bl. 25–26, 28, 93, u. 139–148.

(22) VpLA Greifswald, Rep. 294, Nr. 185, Bl. 44.

(23) VpLA Greifswald, Rep. 294, Nr. 240, Bl. 141. 本村難民の出身地がオストプロイセンなのか、ベッサラビアなのか、あるいは双方の難民からなるのかは不明である。仮にベッサラビア・ドイツ人であるとすると、彼らが、戦時期ナチスの強制移住政策によるヴァルテ管区ないしダンチヒ・西プロイセン管区への戦時農民入植を経由した「民族ドイツ人」であることは間違いない。ベッサラビア・ドイツ人については戦後にテテロー郡に集団入植していることが明らかにされている。これらの点については第二章第一節126頁、終章の「2」(578頁)、および同注(6)(598頁)を参照のこと。

(24) VpLA Greifswald, Rep. 294, Nr. 189, Bl. 22.

(25) VpLA Greifswald, Rep. 294, Nr. 239, Bl. 156–158.

(26) VpLA Greifswald, Rep. 294, Nr. 240, Bl. 25–26.

(27) VpLA Greifswald, Rep. 294, Nr. 193, Bl. 37.

(28) VpLA Greifswald, Rep. 294, Nr. 215, Bl. 133.

(29) VpLA Greifswald, Rep. 294, Nr. 240, Bl. 92–93; VpLA Greifswald, Rep. 294, Nr. 224, Bl. 39–40.

(30) VpLA Greifswald, Rep. 294, Nr. 215, Bl. 90f. なお、ラーベンホルスト集落(バルゲスハーゲン村)はＭＴＳイエネヴィッツ管区の数少ない重点区のひとつであり、ニムツはこの村の党書記である。VpLA Greifswald, Rep. 294, Nr. 193, Bl. 13.

(31) Berthold, T., Die Agrarpreispolitik der DDR. Ziel, Mittel, Wirkungen, Gießen 1972, S. 67–81、および谷江幸雄『東ドイツの農産物価格政策』(法律文化社)一九八九年、第三章(九一～一二五頁)を参照。

(32) VpLA Greifswald, Rep. 294, Nr. 240, Bl. 101. この村の旧農場主は一九四五年にソ連軍に命を奪われている。Ebenda, Bl. 29.

(33) VpLA Greifswald, Rep. 200, 4.6.1.1, Nr. 258, Bl. 13. 組合長ブリッツは一九三三年ポンメルン生まれの難民で、すでに一度「共和国逃亡」の経験があり、一九五六年に再度東ドイツに戻ったという。Ebenda.

(34) VpLA Greifswald, Rep. 200, 4.6.1.1, Nr. 258, Bl. 19–20. グラーゼは村議会議員であったという。

(35) VpLA Greifswald, Rep. 294, Nr. 234, Bl. 81–82 (RS). カードル内の対立については、本書の第七章第二節を参照されたい。

(36) VpLA Greifswald, Rep. 294, Nr. 215, Bl. 91f.

(37) 一九五七年一一月付で、ＭＴＳ所長と農業技師から郡党指導部第一書記クヴァント宛に提出された文書である。VpLA Greifswald, Rep. 294, Nr. 239, Bl. 152–155.

(38) 本書第三章第一節193頁を参照のこと。

(39) こうした行動は、本書第三章第三節「3」「4」（221頁以下）において経営放棄地に関わって論じた、新農民の個人農としての生き残り「戦略」に重なるように思われる。

(40) VpLA Greifswald, Rep. 294, Nr. 215, Bl. 32.

(41) 党員数の情報は、ラコー村とキルヒ・ムルソー村についてはVpLA Greifswald, Rep. 294, Nr. 239, Bl. 156（一九五七年一一月の数字）、ゴロー村についてはVpLA Greifswald, Rep. 294, Nr. 215, Bl. 34（一九五九年八月の数字）、ツヴェードルフ村についてはVpLA Greifswald, Rep. 294, Nr. 243, Bl. 122、ロゴー＝ルソー村についてはEbenda, Bl. 126（ともに一九五八年八月の数字）、をそれぞれ参照のこと。

(42) VpLA Greifswald, Rep. 294, Nr. 215, Bl. 93. これとは対照的に、同じ箇所では「議員や農民互助協会委員がＬＰＧ農民であるような村では、農業の社会主義改造がはるかに良好に進捗している」とか、「村のＬＰＧ農民が社会主義改造のアジテーターとして登場することはほとんどみられない。ＬＰＧ農民は個人農のＬＰＧ加盟獲得を、党や大衆組織の上部機関の活動家に委ねてしまっている」、との記述がみられる。後者は村内対立型の村落に関する叙述とみなしてよいだろう。Ebenda.

(43) VpLA Greifswald, Rep. 294, Nr. 215, Bl. 34; VpLA Greifswald, Rep. 294, Nr. 193, Bl. 13.

(44) VpLA Greifswald, Rep. 294, Nr. 239, Bl. 156–158. ちなみに一九五五年の文書では、ＭＴＳラーヴェンスベルクの政治課副指導員にマレーネ・ポガンスキーという名の一九三一年生まれの若い女性アクティブがいることが確認できるが、出生地からみてオットーの娘だと思われる。彼女は一九五二年よりこの職にあった。VpLA Greifswald, Rep. 294, Nr. 239, Bl. 98. この点は本書第七章注（150）（564頁）も参照のこと。

(45) Kreisarchiv Bad Doberan, Rat der Gemeinde Bastorf 4, Archiv Nr. 2–335, oh. Bl. (Grundlist für die Einziehung der Bodenreform-

Kaufgeldraten der Gemeinde Zweedorf, 06. 07. 1950); VpLA Greifswald, Rep. 294, Nr. 189, Bl. 21; VpLA Greifswald, Rep. 294, Nr. 243, Bl. 102 u. 122.

(46) VpLA Greifswald, Rep. 294, Nr. 191, Bl. 27. u. 67; VpLA Greifswald, Rep. 294, Nr. 240, Bl. 30–31; VpLA Greifswald, Rep. 294, Nr. 242, Bl. 47, 119, u. 189; Rep. 294, Nr. 243, Bl. 126.

(47) VpLA Greifswald, Rep. 294, Nr. 239, Bl. 42–43; VpLA Greifswald, Rep. 294, Nr. 240, Bl. 22; VpLA Greifswald, Rep. 294, Nr. 222, Bl. 43.

(48) VpLA Greifswald, Rep. 294, Nr. 240, Bl. 34–35.

(49) VpLA Greifswald, Rep. 294, Nr. 232–234（ＭＴＳイエーネヴィッツに関する一連の党文書）を参照。

(50) 「リューニングハーゲン村フリーダ・リンデンベルク宅にはメソディストが、アルテンハーゲン村ゲスケ宅にはバプティストたちが集って」いたという。VpLA Greifswald, Rep. 294, Nr. 236, Bl. 179.「六月事件」後の五三年一二月の東ドイツ農村の「階級闘争」に関する内務省文書には、メソディストや「エホバの証人」の活動強化に関する警戒的な記述がみられるが（B-Arch, DO1–11, Nr. 24, Bl. 85–86）、ここにみるようにバート・ドベラン郡においても、新たな宗教的救済に対する渇望の広がりがあったことがうかがわれよう。

(51) 本書第五章第二節384頁以下の記述を参照のこと。

(52) VpLA Greifswald, Rep. 294, Nr. 236, Bl. 177–179.

(53) ザトー村についてはVpLA Greifswald, Rep. 294, Nr. 236, Bl. 108–109, アルトブコフ村についてはVpLA Greifswald, Rep. 294, Nr. 240, Bl. 23.

(54) VpLA Greifswald, Rep. 294. Nr. 192, Bl. 68. このケースでは、結局、シュルトの党籍を剥奪すると書かれている。なおシュルトの職業は不明である。

(55) ロゴー＝ルソー村についてVpLA Greifswald, Rep. 294, Nr. 242, Bl. 189; VpLA Greifswald, Rep. 294, Nr. 243, Bl. 126. u. s. w. ラコー村についてはVpLA Greifswald, Rep. 294, Nr. 240, Bl. 141.

(56) VpLA Greifswald, Rep. 294, Nr. 240, Bl. 39.

(57) VpLA Greifswald, Rep. 294, Nr. 229, Bl. 63.

(58) 党組織問題の記述は豊富だが、もっともまとまったものは各ＭＴＳ管区指導員による一九六〇年四月の党基礎組織問題報告書である。VpLA Greifswald, Rep. 294, Nr. 233, Bl. 125–153 (MTS Jennewitz); VpLA Greifswald, Rep. 294, Nr. 236, Bl. 170–239 (MTS Radegast); VpLA Greifswald, Rep. 294, Nr. 240, Bl. 89–104 (MTS Ravensberg).

(59) バストルフ村党書記の息子が大農のところで働くという報告、および、国営農場勤務のノイ・カーリン村の女性党書記が休日に大農のところで働くという報告がある。VpLA Greifswald, Rep. 294, Nr. 239, Bl. 34; VpLA Greifswald, Rep. 294, Nr. 240, Bl. 25; VpLA Greifswald, Rep. 294, Nr. 242, Bl. 127. ただし大農関連につき、旧農民村落の事例である。

(60) ナチスとの関わりはそれほど明示的ではないが、時々言及がみられる。たとえばガーズハーゲン村の村長クリンコフスキーは六年間ＳＥＤ党員候補のままであるが、彼は元ナチ党員であったという。VpLA Greifswald, Rep. 294, Nr. 235, Bl. 208.

(61) キルヒ・ムルソー村の集団化に関する記述は以下の VpLA Greifswald 所蔵文書による。Rep. 294, Nr. 190, Bl. 109, u. 220; Rep. 294, Nr. 191, Bl. 193, 213, 243, u. 250; Rep. 294, Nr. 192, Bl. 19f.; Rep. 294, Nr. 193, Bl. 90, 133, u. 141; Rep. 294, Nr. 195, Bl. 138; Rep. 294, Nr. 222, Bl. 41–42, u. 57; Rep. 294, Nr. 229, 124–128; Rep. 294, Nr. 239, Bl. 152–158; Rep. 294, Nr. 240, Bl. 28, 147, u. 174–175; Rep. 294, Nr. 243, Bl. 53, u. 109.

(62) ラーヴェンスベルク村の集団化に関する記述は以下の VpLA Greifswald 所蔵文書による。Rep. 294, Nr. 191, Bl. 203; Rep. 294, Nr. 193, Bl. 24; Rep. 294, Nr. 218, Bl. 125; Rep. 294, Nr. 222, Bl. 42–44; Rep. 294, Nr. 239, Bl. 152–155, u. 157; Rep. 294, Nr. 240, Bl. 22–23, 25, 27, 98, u. 144.

(63) ゴロー村の集団化に関する記述は以下の VpLA Greifswald 所蔵文書による。Rep. 294, Nr. 190, Bl. 285 u. 291; Rep. 294, Nr. 191, Bl. 159 u. 216; Rep. 294, Nr. 192, Bl. 27 u. 79; Rep. 294, Nr. 193, Bl. 13, 28, 38, u. 136; Rep. 294, Nr. 194, Bl. 48; Rep. 294, Nr. 215, Bl. 32f., 123–124, u. 133; Rep. 294, Nr. 218, Bl. 125; Rep. 294, Nr. 236, Bl. 15, 97, 107, 137, 174–177, 181, 194–195, 229, 231–233, u. 239.

(64) ゴロー村の初期ＬＰＧに関する情報はバート・ドベラン郡文書館史料による。Kreisarchiv Bad Doberan, Nr. 1–1716; Registerakte der LPG „Gute Zukunft“ und „Freie Volk“ Gorow, 1953–1959, oh Bl. なおＬＰＧハンストルフとの統合については以下を参照せよ。VpLA Greifswald, Rep. 294, Nr. 236, Bl. 97, 194–195, u. 229.

(65) VpLA Greifswald, Rep. 294, Nr. 236, Bl. 195.

（66）ロゴー＝ルソー村の集団化の記述は以下の VpLA Greifswald 所蔵文書による。Rep. 294, Nr. 191, Bl. 27 u. 67; Rep. 294, Nr. 195, Bl. 52; Rep. 294, Nr. 243, Bl. 102, 106, 124 u. 126; Rep. 294, Nr. 240, Bl. 29–31, 61- 63, u. 103–104; Rep. 294, Nr.. 222, Bl. 9–8 u. 57; Rep. 200, 4.6.1.1., Nr. 258, Bl. 13.

（67）一〇～二〇ヘクタールの中農層は三戸とあるから（VpLA Greifswald, Rep. 294, Nr. 243, Bl. 122）、小作地引き受けをテコとした経営拡大があったと推測される。

（68）一九五五年一一月には存在していることが確認される。VpLA Greifswald, Rep. 294, Nr. 213, Bl. 67–72.

（69）ただし村党組織の会議出席率は約四割でアクティブはいないとされている。VpLA Greifswald, Rep. 294, Nr. 243, Bl. 122.

（70）ツヴェードルフ村の集団化の記述は以下の VpLA Greifswald 所蔵文書による。Rep. 294, Nr. 189, Bl. 21; Rep. 294, Nr. 191, Bl. 67 u. 249; Rep. 294, Nr. 192, Bl. 79 u. 106–107; Rep. 294, Nr. 193, Bl. 24; Rep. 294, Nr. 194, Bl. 49, 54, u. 138–139; Rep. 294, Nr. 213, Bl. 122; Rep. 294, Nr. 218, Bl. 125; Rep. 294, Nr. 222, Bl. 37; Rep. 294, Nr. 240, Bl. 29, 34–35, 37, u. 103–104; Rep. 294, Nr. 243, Bl. 102 u. 122; Rep. 200, 4.6.1.2, Nr. 32, Bl. 1–13. 他に Kreisarchiv Bad Doberan, Rat der Gemeinde Bastorf 4, Archiv Nr. 2–335.

（71）VpLA Greifswald, Rep. 294, Nr. 236, Bl. 174.

（72）郡全体に関しては、一九六〇年九月報告において、本郡Ｉ型ＬＰＧ全体（したがって小規模組合を含む）について「ＬＰＧ幹部会を構成するのは、平均的には村で主要な役割を果していた元良好経営の中農層である……。組合長六六人中、ＳＥＤ党員は一〇名、さらに一四名の党員が幹部会委員」といわれている。VpLA Greifswald, Rep. 294, Nr. 222, Bl. 57. ここにいう「元良好経営の中農」の主たる部分は優良新農民層と考えてよいだろう。

（73）以上、ＭＴＳラーデガスト管区の集団化については、上記注（12）にあげた史料全般によっているが、とくに VpLA Greifswald, Rep. 294, Nr. 235 u. Nr. 236 の二文書を参照されたい。ＬＰＧレーデランクについては Kreisarchiv Bad Doberan, Nr. 1–1716 を、ＬＰＧピュショーについては Ebenda, Nr. 1–1717 を参照のこと。

（74）ガースドルフ村については事情が複雑であり、今回は叙述を断念した。

（75）前述の一九五七年一一月のラコー村エーラーの発言を参照のこと。

（76）VpLA Greifswald, Rep. 294, Nr. 184, Bl. 41.

（77）以上のＬＰＧブッシュミューレンについての記述は、主として Kreisarchiv Bad Doberan, Nr. 1–1732, Registerakte der LPG „Osker

Neumann" Buschmühlen (Gemeinde Neubukow), Sept. 1954–Okt. 1958 によっている。とくに一九五八年八月の組合員集会の文書は、同年八月二日付の郡ＬＰＧ課文書（報告者チュルスドルフ・経理指導員）である。なお引用中の「国家活動家たち Staatsfunktionäre」とは郡党アクティブのことである。

(78) ブッシュミューレン村に関して、VpLA Greifswald 所蔵文書にて参照したのは以下の箇所である。Rep. 294, Nr. 184, Bl. 41; Rep. 294, Nr. 185, Bl. 64; Rep. 294, Nr. 191, Bl. 162; Rep. 294, Nr. 194, Bl. 139; Rep. 294, Nr. 211, Bl. 91; Rep. 294, Nr. 213, Bl. 25, 46 (RS), u. 52–53; Rep. 294, Nr. 214, Bl. 6; Rep. 294, Nr. 222, Bl. 35 u. 62–66; Rep. 294, Nr. 224, Bl. 6; Rep. 294, Nr. 239, Bl. 7, 25, 34, 38, 41, 43, 56, 75, 82–83, 86–89, 94, 102–105, u. 158; Rep. 294, Nr. 240, Bl. 23, 55, 89, u. 142; Rep. 200, 4.6.1.1, Nr. 134, Rostock, 29. 09. 1952.

なお、もともと放牧地不足が顕著でＬＰＧと新農民の共有放牧地利用が行われていた点も、Ｉ型ＬＰＧには不利に作用したと考えられる。Vgl. Kreisarchiv, Bad Doberan, Nr. 1–1732, Buschmühlen, d. 30. 01. 1956.

(79) この親族とは別に、本村の婦人たちが一九五五年のジュネーブ会議の行方に強い関心を持っていたとの報告から、本村もまた難民的要素が濃厚な村落であったと推測される。VpLA Greifswald, Rep. 294, Nr. 239, Bl. 102.

(80) クレチュマンによる内部告発調書は、Kreisarchiv Bad Doberan, Nr. 1–1732, Neubukow, d. 10. 03. 1955. なお一九五八年の文書によれば、クレチュマンは二人の子持ちで持病と困窮に苦しんでおり、疾病保険を受給しているとされる。Ebenda, Bad Doberan, 05. 12. 1958.

(81) Schwartz, M., Integration und Transformation. „Umsiedler"-Politik und regionaler Strukturwandel in Mecklenburg-Vorpommern von 1945 bis 1953, in: van Melis, D. (Hg.), Sozialismus auf dem platten Land. Mecklenburg-Vorpommern 1945–1952, Schwerin 1999, S. 177.

(82) Bauerkämper, a. a. O., S. 88. 非ナチ化の過程で林務官が大量解雇されたのは、もともと林務官のナチ党組織率がとても高いことが何らかの形で関わっていると思われる。ルプナーによると、一九四四年の時点で、ナチ党員比率は、森林管理に携わる国家中級公務員で九一％にも達している（一般の民有林の管理人は七八％）。さらにまた、戦争によってドイツ全土の森林面積の五分の一が失われたほか、全ドイツの林務官の四分の一が死亡したとされる。Rubner, H., Deutsche Forstgeschichte 1933–1945. Forstwirtschaft, Jagd und Umwelt im NS Staat, St. Katharinen 1997, S. 151 u. 334.

(83) VpLA Greifswald, Rep. 294, Nr. 224, Bl. 21–23.
(84) VpLA Greifswald, Rep. 294, Nr. 188, Bl. 222.
(85) ちなみに州全体でみるとき一九五〇年代中葉の農村の「共和国逃亡」は、農村青年を別とすれば、新農民層である。第三章第三節214頁以下参照。
(86) VpLA Greifswald, Rep. 294, Nr. 185, Bl. 199; Rep. 294, Nr. 236, Bl. 105; Rep. 294, Nr. 191, Bl. 66; Rep. 294, Nr. 236, Bl. 178.
(87) ローゼンハーゲン村の初期ＬＰＧについては、Kreisarchiv Bad Doberan, Nr. 1–1728, Registerakte der LPG „Freie Erde“ Rosenhagen, März 1953–Juli 1953 を参照のこと。
(88) ガーズハーゲン村の初期ＬＰＧについては下記の VpLA Greifswald 所蔵文書を参照。Rep. 294, Nr. 184, Bl. 37–41; Rep. 294, Nr. 186, Bl. 62, u. 110; Rep. 294, Nr. 187, Bl. 24; Rep. 294, Nr. 211, Bl. 31; Rep. 294, Nr. 214, Bl. 18; Rep. 294, Nr. 235, Bl. 32, 165, u. 175; Rep. 294, Nr. 236, Bl. 62 u. 104.
(89) VpLA Greifswald, Rep. 294, Nr. 219, Bl. 423; VpLA Greifswald, Rep. 294, Nr. 235, Bl. 149.
(90) VpLA Greifswald, Rep. 294, Nr. 219, Bl. 423.
(91) VpLA Greifswald, Rep. 294, Nr. 235, Bl. 208.「大農になる」というのは、実際には経営放棄された大農経営の小作人になったという意味であろう。
(92) VpLA Greifswald, Rep. 294, Nr. 236, Bl. 63.
(93) VpLA Greifswald, Rep. 294, Nr. 188, Bl. 250.
(94) VpLA Greifswald, Rep. 294, Nr. 235, Bl. 58–59; VpLA Greifswald, Rep. 294, Nr. 236, Bl. 63.
(95) ガーズハーゲン村とグロス・ニーンハーゲン村の全面的集団化についての記述は下記の VpLA Greifswald 所蔵文書による。Rep. 294, Nr. 191, Bl. 66, 78, 96, u. 250; Rep. 294, Nr. 193, Bl. 81, u. 112; Rep. 294, Nr. 194, Bl. 50; Rep. 294, Nr. 195, Bl. 39; Rep. 294, Nr. 213, Bl. 122; Rep. 294, Nr. 215, Bl. 118; Rep. 294, Nr. 222, Bl. 56; Rep. 294, Nr. 235, Bl. 58; Rep. 294, Nr. 236, Bl. 9, 62–65, 105–106, 174, 177, u. 213–218; Rep. 200, 2–1, Nr. 445, Bl. 2.
(96) Handwörterbuch zur ländlichen Gesellschaft in Deutschland, hg, v. Beetz, S., Brauer, K., u. Neu, C., Wiesbanden 2005, S. 21（執筆は Bauerkämper).

(97) Bauerkämper, Ländliche Gesellschaft, S. 134–139.

第七章　機械・トラクター・ステーション

―農業機械化と農村カードル形成　一九四九年～一九六一年―

MTS イエーネヴィッツの春耕準備の一幕（1960 年 3 月）
秋耕準備のためにトラクターの整備をする MTS 運転手たち．トラクターの車種は，形から判断して「ピオニール」である．
出典：Kowarsch, K-H, Der Schritt vom Ich zum Wir in der Landwirtschaft des Bezirkes Rostock: 1952–1960, Rostock 1986, S. 46, より転載.

はじめに

大型農業機械が疾走する巨大農場、あるいは最新設備が装備された巨大畜舎で飼育される家畜の群。いまでこそ日常化してしまい、それゆえにこそ有機農業やエコロジーを主張する立場からは批判されるに過ぎないこうした風景も、しかしおそらく一九六〇年代頃までは農業に携わる世界の多くの人々が追求してやまない「夢」の中核部分をなしていたといってよい。とりわけ近代科学を神髄とし世界のあくなき「工業化」を志向する戦後社会主義世界のリーダーたちにとって、それは理想的農業の姿そのものでもあった。冷戦体制の最前線に立たされた戦後東ドイツ農業もまた同じである。例えばＤＢＤ《デー・ベー・デー》機関誌『農民のこだま』のトップには毎号写真が掲載されるが、一九五二・五三年頃、そこには各種の新型の大型農業機械を操作する男たちとともに、若い女性のトラクター運転手や農業技師の写真が新時代農業を象徴するものとしてしばしば登場するのである[1]（写真7-1、7-2）。

ところで戦後東ドイツにおいて農業の全面的集団化が完了するのは一九六〇年四月のことであるが、それ以前の個人農が支配的な時代にあって農業の機械化と社会主義化を担ったものが「機械・トラクター・ステーション（以下、ＭＴＳ《エム・テー・エス》と略記）」であった。東ドイツの戦後土地改革では平均して三七五ヘクタール[2]程度の農場が解体・分割され新農民経営が創出されるが、旧グーツ経営の大型機械は分割されようもなく、当初は村落の農民互助協会の資産とされる。これを資源に、一九四八年から一九四九年にかけて個人農に対する機械提供サービスを行う国家組織として――ソ連のモデルを参照にしつつ――機械貸与ステーション（以下、ＭＡＳ《エム・アー・エス》と略記）が設立されるのだが、早くも一九五二年七月の集団化宣言とともにＭＡＳはＭＴＳに再編されることとなるのである。以後、資本装備の充実がはかられていくが、一九五九年、全面的集団化が進行するなかでＭＴＳは大規模ＬＰＧ《エル・ペー・ゲー》へと順次吸収されることが決定され、一九六〇年代初頭には、農業集団化の完了とともに実質的にその歴史的使命を

写真 7-1　MASの女性トラクター運転手.
『農民のこだま』の巻頭写真から．上はMASクレーベルン（ライプティヒ）の研修生ケーチェ・ミュラー（1952年6月19日付），下はグレーテ（所属MASの記載なし），1952年4月24日付.

写真 7-2　若い女性農業技師.
オッタースレーベン国営農場（マグデブルク）．同上1952年6月28日付.

終えることとなった。個人農がトラクターなどの大型機械を個人的に新たに購入することは困難であったから、戦後東ドイツにおける農業部門の大型機械導入はもっぱらMTSを通して実現していくことになる。それはドイツ農業史上において大規模機械化農業への「離陸」過程とみなしうるものであろう。

しかしMTSは単なる「機械銀行」にとどまるものではまったくない。MTSは農村における党組織の政治的拠点でもあったからである。MASにおいても「文化指導者 Kulturleiter」が配置され、彼らを軸として、映画・演劇・スポーツなど、農村部においても政治的意味を付与されたさまざまな文化活動が行われた。しかし一九五二年のMTSへの再編時に文化指導者は廃止され、新たに「政治課 Politabteilung」が設置、MTSの政治的な役割は格段に強化されることになった。これによりMTSは農村部の政治的掌握とLPG強化の出撃拠点となるのである。のみならず、MTSは、農民文化を基調とする農村部のなかで、これとは異なる社会主義の政治文化を生きる農村カードル（幹部層）[3]たちの日常空間であった。MTSを通してとりわけ若い世代を中心に戦後社会主義を担う農村カードルが排出されていくのである。こうして戦後東ドイツ農業の機械化は、新しい農村支配層であるカードル形成――具体的には党活動に専従する政治カードルと農業技師などの技術カードル――と結びつきつつ進展していったのである。農村社会主義の権力形成が農業機械化と結びつきつつ形成されていった点は、とりわけ戦前よりある程度の農業機械化水準を達成していた北部東エルベ型農業地域の戦後社会史をみるうえで、注目すべき特徴といえよう。

このように一九五〇年代の東ドイツ農業史を語るときＭＴＳは重要な位置を占めると考えられるが、にもかかわらずＭＴＳに関する本格的研究は現在に至るまでほとんどなされてこなかった。日本では、管見の限りわずかに村田武がザンダーの研究によりつつＭＴＳの機械化水準について数ページの記述をしているのみである。(4) もちろん近年のドイツにおける戦後東ドイツ農業史の最新研究を繙けば、ある程度まとまった記述をそこに見出すことができる。これまで何度も言及してきたバウアーケンパーの著作においても、確かにＭＴＳに関する節が設けられ概説的な記述がなされている。(5) しかし、彼の場合、ＳＥＤ《エス・エー・デー》権力と旧農民層の対抗を軸として全体が立論されていることもあって、ＭＴＳの評価はおしなべて低く、その政治的・経済的な機能不全が強調される傾向がある。これとは別にバウアーケンパーには農村カードルを扱った論考があるが、そこでもＭＴＳは農村カードル世界の一部として登場するにすぎない。(6) もちろん農村カードル世界はＭＴＳに閉じられていたわけでは全くないので、農村カードルを論ずる場合には少なくも郡エリアを視野におさめた分析が必須であるが、しかし分析がもっぱら政治的領域に限定されてしまっており、農業機械化や農村村落との関係が論点化されていない点に不満が残る内容となっていると言わざるをえない。(7)

こうしたなか、一九五〇年代農村における国家保安部（いわゆるシュタージ）活動の実態を初めて明らかにしたものとして、近年のテスケの研究が注目される。そこではＳＥＤ農村政治支配の拠点としてのＭＴＳ政治課に焦点があてられ、政治課と国家保安部の密接な関わりが指摘される一方、主としてライプツィヒ県とドレスデン県を対象として秘密情報提供者の実態が分析されている。一九五三年「六月事件」がＭＴＳ政治課や農村課報活動に与えた影響や、とくに一九五〇年代においては課報工作網は拡大したものの、その活動はなお実質的な効力をもつに至らなかったことなど、興味深い事実がそこでは明らかにされている(8)。ただし、分析の関心があくまで課報工作活動の組織や制度に向けられるために、農村支配や農村カードルとの関わり、さらには農業機械化や集団化との関わりなどは残念ながら主題化されているとは言いがたい。

さて、本書では、ここまで農業集団化を村落再編に関わらせてミクロ史的に分析するという作業を行ってきた。とりわけ第四章以降では村の主体のありように焦点を定めつつ、その戦略の多様性を明らかにすることに力を注いできた。しかしながらそれだけでは戦後東ドイツ農村の社会主義権力の形成を論じるには不十分である。第一に、集団化過程は単に農村住民のみならず物的資源の再編過程でもあるが、大型機械の問題は畜舎の新設・改築と並んで集団化の帰趨を左右する重要点であったし、第二に、集団化過程においては村内有力者のカードル化のみならず、ＭＴＳ系譜の村外カードル層の入村という事態がみられたからである。村落支配の再編は村落内で完結するものでは毛頭あり得ず、上位権力を視野に入れながらあくまで重層的に理解する必要があるのである。一九五〇年代を通してＭＴＳは大型機械と党カードルの出撃拠点でありつづけた。後述するようにＭＴＳは機械サービスの点で明らかに限界があり、その政治的支配も不安定で一元的に村内に浸透したわけではまったくないが、だからといってその意義を過小評価することもできないのではないか。とりわけ、もともとの大農業地帯であり、土地改革による新農民層が厚く存在する北部地域ではなおさらであろう。

以上のような点を考慮しつつ、本章では、主として農村カードル形成や農村の政治的支配との関わりを意識しつつ、一九五〇年代におけるＭＴＳの活動実態について郡エリアを単位として可能な限りミクロ史的に明らかにしたい。ここでミクロ史的な分析にこだわるのは、なによりＭＴＳに生きた人々、すなわちＳＥＤ農村支配の末端を担った人々の実践主体のありようから問題を論じたいからに他ならない。より具体的には、第一に

ＭＡＳ設立からＭＴＳ再編の経緯をふまえたうえで、第二にＭＴＳカードルの世界のありようを、党幹部の権力闘争や農業技師などのカードル化に着目して明らかにし、第三にＭＴＳと各村落・ＬＰＧの関わり方を、機械と労働の編成のあり方とその変化、およびＭＴＳ政治課指導員の活動を軸に明らかにしたい。その上で、最後に全面的集団化におけるＭＴＳ管区指導員の役割とＭＴＳのＬＰＧ吸収過程についてみていくこととしたい。

対象とするのは、これまでと同じくロストク県バート・ドベラン郡である。この郡はそれぞれ性格が多少異なるイエーネヴィッツ、レーリク、ラーヴェンスベルク、ラーデガストという四つのＭＴＳ管区から構成されることは折に触れて述べてきたが、このうち本章では新農民比率が高いＭＴＳレーリクと、逆に旧農民が相対的に厚く存在するＭＴＳ管区イエーネヴィッツの二つのＭＴＳを軸に、残りの二つのＭＴＳを加味する形で議論を進めていくこととしたい。(9)

史料としては主としてグライフスヴァルト州立文書館所蔵のバート・ドベラン郡ＭＴＳ党関連文書を用いる。このうち特に依拠するのは各ＭＴＳ党会議議事録および各ＭＴＳ政治課指導員による郡党宛文書である。後述するようにＭＴＳ政治課は、ＭＴＳ経営党組織のみならず、ＭＴＳ管区農村の政治的組織化を任務とする党機関であるが、その重要任務の一つが在地の情報収集と郡党指導部への報告であった。彼らは週の半分ほど村に入り、残りの半分でＭＴＳ経営の政治活動と報告書作成を行っていたのである。とくにＭＴＳ全盛期であった一九五三～一九五六年頃の報告の密度は非常に高く、史料としてはきわめて有用である。ただし史料の残り方にはＭＴＳごとに年代的にかなりのばらつきがみられる。上記の二つのＭＴＳはこのうち情報量が比較的多いＭＴＳである。(10)

第一節　MAS《エム・アー・エス》設立からMTS《エム・テー・エス》再編へ――制度と組織の概略――

1．MASの設立――農業諸組織の「国家化」の一環として――

第一章で述べたように、メクレンブルク・フォアポンメルン州においては土地改革の結果、旧グーツの大型機械――代表的なものはトラクターと脱穀機――は農民互助協会の管理・利用にゆだねられた。しかしトラクターについては、ガソリン不足、部品不足、修理能力の不足により稼働率が低く、当初よりその利用において郡当局が介入する状況であった。このため早くも一九四八年二月に各郡当局主導のもと郡農民互助協会により各管区に機械センターが設立されることになった。これがMASの母体となっていくのである。[11] 本章が対象とするMTSレーリク管区では、レーリク市にあった旧国防軍施設――レーリク市はナチス時代に軍港として発展した街である――の跡地に、農民互助協会の機械センターが設置されている。当初は従業員一二名であり、資本装備もトラクター七台、キャタピラー型トラクター一台、運搬用トラクター一台のほかはわずかな農具類であり、いずれも各農場から集められたものであったという。[12]

このように当初の機械サービス事業は農民互助協会の機械ステーションとして出発するが、一九四八年一一月、党中央の要請を受けたドイツ経済委員会によってMAS管理部が設立され、上記の機械ステーションがここに買収されることにより国営企業としてのMASが誕生していくことになる。[13] レーリク市の機械ステーションも一九四九年にMASとなったとされている。[14] MASが国家の直接投資によってではなく農民互助協会所有のトラクターを買収する形でなされたのは、もともと土地改革に規定される形で機械ステーション設立の要請があったことや、国家の資本不足によるためでもあろうが、同時にトラクターなど大型機械の保有と利用を可能な限り国家が掌握するという政策的意図が強く働いたことは間違いないと思われる。

この点に関わって注目したいのは、ＭＡＳ設立がその他の一連の農業制度再編の一環として行われているということである。すでに繰り返し指摘しているように、一九四八年から一九五〇年にかけて、東ドイツ《デー・デー・エル》建国に対応するかのように「国営調達・買付機関」、「農民流通センター」、「ドイツ農民銀行」などが矢継ぎ早に設立され、個人農を前提とする農業制度の「国家化」ともいうべき事態が進展するが、ＭＡＳの設立もこれに対応している。農業制度再編の焦点となったのはライファイゼン組合だが、農業機械サービスに関してはあくまで上述のように機械ステーションのＭＡＳ化が基本線である。ただし、例えばウゼドム郡においてライファイゼン組合の修理工場が郡農民互助協会に買収される形で機械ステーションが設置されていることなどからみて[15]、修理部門についてはライファイゼン組合の再編との関係が一部にあったと思われる。

もっとも設立時のＭＡＳの機械装備の実態となると、先のＭＴＳレーリクの例にみたように貧弱であることは否めない。表7-1はＭＡＳ設立間もない一九四八年中葉頃のメクレンブルク・フォアポンメルン州の機械保有の内訳を郡別に示したものである。みられるように州全体のＭＡＳのトラクター占有率は約三七％となっており決して高い水準とはいえない。さらに、脱穀機やジャガイモ収穫機の占有率となるとわずか一割にすぎず、ＭＡＳがもっぱらトラクター中心の組織であったことがわかる。ただし、その比重にはかなりの地域差がみられる。すなわち、ヴィスマール郡、ギュストロー郡、マルヒーン郡など土地改革の中心地域であって新農民村落比率が高い郡ほどＭＡＳのトラクター占有率は五割前後と高水準となるが――本章が対象とするバート・ドベラン郡はこちらの部類に属する――、逆にルートヴィヒスルスト郡やハーゲナウ郡など中小農地帯であって土地改革の影響が小さかった地域ではその比率は一四％と極端に低くなっている。ハーゲナウ郡では企業保有トラクターが四四台と多いことも見逃せない点であろう。戦前以来の機械貸与業者がなお存続していた可能性をこの数値は示しているからである。設立の経緯から容易に推測されることとはいえ、ここにもＭＡＳ形成が土地改革

表7-1　大型農業機械の保有形態別の内訳
(メクレンブルク・フォアポンメルン州，単位：台数)

郡名	トラクター				脱穀機			ジャガイモ収穫機		
	総数	うち MAS	うち 企業	MAS 占有率	総数	うち MAS	同占 有率	総数	うち MAS	同占 有率
州全体	4,100	1,539	229	37.5%	23,030	2,016	8.8%	20,751	1,758	8.5%
ヴィスマール郡	289	133	3	46.0%	934	168	18.0%	802	121	15.1%
ロストク郡	303	104		34.3%	1,587	129	8.1%	1,490	104	7.0%
(新農民が支配的な郡)										
ギュストロー郡	300	157	9	52.3%	1,082	176	16.3%	1,658	242	14.6%
マルヒーン郡	188	110	14	58.5%	571	136	23.8%	1,133	156	13.8%
(旧中小農が支配的な郡)										
ルートヴィヒスルスト郡	108	15	16	13.9%	2,571	18	0.7%	1,128	13	1.2%
ハーゲナウ郡	300	42	44	14.0%	2,308	49	2.1%	1,579	46	2.9%

注：1950年頃の数値と思われるが年代は不詳である．なお，バート・ドベラン郡は1952年の郡制再編で誕生したためここでは登場しない．このためここでは前身のヴィスマール郡とロストク郡の数値を掲載した．

出典：Landeshauptarchiv Schwerin, 6.21-4 (Landesverwaltung der MAS/VVMAS 1948-1952) Nr. 149, oh Bl.

のありように深く規定されていたことがうかがえるのである。

MASを担った人々については、一九五一年の個人カードが一部のMASに関して閲覧できる[16]。このカードには各MAS経営の指導的な位置にいた人々について、その氏名、職責、生年月日、社会出自のみならず、学歴、職業資格、単身か既婚かの区別、現住所、MAS採用時期、採用時の前職から、旧軍の位階、抑留経験までが記載されている。本章の対象とするバート・ドベラン郡のMASについては個人カードが所蔵されていなかったため、ギュストロー郡とハーゲナウ郡におけるMASについて一覧にしてみた。大きな表となるので、ここでは主としてMAS所長と農業技師に関する情報だけを抜粋して掲げることにした。それが表7-2である。

そこでこれをみると、まず、MAS指導部は、基本的に「所長 Leiter」、「農業技師 Agronom」、機械整備を担当する「技術指導者 Tech. Leiter」、取引や事務を担当する「経理」、そして政治活動を

表7-2　機械貸与ステーション（MAS）のカードルたち（1952年頃．抜粋）

職責	氏名	生年	学歴	職業資格	採用年	採用時の前職	旧軍位
MASランゲンハーン（ギュストロー郡）							
MAS所長	NG	1896	国民学校	鍛冶屋	1949	MAS所長	下士官
文化指導者	WK	1923	国民学校	賃金帳管理	1950	文化指導者	上等兵
技術指導者	EH	1925	国民学校	機械工		技術指導者	一等兵
農民相談員	TF	1896	ギムナジウム卒	農民	1949	農業技師	下士官
上級経理（女）	BE	1911	商業学校	事務員	1950	女性秘書	
賃金帳管理	NW	1899	中学校	経理	1949	経理	
ギュストロー郡							
MAS所長	DR	1896	国民学校	機械工	1949	SED党活動指導者	二等兵
	FW	1907	国民学校	鍛冶屋	1949	鍛冶屋	二等兵
	KK	1910	国民学校	農業機械工	1949		
	MW	1913	国民学校	造園家	1951	MAS所長	曹長
	MM	1913	国民学校	機械工	1948	MAS所長	曹長
	RE	1915	国民学校	建築・機械	1949	作業場長	下士官
	KW	1926	国民学校	鍛冶屋	1951	トラクター運転手	一等兵
農業技師	SR	1885	中等学校	農業者	1948	農業技師	一等兵
	PW	1902	中等学校	農業者	1949	農業技師	一等兵
	WP	1910	国民学校	農業者	1949	農業技師	
	WG	1920	大卒	学士農業者	1951	農業技師	上等兵
	RS	1928	国民学校	農業者	1951	農業技師	
農業技師補佐	HS	1920	ギムナジウム	機械・農民	1950	技術指導者	上等兵
	PF	1926	国民学校	トラクター運転手	1950	トラクター運転手	二等兵
	SM（女）	1931	中等学校	トラクター運転手（女）	1951	トラクター運転手（女）	
	ZG	1932	国民学校	農業者	1951	農業技師補佐	
農民相談員	KA	1906	国民学校	農業者	1949	農業技師	上等兵
ハーゲナウ郡							
MAS所長	WJ	1907	国民学校	商業職員	1951	文化指導者	曹長
	GE	1905	国民学校	農業機械工	1949	技術指導者	
	VG	1920	国民学校	指物師	1949	MAS MAS所長	
農業技師	B	1926	高等学校	農業補佐	1951	指導員	工兵
農業技師補佐	JO	1919		農業者	1949	トラクター運転手	上等兵
	BH		私教育	学士農業者	1951	農業補佐	歩兵
農民相談員	SO	1897	国民学校	農民	1948	トラクター運転手	二等兵
	LW	1905	中等学校	無	1951	農民相談員	曹長
	HA	1909	国民学校	農業者	1949	農民相談員	兵長
	RH	1921	国民学校	農業者	1949	農民相談員	上等兵
	EM	1928	国民学校	農業者	1951	農民相談員	
	OO	1931	国民学校	国家認定農業者	1951	農民相談員	

出典：LHAS, 6.21–4, Nr. 40: Personalkarten der leitenden MAS Kader A-Z, より作成.

担当する「文化指導者」よりなっているが（サンプルとして載せたMTSランゲンハーンの事例を参照）、年齢をみると二〇代から四〇代が中心となっており、ほとんどが従軍経験をもつことがわかる。五〇代以上は少なく、比較的年配の所長クラスですら三〇代半ばから四〇代半ばあたりに集中している。またこの表には掲載しなかった技術指導者や経理に関しては、前者が二〇代と四〇代の二世代からなり、後者は同じ傾向ながら二〇代の比率がやや高い。農業技師もほぼ同じ構成であろうか。年齢的な特徴がもっとも顕著であるのは、政治活動に専従する文化指導者であり、ほぼ二〇代から三〇代前半の若者だけからなっている。四〇代の文化指導者というものはいない。戦後のSED政治カードルが若い世代によって担われたことが、こんな点にも現れている。

本表でもっとも興味深いのは所長と農業技師のキャリアの違いである。前者は機械工、旋盤工、鍛冶工など熟練労働者層出身で、学歴は義務教育（国民学校卒）までである。この点から所長は技術指導者と同じく労働者文化に生きる人々であったということができる。所長の前職をみるとすでにMAS所長であった者がかなり含まれることから、当初よりMASカードルの異動が頻繁に行われていたこと、および、党専従活動家や、この表には出ていないが文化指導者からMAS所長に昇進した者がいることから、所長人事においては党派性が重要な要件であったろうことがわかる。これに対して後者の農業技師はほとんどが「農民」もしくは「農業者」とされており、学歴も中卒やギムナジウム修了など相対的に高い。さらに注目すべきは小農的なハーゲナウ郡のMASにおいて、その職責が「農業技師」ではなく「農民相談員 Bauernberater」と記載されている人々が多数存在していることである。この違いは戦前・戦時期における農業相談制度の普及の違いによるものと思われ――農業相談制度の対象は小農地帯であったという[17]――、MASが農民としての実践的な農業知識を評価したうえで彼らを採用したと思われる。いずれにしても農業技師に求められていたのは、政治的イデオロギーではなく、なによりも農業専門家ないし実践的農業経験者としての能力であったろう。そして初期のMASを農業面で担ったのは、こうした戦前・戦時期に農業専門家として育成された人々であった。後述するように、この傾向はそのまま初期のMTS時代にも継承されていくのである。

2. MTSの資本装備と組織構造

一九五二年七月、第二回党協議会による集団化宣言に呼応するかのようにMASはMTSへと再編される。また、このとき、ヴィスマール郡東部とロストク郡西部を統合する形で新たにバート・ドベラン郡が誕生している。これに伴い本郡ではイエーネヴィッツ、ラーデガスト、レーリク、ラーヴェンスベルクの四つのMTS管区がおかれることになった。ただし各MTS管区の区割りや本部所在地はMAS時代とほぼ同じであり、大きな変更はなされていない。また、既述のようにMASからMTSへの移行のポイントとなるのは政治課の設置であったが、これにより文化指導者は廃止され、政治課のもとに複数の指導員《インストラクター》が党専従活動家としておかれることとなった。政治課は郡党指導部に直結した組織であったから、その設置はMTS経営をより直接的に郡の政治的支配下のもとにおくことを意味したといえよう。

こうした新たな政治的・経済的な位置づけのもと、MTSの資本装備は急速に拡大していく。表7-3は本郡の四つのMAS・MTSについて一九四九年から一九五四／五五年までのトラクターと脱穀機の台数の変化を示しているが、ここからはわずか六年間にトラクター台数が約三倍以上と急速に増大していることがわかろう。その数は、規模の大きいMTSイエーネヴィッツで七一台、規模の小さいMTSレーリクでも四〇台になっている。他方で脱穀機の伸びは明らかに頭打ちであり、各管区の村落数にも遠く及ばない水準である。これは脱穀機がMTSによるのではなく主として村落内で調達されたことを意味する。MTS以外の保有を含む郡全体のトラクター総台数の推移は不明だが、上述のように一九四九年のMASのトラクター占有率が四割弱の水準であったことを考えると、台数がほぼ倍増したMTS移行時の一九五二年には域内のトラクターの大部分をMTSが

表 7–3　各 MAS/MTS におけるトラクターおよび脱穀機の保有台数の推移

（単位：台数）

	MTS イエーネヴィツ		MTS レーリク		MTS ラーデガスト		MTS ラーヴェンスベルク		計	
	トラクター	脱穀機	トラクター	脱穀機	トラクター	脱穀機	トラクター	脱穀機	トラクター	脱穀機
1949 年	16	22	8	16	30	18	18	19	72	75
1950	21	21	20	16	41	18	26	19	108	74
1951	34	24	22	16	44	20	43	23	143	83
1952	51	22	30	16	48	22	53	26	182	86
1953	56	21	35	16	51	23	48	22	190	82
1954	66	24	39	18	59	24	51	22	215	88
1955	71		40		59		53		223	

出典：1955 年は VpLA Greifswald, Rep. 294, Nr. 243, Bl. 11 より．その他は Rep. 294, Nr. 233, Bl. 5–7 より作成．

占めることになったと考えてよい。実際、民間保有のトラクターに関する記述は各種史料上でまったく見いだせないのである。車種の点でも、この間に、戦時期のランツ社製「ブルドック」から戦後東ドイツ製の「アクティヴィスト」や「ピオニール」への切り替えが進んだ。[18]一九五六年以降についての台数の推移は残念ながら不明だが、後述するようにトラクターに加えて新たにコンバインやジャガイモ一貫収穫機など、新しい大型機械の導入が図られていくのが特徴である。[19]

こうした資本装備の拡大はＭＴＳ組織の拡充過程でもあり、運転手を含む従業員数の急増につながっていく。表7–4は一九五四年のＭＴＳレーリク、および同時期と思われるＭＴＳラーヴェンスベルクの従業員構成を示すものである。いずれも従業員リストから作成したものである。従業員数はＭＴＳレーリクで一〇二人、ＭＴＳラーヴェンスベルクで一一三人であり、一九五〇年代中葉時点でほぼ一〇〇人規模の国営企業に成長していたことがわかる。[20]ＭＴＳレーリクの場合、ＭＡＳ設立時の従事者数は一二名であったから、約九倍の増加ぶりである。[21]ＭＴＳ経営幹部としては、ＭＡＳ時代と同じく、所長、農業技師、技術指導部長、経理部長などがおかれ、これを政治的に監督する組織として政治課がおかれている。現業部門で中核となるのは、修理部門を担当する機械工た

表 7-4 (1)　MTS レーリクの経営組織と従事者の年齢構成（1954 年）

		人数	（うち女性）	生年月日 1920 年以前	1920 年代	1930 年代	不明	SED 党員
管理指導部門	政治課	5		3	1	1		5
	経営指導部	4		1	1	1	1	2
	事務部門	9	7	4		5		1
	農業技師	3		1	1	1		1
現業部門	修理部門（機械工）	20		10	6	2	1	12
	作業班《ブリガーデ》長	6		2	3	1		1
	トラック運転手	3		3				2
	トラクター運転手	40		5	5	30		6
	補助労働者	6		3	1	1	1	1
補助部門	料理人	2	1		1	1		
	警備 Betriebsschutz	4		3	1			3
計		102	8	35	20	43	3	34

注：事務は，経理・賃金管理・倉庫管理などを集計した．トラクター運転手に同見習いが含まれるかどうかは不明．補助労働者には脱穀担当者を含めた．

出典：VpLA Greifswald, Rep. 294, Nr. 242, Bl. 164–168 から作成．

表 7-4 (2)　MTS ラーヴェンスベルクの経営組織と従事者の年齢構成（年代不詳）

		人数	（うち女性）	生年月日 1920 年以前	1920 年代	1930 年代	不明	SED 党員
管理指導部門	政治課	2	1		1	1		2
	経営指導部	6		3	3			6
	事務部門	6	2	3	3			1
	農業技師	2			2			1
現業部門	修理部門（機械工）	13		5	4	4		4
	作業班《ブリガーデ》長	7		3	4			3
	トラック運転手	5		2	3			
	トラクター運転手	51	4	5	10	32		2
	同，見習い	9				9		
	その他の補助労働者・見習い	5		1	1	3		1
補助部門	料理 / 清掃	2	2	2				1
	警備	4		3		1		1
	ガソリン担当者	1	1		1			
		113	10	27	32	50	0	22

注：経営指導部には，所長，副所長，技術指導者，経理部長の他に配置担当と労働組織担当を含めた．

出典：VpLA Greifswald, Rep. 294. Nr. 240, Bl. 74–78 より作成．

ちと、なんといってもトラクター運転手であった。トラクター運転手は当初よりいくつかの作業班《ブリガーデ》に編成され、各班の責任者として作業班長《ブリガーデ》がおかれている。

これらとは別にＭＴＳには強力なＳＥＤ党組織が存在する。ＭＴＳ経営党組織の中核は党指導部である。歴代の党指導部役員をみると、おおむね経営幹部層や作業班長《ブリガーデ》クラスからなっているが、その他の職階の有力党員も選出されている。ＭＴＳ党組織トップは党書記であるが、その政治的な影響力は人によってばらつきがみられ、意外なことに必ずしも強い政治力をもつとは言い切れない。党指導部会議は重要な決定機関であるが、ここで発言力をもつのは主としてＭＴＳ所長や政治課指導者など郡党指導部との直接的なコネクションをもつであろう党派性の強い人物たちであった。なおＭＴＳのＳＥＤ党員比率はおおむね二割から三割といった水準であり、党組織を核に、労働組合、青年組織、「独ソ協会」などのフロント団体がおかれている。ちなみにＭＴＳの女性職員は事務職と調理部門に集中しており、現業部門の女性は少ない。このため政治課女性指導員はもっぱら「ドイツ民主婦人同盟（ＤＦＤ）《デー・エフ・デー》」を軸とする各村落の婦人組織活動に従事する傾向がみられる。

ところで、ここでとくに注目したいのは、修理部門の機械工たちとトラクター運転手の社会的属性がかなり異なっていることである。この表にみられるように、修理部門は圧倒的に工業労働者出自の人々で成り立っており、年齢も一九二〇年代以前がもっとも多いなど高齢で、かつ党員数も、とくにＭＴＳレーリクでは一一人、比率にして六割と高水準に達している。また、本表のもととなった従業員リストには現住所地が記載されているが、それを見ると機械工たちの居住地はＭＴＳレーリクであればレーリク市に、ＭＴＳラーヴェンスベルクであればノイブコフ市に、時期はずれるがＭＴＳイエーネヴィッツであればクレペリン市に集中している。これらはいずれも管区内の中核的な小都市である。これらのことから、機械工たちは農村部よりは都市の工業労働者世界につながる人々であったことは間違いない。これに対してトラクター運転手をみると、まずその最大の特徴は、彼らがほぼ一九三〇年以降に生まれた人々で占められること、すなわちその若さにあることがわかろう。その比率はＭＴＳレーリクで実に七五％、ＭＴＳラーヴェンスベルクで六〇％である。一般に「青年作業班《ブリカーデ》」が設置されるのもこうした運転手の若さを反映している。また居住地をみると機械工にみるような小都市への集中はみられず、ほぼ管区全域に散らばっている。(22) トラクター運転手がどのような階層の出自であったかの確定は難しいが、このことから彼らが地方都市の工業労働者だけでなく、相当数の「農民の子息」たちを含む集団からなっていたことは間違いない。(23) 要するにトラクター運転手たちは、かなりの程度まで農村の青年層に重なる人々であったのである。なお、党員比率は機械工に比べるとかなり低いが、しかし母数が多いので絶対数は必ずしも少なくはなく、また後述するように作業班長《ブリカーデ》など要職につく場合、彼らは党員となった。全体として、党員構成における機械工比率の大きさに象徴されるように、ＭＴＳ組織のヘゲモニーは小都市の工業労働者の文化世界にあり、その元に農村青年層がトラクター運転手として組織されていたとみることができよう。ただし男の世界であったことはいうまでもない。女性のトラクター運転手は、実際には稀である。

第二節　ＭＴＳ《エム・テー・エス》の党カードルたち ── 新支配層の政治世界 ──

１．カードルの党内権力闘争 ── ＭＴＳ内の「党生活・党政治」 ──

一九五〇年代、設立間もないＭＴＳは経営的にも政治的にも安定した世界とはほど遠く、党カードルたちの内部対立や除名・失脚事件が頻繁に生じている。党指導部会議および党員総会の議事録からは、そうした不安定な時期におけるＭＴＳ内のトップの権力闘争のありようが赤裸々に浮かび上がってくる。ＭＴＳ内の権力闘争は主として経営トップのＭＴＳ所長と政治課指導者を軸に展開されていく。以下、まずはこれらの党内権力のありようを通して、ＭＴＳ内部の政治的「安定」が、どのような形で実現されていったのかをみていきたい。

ＭＴＳ内の経営幹部と政治課との対立がもっとも明瞭に観察されるのは、ＭＴＳイエーネヴィッツである。[24] 本ＭＴＳはすでにＭＡＳ設立期よりラシャートが所長を務めており、所長の交代は生じていない。しかし一九五三年五月の政治課の報告文書では、ラシャートの政治課指導員に対する態度が横柄であるとの記述が見いだされる。そして「六月事件」後、経営幹部と政治課の対立が顕在化することとなった。

一九五三年九月、根菜類収穫において、指揮系統の混乱や不慣れな新型機械導入によって収穫作業がうまくいかなかったのだろう、その責任をめぐって所長ラシャートと政治課副指導者ギルラートの間で対立が起きている。さらにその二ヶ月後の一一月、自己批判・相互批判をテーマとする経営党組織の「報告・選出集会」[25] の席上、「ラシャートが、ギルラートが自分はＬＰＧに加盟していなくてよかったと発言した」と告発。ギルラートはこの発言を全面否定し、女性政治課指導者ゼーガーもこれを支持するものの、翌一九五四年一月の党指導部会議では、郡党指導部ゼンクピールの同席のもとギルラートの問題発言が事実として確認され、これによりギルラートは副指導者のポストを解任され、村長職に異動を余儀なくされている。

ところがその直後の一九五四年二月一五日の経営党員集会において——この時は郡党指導部から三名が参加している——、今度は逆にゼーガー女史がラシャートを告発している。理由はディートリヒスハーゲン村のＬＰＧ集会にてラシャートがゼーガー女史批判の文書に署名をするよう参加者に働きかけたという内容であった。[26] 翌三月の党員集会では、やはり郡党指導部ゼンクピールが出席してラシャートを批判、県行政部の決定としてラシャート解任を伝えた。しかし注目すべきことに、党指導部によって提案されたラシャートに対する党内譴責処分案は参加党員の反対多数で否決されてしまっている。これは現場の経営党員が郡党指導部や政治課ではなくラシャートを支持したことを意味しよう。この会議からまもなくして本ＭＴＳには新しい所長が赴任、ラシャートは一九五五年にＭＴＳレーリク管区「全権代理人」に異動していることが別文書より確認できる。しかしその挫折感は深かったようで、この直後の一九五五年六月、ラシャートは「共和国逃亡」を決行するにいたるのであった[27]。他方のゼーガー女史もほぼ同時期に党内文書からは名前が消えており ―― 彼女は政治的な押しの弱さが弱点と評価されている[28] ――、代わって一九五四年にMTSレーリクから党派性の強固なプラーゲマンが政治課指導者として着任、その政治力によってMTSの政治的安定化が図られていくことになった。本MTSではその後も一貫してMTS所長の指導力は弱いままである。

以上の事例で注目したいのは、第一に一九五〇年代初頭の対立が経営の不安定性を背景としていたこと、第二に郡党直結の政治課正副指導者に対する現場党員の不信がみられること、第三にトップ・カードルの入れ替えを契機に、一九五四年を転機として政治的な安定化が図られていることである。とくに一九五三年前半は政治課副指導者は農村国家保安部の仕事を兼務していたといわれている[29]。その意味でも、ラシャート解任に対する反発とその後のギルラート更迭は、郡党指導部に対するMTS党員の不信感が「六月事件」を契機に表面化したものといえよう。

次にMTSレーリクについてみてみよう[30]。ここでは一九五二年一〇月、MASのMTS移行に伴う政治課設置のさいに、上記のプラーゲマンが四四歳で政治課指導者のポストに配置されている。腹心の党書記ヴィックとともに彼は強力な政治力を発揮し ―― 二人とも年配である ――、「六月事件」直後もMTSイエーネヴィッツにみられたような党内闘争は生ぜず、表向きには政治的動揺がほとんどみられない。しかし、それはMTS経営の安定さを意味するわけではまったくなかった。後の回顧的な報告によれば「一九五二年以降、政治的に熟練した人材」に「手痛い損失」が生じ、彼らのうち、なおも党と国家機関で働いているには一二人にすぎず、この穴は埋められてはいない、とあるのである[31]。じっさいこのMTSの不安定さは所長の頻繁な交代に現れている。一九五二年から一九五三年の所長ブロック（三〇歳）は父が大農であることを隠蔽したとして解任され、その後に就任した技術畑出身の所長オールも、一九五四年冬、「嘘をついた」として党内譴責処分をうけたあげく、同年四月にはその職を解かれている。さらにこの後任である工業出身のフォイクに至っては、イデオロギー的に脆弱であるとの理由でたった四ヶ月で解任されてしまった。ようやく同年八月に党派性が強固なクレンツ（四三歳）が所長に就任することでＭＴＳ秩序が安定、クレンツはその後一九五九年のＭＴＳ解散時まで所長ポストにありつづけている。(32) 興味深いのは、このクレンツの着任に呼応するかのように政治課指導者プラーゲマンが、上述のようにＭＴＳイエーネヴィッツに異動し、その安定化のために従事することになる点である。この両者の動きは、後に述べるように、郡、さらには県全体の党カードル再編の一環であったと思われる。ただしプラーゲマンもクレンツもその政治力は強固だが、その分だけ反発もかなり強い。プラーゲマンは一九五三年一〇月のＭＴＳ党指導部役員選挙で落選しているし、(33) クレンツにいたっては、一九五六年と一九五七年にＭＴＳ内外から批判が公然化している。

ＭＴＳラーデガストについても類似のことがいえる。(34) ここではＭＡＳ時代にはＳＥＤ党員が一二名と政治基盤が脆弱であったというが、その後ＳＥＤのヘゲモニーが確立したとされる。この過程でロッゲが所長に就任し、以後、長期にわたってこのポストについている。議事録をみても各種会議におけるロッゲの発言力は強い。一九五五年一二月には、なぜロッゲが党書記を引き受けないのかという質問に対し、政治的に最も強力な人物の党書記就任は経営と党の一体化をもたらす危険があるからとの指摘がなされているほどである。ただしその強さはここでも不信感を伴っており、一九五四年には彼の飲酒癖と女癖の悪さが批判され、一九五五年には自らのバイクにＬＰＧ所有のガソリンを勝手に給油したとして党内処分を受けている。一六歳で党員候補、一八歳で正党員となったこと、また「専門的なことはわからない」と自ら発言していることから農業知識は乏しいと思われること、以上からロッゲはクレンツと同じく戦後直後から政治カードルとしてのキャリアを積んできた人物であるとみていいだろう。彼もまた、もっぱら政治的力量を評価されての所長就任であった。

2.「処分」される人々──スターリニズムの実践と反発──

プラーゲマン、クレンツ、そしてロッゲ。彼らはいずれも家父長的な名誉や温情の観念とは無縁であり、党派性は強くともMTS経営内の信頼調達能力が不十分な政治カードルであった。この点を補うためと思われるが、他の党カードル層の政治的排除が頻繁に行われている。さきに述べたように「六月事件」直後には、従来の党活動の反省として「自己批判」・「相互批判」の手法が党生活に導入されるが、この政治手法の採用は、非スターリン化による党権威の失墜が党内の上からの圧力を内向化させることになるのだろう、皮肉にも党内粛清を加速する結果となった。このため党カードルたちは過酷な世界に生きることになる。

党内批判にさらされる理由としてまず第一にあげられるのは性道徳とアルコール問題である。例えばMTSラーデガストでは一九五四年、LPGハンストルフ駐在のMTS作業班《ブリガーデ》長パヒョレックが、妻と別居し同村で若い娘と同棲をしているとして批判にさらされている。(35) MTS党指導部は、愛人との関係を清算するために職場異動をパヒョレックに提案するが、当人はこれを拒否。このため党指導部はパヒョレックを除名処分とし、さらに異動提案を拒否しつづければMTSを解雇すると述べている。パヒョレックの人物評価に触れたさいには彼が大酒飲みであることが強調されている。もちろんここでは性道徳やアルコールは問題の一部に過ぎず、事の本質は党指導部が彼をMTSの逸脱分子と認識したことにあるのは間違いないが、この点を認めても男子党員の性モラルについて各MTS党指導部は過剰ともいえる反応をしばしば示すのである。例えば同じくMTSラーデガストのケプケが党員候補を申請したさいには、妻との不和や若い娘との噂話が問題にされているし、(36) MTSレーリクのシュタンゲも若い娘と一晩過ごしたことについて党指導部会議に呼び出され事実関係の釈明を求められている。(37) 後年の東ドイツにおける性的解放の進展度合いを知る者には意外かもしれないが、党指導部はこうした党員モラルに敏感であった。スターリニズムの体質の現れともいえるが、一九五〇年代においてはこうした性モラルが農民的世界においてなお共有されていたためかもしれない。[38]

政治的背景がなく単に能力を見限られたことによると思われる党カードルの更迭や不本意な異動となると、これは日常茶飯事である。政治力に乏しいＭＴＳ所長が成績不良などを理由として頻繁に解任されたことは先にみたとおりである。さらに一九五五年三月、ＭＴＳレーリク技術部長のリュトケは、修理工房において従業員から技術部長として認知されていないとして解任されているし、[39] ＭＴＳイエーネヴィッツの作業班長《ブリガーデ》パソーは、期待された作業班《ブリガーデ》の改善を達成できず、むしろ配下のトラクター運転手から「一緒に仕事をしたくない」と嫌われる始末で、このため短期で解任されている。[40]

こうした支配手法に対して、ＭＴＳ末端党員たちの態度は両義的である。なによりしばしば指摘される会議での沈黙こそは彼らの怯えの表現でもあるが、[41] まれに党会議において単発的な形で党指導部に対する異議が表出する場合がある。例えば一九五七年二月のＭＴＳイエーネヴィッツの党「報告・選出」集会では、議長から発言を促されてのことだが、ハーダーが、作業場指導者で良き労働者であったユングクラースが解雇されたことには同意できないと発言、同じくケッペンが「どうしてユングクラースとネーヴァーが解雇されたのか、経営では今に至るまで誰も知らない。ネーヴァーは本当にいい作業班長《ブリガーデ》だった」と語っている。[42]

しかし、他方で、末端党員といえども党員であることの利害を明確に意識している点も見逃してはならない。やや特異な例だが、ＭＴＳレーリクの重度身体障害者シュトルップは、一九五六年八月、脱穀機運転手の仕事を外され警備員に回されたことに対して「冷遇されている」と強く反発し、離党を表明した。党指導部は、配置換えの理由として、彼が夜になると目が見えなくなり脱穀作業中に事故を起こしたこと、また機械メンテナンスの知識も乏しく脱穀コストが極端に高くなることをあげている。党指導部会議で離党表明の説明を求められたさいにシュトルップは、自分が脱穀労働者にこだわるのは彼が豚を飼育しており、脱穀過程で生じる「屑穀物」を飼料として得たいがためであると告白している。結局、警備員の方が安定的所得を得られると諭され、シュトルップは離党表明を撤回している。[43] 身障者ゆえの不安にも突き動かされてのことであろうが、彼の入党動機が人事上の便益を期待できるとの考えによっていたことは明らかであろう。

ＭＴＳレーリクのトラック運転手ヤーンケの離党表明も類似の事例である。ヤーンケはトラック運転手からトラクター運転手に異動させられたことに強く反発して党員証を返却するのだが、党指導部会議の席上、彼に対しては、娘が労農国家の費用で大学に行っているからお前は党員として活動しなくてはならないとか、さらには「離党表明を撤回しないととても愚かなことをすることになる。この大規模社会主義経営で仕事をみつけることがとても難しくなる。ここでは採用を党が決定しているのだから、こんな形で党から離れた人間は拒絶されるぞ」などと説得がなされている。結局、ヤーンケはこうした見解を受け入れ、離党表明文書をその場で焼却処分することになるのだが、そのさい興味深いことに彼の党費滞納分を党指導部員三名が肩代わりすることで決着している。[44] ここでは党派性は棚上げされ、ＳＥＤ党員たる利益が露骨に共有されていたといえようか。

第三節　農業技師とトラクター運転手 ― 大規模機械化農業の担い手たち ―

1．農業技師

戦後東ドイツでは、一九五〇年代に入って農業指導者養成機関が整備されるようになった。一九五三年にＬＰＧ指導者育成の単科大学がマイセンに設立され、一九五四年にはＭＴＳ指導者養成を目的とする農業経済研究所がポツダムに、さらにＬＰＧやＭＴＳの党員農業指導者を育成する党機関として党中央学校「アウグスト・ベーベル」がシュヴェリンに開設されている。そしてこれと呼応するように各県には農業専門学校が設立されていく。[45]クレムによれば「一九六三年には約四千人の大学卒業生と一万七千人の専門学校卒業生が社会主義農業に従事していたが、その大部分が東ドイツ農業教育施設で養成された人々であった」という。[46]こうした新農業教育制度を通して育成された人々が、一九五〇年代後半に登場するＭＴＳの若手の農業技師たちであった。彼らこそは一九五〇年代を越えて、その後の東ドイツ農業を担う新時代の農村カードルとなっていくのである。

ところで、農業技師は、同じくＭＴＳカードルといっても、所長や政治課指導員などの政治カードルとは性格を異にしている。彼らは農業の現場に責任を負う農業テクノクラート――技術カードル――であり、技術能力を武器にある程度自立的な振る舞いをする傾向がみられるのである。この点を比較的よく示しているのが、一九五二年から一九五六年まで長期にわたってＭＴＳレーリクの上級農業技師であったリピンスキーであった。ＭＴＳには複数の農業技師が従事しており、各技師は数か村を割り当てられ、ＬＰＧや村に入って春秋の播種耕起や収穫・脱穀などの一連の作業計画の作成と遂行に責任を負うが、これらをＭＴＳ管区全体として統括するのが上級農業技師であった。

リピンスキーは一八九九年生まれの壮年ＳＥＤ党員で農業知識が豊富と評価されており、一九五二年に郡で最初のＬＰＧヴィヒマンスドルフの設立と運営に関わるなど、当初より当該管区のトップ農業技師であった。ただし胃の持病のために活動には限界があり、一九五三年一〇月にはこの点を理由として解任話までが出ているが、実際にはこの職にとどまり、リピンスキー自身、健康回復後には新路線に全力を尽くすと述べている。しかし、翌一九五四年五月には、今度は、健康上の理由、家族との別居状態、若い農業技師と同じ賃金等級であることに対する処遇の不満をあげて自ら辞任を申し出ている。この時は指導部から「農業技師課のバイクを利用して定時に経営食堂で食事がとれるようにしてはどうか」との提案がなされる形で慰留され、本人もこれを受け入れている。

注目すべきは彼の党派性は強いとはいえず、無限定な政治的忠誠を示していない点である。例えば一九五五年三月の党年次事業報告では、新農法――「じゃがいも箱床育苗方式」（詳細不明）――に対して懐疑的であり、また政府の単収増産方針に従わなかったとして、プラーゲマンから批判されることになった。この結果リピンスキーは「党の立場からＭＴＳ農業技師としての課題を自覚するために」、同年七月に郡党の研修を受けさせられている。またリピンスキーは、党指導部会議にはオブザーバーとして頻繁に参加しているものの、判明する限り党指導部委員には選出されていない。このようにリピンスキーの特徴は、数少ない年配農業技師であること、新農法の拒否にみられるように専門職エートスが優位で党派性に乏しいこと、にもかかわらずなかなか解任されないことである。この点は先にＭＡＳ時代の農業技師について指摘した特徴――相対的な高学歴と専門性――と対応するだろう。[47]

リピンスキーは戦前系譜の農業技師といえるが、他方で同時期のＭＴＳレーリクには政治的党派性が顕著な若手農業技師の台頭がみられる。具体的にはパプストとゾーヴァルトであり、いずれも農業技師補佐としてＭＴＳに採用されたと思われる。とくにゾーヴァルトは「ドイツ自由青年同盟（ＦＤＪ）」の活動に従事する一方で、一九五二年のリピンスキー病気休職中にはその代行を務めている。ＭＴＳ経営が不安定なもとで若手政治カードルの育成が切に求められたのだろう、一九五三年、彼ら二人は党員候補から正党員に格上げされ、翌一九五四年にはパプストが郡党学校に派遣されている。そしてその直後にパプストは政治課指導者プラーゲマンに随伴する形でＭＴＳイエーネヴィッツの政治課副指導者に、ゾーヴァルトは「農業課指導者としての活動が評価されて」郡党指導部に昇進している。そしてその後、とりわけ一九五七年以降、後述するように二人ともＭＴＳ管区指導員として全面的集団化運動の中核的な担い手になるのである。[48]

農業技師補佐から直線的に政治カードル化したこの二人とはやや異なる姿勢をみせるのがＭＴＳラーデガストのテーネルトである。彼は一九五四年一〇月頃、当該ＭＴＳ党組織立て直しを目的として配置された「専門知識をもった若い党員候補」の一人であった。一九五五年一月には他の若手候補とともに正党員になり、農業技師として党書記に選出されている。そして同年一一月には、その能力と活動が評価され上級農業技師への就任を求められるが、しかしここで彼はこの要請を拒否してしまう。その理由は、上級農業技師と党書記の兼務は負担が重すぎること、また自ら従事するMTS支所のある集落に住居を得たため、ここで農業技師としての仕事を続けたいからとしている。さらに同年一二月には、通信教育の継続と農業技師でありつづけたいとして党書記再任をも拒絶している。パプストとゾーヴァルトが一九五〇年代前半の農業技師補佐だったのと異なり、一九五〇年代中葉に登場するテーネルトは新教育制度の農学校を卒業した若手農業技師であったと思われる。その分、政治的党派性よりもテクノクラートとしての自負心がより強固であったといえようか。いわゆる新農法についてもリピンスキーと同じく「実施においては問題だらけ」で、「もっと正確に仕事をしなければならない」と批判的発言をしている。とはいえ、ここでは、そうした若き農業テクノクラートが党書記としてMTS党活動を支えたことの方に注目しておきたい(49)。

一九五〇年代中葉の若手農業技師のキャリアとしてもっとも一般的であったのはLPG組合長になることであった。テーネルトのその後のキャリアは不詳であるが、一九五七年六月発行のMTSイエーネヴィッツ発行の村新聞に「私はLPG組合員となった」というタイトルの記事が掲載され、ここに若き農業技師エーメの来歴が紹介されている(50)。それによればエーメは一九五一年に義務教育を終えたあと、同年九月から一九五三年八月までケムニッツの国営農場で農業見習い、さらにその後、ケムニッツの農業専門学校で二年、ライプツィヒの専門学校で一年、計三年の教育課程を受けている。卒業時にメクレンブルクで農業技師となることを希望し、MTSイエーネヴィッツに配属。一九五六年八月一日より農業技師補佐としてアドマンスハーゲン、バルゲスハーゲン、バルテンスハーゲンという三つのLPG――第八作業班《ブリガーデ》の管轄である――を担当したという(51)。一九五七年一月二六日、LPGバルゲスハーゲンの組合長に推薦され、同年三月六日にMTSを辞して同LPGに加盟し、その場で組合長となったと書かれている。

表7-5　バート・ドベラン郡Ⅲ型LPG組合長リスト（1961年）

LPG	組合長氏名	年齢	所属政党	資格
レートヴィシュ	ピーパー，W.			
キューリングスボーン	グロース，F.	61	SED	
レーデリヒ	ライマー，J.	29	SED	県党学校（BPS）卒
クレペリン	シェーンロック，E.		SED	国家認定農業者
ホーエンフェルデ	ヤーチュ，F.	31	DBD	学士取得畜産技師
シュテフェンスハーゲン	グローガー	29	SED	国家認定農業者
ヒンターボルハーゲン	テーゲン，P.	59	SED	国家認定農業者
グラスハーゲン	ゼンク，M.	52	SED	行政学校卒
バストルフ	ブルクハルト，M.	60	SED	国家認定農業者
ブロートハーゲン	ドルゲ，G.	48	SED	
ブルソー	ハーンケ，A.	27	無党派	国家認定農業者
アドマンスハーゲン	レヴェック，H.	28	SED	通信制の学生
パーケンティン	ヘルフ，U.	28	SED	国家認定農業者
イエーネヴィッツ	シュヴァイツァー，W.	33	SED	

注：SED：ドイツ社会主義統一党，DBD：ドイツ民主農民党.

出典：原表はLPG幹部会委員活動状況報告における各LPG幹部人事案のリストである．VpLA Greifswald, Rep. 294, Nr. 233, Bl. 164–171より作成.

おそらくこれは当時の若手農業技師のキャリアの典型に近いと思われる事例である。表7-5は、やや時期が下るが、全面的集団化が完了した一九六〇年のMTSイエーネヴィッツ管区におけるⅢ型LPGの組合長一覧である。一九五八年一月、第二回MTS中央大会において「さらに四千人のMTS農業・畜産技師」をLPGに派遣する方針が打ち出されるが[52]、このリストにこの方針の表れをみるのは容易であろう。みられるようにLPG一四組合のうち半数の七つのLPGにおいて組合長が「国家認定農業者」または畜産技師となっており、またその多くが二〇代前半から三〇代前半と大変若くなっている。「国家認定農業者」は必ずしもMTS農業技師とは限らないが、このうち若い組合長四名はその可能性が高い人々である。じっさいLPGホーエンフェルデのヤーチュは一九五七年にMTS畜産技師から（第五章第一節362頁参照）、LPGシュテファンスハーゲンのグローガーは一九五七年にMTS上級農業技師から、LPGパーケンティンのヘルフは一九六〇年にMTS上級農業技師から、それぞれＬＰＧ組合長となっている。興味深いことに三人とも党からの評価はあまり芳しくない。ヤーチュはもともとＳＥＤ党員ではなくＤＢＤ党員であることもあり政治的に問題があると評価されているし、[53] グローガーは一九五七年一一月にＭＴＳ非難の舌禍事件を起こしてＭＴＳ党員総会で非難の矢面に立たされている。そのさいには「トラクター運転手たちがグローガーをフィーヴェク理論（小農主義的な修正路線のこと ―― 引用者）の支持者とみなしている」との発言がなされている。ちなみにグローガーの組合長就任については、前組合長のケスターがＭＴＳ主導の突然の組合長交代であったとして入院先から雑誌『協同組合農民』編集部宛てに、一九五八年五月二日付で告発文書を送りつけている。[54] この若いインテリ技師はＬＰＧ組合員とＭＴＳの双方から厳しい視線にさらされていたということだろうか。ヘルフについても上級農業技師時代に、農民たちから「バイクを飛ばし、カバンにお金をいっぱい詰めていて、そのくせ勤労農民とは話をしない」と非難されたとの報告を見いだすことができる。[55]

　このように、新制度の若手の農業技師たちは、郡党政治カードルの有力な人材供給源でありながら、同時に農業テクノクラートとしての自負心を旺盛にもちつつＬＰＧ組合長となる人々でもあった。このためその行動には、リピンスキーのような伝統的農業技師と同じくある程度の自立性をみることができる。ただし、農業技師のＬＰＧ組合長化は一律に行われたわけではなく、一九五〇年代半ば以降は主として「ÖLB《エー・エル・ベー》吸収・転化型ＬＰＧ」や「新農民脆弱型ＬＰＧ」に、さらに全面的集団化期には「大規模ＬＰＧ」に投入されたのであり、逆に、第六章で論じたように、優良新農民を担い手とするＩ型ＬＰＧに彼らが入る余地はなかったといってよい。上記のように村民たちの視線も必ずしも受容的とはいえないが、農業テクノクラートはＭＴＳを経由する形で村のＬＰＧ経営の主導的立場を担うことになっていくのである。

2. トラクター運転手など

トラクター運転手たちに移ろう。すでに述べているように、彼らはMTSの実働部隊の中核であり、MTSの拡大とともにますますMTS従事者の多数を占めることとなった。MTSの労働組織をめぐる問題に関しては次節で詳しく論じるとして、ここでは農村カードル論の視角からトラクター運転のキャリアについてみていきたいが、そのさいに特に興味深いのは、農業技師とは異なり政治カードルとして社会的上昇を果たしていく例が、運転手の場合、その絶対数が多い割には意外なほどに少ないということである。

MTSレーリクの場合、トラクター運転手出自のMTS党カードルとしてはヴィックの例があげられる。ヴィックは一九〇四年に地元のクライン・ニーンハーゲン村に生まれている。前職は不明だが、一九四一年から四五年まで兵役についているので終戦に伴い復員したと思われる。一九五二年から一九五四年までMTS党書記を務めており、政治課指導者プラーゲマンを側面から支えている。二人の関係は、所長がヴィックに対して「プラーゲマンの子分」と中傷するほどに蜜月であった。その後一九五四年に党学校に通ったあとに政治課副指導者になり、さらに一九五五年、プラーゲマン異動後のあとを埋める形で当該MTSの政治課指導者に内部昇進を果たしている。しかし早くも同年一一月にはその仕事ぶりが批判されることになり、一九五六年からはMTS文書からヴィックの名前が登場しなくなる。他方で一九五六年から一九五七年に同管区内のLPGガースドルフの文書にヴィックという名前の組合長が登場している。この村は当該MTS管区内においてもっとも厄介な村落とされていたから、そのテコ入れにヴィックが派遣されたとも考えられなくはない。ただし、LPG立て直しに失敗したためか、その在任期間はきわめて短い[56]（もちろん同姓の別人の可能性もあるが）。

ヴィックの事例は例外的ともいえる年配の運転手のものであったが、MTSレーリクの若手運転手のうちでもっとも政治カードル化した例としてはアウグスティンがあげられる。彼はハーメルン近郊の農村に一九二九年に生まれている。一九五三年、MTSレーリクの第六作業班長《ブリガーデ》として党指導部委員に選出され、翌一九五四年に運転手から管制主任の管理職に昇進、同時にヴィックの後任の党書記としてMTS党活動の中軸を担っている。一九五五年前半にはヴィスマール市の党学校を受講。ところがその終了後に、研修教師の就任要請を拒否している。また党指導部役員選出も過剰負担だとしてこれを辞退、その後一九五七年には当該MTS管区指導員として従事していることが確認できる。[57] アウグスティンの他に運転手出自で党カードル化する例としては、MTS経理に昇進したMTSラーデガストのタウガーベック（年齢不詳）があげられるが――一九五四年に政治課指導者、一九六〇年にMTS党書記であったことが確認できる――、他にめぼしい事例は見つからない。[58]

ヴィックもアウグスティンもタウガーベックも、運転手出自で党書記や指導員となる形で政治カードル化している例である。ただし農業技師たちと異なり、自ら拒否してMTS内にとどまったり、あるいはヴィックのように挫折を余儀なくされている者もいる。少ない事例なので軽率な判断は避けるべきだが、とくに若手のトラクター運転手の上昇機会は意外に乏しいものだったのではないかと思う。逆に、トラクター運転手から人民警察に派遣されたものの不適応を起こしてMTSトラクター運転手に戻るケースや、[59] 戦後村党書記を務めた後、同じく人民警察に派遣されるものの不適応を起こして解雇され、その後MTSトラクター運転手になる若者がみられる。[60] これらの没落パターンの事例が存在することも、トラクター運転手の政治カードル化の限界を裏側から示しているように思われる。

さて、政治カードルとはいえないが、MTS経営組織において重要な役割を担っていたのがトラクター運転手の現場リーダであった作業班長《ブリガーデ》である。彼らこそがMTS労働を現場で支える責任者たちであったといってよい。では、いったいどのような人々が作業班長《ブリガーデ》となったのだろうか。

そこでまず前掲表7–4（491頁）に再度戻って、二つのMTSの作業班長《ブリガーデ》とトラクター運転手の出生年の欄をみていただきたい。トラクター運転手が一九三〇年代以降の生まれと圧倒的に若いのに対して、作業班長《ブリガーデ》の多くは一九二〇年代生まれに集中していることが一目でわかろう。両者の対照性が鮮やかだが、これは単純に現場リーダーとして、まずは年齢が重視されたことを物語ろう。

さらに、先にMAS修理所の工業労働者との対比でトラクター運転手の党員比率が小さいと述べたが、作業班《ブリガーデ》長についても党派性の弱さが一貫して問題となっている。有力党員の作業班《ブリガーデ》長としては、MTSレーリクの第三班作業班《ブリガーデ》長で党指導部員だったメルヒゼデヒが一九〇九年トリア近郊生まれ、(61)「高い組織化能力により作業班《ブリガーデ》を顕著に向上させた」として一九五三年に活動家《アクティブ》認定をうけた同MTSの第一班作業班《ブリガーデ》長のシュメーリンクが一九〇七年ハンブルク生まれ、MTSイエーネヴィッツで一貫して党指導部委員でありつづけた作業班《ブリガーデ》長ラインケが、一九〇四年にリューネブルク近郊の生まれである。(62)彼らは西部生まれの工業労働者出自の年配作業班《ブリガーデ》長という点で共通しているが、実は彼らを別とすれば、有力党員の作業班《ブリガーデ》長は少ないのである。一九五〇年代後半のMTSレーリクについては「五人いる作業班《ブリガーデ》長のうち誰も党員候補として獲得することができず、また多くのトラクター運転手や作業班《ブリガーデ》長も自身が農民の息子であり、このため最繁忙期においてMTSは（個人農ではなく――引用者）なによりも農業の社会主義セクター安定化に貢献しなければならないことを彼らが理解しようとしない」とされており、(63)作業班《ブリガーデ》長の党組織化が進捗しないことが嘆かれている。作業班《ブリガーデ》長は、現場リーダとして年齢が重視されたが、政治的な志向については、一部の工業労働者出身者を除き、全体として政治カードル化志向や党派性の弱さという点で他のトラクター運転手と同じ傾向を示した。その意味で彼らは一部を除きトラクター運転手の世界に帰属していたといえる。

こうしたトラクター運転手たちの行為の特徴は、その流動性の高さと対応していた。MTSイエーネヴィッツについてはトラクター運転手の流出一覧を示す一九五五年六月二一日付文書があり、各運転手の氏名、居住地、「移動先」が記載されている。(64)そこには、まず第一に、複数年度分の記載である可能性もあるとはいえ、一九五五年時点で従業員数一一八名を数えたMTSイエーネヴィッツにおいて、流出運転手として一六名という多数の名前が記されている。しかも、第二に、このリストにある名前は一九五二年のMAS運転手リストにはみられず、また第三に、その「移動先」としては、森林経営二名、人民警察一名、販売所一名以外はすべて「不明」とされている。この場合、「不明」が、文字通りの行方不明を示すのか、それとも単に「異動先が未調整」という意味にすぎないのかはこの文書だけからはわからない。しかし別の郡人民警察の文書に、一九五五年六月から一九五六年二月までの期間におけるMTSイエーネヴィッツの「共和国逃亡者」数として六名という記載がみられることを考えると、文字通りの行方不明の可能性が高いのではないかと思う。全体として運転手の移動性がMTS指導部が管理できない水準であったことは否定できないだろう。(65)

MTSトラクター運転手の職は、単に戦後農村の貴重な雇用先というだけではなく、新時代の機械化農業を象徴する新しい雇用先であり、さらにまた大型マシンを操作することは、親の世代とは異なる生き方として農村青年の自負心を刺激するものであった。さきに強調した党派性の弱さも、あくまでMTS内の他のグループと比較してみた場合の特徴であって、MTSに採用されることは農村のSED支配を肯定的に受容することを意味したことは明らかである。とはいえ、男子の労働力不足や運転手不足のもと、労働市場における青年労働者のバーゲニングパワーは強く、彼らの流動性は高かった。一九五〇年代を通して、農村青年の離村は継続しており、農村からの「共和国逃亡」の主要部分は青年層に他ならなかった。(66) こうした点も運転手出自の政治カードル化が意外に少ないことの一因であったろう。労働市場の動向に敏感に反応する点に、学歴を媒介に農村の「新中間層」にステップアップしていくであろう農業技師らとは明らかに異なる彼らの行動の特性をみることができよう。

MTS経営の側からみると、この点はトラクター運転手の調達困難であるとともに、トラクター運転手の質の問題として自覚された。後述のように、コンバインやジャガイモ一貫収穫機など大型機械作業のずさんさは多くの農民たちの怒りを引き起こしたが、さらに深刻だったのは飲酒運転や空走行など劣悪な労働モラルの問題である。一九五四年のMTSラーデガストの事業報告では、所長ロッゲの党処分を契機に労働規律が乱れ、その結果、作業中の飲酒やトラクターの空走行が横行したことが指摘されている。[67] また、同年一一月のMTSイエーネヴィッツ報告では、ドライブ気分での運転が高コストの原因であると指摘されている。[68]

こうした労働規律問題に対する対処として、いかにもスターリニズム的なのは、これを運転手の「開発」によって解決すべしとのイデオロギッシュな言説が前面に出される点であろう。一九五五年六月二七日、MTSイエーネヴィッツの党指導部会議において政治課指導者プラーゲマンは、修理プログラムの未達成問題に関わって党指導部が研修を軽視したことを批判、カードル育成の重要性を指摘しつつ、「例えば機械工、交代運転手、脱穀ユニット指導者は研修がなければ存在しえないこととなり、その結果、われわれは十分な労働力を使えなくなるのである。……つまり『正しい人間 die richtige Menschen』を開発することが課題である」と発言しているのである。[69]「正しい人間」の開発に政治的な内容が含意されていることは自明であろう。その四年後の一九五九年一〇月、MTS経営党員集会における党員候補のトラクター運転手ビーマンの正党員承認に関する議論では、トラクター運転手としての良好な評判を理由として提案が承認されつつも、彼のイデオロギー上の曖昧さを弱点として指摘することが忘れられていない。[70] ここでも「有能さ」と「政治的忠誠」が「人間開発」の重要課題として意識されている。カードル化の源泉として「開発」対象でありながら、他方で農村青年のハビトゥスをなお体現する人々、以上の叙述からはトラクター運転手のそうした境界的な像が浮かび上がってこよう。

第四節　MTS《エム・テー・エス》と村落・LPG ― 農業機械化の実態 ―

1．村の農業機械化のありよう

MTSはSEDの農村部における政治的・経済的な出撃拠点であった。従ってその意義を論じるには、これまで述べてきたようなMTS内部組織の分析をふまえつつ、なによりも各村落やLPGにとってMTS活動が果たした役割について論じられなければならない。かつての公式見解のように集団化におけるMTSの意義を無条件に称揚するのはもちろん誤りであろうが、逆にMTS機械サービスの機能不全を強調するあまり、これを過小評価することも問題であろう。以下では、こうした両極の評価を克服するために、まず農作業ごとに、農業機械利用のあり方に焦点を定めつつ、各村・LPGとMTSの関わり方を明らかにし、次に一九五〇年代中葉における労働組織問題と「作業班支所《ブリガーデ》」制度移行に関して論じていくことにしたい。

①耕起作業

既述のように一九五〇年代中葉においてMTSは農村地域のトラクターをほぼ独占する状況に至ったが、他方で各村落の農民互助協会やLPGは脱穀機などの農機具を多かれ少なかれ保有していた。このために十分な連畜と家族労働力を保持する一部の旧農民経営を除けば、新農民もLPGも農作業を個別経営内だけで完結させることはもとより不可能であり、MTS依存は経営維持に必要不可欠であった。MTS依存の仕方は農作業ごとに異なってこようが、比較的単純なのがトラクター単体での作業となる春と秋の耕起作業であろう。そこでまず耕起作業のうちどの程度がMTSトラクターによって担われていたのかをみてみよう。

さてMTSの耕起作業は、春耕前に各農民・LPGとの間で作業契約が締結されることから始まる。これをふまえてMTSの作業計画が農業技師によって立案される。春耕前には春耕準備集会が各村落で開催され、機械整備などの準備状況や作業計画が確認される。そして作業が開始されたのちは、作業ノルマを指標としてその進捗度合いが点検されることになる。この点は、秋の収穫・脱穀作業および播種耕起作業についても基本的に同じである。問題は耕作面積のうちどれほどがMTSトラクターによるのかであるが、単純な耕起作業といえどもその推定は実は意外に難しい。というのも一般に作業ノルマやその点検は「契約面積」を指標とするが、例えば春秋の耕起作業は一枚の圃場に対して犂耕だけでなく砕土などの整地作業や播種作業を行うから、契約によっては二重・三重に面積がカウントされることになるからである。ときに指標として「契約面積」ではなくトラクターの走行距離が使われるのもこうした事情によると考えられる。

そこで「契約面積」に基づく推計を断念して、一九五五年の秋の播種耕起面積に限ってMTSの耕作比率を算出してみたのが表7-6である。各管区の農地面積は耕地だけでなく放牧地や採草地を含み、その耕地には秋蒔きの穀物だけでなく、春蒔きの穀物、菜種、クローバーなどの牧草、さらにジャガイモ・甜菜・飼料かぶなどの根菜類の作付け地が含まれる。残念ながら当該郡の作付面積の詳細がわかるデータを未だ発見できていないので、ここでは東ドイツ統計書に記載された一九五五年一二月末日時点のロストク県統計数字を用い、かつ秋の播種耕起面積が秋蒔きの穀物と菜種の収穫面積にほぼ匹敵するとの想定のうえで、総農地面積に対する総秋耕面積の県平均比率二六・三%を算出し、これを当該郡にも適用することとした。[71] なお、本表における各MTS管区の秋の播種耕起面積の数値を前掲表7-3（490頁）で示した一九五四年の保有トラクター数で割ると一台あたりの耕作面積は三五〜四〇ヘクタールとなり、おおむね当時のトラクターの耕起能力に匹敵していることから、この数字は各MTSが最大限にトラクターを稼働させた結果の数字であるとみなしてよい。

以上をふまえて本表において各MTS管区のMTS秋耕比率をみると、もっとも高いMTSレーリクで九割、

表7-6　秋播種耕起作業におけるMTSの占有率

	MTS秋播種耕起面積(ha)（イ）	刈り取り面積(ha)	農地面積(ha)	秋蒔き作物の総面積(ha)（ロ）	MTSの耕作比率（ハ）
MTSイエーネヴィッツ	2,341 (1)	2375 (4)	15,777 (6)	4,147	56.5%
MTSレーリク	1,384 (2)		5,732 (7)	1,507	91.8%
MTSラーデガスト		2560 (5)	10,964 (8)	2,882	
MTSラーヴェンベルク	2,008 (3)		9,200 (9)	2,418	83.0%
計			41,655 (10)		

注：(1) 1955年実績値 (Rep. 294, Nr. 232, Bl. 113).
(2) 1955年目標値 (Rep. 294, Nr. 245, Bl. 271).
(3) 1955年実績値 (Rep, Nr. 239, Bl. 99).
(4) 1955年実績値 (Rep. 294, Nr. 232, Bl. 211 (RS)).
(5) 1953年実績値 (Rep. 294, Nr. 235, Bl. 53).
(6) 1958年 (Rep. 294, Nr. 233, Bl. 90).
(7) 1958年，8村・25集落の積算 (Rep. 294, Nr. 240, Bl. 118).
(8) 計算値：(郡農地面積) − (他3管区農地面積計).
(9) Rep. 294, Nr. 240, Bl. 22.
(10) Rep.200, 2.1, Nr. 487, Bl. 36f. ただし国営農場は含まない.
(ロ) = 農地面積×0.263 (算出は本文を参照).
(ハ) = (イ) / (ロ) ×100.
出典：上記のVpLA Greifswald所蔵文書より作成.

ＭＴＳラーヴェンスベルクで八割、ＭＴＳイエーネヴィッツで六割という数字になる。全体として秋耕面積を秋蒔きの収穫面積に同値したことで数字がやや高めに出ているとは思われるが、耕起作業については、質はともかく量的な点に関する限り、ＭＴＳの意義が大きかったことは否定できないと思われる。一九五五年春の耕起作業に関するＭＴＳラーヴェンスベルク政治課指導員の報告において、二交代制によるトラクター運転の実施率の低さを問題視する文脈で、契約を遵守できない場合は、「勤労農民」やＬＰＧが自ら保有する馬で耕起することになってしまうとの警告がなされている。(72) このことはＭＴＳ契約による耕起が支配的であったことを示しているが、同時に個人農の馬耕への復帰がなお可能な状況であったことも意味している。後者の点は、穀物の刈取り・脱穀や根菜類の収穫作業、さらには運搬手段として馬力がなお必要であったという事情を考慮しなくてはならない。

本表にみる三管区の数字の違いの意味はかなり明瞭である。第六章でみたようにMTSレーリク管区とMTSラーヴェンスベルク管区はともに旧「騎士農場管区」に属する高水準の新農民地帯であるが、前者はLPG化が早期に進展したところであるのに対し、後者はLPG化に対する反応が鈍い地域であり、このため新農民の個人農比率がなお高いという特徴があった。MTSイエーネヴィッツ管区は旧「州有地管区」に属しているため他管区に比べ旧農民の比率が高い地域で、このために村落規模も平均五〇〇ヘクタールと旧グーツ村落のそれよりも大きい。一般に、MTSへの依存度合いは、旧農民、新農民、LPG、ÖLB《エー・エル・ベー》の順で高まると推測されるが、この経営形態ごとのMTS依存の違いがここでは三管区の数字の違い、とくにMTSイエーネヴィッツにおけるMTS耕作率の低さとして現れている。ちなみに一九五五年春耕作業に関するMTSラーデガスト管区政治課指導員報告では、四月八日時点の耕起実績総計一六八ヘクタールのうち、LPG一二〇ヘクタール、勤労農民四八ヘクタールであり、「大農のところはまだ作業をしていない」と述べられている。[73] MTS耕起作業の党派性は、作業の優先順位に関する限りは、政策意図をそのまま反映して明白であった。

第六章第二節（428頁以下）でも言及したラーベンホルスト村の優良新農民ニムツは、飼料加工など畜産関連の機械が個人保有、牧草刈取り機・刈取り結束機が数人による共同保有、脱穀機が村農民互助協会の保有であり、牽引力としてはトラクターはなく馬二頭だけであった。[74] おそらくは畜産経営に特化する戦略に基づき機械保有形態を取捨選択、耕起作業についてはもっぱらMTSに依存することを前提に経営を組み立てていたと考えられる。「六月事件」後に大農からMTS料金の差別化の撤廃要求があることも、同じ経営戦略が有効だからである。[75] 数多くのMTSトラクター耕作に対する農民側の非難も機械がきちんと稼働しないことに向けられていて、逆に稼働可能なトラクターが農民からの需要がなくて放置されるというような事態は生じていない。このように、LPGのみならず個人農も含めて、MTSトラクター・サービスの問題はあくまで「供給制約」にあって「需要不足」ではない。西ドイツと同じく東ドイツでもトラクターへの推転は否定しようがなかったのである。

②収穫・脱穀作業

春秋の耕起作業に比べ、収穫・脱穀作業のありようは複雑であり、このため農民・ＬＰＧのＭＴＳ依存度も相対的に低くなる。その理由としては、トラクター不足、刈取り結束機・脱穀機の保有のあり方、そしてコンバイン普及の限界があげられる。

そこでまず前掲表7-6を再度みられたい。ここには二つのＭＴＳ管区について刈取り面積を記載しているが、ＭＴＳイエーネヴィッツの刈取り面積が秋耕面積とほぼ拮抗している。（ＭＴＳラーデガストは秋耕面積が不明なため明言できないが、ＭＴＳ資本装備と管区農地面積がＭＴＳラーヴェンスベルクと類似していることから、ＭＴＳラーヴェンスベルクの秋耕面積をＭＴＳラーデガストの面積と同じとみなすと、ＭＴＳイエーネヴィッツの場合とほぼ同等のことがいえると思われる。）秋蒔きと春蒔きに分かれる耕起作業とは異なり、穀物刈取りは夏の時期に、ほぼ一括して行われる。従って、極論すれば刈取り面積は冬穀物と夏穀物を合わせた面積、さらにいえばその作付け比率が六対四であることに基づけば、単純計算で秋耕面積の六六％増となるはずであるが、実際にはそうはなっていないのである。これは一九五〇年代中葉のトラクター台数と稼働率では、作物の稔実時期の時間差を考慮しても、この増加分をまかないうる余力がなかったためと解釈するのが妥当であろう。脱穀機の動力に電力ではなくトラクターが充用されるとすると——これは実際にしばしばみられることである——、トラクター不足はその分だけますます深刻化することとなる。従って耕起作業とは異なり、収穫過程における馬力への依存はなお避けられなかったと思われる。

この点の具体例として一九五四年のシュテフェンスハーゲン村——新旧農民集落からなる混合村落である（第二章注（49）（174頁）参照）——の収穫作業計画をみてみよう。本村には「六月事件」の影響で縮小したＬＰＧ（農地面積一一四ヘクタール、一六経営、組合員二四名）と旧農民経営の放棄地からなる「村落農業経営（以下、ÖLB《エー・エル・ベー》と略記）」（農地面積三六六ヘクタール、労働者三四名）が存在している。このうち収穫計画の対象となるのは「ＭＴＳ

との契約面積」一九八・一ヘクタールであり、その内訳はÖＬＢ一三五ヘクタール、新農民六三・一ヘクタール――一四経営相当とみなしうる――からなっている。またＬＰＧについては別途に収穫計画を立てるという。これに対して村の残存旧農民経営の収穫に関する言及はなされていないので、この部分は自力で収穫したと考えられる。

さて、ここで注目したいのは農民互助協会が中心となってＬＰＧ非加盟の新農民とÖＬＢの労働力によって収穫労働力が組織されていることである。計画によれば労働力五〇名を調達することができ、収穫作業についてはこれだけで十分な数であるとされている。また、作業を円滑にするため村の「勤労農民」を七つの班に編成している。そこに書かれている名前は、上記のＬＰＧ組合員ではない新農民たちである。さらに、機械保有については、「刈取り結束機はÖＬＢで稼働可能な状況にある。勤労農民は馬力の刈取り結束機を二台所有しており、これで五一・九ヘクタールを刈り取る予定である」と述べられている。これが本当ならば契約面積約一九八ヘクタールのうち、約五二ヘクタール、つまり約四分の一は、実際には新農民たち自身が刈り取ったこととなるであろう[76]。

本村ＬＰＧとＭＴＳの関わりが不明とはいえ、この事例からは、第一に、本村の収穫過程はもとよりＭＴＳだけで完結するわけではなく、村の労働力動員が前提となって初めて可能であること、第二に、ＬＰＧ非加盟の新農民たちが軸となって収穫労働組織が立ち上げられていること、第三に、彼らは自らの機械を保有しており、これによりＭＴＳがカバーできない部分、つまりはおそらく自己保有農地部分の収穫作業を、自分たちの馬力で牽引する刈取り結束機で行ったことがわかるのである。刈取り機は一九世紀後半より普及しはじめ、ワイマール期には結束機能付きのものに転換していったといわれるから、グーツ経営はもとより多くの農民経営も自己保有するのが通常であった[77]。そうした機械の賦存状態がこうした対応の背景にあることは間違いない。

脱穀過程については、先にみたように脱穀機は村農民互助協会ないしＬＰＧ保有である場合がむしろ通常な

表7–7　ホーエンフェルデ村脱穀計画（1955年6月30日）

集落名	当該脱穀機の所有者	利用者	備考
イヴェンドルフ村	1　LPG	イヴェンドルフ村の勤労個人農	任意の日付で
	2　アルヴァルト, H. リーク, O. ラダー, H.	アルヴァルトとマテウス リーク，クレキング，およびブスヴァルト ラダーとエヴァース	2台の機械で，昼夜とも．
	3　LPG	LPG イヴェンドルフ村ブリガーデ	任意
	4　ラヒョー, P.	ラヒョー	石油発動機
ノイ・ホーエンフェルデ地区	5　ルース, A. フラム, H. ヴェーバー, H. シュート, E. ザース, K.	ルース フラム ヴェーバー シュート ザース	昼夜，二台の機械で，自分たちで配分
ホーエンフェルデ村	6　ユルス, A.	ユルス, A.	石油発動機
	7　MTS エラース, H. クルート, HH.	LPG エラース クルート, HH., クルート, HB，ユルス，B.	機械一台で昼夜，村役場が割りふり
	8　ラインケ, P. バイアー, W. シーヴェ, G.	ラインケ クレムピン，バイアー，および村のその他の個人農 シーヴェ	
	クルート, W. オピオルス, E. ザース, I.		収穫期までに脱穀機を配置することに問題あり．

注：脱穀班の番号は筆者による．原文書には打たれていない．

出典：Kreisarchiv Bad Doberan, Gemeinde Hohenfelde, Nr. 52, Druschplan, Hohenfede, d. 30. 06. 1955, oh. Bl, より作成．

ので、脱穀機の修理や、動力としてトラクターを利用する場合を別とすれば、ＭＴＳへの依存度は刈り取り作業に比べてさらに低くなるだろうと思われる。表7–7は、第五章第一節でとりあげた大農村落ホーエンフェルデ村（ゲマインデ）の一九五五年脱穀計画書である。一九五五年は本村ＬＰＧがÖＬＢ《エー・エル・ベー》を吸収して一気に拡大し、本村中核集落ホーエンフェルデ村のみならず本村周辺集落イヴェンドルフ村にもＬＰＧ作業班が設置された年である。(78)この表からは、まず第一に、石油発動機を動力とする二つの脱穀機（4班と6班）については、小型なのだろう、その所有者が単独で利用していることがみてとれる。次にビュドナー集落であるノイ・ホーエンフェルデ地区においては、この地区で共同所有する二台の脱穀機を地区全体で昼夜運転することとなっており、その利用の仕方も地区にゆだねられている（5班）。イヴェンドルフ村については、共同所有の脱穀機二台は大農を含む七経営が昼夜運転で共同利用し（2班）、またLPG脱穀機二台のうち一台が「勤労農民」の共同利用に（1班）、もう一台がLPG作業班《ブリガーデ》用の利用に付されており（3班）、利用における階層性が明瞭である。最後に中核集落ホーエンフェルデ村については、大型脱穀機と思われるMTS脱穀機をLPGが利用し、大農については、やや読みとりにくいが、自己保有脱穀機で脱穀するエラース経営を除き、大農三経営が一台の脱穀機を村当局の指揮の下で脱穀する計画になっている（7班）。そしてビュドナー経営からなると思われる八番目のグループについては、優先順位が低いのか明示的な方針が記されていない。

このようにこのゲマインデでは脱穀過程が集落、脱穀機の形態、階層性を軸に編成されていることがきわめて興味深い。MTS脱穀機を利用するのはホーエンフェルデ村のLPG作業班《ブリガーデ》のみであり（その場合も労働力はLPG組合員が軸となろう）、その他については村当局の主導のもと、村内にある既存の多様な脱穀機を利用する形で脱穀計画が練られており、村外への依存は低い。もともと脱穀機は、一般的には、蒸気脱穀機時代においては賃脱穀機業者が成立するかたちでの利用がなされたが、ワイマール期になって小型化が進展、さらに一九三〇年代末になると電力モーターが普及してくる(79)。刈取り機ほどの個別保有があったとは考えられないが、それでも大農村落では個人ないし共同保有の脱穀機の蓄積があったとしてもまったく不思議ではない。時期はやや下るが、一九五九年九月の大農村落ハイリゲハーゲン村に関する報告においても、「畜力、刈取り結束機、脱穀機などがあった」のでMTS支援を必要としなかったと述べられている(80)。

旧グーツ村落である新農民村落については、旧農民村落に比べMTS脱穀機の意義は当然高まろうが、労働力の点でLPG農民や「勤労農民」が中軸となった点は間違いない。興味深いのは、一九五三年、一般に脱穀機

写真7–3　ソ連製コンバイン『スターリン4』による作業風景
（1953年シュトラールズントの国営農場『オーバーミュツコフ』）
出典：Kowarsch, Karl Heinz, Der Schritt vom Ich zum Wir in der Landwirtschaft des Bezirkes Rostock: 1952–1960, Rostock 1986, S. 36.

不足が嘆かれるなか[81]、それがとくに新農民村落で深刻と思われること——例えばアルト・カーリン村が二台目の脱穀機をMTSに要求している[82]——、および脱穀機の利用がLPGと新農民の村内対立と絡んでいることである。一九五三年のMTSラーデガスト管区について「LPGが存続している村では各村あたり脱穀機が一台しかない状態」であり、「このためLPG農民と勤労農民の間で対立が起きている。MTSは別の村の脱穀機が空けば、すぐにこれを勤労農民が利用できるようやりくりしている」との報告がみられ[83]、さらにまた同年のヴィヒマンスドルフ村に関しても「LPGはMTSレーリクの脱穀機を利用している。LPGは脱穀が終わるまでこの脱穀機を勤労農民に利用させていない。勤労農民は小型の機械を持っていて、それで脱穀することができるからである」と報告されている[84]。ここでもMTS脱穀機によるLPGと個人農の共同脱穀はみられない。

ところで、一九五〇年代中葉以降、新たに登場するコンバインこそは、上記のような村落・LPG依存型の収穫・脱穀過程を一気にMTS主導に変えていく可能性を秘めたものであった。自走型コンバインは、ソ連製のものが一九五三年より導入された（写真7–3）。それが新時代を感じさせるものであったことは、例えば一九五三年六月、MTSラーデガストの従業員全員が最寄りのクレペリン駅まで出迎えに行ったとされることに現れている。[85] しかしその本格稼働は国産コンバインの生産が軌道に乗る一九五四年以降のことである。一九五四年、ワイマールで「E171型」の生産が始まり、一九五五年からはその後の主力となる「E155型コンバイン」が生産される。このコンバインは一九六二年までに総計六五七三台が生産されたといわれている。[86]

しかし導入当初のコンバインの評価は散々であった。コンバイン導入が穀物収穫に大きな損失を出したからである。その損失の水準は、LPGケルヒョーの組合長によれば一モルゲンあたり一ツェントナーであるという。[87] MTSレーリクの一九五七年の穀物単収は一ヘクタールあたり平均二六・五ツェントナーほどであるから、[88] 単純計算で約一五％もの損失となる（一モルゲンを四分の一ヘクタールとして計算）。大きな損失を出す理由としてもっとも頻繁に言及されるのはコンバイン投入のタイミングに関する指摘である。一九五五年、LPGメシェンドルフ組合長は、「コンバイン導入のせいで大損害を被った。……雹により穀物の二五％がやられたのが原因だが、もし予定通りの時期に刈取り機で収穫をすませていればこうしたことにはならなかった」と述べたというし、[89] また、一九五六年の党活動者会議の席上では、LPGケーグスドルフについて、もし「馬力の刈取り機による作業をしていなかったら損害はもっと大きくなっていたはずだ」との発言がなされている。[90] これらはLPGの事例だが、「勤労農民」たちについても、コンバインの作業に対して神経質になっており「コンバインが到着するのを待たず自発的に刈取り作業を始めている」との報告がされている。[91] MTSのノルマ主義が「契約」を通して、とくにコンバイン利用を強制されるLPGに不利益をもたらしていたのである。コンバイン導入に対するその他の批判としては、小区画地、起伏地、石ころ、雑草の繁茂などが大型機械の稼働を著しく妨げるという圃場条件の制約を指摘するものが目立つ。[92] これらがMTSのコンバイン作業計画を狂わせる大きな要因であったことは間違いない。最後に部品不足や修理能力など整備能力の問題があげられる。[93]

ただし、こうした苦情は導入当初にこそ顕著だったと思われる。投入時期や配置を制約する圃場条件については、経験により改善が可能であろうからである。事実、コンバインに関する記述は一九五四年と一九五五年に集中し、その後は言及の頻度が下がることからも、一九五〇年代後半にはコンバイン稼働は漸次安定化に向かい、その意義は増していったと考えられる。一九五七年からは複数のコンバインを同じ耕区に同時に投入することで収穫効率をあげることが目指されるなど、新しい投入方法も模索されている(94)。とはいえ、コンバインの台数をみるとＭＴＳ一経営あたり一九五四年と一九五五年が二台、一九五七年でも五台止まりであり(95)、もとより各ＭＴＳ作業班《ブリガーデ》に複数台配置しうるような水準には達していない。その点では、当該期の収穫・脱穀過程に関わる問題をＭＴＳ主導で一気に解決するだけの突破力を発揮できるほどの切り札ではなかったと言わざるをえない。

③根菜類――ジャガイモを中心に――

ジャガイモや甜菜などの根菜類は一九世紀後半以来のドイツ農業集約化を代表する作物であるが、それがゆえに季節労働力の不足問題を絶えず引き起こし、最大の労働問題となってきた。ザクセンゲンガーに始まり、第二帝制期のポーランド人労働者、戦時期の強制連行労働者、戦後期の女性東方難民にいたるまで多様な低賃金労働者がその労働需要を満たしてきたのであった。一九五〇年代もまた例外ではなく、ＭＴＳやＬＰＧの社会主義セクターにとって最大のネックとなるのが季節労働者問題であったといってよい。一九五五年の統計数値によれば、ロストク県ではジャガイモ・甜菜・飼料カブなどの根菜類全体の作付け比率は耕地の二八％、ジャガイモだけでも一六％に及んでいた(96)。いうまでもなく、これらは食用である以上に、養豚の自給飼料として東ドイツ食糧問題において重要な意義をもっていた。

表7‐8をみられたい。これは一九五六年五月頃と推定されるＭＴＳレーリク管区の各村落のジャガイモとカ

表 7-8 MTS レーリク管区におけるジャガイモとカブの作付け計画面積一覧

（単位：ha）

村名	ジャガイモ				甜菜・飼料かぶ			
	ノルマ			実績	ノルマ			実績
	総計	大農	LPG	LPG	総計	大農	LPG	LPG
ツヴェードルフ	58		26	20	27		10	10
ガースドルフ	98	22	34	24	37	9	12	12
ビュッテルコフ	111	18	27	18	53	12	8	9
バストルフ・ケーグスドルフ	113	4	53	45	57	3	24	23
ヴェンデルストルフ	113	27	19	14	54	18	8	8
ルソー	100				48			
ヨルンストルフ	71				21			
ケルヒョー	69		37	37	25		15	15
レーリク	115		12	12	59		6	6
	848	71	208	170	381	42	83	83

注：1956 年 5 月 17 日調査分．VpLA Greifswald, Rep. 294, Nr. 233, Bl. 26–27 より作成．

ブの作付け計画面積一覧である。これによれば九村落の作付けノルマ総計はジャガイモ八四八ヘクタール、カブ三八一ヘクタールであり、うちＬＰＧがジャガイモで二〇八ヘクタール、カブで八三ヘクタールを占めている。これとは別に一九五四年のＭＴＳによる収穫契約面積はジャガイモ二〇六ヘクタール、カブ八〇ヘクタールと報告されている。[97] やや強引だが、時期の違いを無視してこの一九五四年の数値を使えば、ＭＴＳがジャガイモ収穫全体に占める比率は二四・三％、同じくカブ収穫で二一・〇％に過ぎないことがわかる。さらにこの表で興味深いのは一九五六年作付けの実績欄である。そこにはＬＰＧしか記されておらず、農民経営に関する数字が見当たらないのである。ＬＰＧの作付け実績値はジャガイモが一七〇ヘクタール、カブが八三ヘクタールであるから、もし原則通りＭＴＳ機械がＬＰＧ優先で投入されていたとすると、上記の一九五四年の数値を使えば個人農のジャガイモ作付け地におけるＭＴＳの収穫契約面積は、ジャガイモで三六ヘクタール、カブではわずか三ヘクタールにすぎなくなる。農民経営の作付けノルマ面積（表7-8において総面積からＬＰＧのノルマ分を引いた面積）に対するその比率を計算すると、ジャガイモで五・六％、カブで一・〇％の水準となり、まったく意義をもたない。つまりＭＴＳ大型機械による根菜類収穫は、ジャガイモについてもカブについても、ＬＰＧ収穫作業には寄与したとしても、農民経営にまで機械を充当する余裕などまったくなかったのである。さらに、ＭＴＳイエーネヴィッについて、一九五四年の「ジャガイモ収穫は一九三ヘクタール。これは本ステーションが闘争目標として設定した水準の五〇％に至っていない。カブ収穫機はその能力を全開せず八ヘクタール収穫」であったと述べられており、ＭＴＳ根菜類作業水準の低さは実際にはもっと深刻であったことがうかがわれる[98]。

ジャガイモ収穫については一九五四年よりソ連製機械をモデルとしてワイマールで「一貫収穫機」の生産が開始されるが、一九六三年の「Ｅ６４９／６５０型」の製造までは技術的にも未完成で労働力動員が不可欠であったという[99]。一九五四年九月一〇日、ＭＴＳレーリクでは党指導部会議において上級農業技師リピンスキーが根菜類の収穫計画を提案している。それによれば、現在ＭＴＳには七台のジャガイモ収穫機があるが、しかし稼働しうるのは四台だけである。さらに各収穫機については一日一シフトで一ヘクタールの収穫作業を基準とし、三〇日で三〇ヘクタールをこなす。そしてそのうえで「良好な収穫成果をあげるには、農業技師と作業班長《ブリガーデ》の指導の下、村の農民互助協会の協力を得て収穫部隊を組織すること」が必要であり、その協議は計画一覧に基づき各村落にて実施すると説明している[100]。

この「収穫部隊」はＭＴＳではなく各々の村・ＬＰＧによって組織されることになるのだが、その動員は、収穫・脱穀労働過程に比べても困難を極めた。じっさいこの点に関する記述は非常に多い。一九五五年秋、ＭＴＳラーヴェンスベルクでは、「郡党指導部が労働力動員に責任をもった」はずなのにそのことに努力していない、「ＬＰＧパンツォーでは労働者用に二日分の昼食を用意した」が労働者がやってこない、などと報告されている[101]。この文書には当該ＭＴＳ政治課指導者のヴォルファイルの署名があることから、実はこの記述は自己批判としての含意を持って書かれたものでもあることがわかる。さらにその一ヶ月後の同管区報告でも、ジャガイモがいまだ収穫されておらず、ノイブコフ市の「収穫事務局」が児童の動員について見通しをもちえない状況である。「収

写真 7-4　機械によるジャガイモ播種の風景.

1963 年，アンクラム郡クリーン村の LPG における作業風景．農作業にあたっているのが女性であることに注意．ジャガイモ・甜菜・菜種などの手作業を要する農作業は，集団化の前でも後でも，基本的に女性の仕事である．

撮影：Martin Schmidt. ドイツ歴史博物館所蔵（M. Schmidt/DHM, Berlin, Schmidt, 925, BA: 004416）

穫事務局からジャガイモ収穫のために児童を集めるといわれていたのに誰も来なかった、とＬＰＧガーヴェンスドルフから苦情があったので、収穫事務局に問い合わせたところ、児童たちはクレンピン村の大農プルーターとマイアーのところでジャガイモ収穫に携わっていた。……校長とパール同志が出てくることで、子供たちをＬＰＧに確保することができた」と書かれている。[102]

一九五六年以後も事態の改善はみられない。同年一〇月には郡農業課自らが、郡全体において労働力不足がジャガイモと甜菜の作付けの制約となっており、「相変わらず大きな問題である」と認めているし[103]、同月九日のレーリク市党指導部支部会議においては、ジャガイモの収穫に関して、「どの村でも村民の労働力がきちんと利用し尽くされていない」、子供たちはＬＰＧではなく日給のよい大農のところで働き、ＬＰＧ農民の妻たちすら農繁期に就労しない、これらが動員されるレーリク市内の婦人たちの怒りを買っている、という発言がなされている。[104] 翌一九五七年秋についても、ジャガイモ収穫に子供たちが動員されることに対して親たちが反対、とくに子供たちがＬＰＧに宿泊するのに納得せず、毎日の送迎を要求していることが、郡全体の状況として報告されている。[105] さらに、ブロートハーゲン村においては、ＬＰＧが労働力調達の困難を見越して必要労働力数を三倍に水増しして要求するという事態まで発生している。[106]

労働力動員が村やＬＰＧでは全く不可能であり、郡党指導部が前面に立って調整にあたっていること、にもかかわらず村外住民の労働力動員に対する反発が非常に強く調整が難航していることが明白であろう。他方で村の児童やＬＰＧ組合員の妻が大農のもとでの収穫作業に就労していることは、労働力調達の競合のもとで、とくにＬＰＧにとって季節労働力問題が深刻であったことを改めて示している。ＭＴＳ機械の無力さは根菜類の収穫作業だけにとどまらない。ジャガイモの播種作業においては、機械による植え付けでは浅すぎ人力で掘り返す羽目になったというし、[107] 中耕除草においては、作業中に三割ものジャガイモを潰してしまうなどの大失態を演じて、農民たちの怒りや、さらには失笑までを買う始末であった。[108] 上記のＬＰＧガーヴェンスドルフではジャガイモ畑が、ＬＰＧアルテンスハーゲンではカブ畑が雑草で覆われる状況であった。[109] これらの点は各ＬＰＧ文書をみても確認できる。そこでは、一九五〇年代後半においてＭＴＳとの調整不足により根菜類作付けの失敗を招きＬＰＧ収益を悪化させた例が散見されるのである。[110] 播種・中耕・収穫に至る機械化一貫体系の実現はなお遠い目標であったといえようか。

以上、ＭＴＳに関わる農業機械化を作業別に即してみてきた。一方で耕起作業についてはトラクターの意義はやはり大きいといわねばならない。作業が相対的に自己完結的であることもこの点に寄与していたと思われる。これに対して収穫・脱穀過程についてはＭＴＳと村の調整が必要となり、ここに作業計画立案者としての農業技師の役割が意義をもつことになる。ただし村やＬＰＧは刈取り機や脱穀機をおおむね保有しており、これによりＭＴＳの主導性は後退、村やＬＰＧは自己保有機械とＭＴＳ機械と村内労働力を上手に組み合わせて対処することとなった。コンバインは将来性が認められるが、この時点では台数不足および運転技術と修理技術の未成熟によりＭＴＳ主導の普及には限界があったといってよい。最後にもっとも問題点を露呈したのが根菜類であり、それはとくにＬＰＧ経営問題に直結していた。穀作優位のＭＴＳであるとはいえ、根菜類に関わるＭＴＳ機械の技術は低位であり、季節労働力不足を解消する水準にはとうてい達していない。しかし村やＬＰＧの季節労働力の調達力も弱く、このため郡党指導部の政治力が動員されなければならない状況であった。乱用といえるほどの「兄弟関係《パーテンシャフト》」による児童・村外市民・都市労働者の労働力動員もこの点に起因しよう。全体として、ＭＴＳは畜産を主体とする優良新農民には比較的有利に作用したが、他方でテコ入れ対象のＬＰＧ経営を救う決定的な手段とはならなかった。機械化の促進が上からの政治的介入による労働力動員を伴わざるをえなかった所以がこんなところにも見受けられるのである。

2. ＭＴＳ《エム・テー・エス》の労働組織問題 ── 二交代制と「作業班支所《ブリガーデ》」──

①二交代制をめぐって

以上、作業ごとの労働組織のあり方をみたが、個々の作業を超えてＭＴＳと村の労働組織のありよう全体に関わって重要と思われるのは「二交代制 Zweischichtsystem」の問題と「作業班支所《ブリガーデ》 Brigadeunterstützung」をめぐる動きである。

すでに述べてきたように、当時のＭＴＳは基軸となるトラクターを含め資本装備不足が顕著であった。この問題を解決するためにとられた手段が、二交代制を導入することでトラクターの稼働率を上げることである。(111)一九五五年一〇月のＭＴＳイエーネヴィッツのトラクター運転手の内訳をみると、基幹的トラクター運転手七七人に対して「交代運転手 Schichttraktorist」が五〇名となっている。(112)他のＭＴＳの交代運転手についても、ＭＴＳレーリク四八人、ＭＴＳラーヴェンスベルク五三人、ＭＴＳラーデガスト六三人となっており、交代運転手の名目上の確保自体は相当数にのぼっていることがわかる。(113)

二交代制というのは、文字通り、一台のマシンを一人一日八時間として、二人で計一六時間稼働させることに他ならない[114]。当時、どのＭＴＳ経営も二交代制の導入率をあげることに躍起になっているが、二交代制の実施率はなかなか上昇しない。一九五七年にいたっても、郡党第一書記の弁ではＭＴＳレーリクの二交代制実施率は八％であり、同年七月の当該ＭＴＳ党員集会において党指導部がＭＴＳ経営陣に対して「交代作業」に目を向けようとしないと批判するような状況である[115]。

しかし、二交代制実施の上で最大の障害となったのは、交代運転手の配置が実質的に難しいことにあった。交代運転手のある程度の部分はトラクター稼働率が飛躍的に高まる農繁期に季節的に従事する運転手であったと思われるが、ここで注目すべきは、彼らの多くが現役の「勤労農民」やＬＰＧ農民から採用されていたことである。農民運転手の第一の問題は、それが農繁期の過剰負担を彼らにもたらした点であった。一九五四年八月、ＭＴＳラーデガストの収穫作業について、交代運転手の「勤労農民」たちを収穫作業の過労のせいで第二シフトに配置することができない、このため刈取り結束機の運転に従事している交代運転手をすぐに第二シフトにあて、「勤労農民」は自分の農地の刈取りについては自らの刈取り結束機で行わせることとする、「こうすることで二〇～二四台のトラクターを二交代制で走らせることができる」と述べられている[116]。やや文意がとりかねるが、おそらくは刈取り結束機を牽引するトラクターの運転に従事している運転手を別作業の第二シフトに回し、ＭＴＳが刈取り結束機で行うはずの作業は、疲労を理由として交代運転作業を拒否した「勤労農民」自身が自分で行うこととする、という意味だろうと思われる。同じ文書では、交代運転手問題は「勤労農民」だけでは解決しえないので、造船労働者に対して冬季期間中に研修を施し、労働ピーク時に彼らを交代運転手として働かせてはどうかという提案までがなされている[117]。交代運転手の調達が困難であることが顕著だが、しかしこの事例にあるように当面は個人農がＭＴＳ「契約面積」分の収穫作業を自力で行う形で対処することとなっている。先に収穫過程で述べたシュテフェンスハーゲン村の事例と同じ発想による対処方法といえよう。

こうした交代運転手の不足問題は、同時に熟練不足の問題にも重なる。例えば一九五五年四月、LPGシュタインハーゲンでは交代運転手が――おそらく夜間作業中に――キャタピラー型トラクターを転倒させたことに対し、作業班長《ブリガーデ》が運転手の能力が低いと文句をつけているし、(118)さらに一九五五年四月、春耕時におけるMTSイエーネヴィッツからの報告では、交代運転手の研修が不十分であり、とくに「勤労農民」を運転手とすることには問題がある、基幹的トラクター運転手たちが「交代運転手が何もかも壊してしまう。われわれだけで数時間余分に働いた方が二交代制よりも多くを生産することができる」と不満を訴えていることが指摘されている。(119)この記述からは、運転能力の問題が、実はMTSの基幹的トラクター運転手と農民的な交代運転手の対立と重なりあっていることが示唆されている。

②「作業班支所《ブリガーデ》」の設立と実態――MTSの分割化――

労働組織におけるMTSと村落・LPGの調整問題は、上記の交代運転手の問題にとどまるものではなく、MTS制度の根幹に及ぶものであった。上からの主導で開始されるいわゆる「シェーネベック方式」運動《キャンペーン》こそが、そのことを雄弁に語っている。ヴィレによれば、このキャンペーンは、一九五五年、MTSシェーネベック（北）の「青年作業班」の呼びかけに始まるとされる。新農法適用による単収増加、社会主義競争、労働単位を基礎とする生産費計算とその引き下げなど、効率化と増産を目指す項目とともに、MTS作業における作業班方式の完全実施、MTS員とLPG員の能力向上、MTSとLPGの共同作業計画が「呼びかけ」の具体的な内容をなしていた。(120)またクレムも、このキャンペーンを通して、MTS作業班がLPGの指揮下に入ることが強調されることとなったとしている。(121)ヴィレの記述もクレムのそれも当時の公式見解に沿ったものであるが、ここからはLPG傾斜を伴いつつ、事実上、MTS作業班を単位とするMTS分割化によって村・LPGとの調整問題の解決が図られようとしたことが読みとれる。その後、集団化運動の再開をうけてMTSを再定義することになる一九五八年一月の第二回ＭＴＳ会議においては、トラクター班をＬＰＧ組合長の管轄下におくこと、コンバインは大規模ＬＰＧにのみ投入することなどが、先述の四千人のＭＴＳ農業技師・畜産技師のＬＰＧ派遣方針とともに決定される。[122]この路線の延長線上にＭＴＳのＬＰＧ吸収がなされていくことになろう。

ところで、ＭＴＳの分割化という点で注目すべきは、一九五四年頃から「作業班支所《ブリガーデ》」の設立がなされていくことである。ＭＴＳ労働組織自体は、すでにＭＡＳ時代から作業班を単位に編成されている。例えばＭＴＳレーリクの場合、一九五三年一月時点で、それぞれ隣接する三～五村を担当する形で計六つの作業班がおかれている。担当面積は、トラックによる運搬業務を兼務する第六班を別として、各班一一〇〇～一五〇〇ヘクタールの範囲内にあるから、担当村落の数の違いは村落規模の差によるとみなしてよい。[123]

一九五四年以降にみられる変化は、こうしたもともとの作業班単位を基礎としつつも、それを「作業班支所」として徐々に実質化していく点にある。例えば一九五五年のＭＴＳレーリクをみると作業班の数自体は六班と変わらず、また、各班の担当村落エリアも一部をのぞき変更されていない。[124]変わったのは、各作業班が担当するエリアの中核的村落に支所が設置され、ここにトラクター運転手のみならず、「作業班修理工」や「作業班経理」までが配置されるようになったということである。農業技師も、先に述べたＭＴＳイエーネヴィッツ第八作業班管轄区域にあるＬＰＧの農作業計画作成に没頭したエーメや、支所のある集落に自宅を確保したテーネルトの事例からみて、支所に常駐するに等しい状況になったと思われる。

バート・ドベラン郡においては、こうした「作業班支所」の設置は一九五四年から開始されている。例えばＭＴＳレーリクでは一九五四年三月四日党指導部会議で、ケルヒョー村とメヘルスドルフ村の支所設立と、その賃貸契約に関する報告がなされ、[125]その後一〇月の文書においては、支所の部屋のしつらえはほぼ終えたと述べられている。[126]ＭＴＳイエーネヴィッツにおいても同年五月にシュテフェンスハーゲン村とラーベンホルスト村の支所設立に関する報告がみられる。[127]シュテフェンスハーゲン村では用地を確保して支所を新築、一年後の一九五五年五月報告では、支所にはトラクター運転手に二部屋が与えられているが、「部屋にはスローガンが掲げられていない。トラクター運転手の睡眠用には板が三枚並べてあるだけだ」、などと部屋の整備が不十分であることが指摘されている。[128] またラーベンホルスト村についてはユースホステルの転用により支所を設置することとするが、そのためは郡党指導部がここに居住する通勤工業労働者の住宅問題を解決しなくてはならないとしている。[129]

ＭＴＳラーデガストにおいては、一九五四年四月二日付報告に、ハンストルフ村にのみ二週間前に支所が設置されたとあり、[130] さらに同年八月二五日付のＭＴＳ所長ロッゲによる郡党指導部宛文書においては、当該管区の四村で新たに支所設置が可能であると書かれている。具体的には、ラインスハーゲン村ではÖLB《エー・エル・ベー》の建物を利用、ガーズハーゲン村ではトラクター車庫の確保はできるが運転手住宅の調達が困難、ハイリゲンハーゲン村では村当局がトラクター運転手の部屋を確保、レーデランク村はトラクター車庫を見つけることが困難であることを指摘、最後に「郡からの連絡では、来年は支所に予算がつくという」が、その予算の使用については未定であるとしている。[131]

全体として「作業班支所」が一九五五年から本格稼働したこと、支所設置には車庫の確保と、なにより運転手の居住空間の調達が鍵となっていること、そしてスローガン掲示にあるように、支所が村内における政治宣伝の拠点として位置づけられていることがわかろう。最後の点については、一九五四年三月四日ＭＴＳイエーネヴィツの党会議において、郡党指導部のゼンクピールが、各支所のトラクター運転手の政治的対処のために政治課指導員一人を割り当てると述べていることも、後に述べることとの関連から併せて指摘しておきたい。[132]

一九五六年以降も、ＭＴＳ「作業班支所」の実質化とＬＰＧ傾斜が徐々に進行する。同年一月、郡ＭＴＳ指導者・党書記長会議の席上、ＭＴＳレーリク所長クレンツは「ＬＰＧ加盟を希望するトラクター運転手、および機械はすでに配分した」と発言。[133] また同年一一月のＭＴＳイエーネヴィッツ党員集会においては、ＭＴＳがＬＰＧ機械の修理責任を負うこと、そのために各作業班において機械を支所で修理すること、また「引き取り委員会」

を組織し一〇日ごとに支所を回るとしており、[134]支所を通した機械修理の制度化が図られていることがわかる。一九五八年ともなれば、トラクター運転手がＬＰＧ集会に同席していることが確認できる。[135]

　このように資本装備がある程度進んだ一九五四年以降、各ＭＴＳでは、経営の中枢機能を担う管理部門や修理部門を別として、支所の実質化という形でＭＴＳ分割が図られていく。ただし、そのことは、即座にＭＴＳと農民・ＬＰＧの調整問題が制度改革によって解決されたことを意味するわけではない。

　第一にＭＴＳ従事者において支所への異動に対する反発がみられる。例えば一九五五年七月、ＭＴＳレーリクの機械工シュタンゲは、ＭＴＳ作業場の職が他の工員で占められ自分が「作業班《ブリガーデ》機械工」に配属されたことに対して、これを冷遇と受け止めている。シュタンゲは長期にわたって党指導部員でありＭＴＳ政治カードルといっていい人物であるが、修理所技術指導者との折り合いが悪く、さらにこれに絡んでコンバイン運転手となることを拒否したために、いわば制裁措置として作業班工に回された節がある。[136]同じく同年三月の党事業報告では、ＭＴＳレーリクの上級経理係が、簿記の人員を「作業班経理」にあてることを拒否したことにより大きな対立が生まれた、と述べられている。[137]

　しかし第二に、作業班と村・ＬＰＧの対立は、作業班の成績不良問題として発現している。その典型はＭＴＳレーリクの第三作業班問題である。第三班は作業班長が機械工出身のメルヒゼデヒ、同機械工が右記のシュタンゲという作業班であるが、一九五五年七月から九月にかけて各種の党会議の場で、三班の成績がふるわないことが大きな問題となった。八月一五日には、八月前半期の収穫作業（穀物刈り取りと思われる）について、所長から「第三班の一人あたりの成績が低い。日曜日の作業班全体の達成面積がたった八・六ヘクタールである。第五班はボルコヴィチュ同志一人だけで八ヘクタールをこなしている。……作業班長メルヒゼデヒ同志と機械工シュタンゲ同志の仕事ぶりが劣悪であると言わざるをえない」と指弾される。「日曜日に七〇馬力のマシンでたった〇・七五ヘクタールしか仕事をしなかったのはなぜなのか」と問われたメルヒゼデヒは、「全員が午後二時までしか働かなかったから」と答えている。翌九月になっても改善はみられず、九月二七日党指導部会議では、農作業の達成度が五二・五％に対し、第三班だけが四五％と他班に比べ約一割も低いことが指摘される。そして収穫が終わった一一月二八日の党会議においてこの問題が大きくとりあげられ、作業班長のメルヒゼデヒと所長クレンツが激しく対立し、党役員選挙においてメルヒゼデヒがクレンツ同志の独裁的なやり方に反対し、党指導部委員を辞退するという事態に至っている。メルヒゼデヒが指導部に返り咲くのは一九五八年三月であるから、和解まで実に三年間を要していることになる(138)。

興味深いのが第三作業班成績不良の原因に関する議論である。党会議の場ではそれぞれの政治的思惑を反映してさまざまな理由があげられているが、注目すべきは、責める側が、主として作業班長メルヒゼデヒのトラクター運転手に対する労務管理能力を問題にするのに対して、守勢に回るメルヒゼデヒが、基本的にＬＰＧの対応に原因があるとして責任転嫁をはかっている点である。「ガースドルフ村とヴィシュエア村のＬＰＧとの共同作業はＬＰＧ組合長の態度のためにとても難し」く、さらに「ＬＰＧは一〇日間も、特定運転手付きでトラクターをかかえこんでいる、そのように割り当てられている」と、メルヒゼデヒはＬＰＧによって第三班の機動性が阻害されていると主張している。他方、彼の責任を追及する側も、作業班長が村長や村のＭＴＳ担当者との対話を十分しないままに作業を行ったとの批判を展開している。この議論の構図からは、第一に「作業班支所」の制度化にあたって末端の現場責任者としての作業班長の重さが非常に意識されていること、第二にＭＴＳと村・ＬＰＧの対立を背景に、両者の労働組織上の調整問題が依然として桎梏となっていたことが浮かび上がってこよう。一九五六年二月の党活動者会議議事録では、調整のための常設作業部会が設置されたと書かれているが、その効果については不明である(139)。ちなみに作業班長の指導力・能力不足は、ＭＴＳイエーネヴィッツでも一九五七年に第四作業班長パソーの問題として顕在化している(140)。

その他にも、ＭＴＳと村・ＬＰＧの労働組織の調整困難は、個人農のＭＴＳ不信という形でくすぶりつづけている。一九五六年一一月、バート・ドベラン市域の農民たちがＭＴＳの契約不履行のせいでもはやＭＴＳを信頼せず自らの連畜による作業に戻っているといい[141]、一九五八年一〇月のアルト・カーリン村では、ある「勤労農民」が「ＭＴＳとトウモロコシ収穫の契約を結んだが、ＭＴＳはこの契約を守らなかった。これで選挙でなすべきことを知った」と捨て台詞をはき[142]、さらに同年一一月の報告においては、「農業課については苦情のうち一〇件がＭＴＳの仕事ぶりに関わるもので、ＭＴＳが勤労農民との契約を遵守しないというものだった」[143]と書かれているのである。一九五八年七月には農民のみならずＬＰＧからも、ＭＴＳの労働組織が劣悪で機械作業が進まず、ＬＰＧの作業量が増加したと批判されている[144]。

一九五〇年代前半の資本装備の進展や、さらに村やＬＰＧとの調整問題こそが労働組織上のネックであったことを考えるとき、一九五〇年中葉以降のＭＴＳ分割という路線には、ある程度の合理性があったといえる。またＭＴＳの機能不全といっても、作業ごとの分析で詳しく述べたように、それがすべての領域についてあてはまることではなかったことも重要である。しかし、「作業班支所」の実質化は、末端の現場責任者としての作業班長の人材不足と能力問題を顕在化させこそすれ、潜在的なＭＴＳと村・ＬＰＧの対立に根ざす労働編成の困難さを克服しうるものではなかった。ここに大型機械をテコとする農業生産力の再編成を通しての村落統合やＬＰＧ強化路線の経済的な限界を認めることができよう。と同時に、ＭＴＳ支所が実は機械サービスだけでなく、村内の政治的な拠点として位置づけられた点が見逃されてはならない。そうした村外からの党政治の一端を担ったのがＭＴＳ政治課指導員たちであったのである。

第五節　MTS《エム・テー・エス》政治課指導員《インストラクター》と全面的集団化

1．政治課指導員による村落監視と介入

①ＭＴＳ政治課指導員から管区郡党指導部指導員（管区指導員）へ

ＭＴＳ政治課は、先述のように一九五二年七月第二回党協議会の集団化宣言をうけ、農村の「社会主義化」を担う機関としてＭＡＳのＭＴＳ転化と同時に設置された。その課題は、ＭＴＳ党組織とカードル管理、ＭＴＳ管区村落・ＬＰＧの党組織に対する指導である。ＭＴＳ政治課は、ふつう政治課指導者、同副指導者、婦人組織担当指導員、青年運動担当指導員の四名から構成されており、このうち副指導者は国家保安部協力者の活動にも従事していた。その後、「六月事件」を経て、一九五五年一月六日の閣議決定では、郡評議会によりＭＴＳに全権代理人ないし指導員がおかれ各指導員が二〜三のＬＰＧを担当することとなり、[145] さらに同年一二月の政治局決定では、ＭＴＳに派遣された郡党指導部書記の指導のもとに、各ＭＴＳ支所に指導員が配置されることになったといわれる。[146] これらの政治課指導員をめぐる再編が、上述のＭＴＳの「作業班《ブリガーデ》支所」の設立と対応した動きであることは容易に推測できよう。制度的には指導員をＭＴＳ経営から分離し、彼らを末端村落にいっそう密着させる一方で、より直接的に郡党指導部の管轄下におく狙いをもったものと解釈できる。

バート・ドベラン郡においても、全国的な組織改革に連動する形で、一九五五年四月に政治課指導員の大幅な人事異動が実施されている。これまでの記述を繰り返すことになるが、ＭＴＳイエーネヴィッツについては、一九五五年にプラーゲマンがＭＴＳレーリクから横滑りの形で政治課指導者となり、以後、ＭＴＳイエーネヴィッツにおいてＭＴＳ所長を凌ぐ影響力を行使している。その際に若手農業技師補佐出身のパプストがプラーゲマン

に随伴する形で政治課副指導者となっていることも先にみた通りであるが、彼はその後一九五七年にはＭＴＳレーリクに戻り管区指導員として全面的集団化工作に従事している。またプラーゲマンなきあとのＭＴＳレーリクの政治課指導者にはヴィックが昇進するが、ヴィック失脚後の一九五六年以後は、郡党指導部のゼンクピール――一九六〇年には郡党第二書記である――がＭＴＳ党指導部会議に恒常的に出席するようになり、強力な政治力を行使している。おそらく彼が当該ＭＴＳと管区指導員を束ねる中心的な役割を担ったと思われる。[147] 管区指導員としてはアウグスティンとクレプスの名前が確認できる。アウグスティンについては先述のとおりだが、クレプスは一九三六年生まれの若手ＭＴＳ機械工であった人物であり、一九五五年に政治課指導員、一九五七年にはツヴェードルフ村支所の管区指導員となっている。[148]

ＭＴＳラーヴェンスベルクでは、一九五五年にタイヒラーに代わってヴォルファイルが政治課指導者になっている。彼は一九二一年生まれで、ＭＴＳ作業班長《ブリガーデ》だった人物であるから、これも内部昇進といってよいであろう。一九五七年秋には管区指導員としてラコー村の集団化工作班の中心人物として村に入っている。また自らが在住するクラウスドルフ村においては、村在住の郡党指導部メンバーとして村の党活動を活性化させたとある。ちなみにこの村のＬＰＧは「ＭＴＳ農業技師のビリゼマイスター同志の力で飛躍的に発展した」とされる。いずれにせよヴォルファイルは政治課指導者として、そして一九五六年以降は管区指導員として、全面的集団化の時期において当該ＭＴＳ管区の有力政治カードルでありつづけたと思われる。[149]

ＭＴＳラーヴェンスベルクには一九五五年時点で、ヴォルファイルの他に三名の政治課指導員がいるが、これがすべて女性である。副指導者は一九三一年の生まれのポガンスキーである。彼女はすでに一九五二年よりこの職にあり、それ以前は「政治協力員」に従事していたとある。彼女は出生地と居住地からおそらくキルヒ・ムルソー村の有力難民新農民オットーの娘であり、一九五〇年にピオニール指導者学校および郡党学校を終えたという。つまり彼女は難民新農民出自の早世の若手女性の党カードルだったわけだが、同時にかなり長期にわたって郡国家保安部につながっていた可能性のある人物であった。[150] 残る二人は、一九五三年八月から婦人指導員となったヴェステンドルフ（一九一二年生）と、一九五四年から政治課指導員の職にあったとされるハーマン（一九三六年生）だが、いずれも以前は農業に従事していたとある。[151]

以上のように本郡では一九五五年四月に大幅な人事異動が行われているが、基本は郡内エリア異動、内部昇進、ないしは事実上の継続であり、その限りではカードル人事上の断絶を語ることはできない。プラーゲマンはMTSイエーネヴィッツ管区指導員グループを束ねる郡党書記であり、一九五九年九月にはMTSの会議に出席し相変わらずの影響力を発揮しており、[152] また全面的集団化後の一九六〇年三月には管区郡党書記として「政治構造計画書」を作成している。[153] 彼がトップ・カードルとして当該管区の集団化に深く関与していたことは間違いない。また、彼の腹心であったゾヴァルトとパプストは、上に述べたようにそれぞれMTSラーデガストおよびMTSレーリクの管区指導員グループ郡党書記として各管区の集団化工作の計画書を作成している。ヴォルファイルについても上記の通りである。また、一九五五年三月以後、バート・ドベラン郡でも各MTS管区派遣全権代理人の会議が行われているが――とくに夏場の農繁期はその開催は頻繁である――、議事録が確認できる一九五六年まで、彼ら政治課正副指導者や各MTS所長たちが、全権代理人以上に前面に出て議論を行っている。[154]

一九五六年以降の情報が不十分なので正確なことはいえないし、一九五〇年代後半は指導員増加に伴い外部からの政治カードル登用がかなりあったことも事実である。[155] しかしここでは、全体として政治課指導員たちがMTS内から輩出されていること、またMTSラーヴェンスベルクの女性指導員たちが農村出自であることにみられるように、農村の政治カードルたちが想像以上に在地世界の人脈につながっている人々であったことを強調しておきたい。その意味ではLPG化の進展に伴ってみられる「村外カードル」の入村という事象は、必ずしも見知らぬ「郡外カードル」の入村を意味するわけではないというべきかもしれない。ただし、あくまでMTS

を通してのカードル化であるという点で、彼らは、農民的世界に直接的に帰属する人々ではなかったことは改めて指摘しておかなければならない。

②活動実態

では政治課指導員たちはどのような活動をしていたのだろうか。彼らの任務はＭＴＳ経営組織に対する政治的指導・管理、および管区内の各村落・ＬＰＧの政治活動に対する指導・管理からなる。ＭＴＳレーリクについては一九五三年二月九日から一四日までちょうど一週間分の正副政治課指導者──プラーゲマンとランゲ──のスケジュールを記したメモが残っている[156]。これをみると二人とも週三日ほど村に入っていることがわかる。残りの日はＭＴＳ内で報告書作成や会議運営などに従事していたことになろう。各村落に入った場合の活動は、一九五〇年代中葉であれば、ÖＬＢ《エー・エル・ベー》のＬＰＧ化の活動、村長らの村有力者との協議や情報収集、村やＬＰＧの党基礎組織の活性化、各種党会議の開催指導などであり、さらに婦人指導員は村の「ドイツ民主婦人同盟（ＤＦＤ）」の立ち上げ、青年指導員は「自由ドイツ青年同盟（ＦＤＪ）」の活動強化に取り組むことになる。

興味深いのは政治カードルの入村が関係者の目にはおざなりと見えていたという点である。例えば一九五四年の報告では、トラクター運転手が「郡および県の活動家たちは自動車で村にやってくる。彼らは家の前は車で素通りして、村長とＬＰＧ組合長のもとを訪れ、そこで作業の状態をいろいろ尋ねると、すぐに村を立ち去る。これは正しくない。彼らは野良に来て我々と話をすべきである」と述べたとされる[157]。この批判対象に政治課指導員が含まれているかどうかは不明だが──指導員の移動は自動車の場合とバイクの場合がある[158]──、指導員の情報源が主としてＬＰＧや村党有力者であることや、とくに一九五〇年代前半はＭＴＳ内部の不安定さが顕著だったことを考えれば、この指摘はある程度まで当てはまることだと思われる。

政治課指導員たちは、村においてはＳＥＤを代弁する存在として登場し、かつそうしたものとして認知されている。例えば一九五四年、グラスハーゲン村の村議会の場で、住宅不足に絡んで「文化の部屋」が議論となったときには、ＭＴＳイエーネヴィッツの女性指導員ペータースが、ＬＰＧがあるから村に「文化の部屋」が設置されると口を挟んだところ、ウプレガー婦人が「ＬＰＧより他の人の方がましだ」と反発、これに対してペータースが激しい口調で反論を展開している。[159] この事例は対立が露わになったものだが、例えば一九五四年八月にはレーデリヒ村での婦人委員会の立ち上げにさいして、同じくペータースが、これに内心反発するÖLB《エー・エル・ベー》の班長から「ペータース女史には婦人同盟よりもトラクター運転手の仕事についてもっと気を遣ってもらいたいね」と皮肉を言われ、[160] 一九五四年九月、ラインスハーゲン村において政治課指導者タウガーベック（ＭＴＳラーデガスト）が脱穀と供出に関して村長と協議したときにも、タウガーベックが、一〇月中の供出達成は不可能と主張する村長から「お前さんがフォークを手に刺されるんなら、事態は改善されるだろうがね」とあてこすりをされるなど、[161] 個々の交渉の場において政治課指導員たちは、婉曲的な形ではあるが、折に触れて非難や反発の矢面に立たされている。

　このことの裏返しでもあるが、他方で彼らはＬＰＧ絡みの紛争についてはその解決の責任を請け負うべき人々ともみなされている。一九五四年四月のＬＰＧにおける春耕作業時、交代制のせいで昼食をとることができないトラクター運転手たちは、ＬＰＧとの交渉を求めて――ＭＴＳ経営指導部ではなく――政治課に支援を要請したという。[162] また、同年三月のＭＴＳ党員集会では、ＬＰＧ組合員の交代運転手が個人農経営における作業を拒否したことに関して上記指導員ペータースがこのＬＰＧを説得することとなっている。[163] 翌一九五五年には、グラスハーゲン村においてペータースと全権代理人ザースが、ＬＰＧ組合長が村県会議員ニーマンをスパイ呼ばわりした問題の処理にあたっている。[164] このように指導員は最前線の政治アクティブとして末端での調整機能を期待されていたのである。

　最も視覚的な各村落に対するＭＴＳ党組織の政治活動として忘れてはならないのが農村アジテーション活動、

あるいは「農村の日曜日 Landsonntag」である。一九五四年一月最初の党指導部会議において、ＭＴＳイエーネヴィツの党指導部はこの年の最初の農村アジテーション活動を一月一六日午後に行うこと、また今後、毎月第一土曜日または日曜日に農村アジテーションを行うこととしている。三つのグループに分かれて三つの新農民村落に入ることになっているが、その参加予定者の名前を見ると、主として政治課指導員と党指導部委員などの中核的党活動家のグループ、ＭＴＳ経営指導者グループ、そして作業班長《ブリガーデ》の小グループからなっており、ＭＴＳ内の集団編成を反映するかたちとなっている。(165) またＭＴＳレーリクでも同じ一九五四年にガースドルフ村に対して「農村の日曜日」が実施されている。参加者はＭＴＳ党指導部を中心に党員五名で、「党員は二つのグループに分かれて行動し」、村の党員新農民およびＬＰＧ農民計八名と話をしている。しかし、農民の反応に関する報告を見る限り、ＬＰＧ加盟問題が論じられてはいるものの主たる論点とはいえず、その実態は、村の党員に対する思想的な引き締めを狙った党内組織活動にすぎない。(166) 翌一九五五年については、六月一二日にＭＴＳラーデガストにおいて「農村の日曜日」が実施されている。しかし、ＭＴＳ党指導部が党員全員に文書にて各村での議論に参加するよう呼びかけたにもかかわらず、参加したのは要請を受けた党員のうち三分の一だけで成功というにはほど遠い状況であった。(167)

このように一九五〇年代中葉においてはＭＴＳカードル主体の「農村の日曜日」が実施されてはいたものの、その政治的重要性は高いとはいえない。しかし、一九五八年以降、農村アジテーションはその性質を変え、農業集団化運動としての側面を急速に帯びるようになる。それとともにＭＴＳ経営本体は農村扇動の中核ではなくなり、管区指導員を核として、多様な農村カードルが総動員されることとなる。以下、本論文のテーマであるＭＴＳ論からはやや離れることになるが、節を改め、管区指導員たちを軸とした全面的集団化期のカードルたちの集団化工作活動について論じることにしよう。

2. ＭＴＳ管区指導員たちと農業集団化工作活動

さて、バート・ドベラン郡の全面的集団化は、第三三回党中央委員会総会の決定を受け、一九五七年一一月から一九五八年初頭にかけ、党員新農民の切り崩し工作がなされることから開始された。その中核となったのがＭＴＳ管区指導員たちであった。ＭＴＳイエーネヴィッツでは一九五七年一〇月付けで管区党基礎組織の政治的評価に関する文書が書かれ――そこでは各村党書記と党指導部の人事案が記載されている[168]――、これを受けてであろう、一一月二七日にＭＴＳ指導員グループの会議が開かれている。この会議はプラーゲマンが主導しており、またＭＴＳ所長ゴロムベックも参加している[169]。ＭＴＳラーヴェンスベルクにおいても一一月一四日付けで管区郡党指導部指導員グループの署名による「ＬＰＧ化工作班投入のための文書」が作成されているが[170]、こちらは行動計画ではなく活動の結果報告書となっている。

ＭＴＳレーリクにおいては、一九五七年一二月二四日付けで、管区指導員グループにより「管区党基礎組織のイデオロギー状況評価と新指導部入れ替えの提案」と題された極秘文書が作成されている。ここでも各村ごとの政治状況の詳細な分析がなされ、あわせて党人事対策が記されている。例えばブレンゴー村について、本村の「党基礎組織では指導員の支援のもとで会議が規則的に行われるようになった。第三三回中央委員会総会の評価にさいしては数名の党員が反党的な態度をとり、わが党の方針に理解を示さなかった。とくにグレーデ、キープラ、レーンフェルトの各同志たちは絶対にＬＰＧには加盟しないと発言し、キープラ、レーンフェルトの二人は帰ってしまった。……村党基礎組織はこれらの同志と論争し、場合によっては離党させることも必要だ。党役員改選に当たってはレーンフェルトを党指導部から外し、代わりにフィッシャーを入れることを提案する」などと書かれているのである[171]。

ここからは指導員たちがすでに恒常的に村党組織に入っていること、また党指導部人事の実質的な権限を指導員たちが掌握していることが読みとれる。他村についても似たような党人事の記述が続く。ロゴー村については「シェルリップ同志をLPG党書記に提案する」、ルソー村については「新指導部にはライツネリッツ、アッカーマン、ヴォーヤンの三名を提案する。ケロットとグラッツは活動が不十分なので新指導部からは外すことにする」とあり、メシェンドルフ村に至っては「党基礎組織は……活動能力がない。一九五八年、LPGメシェンドルフ党基礎組織の設置に伴い、ここに統合することを提案する」と、村党組織再編が提案されている。[172] ただしどの管区の報告においても村党基礎組織に対する評価はおしなべて低く、その組織的脆弱さは否めない。末端の村党カードルの人材不足は深刻で、その限りにおいて指導員の党人事権限の発動も、村落政治に対して必ずしも決定的な重要性をもつものとはいえないことは指摘しておかねばならない。[173]

さて、一九五八年に入ると、党員個人農の切り崩し段階から一歩進み、一般個人農に対する集団化工作が開始される。もっとも目につくのが「農村の日曜日」の活性化である。バート・ドベラン郡では一九五八年の一月一二日と二月九日に全郡で「農村の日曜日」が行われたが、それは従来のような「収穫作業支援のような活動ではなく、わが農民たちと農業の社会主義的な見通しについて話し合い、その中で生じてくる疑問に答えるため」のものとなった。[174] とくに二月九日の活動については各管区で驚くほど周到な準備がなされている。

MTSラーデガスト管区においては、先述の管区指導員の郡書記ゾーヴァルトが「二月九日農村日曜日。MTSラーデガスト管区の計画」と題する文書を作成し、各村落について詳細な工作計画をたてている。[175] そこでは全部で九村落（ゲマインデ）について計一四の工作班が編成されている。まず、各村落について、粗密はあるが、村の状況が分析され、工作目標や、工作班の編成などが記されている。例えば旧農民村落であるハイリゲンハーゲン村についてみれば、ここにはÖLB《エー・エル・ベー》から設立されたⅢ型LPGがあり、その面積は四六五・六ヘクタール（村総面積の七五％）であること、「勤労農民」は一～二ヘクタール層が一経営、二～五ヘクタール層一二経営、五～一〇ヘクタール層一五経営という構成であること、さらに農民の多くは旧農民で、とくに四経営が強力経営で

表7-9　MTSラーデガスト「農村の日曜日」工作班員の職業構成
（1958年2月実施．単位：人数）

		うち、SED党員
MTS	18	9
指導員	4	4
畜産技師	3	0
LPG	13	6
国営農場	9	2
酪農場	4	1
農民流通センター	3	1
国営調達・買付機関	3	3
郡評議会	7	7
村長	8	6
村評議会	2	1
教師	11	7
その他	8	3
計	93	50

注：14村，93人の職業別の内訳．農業技師はMTSに含めて数えた．
出典：Rep. 294, Nr. 236, Bl. 5–16より作成．

あることなどが指摘された上で、「個人農の説得にあたっては、まず特定農民屋敷地で協同経営している農民たち（畜舎・納屋を共同利用していると思われる――引用者）に焦点を合わせる必要がある。この屋敷地の建物はＬＰＧが絶対に使うからである」と記されている。

表7‐9はこの計画文書において各村のカードルとして名前があげられている人物たちを職業ごとに分類し、その人数を一覧にしてみたものである。彼らはこの日の工作活動に参加する予定の農村カードルたちとみなしてよい。ここからは、郡内に存在するほぼすべてのジャンルの社会主義セクターや党・国家機関に従事する人々が動員されていること、しかし、第二に、その中でもＭＴＳ従業員（農業技師を含む）、畜産技師、指導員などＭＴＳ関係者の比率が高く、その数はＬＰＧ組合員――組合長が中心である――を凌いでいることがわかろう。ＳＥＤ党員の数は意外にも工作員の約半数にすぎず、動員対象者は党の範囲を大きく超

えていること、逆に末端の村党員層が党書記を含め必ずしも動員されていないことも注意しておこう。(176)

その後、四月には郡内の四二の村で「農村の日曜日」が実施される予定であるといい、(177)さらに一一月二日にもすべての党基礎組織に対して「農村の日曜日」参加の指示が出され、約六〇〇人の動員が予定されたが、しかし「いくつかの党基礎組織はこれを軽視した」といわれている。(178)ただし、この間にもMTSレーリク管区指導員たちは、二回にわたって管区の村落（ゲマインデ）ごとの政治状況に関する文書を作成している。(179)

翌一九五九年二月にも「農村の日曜日」が全郡で実施され、五〇〇名規模のアジテーターが大量動員された。(180)MTSラーヴェンスベルクからは二〇名が動員され、キルヒ・ムルソー村へ一二名、ラーヴェンスベルク村に六名が投入されている。ノイカーリン村では村内から七名、独ソ協会郡委員会から三名、合計一〇名のアジテーターが動員されたが、折り悪く国有森林経営の集会が村ホテルで開催されたため、各戸訪問は三家族にとどまったという。さらにクレペリン市では九名のアジテーターが一四家族を、アルテンハーゲン村では、自由ドイツ青年同盟員六名、郡党指導部二名、村民五名の計一三名が「勤労農民」五家族を訪問。ヴィヒマンスドルフ村では、郡党学校生徒とLPG組合員二六名が参加したが、旧グーツ館に住む女性難民たちが「私はここで第二の故郷を見つけた。戦争はいらない」と発言したという。ブレンゴー村にはレーリク市から七名が入ったが、「勤労農民」たちはLPG労働組織が劣悪であると批判、さらにMTSはトウモロコシの撫育作業《プフレーゲ》の機械をもっていないと述べたと報告されている。(181)このように投入規模は村ごとにかなりのばらつきがあるようだが、全体として、村内外のカードルが動員され、各戸訪問を繰り返している様子がうかがえよう。また、MTS所属カードルも動員対象であるが、集団化運動はいまや完全に郡主導のもとでキャンペーン化されていることも明白である。

一九五九年については、ラインスハーゲン村の集団化工作班の活動計画文書がある。(182)興味深い文書なので、やや詳しく見てみよう。これによれば、当村にはⅢ型LPGがすでに存在するため、Ⅰ型LPGの設立も視野に入れつつ残りの個人農をLPGに組織することを獲得目標として、工作班が「少なくとも毎週一回二人で一人の勤労農民を訪問」するとされている。工作班は一一名で編成されているが、うちLPGからは組合長や農業技師など三名が、MTSからは支所長や支所機械工、および所長の三名が、村党からは党書記と村党指導部委員の二名が、そしてその他には村長と酪農所長など三名があげられている。全体の責任者は郡農民互助協会の第二書記、および村長とされている。

工作期間のうち、最初の四週間は、「勤労農民」と個人的に話し合うこととし、かつ上記のように一人の個人農に対して二人の工作班員を割り当てるとしている。工作班員は二週間後に中間報告を行い、四週間後に村党員集会と村農民互助協会の会議を開催する。工作班員でSED党員であるものは、村党指導部会議および党基礎組織の会議にゲストとして必ず出席し、さらに七月には村評議会と村議会に参加、その場で村の社会主義的改造について村評議会役員と話し合うこととしている。最後にこのアジテーションを成功させるため、工作班は事情に応じて、農民たちの具体的な数、名前、住所を記載したビラを発行することとある。

工作期間が四週間と一気に長くなり、工作活動も戸別訪問の形で個人農に対する圧力をかけることからはじめ、その後、村党組織の掌握から、村農民互助協会、村会などに広げていくなど、時間をかけて正当化のプロセスを段階的に踏んでいくことが想定されているといえようか。工作活動の密度が高まり、かつ村内カードルの動員も深化している。最後のビラは、事実上、見せしめ的な効果を狙ったものであろう。こうした活動方式は、程度の違いこそあれ、集団化の最終局面でも一般に行われていたと考えられる。一九六〇年二月九日付の先述のゼンクピールから郡党指導部宛極秘報告文書では、一月期のLPG加盟の成果について触れたあと、「国家組織やその他の制度の活動方式に大きな変化」はなく、「主たる活動は村落にて行われて」おり、そして「土日を含めて毎日すべての村で、当地の党組織と大衆団体の協力のもとで農民との対話を続けることを絶対にすべきである」と書かれている。(183)

むろんこうした強引なやり方に対しては反発が出るのも必至である。一九五九年一〇月一五日の報告では、村の党員や教師たちから「農村日曜日の大量投入は農民たちを怒らせるだけだ」との声があがっているとの記述が見られるし[184]、また第四章第二節で触れたように、イエーネヴィッツ村の「文化の家」においては殴り合いの事件が発生、人民警察支援者とMTS指導者が侮辱され、六人が警察に拘留されている[185]。だが、これらの上からの集団化圧力に対して人々がどう対応したのかについては、すでに第四章、第五章、第六章で詳細に論じてきたとおりであるので、ここでは繰り返さないこととする。

3．MTSのLPGへの吸収過程

では、一九五〇年代の機械化を担ったMTS経営はこうした全面的集団化の進行の中で、どのように解体・再編されていくのだろうか。大型農業機械に関わる人とモノのあり方の変化という点で、それは集団化過程の重要な一側面をなすはずである。最後にこの点についてみておこう。

さて、MTSの実質的な分割化が進行するなか、先述のように一九五八年一月の第二回MTS中央会議において各MTS支所がLPGの指揮下に入ることとされたのち、一九五九年二月の第六回LPG会議において、村農地の八割をこえたLPGは貸借の形でMTS機械を引き受け、かつトラクター運転手がLPG組合員となることが決定される。これをうけ四月九日には同内容の省令が発布されるにいたった。これがMTSの最終的な解体を決定づけることになったといわれている。その後、全面的集団化完了二年後の一九六二年六月には、農業機械のLPGへの売却が決定、他方で従来のMTSは修理機能に特化される「機械修理ステーション」に改組されることになった[186]。これをもってMTS農業機械の再編の完了とみなしていいだろう。一九五二年のMTS化以降、MTSのLPG傾斜は鮮明だったとはいえ、一九五〇年代は、限定的とはいえ優良新農民村落の形成にみられるように土地改革に基づく国家主義的な新農民体制がなお機能していた時期であった。MTSはその

「新農民体制」を支える重要な制度であったから、MTSの消滅は戦後東ドイツの土地改革体制の終焉でもあったことになる。

とはいえ、その消滅はそれほど簡単に進行したわけではない。ロストク県では一九五九年九月末日時点でLPG八九経営が、翌一〇月末日時点でLPG一二九経営が大型機械を引き受けている[187]。さらに県農業課LPG掛文書は、各郡農業課からの報告をもとに、一九五九年中にLPG一三三経営が、一九六〇年初頭にLPG五五経営がMTS大型機械を引き受ける予定であり、さらに一九六〇年の春耕時までに二〇のMTSがすべての機械を移行するとしている[188]。ロストク県のMTS総数は一九五六年時点で五二経営とされるので[189]、一九六〇年においては全体の四割程度の移行完了を見込んでいたこととなり、進捗度合いは意外に遅いといえる。全東ドイツについても、とくに南部諸県では村面積やLPGが狭小なためMTS機械のLPG移行が難しいことが指摘されている[190]。前章まで論じてきたように、MTSをまるごと吸収しうるだけの大規模LPGはいうまでもなく限定的であり、また集団化のありようは多様であったことを考えれば、MTS吸収が簡単な話でないのは当然ともいえる。

バート・ドベラン郡でもMTSのLPG吸収に対する個人農やLPGの反応は複雑であった。一方では、従来耕起作業をMTSに依存してきた新農民層において、MTS解体という事態のもとではLPGを設立することで機械を保有することが必要である、との発言がなされている[191]。またトラクター委譲を歓迎するLPGもある[192]。以上の点からすれば、MTS解体は、MTS依存を前提に経営戦略を組んでいた畜産農民にとってやはり打撃であり、LPG化の促進要因となったことは否定できないと思われる。Ⅲ型LPGから機械貸与を受けることになるⅠ型LPGの不満も同じ文脈で考えることができよう[193]。ただし、機械が故障したままの委譲であったために事実上稼働しえない場合があったことなど[194]、LPG側の不満もみられるが。

しかし、反発が顕著だったのはこうしたLPG側よりも、むしろ職場異動を余儀なくされるMTS従業員の方であった。

バート・ドベラン郡については、断片的ではあるが、ＭＴＳレーリクの解体に関する事情が判明する。ちょうど上記のＭＴＳ機械委譲の閣議決定直後の一九五九年四月一四日、ＭＴＳ経営党の年次大会が開催されており、その議事録が残っている。[195] それによれば、郡の立場を代表するボルバミン――指導員と思われるが身分は不明――が、集団化の意義を強調したのち、「ＭＴＳの解体については、とくに悩むようなことではなく、これ以上は何も変わらない。せいぜい何人かの職員が異動となるが、その他はこれまで通りである。この政策を通じて実現したいのは個人農がまとまってＬＰＧに加盟することである。すでに四つの大規模ＬＰＧがあり、それが他のＭＴＳに指導されるなら、ＭＴＳレーリクはもはや必要ではなくなる。とはいえ修理所は残り、むしろ拡張することとなろう」と説得を試みている。これに対し党員からは「なぜＭＴＳの変更に関して党員たちに何の説明もなかったのか」との批判がなされ、急な解体話に対する驚きと怒りの念が表明されている。これに対してボルバミンは「この件について話さなかったのは、これが議論しうることではないからだ。いかなるＭＴＳ員にも関係ない。党指導部がもっと情報を与えるべきだというのはその通りだろう。しかし活動報告を聞けば分かる話だ」ときわめて高圧的に対応。ＭＴＳ所長クレンツも、「昨年の郡代表者会議において、一九六〇年以降、ＭＴＳレーリクを解体することが提案され」、その方向で議論が進められてきたこと、その議論の結果、「四つの大規模ＬＰＧが設立されることになった。だからここではＭＴＳはもはや不要」になったと述べ、所長自らＭＴＳ解体に同意を与えている。さらに二ヶ月後の六月六日のＭＴＳ党会議では、同じく所長クレンツが、「第六回ＬＰＧ会議の決議に基づき、大型機械をＬＰＧレーリクに引き渡す。……祝祭的な貸与契約署名儀式、およびＭＴＳレーリクのうち一〇名がＬＰＧに受け入れられること、これらがＬＰＧ農民との同盟関係をより密接なものにすることになろう」と発言している。[196]

ＭＴＳレーリク管区は郡内でも村落の範囲を超えた大規模ＬＰＧが早期に設立されていく地域であり、そのため上記の発言にみられるようにMTS機械のLPG吸収が比較的容易であったと考えられる。実際、MTSレーリクは二つに分割され、それぞれ隣接管区のMTSイエーネヴィッツとMTSラーヴェンスベルクに再編統合されることになった。しかし、上の議論からは、MTS党員にとってすらこの再編話が突然であり、彼らが非常に困惑したことがうかがえる。一部を除き日常業務に大きな変化はないと強調するボルバミンの説得の仕方には、運転手たちの不安を押さえようとする意図が透けて見えるともいってよい。

MTSのLPG吸収に対する運転手の反発は、彼らのLPG加盟拒否および転職となって現れた。先にあげた一九五九年一〇月のロストク県農業課LPG掛文書によれば「トラクター運転手八二七人、作業班長《ブリガーデ》七二人、作業班機械工九一名、作業班帳簿係五三人がLPG組合員となった。……(しかし――引用者)トラクター運転手一〇二人、作業班長八人、機械工六名、作業班帳簿係一八人はLPG組合員にはならなかった」としている。[197]これによれば総計一〇三四人のうちLPG加盟拒否が一三四名であるから、その比率は一一・八%となる。同時期における全東ドイツについてはMTS従業者一万四八〇人のうち加盟しなかったのは一一〇四人、つまり九・五%であるから、[198]ロストク県は高い方に属するといえる。[199]第四章のディートリヒスハーゲン村の事例でも触れたように、当時LPGは老人の世界とみなされ、村の若者は都市を志向して農外に流出していった。LPG加盟を拒否する運転手たちもまた、こうした農村青年の脱農傾向を共有していたのであろう。

トラクター運転手のLPG加盟と定着をはかるためにLPGの側もさまざまな懐柔策を試みた。全東ドイツに関する同時期の農林省文書では、トラクター運転手をLPG組合員ではなく事実上「専門労働者」として処遇するためのさまざまな措置が各LPGでとられていることが述べられている。例えば、従来のMTSの稼ぎを基準にして、そこから労働単位数を逆算したり、運転手が住宅付属経営を希望する場合、運転手の牛をLPGが飼育するとしたり(飼育担当者は報酬として一頭あたり九〇～一〇五マルクを現物の乳量で得る)、さらにより端的には、トラクター運転手、作業班長、機械工に特別手当が支払われている例があげられている。これらは賃金保証を意図したものだが、労働形態においても、機械はＬＰＧの自己管理に移行されたものの投入形態はＭＴＳ時代と変わっておらず、ＬＰＧの中で「トラクター運転手班が独立した作業班《ブリガーデ》となっている。このためにＬＰＧに機械を委譲したことの基本的な意義がＬＰＧによって生かされていない。ＬＰＧ機械投入の指導の第一の問題は、ＬＰＧ幹部会カードルの能力にある」と述べられており、ＬＰＧ幹部会に機械管理能力がないため、運転手の労働実態がＭＴＳ時代と変化がないことが指摘されているのである。[200] その意味ではＭＴＳレーリクの解体時になされた「労働実態に変化なし」という説明は、あながち嘘であったわけではないともいえるが。

もっともＬＰＧ組合員の側も、運転手のＬＰＧ加盟を妨害または侮辱したり、[201]「交代運転手」賃金が正規運転手の賃金に比べ低いことに不満を表明したりということがみられることから、[202] ＭＴＳのトラクター運転手に対する対立感情が払拭されていたわけではない。こうして一九五〇年代のＭＴＳと村・ＬＰＧの対立は、一部トラクター運転手の農村離脱を生みつつ、全面的集団化後のＬＰＧに未解決のまま内包されていったことが読みとれるのである。

おわりに

個人農とＬＰＧが併存した一九五〇年代の東ドイツ農村において、ＭＴＳは機械サービスの提供者にとどまらず、東ドイツ社会主義政権の政治的・経済的拠点であった。本章は、かつてのようなＭＴＳ機械化を賞賛する公式見解はもとより、逆にＭＴＳの機能不全を強調してこれを過小評価する立場をも批判する観点から、ＭＴＳを媒介とした新たな農村カードルの社会的形成、ＭＴＳを通しての村の農業機械化のありよう、ＭＴＳ政治課指導員の村落政治支配と集団化に対する関わり方などを分析することを通して、ＭＴＳの歴史的な意義を全体として明らかにすることを目的とした。総じていえば、同じく戦後東ドイツ農業の「大規模農業化＝脱農民化」過程といっても、前章まで述べてきた村落の内側からみた場合に描かれるであろうような集団化過程とは異なる側面が、以上のMTSの分析からは浮かび上がってきたと思われる。

第一に、MTSは新たな農村カードル形成の装置であった。MTSは、基本的に政治カードル、農業テクノクラート、工業労働者（機械整備部門）、トラクター運転手の四層からなっていたといってよい。このうちMTS所長や政治課指導者などのトップ・カードルは郡党指導部に直結しており、MTSイエーネヴィッにみたように、一九五〇年代初頭の不安定な時期においては彼らを軸にMTS内の権力闘争が展開されている。注目すべきは農業技師である。一方でとくに若手農業技師補佐としてMTSに採用された者たちは、有力な政治カードルの供給源ともなり、MTS党書記を経て政治課指導員に上昇するキャリアを歩む。他方で——こちらの方が一般的だが——一九五〇年代後半には、戦後の新農業教育制度を経てMTS農業技師となった者が登場し、彼らの多くは、一九五七年以降にLPG組合長などLPG幹部に転身していく。その意味では彼らこそがその後のSED農村支配を農業の現場で担う人々であったといえよう。ただし、彼らには技術官僚としての自負心がみられ、その点で労働者出自の政治カードルとは異なる行動様式を保持している。なお、以上の農村カードルの世界は、単なる受益だけで語りうるものではなく、「性モラル」や「アルコール問題」を契機とした「自己批判」や「相互批判」による規律化が政治的思惑を持って常にイデオロギッシュに語られるような過酷な世界——スターリニズムの政治世界——に生きることを彼らが余儀なくされたことを意味することも看過されてはならない。能力不足による不本意なポスト異動も頻繁である。

これに対してMTS農業労働の現場を担ったトラクター運転手は、その数の多さの割には政治カードル化のキャリアをたどった人々が相対的に少ないグループであった。彼らは工業労働者グループ——SED党員比率が高い——とは異なって、むしろ戦後農村青年層に重なる人々であり、このために流動性が高く「共和国逃亡」

もかなりみられる。しかし他方でＭＴＳ世界に属する以上、ＳＥＤ支配を原則として受容しており、交代運転手に対する意識にみられるように労働現場においては農民的世界とは一線を画する。その意味でトラクター運転手は境界的な存在であった。それがゆえにこそ、トラクター運転手の「政治的開発」が運転能力の向上と共に強く要請されたのである。

第二に、ＭＴＳを媒介とした村の農業機械化については、まず、戦前・戦時の農業機械化の進展をふまえたうえでのものであったこと、その点でソ連モデルの移植といわれるほどには歴史的現実との乖離はなかったことを指摘しておきたい。問題は、作業部門ごとの分析から明らかになったように、ＭＴＳ農業機械化の進展度合いが作業ごとに偏倚していたということである。耕起作業においてはＭＴＳトラクターの支配率が圧倒的だが、根収穫・脱穀作業では、刈取り機、脱穀機、労働力の組織化において村主導による調整がなされている。しかし根菜類に関してはＭＴＳの貢献度が極端に低く村主導の調整も不可能であり、このことがＬＰＧ経営に対して大きなストレスを与えることになった。これに対して畜産主体の個人農はＭＴＳ利用を穀作部門に限定することで、むしろ上手にＭＴＳ機械サービスを利用していたといえる。このようにＭＴＳ機械化は優良新農民の形成とＬＰＧの経営困難を同時に増幅させる側面があったのである。優良新農民がＬＰＧ加盟を拒否する所以である。

ＭＴＳ支所設立から、全面的集団化期におけるＭＴＳのＬＰＧ吸収へと至る過程は、上記のようなＭＴＳと村の調整問題を、トラクター保有のＬＰＧ一元化により解決していくことを狙いとした。ＭＴＳトラクターに依存する個人農や、トラクター配分をうけない小規模Ｉ型ＬＰＧ（優良新農民を主体とする）にとっては、ＭＴＳ解体がやはり打撃であったことは否定できない。ただし、トラクター運転手のＬＰＧ加盟拒否、あるいは加盟後の彼らに対する特別措置にみられたように、ＭＴＳ時代にみられたＭＴＳと農民の二重構造は、決して解消されたわけでなく、当面はＬＰＧ組織の中に潜在化していったと考えられる。

第三に、ＭＴＳのもう一つの大きな特徴は政治課が設置されていたことである。ＭＴＳ指導員はＭＴＳ経営の政治的規律化のみならず、ＭＴＳ管区内村落の政治組織化の中核的な担い手ともなった。指導員については、彼らがＭＴＳ内から輩出されていること、また、予想以上に在地世界の人脈につながっている人々であったことが注目される。彼／彼女らは、必ずしも見知らぬ「郡外政治カードル」ではなかったのである。また、確かに一九五五年〜五六年にかけて行われた制度改革によりＭＴＳ政治課は廃止され政治課指導員は管区指導員となったが、しかし、実態的には政治課指導員はそのまま管区指導員でありつづけていることがしばしば確認される。その点で人的連続性は明瞭であり、また管区指導員とＭＴＳ党指導部との一体性も壊れていない。

指導員の日常的な活動が村落政治にどの程度の影響力を行使し得たかは、本章の記述からは明言することはできないが、まず第一に、彼らは党専従活動家として各村落において党と政府を代表する存在としてふるまう一方で、末端の現場で村民の反発の矢面に立ち、また内部対立の仲裁を期待されるという側面をもっていた。しかし第二に、もっとも注目すべきは集団化工作における彼らの役割である。一九五七年秋以降の集団化運動は、ＭＴＳではなく郡党指導部主導のもとになされていくが、管区集団化工作は指導員たちの立案した計画に基づき、きわめて周到な準備のもとで、ＭＴＳカードルなど村内外の各種カードルを総動員する形で実施されていくのである。東ドイツ農業の全面的集団化過程における物理的暴力の相対的な少なさは、こうした管区指導員らの周到な準備と活動による「洗練された暴力」の有効性によるところがあったといえるかもしれない。ただしこの点については、いわゆる国家保安部協力員による諜報活動の実態をもあわせて明らかにすることが必要であり、過大評価は禁物ではある。

最後に以上の点をふまえつつ論点を三つだけ提起して、本章を終えることにしよう。

第一点は、「村内カードル」と「村外カードル」という農村カードル形成の二つの系譜の関わり方である。これまでの本書の叙述で強調してきたように、戦後東ドイツの農業集団化のありようは村落形態に応じて多様であるが、とくに早期に全村集団化する優良ＬＰＧや優良新農民村落については、村落の一体性が維持される形で農民自身が上からの外圧を受容しながらＬＰＧ化を担っていく過程がみられる。こうした村落では「村外カードル」の果たす役割は小さいであろう。問題は一体性が脆弱か、もしくは壊れた村落である。こうしたところは近隣ＬＰＧや大規模ＬＰＧへの吸収などの形で集団化がなされていくが、そうなれば本章で論じたような「村外カードル」の役割も大きくなるであろう。では、彼らを農民たちはどのように受容するのだろうか。注目したいのは、トップ・カードルを別とすれば、彼らは完全な他所者の非農民カードルではなく、主として郡内異動の結果として他村に入るにすぎないこと、さらには、農業技師についていえば、古参農業技師が農民的出自であることはもとより、若手農業技師についても工業労働者文化には属しておらず村落への定着度がそれなりに高いと思われることであろうか。こうした要素が「村外カードル」との妥協を生み出す余地を作ったのではないかと思われる。

第二点は、世代の問題である。本章ではＭＴＳカードル形成を主として職種ごとに論じたが、実は農業技師もトラクター運転手も、中心は戦後農村青年たちである。村党組織やＬＰＧ組合員が高齢者が多いのに対して、ＭＴＳの世界は、トップ・カードルと作業班長がやや年配なのを別とすれば、そこは明らかに男女の若者の世界であり――女性は事務職に従事している――、老若の対照性は際だっている。これは土地改革や、その後の新農民経営、そして一九五〇年代のＬＰＧ設立が主として親の世代によって担われていたことを意味する。男子に限定すればだが、若者たちの選択はＭＴＳ運転手あるいは農村カードル化か、都市への流出か、さもなくば「共和国逃亡」であった。女子に関しては、指導員の女子比率が高いことが注目される。いずれにせよＳＥＤ支配への対処は一律ではないとはいえ、その受容の仕方が、世代やジェンダーごとに異なっていたことは、戦後東ドイツ農業・農村の「近代」を考える上ではきわめて重要な論点になると思われる。

第三点は、一九五〇年代中葉という時期のもつ意義である。従来、一九五〇年代の東ドイツ農村は集団化政策を軸に論じられてきたから、一九五三年の「六月事件」と五八年以降の全面的集団化再開のはざまにあり、しかも国際的には非スターリン化が進捗するこの時期は、むしろ社会主義政権形成という点では停滞期として位置づけられてきた。しかし、ちょうどＭＴＳ活動のピークにあたるこの時期こそは、後につながる大きな変化が静かに進行していた。本章で見たように、一九五五年前後からＭＴＳ出自の若手農村カードルが台頭しはじめ、またＭＴＳ自身もトラクターの蓄積を背景に支所を設立、これに対応する形で農業技師や管区指導員が配置される。ÖＬＢ《エー・エル・ベー》がＬＰＧ化されるのもちょうどこの時期に重なっている。とくにＭＴＳ作業班《ブリガーデ》の作業領域に基づき数村を単位に支所を設置したことは、ＭＴＳ経営の実質的な分割化であった一方で、支所が置かれた村落に対して新たに「中核村落」という位置づけを与えたこととなった。こうして長期的にみれば一九五四・五五年は大規模農業機械の空間拠点となる社会主義農業村落の出発点となった。本章ではほとんど言及し得なかった「文化の家」をめぐる動きも、そうした観点から検討してみる価値があると思われる。(203)

注

(1) Bauern Echo, Ausgabe Mecklenburg, Demokratischen Bauernpartei Deutschlands, 1952.

(2) 本書第一章注（４）（109頁）頁を参照のこと。

(3) ここでいうカードル（幹部層）とは、党・国家・経営などの社会主義セクターの現場において、社会主義権力を職務として担う人々とする。具体的には、本文で縷々述べるように、郡党指導部や各種フロント団体などの活動家、ＬＰＧ・ＶＥＧ・ＭＴＳの経営・党の幹部層・技術層、郡評議会の職員らを指すこととする。

(4) 村田武『戦後ドイツとＥＵの農業政策』（筑波書房）二〇〇六年、一二八～一三二頁。なおソ連の機械・トラクター・ステーションについては、高尾千津子『ソ連農業集団化の原点―ソヴェト体制とアメリカユダヤ人―』（渓流社）二〇〇六年、がある。

(5) Bauerkämper, Ländliche Gesellschaft, bes. S. 130–132 u. 311–324.

(6) Ders, Loyale „Kader“? Neue Eliten und SED-Gesellschaftspolitik auf dem Lande von 1945 bis zu den frühen 1960er Jahren, in: Archiv für Sozialgeschichte, Nr. 39, 1999, S. 265–298.

(7) このほかの最近の研究としては、シェルストヤノイが一九五〇年代初頭の農政史研究においてMASの設立過程と労働組織を詳述し、またディックスがその戦後入植史研究において、MTSが新農村建設計画の中核的な位置づけを占めたことを論じている。Scherstjanoi, E., SED-Agrarpolitik unter sowjetischer Kontrolle 1949–1953, München 2007, S. 317–337; Dix, A., „Freies Land" Siedlungsplanung im ländlichen Raum der SBZ und frühen DDR 1945 bis 1955, Köln 2002, S. 341–349. ちなみに前者はソ連へゲモニーが政策決定過程に与えた作用に焦点をあてた研究であり、後者は戦後入植政策をナチス期の入植学との連続性でとらえようとした研究である。

(8) Teske, R., Staatssicherheit auf dem Dorfe. Zur Überwachung der ländlichen Gesellschaft vor der Vollkollektivierung 1952 bis 1958, BF informiert 27, Berlin 2006.

(9) 当該郡の空間的構成については本書第四章第一節248頁、および第六章「はじめに」406頁以下を参照されたい。

(10) 具体的に主として依拠したのは下記のVpLA Greifswald所蔵の文書である。Rep. 294, Nr. 184–198, 211–215, 217–220, 222–227, 229, 231–246, 291–292.

(11) 本書第一章第二節83頁を参照。

(12) VpLA Greifswald, Rep. 294, Nr. 240, Bl. 37–39.

(13) Scherstjanoi, a. a. O., S. 110–112.

(14) VpLA Greifswald, Rep. 294, Nr. 240, Bl. 38.

(15) B-Arch, DK1, Nr. 8572, Bl. 181–184.

(16) LHAS, 6.21–4, Nr. 40: Personalkarten der leitenden MAS Kader A-Z.

(17) バウアーケンパーの著作によれば、ブランデンブルクでは、一九四五年一一月に州政府が「農業相談制度 Beratungsapparat für Landwirtschaft」の設置を決定。「農民互助協会」が「反ファッショ農民」を決めて、各村に「名誉職の経営相談員」として配置することにした。一九四八年七月一日時点で、郡相談員一九人、その下に管区相談員一一六名が存在した、と書かれている。Bauerkämper, Ländliche Gesellschaft, S. 269. バウアーケンパーは述べていないが、こうした農業相談制度は、明らかにナチス期の全国食糧職能団の下に整備された農業相談制度の延長線上にあるものと思われる。磯辺秀俊によれば、当時、農業相談所が冬期農学校に併設され、大卒の農学校教師が授業のない夏期に農業相談に従事したが、その他にも相談所職員として補助助言者や助言者助手、さらには名誉職の助言者が配置されていたという。農業相談の対象となったのは主として小農層であったとされる。磯辺秀俊『ナチス農業の建設過程』（東洋書館）一九四三年、一七五～一七八頁。まったくの推測だが、戦時期に整備される「経営カード」――戦後東ドイツにも引き継がれている――や「農場巡回制度」などにも、こうした農業相談員が関わっていた可能性は高いのではないか。Vgl. Corni/Gies, Brot- Butter- Kanonen. Die Ernährungswirtschaft in Deutschland unter der Diktatur Hitlers, Berlin 1997, S. 425 u. 473f. 本書では十分論じることができなかったが、ナチスの農業相談員から戦後のMAS・MTS農業技師につながる系譜は、農業テクノクラートの戦前と戦後の史的連続性の可能性を示唆する点で重要な論点であると思われる。

(18) Krombholz, K., Landmaschinenbau der DDR. Licht und Schatten, Frankfurt/M 2006, S. 32–35, u. 211; Vgl. LHAS, 6.11–2, Nr. 676, Statistischer Bericht über die Landmaschinenzählung und Erhebung über Schmieden und metallbearbeitende Betriebe, 1947.

(19) ちなみに西ドイツの一九五〇年代には、トラクター台数が十倍に飛躍的に増大している。Bauerkämper, Das Ende des Agrarmodernismus, in: Dix/Langthafer (Hg.), Grünen Revolutionen, Jahrbuch für Geschichte des ländlichen Raumes 2006, Insbruck 2006, S. 154.

(20) ちなみにテスケによれば、全東ドイツのMTS事業所数は約六〇〇と終始一定しているが、従業員は平均して経営あたり一九五〇年が四〇人、一九五八年が一八〇人と急増したという。Teske, a. a. O., S. 14.

(21) VpLA Greifswald, Nr. 240, Bl. 37.

(22) MTSレーリクとMTSラーヴェンスベルクについては表7-4(1)(2)の注記の出典を参照。MASイエーネヴィツの従業員リストについては、VpLA Greifswald, Rep. 294, Nr. 232, Bl. 59.

(23) 東ドイツ全体に関しては、バウアーケンパーが、一九五六年の数字として、全MTS従事者約一〇万三千人のうち約六〇%が農民の息子であるとしている。Bauerkämper, Ländliche Gesellschaft, S. 316.

(24) 以下、MTSイエーネヴィツに関しては次の文書群による。VpLA Greifswald, Rep. 294, Nr. 232, 233, u. 234.

(25) 一般に年に一～二回ほど「報告・選出集会 Berichtswahlversammlung」と称される党員総会が開催される。経営党組織では最も重要な会議で、ここでは年間党活動の活動報告とそれに基づく議論、そして党役員改選が行われる。

(26) 本書第四章第三節299頁、および同注（78）（325頁）を参照。

(27) VpLA Greifswald, Rep. 294, Nr. 213, Bl. 43 (RS); Rep. 294, Nr. 246, Bl. 43–44; Rep. 294, Nr. 280, Bl. 33. なお一九五五年の当該郡の「共和国逃亡」は一二九二人（うち都市部八四九人）、対人口比で年率二・二％（都市部二・三％）と深刻である。農村部と都市部で大きな差はない。VpLA Greifswald, Rep. 294, Nr. 280, Bl. 28.

(28) VpLA Greifswald, Rep. 294, Nr. 232, Bl. 53. なおゼーガー女史については本書第五章第一節346頁を参照。

(29) Teske, a. a. O., S. 23–25. テスケは農村部秘密警察の活動の決定的な第一歩を一九五三年初頭とし、その具体的根拠をこのＭＴＳ政治課副指導者の国家保安部協力者化にみている。

(30) 以下、ＭＴＳレーリクに関しては次の文書群による。VpLA Greifswald, Rep. 294, Nr. 242–Nr. 246.

(31) VpLA Greifswald, Rep. 294, Nr. 240, Bl. 37–38.

(32) ちなみに着任時の自己紹介によれば、クレンツは一九一一年、農業労働者の息子として出生。国民学校卒で、職業は塗装工という。戦時中は空軍の機械工補助で抑留経験はなし。一九四五年七月にＳＥＤ入党。近隣郡で働いた後、一九五〇年までは党労働活動指導者や「政治指導員」として活動したのち、一九五〇年よりＭＴＳダスコーの文化指導者、副所長を経て、同ＭＡＳのＭＴＳ移行に関与。一九五四年に党指導者学校に通い、修了後ＭＴＳレーリク所長に着任することになったという。VpLA Greifswald, Rep. Nr. 244, Bl. 77. 終戦直後の典型的な党政治カードルのキャリアであろう。

(33) VpLA Greifswald, Rep. 294, Nr. 244, Bl. 124. プラーゲマンの得票は二〇票中一三票である。

(34) 以下、ＭＴＳラーデガストについては以下の文書群による。VpLA Greifswald, Rep. 294, Nr. 235–237.

(35) VpLA Greifswald, Rep. 294, Nr. 237, Bl. 86.

(36) VpLA Greifswald, Rep. 294, Nr. 237, Bl. 5.

(37) VpLA Greifswald, Rep. 294, Nr. 245, Bl. 267.

(38) 性的規律が適用されたのは男だけではない。まれな事例には違いないが、一九五三年五月、ＭＴＳレーリク政治課副指導者のランゲ女史が、既婚男性を誘惑したとして党内処分を受けている。以後、彼女は文書に登場しなくなるから、これを契機にプラーゲマンによって事実上排除されたと思われる。VpLA Greifswald, Rep. 294, Nr. 244, Bl. 41f.

(39) VpLA Greifswald, Rep. 294, Nr. 245, Bl. 149–150, 178, u. 191.

(40) VpLA Greifswald, Rep. 294, Nr. 234, Bl. 218.

(41) 一九五三年二月、ＭＴＳレーリク党員集会に出席した郡党指導部リンデマンが会議終了後、「どうして党員はそんなに元気がないのか」と尋ねたのに対し、問われた指導員ガーベルトは「革命的意識が乏しいからです」と答えている。VpLA Greifswald, Rep. 294, Nr. 242, Bl. 12. トラクター運転手の発言が少ないことについては、VpLA Greifswald, Rep. 294, Nr. 232, Bl. 52; Rep. 294, Nr. 213, Bl. 79 など。

(42) VpLA Greifswald, Rep. 294, Nr. 234, Bl. 188–190.

(43) VpLA Greifswald, Rep. 294, Nr. 244, Bl. 55–56.

(44) VpLA Greifswald, Rep. 294, Nr. 240, Bl. 34; Rep. 294, Nr. 242, Bl. 102; Rep. 294, Nr. 245, Bl. 46, u. 159.

(45) Bauerkämper, Loyale „Kader"?, S. 287.

(46) クレム（大藪・村田訳）『ドイツ農業史』（大月書店）一九八〇年、一九七頁。

(47) リピンスキーに関しては次の箇所による。VpLA Greifswald, Rep. 200, 4.6.1.2, Nr. 207, Bl. 86; Rep. 294, Nr. 243, Bl. 23 u. 52; Rep. 294, Nr. 244, Bl. 8, 38, u. 117; Rep. 294, Nr. 245, Bl. 33, 89, 149, 170, 178, 192, 227, u. 235; Rep. 294, Nr. 246, Bl. 15.

(48) パプストとゾーバルトに関しては次の箇所による。VpLA Greifswald, Rep. 294, Nr. 213, Bl. 38; Rep. 294, Nr. 234, Bl. 94–96, 98, u. 110; Rep. 294, Nr. 236, Bl. 239; Rep. 294, Nr. 237, Bl. 51, u. 54–55 (+RS); Rep. 294, Nr. 242, Bl. 117; Rep. 294, Nr. 244, Bl. 2, 8, 18, 41, 57, 79, 115, u. 120; Rep. 294, Nr. 245, Bl. 1, 11, 13f., 33, 74, u. 195; Rep. 294, Nr. 246, Bl. 18, 24, 44, 85, 91, 112, 142, u. 169.

(49) テーネルトについては以下の箇所による。VpLA Greifswald, Rep. 294, Nr. 235, Bl. 205–206; Rep. 294, Nr. 237, Bl. 55 (+RS), 76, 90, 113, u. 136 (+RS).

(50) Der Scheinwerfer. Dorfzeitung für den MTS-Bereich Jennewitz, Juni 1957, Jg. 3, Nr. 6, S. 3.

(51) VpLA Greifswald, Rep. 294, Nr. 333, Bl. 154.

(52) Gabler, D., Entwicklungsabschnitte der Landwirtschaft in der ehemaligen DDR, Gießen 1995, S. 97.

(53) ヤーチュについては、本書第五章第一節361頁以下の他、以下を参照。VpLA Greifswald, Rep. 294, Nr. 229, Bl. 141; Rep. 294, Nr. 233, Bl. 94, 140, u. 166. ヤーチュは「学士畜産技師 Dilpom Zootechniker」でＤＢＤ党員である。

(54) グローガーについては、VpLA Greifswald, Rep. 294, Nr. 193, Bl. 163; Rep. 294, Nr. 233, Bl. 50, 144, u. 166; Rep. 294, Nr. 234, Bl. 215–218; Kreisarchiv Bad Doberan, Nr. 1–1746, oh. Bl, d. 24. 01. 1958, d. 02. 05. 1958, u. d. 27. 05. 1958. グローガーも「農学士

Diplom Landwirt」である。

(55) ヘルフについては VpLA Greifswald, Rep. 294, Nr. 233, Bl. 139 u. 170; Rep. 294, Nr. 234, Bl. 188, u. 217f.; Der Scheinwerfer, Mai. 1957, Jg. 3, Nr. 5, S. 2, u. Juni 1958, Jg. 4, Nr. 6, S. 2. ＭＴＳラーデガストでは一九五四年に上級農業技師となったプリースが――年齢不詳だがすでに一九五二年にＭＴＳ農業技師補佐および党書記として登場している――その能力を見限られ、一九五五年にザトー村ÖＬＢ《エー・エル・ベー》経営指導者への異動を言い渡されるがこれを拒否、その後ＬＰＧレーデランクの組合長になった事例がある。VpLA Greifswald, Rep. 294, Nr. 235, Bl. 2, 32, 74, 118, u. 158; Rep. 294, Nr. 237, Bl. 22, 55, 87–89, 97(RS), u. 136–137. なお女性農業技師たちも一九五〇年代中葉以降何人か登場するが、上級農業技師やＬＰＧ組合長になる事例は確認できなかった。

(56) ヴィックについては、VpLA Greifswald, Rep. 294, Nr. 213, Bl. 14, 26, 33, 53, u. 69; Rep. 294, Nr. 242, Bl. 184; Rep. 294, Nr. 243, Bl. 13 (RS), 22, u. 40; Rep. 294, Nr. 244, Bl. 9–10, 57, 75, 79, 89, 103–105, 119–120, u. 124; Rep. 294, Nr. 245, Bl. 2, 149, 159, 165, 176–177, 180, 192, 195, 227, u. 292.

(57) アウグスティンについては VpLA Greifswald, Rep. 294, Nr. 242, Bl. 182; Rep. 294, Nr. 244, Bl. 18, 57, 67, 79, 94–95, 103–105, 120, u. 124; Rep. 294, Nr. 245, Bl. 10, 11, 13, 35, 46, 149, 159, 169, 192, 195, 235, 246, 257, 271, 291, u. 294; Rep. 294, Nr. 246, Bl. 6, 85, 92, 115, 120, 137, u. 142 (RS).

(58) タウガーベックについては VpLA Greifswald, Rep. 294, Nr. 235, Bl. 115–117; Rep. 294, Nr. 236, Bl. 100; Rep. 294, Nr. 237, Bl. 23, 90, 113, u. 136 (+RS).

(59) ハーンの事例である。VpLA Greifswald, Rep. 294, Nr. 243, Bl. 27 (RS); Rep. 294, Nr. 245, Bl. 268; Rep. 294, Nr. 246, Bl. 91.

(60) ミーカイトの事例である。VpLA Greifswald, Rep. 294, Nr. 245, 233–234, u. 237.

(61) メルヒゼデヒは、一九五三年の記録では、「武装民兵隊 Kampfgruppe」のＭＴＳレーリク部隊の隊長である。したがって第三作業班《ブリガーデ》長という以上の地位にあったと考えられる。この部隊の構成員は一四名であり、プラーゲマンはじめ、当該ＭＴＳのカードルたちが名前を連ねる。保持する銃（小口径）は九丁で、弾薬は全部で三六〇発である。当時のバード・ドベラン郡には、四つのＭＴＳのほか、郡指導部、郡評議会、二つの国営農場、模範型ＬＰＧ（アルトホーフとハンストルフ）、小都市、有力ゲマインデなどに全部で二七部隊が設置されている。Vgl. VpLA Greifswald, Rep. 294, Nr. 281: Berichte, Einschätzung und

Informationen zur Arbeit der Kampfgruppe, 1953–1958. ちなみにこのファイルの冒頭には、銃を操作する人物写真が貼り付けてあった。

(62) VpLA Greifswald, Rep. 294, Nr. 232, Bl. 59; Rep. 294, Nr. 242, Bl. 166–167; Rep. 294, Nr. 244, Bl. 30 u. 35.

(63) VpLA Greifswald, Rep. 294, Nr. 240, Bl. 38. ちなみにMTSラーヴェンスベルクの従業員リストにおいて一九三〇年以前に生まれの作業班長《ブリガーデ》およびトラクター運転手計二三人について「習得職業 erlernter Beruf」欄をみると、農業者、農民、酪農補助者、農業労働者などと称する者が八名いる。VpLA Greifswald, Rep. 294, Nr. 240, Bl. 74.

(64) VpLA Greifswald, Rep. 294, Nr. 232, Bl. 204.

(65) VpLA Greifswald, Rep. 294, Nr. 280, Bl. 31. バート・ドベラン市在住のトラクター運転手エンゲルハルトは、西ドイツから同市に一時滞在していた若い女のあとを追って西に逃亡、ただし収容所生活が嫌になり七ヶ月後に帰郷したという。Ebenda, Bl. 21. 単身者の運転手の移動は、政治的動機づけによるものよりは通常の労働移動に近いとみてよいだろう。

(66) VpLA Greifswald, Rep. 294, Nr. 280, Bl. 23, 26, 28, u. 32; Rep. 294, Nr. 188, Bl. 215.

(67) VpLA Greifswald, Rep. 294, Nr. 237, Bl. 21–22.

(68) VpLA Greifswald, Rep. 294, Nr. 232, Bl. 113.

(69) VpLA Greifswald, Rep. 294, Nr. 234, Bl. 135.

(70) VpLA Greifswald, Rep. 294, Nr. 233, Bl. 118.

(71) ロストク県総農地面積は一九五五年末で五〇万二一一八ヘクタール（うち耕地三八万九四一七ヘクタール）である。また穀物収穫面積の数字があり、これによれば総計は二〇万二五一ヘクタールで、うち冬穀物が一一万八六六六ヘクタール、夏穀物が八万一五七五ヘクタール、また秋蒔き菜種が一万三三一四ヘクタールとなっている。Statistische Jahrbuch der DDR, 1956, Berlin 1957, S. 374, u. 384–385. なお、県の数字を見るかぎり、農地の二割が放牧地・採草地に、残り八割が耕地にあてられ、その内訳はおおよそ冬穀物三割、夏穀物二割、根菜類三割、菜種他二割となっていることから、土地利用としては輪栽式農法が営まれていたとみることができる。Ebenda, S. 384–411.

(72) VpLA Greifswald, Rep. 294, Nr. 239, Bl. 33.

(73) VpLA Greifswald, Rep. 294, Nr. 235, Bl. 158.

(74) VpLA Greifswald, Rep. 294, Nr. 215, Bl. 90f.

(75) VpLA Greifswald, Rep. 294, Nr. 186, Bl. 27.

(76) シュテフェンスハーゲン村に関しては次のバート・ドベラン郡文書館所蔵文書による。Kreisarchiv Bad Doberan, Nr. 1–1746 (LPG Steffenshagen), Bad Doberan, d. 14. 03. 1955; Kreisarchiv Bad Doberan, Rat der Gemeinde 29, Nr. 2, Betriebskarten 1945; Rat der Gemeinde Steffenshagen 29, Nr. 4, oh. Bl., Steffenshagen, d. 10. 03. 1956; Rat der Gemeinde Steffenshagen 29, Nr. 7, oh. Bl., Steffenshagen, d. 22. 06. 1953, u. Steffenshagen, d. 07. 06. 1954.

(77) Thomsen, J-W., Vom Hakenpflug zum Mähdrescher. Eine Fotochronik technischer Entwicklung in der Landwirtschaft, Heide 1984, Foto Nr. 44–47; Bentzien, U., Landmaschinentechnik in Mecklenburg (1800–1959), Jahrbuch für Wirtschaftsgeschichte, 1965 Teil, 3. S. 74ff. ニーマンは、一九三〇年代のメクレンブルク州について農民経営における機械化の進展をとくに高く評価している。これによれば一九三九年で刈取り結束機の占有率は大農が五割、グーツ経営が三割である。Niemann, M., Traditionalität und Modernisierung in der Mecklenburgischen Gutswirtschaft in der ersten Hälfte des 20. Jahrhunderts. Das Beispiel der Verwendung landwirtschaftlicher Maschine, in; Bispinck, H. u. a. (Hg.), Nationalsozialismus in Mecklenburg und Vorpommern, Schwerin 2001, S. 94. ちなみにこの書物によればメクレンブルク史上初のコンバイン稼働は一九三九年とのことである。Ebenda, S. 96–97.

なお「刈取り結束機」の原語はMähbinderもしくは単にBinderである。俗にいうバインダーのことであるが、本書では戦後日本の歩行型バインダーのイメージを喚起させないためもあり、「刈取り結束機」と訳出した。

(78) 本書第五章第一節参照。

(79) 拙著『近代ドイツの農村社会と農業労働者』（京都大学学術出版会）一九九七年、一三三頁。Niemann, a. a. O., S. 88, 93, u. 105.

(80) VpLA Greifswald, Rep. 294, Nr. 236, S. 136.

(81) たとえばＭＴＳイエーネヴィッツでは「四〇集落を抱えるわがＭＴＳで脱穀機が二一台だけだ」と指摘されている。VpLA Greifswald, Rep. 294, Nr. 234, Bl. 29.

(82) VpLA Greifswald, Rep. 294, Nr. 186, Bl. 26.

(83) VpLA Greifswald, Rep. 294, Nr. 245, Bl. 42.

(84) Kreisarchiv Bad Doberan, Nr. 1–1720, oh. Bl, Bad Doberan, d. 14. 07. 1953.

(85) VpLA Greifswald, Rep. 294, Nr. 235, Bl. 30.
(86) Krombholz, a. a. O., S. 67.
(87) VpLA Greifswald, Rep. 294, Nr. 188, Bl. 202. 一ツェントナーは五〇キログラムである。
(88) 一八五七年八月二〇日党指導部会議のクレンツの報告による。VpLA Greifswald, Rep. 294, Nr. 246, Bl. 121.
(89) VpLA Greifswald, Rep. 294, Nr. 243, Bl. 42.
(90) VpLA Greifswald, Rep. 294, Nr. 246, Bl. 53
(91) VpLA Greifswald, Rep. 294, Nr. 188, Bl. 195. 同じ主旨から、農業技師に対してコンバイン投入時期が判断できないと批判する声が出ている。Ebenda, Bl. 189.
(92) 一九五五年八月二七日開催の郡全権代理人の会議で、この点が集中的に指摘されている。VpLA Greifswald, Rep. 294, Nr. 213, Bl. 52–53.
(93) VpLA Greifswald, Rep. 294, Nr. 232, Bl. 210. ＭＴＳラーヴェンスベルクでは、各コンバインに工員一人が機械メンテナンスに責任を負う者として貼り付けられている。VpLA Greifswald, Rep. 294, Nr. 239, Bl. 83.
(94) VpLA Greifswald, Rep. 294, Nr. 246, Bl. 117, 119, u. 121–122; Der Scheinwerfer, Juli 1958, Jg. 4, Nr. 7, S. 3. コンバイン複数台数投入方式は「帯状脱穀 Schwaddrusch」と呼称されている。
(95) VpLA Greifswald, Rep. 294, Nr. 213, Bl. 51; Rep. 294, Nr. 232, Bl. 94; Rep. 294, Nr. 243, Bl. 60.
(96) Statistische Jahrbuch der DDR, 1956, Berlin 1957, S. 374, u. 384–398.
(97) VpLA Greifswald, Rep. 294, Nr. 245, Bl. 89.
(98) VpLA Greifswald, Rep. 294, Nr. 232, Bl. 116.
(99) Krombholz, a. a. O., S. 71.
(100) VpLA Greifswald, Rep. 294, Nr. 245, Bl. 89. ＭＴＳラーデガストでも、一九五四年九月に「収穫部隊」の組織化についての言及がみられる。Rep. 294, Nr. 235, Bl. 114; Rep. 294, Nr. 237, Bl. 51.
(101) VpLA Greifswald, Rep. 294, Nr. 239, Bl. 88.
(102) Ebenda, Bl. 93.

(103) VpLA Greifswald, Rep. 294, Nr. 214, Bl. 81.

(104) VpLA Greifswald, Rep. 294, Nr. 189, Bl. 43.

(105) VpLA Greifswald, Rep. 294, Nr. 190, Bl. 231.

(106) VpLA Greifswald, Rep. 294, Nr. 232, Bl. 116.

(107) VpLA Greifswald, Rep. 294, Nr. 239, Bl. 71.

(108) VpLA Greifswald, Rep. 294, Nr. 189, Bl. 21.

(109) VpLA Greifswald, Rep. 294, Nr. 213, Bl. 50 (+RS).

(110) ＬＰＧホーエンフェルデでは一九五八年にＭＴＳとの調整の失敗によりジャガイモ収穫が困難に陥り、翌一九五九年はＬＰＧの労働力不足により「ジャガイモ・コンバイン」が機能しなかったという。さらにＬＰＧブッシュミューレンは一九五六年にＭＴＳジャガイモ収穫が失敗。ＬＰＧパーケンティンも一九五七年に甜菜収穫作業をＭＴＳが拒否したため「カブの半分を雇用労働力に頼らざるを得なかった」。Kreisarchiv Bad Doberan, Nr. 1.1744 (LPG Hohenfelde), Nr. 1–1722 (LPG Parkentin), Nr. 1–1732 (LPG Buschmühlen) の関連箇所から。ホーエンフェルデ村については本書第五章第一節361頁以下の記述も参照。

(111) たとえば一九五四年のＭＴＳラーデガスト党の年次事業報告は、トラクター台数が少ないので計画的なノルマ達成のためには二交代制を行わなければならないとしている。VpLA Greifswald, Rep. 294, Nr. 237, Bl. 21.

(112) VpLA Greifswald, Rep. 294, Nr. 232, Bl. 223.

(113) 一九五五年三月二八日付のＭＴＳレーリク電話メモによる。VpLA Greifswald, Rep. 294, Nr. 243, Bl. 11.

(114) Vgl. VpLA Greifswald, Rep. 294, Nr. 234, Bl. 76.

(115) VpLA Greifswald, Rep. 294, Nr. 213, Bl. 121; Rep. 294, Nr. 246, Bl. 118.

(116) VpLA Greifswald, Rep. 294, Nr. 235, Bl. 107.

(117) Ebenda. 一九五五年五月、ＭＴＳイエーネヴィッツにおいても、村のＬＰＧや「勤労農民」たちが交代運転手数名を組織することに頭を悩ませている。VpLA Greifswald, Rep. 294, Nr. 232, Bl. 163.

(118) VpLA Greifswald, Rep. 294, Nr. 239, Bl. 33.

(119) VpLA Greifswald, Rep. 294, Nr. 232, Bl. 159. ＭＴＳラーヴェンスベルクでも、一九五五年、農林労働組合管区書記が、農林大臣宛に一七〇人の有資格「交代制運転手」のうち投入可能なのは二人だけだという文書を書き送るよう指示した、という。VpLA Greifswald, Rep. 294, Nr. 188, Bl. 189. ここにも交代運転手の数が実は名目に過ぎないこととともに、交代運転手の能力に対する基幹的運転手たちの不信感が表明されている。

(120) Wille, M., Die demokratische Bodenreform und die sozialistische Umgestaltung der Landwirtschaft in der Magdeburg Börde 1945–1961, in: Rach, H. u. a. (Hg), Die werktätige Dorfbevölkerung in der Magdeburg Börde, Berlin(o) 1986, S. 243.

(121) クレム前掲書、一九五頁。

(122) Galbler, a. a. O., S. 95–97.

(123) VpLA Greifswald, Rep. 294, Nr. 244, Bl. 18. ちなみにディックスによれば、MTSは一経営あたり八作業班《ブリガーデ》、一班あたり一二〇〇ヘクタールを基準として編成されたという。Dix, a. a. O., S. 341.

(124) VpLA Greifswald, Rep. 294, Nr. 245, Bl. 155–156.

(125) Ebenda, Bl. 11.

(126) VpLA Greifswald, Rep. 294, Nr. 242, Bl. 185.

(127) VpLA Greifswald, Rep. 294, Nr. 232, Bl. 79 (RS)

(128) Ebenda, Bl. 161.

(129) Ebenda, Bl. 79 (RS)

(130) VpLA Greifswald, Rep. 294, Nr. 235, Bl. 73.

(131) Ebenda, Bl. 111.

(132) VpLA Greifswald, Rep. 294, Nr. 234, Bl. 85.

(133) VpLA Greifswald, Rep. 294, Nr. 213, Bl. 75.

(134) VpLA Greifswald, Rep. 294, Nr. 234, Bl. 185.

(135) Kreisarchiv Bad Doberan, Nr. 1–1746 (LPG Steffenshagen), oh. Bl. (d. 24. 01. 1958); Kreisarchiv Bad Doberan, Nr. 1–1745 (LPG Gersdorf), oh. Bl. (d. 20. 01. 1959).

(136) VpLA Greifswald, Rep. 294, Nr. 245, Bl. 178, 194, u. 244.

(137) Ebenda, Bl. 193.
(138) ＭＴＳレーリクの第三作業班《ブリガーデ》問題に関わる議論とメルヒゼデヒの言動に関する記述は以下による。VpLA Greifswald, Rep. 294, Nr. 245, Bl. 245–246, 257–258, 271, u. 290–293; Rep. 294, Nr. 246, Bl. 11–12, 92–93, u. 153.
(139) VpLA Greifswald, Rep. 294, Nr. 246, Bl. 12.
(140) VpLA Greifswald, Rep. 294, Nr. 234, Bl. 218–220.
(141) VpLA Greifswald, Rep. 294, Nr. 189, Bl. 68.
(142) VpLA Greifswald, Rep. 294, Nr. 191, Bl. 147.
(143) Ebenda, Bl. 220.
(144) Ebenda, Bl. 92.
(145) Bauerkämper, Ländliche Gesellschaft, S. 320; Teske, a. a. O., S. 15.
(146) Teske, a. a. O., S. 21.
(147) ゼンクピールについて。VpLA Greifswald, Rep. 294, Nr. 193, Bl. 81; Rep. 294, Nr. 194, Bl. 39; Rep. 294, Nr. 246, Bl. 41f., 56, 74, 84–85, 92–94, 109, u. 137.
(148) クレプスについて。VpLA Greifswald, Rep. 294, Nr. 213, Bl. 14 u. 123; Rep. 294, Nr. 242, Bl. 166; Rep. 294, Nr. 245, Bl. 257; Rep. 294, Nr. 246, Bl. 23, 43–44, 85, 115, 119 (+RS), 120, 123, u. 142 (RS).
(149) ヴォルファイルについて。VpLA Greifswald, Rep. 294, Nr. 213, Bl. 12, 24, 28, 52, u. 66; Rep. 294, Nr. 239, Bl. 7, 98, u. 157–158; Rep. 294, Nr. 240, Bl. 145–146.
(150) マレーネ・ポガンスキーについて。VpLA Greifswald, Rep. 294, Nr. 239, Bl. 89, 98, 105, u. 106; Rep. 294, Nr. 240, Bl. 78. 一九五五年九月、ＬＰＧパンツォーの党員が、仲間を売ったのはポガンスキーという意味の発言を女性指導員に対して行ったことが報告されている。VpLA Greifswald, Rep. 294, Nr. 239, Bl. 89.
(151) Ebenda, Bl. 98.
(152) VpLA Greifswald, Rep. 294, Nr. 233, Bl. 118f.
(153) Ebenda, Bl. 160–163.

(154) Vgl. VpLA Greifswald, Rep. 294, Nr. 213.

(155) たとえば、一九五七年一一月のＭＴＳイエーネヴィッツ管区指導員の党基礎組織担当一覧には初出の名前が幾人かみえる。VpLA Greifswald, Rep. 294, Nr. 233, Bl. 52.

(156) VpLA Greifswald, Rep. 294, Nr. 244, Bl. 23.

(157) VpLA Greifswald, Rep. 294, Nr. 232, Bl. 76 (RS)

(158) 自動車の例はVpLA Greifswald, Rep. 294, Nr. 232, Bl. 64, バイクの例はVpLA Greifswald, Rep. 294, Nr. 235, Bl. 96, を参照。

(159) VpLA Greifswald, Rep. 294, Nr. 232, Bl. 65 (RS).

(160) Ebenda, Bl. 90 (RS).

(161) VpLA Greifswald, Rep. 294, Nr. 235, Bl. 113.

(162) VpLA Greifswald, Rep. 294, Nr. 232, Bl. 76.

(163) Ebenda, Bl. 73.

(164) Ebenda, Bl. 161 (RS).

(165) VpLA Greifswald, Rep. 294, Nr. 234, Bl. 79.

(166) VpLA Greifswald, Rep. 294, Nr. 242, Bl. 119–120.

(167) VpLA Greifswald, Rep. 294, Nr. 235, Bl. 164. 一九五七年五月に実施された「農村の日曜日」については、「全部で一九村落、四つのＬＰＧ、二つの国営農場に対して四〇五人の扇動家が投入」され、加えて「サッカークラブ五チーム、卓球クラブ一チーム、文化合唱団一チーム、ハイリンゲンダムの楽隊、ハーモニカトリオ、海軍、低地ドイツ劇団ドベラン、ダンス・クラブなどが参加した」とあり、完全に初夏のイベントとして行われていることがわかる。VpLA Greifswald, Rep. 294, Nr. 190, Bl. 86.

(168) VpLA Greifswald, Rep. 294, Nr. 233, Bl. 44.

(169) Ebenda, Bl. 47–52.

(170) VpLA Greifswald, Rep. 294, Nr. 239, Bl. 156–158.

(171) VpLA Greifswald, Rep. 294, Nr. 243, Bl. 102. 署名はパプストである。

(172) Ebenda.

(173) この点はとくにＭＴＳイエーネヴィッツの党基礎組織の報告についてあてはまる。VpLA Greifswald, Rep. 294, Nr. 233, Bl. 36–43.
(174) Der Scheinwerfer, Februar 1958, Jg. 4, Nr. 1, S. 1.
(175) VpLA Greifswald, Rep. 294, Nr. 236, Bl. 5–16.
(176) ＭＴＳレーリク管区については詳しい計画書は未発見であるが、二月九日の「農村の日曜日」についてはサンドハーゲン村の工作結果報告が残されている。これによれば、この村では二月八日（土）から一一日（火）までの四日間にわたって「ＬＰＧ設立のための特別動員」がなされている。参加したのはＭＴＳレーリクから三名、村助役、ＬＰＧ組合長、ＬＰＧ作業班《ブリガーデ》長、党書記、および郡財政課四名であった。しかし旧ビュドナー層（一〜一〇ヘクタール）八名は、全員がＬＰＧ加盟を拒否したと記されている。VpLA Greifswald, Rep. 294, Nr. 214, Bl. 89–91.
(177) VpLA Greifswald, Rep. 294, Nr. 191, Bl. 65.
(178) Ebenda, Bl. 203.
(179) VpLA Greifswald, Rep. 294, Nr. 243, Bl. 118ff (Rerik, d. 28. 08. 1958); Rep. 294, Nr. 240, Bl. 29ff. (Rerik, d. 21. 09. 1 958).
(180) VpLA Greifswald, Rep. 294, Nr. 192, Bl. 29.
(181) Ebenda, Bl. 19ff.
(182) VpLA Greifswald, Rep. 294, Nr. 215, Bl. 48ff.
(183) VpLA Greifswald, Rep. 294, Nr. 194, Bl. 37ff.
(184) VpLA Greifswald, Rep. 294, Nr. 193, oh. Bl. (Bad Doberan, d. 15. 10. 1959)
(185) Ebenda, oh. Bl. (Bad Doberan, d. 07. 10. 1959)
(186) Bauerkämper, Ländliche Gesellschaft, S. 184f. u. 323; Galber, a. a. O., S. 95, u. 127–129. クレム前掲書二二二〜二二三頁。
(187) B-Arch, DK1, Nr. 9074, Bl. 12.
(188) VpLA Greifswald, Rep. 200. 4.6.1.2, Nr. 219, S. 1–6.
(189) Statistische Jahrbuch der DDR, 1956, Berlin 1957, S. 356.
(190) B-Arch, DK1, Nr. 9074, Bl. 13.
(191) VpLA Greifswald, Rep. 294, Nr. 191, Bl. 62.

(192) Ebenda, Bl. 277. これはラインスハーゲンの事例である。
(193) VpLA Greifswald, Rep. 294, Nr. 222, Bl. 10.
(194) VpLA Greifswald, Rep. 294, Nr. 194, Bl. 71.
(195) VpLA Greifswald, Rep. 294, Nr. 246, Bl. 187ff.
(196) Ebenda, Bl. 196.
(197) VpLA Greifswald, Rep. 200. 4.6.1.2, Nr. 219, Bl. 2.
(198) B-Arch, DK1, Nr. 9074, Bl. 14.
(199) 上記の県農業課ＬＰＧ掛文書においては、グレヴェスミューレン郡ＭＴＳホーフ・ヴァルソーの例があげられ、トラクター運転手二三人が解約を通知、このうち一〇人はＬＰＧ組合員となるようにとの説得に応じたものの、「残りの一三人は他県の大規模建設所に採用された。その言い分は『われわれはもう一度自分が自由な労働者かどうか、そして自分が欲するように働けるかどうかを知りたい』というものだった」と記されている。VpLA Greifswald, Rep. 200. 4.6.1.2, Nr. 219, Bl. 2.
(200) B-Arch, DK1, Nr. 9074, Bl. 12–24, bes. Bl. 14, 15, u. 17.
(201) VpLA Greifswald, Rep. 294, Nr. 193, Bl. 87.
(202) VpLA Greifswald, Rep. 294, Nr. 195, Bl. 63 (RS).
(203) Vgl. Dix, a. a. O., S. 341–349ff, u. Abb. 32.

終章

―二〇世紀ドイツ農村史における土地改革と農業集団化―

ホーエンフェルデ村の男たち

2003年8月12日，筆者撮影．暑い夏の日の夕方に，村の居酒屋で談笑する人々．ホーエンフェルデ村については第五章第一節を参照のこと．

東ドイツの土地改革と農業集団化は、東エルベ農業史上、かつてない不可逆の変化をもたらした歴史的大事件であった。序章で述べたように、土地所有制度史に基づく発展段階論や、あるいはスターリニズムの暴力的側面のみの強調によるのではなく、各村落の人々により織りなされるミクロ世界に分け入ってその実態の一端を明らかにすること、それが本書の主たる課題であった。より具体的には、「村落形態」、「難民問題」、「村の物的資源」の三点に着目しつつ村落社会再編のありようを全体として明らかにすることを目的としたが、そうした作業を通してこそ、近代東エルベ農村史の連続性と固有性の文脈のうちに、戦後東ドイツ農村の「社会主義」経験の意味をはじめて位置づけることが可能となると考えたからである。じっさいここまでの叙述からは、確かに集団化のイニシアティヴは上からの発動によるものであったが、人々の同調・受容・抵抗のありようや、あるいは「暴力」行使のされ方も、「全体主義」や「スターリニズム」という言葉から通俗的に想像されるのとは異なって、二項対立的な「われら／やつら」の図式で割り切れるほど単純なものではなかったこと、さらにまた主体の構成のされ方に関しても、新農民村落か旧農民村落か、難民か土着かの区別、さらには世代とジェンダーなどの違いに規定されて多様かつ可変的であったことが示されたと思う。総じていえば村落レベルないしは個人レベルにおいて生じた、多様で、ときに過酷な精神的苦痛を伴ったであろう「主体的な妥協」を通して、戦後農村社会の「社会主義」的再編と人々のSED《エス・エー・デー》権力への従属化が進行したと言わざるをえないのである。以下、これらの事実をより長期の歴史的パースペクティヴにおいて論じるために、①集団化の多様性、②戦後難民、③農業労働者、④物的資源の四点に即してこれまでの内容を再論することで、本書のエピローグとしたい。

一　「集団化の多様性」が語るもの——二項対立図式を超えて——

本書の、ことに第四章以降における各章の叙述では、バート・ドベラン郡に属する複数村落に関するミクロ史的分析を通して、当該郡の農業集団化が想像以上の多様性を示すことが明らかとなった。このことは、戦後東ドイツ農村の「社会主義」権力の形成が、多様な形の村落再編がいくつも折り重なっていくような動態的な過程としてなされたのであり、標準的なモデルが上から一律に強制されたわけではないことを含意している。集団化の多様性は——戦後村落再編の多様性と同義であるが——、土地改革の影響の甚大さ、第三帝国の崩壊を背景とする東方ドイツ人難民流入、そして新旧農民村落という村落の二元的構成など、東エルベ農村に特徴的な歴史的条件に規定されて生じたものであった。そこで、これまでの叙述を繰り返すことになるが、ここで今一度、この多様な集団化の要点を、新農民村落、旧農民村落、および郡SEDに即して整理しておこう。

まず第一に、新農民村落に関しては、ソ連軍進駐と農場占領の過程においてすでに農場主《グーツヘル》の農村逃亡が開始され、引き続く土地改革の実施によりグーツ経営は終焉を迎えた。これによりグーツ村落は新農民村落に転換するが、そのさいメクレンブルク地方においては新農民のうちほぼ半数が難民出自の人々であった。土地改革を通して有力新農民たちがSEDやDBDに組織化されるなど、ここには一定度の政治的効果が認められるが、他方で経営資本分析から明らかになったように、農業労働の組織化は牽引力不足を中心に困難を極め、さらに畜舎や住宅問題を核とする村の物的資源をめぐる争奪も深刻であった。このため戦後期の新農民村落の村政は不安定な軌道を余儀なくされる。新農民層の分解も激しく、一九五〇年前後には深刻な耕作放棄・経営放棄が起き、農業荒廃ともいえる現象が生じるに至った。

こうした過程で一九五二年七月の農業集団化宣言を迎えることになるが、バート・ドベラン郡の集団化過程を一九五〇年代全体を通してみるとき、そこにはなお「村落一体的」な対応をなしえた村落と、逆に村落崩壊が進んでしまう村落という二類型がみとめられる。このうち「村落一体型」に関しては、集団化に対して早期同調戦略をとることで優良ＬＰＧ化するケーグスドルフ村のような場合と、ＭＴＳラーヴェンスベルク管区に代表されるように、土地改革とその後の分解をとおして優良新農民村落が形成される場合が存在した。前者はＳＥＤの拠点となり、さらに一九六〇年初頭の大規模ＬＰＧ設立の起点ともなるが、後者は、全面的集団化期に初めて村ＬＰＧの設立がみられたのであり、当面は村外への波及力は限定的で、逆に村内において複数ＬＰＧが並立したり、村内対立がＬＰＧ内対立に包摂されてしまう場合もあった。とはいえ、戦後土地改革以降、一貫して難民出自の有力新農民が村のＳＥＤあるいはＤＢＤの中核を担い、かつ村政を掌握していることが共通の特徴である。彼らは全面的集団化以降もＬＰＧ幹部会の一角を占めるから、その点では土地改革以降における農村社会主義の担い手の連続性を語りうる余地がここにはあるといえるであろう。

これに対して凝集力が弱い村落の場合は、全体として集団化の第三局面において村落一体型の主体的対応がとられず、他村の拠点型ＬＰＧに包摂・吸収されるか、あるいは小規模ＬＰＧを並立させることとなり、村外カードルによる支配を受容する結果になると思われる。とはいえ、村の壊れ方は、その程度も含め、実に様々である。第四章第三節で取り上げたディートリヒスハーゲン村では、村内少数派の土着搾乳夫グループによる早期ＬＰＧの立ち上げが「六月事件」を契機に挫折、結果として村の人的紐帯に深い傷を与えることになった。この村は全面的集団化過程においてＬＰＧイエーネヴィッツに統合されるが、それは村内の「相互不信」を深めこそすれ解消させるものではまったくない。第六章第三節で「特異型」として取り上げたブッシュミューレン村やローゼンハーゲン村にいたっては、当初から村落結合とは切断された特定難民の親族結合が前面に出てしまい、そもそも「一体的な村落」の存在を語ることと自体ができない。それが他とは異なる厄介な処理を郡ＳＥＤに強いることになっている。それでもブッシュミューレン村の場合は拠点型ＬＰＧに包摂されるが、それも不可能であったローゼンベルク村の場合となると、村域とは必ずしも一致しない不安定で「分裂的な」ＬＰＧ化に帰結することになった。最後に、村結合とは直接に連動しない個人的な対応の余地としては、「共和国逃亡」や農外流出が重要である。第三章でみたように新農民の「共和国逃亡」は一九五〇年代を通して日常的に起きており、かつその動機付けにはプロレタリア的な要素が認められたのである。

第二に、旧農民村落――ただし大農村落に限定――に関しては、まず想像以上に戦時の徴兵や戦死による家族労働力の崩壊、さらには戦後の非ナチ化の影響が大きい。戦後難民層を労働力として利用可能であった段階ではこうした問題は顕在化しないが、一九五〇年代に入って難民労働者の流出と大農弾圧政策が開始されるにつれ、状況に耐えられない大農たちが出現してくる。しかし、第三章でみたように、この大農弾圧政策こそは、旧農民村落においては村の大農へゲモニーを決定的に後退させた歴史的大事件であった。ただし、そこでは、ほとんどの大農が消滅する「壊滅型」ともいえる村落から、複数大農が帰還しうるほどに大農へゲモニーが残存する村落まで、村ごとに大きなばらつきがみられた。

こうしたあり方が旧農民村落の集団化過程のありようにも影響を与えている。第五章第一節でとりあげたホーエンフェルデ村は、比較的早期に集団化に同調していく事例であるが、早期同調の大きな要因としては、少数だが有力な難民新農民が土地改革を通して村ＳＥＤを担う存在になったこと、さらに戦後の非ナチ化過程における村長追放劇が皮肉にも郡の介入を招く結果になったことなどが注目される。推測の域を出ないが、この村では、戦時期に親衛隊による軍馬飼養が行われるなどナチスへの関与が相対的に深かったことが、戦後の非ナチ化が村に与えた傷を大きくしたのではないかと思われる。結局、ホーエンフェルデ村では、積極的な同調というわけではないが、難民新農民と旧大農家族の新世代との協調を基盤に、ＬＰＧ組合長や村長の役職に村外カードルを受け入れつつ、相対的に静かに集団化が進捗した。これに対して同章第二節でとりあげたパーケンティン村――および隣村のバルテンスハーゲン村――は、土地改革の影響がほとんどなく大農の一体性が保持された村であり、教会牧師の存在感も加わって、集団化に対して明瞭な抵抗を示した村であった。確かに逃亡大農経営を基盤にＬＰＧが設立されるが、それは小規模ＬＰＧの域を超えられず、組合員も農業労働者や工業労働者に限定された。結局、農業労働者主導による全村ＬＰＧ化は構想すらされず、反対にＳＥＤによる大農包摂と農業労働者排除――ＳＥＤの「不良分子」除名――を伴いつつ大規模ＬＰＧが設立される経緯をたどることになるのであった。

旧農民村落については、以上の二類型のほかに、一九五四～五五年に上からの政策的介入によりÖＬＢ《エー・エル・ベー》がＬＰＧに転化する形で集団化が進展する場合がかなりの程度存在する。史料不足のために残念ながら本書では本格的分析を断念せざるをえなかったが、この類型の村においては、全体としては一九五二～五三年の大農弾圧による影響が大きく、そのために、確かにÖＬＢ経営の問題は深刻だが、さりとてＬＰＧを担うだけの主体――新農民や農業労働者――が村の内部に存在せず、村民の側の動機付けが非常に弱いという傾向がみられる。こうした場合、小集落であればÖＬＢは隣村のＬＰＧに吸収されようが（ホルスト村やリュニングスハーゲン村の事例）、ゲマインデの中核をなすような有力集落の場合は、ÖＬＢを基盤にＬＰＧを新設することになる。そのさい外部から強力な党カードルが組合長として派遣され、場合によっては「工業労働者」投入によるテコ入れが図られるだろう。バート・ドベラン郡においてはバストルフ村、ハイリゲンハーゲン村、グロース・ベルコー村が、そうした事例であると思われる。

第三に、以上のような村に即した集団化対応の多様性は、裏を返せばＳＥＤの農村支配のあり方を語るものともなっている。

まず、土地改革に関しては、その受益者を通して新農民村落におけるＳＥＤ党支配の橋頭堡を作り出したこと、かつ、そのことが一九六〇年までＳＥＤの農村支配に有効に作用したことが指摘されなければならない。繰り返しになるが、ことにメクレンブルク・フォアポンメルン州は、ＳＥＤの翼賛農民政党であったＤＢＤの牙城であった。この点は、本書の事例分析からみるかぎり、難民の有力新農民が村政を掌握する場合に、よくあてはまる事柄であると思われる。

次に、一九五〇年代のSEDの農村カードル形成を問う視点からは、村内カードル層と村外カードル層の二つの系譜の結合として、「社会主義」村落の新たな支配層が形成されてくる点が重要である。新農民村落の場合は、土地改革以来の難民の有力新農民層コネクションに属する人々が村内カードル形成に重なるとみてよく、他方で凝縮力が弱い村落においては、郡党指導部の判断で村外カードルが派遣されることになる。ただし、第六章第二節で述べたように、土地改革で党員となった有力な難民たちは、その熱心な宗教実践にみられるように社会主義イデオロギーを内面化していたわけではまったくない。この点で彼らは、文字通りの党カードル世界を生きたMTS《エム・テー・エス》系譜の政治課指導員、農業技師、畜産技師などの外部カードルたちとは異なっていた。旧農民村落に関しては、経営放棄した大農子弟たちの「転向」が注目されるが、これはSEDがLPG強化を目的に大農層を中核的担い手として包摂したことと表裏一体の関係にあろう。もちろん、「伝統的ミリュー」を体現するであろう大農系譜の人々を、新農民村落の党員新農民系譜の人々と同じカテゴリーとみなすことはできない。また、旧農民村落に入村する外部カードルたちは、村の旧大農層との協調がみられる場合がままあること――これは農業労働者出自の党員分子の排除と裏腹である――、およびMTSカードルについては、東ドイツの農業教育制度が整うにつれて文字通りテクノクラートとみなしうる党役員や農業技師などが増加するものの、少なくとも一九五〇年代に関しては、在地青年層からMTS職員を経てカードル化するキャリアを歩む者が意外に多いことを指摘しておきたい。かようにSED党支配を支える新カードル層の形成のありようは重層的であり、その意味で村の主体のあり方も二項対立図式を超えて可変的かつ重層的である。さらにMTSのトラクター運転手は、農村カードルとはいえないが、村落世界とMTS世界の双方を生きる境界的存在であった。

以上のような新旧農民村落の集団化の多様性や、その裏返しとしての重層的なカードル形成のありようは、郡全体としては、予想外に多様な「社会主義」農村の空間世界を現出させることとなる。むろんその多様性とは、単なる無秩序な空間の創出を意味するのではなく、大まかに言って、①国営農場、模範LPG村落、MTS村落、早期同調型村落などからなる拠点型村落を中心に、②数村にまたがる大規模LPG、有力村落の全村型LPGなどが農業の中心的担い手としてこれを支え、③その周辺に政治力が弱い小規模なI型LPG群が簇生するという郡の空間構造の現出であった。こうした多様性をいかに整理し均質的で規格的な「社会主義」空間に再編していくかが、一九六〇年代後半から一九七〇年代前半にかけての「農業の工業化」時代の課題となるのである。

東ドイツの農業集団化もまた、同時代の東欧圏の農業集団化と同じく、下からの自発的運動によるものでは毛頭なく、上からの物理的・精神的な暴力の行使があってはじめて可能であった。しかし、東ドイツの場合、他の社会主義国と比べるとき、やはり全体としては人々が同調的な行動を選択する傾向を示したことは否定できないように思われる。上からの暴力に関しても、確かにソ連軍進駐時の農場接収や一九五二〜五三年の大農弾圧はすさまじいが、全面的集団化期に関しては、ソ連の影響力はほとんど認められないうえに、物理的な暴力が直接行使される場面は、出来事の重大さの割には相対的に少ない。この点は、東ドイツの農業集団化には一見すると奇妙な二面性が認められることとも関わっているようにも思われる。すなわち、集団化テンポの遅さ、「共和国逃亡」の頻出、耕作放棄や農業荒廃の深刻さなどSED権力の「脆弱さ」を語る素材に事欠かないのに、他方では「六月事件」後も個人農への明確な逆転は起きず、農民たちの抵抗も相対的に小さいままに強制的集団化が「円滑に」遂行されるという二面性である。この二面性をどう理解したらよいのだろうか。通俗的には、これは、例えば冷戦の最前線に立たされた分割国家というありように関わらせて――すなわちソ連覇権のもとでのSED体制維持の強力な要請（強固な冷戦体制の枠組み）と、他方での西側に逃亡可能であるという抵抗側の迂回路の存在（抵抗力の緩和要素）などからも――、説明可能かもしれない。こうした説明の仕方を否定するものではないが、本書の立場からすれば――第六章「おわりに」（464頁）で論じたように――、戦後農村の社会史的な過程、すなわち戦後の過酷な物理的暴力の経験ののちに、多様性を通して同調性を強いるような農村社会の再編が人々の内側において深く進行したことこそが、改めて強調されなければならないのである。

二　難民入植政策としての土地改革・集団化――「入植型社会主義」――

本書では、農村再編のダイナミズムにおける戦後難民問題の意義を、やや過剰ともいえるほどに強調してきた。とくにメクレンブルク地方は東ドイツ全体において難民流入比率が最も高い地方であり、さらに土地改革において新農民となった難民たちとなると、その度合いは傑出していたとさえいえる。東エルベ農村に限定される話ではあるが、東ドイツ農村の「社会主義」は、その喧伝された階級イデオロギーとは異なり、実態に即してみれば、戦後難民の入植過程としての側面を、したがって「入植型社会主義」ともいうべき性格を濃厚に帯びつつ形成されたのである。

二〇世紀ドイツの農民入植政策といえば、よく知られるように、まずは、第二帝政期におけるマックス・ゼーリングらを主唱者とした「内地植民政策」が想起されるであろう。グーツ経営を分割し農民経営を創出しようというこの農業構造政策は、同時に、当時のポーランド人農業労働者の流入に対する強い危機感に裏打ちされた「民族政策」でもあった。しかし第一次大戦敗北による第二帝政解体と東部領土の喪失の結果、「内地植民政策」はかつての東部ゲルマン化政策としての意義を喪失し、農民入植政策への純化傾向を強める。ワイマール期は、入植者数からみれば、第二帝政期から第二次大戦開戦前までの期間において内地植民がもっとも進んだ時期としてよい。しかしナチス政権誕生を経て第二次大戦期ともなると、外国人労働者導入やポーランド占領地域のゲルマン化とセットになった新たな農民入植政策が、人種主義的な装いを強烈に帯びつつ再登場してくることになった。(1)

戦時期に戦争捕虜や外国人強制労働者がドイツ本国の農林業部門に大量動員されたことはよく知られているが、他方で、第二章第一節で触れたように、東部の占領地域、とくに旧ポーランド領のダンツィヒ・西プロイセン管区やヴァルテ管区において、民族浄化の理念に基づき現地ポーランド人およびユダヤ人の「総督府」への強制移住が行われ、その跡地にベッサラビア・ドイツ人など「民族ドイツ人」と称された東欧ドイツ人移民の大規模な再入植が実施された。(2)

こうした戦時ナチスの農民入植政策と戦後東ドイツ土地改革は決して無関係ではない。

第一に、なにより戦後ドイツ人難民の発生が、独ソによる「民族浄化＝強制的国民化」施策の結果として生じているからである。「民族ドイツ人」の戦時入植は、独ソ不可侵条約というソ連とナチスの「共同謀議」の結果であるし、戦後についても、旧ドイツ占領地のみならず東欧世界全体において強行されることになったソ連主導の領土再編は、ドイツ人のみならず、ポーランド人、ウクライナ人などの大規模な強制移住を伴うものであった。この点を自覚すれば、一連の戦後東欧世界の土地改革を一国史的な枠組みにおいて、かつ一九四五年を起点としてのみ論ずる仕方には大きな限界があることは自明となろう。東ドイツを含む戦後東欧地域の土地改革も、ホロコーストのちにこの地域に出現する「人工的国民国家」の強制的創出過程の一環として理解すべきなのである。(3)

第二に、東ドイツの土地改革で新農民となった難民たちのなかに上記の戦時占領地に入植した「民族ドイツ人」の人々が存在していたことは、数は少ないとはいえ決して看過されてはならない事柄である。ここでも繰り返しベッサラビア・ドイツ人を参照例にすれば、再難民化した彼らの多くは西ドイツに向かうものの――もっとも多いヴュルテンベルク州では二万人を数える――、東ドイツにおいても一九四八年の時点で一万三三六〇人のベッサラビア難民が存在している。(4)バウアーケンパーによれば一九四五年七月一九日のソ連占領軍司令官命令によりヴァルテ河南部諸郡のドイツ人難民はブランデンブルクへ、ヴァルテ河北部諸郡のドイツ人難民はメクレンブルクへ配置されたというから、(5)相当数のベッサラビア・ドイツ人が土地改革を通して新農民となったことは間違いない。じっさいシュミットは、メクレンブルクのマルヒーン郡とテテロー郡を中心とした旧グーッ村落が支配的な地域に集団入植したベッサラビア・ドイツ人の人々を対象に、オーラルヒストリーの手法によりつつ彼らの戦後経験を明らかにしている。これを読む限り、元農民の彼らは、本書第六章でみた優良新農民村落に類似して、土地改革を通してＤＢＤ所属の新農民となっている。(6)

第三に、近年のディックスの研究において、農村計画学の知のあり方や政策立案者人脈のレベルにおいて、戦時ナチス入植政策と戦後東ドイツ土地改革の連続性が詳細に明らかにされていることも再度指摘しておきたいと思う。(7)

だが、戦時ナチス農民入植と戦後東ドイツ土地改革の連続性を語りうるのはここまでである。戦後東ドイツ農村においては、「人種」や「民族」はもとより、なにより難民としての歴史性もが無化されてしまった点で、戦時ナチス入植政策のみならず、民族主義を前面に押し出したポーランド土地改革とも東ドイツ土地改革は決定的に異なっていたのである。(8) 東ドイツにおいて「難民」が無化された理由としては、もちろん敗戦という経験がドイツ人の同一ナショナリティーを強化した側面があげられよう。しかし、土着の人々と難民たちでは、その戦争経験に大きな落差があるし、それればかりか「エスニック集団」という観点からみれば、なにより難民たちが当初「ポーランド人」としばしば賤称されたように――とくに上記の「民族ドイツ人」難民たちは、実態的には「リトアニア人」、「ウクライナ人」、「ルーマニア人」に他ならなかった――、両者の差異の大きさは否定しがたい。あるいは、東西冷戦体制下にあって難民問題が政治的に忌避化されたことや――この点は徹底的な「非ナチ化」とセットであったことが重要である――、戦後社会主義イデオロギーに特徴的な「科学主義」の普遍化志向を、その理由にあげることも重要である。しかし、この問題は、そうした政治的・イデオロギー的なレベルに還元する説明の仕方で事足りるような性質のものではないと私には思われてならない。なによりも、本書で明らかにしたような、社会史的過程として難民カテゴリーの分解ともいうべき事実が――難民アイデンティティーが村落社会の権力編成のモメントとしては排除されたことと言い換えてもよい――、戦後農村再編のなかで深く進行したと考えられるからである。

すなわち、第一に、新農民村落では、家畜などの経営資本不足に苦しむ脆弱な難民の新農民層が脱落する一方で、優良新農民村落にみられたように、土地改革を通して有力難民層が村ＳＥＤと結合しつつ村政を掌握するような場合が、かなりの頻度で生じた。ケーグスドルフ村にみられたように、彼らは村内旧農民有力グループとの協調関係を築くこともまったく辞さない。このように難民の新農民になることは、村の下層に固定化されることを意味しなかったのである。この点は、西ドイツ農村（特にカトリック農村）の難民層のありようとは対照的である。エクスナーのヴェストファーレン農村の個別事例研究をみる限りでは、農村難民たちはもっぱら労働者層との婚姻を通して既存社会に同化するものの（労働者化）、農民化に関しては、土地改革が否定されることでそもそも農地取得が不可能であったうえに、旧農民との婚姻はきわめて稀であり、難民層に対する旧農民層の閉鎖性は顕著である[9]。

第二に、物的資源からみたときの難民問題の鍵は住宅問題であるが、この点でも同様のことがいえる。とくに、「命令二〇九号」の新農民住宅建設が、表向きには新農民政策を謳うものでありながら、実質的には有力難民の新農民の利害に沿うものとなったことが重要である。これは有力難民層とＳＥＤないしＤＢＤとの結合を強めた。全体としてＳＥＤの農村支配は、有力難民という「村の外部者」に依拠した土着グーツ村落世界の人為的否定という色彩が強く、ここに戦後社会主義権力の「他者性」が認められるのである。

第三に、旧農民村落の場合は、季節労働者や非就業者などの非農民の難民たちとＳＥＤの利害の結合を語る余地は非常に小さいと言わざるをえない。第二章でみたように、住宅問題に関しては、確かに終戦直後における難民の大量流入は、旧農民家屋が一室単位で村住宅委員会による調整対象となるほどに村の住宅資源を公共財とし、これによって難民たちの生存が、劣悪であるにはせよ確保されることになった。しかし新農民層に対する態度とは異なり、非農民の難民層、とくに子持ち単身女性を意識した形でのＳＥＤの村政への介入は非常に弱く、彼女たちの政治的優先順位は低いままである。その限りで、旧農民村落における新しい下層民として彼女たちが固定化される傾向があったといえる。住居条件は相変わらず劣悪なままであり、彼女たちの住宅問題は、村の権力闘争に絡んだ場合に、郡当局への「内部告発」の材料とされるほどにスキャンダラスなものだった。

問題は一九五〇年代に大農へゲモニーが急速に低下するなかで、彼女たち弱い難民層がどのような運命をたどるかである。既述のように大農の政治力が保持された村落においては、全面的集団化時にＳＥＤが大農のＬＰＧ包摂戦略をとるから、その限りで、賤視された農業労働者と同じく、難民出自の弱き単身女性たちに関しても、大農にとって代わって彼女たちがＬＰＧの中核部分を担うようなことはまったく想定できない。ただし大農へゲモニーが早期に後退したところであれば、ＳＥＤ入党を手段として大農家屋の一室を自らのものとすることができたかもしれないが（第七章のＭＴＳレーリクのシュトルップの例にみるように、戦後東ドイツでは戦傷者などの社会的弱者が自己保身のために入党するケースがままみられる）、ホーエンフェルデ村の事例でみたように、ＬＰＧの労働力資源と見なされない限り、いまやＬＰＧ住居とみなされた大農家屋に住む難民たちは、むしろ住宅調整の対象となったであろう。こうして、ケーグスドルフ村のアンネリーゼ・ポストラハのように、難民の若い戦後世代がＳＥＤカードルになることで社会的上昇をはかるような個別的な事例を別とすれば、少なくとも一九五〇年代においては、彼女たちは、わずかな配給や各種年金、そして季節労働者としての現物賃金により暮らしを立てていかざるをえない。その点では、新しい農村下層としてのありように大きな変化は認められないのである。

戦後東ドイツ農村の難民統合は、新農民と非農民に分裂して開始されたのみならず、難民の優良新農民形成自体が、弱い新農民層の没落を伴ってはじめて可能なものであった。逆説的ながら、難民出自の優良新農民形成こそは、「難民カテゴリー」の社会的分解のモメントであった。それは、土地改革理念にいう「勤労農民」の思わぬ形での形成過程であったとすらいえるかもしれない。第六章でみたように、全面的集団化過程で難民性に関わる問題がなぜかまったく顕在化しないのも、じつはこの点に深く関わっているのではないかと私は思う。もちろん「緑の週間」への参加問題や「ジュネーブ会議」の推移、ソ連抑留者問題に関するソ連と西ドイツの交渉などに対する強い関心、さらには「戦争負担の不公平感」の表明にみられるように、一九五〇年代を通して個人の自己意識の上では敗戦と難民の経験はなお強烈で生々しい。だが、繰り返しになるが、戦後ＳＥＤによる農村権力編成においては、そうした難民の自己意識は「対自的な難民主体形成」のモメントにはならなかったのである。こうして、戦後難民たちのなかでも、とくに有力難民の新農民たちは、「歴史なき勤労農民」をへて「社会主義」のＬＰＧ農民になっていったのではなかろうか。論理的な飛躍であることを承知で言えば、現在の旧東ドイツの北部二州においてＬＰＧを肯定的に理解する左翼党の影響力が強く、逆に、多数の戦後難民の経験が個々には語られながら、「被追放者同盟」と結びつきの深いＣＤＵが政治的には脆弱であることにも、こうした戦後北部社会における難民の社会統合の歴史的なありようがなんらかの形で作用しているのではないかとすら思われてくる。いずれにせよ「歴史を簒奪された難民」こそは、人工国家東ドイツの象徴であった。さらに、官許の東ドイツ史学における過去（歴史）の無化と、大規模機械化農業志向に代表される「科学主義」的な未来の語り方がこれに重なっていたのである。

三　近代ドイツ農業労働者論 ── 戦時から戦後へ ──

グーツとホーフの二元的構成に特徴付けられる二〇世紀東エルベ農業においては、農業労働者層も、グーツ常雇労働者のみならず、農業奉公人、日雇い労働者、移動労働者、外国人労働者などの多様な人々からなり、農村社会も、「エスニック」な要素を編成原理に組み込みつつ重層的に再編された。[10] かつて戦後歴史学が、あるいは「人民民主主義革命」論が暗に想定していたのは、土地改革による「ユンカー的土地所有」の廃棄とその分割を通して、主として土着のグーツ労働者層が「勤労農民」に転化され、彼らが新たな労農同盟の担い手となって戦後東ドイツの社会主義を担う姿であった。しかし本書の叙述から明らかなように、現実にはそうした事態はほとんど生じなかった。いな、むしろ浮かび上がってきたのは、前述の有力難民の新農民の強さとは対照的に、新農民村落における旧グーツ労働者の存在感が驚くほどに低いままであったということである。第六章第二節（439頁）で取り上げた一九五八年のＭＴＳ管区政治報告を今一度ここで引用すれば、「一九四五年にユンカー権力が瓦解し土地改革によって農地が土地なし農民、土地不足農民、難民たちに分配されたとき、特徴的だったことは、従来搾取されてきた本管区の農業労働者は自らの経営について良好発展を示しえず、逆に小農経営や、かつて経営を所有していた難民たちの方が、相対的に早くかつ多く、優良中農層に発展した」のである。一般にこの種の報告が婉曲的な表現をとるであろうことを考えれば、ここに指摘された傾向は実際にはより顕著なものと認識されていたと考えられよう。いずれにしても戦後新農民村落の現実の支配層は、あくまで有力難民と党テクノクラート（農業技師を含む）であり、旧農業労働者たちがこの隊列に加わることはほとんどなかったと考えてよいと思う。

確かに第一章でみたように、土地改革における経営資本配分とその利用において、土着労働者層は、経営上は相対的に有利な状況から出発した。家畜不足、畜舎不足、劣悪な住居状況にあえぐのは、もっぱら難民新農民であった。しかし旧グーツ労働者層が村政の担い手となって、その後の農村再編を主導していく事例を見つけるのはかなり難しいのが実情である。土地改革後からわずか七年後に開始される初期集団化は、農業経営資本の観点からみれば「再グーツ化」としての意義を持つはずで、その限りで論理的には旧グーツ労働者主導の集団化があ る程度の拡がりをもって形成されてもいいはずなのに、バート・ドベラン郡においてそうしたことが該当するのは、第四章注（101）（本書326頁以下）で言及した模範農場アルトホーフの事例のみなのである。ただし、この事例ですら、郡都の拠点的な模範的ＬＰＧとして、郡党組織が建設資金融資などの点でＬＰＧアルトホーフに優遇措置を与えて初めて可能となったにすぎないのである。

こうした旧グーツ労働者の存在感の希薄さを生みだした要因としては、まずは、既述のように、彼らの農業知識を含む経営能力や村落統治能力の不足、総じてリテラシーに関わる問題があげられなければならない。彼らの心性は、農民のハビトゥスはもとより、ＭＴＳスタッフや党カードルが体現するような工業労働者の社会主義文化とももちろん異質であった。「共和国逃亡」のありようにみられるように、彼らの行動は、もともと相対的に高い移動性を示していた。これは、東エルベ地域の農業労働市場が、ローカルに閉じているのではなく、とくに一九世紀後半以来、「ユンカー経営」が内外穀物市場に深くリンクしつつ再編されていくなか、国際労働市場に対して開かれていたこととも関わる。村落のあり方という観点からみれば（旧農民村落のフーフェ原理が語りえないのは当然として）、それは、グーツ村落が農民村落に比して相対的に開放的ともいえるような――ただし雇用関係の上では重層的な――新たな「パターナリズム支配」を現出させたことを意味した。じっさいバート・ドベラン郡に関して、戦前の農場住所録や戦後のＬＰＧ組合員名簿、さらにはＭＴＳ職員リストなどの各種史料をながめていると、難民層を別として、農場所有者や農業労働者の姓名や出生地が、農民層に比べはるかにバラエティに富んでいることに驚かされる。これに対して農民層の名前といえば、ほぼ典型的なドイツ名に限定されており、かつ農民通婚圏の存在を容易に想像させるほどに、郡内における同姓の頻出度合いも高い。かくのごとき新農民村落の「流動性」や「開放性」を前提とすれば、そして土地改革後の農場主《グーツヘル》なきあと、凝集の核を喪失したであろう新農民村落の状況を想起すれば、ＳＥＤとの結合のうえに元農民の難民層たちが比較的容易に村政を掌握することができたであろうことは想像に難くない。

もう一つの要因――より史的な要因――として考えられることは、第二次大戦下における雇用関係に劇的な変化が生じていたのではないかということである。第一に、世界恐慌回復後における農業の機械化・装置化の飛躍的な進展は、トラクター運転手、農村職人――機械修理を担う――などの新たな男子の専門労働者を登場させ、また酪農へのシフトは女性たちや搾乳夫の重要性を増大させたが、逆にこのことは土着のグーツ労働者の基幹であったデプタント層の意義を低下させたであろう。しかし、第二に、それより多大なインパクトを与えたのが、徴兵などの戦時動員と、代替労働力としての外国人労働者の大量導入であった。レーマンによれば全ドイツ人男女農業従事者数は一九三九年に約一千七三万人、一九四四年に約八四六万人というから、この間の減少分は約一五〇万人となる。これに対し一九四四年の外国人農業労働者の数は二四〇万人となっている。[11]また、コルニとギーズによれば、青年男子を中心とする農村からの徴兵は、農業従事者九〇〇万人（一九三八年）のうちの二五〇万人にまで達したという。[12]この場合の徴兵率は単純計算で二七％となるが、もちろん母数を男子だけに限定すればこの比率は遙かに高くなろう。じっさいコルニは別の箇所で、オヴェーリの言として「農業は開戦の年にその賃金労働者の三〇％を、男子労働力の四五％を失った」とまで述べている。[13]いかに多くの男子農業労働者や農村子弟が徴兵の対象となったかが、これらの数字からうかがい知れる。一九四〇年には、搾乳夫やトラクター運転手などの不足が問題化するに至っている。[14]こうした徴兵による男子労働力の不足のために、戦時ドイツ農業は、農婦を中心とする農村女性と外国人強制労働者に大きく依存することになった。[15]戦時動員の男女別・経営類型別の違い、また外国人労働者の配置と利用のあり方、戦後におけるグーツ労働者の復員の実態、そしてこれらの点に関する地域的な差異などがなお不明なので仮説の域をでないが、戦時徴兵や工場動員に伴う雇用関係の変化が、典型的なグーツ労働者の弱化を招いたこと、その結果として、戦後の東エルベ農業における土地改革の受け皿のありように大きな影響を与えたことは間違いないと思われる。この点も、戦後東ドイツ農業史が、戦時期の農業の変化抜きに語りえないことを示している。

ところで、東エルベの農業労働者は、土着のグーツ労働者だけからなっていたのではなかった。上述のように多様な労働者層の出現とその重層的再編こそが二〇世紀ドイツ農業史の大きな特徴であるが、旧農民村落に関しては、日雇い労働者や男女の農業奉公人などのいわゆる農民村落の「身分的下層民」と呼ばれる人々の問題が重要である。第二帝政期以降、内外労働市場の拡大、新たな近代消費ノルムの浸透、そして移動労働者の登場などにより、彼らの行動と意識のありように大きな変化が訪れる。しかし、その社会的解放となると、ワイマール期以後の賃金協約制度の部分的導入や、農村定住化と「自立化」を狙いとした農業労働者入植政策などの施策がなされたとはいえ、あるいは東エルベ農業労働者のナチス支持が折に触れて指摘されているにもかかわらず[16]、ナチ農政下においても農村下層民の身分的解放を語りうるだけの社会的実態はなお見いだせない。古内博行によれば農村下層民問題は「様々に粉飾した共同体的自治活動による道徳的プロパガンダだけで片がつくような問題」ではなく、労働力流出が深刻化するなかで「ナチスにとっての一大桎梏」となったのである[17]。かくして問題は戦後に持ち越される。すなわち、戦後東ドイツの土地改革と集団化は、グーツ労働者以外の農業労働者、とりわけ旧大農村落の住み込み奉公人や村内日雇い労働者たちの問題をどれほど「解決」することになったのか。

土地改革に関しては、旧農民村落の場合、非ナチ化の程度などに応じて土地改革フォンドにおいて村ごとのばらつきが生じざるをえない。また、いわゆる土地不足農民とされたビュドナー層がいる場合は、ハーゲナウ郡にみられたように、土地配分の主たる対象になるのは独身の男女奉公人ではなく、家を構え家族とともに暮らすビュドナー層であったから、この点からも土地改革を通しての農民村落の「農業労働者」たちの階級的解放が語りうるのは、きわめて限定的であるといわざるをえない。

問題は初期集団化との関わりである。この問題を論じるにあたっては、農業労働者によるＬＰＧ設立は数が少ないこと、農業労働者には戦前系譜の農業労働者と戦後難民出自の農業労働者が重なっており両者の区別が難しいこと、さらにＬＰＧ化の実践主体として登場するのはもっぱら男子に限られ、非農民の難民の多数を占める女子の農業労働者は村政の外におかれることなど、いくつかの制限事項が考慮されなければならない。この点をふまえたうえでのことであるが、第三章で言及したギュストロー郡ツェルニン村ベーレンス農場にみたように、大農逃亡後にこれを物的資源として農業労働者によりＬＰＧが立ち上げられた場合、まずは彼らが村ＳＥＤの基盤となった。ツェルニン村では、大農家屋はそのままＬＰＧ本部となり、村に残った旧大農家族は住宅調整を通して転居を余儀なくされてしまう。その限りでは、とくに「壊滅型」村落に関しては、一九五〇年代初頭の大農弾圧と農業集団化が大農の下層民支配を終焉させるうえでも重大な契機となった。

とはいえ、やはり「六月事件」のもった意義も大きい。たとえばシュマーデベック村では、「農業労働者たちは農場の耕作を引き受け大農の食卓で食事をとっていた」が、新路線発表直後に、村長が「労働者が大農の生活物資を使うこと」を認めなくなり、労働者たちが不安に陥っていると報告されている。[18] さらに、第五章のパーケンティン村のクローツの事例で論じたように——彼は典型的な農業労働者ではなく搾乳夫ではあるが——、ＳＥＤ郡党指導部は、一九五〇年代半ば以降、こうした農村下層民出自のＳＥＤ党員を飲酒癖や窃盗などを理由として除名処分とし、村のＳＥＤ支配の中核から排除していく方向に転換する。もちろん反大農イデオロギーは健在である。それは党カードルにあまねく浸透しており、大農がＳＥＤに入党することなどほとんどありえない。けれども全面的集団化過程においてＳＥＤは、大農層をＬＰＧに包摂することで農業生産力の崩壊を回避しようとしたのであった。この点でも、ＳＥＤにおける農村下層民問題に対する意識は極めて低い。当該期の農業労働者組合といえば、もっぱらＭＴＳ労働者や国営農場の農業労働者による組合が意味されるにすぎないことも、この点を裏書きしていよう。もちろん、グーツ労働者の場合と同じく、農業機械化の進展、世界恐慌回復後の急速な農村流出、戦時の大量徴兵による縮小、そして戦後の東方難民の大量流入による攪拌作用などにより、全体として農村下層民が消滅過程にあったことが、大農村落におけるＳＥＤの下層民切り捨てを容易にしたのではあるが。

四　農村の物的資源の社会的再編 ── 大規模農業の「社会主義的」形成 ──

戦後農村社会の再編は、人と人の直接的な関係の編成替えにとどまるものではない。それは、この関係の中に編み込まれた物的資源の再編成の過程でもある。村の物的資源は、農地や林地の土地資源をはじめとして様々なものから構成されるが、このうち本書においては、とくに家畜・農業機械・畜舎・納屋などからなる農業経営資本と、グーツ館や大農家屋などの住宅資源などに着目し、各章において折に触れて言及してきた。序章で強調したように、こうした村落の物的資源の社会的形態 ── 農業の社会的生産力といいかえてもよい ── に関する分析は、従来の研究において、一部の例外を除きほとんど等閑視されてきた領域である。以下では、この点を意識しつつ、①家畜、②畜舎・納屋、③農業機械の各経営資本要素に即して、それぞれの社会的あり方とその変化を、これまでの叙述に基づき整理し直してみることにしたい。

まず第一に家畜に関して。家畜保有の問題がもっとも深刻であったのは、土地改革の前後である。牛と馬の大家畜は、第二次大戦中は総じて頭数が維持されたものの、終戦直後のソ連軍による家畜接収と飼料不足の深刻化のために急減を余儀なくされる。しかし、利用形態に即してみたとき牛と馬の間に顕著な差があった点が重要である。すなわち牛に関しては、喧伝された牛耕は実際にはその広がりに乏しく、牛はもっぱら用畜としての利用に留まった。このため保有形態もあくまで私的であり、牛の飼養は個別経営内で完結していた。この点は豚や家禽類も同じであろう。豚はもともと飼料状況に即して飼育頭数を柔軟に調整しうるメリットがあり（ただし雌豚頭数は生産回復のために維持する必要があるが）、既に一九四三年のジャガイモ不作時から政策的に急減させられていく[19]。戦後においては、土地改革の後に飼料状況が改善してくれば比較的早期に頭数が回復してこよう[20]。こうした牛や豚と対照的だったのが馬であった。馬の利用を個別経営内に閉じ込めることは許されず、土地改革期の深刻な牽引力不足のもとで、耕起作業のみならず木材運搬手段としても農民互助協会や郡当局による動員の対象になるなど、共同性と政治性を強く帯びざるをえなかったのである。

馬などの牽引力を欠きながら酪農や養豚にシフトする個別経営のあり方は、土地改革期を超えて、一九五〇年代においても継続したと思われる。第六章第二節で言及したラーベンホルスト村党書記のニムッツの事例が語るように、「六月事件」以後に観察される優良新農民の富裕化現象は、耕起過程をMTSトラクターに全面的に依拠しつつ、経営の重心を価格が有利な酪農や養豚にシフトさせることによって実現された。この点は旧農民のビュドナー層も同じであろう。さらに全面的集団化期において、全村型LPGか小規模LPGかは別として、優良新農民主体による新設LPGが一般にI型（耕地のみの共同化）を志向するのも、こうした経営構造によるためと考えられる。これに対して大農を中心とする旧農民経営においては、MTSから排除されがちだったこともあって馬保有はなお継続しており、また一九五〇年代のLPGに関しては、一般に過剰に土地を抱え込まざるをえない事情から土地利用に関わる農作業の負担が大きいために、農民経営ほどには酪農・畜産に特化するわけにはいかなかったと推測される。

第二に、家畜問題以上に村政の焦点であったのが、畜舎と納屋の問題である。新農民村落の場合、もともとグーツ経営の建物は大農場仕様であるから、グーツ館・大畜舎・大納屋が物理的に個別経営に適応しないのは当然である。さらに難民の住宅問題がこれに絡んだ。戦後東ドイツにおいては、農村の建築物の利用と管理は、市場による調整ではなくもっぱら社会資本として村政の政治的調整――具体的には農民互助協会や住宅委員会の活動――によらざるをえない。しかし賦存量の絶対的な不足のもと、その村内調整がいかに困難であったかは、土地改革期における主要な政策が、まさに「占領軍命令二〇九号」という農村の建築物資源にかかわる施策であったことに端的に表現されている。繰り返し論じたように、この政策は「ユンカー支配」の終焉を象徴する文化的効果を前面に押し出しつつ、同時に難民新農民層の住宅要求に応えることを狙いとしたが、他方で、その後の新農民村落の畜舎問題を決定的に深刻化させてしまうという負の効果をもっていた。

「命令二〇九号」の失敗は、占領軍政策の非合理性を印象づけたにとどまらず、一九五二年の農業集団化以降のLPGのありようも制約する。ディートリヒスハーゲン村、ケーグスドルフ村、そしてレーデランク村の事例にみられたように、一九五〇年代の村内におけるLPGと個人農の対立は、常に畜舎や住宅の利用とリンクしていた。初期LPGにおいてしばしばI型ではなくⅢ型が志向されることも、この畜舎利用の問題を抜きには理解できない。確かに一方で新農民層の経営放棄は、村に残った農民たちに対しては、それが交換分合により農地条件を改善させる効果をもったのと同じく、村の畜舎・納屋不足の問題に関しても部分的に緩和効果をもたらしたかもしれない。しかし一九五〇年代の郡のLPG支援の基軸がもっぱらLPG建設融資にあるように、あるいはLPGに農耕作業班《ブリガーデ》、畜産作業班の他に、建設作業班がおかれる場合がしばしばみられるように、畜舎や住宅などの農村建築問題はLPG経営を制約しつづけたのである。建設コストが安価な、いわゆる開放牛舎が盛んに奨励されたのは、まさにこうした実態が背景として存在したからにほかならない(21)。

農村建築問題の重要性は、旧農民村落の場合も同じである。旧農民村落の場合、LPGは大農の荒廃経営や逃亡経営を資源に設立される。このため、確かに最大の問題は土地過剰とその裏返しとしての労働力不足であるが、同時に大農資産を一括して引き受けることになるⅢ型LPGとして、建物管理の問題もLPGの重要な関心事となる。第一に、大農住宅の掌握がLPG組合員確保のうえで重要な条件として意識され、LPG組合員でないままに大農家屋に暮らす人々を村の住宅調整を通して排除しようという姿勢が顕著にみられた。第二に、畜舎と納屋については、ホーエンフェルデ村の事例でみたように、既存の大農の建物を利用する形で出発するが、集団農場としての実質を整えるために、郡の建設融資による畜舎新築と連動する形で村内の家畜の移動と既存畜舎の整理・改築が試みられている。こうした畜舎建設熱ともいうべき事態は、開放牛舎建設の問題を含め、新農民村落LPGの志向と同質のものとみてよい。ホーエンフェルデ村では、資金不足のせいで新築畜舎の建設が遅れ、あるいは上下水道の機能が未整備であったために家畜の死亡が急増、一時的にLPGの経営危機を招いている。こうした問題は他のLPGでもしばしば起きていたと思われる。とくに一九六〇年の全面的集団化直後には、ロストク県全域に関して家畜の死亡率の急増がみられた[22]。もちろんこれは主として集団化に対する反発が底流にあってこその現象であるが、畜舎の不備の問題が家畜管理の問題を深刻化させた面も大きいと考えられる。

第三に農業機械に関して。個人経営に閉じた家畜、村内調整の対象となった畜舎・納屋に対して、村を越えた領域で管理されることになったのがトラクターやコンバインなどの大型農業機械であった。トラクターはもともと一九三〇年代においてグーツ経営において複数台数が導入されているから、本来は、村の農民互助協会の管轄の下に、その利用が新農民村落内で完結してもまったくおかしくないはずである。しかし戦時のガソリン不足と機械更新の停滞による稼働率の低下は、戦後においていっそう激化したと考えられる。部品不足や機械工の不足もこれに拍車をかけたであろう。そうした中、一九四六年の凶作で危機感を強めた郡当局は、一九四七年春耕時に率先してトラクターを掌握してその動員をはかり、さらに一九四八年には、数ゲマインデからなる当時の行政区を単位として上から機械ステーションの設置がなされた。これがMAS設立につながったことは第七章第一節で述べたとおりである。注目すべきは、第一に、旧農民を別として、こうした動きに対する村からの反発は小さく、トラクター紛合をめぐるコンフリクトは起きていないこと、第二に、MAS設立は、単にトラクターのみならず、農業技師（あるいは農民相談員）、トラクター運転手、農村職人（修理工）など、農民経営に属さない戦前系譜の農業専門職種の人々を、ここに糾合する契機となった点である。この点に関わっては、さらに第三章冒頭で述べた一九四八・四九年前後の農業中間組織の「国家化」ともいうべき事態、すなわちMASのみならず、農民流通センター、ドイツ農民銀行、国営買取・調達機関などの設立により、ライファイゼン組合が国家機関に再編されたことが大変重要である。

一九五二年以降の大型農業機械をめぐる状況は、第七章で論じたとおりである。MTSの機械利用の中心はトラクターであるが、まず注目すべきは、播種耕起、収穫・脱穀、根菜類の作付・収穫などの農作業に応じて利用度に偏倚がみられたことであった。具体的には各農業経営体のMTS依存度は、播種耕起が最大であり、収穫と脱穀は部分依存（脱穀機は基本的に村落内で調達）、根菜類についてはなお季節労働力中心でありMTS依存は小さいという傾向であった。これを経営形態別に言えば、LPGはすべての作業で依存率が高く（従ってMTSの矛盾をもっとも受けやすい）、新農民はトラクターが関わる作業について全面依存、これに対して、なお馬を保有する旧農民はMTS依存率は相対的に低いという傾向ということになろうか。このように、農作業のネットワークは、個別作業ごとに、ないし経営セクターごとに異なっており、全体としてみれば重層的に構成されていたのである。

MTSに関してもう一つ注目すべきは、一九五〇年代中葉の変化である。MTSはトラクターを中心に資本装備をすすめ、ほぼ数か村を単位にMTS支所の設立が可能となる水準に達した。もちろん労働組織上からは、トラクター運転手の不足や「不良作業班」問題にみられるように、各村落・LPGとMTSの調整が困難な状況が継続しているが、バート・ドベラン郡のMTSレーリク管区のように、一村を超える大規模LPG設立に適応するような条件がMTSの側でも部分的であるが形成されていた。この管区では、全面的集団化期に、他の管区にもまして早期にMTSの解体と再編が行われ、トラクターはもとよりコンバインまでがLPGに移管されていったのである。

だがMTSの最大の意義は、これが機械サービスの提供を超え、党カードルや農業テクノクラート形成装置、あるいは農村の集団化運動の政治的拠点となったことである。もちろん上述のようにすでにMAS設立時点で、党カードル（文化指導者）、農業技師、機械工、トラクター運転手などの専門的職員層がここに糾合されたが、一九五二年のMTS再編において、郡党直轄組織として政治課が設置されたことにより、そうした傾向はいっそう強化された。とくに全面的集団化に関わって、脆弱なＬＰＧや凝集性の弱い村落、さらに大規模ＬＰＧに対して、政治カードルや農業技師がＬＰＧ組合長として派遣される事例が頻発に生じたことは、東ドイツ「社会主義」の農村支配が、大型農業機械普及に伴うテクノクラートの登場と密接に関わって進行したことを意味する。ただし、繰り返しになるが、初期のＭＴＳ党カードルには在地出身の若者が相当数みられること、さらにトラクター運転手に関しては党員比率も低く社会的流動性が高かったことは、改めて指摘しておきたい。彼らは、なにより新時代の農村青年たちであり、その意味でＭＴＳカードルか農民世界かの二元的な枠組みでは語りえない存在である。一九五〇年代の東ドイツ農村史は世代の観点からも論じられねばならないのである。

ところで、一般に二〇世紀社会主義は、既存の物的資源を自らの国家・党権力のもとに一括掌握することを本質的な存立条件とした[23]。とりわけギガンドマニアと科学信仰を特徴とする社会主義の農業イデオロギーであってみれば、大規模農業の実現とは、村の物的資源をＳＥＤ権力のもとにいかなる形で掌握するかという問題と同義である。本書で村の物的資源の社会的ありようにこだわる理由の一つはこの点にある。

しかし、東エルベ農村史に即せば、この地域の大規模農業形成の意義は、こうした社会主義農業論にとどまるものではなく、二〇世紀世界農業史の文脈においても注目すべき事柄であると思われる。というのも、一九五〇年代は、じつは世界的レベルで農業の機械化が急速に進行した時期に他ならないからである。たとえば、その中心であるアメリカ合衆国では、もちろんトラクターに関しては、すでに第一次大戦後よりその導入が開始されている。南部の綿花地帯においても、一九三〇年代の恐慌期にニューディール農政を契機として急速にトラクターが普及したといわれるが、しかし恐慌期の農業労働者ストライキが綿摘み労働者を主体としていた点に示されるように、ネックとなる収穫作業の機械化は戦前期には進行していない。この問題を解決するコットン・ピッカー（綿花収穫機械）が合衆国南部で本格的に普及するのは一九五〇年代なのである。一九五〇年代こそ、南部プランテーションのシェアクロッパー制度の解体や、あるいは収穫機械による綿摘み労働者の代替過程を語りうる時期なのである。[24]

東エルベ農業地帯もまた、一九三〇年代においてトラクター普及に代表される農業機械化がグーツ村落を中心に先行的に進行した地域であった。たとえば、パルヒム郡のマルヒョー農場（四三六ヘクタール）は一六世紀より続くグーツ経営であるが、ヘンリー・フォードに感化されたという農科大学中退の若き経営者エルンスト・ブルクヴェデルが、すでに一九二〇年代後半から積極的な機械投資に乗り出し、一九三五年にはトラクター六台、トラックと自家用車各一台を保有する状況に至っている。この経営はジャガイモの作付け率が非常に高く（耕地の三八％）、自給飼料に充てるだけでなく、その相当量を販売に仕向けている。先に論じたようにジャガイモの除草や収穫にはなお大量の手労働が不可欠であるが――この経営ではワイマール期にはポーランド人季節労働者を、戦時期にはロシア人捕虜及びウクライナ強制労働者を使用している――、驚くべきことに一九三九年からはトラクターに連結させる形でジャガイモ一貫収穫機の導入を試験的に行っている。[25]このように、一九五〇年代の東エルベの農業機械化はソ連によって外部から突然もたらされたものでは決してなく、戦前・戦時の機械化の進展を歴史的前提とするところから出発していたのである。

むろん、東エルベの大規模農業形成は、一九三〇年代のグーツ経営の機械化のうえに自然発生的に生じたのでは全くない。初期集団化において「再グーツ化」として理解できるＬＰＧ設立事例が実は稀な事例であるといわざるをえないように、戦後土地改革は農業生産力に対しても不可逆で甚大な影響を与えた。しかし経営資本の重層的な社会的利用のあり方が示したように、それは新旧農民村落において自己完結的な経営が単にばらばらにあったことを意味しない。この点では一九四八・四九年の組織再編がより詳しく分析されるべきであるが、いずれにしても狭義の経済史的な視点だけに閉じていては、非市場形態で遂行されたこの一九五〇年代の東エルベの社会主義農業の形成を説明できない。本書において、多様な農民の主体のありよう、難民流入という戦後に固有な史的条件、東エルベの二元的な村落社会構成など複眼的視点から全体史的な分析を行うことの意義は、この点にこそ見いだせる。一方では戦前・戦時期との史的な系譜関係を、他方では一九六〇年以後の「農業の工業化」にむけての関わり方を論じること、この二重の史的連続性に関する分析をより詳細に果たすことで、一九四五年から一九六〇年までの時期的な意義もまたより明確に浮かび上がるであろう。それこそが、戦後東ドイツ農村の「社会主義」経験を、近代東エルベ農業史の文脈においてより深く理解する道筋であると私は思う。

本書の序章において、冷戦時代の研究史に関して言及したさい、私は冷戦思考の枠内に釘付けにされた東ドイツの官許の歴史学が、他にもまして神話性・虚構性を強く帯びざるをえなかったことを強調した。これは、戦後東ドイツ社会において歴史が事実上無化されてしまっていたことを意味している。この点は、本書の内容に即せば、土地改革を通してSED農村支配の基盤となった戦後難民の新農民たちが、その「歴史性」や「民族性」ではなく「勤労農民」という「階級性」によって語られたことに象徴的に表現されている。東ドイツ国家に対して強いシンパシーを抱き、なによりマルクス主義の概念によってこれを語ることを目指した戦後日本の社会科学の東ドイツ認識も、程度の違いはあれ、同じ限界を共有していたと言わざるをえない。さらにいうならば、このことは、当時のマルクス主義史学が、「民族」や「国民」を掲げるドイツ・ナチズムに関しても必ずしも有効な史的解釈を提出しえなかったことと、どこか深いところで結びついているように私には思われてならない。東ドイツ地域は、ナチズムとスターリニズムを、その焦点として連続的に経験した二〇世紀世界史の特異点であった。この地域における戦時から戦後への連続性をもっと深く語ること、あるいは「戦後史」を新しい二〇世紀史の枠組みのなかに位置づけなおすこと。「社会主義」経験を歴史化するということは、そうした形での二〇世紀史を語る新たな言葉を獲得するということでなければならない。一九八九年のベルリンの壁の崩壊が「二〇世紀社会主義」の終焉や崩壊を意味したにとどまらず、われわれが生きる二一世紀の現代世界が、このコミュニズムの壊れ方にいまなお深く規定されつづけていることこそが、この課題の重要性をわれわれに示している。今、切実に求められている未来を語りうる新たなオールタナティヴな思想の獲得も、迂遠ではあるとはいえ、そうした反省的な営みから初めて開かれてくるのではなかろうか。

注

(1) ゼーリングに焦点をあてて農村入植史のあり様の分析をしたものとしては、シュテールの研究がある。Stoehr, I., Von Max Sering zu Konrad Meyer, ein „machtergreifender“ Generationswechsel in der Agrar- und Siedlunswissenschaft, in: Heim, S. (Hg.), Autarkie und Ostexpansion, 2002, S. 57–90. また、近年におけるナチス入植政策に関する本格的研究としてはマイのものがあげられる。そこではナチス「人種主義」の排除的側面ではなく「新人種創造」の側面が、ドイツ「内地」の農業構造政策と占領地の農民入植政策の実施過程に即しつつ検討されている。Mai, U., „Rasse und Raum“ Agrarpolitik, Sozial- und Raumplanung im NS-Staat, Paderborn 2002.

(2) シュミットによれば、ベッサラビア・ドイツ人の数は約九万三千人であり、うち約八割が農民であった。また、故郷で喪失した土地は三一万ヘクタールであり、計画ではその代替地として三〇万ヘクタールをヴァルテ管区とダンチヒ＝西プロイセン管区で取得できるとされていたともいう。Schmidt, U., Die Deutschen aus Bessarabien, S. 216.

(3) 戦後東欧全体の土地改革にとって戦時のナチスと戦時・戦後のソ連による強制移住政策のもった意味はきわめて大きい。ナチスのポーランド人追放政策との関連については「西部ポーランドの古い所有関係が追放措置によって完全に解体され、新所有者は一九四五年に西に逃げるか、あるいは追放の犠牲者となった。元の所有者が（土地所有を――引用者）申告することは稀であった」といわれている。Benz, W., Fremde in der Heimat: Flucht- Vertreibung- Integration, in: Bade, K. J. (Hg.), Deutsche im Ausland. Fremde in Deutschland, München 1992, S. 376. またソ連の強制移住についてはウクライナのポーランド人の運命が象徴的である。飢饉で悲惨を極めたウクライナの強制的集団化の影響で、彼らは一九三九～一九四一年にソ連占領区となった東部ポーランドに強制移住させられるが、さらに戦後になってドイツ人追放後の「西部ポーランド」に入植したというのである。Bauerkämper, Ländliche Gesellschaft, S. 215. また、戦後チェコでもドイツ人農民追放後の土地に一八〇万人のチェコ人が入植したとされている。Ebenda, S. 211. チェコ土地改革がズデーテン・ドイツ人農民の追放と密接な関わりがあろうことは想像に難くないだろう。

(4) Schmidt, a. a. O., S. 278.

(5) Bauerkämper, a. a. O., S. 355.

(6) Schmidt, a. a. O., S. 503–535. シュミットの研究のインフォーマントは子供世代としてこの時代を過ごした人々である。彼らの終戦直後の経験としては、歓迎されざる難民として差別視線にさらされ強い緊張感のうちに戦後生活を開始したこと、新農民経営は家畜不足が深刻で牛は二家族で一頭、馬は土着の新農民と共同利用であったと語られていることなどが注目される。集団化については「ベッサラビア・ドイツ人は明らかに集団化に反対したグループ」で、全面的集団化時には「ベッサラビア方式で五～一〇経営を単位にＬＰＧ化」がなされたというが、同時にⅠ型ＬＰＧ組合員とⅢ型ＬＰＧ組合員の間では――子供たちのあいだで喧嘩になるほど――内部対立が深刻であった。もっともこの点は、個別経営を失って絶望する親世代に対して、現実対応する若者たちがⅢ型ＬＰＧを受け入れることで、Ⅲ型への移行が徐々に進展していったという。また、終戦直後を除いては土着の人々との関係は具体的には語られていないが、自分たちが元農民であることやピューリタン倫理を強調する点に、他と我の違いを見いだそうとしている。さらに、彼らは自らの戦後史を肯定的なものと見なしているが、それを可能にした条件として、自らの共同性の保持が強調されている。他の難民グループと異なり当初より故郷帰還の希望が皆無であったことが農民入植に対する強い固執を生んだともいう。開戦以来の苦難の経験と母村結合に基づく集団入植により、確かにベッサラビア・ドイツ人農民の場合は、もっとも難民結合が強く働くケースかとも思われるが、しかしこの点に関しては、記憶の再編を通したバイアスがかかっており過大評価は禁物であろう。むしろこうした集団ですら、Ⅲ型ＬＰＧ統合にみられるように難民集団としては無化された点をここでは確認しておきたい。

なお、共同性を基礎に定着性が高いベッサラビア・ドイツ人とは対照的に、ヴォリニア・ドイツ人が入植したグレヴェスミューレン郡のベルンストルフ村は、一九五三年の報告において「共和国逃亡率」が高い村とされている（一七二人中一四人が逃亡）。この報告によれば、この村は村民の三分の二がヴォリニア・ドイツ人、残りの三分の一がオストプロイセン人からなる難民村落で、かつ村民の多くが文盲であった。また、一九五三年の初期集団化に対しては、ヴォリニア・ドイツ人シェフラーが、ソ連時代のコルホーズ経験――家を奪われ、土地を奪われ、家畜の餌を食べるしかなかった――を持ち出して、反対の活動をしていると述べている。B-Arch, DO1-11, Nr. 962, Bl. 78 (Analyse über die Motive der Republikflucht, S. 12). この記述は戦後のヴォリニア・ドイツ人に関するものとしても貴重である。

(7) Dix, A., „Freies Land". Siedlungsplanung im ländlichen Raum der SBZ und frühen DDR 1945–1955, Köln 2002. 詳しくは序章注(60)(42頁)を参照のこと。

(8) ポーランド農地改革が、戦後の民族再編と強い連関をもっていた点については、吉岡潤「ポーランド人民政権の支配確立と民族的再編—戦後農地改革をめぐる政治状況を軸に—」『史林』第八〇号第一号、一九九七年、を参照のこと。吉岡の論考では、農地改革と民族問題の関わりが、旧東部地域(新ソ連領)のウクライナ人問題と西部地域(旧ドイツ領)のドイツ人問題を軸に論じられている。第二章で言及したP・テールの研究においても、入植地域となった西部地域を対象に、農地改革と民族問題の複雑なありようが農村社会に即して具体的に論じられている。すなわち、西部地域では土地接収の論理は「階級」ではなく「民族」であって、土地改革フォンドはもっぱら追放後のドイツ人所有地からなっていたが、その受益者となったのは、開拓者を自認して自発的に中部ポーランドから西部地域に入った「中央ポーランド移民」と、強制移住の対象となった新ソ連領(旧東部ポーランド他)からの難民たち——彼らは当初は「疎開者 Evakuierten」と称されたが、その後は「引揚者 Repatrianten」と呼び方が変えられた——が中心となった。旧グーツ経営の分割と入植は、東ドイツの場合と類似して経営資本の点でも住宅確保の点でも困難を伴わざるをえないが、旧ドイツ人農民経営は、経営分割を伴わない分だけ農地の点でも住宅の点でも入植上の困難は小さく、むしろその豊かさが入植者たちには魅力であった。このため一般には、先行入植した「中央ポーランド移民」が、新たな国家機構が未だ立ち上がらないなか、優良農民経営をわがものとして占拠し、農村の政治権力も掌握した。これに対して後発組の東部出自の難民層は旧グーツ経営に入植せざるをえず、劣位な状況におかれたという。ここには東エルベの農業構造の二元性が、新たな二種類の移民・難民層の対立に重なるという事態が観察されるのである。しかし、ポーランド農地改革の民族主義的性格は、こうした「ドイツ人世界への新ポーランド人入植」にとどまるものではない。「ドイツ人」であることこそが農地改革において負の象徴として作用したという点では、むしろ旧ドイツ人社会のポーランド系マイノリティーであったマズール人(旧オストプロイセン南部)やオーバー・シュレージエン人の問題がより象徴的である。彼らは土着の人々であるにもかかわらず、ドイツ国籍であったために一九四五年五月六日法により農地を接収されてしまう。その後、彼らの一部はポーランド人であることの「証明」を果たすことで土地を取り戻すことになるのだが、この結果、オーバー・シュレージエンにおいては、一九四六年から一九四八年までの期間に、逆に五〇二四人の難民入植者が民族証明を果たした土着農民にその家屋を再度明け渡すことになったといわれる。Ther, P., Deutsche und polnische Vertriebene. Gesellschaft und Vertriebenenpolitik in der SBZ/DDR und Polen, Göttingen 1998, S. 188ff. u. 258ff. bes. 191f., 194, 272, 294, 295f., 304, 305, u. 307. このように、土地（農地）改革が同じく難民入植政策としての側面を濃厚に帯びたといっても、「民族／階級」との関わり方の点では、ポーランド（「民族」の担い手）と東ドイツ（「勤労農民」の担い手）では、その位置づけられ方がまったく正反対であったのである。

(9) Vgl. Exner, P., Ländliche Gesellschaft und Landwirtschaft in Westfalen 1919–1969, Paderborn 1997.

(10) 前掲拙著を参照。以下の第二帝政期以降の農業労働者に関する歴史的認識はこの拙著によっている。

(11) Eichholtz, D. (Hg.), Geschichte der deutschen Kriegswirtschaft 1939–1945, Band II, 1941–1943, Mit einem Kapitel von Joachim Lehmann, Teil 2, München 1999, S. 610 (Tab. 173)

(12) Corni, G./Gies, H., Brot - Butter - Kanonen. Die Ernährungswirtschaft in Deutschland unter der Diktatur Hitlers, Berlin 1997, S. 434. なおレーマンの数値は一九三九年九月の開戦時のドイツ領土を基準とするので、ライヒ併合地域であるオーストリアとチェコスロバキアを含む数字である。これに対してコルニの数字（一九三八年）は時期的にみてオーストリアのみを含み、チェコスロバキアを含まない数字であろう。従って両者の農業従事者数の差は、このライヒ領域の差に基づくものである。

(13) Ebenda, S. 437f.

(14) Ebenda, S. 438.

(15) Ebenda, S. 440.

(16) 序章で述べたように、東エルベ農業労働者のナチズム受容に関する研究はなお空白である。

(17) 古内博行『ナチス期の農業政策研究 1934–1936』（東京大学出版会）二〇〇三年、三二六頁。ただしその実態が詳細に明らかにされているわけではない。こちらも研究史上の空白である。

(18) VpLA, Rep. 294, Nr. 185, Bl. 188.

(19) Corni, G./Gies, H., a. a. O., S. 487–488.

(20) Kramer, M., Die Landwirtschaft in der Sowjetischen Besatzungszone. Bonner Berichte aus Mittel- und Ostdeutschland, Bonn 1953, S. 54ff, bes. Schaubild 3.

(21) 開放牛舎は、全面的集団化の起点となった一九五七年十月の第三三回党中央委員会総会において決定される。トウモロコシ導入と開放牛舎が、集団化とセットになって東ドイツ社会主義農業のシンボルとして打ち出されたのである。バウアーケンパーは、この点をＳＥＤ党指導部のソ連式農業の無批判な受容であるとし、集団化直後の畜産危機（家畜頭数の激減）の原因としている。Bauerkämper, Ländliche Gesellschaft, S. 152, 182, u. 193. こうした上からの建設キャンペーンを受けてであろう、一九五八年六月四日付のＭＴＳイエーネヴィッツ発行の村新聞には『若牛開放牛舎建設に関する見解』と題された記事（ＬＰＧレチョー組合長による）が掲載されている。この記事はなかなか興味深い。まず、開放牛舎の意義としては、飼育労働の軽減のみならず、一九五〇年代畜産の悩みの種であった「牛型結核」対策が強調される。これは畜産対策にとどまらず、当時の東ドイツにおいても「国民病」であった人間の結核に対する公衆衛生施策としても位置づけられている。他方で冬期の寒さ対策を不安視する声に対しては、他地域での経験をあげ、十分な飼料をきちんと与えれば問題はないとしている。最後に、農村建築促進の重要性を主張する形でこの記事は閉じられているのだが、そのさい畜舎のみならず人間住居の建設があわせ訴えられている。„Der Scheinwerfer“. Dorfzeitung der MTS-Bereich Jennewitz, Jg. 4, Nr. 6, d. 04. 06. 1958, S. 3. 開放牛舎問題は、「命令二〇九号」に類似してソ連農業イデオロギーの非合理性が顕著な政策であるが、同時に農村内部に即せば、農村の公衆衛生のみならず、なお続く農村の住居問題の切実さとも関わって受容されたといえようか。

(22) 一九六二年九月のロストク県農業課の文書によれば、県農業全体で「牛の死亡数は総計一万三七〇七頭（四・二％）、豚は一〇万五六六三頭（一九・二％）であり、「東ドイツ平均に達するために牛はあと三・一％、豚はあと一五・一％、死亡率を下げなくてはならない」と書かれており、家畜死亡率の高さに驚かされる。VpLA Greifswald, Rep. 200.4.6.1.2, Nr. 275 (Tierverlust im Bezirk, 1961 - Jan. 1963), Bl. 14.

(23) この点に関しては、Ｆ．フェヘール他（富田武訳）『欲求に対する独裁――「現存社会主義」の原理的批判――』（岩波書店）一九八四年、を参照されたい。

(24) Holly, D., The Second Great Emancipation. The Mechanical Cotton Picker, Black Migration, and How They Shaped the Modern South, Fayetteville: The University of Arkansas Press, 2000, Chapter 7 and 8.

(25) Niemann, M., Mecklenburgischer Großgrundbesitz im Dritten Reich, Köln 2000, S. 131ff.; Ders., Traditionalität und Modernisierung in der Mecklenburgischen Gutswirtschaft in der ersten Hälfte des 20. Jahrhunderts, in: Bispinck, H. u. a. (Hg.), Nationalsozialismus in Mecklenburg und Vorpommern, Schwerin 2001, 105ff.; Vgl. Schröder, P., Erfahrungen und Erfolge mit technischen Hilfsmitteln im

Betirebe des Herrn Burgwedel - Hof Malchow, Diss. Bonn 1935.

書評

以下に掲げる二本の書評は、本研究を進める過程において私自身の立場を自覚する上で大きな意味をもった書物に関するものである。本書とテーマが重なる谷口信和『二十世紀社会主義農業の教訓』の意義に関しては、本書の序章（14頁）においても言及しているので、そちらも参照していただきたい。また奥田央（編）『20世紀ロシア農民史』の書評は、明示的な形では述べていないものの、戦後東ドイツの土地改革と農業集団化の参照系としてのソ連の農業集団化を強く意識しつつ執筆したものである。いずれの書評も読者が本書のスタンスを理解する上で有効であると判断し、ここに掲載することとした。なお、書評としての性格上、再録にあたっては字句修正以外の加筆訂正は一切行っていない。

1．谷口信和著『二十世紀社会主義農業の教訓――二十一世紀日本農業へのメッセージ――』（農山漁村文化協会、一九九九年）

ベルリンの壁の崩壊。それは、社会主義世界を世界システムの重要な一翼とする二十世紀世界の終焉を象徴する歴史的事件であった。あれから一〇《ママ》年を経て、いま、過去となった社会主義社会をどう理解したらいいのかについての関心がドイツを中心に改めて高まりつつある。しかし、その際に、われわれは実は「二十世紀社会主義」にとって農業・食料問題が重要な位置にあったことを忘れてはならないだろう。本書の意義は何と言っても、東ドイツ（以下、東独）という冷戦の最前線に立たされた人工国家における社会主義農業の全体像が、この分野の第一人者である著者の手によって初めてまとまった形で提示されたことにある。本書を通して浮かび上がってくるのは、一方で冷戦構造に深く規定されつつ、しかし他方で「農業の工業化」と「科学主義」の思想に深く束縛され、大改革の連続の中で結局は安定したシステムを構築できないまま終焉を迎えざるをえなかった東独社会主義農業の姿である。

本書は全五章よりなっている。第一章では、「二十一世紀日本農業へのメッセージ」というサブタイトルに含意される本書の独特な問題構制が提示される。本書の冒頭には山口県の法人農業経営の事例分析がおかれ、現在の日本農業の危機とは担い手の危機であること、そこからの脱出は、家族経営を軸としつつも、家族経営の枠組みを越えた多様な形態の法人経営がこれを補完する形を作る他に道はないこと、その点で、とくに小規模な農民的土地所有から出発し、その制約を土地利用の共同化で克服しようとした東独農業の大規模な実験こそは、二一世紀の日本農業に様々な教訓を与えることが強調されている。

第二章では、第一に食糧供給の到達点が検証される。東独にあっては畜産物の量的充足については、穀物自給体制を構築できないままではあるが過剰ともいえるほどの達成をしたこと、しかし質的充足の要求に対しては全く対応できない水準であったことが明らかにされる。第二に、資本主義との比較を容易なものとするために「社会主義を政治体制と切り離した経済体制として規定」すること、また社会主義農業に関わって、集権主義的なソ連型モデルへの批判の意味を込めてエンゲルスの協同組合主義を高く評価することなど、社会主義と社会主義農業分析にあたっての著者の基本的なスタンスが開示されている。

以上をふまえ、第三章では、主に東独の国民統計資料の分析によりつつ、東独農業が国際経済・国民経済の条件にどのように規定されていたのかがマクロ的に論じられている。第一に一九七〇年代の穀物危機と石油危機を契機とするコメコン経済圏の崩壊が、同時に進行していた「農業の工業化路線」の失敗とも重なりながら、穀物供給の困難と大幅な穀物輸入、その結果として国際収支の大幅出超という「八一年危機」ともいうべき事態に帰結していくこと、これに対してホーネッカー政権が消費抑制と輸出ドライブにより対応したことが明らかにされる（この点は、一方で食肉価格引き上げに端を発する一九八一年のポーランド連帯運動との対照性を、他方でこの時期急速な輸出ドライブで世界経済に台頭したＮＩＣＳ諸国との類似性を読者に想起させよう）。

第二に、就業構造の分析から、一九七〇年代以降、注目すべきことに、他産業と対照的に農業において男子就業率が急速に上昇していったことが指摘される。一九七〇年代初頭は、第一に第二次大戦による深刻な就業人口減少が反転する時期であり、第二に一九五〇年代末にはじまる農業の全面的集団化が再度の統合により実質化していく過程であり、さらに「農業の工業化」路線の開始とも重なる時期である。また、この農業就業者の男子化は、非農民世帯出身者が農業労働者として国営農場に就業し、その後組合員化していくという農業労働力の供給ルートの変化をも意味していた。読者はこれを家族経営型農業の最終解体、歴史的社会階層としての農民層の最終消滅としても読むことができる。

こうして議論は、本書の核心をなす第四章のＬＰＧ（生産協同組合）の分析に収斂されていく。ＬＰＧの分析からは、一村を越えるＬＰＧ形成は一九七〇年代以降に生じていること、一方で土地所有の形骸化とＬＰＧによる一元的土地利用が、他方で農民と労働者の同化、組合員の労働条件の改善と全国一律化、ＬＰＧの利潤を原資とする高水準の福利厚生の実現がみられたことなどが指摘される。こうした過程と裏腹に推進されたのが「農業の工業化」路線であった。そこでは、病的なまでの大規模化、機械化、垂直的統合化、耕種と畜産の分業化が促進されていったこと、それが上記の非農民世帯の男子労働者（機械オペレータ）の就業増の要因であったこととともに、他方で一九七〇年代における農業停滞の決定的な要因であったことが明らかにされるのである。ノイブランデンブルクのデンミン地区についての著者の詳細な実態調査をもふまえつつ叙述されるＬＰＧの実態と「農業の工業化」に関する叙述こそは本書の圧巻をなすところといってよい。最後に、第五章において「二十一世紀日本農業」へのメッセージが六項目に整理されて本書は終わっている。

本書の豊かな内容は、読者に社会主義と社会主義農業に関する新しい視野や論点を刺激してやまない。たとえば、私自身の問題関心に引きつけていえば、特に第三章において「農業の工業化路線」に伴い「農業の男子部門化」が進行したことは、「社会主義農業とジェンダー」という問題に関わって大変興味深い指摘であった。一般に近代ドイツ農業史においては、農業経営者を別として、農業集約化と畜産・酪農の意義増大に伴い、家族補助労働者と農業労働者を中心に労働力の女性化が進行する。しかし「農業の工業化」路線により、農業が農民家族から離脱し、かつ耕種部門の大型機械化と結びついたとき、社会主義農業は「男」のものとなったのである。二十世紀社会主義の「工業化」思想が、古典的近代のジェンダー・イデオロギーをその身に深く刻んでいたことがこんなところから読みとれるのである。

だが、本書の最大の特徴は、そのタイトルに明示されているように二十一世紀日本農業を強く意識する仕方で東独社会主義農業を議論していることにある。これは、一九八九年以後という地点、つまりは社会主義の終焉以後の地点で二十世紀社会主義をどのように議論するかという問いに対する著者自身の回答でもあろう。確かに、社会主義世界の解体が単純な市場経済の勝利を意味しないように、社会主義農業の失敗は直ちに集団農業の失敗を意味しないし、単純な家族農業回帰を意味するものではない。その限りで「二十一世紀日本農業」のありようを多様な経営形態の複合として展望するとき、東独農業の経験は多くの示唆を与えるとの指摘には同意しよう。しかし、そのことが逆に社会主義への著者の迫り方を甘くしてしまっているのではないかという印象がどうしても拭いきれなかった。光と影のアンサンブルとして東独社会主義農業を描くことが、むしろ二十世紀社会主義への批判を浅くしてしまっていると思われてならないのである。

この点は、第一に福利厚生施設の評価にかかわって現れている。例えば大規模化路線が農業生産に停滞という「影」をもたらしつつも、他方でスケールメリットによる農民福利施設の充実のための条件でもあったと論じられている。二六一頁では「農民の福祉実現の方途に対して、新たな可能性の端緒を切り開く実験結果を二十一世紀の人類に提供した」とまでいわれているのである。社会主義を「権力を捨象して」定義すればこうした評価が可能かもしれないが、しかし実はこうした「共同的消費手段」こそがまさに社会主義の「権力財」であったのである。東ドイツ社会は二十世紀型の近代独裁であり、その特徴は土地などの生産手段の一元的支配はむろんのこと、消費財もが共同化されて政治権力化する点に求められなければならない。

同じことは第四章の一九八〇年代の「農業の工業化路線の蹉跌」についての評価のぶれについても感じる。ここでは一九七〇年代の行き過ぎた「農業の工業化路線」の反省の中で、「地域生産単位」と「ブリガーデ編成の縮小・職住接近」を内容とした、原基的ＬＰＧへの回帰ともいうべき方向が模索されていたことが指摘されている。集団経営の最適規模に関わって五キロメートル以内という「輸送距離の問題」がネックとしてあったという指摘などは、農業経営学の門外漢である私には新鮮な指摘であった。農業の場合、経営的合理性の追求が、集団経営においても人との土地への再結合に行き着くという観点は、二十一世紀の農業を考える上で深めるに値する論点であると思う。

しかし、東独農業が「大局的には規模縮小、専門化、分業の後退、耕種と畜産の再統合が目指され」ていたとしているのは、「光」を見ようとするあまりの過剰評価ではないか。他方で著者自身、その直後に「底流として依然として大規模化への実験が試みられていたことも看過ごすことはできない」としているのである。東独農業が埋め込まれていた社会主義とは、「設計主義思考にとらわれた飽くことのない規模拡大の魂＝政治的管理欲求」(二七七頁)を本質とする社会である。そうした批判意識に立てば、「農業の工業化路線の反省」については、むしろ限界の方を基調に論じなければならないと思う。

次に問題にしたいのは、東独農業についての位置づけ方である。本書がユニークなのは、上述の日本農業との比較の他に、西ドイツ農業との比較、そして世界経済との関わりから東独農業を論じている点である。東独農業の位置を論じるとき、冷戦体制の最前線に位置していたことは決定的に重要な観点である。しかし、このために他方で他の社会主義国農業との比較が後景に退いてしまった感がある。ただし、ここで私が言いたいのは、通常のこの種の比較によくみられるように、例えば国営農場か協同組合か個人農経営かという基準、あるいは自留地の意義の大小という基準で構成される社会主義国の農業経営類型のマトリックスに東独農業を位置づけよということではない。おそらく本書を通読した読者が抱く素朴な疑問の一つは、同じく「農民的所有の地域」でありながら、まして次々と大改革の連続に襲われながら、なぜ東独においては国家の意思が大きな摩擦や抵抗もなく実現していったのかである。この点は、他の社会主義国と比較した場合、東独農村史のかなり顕著な特徴である。本書は全体として国民経済的視点からの上からの分析になっているためであろうが、この疑問についての手がかりを見つけるのが難しい。農民主体に関する視点を導入することで、集団化と農業の工業化に伴う東独農村の民衆世界の解体のありようを論じることは、本書に続くこの分野の研究の重いテーマである。

以上、主として本書の問題構制に関わって若干の指摘を行ったが、言うまでもなく豊かな内容を持つ本書には他にも数多くの論点を見いだすことができる。特に、私は農業史を専門とする者であり、従って本書の重要なテーマである集団農場の経営学的分析については評価する力量をもたなかった。ご寛恕を願いたい。

（『農林業問題研究』第一三八号、二〇〇〇年六月、掲載）

2. 奥田央編『20世紀ロシア農民史』（社会評論社、二〇〇六年）

かつて冷戦期において、「ソ連農業史」を語ることは、戦後世界に普遍化したスターリニズムの「本質」を歴史的に論じることと同義であった。国家と党による「全体主義」の成立、あるいは国家主導の強行的な社会主義的工業化のいわば裏面史として、集団化という農業の強制的な国家統合過程のありようが分析され記述されたのである。冷戦期にはそれはきわめてアクチュアルな問題領域であったとすらいえよう。

しかし21世紀初頭のいま、「ソ連農業史」を語ることは、もはや「社会主義」を語ることではなくなった。本書のタイトルが象徴しているように、「ソ連農業史」は「20世紀ロシア農民史」に組みかえられたのである。同時に、本書序論において、「モラルエコノミー」、「パターナリズム」、「脱農民化」などの近年の西欧農民史研究の用語が多用されているように、この組みかえは分析言語の変化をも伴うものとなっている。こうしたパラダイム変化と、なにより史料アクセス簡便化による実証水準の飛躍的上昇によって、どのような新しい「20世紀ロシア農民史」像が、いま作られつつあるのか。日露における中核的な近現代ロシア史研究者一八名よりなる共同研究の成果として刊行された七〇〇頁に及ぶ本書は、以上のような問題関心をいだく読者に対して、現時点における世界水準の回答をあたえようとしたものである。

本書の構成は、序論を含め二〇本の論文からなっている。

・序にかえて　20世紀ロシア農民史と共同体論（奥田央）
・20世紀ロシア農民の歴史的記憶（イリーナ・コズノワ）
・ストルィピン土地整理事業と首都県の農民（ドミトリー・コヴァリョーフ）

本書は、全体としてみれば、日露における歴史学の文化の違いはもとより、各自の問題意識、研究者としての来歴、政治的スタンス、さらには各テーマにおける研究蓄積の濃淡などにおいてそれぞれの相違は大きく、必ずしも体系的な仕上がりになっているとは言い難い。各章で描かれる農民像ひとつをとってみても、一方で共同体コスモスを生きる農民像があると思えば、他方で市場化を生きる農民像が前面に押し出される場合があり、さらには飢餓と戦争に苦しむ「悲惨な農民」像が描かれる。扱われる時空の差異を考慮しても、その像はなかなか一つに結ばれないのである。とはいえそれは本共同研究の未完成さというよりは、ロシア農民史の多様性を反映したものとみなすべきことがらである。かように20世紀のロシア農民の史的経験は、なお想像を超える奥深さを内包しているのである。

私は近代ドイツ農業史研究に従事する者であり、本書の研究領域については門外漢だから、こうした多様性に配慮しつつ各個別論文に即した論評をなしうる力量など、もとよりもちあわせていない。さいわい本書には冒頭部分に共同体論を軸とした編者の奥田による秀逸な序論がおかれている。そこで、この奥田序論に刺激されつつ、また比較史的な観点を意識しながら、以下、①「農民共同体」論、②「集団化と共同体」論、③「国家と農民」論に絞って各論文を縦断する形で論評を加えてみることとしたい。

①「農民共同体」論

20世紀社会科学にあって、近代ロシア農民は、なにより農民共同体論によって表象され続けてきた。マルクスの『ザスーリッチへの手紙』をもちだすまでもなく、たとえば、市場社会に適合的な個人主義規範をイギリス社会史の個性として理解しようとしたA・マクファーレンにあって、その比較参照系たる非市場的な農民社会として具体的に表象されているのは明らかにロシア農村である(『イギリス個人主義の起源』一九九〇年)。明言されているわけではないが、そこでは「共同体と近代」という二項対立図式が「ロシアとイギリス」に重ねられて論じられている。他方、英独仏の史的経験に基づきながら比較家族人類学として新たな「共同体」類型論を提唱したのがE・トッドであった（『新ヨーロッパ大全』一九九二（Ⅰ）／九三（Ⅱ）年、他）。トッドは、父子関係（父子同居か否か）と相続慣行（分割相続か単独相続か）を指標にヨーロッパ家族モデルを四類型に分類したが、このうちロシア社会にわりあてられたのが、家父長的権威主義と平等主義により特徴づけられる「共同体家族」である。トッドの場合、近代主義の単純な二項対立は克服され、「20世紀社会主義」が歴史人類学的な枠組みで解釈された点に斬新さがあったが、しかし「共同体家族」の内容がロシア農村の史実に即して具体的に分析されているわけではなかった。

以上の問題関心からすれば、農民の性と婚姻を扱った広岡論文は大変示唆的な内容に富むものである。この論文からは、ロシア農村においては村の性と婚姻が他に類を見ないほどに集団的に管理され、このため性に関する当人のプライバシーなどおよそ存在しえない世界であったことがわかる。この点が示唆することはかなり奥深い。第一に、ここにいう性の集団的管理は、「村」の婚姻規制の強さを意味するのではなく、むしろ村と家族の溶解を、極論すれば村の実態とはまさに「共同体家族」にすぎないことを意味する。第二に、こうした性と婚姻の管理こそは、早婚に基づく多産による人的資源の確保を可能にするシステムであるといえ、それは本書全体のテーマをなす20世紀飢餓に対する抵抗力の強さの秘密を解き明かすものですらある。第三に、ロシアに固有な非婚者や寡婦に対する賤民視に関する人類学的解釈をも与えていよう。このように、従来、ロシア農民共同体の特性は、もっぱら土地割替えを中心とする土地慣行に即して議論されてきたが、それだけでは不可視であった側面を広岡論文は明らかにしえたと思われる。

広岡論文が静態的な意味での共同体論の新展開であるとすると、その動態的側面に焦点を合わせた論考が、ストルィピン農業改革期をあつかったコヴァリョーフと崔の二論文である。このうちコヴァリョーフ論文は、ストルィピン農政の近代性・合理性、およびフートル・オートプル農民経営を高く評価するのみならず、これがネップの全期間の土地関係までを規定するものとしている。これは「非市場的ロシア農民」像を裏返したような「企業的ロシア農民」論であり、その意味で、じつはベースに近代主義的な枠組みが措定され続けているのだが、こうしたスタンスは本書の他のロシア人研究者の論文にもしばしば見受けられるように思われた。他方、崔論文はこうした二項対立図式に立つものではなく、ストルィピン改革による共同体の変質をふまえつつ、一九〇九年以降に急速に進展する信用組合の発展に焦点をあてることで、農民社会の新たな社会的結合様式の可能性を探る内容になっている。特に無担保、無保証の短期の小口金融が、一九一九年に至るまで未回収債権をだすことなく堅実に運営されているという指摘は、私には驚きであった。これはローカル経済圏を単位とした力強い地域資金の好循環があり得たことを雄弁に物語る。ただしここで崔の言う「信用組合にみる平等主義原則」がどの程度の史的可能性をもつものかは不明である。さらに、崔は論文の末尾において「共存と共生という原理は農民側だけではなく協同組合管理部や活動家、ロシア政府部内においても共有」されたと、近代化と国家と農民の牧歌的協調関係を唱っているが、これは国家と農民の絶望的な懸隔という本書全体の基調とはあまりにギャップが大きい。これらの点を意識してであろう、奥田序論は、とくにフートル化の意義に言及しつつ、その広がりの限定性、およびフートル経営が家族分割に帰結する事例をあげることで、市場化モメントの積極評価に対しては事実上の軌道修正を加えている。

②農業集団化と共同体

共同体をめぐるもう一つの問題は農業集団化との関わりである。この問題こそは従来の「ソ連農業史」研究の中心にあったといってよい。実は本書の特徴の一つは、奥田序論が端的に示しているように、共同体論を農業集団化論だけに限定しないこと、むしろ「20世紀ロシア農民史」全体を理解するキー概念とすることにあるのだが、とはいえそれはロシア農民共同体がいかなる形でコルホーズのなかに生き続けたのかというテーマの重要性をいささかも減じるものではない。しかしこの論点について実証的に論じられているのは、本書ではグルムナーヤ論文の第四節のみであった。しかもそこで記述されているのは、飢餓時における収穫物分配や住宅付属地割替えに口数原理の適用がみられること、家族・友人を単位とするような労働組織形態のありよう、馬などのコルホーズ資産利用にある種の公私混同がみられることなど、いわば断片的な事実の羅列にすぎない。確かにこれらに村の平等主義的な原理の発現をよみとることは不可能ではないが、ここに何らかの主体としての共同体の存在を想像するのはやはり無理である。このためでもあろう、グルムナーヤはコルホーズの国家化の完成を一九五三年としているが、そこにいたるまでのコルホーズの社会権力編成の変化については「共同体的機能の残存」の程度を推し量るのみで、これが説得的に論じられているとは言いがたい。戦時期については、コルヒーロフ論文がウラル地方を対象に、戦時の自給化（工業労働者およびコルホーズ員の副業的農業経営拡大）ともいうべき事実を明らかにしているが、コルホーズと共同体との関わりはまったく意識されていない。

実証的ではないとはいえ、このテーマについての理論的掘り下げを行っているのが奥田序論である。奥田は一方で集団化が共同体史の主要な局面の終焉であったこと、「共同体のコルホーズへの転化」という問題の立て方自体の抽象性を指摘し、かつ、編者としては異例だが、本書所収のエシコフ論文で主張される「スホードの自発的な集団化」論を根底的に批判したうえで、他方で、コルホーズと土地団体におけるテリトリーや成員の重なり、農民のミール観念の不変性、私的土地所有の欠如、さらには農民の飢餓対応の仕方のなかに、村落構造と共同体理念の連続性をみようとしている。しかし本書で描かれる暴力による破壊過程のリアルさに比べるとその説得力の乏しさは否めない。飢餓対応の様々な個別戦略も、広岡論文の視点からする再生産過程のありようが分析されているわけでもないので、どこまでロシア農民に固有な行動といえるか判断できかねるのである。

③国家と農民

共同体論における新展開もさることながら、本書の最大の功績は、なにより「国家と農民」論の領域において、その実態をより具体的に明らかにし、もってこの古典的テーマについて新たな局面を切り開いた点にある。

第一に注目されるのは、20世紀前半に繰り返される飢饉を扱った一連の論考である。まず、内戦期については、鈴木論文がボルガ・ドイツ人の手紙類を素材に一九二一／二二年飢饉の実態をリアルに描いている。さらに梶川論文は、現物税導入過程の詳細な分析をとおして、農村の飢餓深刻化への対応として食糧税移行を理解する通説をネップ神話であるとして、これを解体している。ここで強調されるのは現物税が、実は「無貨幣社会の実現」という「幻想」にもとづくものであったということである。読者はボルシェビキにおいてフィクションがもった凄まじい力に驚愕しようが、同時にここにはロシアにおける「国家と農民」の絶望的な距離感が表現されているともいえる。コズノワ論文は、20世紀ロシアの「農民記憶」に関する論考だが、そこで論じられているのは都市から見た「他者としての農民の発見史」とも読める内容になっている。そもそもこうした問題設定はたとえば近代日本農業史では考えにくい。

穀物調達から集団化期における飢饉の実態を明らかにしているのがコンドラーシン論文である。この論文は「国家と農民」の対決図式による「ソ連全土の飢饉」という古典的視点からの叙述であり、「集団化の歴史記憶」の問題についてナイーブすぎるという批判を免れないが、非常措置から飢饉に至る過程が従来に比べより具体的に描かれている点は大いに評価できる。非常措置が飼料不足をまねくことで、劇的な家畜・牽引力の減少を通して穀物生産の累積的な縮小に帰結するありさまは、非常措置という失政の深刻さを物語るし、また、食糧不足が胃弱と代用食中毒を引き起こし五〇〇〜七〇〇万人の死者が生じるにいたる過程は、読者に20世紀途上国世界で頻発した飢餓問題を連想させるであろう。さらにまた、こうしたなかであえて飢餓輸出を続けたソヴェト国家の無感覚ぶりにも、上記の国家と農民の絶望的な距離を感ぜざるをえない。一九二〇年代末の中央黒土農民にみられたという戦争待望論――ソ連敗戦による解放願望（エシコフ論文三九六頁）――は、この距離感の農民の側からの表明である。

第二に、ではこうした暴力の源泉はどう理解したらいいのか。これについては本書では二つの論調が見受けられた。一つは末端党員アクティヴに注目する議論である。奥田「ネップ終焉」論文は、既述のように「貧農による農村内暴力」論を基調とするエシコフ論文に対する批判を意識してであろう、農村コミュニストたちに着目している。彼らは郷の中心に居住する若い有給の職員層である。非農民出自であるため反農民的で、かつ、きわめて興味深いことに、スローガンが理解できる程度の識字水準であったことが、彼らを先鋭化させたという。ネップ期ではあるが、農村壁新聞を扱った浅岡論文もセルコル運動の背景に農民と末端党員の深刻な対立関係をおいて議論を展開しており、またロシア革命期「県市合同」を扱った池田論文は、農村統治単位としての行政都市化―その裏返しとして都市の農村緊縛―を強調する。これらの論考は奥田の「農村コミュニスト論」の史的な伏線として読めなくもない。ただしロシアの場合、同じく末端党職員の暴力といっても、「クラーク清算」が単なる財産没収や村落追放レベルから「絶滅＝銃殺」まで飛躍してしまう点に問題の深刻さがあると私には思われる。時空が異なるので単純な比較はできないが、たとえば同じく農村におけるスターリニズムの発現であっても戦後東独の大農弾圧（一九五二～五三年）は、農場接収と村落追放までであり銃殺などは考えられないからである。農民対農村コミュニストの二項対立図式だけでは、暴力次元のこの飛躍をどうにも理解できないのである。

第三に、もう一つの視点が、三〇年代の権威主義的なパターナリズムに関する議論である。といってもこの点を自覚的に主題化した論文は収められていない。しかし、たとえば非常措置から集団化期の赤軍兵士を扱ったタルホフ論文では、農民たちが兵士たる息子たちに手紙類などを送付することで赤軍から支援を引きだそうとしたこと、その結果、当該期に赤軍のなかに「農民的気分」が広汎に醸成されたことが明らかにされている。ただし、それが赤軍のありようや集団化の実力行使にどう作用したかの分析はなされていないが。パターナリズムによる暴力作用という点でもっとも興味を引いたのは、「最良のコルホーズ員」たる突撃作業員を論じたグルムナーヤ論文第二節である。ここでは、第一に突撃作業員が農村現場における「権力の手先」であると同時に、日々現場で肉体生産に従事し、かつ識字率も低いなどコルホーズの農民的共同性を共有する存在であったこと、第二に地方党委員会第一書記との文通を通して彼らのコルホーズ員に対する影響力は高く、他方でこれにより第一書記の権威も著しく向上したことなどが指摘されている。さらに、ウラル農村において一九三〇年代に農村指導層の著しい交代が起きていたとの指摘点を考え合わせれば（コルヒーロフ論文五四四頁）、第一書記と突撃作業員のパターナリズムが、その裏側で末端党官僚の粛清に連動していた可能性が相当高いと推測される。論理的飛躍であることを承知でいえば、私はこうしたダイナミズムに、冒頭で述べたE・トッドのいう「共同体家族」、つまり「平等主義」に基づく「権威主義」の具体的な発露をみた思いがした。むろんコンドラーシンのいう支配の多層性を十分認めた上での話だが、「共同体家族」原理は、飢餓対応のモラルエコノミー的な側面だけではなく、それ以上に自発的な暴力の行使の局面にも関わらせて議論可能ではないか。そこに「貧農の暴力」などの階級論的な視点を超えてロシア的な民衆的暴力を理解する糸口があるのではないか。付言すれば、こうしたパターナリズムの作用は、官僚制が最大限に動員される戦後東ドイツの社会主義化とは好対照をなしていると思われた。

④おわりに

以上、主として「農民共同体」、「共同体と集団化」、「国家と農民」の三つの論点を中心に議論してきた。もとより新事実を豊富に内包する本書であれば、論じるべき論点はなお多い。最後に、残された紙幅で二点だけ触れることで、本書評の末尾としよう。

第一点は帝国と民族の問題である。これまで折に触れて強調したように、本書全体を通して浮かび上がるのは国家と農民の絶望的な距離感であるが、容易に想像されるように、これは「都市と農村の問題」であるとともに、帝国と民族の問題領域に重なるものである。そのさいとくに焦点となるのはウクライナである。本書においても内戦期のマフノー運動とその歴史叙述を扱ったコンドラーシン論文からは、ウクライナの自立性を読みとることができるが、さらに集団化におけるウクライナの大飢饉（これをめぐる歴史論争を含む）、および本書では言及されていないが、独ソ戦時のナチス占領、ホロコースト、戦場化の問題までをも射程にいれれば、ウクライナ史は、帝国史を越えて東欧史全体のうちに位置づけ直す必要があると思われる。

第二点は戦後農業史についてである。戦後のコルホーズの変化は従来まったく論じられたことのない新しい領域である。松井論文は、逃亡問題、付属地割当問題、給与支給問題の三点に関する検討から、一九五〇年代においてコルホーズの一方での脱農民化（企業化）と他方での社会的機能の拡大が同時に進行したことを明らかにしている。ただしこの史実をいかに評価するかに関しては、研究蓄積の浅さによる制約のためであろう、「封建制／資本主義」、「近代／前近代」という近代主義の対概念の動員を余儀なくされている。一九六〇～八〇年代の農村の変化を論じたナウハッキー論文も、近代主義の枠組みに依拠した記述に終始している。ただし農業の資本集約化の進展に伴ってカードル層の意義が増したこと、にもかかわらず農村社会資本不足のためにカードル不足問題が解決せず、もって大規模農業資本の機能不全が生じたという指摘など、個々には興味深い事実が述べられているが。いずれにしても戦後期に関する本格的研究の深化こそは、今後の「20世紀ロシア農民史」研究領域の大きな課題であろう。

最後にポスト・ソヴェト期の二論文、すなわち土地改革の困難さと今後の土地なし層の大量出現を示唆する野部論文と、潜在失業的要素をもつ農村貧民の特性を計量的に分析した武田論文については評者の力量不足のためにまったく言及できなかった。ご寛恕を乞う次第である。

（『ロシア・ユーラシア経済―研究と資料―』第九〇九号、二〇〇八年四月、掲載）

史料・参考文献一覧

（未刊行史料）

Kresiarchiv Bad Doberan

Abteilung Land- und Forstwirtschaft, -Produktionsgenossenschaften- (Registerakte der LPG)

Nr. 1.1711, 1.1712, 1.1714, 1.1715, 1.1716, 1.1717, 1.1718, 1.1719, 1.1720, 1.1721, 1.1722, 1.1723, 1.1724, 1.1725, 1.1726, 1.1727, 1.1728, 1.1729, 1.1730, 1.1731, 1.1732, 1.1733, 1.1734, 1.1735, 1.1736, 1.1737, 1.1744, 1.1745, 1.1746, 1.1774, 1.2051, 1.2168

LPG Neue Zeit, Hohenfelde

Nr. 3.1, 3.2

Rat der Gemeinde Bastorf 4 (Ortsteil Kägsdorf)

Nr. 2.335, 27, 31, 40

Rat der Gemeinde Büttelkow 7 (Ortsteil Wichmannsdorf)

Nr. 7

Rat der Gemeinde Hohenfelde 10

Nr. 9, 19, 24, 30, 35, 49, 52

Rat der Gemeinde Jennewitz mit Diedrichshagen und Boldenshagen 11

Nr. 3, 4, 5, 6, 17, 22
Rat der Gemeinde Steffenshagen 29
Nr. 2, 3, 4, 7, 20

Landeshauptarchiv Schwerin (**LHAS**)
5.12–4/2 Ministerium für Landwirtschaft, Domänen und Forsten (1919–1945)
Nr. 10635, 10881, 11692
6.11–2 Ministerpräsident
Nr. 498, 503, 506, 527, 528, 529, 530, 531, 532, 533, 534, 535, 536, 537, 538, 539, 540, 541, 542, 543, 544, 545, 546, 547, 547a, 551, 552, 553, 664, 665, 666, 666a, 667, 668, 669, 670, 670a, 671, 672, 673, 674, 675, 676, 677, 678, 678a, 679
6.11–11 Ministerium des Innern
Nr. 146
6.11–19 Ministerium für Sozialwesen
Nr. 31, 802, 938, 2105
6.21–4 Landesverwaltung der Maschinen-Ausleih-Stationen (MAS)/Vereinigung Volkseigener Maschinen-Ausleih-Stationen Mecklenburg (1948–1952)
Nr. 39, 71, 72, 149, 150, 398, 458, 459, 462
7.21–1 Bezirkstag/Rat des Bezirkes Neubrandenburg (1952–1990)
Nr. 2247, 2248, 2249
7.11–1 Bezirkstag/ Rat des Bezirkes Schwerin (1952–1990)

Nr. 3049, 3049/1, 3050/3051, 3052, 3053, 3054, 3055, 3056/3057, 3058, 3059, 3060

10.34–3 Bezirksleitung der SED Schwerin

Nr. 979, 980, 981, 982, 983, 986, 987, 989, 990

Landesarchiv Greifswald（**VpLA Greifswald**）

Rep. 200, 2.1, Bezirkstag und Rat des Bezirk Rostock, Vorsitzender des Rates

Nr. 3, 37, 121, 147, 434, 443, 444, 445, 487, 506

Rep. 200, 4.6.1.1, Bezirkstag und Rat des Bezirk Rostock, Abt. Landwirtschaft

Nr. 19, 32, 60, 61, 74, 75, 77, 84, 93, 134, 178, 184, 209, 215, 231, 258, 376

Rep. 200, 4.6.1.2, Bezirkstag und Rat des Bezirk Rostock, Abt. Landwirtschaft, Unterabt. LPG

Nr. 12, 18, 21, 32, 40, 50, 56, 72, 94, 134, 142, 207, 219, 260, 268, 274, 275, 278

Rep. 290, Kreisleitung der KPD Rostock

Nr. 10, 16, 17

Rep. 294, Kreisleitung der SED Bad Doberan, Sekretariat

Nr. 17, 22

Rep. 294, Kreisleitung der SED Bad Doberan, Abt. Parteiorgane

Nr. 184, 185, 186, 187, 188, 189, 190, 191, 192, 193, 194, 195, 196, 197, 198

Rep. 294. Kreisleitung der SED Bad Doberan, Abt. Landwirtschaft

Nr. 211, 212, 213, 214, 215, 216, 217, 218, 219, 220, 221, 222, 223, 224, 226, 227, 228, 229, 231, 232, 233, 234, 235, 236, 237, 238, 239, 240, 241, 242, 243, 244, 245, 246, 251

Rep. 294. Kreisleitung der SED Bad Doberan, Abt. Agitation und Propaganda, Westarbeit

Nr. 275, 276, 277, 280, 281, 291, 292, 293

Grundorganisationen der SED, Kreis Bad Doberan

GO der SED, Nr. IV/7/29, IV/7/33, IV/7/34, IV/7/35, IV/7/36, IV/7/37, IV/7/50–52

Ortsleitungen der SED, Kreis Bad Doberan

OL der SED, Nr. IV/6/03/23, IV/6/03/24

Bundesarchiv Berlin-Lichterfeld (**B-Arch**)

DK1, Ministerium für Land-, Forst- und Nahrungsgüterwirtschaft

Nr. 670, 680, 721, 722, 723, 724, 727, 730, 731, 734, 745, 746, 747, 749, 750, 752, 830, 831, 844, 859, 879, 880, 881, 882, 883, 884, 885, 888, 911, 918, 1203, 1204, 1205, 1206, 1207, 1208, 1210, 1214, 1216, 1600, 3130, 3135, 4237, 4756, 5461, 5894, 5895, 7364, 7593, 8079, 8152, 8153, 8154, 8168, 8170, 8173, 8184, 8187, 8189, 8830, 9074, 9222, 9281, 2911/10031, 3127–3134, 753, 754, 8179, 8180, 8190, 8191, 8572, 8573

DO2, Zentralverwaltung für Deutsche Umsiedler

Nr. 20, 21, 22, 34, 49, 62, 63, 64, 65, 67

DQ2, Ministerium für Arbeit und Berufsausbildung

Nr. 623, 1990, 1991, 2113, 2114, 2115, 2143, 2783, 3400, 3799

DO1–11, Ministerium des Inneren

Nr. 24, 25, 44, 193, 194, 409, 802, 960, 961, 962, 963, 964, 965, 966, 967, 1126, 1145, 1179, 1366, 1367, 1368, 1369, 1370

Deutsches Historisches Museum (DHM), Bildarchiv (Berlin)
VI/20/D/ICN 61A (Bodenreform)
VI/20/DDR 47J (allgemein)
VI/20/DDR 47J (Martin Schmidt 1, 2)
VI/20/DDR 47J, 13 (Aussaat + Verbereitung), 14 (Ernte), 15 (Geräte)

Radder, W., Chronik der Gemeinde Hohenfelde, 1968（ホーエンフェルデ村公民館所蔵）

（刊行史料集）

Akten und Verhandlungen des Landtags des Landes Mecklenburg-Vorpommern, 1946–1952; Bd. 1–1, Bd. I–2, Bd. II, Bd. III, Frankfurt/M. 1992/1993 (Reprint).
Regierungsblatt für Mecklenburg, Bd. 1, Amtsblatt der Landesverwaltung, Regierungsblatt für Mecklenburg 1946–1947, Frankfurt/M. 1993 (Reprint).
Wille, Manfred (Hg.), Die Vertriebenen in der SBZ/DDR: Dokumente, I. Ankunft und Aufnahme 1945, Wiesbaden 1996.
Ders. (Hg.), Die Vertriebenen in der SBZ/DDR: Dokumente, II. Massentransfer, Wohnen, Arbeit 1946–1949, Wiesbaden 1999.

（新聞・統計・法令集・農場住所録）

Mecklenburger Land-Boten, hg. v. Deutscher Landarbeiterverband für den Gau Mecklenburg, 1928.
Bauern-Echo (Mecklenburg), hg. v. Organ der Demokratische Bauernpartei Deutschlands, Schwerin, 1952, 1953, u. 1956.

Landeszeitung: Organ der SED für Mecklenburg, hv. SED Landesverband Mecklenburg-Vorpommern, Juli-Aug., 1952.

Schweriner Volkszeitung (Schwerin), hg. v. SED/Bezirksparteiorganisation, Schwerin, Aug.- Sept. 1952.

Ostsee-Zeitung(Rostock), hg. v. SED Bezirksparteiorganisation, Rostock, Juni-Juli 1953.

Der Scheinwerfer: Dorfzeitung für den MTS-Bereich Jennewitz, 1956–1958.

Gesetzblatt der Deutschen Demokratischen Republik, 1951–1953.

Güter-Adreßbuch von Mecklenburg-Schwerin und Mecklenburg-Strelitz, Niekammer's Güter-Adreßbücher Band IV, 3 Auflage, Leipzig 1921.

Niekammer's landwirtschaftliche Güter-Adreßbücher, Unterreihe: 4, Landwirtschaftliches Adreßbuch der Rittergüter, Güter und Höfe von Mecklenburg, Leipzig 1928.

Statistisches Jahrbuch der Deutschen Demokratischen Republik 1956–1961, hg. v. Staatlichen Zentralverwaltung für Statistik.

（欧語文献）

Ackermann, Volker, Der „echte" Flüchtling. Deutsche Vertriebenen und Flüchtlinge aus der DDR 1945–1961, Osnabrück 1995.

Alberti, Hans-Joachim von, Mass und Gewicht. Geschichtliche und tabellarische Darstellungen von den Anfängen bis zur Gegenwart, Berlin 1957.

Arlt, Rainer, Grundriß des LPG-Rechts, Berlin 1959.

Bade, Klaus J. (Hg.), Deutsche im Ausland - Fremde in Deutschland. Migration in Geschichte und Gegenwart, München 1992.

Ders., Europa in Bewegung. Migration vom späten 18. Jahrhundert bis zur Gegenwart, München 2002.

Ders, Sozialhistorische Migrationsforschung, Göttingen 2004.

Der Bau der Mauer durch Berlin. Die Flucht aus der Sowjetzone und die Sperrmaßnahmen des kommunistischen Regimes vom 13.

August 1961 in Berlin, hg. v. Bundesministerium für innerdeutsche Beziehungen, Bonn 1986.

Bauer, Theresia, Die Gründung der Demokratische Bauernpartei Deutschlands, in: Melis, D. van (Hg.), Sozialismus auf dem platten Land, Schwerin 1999, S. 281–319.

Dies., Blockpartei und Agrarrevolution von oben. Die Demokratische Bauernpartei Deutschlands 1948–1963, München 2003.

Bauerkämper, Arnd, Von der Bodenreform zur Kollektivierung. Zum Wandel der ländlichen Gesellschaft in der Sowjetischen Besatzungszone Deutschlands und DDR 1945–1952, in: Cotta, u. a. (Hg.), Sozialgeschichte der DDR, Stuttgart 1994.

Ders. (Hg.), „Junkerland in Bauernhand“? Durchführung, Auswirkung und Stellenwert der Bodenreform in der Sowjetischen Besatzungszone, Stuttgart 1996.

Ders., Strukturumbruch ohne Mentalitätenwandel. Auswirkungen der Bodenreform auf die ländliche Gesellschaft in der Provinz Mark Brandenburg 1945–1949, in: ebenda, S. 69–85.

Ders., Aufwertung und Nivellierung. Landarbeiter und Agrarpolitik in der SBZ/DDR 1945–1960, in: Tenfelde, K./Hübner, P. (Hg.), Arbeiter in der SBZ-DDR, Essen 1999, S. 245–267.

Ders., Die vorgetäuschte Integration. Die Auswirkungen der Bodenreform und Flüchtlingssiedlung auf die berufliche Eingliederung von Vertriebenen in die Landwirtschaft in Deutschland 1945–1960, in: Hoffmann, D./Schwartz. M. (Hg.), Geglückte Integration? Spezifika und Vegleichbarkeiten der Vertriebenen-Eingliederung in der SBZ/DDR, München 1999, S. 193–214.

Ders., Loyale „Kader“? Neue Eliten und SED-Gesellschaftspolitik auf dem Lande von 1945 bis zu den frühen 1960er Jahren, in: Archiv für Sozialgeschichte, Nr. 39, 1999, S. 265–298.

Ders., Ländliche Gesellschaft in der kommunistischen Diktatur. Zwangsmodernisierung und Tradition in Brandenburg 1945–1963, Köln 2002.

Ders., Kollektivierung in der DDR und agrarischer Strukturwandel in der Bundesrepublik - Zwei Modernisierungspfade, in: Buchsteiner, I. (Hg.), Agrargenossenschaften in Vergangenheit und Gegenwart, Rostock 2004, S. 45–58.

Ders., Die Sozialgeschichte der DDR. München 2005.

Ders., Umbruch und Kontinuität. Agrarpolitik in der SBZ und frühen DDR, in: Langthaler, E. u. a. (Hg.), Reguliertes Land, Innsbruck 2005, S. 83–97.

Ders., Das Ende des Agrarmodernismus, in: Dix/Langthafer (Hg.), Grünen Revolutionen, Jahrbuch für Geschichte des ländlichen Raumes 2006, Innsbruck 2006, S. 151–171.

Becker, Horst, Die demokratische Bodenreform Deutschlands, dargestellt an Hand ihrer Durchführung im Kreise Grimmen, in: Wissenschaftliche Zeitschrift der Universität Rostock, Gesellschafts- und sprachwissenschaftliche Reihe, 8 Jg. 1958, H. 2, S. 231–247.

Beetz, Stephan, Dörfer in Bewegung. Ein Jahrhundert sozialer Wandel und räumliche Mobilität in einer ostdeutschen ländlichen Region, Hamburg 2004.

Bendikowski, Tillmann, „Lebensraum für Volk und Kirche". Kirchliche Ostsiedlung in der Weimarer Republik und im „Dritten Reich", Stuttgart 2002.

Berdahl, Daniel, Where the World Ended. Re-Unification and Identity in the German Borderland, University of California Press, 1999.

Berthold, Theodor, Die Agrarpreispolitik der DDR: Ziel, Mittel, Wirkungen, Gießen 1972.

Besatzung und Bündnis. Deutsche Herrschaftsstrategien in Ost- und Südosteuropa, Beiträge zur Nationalsozialistischen Gesundheits- und Sozialpolitik Bd. 12, Berlin 1995.

Benz, Wolfgang, Fremde in der Heimat. Flucht - Vertreibung- Integration, in: Bade, K. J, (Hg.), Deutsche im Ausland. Fremde in Deutschland, München 1992, S. 374–392.

Bentzien, Ulrich, Landmaschinentechnik in Mecklenburg (1800–1959), Jahrbuch für Wirtschaftsgeschichte, 1965 Teil 3, S. 54–81.

Bernier,Wilhelm, Die Lebenshaltung, Lohn- und Arbeitsverhältnisse von 145 deutschen Landarbeiterfamilien, Schriften des

Deutschen Landarbeiter-Verbandes, Nr. 32, Berlin 1931.

Bispinck, Henrick/Melis, Damian van/Wagner, Andreas (Hg.), Nationalsozialismus in Mecklenburg und Vorpommern, Schwerin 2001.

Boldorf, Marcel, Sozialfürsorge in der SBZ/DDR 1945–1953. Ursache, Ausmaß und Bewältigung der Nachkriegsarmut, Stuttgart 1998.

Brauer, Kai/Ernst, Frank/Willisch, Andreas, Die Landwirtschaft in der DDR und nach der Wende. Lebenswirklichkeit zwischen Kollektivierung und Transformation. Empirische Langzeitstudie, in: Wirtschafts-, Sozial- und Umweltpolitik (Materialien der Enquete-Kommission „Überwindung der Folgen der SED-Diktatur im Prozess der deutschen Einheit“ 13. Wahlperiode des Deutschen Bundestages, Bd. III–2), Frankfurt a. M. 1999, S. 1325–1428.

Brauer, Kai, Im Schatten des Aufschwungs. Sozialstrukturelle Bedingungen und biographische Voraussetzungen der Transformation in einem mecklenburger Dorf, in: Bertram, H. u. a. (Hg.), Systemwechsel zwischen Projekt und Prozeß. Analysen zu den Umbrüchen in Ostdeutschland, Opladen 1998, S. 483–523.

Brenner, Chistiane/Heumos, Peter (Hg.), Sozialgeschichte Kommunismusforschung. Tschechoslowakei, Polen, Ungarn, DDR 1945–1968, München 2005.

Buechler, Hans-C./ Buechler Judith-M., Contesting Agriculture. Cooperativism and Privatization in the New Eastern Germany, State University of New York Press, 2002.

Buchsteiner, Illona, Großgrundbesitz in Pommern 1871–1914. Ökonomische, soziale und politische Transformation der Großgrundbesitzer, Berlin 1993.

Dies., Bodenreform und Agrarwirtschaft der DDR. Forschungsstudie, in: Leben in DDR, Leben nach 1989 - Aufarbeitung und Versöhnung. Zur Arbeit der Enquete- Kommission, hg. v. Landtag Mecklenburg-Vorpommern, Bd. 5, Schwerin 1997, S. 9–61.

Dies. (Hg.), Mecklenburger in der deutschen Geschichte des 19. und 20. jahrhunderts, Rostock 2001.

Dies./Kuntsche, Siegmund (Hg.), Agrargenossenschaften in Vergangenheit und Gegenwart. 50 Jahre nach der Bildung von landwirtschaftlichen Produktionsgenossenschaften in der DDR, Rostock 2004.

Buchheim, Christoph (Hg.), Wirtschaftliche Folgelasten des Krieges in der SBZ/DDR, Baden-Baden 1995.

Budde, Gunilla F. (Hg.), Frauen arbeiten. Weiblichen Erwerbstätigkeit in Ost- und Westdeutschland nach 1945, Göttingen 2007.

Buddrus, Evelyn, Die Durchführung der demokratischen Bodenreform im Kreis Bad Doberan und ihre historische Bedeutung, in: Wissenschaftliche Zeitschrift der Universität Rostock, Gesellschafts- und sprachwissenschaftliche Reihe, 10 Jg. 1961, H. 1, S. 19–44.

Busse, Tanja, Melken und gemolken werden. Die ostdeutsche Landwirtschaft nach der Wende, Berlin 2001.

Corni, Gustav/Gies, Hornst, Brot - Butter - Kanonen. Die Ernährungswirtschaft in Deutschland unter der Diktatur Hitlers, Berlin 1997.

Claus, Wolfgang, Die deutschen Landwirtschaft, Berichte über Landwirtschaft, Neue Folge, 148. Sonderheft, Berlin 1939.

Clement, Annette, Produktionsbedingungen und Produktionsgestaltung in den bäuerlichen Wirtschaften Mecklenburgs zur Zeit der Bodenreform 1945 bis 1949. Eine Untersuchung für die Kreise Hagenow, Güstrow und Neubrandenburg, Diss. Uni. Rostock 1992.

Donth, Stefan, Vertriebene und Flüchtlinge in Sachsen 1945–1952. Die Politik der Sowjetischen Militäradministration und der SED, Köln 2000.

Diehl, Markus A., Von der Marktwirtschaft zur nationalsozialistischen Kriegswirtschaft. Die Transformation der deutschen Wirtschaftsordnung 1933–1945, Stuttgart 2005.

Dix, Andreas, „Freies Land“. Siedlungsplanung im ländlichen Raum der SBZ und frühen DDR 1945–1955, Köln 2002.

Ders., Nach dem Ende der „Tausend Jahre“: Landschaftsplanung in der Sowjetischen Besatzungszone und frühen DDR, in: Radkau Joachim/Uekötter, Frank (Hg.), Naturschutz und Nationalsozialismus, Frankfurt a. M. 2003, S. 331–362.

Ders., Ländliche Siedlung als Strukturpolitik. Die Entwicklung in Deutschland Ost-West-Vergleich von 1945 bis zum Ende der Fünfizigerjahre, in: Langthaler, E. u. a. (Hg.), Reguliertes Land. Innsbruck 2005, S. 71–82.

Edwin Hoernle: ein Leben für die Bauernbefreiung: das Wirken Edwin Hoernles als Agrarpolitiker und eine Auswahl seiner agrarpolitischen Schriften, hg. v. Institut für Agrargeschichte der Deutschen Akademie der Landwirtschaftswissenschaften zu Berlin, Berlin(o) 1965.

Eichholtz, Dietrich. (Hg.), Geschichte der deutschen Kriegswirtschaft 1939–1945, Band II 1941–1943, Mit einem Kapitel von Johachim Lehmann, Teil 2, München 1999.

Elsner, Eva-M./ Zielke, Monika, Vierzig Jahre in der Neuen Zeit. 40 Jahre LPG Hohenfelde, Rostock 2004.

Enders, Ulrich, Die Bodenreform in der amerikanischen Besatzungszone 1945–1949 unter besonderer Berücksichtigung Bayerns, Ostfildern 1984.

Die Enquete-Kommission „Aufarbeitung von Geschichte und Folgen der SED-Diktatur in Deutschland" im Deutschen Bundestag, Materialien der Enquete-Kommission „Aufarbeitung von Geschichte und Folgen der SED-Diktatur in Deutschland" (12. Wahlperiode des Deutschen Bundestages), hg. vom Deutschen Bundestag, Bd. 1–9, Baden-Baden 1995.

Engelmann, Roger/Kowalczuk, Ilko-S. (Hg.), Volkserhebung gegen den SED-Staat. Eine Bestandsaufnahme zum 17. Juni 1953, Göttingen 2005.

Exner, Peter, Agrarwirtschaft und ländliche Gesellschaft in Westdeutschland im Schatten der Bodenreformdiskussion. Kontinuität und Neubeginn in Westfalen 1945–1949, in: Bauerkämper, (Hg.), „Junkerland in Bauernhand"?, Stuttgart 1996.

Ders., Ländliche Gesellschaft und Landwirtschaft in Westfalen 1919–1969, Paderborn 1997.

Farquharson, John E., The Management of Agriculture and Food Supply in Germany 1944/1947, in: Martin, B. & Milward, A. S. (ed.), Agriculture and Food Supply in the Second World War, Ostfildern 1985, pp. 50–68.

Faust, Manfred, Das Capri von Pommern. Geschichte der Insel Hiddensee von Anhängen bis 1990, Rostock 2001.

Gabler, Diethelm, Entwicklungsabschnitte der Landwirtschaft in der ehemaligen DDR, Berlin 1995.

Gudermann, Rita, Neuere Forschungen zur Agrargeschichte, in: Archiv für Sozialgeschichte, Bd. 41 (2001), S. 432–449.

Halbauer, Günter, Die Rolle und Bedeutung der MTS bei der sozialistischen Umgestaltung der Landwirtschaft, Berlin (o) 1959.

Hanau, Arthur/Plate, Roderich, Die deutschen landwirtschaftliche Preis- und Marktpolitik im Zweiten Weltkrieg, Stuttgart 1975.

Handwörterbuch zur ländlichen Gesellschaft in Deutschland, hg. v. Beetz, S., Brauer, K., u. Neu, C., Wiesbaden 2005.

Hartisch, Torsten, Die Enteignung von „Nazi- und Kriegsverbrechern" im Land Brandenburg, Frankfurt a. M. 1998.

Heidemeyer, Helge, Flucht und Zuwanderung aus der SBZ/DDR 1945/47–1961. Die Flüchtlingspolitik der Bundesrepublik Deutschland bis zum Bau der Berliner Mauer, Düsseldorf 1994.

Heim, Susanne (Hg.), Autarkie und Ostexpansion. Pflanzenzucht und Agrarforschung im Nationalsozialismus, Göttingen 2002.

Dies., Kalorien, Kautschuk, Karrieren. Pflanzenzüchtung und landwirtschaftliche Forschung in Kaiser-Wilhelm-Instituten 1933 bis 1945, Göttingen 2003.

Herbert, Ulrich, Fremdarbeiter. Politik und Praxis des „Ausländer-Einsatz" in der Kriegswirtschaft des Dritten Reichs, 2. Auflage, Bonn 1986.

Herlemann, Beatrix, Der Bauer klebt am Hergebrachten. Bäuerliche Verhaltensweisen unterm Nationalsozialismus auf dem Gebiet des heutigen Landes Niedersachsen, Hahn 1993.

Hermann, Klaus, Pflügen, Säen, Ernten. Landarbeit und Landtechnik in der Geschichte, Reinbek bei Hamburg 1985.

Herrnmensch und Arbeitsvölker. Ausländische Arbeiter und Deutsche 1939–1945, Beiträge zur Nationalsozialistischen Gesundheits- und Sozialpolitik Bd. 3, Berlin 1989.

Hoffmann Dierk/Schwartz Michael (Hg.), Geglückte Integration? Spezifika und Vergleichbarkeiten der Vertriebenen - Eingliederung in der SBZ/DDR, München 1999.

Holly, Donald, The Second Great Emancipation. The Mechanical Cotton Picker, Black Migration, and How They Shaped the

Modern South, Fayetteville: The University of Arkansas Press, 2000.

Holz, Martin, Evakuierte, Flüchtlinge und Vertriebene auf der Insel Rügen 1943–1961, Köln 2003.

Hoon, Heile van, Die Schaffung einer politischen Lebenswelt. Das Antifa-Umsiedlerdorf Zinna/Neuheim in Brandenburg, in: Haas, Hanns/Hiebel, Ewald(Hg.), Politik vor Ort. Sinngebung in ländlichen und kleinstädtischen Lebenswelten, Jahrbuch für Geschichte des ländlichen Raumes 2007, Innsbruck 2007, 149–159.

Hübner, Peter (Hg.), Konsens, Konflikt und Kompromiß. Soziale Arbeiterinteressen und Sozialpolitik in der SBZ/DDR 1945–1970, Berlin 1995.

Humm, Antonia Maria, Aus dem Weg zum sozialistischen Dorf ? Zum Wandel der dörflichen Lebenswelt in der DDR und der Bundesrepublik Deutschland 1952–1969, Göttingen 1999.

Jech, Karel, Die Repression gegen die Grossbauernschaft während der Kollektivierung der tschecho-slowakischen Landwirtschaft, in: Brenner, Ch./Heumos P. (Hg.), Sozialgeschichtliche Kommunismusforschung. Tschechoslowakei, Polen, Ungarn und DDR, 1945–1968, München 2005.

Jordan, Carlo, Umweltzerstörung und Umweltpolitik in der DDR, in: Materialien der Enquete-Kommission „Aufarbeitung von Geschichte und Folgen der SED-Diktatur in Deutschland“, hg. vom Deutschen Bundestag, Bd. II–4, Baden-Baden 1995, S. 1771–1790.

Judt, Matthias (Hg.), DDR-Geschichte in Dokumenten, Berlin 1997.

Junkerland in Bauernhand: von der Junkerherrschaft zum Sozialismus, herausgegeben zum 15. Jahrestag der demokratischen Bodenreform, Schwerin 1960.

Just, Regine, Zur Lösung des Umsiedlerproblems auf dem Gebiet der DDR 1945 bis Anfang der fünftiger Jahre, in: Zeitschrift für Geschichtswissenschaft 35 Jg. 1987, H. 11, S. 971–984.

Karm, Susanne, Freiflächen- und Landschaftsplanung in der DDR. Am Beispiel von Werken des landschaftsarchiteken Walter Funcke

(1907–87), Münster 2004.

Kempa, Horst, 50 Jahre erlebte Landwirtschaft im Osten Deutschlands, Band I, II, Leipzig 2009.

Kipping, Manfred, Die Bauern in Oberwiera. Landwirtschaft im Sächsisch-Thüringischen 1945 bis 1990, Beucha 1999.

Kleindienst, Jürgen (Hg.), Nichts führt zurück. Flucht und Vertreibung 1944–1948 in Zeitzeugen-Erinnerungen, Berlin 2001.

Klemm, Volker u. a, Von den bürgerlichen Agrarreformen zur sozialistischen Landwirtschaft in der DDR , Berlin(o) 1978.

Kluge, Ulrich, Die ostdeutsche Bodenrefom 1945/46 als Thema wissenschaftlicher Debatte nach fünfzig Jahren, in: Bericht über Landwirtschaft, Bd. 74 (3), September 1996, S. 426–438.

Ders. (Hg.), Zwischen Bodenreform und Kollektivierung. Vor- und Frühgeschichte der „sozialistischen Landwirtschaft" in der SBZ/DDR vom Kriegsende bis in die fünfziger Jahre, Stuttgart 2001.

Ders., Die Affäre Vieweg. Der Konflikt um eine sozialistische Agrarbetriebslehre, in: ebenda, S. 195–212.

Ders., Agrarwirtschaft und ländliche Gesellschaft im 20. Jahrhundert, München 2005.

Kocka, Jürgen/Sabrow, Martin (Hg.), Die DDR als Geschichte. Fragen - Hypothesen - Perspektiven, Berlin 1994.

Kossert, Andreas, Kalte Heimat. Die Geschichte der deutschen Vertriebenen nach 1945, München 2009.

Kotov, Grigorij G., Agrarverhältnisse und Bodenreform in Deutschland, 1 und 2 Teil, Übersetzer: Schieck H. u. Hoffmann, S., Berlin 1959.

Kowalczuk, Ilko-S./Mitter, Armin/Wolle, Stefan (Hg.), Der Tag X - 17. Juni 1953. Die »Innere Stattsgründung« der DDR als Ergebnis der Krise 1952/54, Berlin 1996.

Kowarsch, Karl Heinz, Der revolutionäre Prozeß des Übergang von der einzelbäuerlichen zur genossenschaftlichen sozialisitischen Landwirtschaft in der DDR am Beispiel des Bezirks Schwerin (1950 bis 1955), Diss. Uni. Rostock 1964.

Ders., Der Schritt vom Ich zum Wir in der Landwirtschaft des Bezirkes Rostock: 1952–1960, hg. v. der Kommission zur Erforschung der Geschichte der örtlichen Arbeiterbewegung bei der Bezirksleitung Rostock der SED, der Bezirksvorstand des VdgB Rostock und dem Staatsarchiv Greifswald, Rostock 1986.

Krambach, Kurt/Kuntsche, Siegmund/Wartzek, Hans, Wirtschaftliche Entwicklung in den drei Nordbezirken der DDR. Agrarwirtschaft, Agrarpolitik und Lebensverhältnisse auf dem Lande, in: Leben in DDR, Leben nach 1989 - Aufarbeitung und Versöhnung, hg. v. Landtag Mecklenburg-Vorpommern, Bd. 5, Schwerin 1997, S. 63–161.

Kramer, Matthias, Die Bolschwisierung der Landwirtschaft, Köln 1951.

Ders., Die Landwirtschaft in der Sowjetischen Besatzungszone. Bonner Berichte aus Mittel- und Ostdeutschland, Bonn 1953.

Krebs, Christian, Der Weg zur Industriemäßigen Organisation der Agrarproduktion in der DDR. Dïe Agrarpolitik der SED 1945–1960, Bonn 1989.

Krombholz, Klaus, Landmaschinenbau der DDR: Licht und Schatten, Frankfurt a. M. 2006.

Krellenberg, Hans-Ulrich, Die Eingliederung der Umsiedler in das gesellschaftliche und politischen Leben in Mecklenburg 1945–1949 (Dargestellt an den Kreisen Parchim und Malchin), Diss. Uni. Rostock 1970.

Kuntsche, Siegfried, Archivalische Quellen zur Geschichte der demokratischen Bodenreform. Die Bestände der Landesregierung Mecklenburg im Staatsarchiv Schwerin, in: Archivmitteilungen, 6, 1965, S. 204–211.

Ders., Der Gemeinwirtschaft der Neubauern. Problem der Auflösung des Gutsbetriebs und des Aufbaus der Neubauernwirtschaften bei der demokratischen Bodenreform in Mecklenburg, Diss. Uni. Rostock 1970.

Ders, Der Kampf gegen „Gemeinschaft“ der Neubauern für die Auflösung des Gutsbetriebs und der Aufbau der Neubauernwirtschaften bei der demokratischen Bodenreform in Mecklenburg-Vorpommern, in: Wissenschaftliche Zeitschrift der Universität Rostock, Gesellschafts- und sprachwissenschaftliche Reihe, 20 Jg. 1971, H. 1/2.

Kuhrt, Eberhard (Hg.), Die Endzeit der DDR-Wirtschaft. Analysen zur Wirtschafts-, Sozial- und Umweltpolitik, Opladen 1999.

Langer, Hermann, Leben unterm Hakenkreuz. Alltag in Mecklenburg 1932–1945, Rostock 1996.

Langenhan, Dagmar, „Halte Dich fern von den Kommunisten, die wollen nicht arbeiten!“. Kollektivierung der Landwirtschaft und bäuerlicher Eigen-Sinn am Beispiel Niederlausitzer Dörfer 1952 bis Mitte der sechtiger Jahre, in: Lindenberg, T. (Hg.), Herrschaft und Eigen-Sinn in der Diktatur. Studien zur Gesellschaftsgeschichte der DDR, Köln 1999, S. 119–165.

Ders., „Wir waren ideologisch nicht ausgerichtet auf die industriemäßige Produktion". Machtbildung und forcierter Strukturwandel in der Landwirtschaft der DDR der 1970er Jahre, in: Zeitschrift für Agrargeschichte und Agrarsoziologie, Jg. 51(2003), Heft 2, S. 47–55.

Langer, Kai, „Ein solcher Prozess ist eine gesellschaftliche Notwendigkeit". Zu den Hintergründen des Güstrower Raiffeisen-Prozesses vom 10. bis 16. Juli 1950, in: Zeitgeschichte regional. Mitteilungen aus Mecklenburg-Vorpommern, 2002, H. 1, S. 37–46.

Langthaler, Ernst/Redl, Josef (Hg.), Reguliertes Land. Agrarpolitik in Deutschland, Österreich und der Schweiz 1930–1960, Jahrbuch für Geschichte des ländlchen Raumes 2005, Innsbruck 2005.

Leben in DDR, Leben nach 1989 – Aufarbeitung und Versöhnung. Zur Arbeit der Enquete-Kommission, hg. v. Landtag Mecklenburg-Vorpommern, Bd. 5, Schwerin 1997.

Lehmann, Johann, Agrarpolitik und Landwirtschaft in Deutschland 1939 bis 1945, in: Agriculture and Food Supply in the Second World War, Ostfildern 1985, pp. 29–49.

Ders., Zwangsarbeit in der deutschen Landwirtschaft 1939–1945, in: Herbert, U. (Hg.), Europa und der „Reichseinsatz" Ausländische Zivilarbeiter, Kriegsgefangenen und KZ- Häftlinge in Deutschalnd 1938–1945, Essen 1991, S. 127–139.

Ders., Die deutschen Landwirtschaft im Kriege, in: Eichholtz, D. (Hg.), Geschichte der deutschen Kriegswirtschaft 1939–1945, Band 2: 1941–1943, Teil 2. München 1999, S. 570–642.

Lemke, Micahel (Hg.), Sowjetisierung und Eigenständigkeit in der SBZ/DDR (1945–1953), Köln 1999.

Lindenberger, Thomas (Hg.), Herrschaft und Eigen-Sinn in der Diktatur. Studien zur Gesellschaftsgeschichte der DDR, Köln 1999.

Ders., Der ABV als Landwirt. Zur Mitwirkung der Deutschen Volkspolizei bei der Kollektivierung der Landwirtschaft, in: ebenda, S. 167–203.

Luft, Hans, Agrargenossenschaften gestern, heute und morgen. Zur Geschichte der Landwirtschaft der DDR und ihre Perspektive im vereinten Deutschland, hefte zur ddr - geschichte 50, Berlin 1998.

Lüdtke, Alf, Geschichte und Eigensinn, in: Alltagskultur, Subjektivität und Geschichte: zur Theorie und Praxis von Alltagsgeschichte, hg. v. Berliner Geschichtswerkstatt, Münster 1994.

Mager, Friedrich, Geschichte des Bauerntums und der Bodenkultur im Lande Mecklenburg, Berlin 1955.

Mai, Uwe, „Rasse und Raum". Agrarpolitik, Sozial- und Raumplanung im NS-Staat, Paderborn 2002.

Major, Patrick, Vor und nach dem 13. August 1961: Reaktionen der DDR-Bevölkerung auf den Bau der Berliner Mauer, in: Archiv für Sozialgeschichte, Nr. 39, 1999, S. 325–354.

Marchewa, Irene, Der alte Stopfpiltz. Von Ostpreußen nach Mecklenburg. Die Geschichte einer Vertreibung, Rostock 2006.

Marquardt, Sabine, Die Bodenreformkommission in Mecklenburg-Vorpommern als Vehikel der politischen Transformation, in: Melis, D. van (Hg.), Sozialismus auf dem platten Land, Schwerin 1999, S. 239–260.

Martin, Bernd/Milward, Alan-S. (ed.), Agriculture and Food Supply in the Second World War (Landwirtschaft und Versorgung im Zweiten Weltkrieg), Ostfildern 1985.

Matthiesen, Helge, Greifswald in Vorpommern. Konservatives Milieu im Kaiserreich, in Demokratie und Diktatur 1900–1990, Düsseldorf 2000.

Mecklenburg-Vorpommern. Land am Rand – für immer? Reihe Geschichte Mecklenburg-Vorpommern Nr. 5, Schwerin 1996.

Meinecke, Wolfgang, Die Bodenreform und Vertriebenen in der Sowjetischen Bezatzungszone, in: Bauerkämper (Hg.), „Junkerland in Bauernland"?, Stuttgart 1996, S. 132–151.

Melis, Damian van (Hg.), Sozialismus auf dem platten Land. Tradition und Transformation in Mecklenburg-Vorpommern von 1945 bis 1952, Schwerin 1999.

Ders., Entnazierung in Mecklenburg-Vorpommern. Herrschaft und Verwaltung 1945–1948, München 1999.

Ders./Bisnick, Henrik, „Republikflucht“. Flucht und Abwanderg aus der SBZ/DDR 1945–1961, München 2006.

Meyer, Winfried/Neitmann, Klaus (Hg.), Zwangsarbeiter während der NS-Zeit in Berlin und Brandenburg. Formen, Funktion und Rezeption, Potsdam 2001.

Mitter, Armin, »Am 17. 6. 1953 haben die Arbeiter gestreikt, jetzt aber streiken wir Bauern« Die Bauern und Sozialismus, in: Kowalczuk, u. a. (Hg.), Der Tag X - 17. Juni 1953, Berlin 1996, S. 75–128.

Mohr, Hans-J., 50 Jahre Bodenreform in den neuen Bundesländern, in: Zeitschrift für Agrargeschichte und Agrarsoziologie, 43 Jg. 1995, H. 2, S. 211–223.

Mooser, Josef, Das Verschwinden der Bauern. Überlegungen zur Sozialgeschichte der „Entagrarisierung“ und Modernisierung der Landwirtschaft im 20. Jahrhundert, in: Münkel, D. (Hg.), Der lange Abschied vom Agrarland. S. 23–35.

Möhlenbrock, Tim, Kirche und Bodenreform in der Sowjetischen Besatzungszone Deutschlands (SBZ) 1945–1949, Frankfurt a. M. 1997.

Müller, Christian Th./Poutrus, Patrice G. (Hg.), Ankunft - Alltag - Ausreise. Migration und interkulturelle Begegnung in der DDR-Gesellschaft, Köln 2005.

Münkel, Daniela (Hg.), Der lange Abschied vom Agrarland. Agrarpolitik, Landwirtschaft und ländliche Gesellschaft zwischen Weimar und Bonn, Göttingen 2000.

Dies. Nationalsozialistische Agrarpolitik und Bauernalltag, Frankfurt a. M. 1996.

Nehrig, Christel, Zur sozialen Entwicklung der Bauern in der DDR 1945–1960, in: Zeitschrift für Agrargeschichte und Agrarsoziologie, 41 Jg. 1993, H. 1, S. 66–76.

Ders., Der Umgang mit den unbewirtschafteten Flächen in DDR. Die Entwicklung der Örtlichen Landwirtschafsbetriebe, in: Zeitschrift für Agrargeschichte und Agrarsoziologie, Jg. 51 (2003), Heft 2, S. 34–46.

Niemann, Mario, Mecklenburgischer Großgrundbesitz im Dritten Reich, Köln 2000.

Ders., Mecklenburgische Gutsherren im 20. Jahrhundert, 2. Auflage, Rostock 2002.

Ders., Traditionalität und Modernisierung in der Mecklenburgischen Gutswirtschaft in der ersten Hälfte des 20. Jahrhunderts. Das Beispiel der Verwendung landwirtschaftlicher Maschinen, in: Bispinck, H. u. a. (Hg.), Nationalsozialismus in Mecklenburg und Vorpommern, Schwerin 2001, S. 87–110.

Ders., Ländliches Leben in Mecklenburg in der ersten Hälfte des 20. Jahrhunderts, 2. Auflage, Rostock 2006.

Ders., Die Sekretäre der SED-Bezirksleitungen 1952–1989, Paderborn 2007.

Nieske, Christian, Vom Leben und seinen Leuten. Leben in einem Mecklenburger Bauerndorf 1750–1953, Schwerin 1997.

Oberkrome, Willi, „Deutsche Heimat". Nationale Konzeption und regionale Praxis von Naturschutz, Landschaftsgestaltung und Kulturpolitik in Westfalen-Lippe und Thüringen 1900–1960, Paderborn 2004.

Ders., Ordnung und Autarkie. Die Geschichte der deutschen Landbauforschung, Agrarökonomie und ländlichen Sozialwissenschaft im Spiegel von Forschungsdienst und DFG, Stuttgart 2009.

Paasch, Ernst W/Staevie, Dieter (Hg.), Von der Bodenreform bis zur Treuhand: Lexikon der Volkseigenen Güter im Bezirk Magdeburg und ihrer Direktoren, Oschersleben 2005.

Paetaw, Marie, Lena oder Der Sozialistische Gang. Aus dem Leben einer LPG-Bäuerin, Altenmedingen 1994.

Papendieck, Herbert, Die schriftliche Überlieferung im Landeshauptarchiv zur demokratischen Bodenreform, in: Über Tatsachen und Quellen zur Geschichte der deutschen Arbeiterbewegung im Bezirk Magdeburg, Magdeburg 1963, S. 55–66.

Pätzold, Horst, Zersetzungsmaßnahmen im Zuge der Kollektivierung der Landwirtschaft, in: Leben in DDR, Leben nach 1989, hg. v. Landtag Mecklenburg-Vorpommern, Bd. 5, Schwerin 1997, S. 163–199.

Pieck, Wilhelm, Junkerland in Bauernhand: Rede zur demokratischen Bodenreform Kyritz, 2. September 1945, Berlin 1955.

Piskol, Joachim/Nehrig, Christel/Trixa, Paul, Antifaschistisch- demokratische Umwälzung auf dem Lande 1945–1949, Berlin(o) 1984.

Pfeffer, Steffi, 825 Jahre Hohenfelde, Hohenfelde 2002.

Plaul, Hainer, Über grundlegende Veränderungen in der Lebensweise der Landarbeiter im 20. Jahrhundert, in: Rach, H-J. u. a. (Hg.), Die werktätige Dorfbevölkerung in der Magdeburger Börde, Berlin(o) 1986, S, 105–178.

Podewin, Norbert, Bernhard Quandt. Ein Urgestein Mecklenburgs, Rostock 2006.

Pohl, Eva-Maria, Die demokratische Bodenreform Deutschlands, ihre Bedeutung und ihre Durchführung im Kreise Parchim, in: Wissenschaftliche Zeitschrift der Universität Rostock, Gesellschafts- und sprachwissenschaftliche Reihe, 8 Jg. 1958, H. 2, S. 211–229.

Poutrus, Patrice G., 10 Jahre Forschungen zur ostdeutschen Agrarentwicklung und zur Geschichte der ländlichen Gesellschaft 1945 bis 1989. Bilanz und Aussicht. Ein Kolloquium des Institut für Zeitgeschichte, 14. und 15. März 2003 in Berlin. Ein Tagungsbericht, in: Zeitschrift für Agrargeschichte und Agrarsoziologie, Jg. 51 (2003), Heft 2, S. 90–93.

Pries, Sebastian, Das Neubauerneigentum in der ehemalige DDR, Frankfurt a. M. 1994.

Rach, Hans J., Zur Lebensweise der Bauern in der Magdeburger Börde vom Beginn des 20. Jahrhunderts bis zum Sieg der sozialistischen Produktionsverhältnisse in der Landwirtschaft, in: ders. (Hg.), Die werktätige Dorfbevölkerung in der Magdeburger Börde, Berlin(o) 1986, S. 17–103.

Rosenfeldt, Jenspeter, Nicht Einer …… Viele sollen leben! Landreform in Schleswig- Holstein 1945–1950, Kiel 1991, S. 107.

Ross, Corey, Constructing Socialism at the Grass-Roots. The Transformation of East Germany, 1945–65, London 2000.

Roth, Heidi, Der 17. Juni 1953 in Sachsen, Köln 1999.

Rubner, Heinrich, Deutsche Forstgeschichte 1933–1945. Forstwirtschaft, Jagd und Umwelt im NS-Staat, St. Katharinen 1997.

Scherstjanoi, Elke, SED-Agrarpolitik unter sowjetischer Kontrolle 1949–1953, München 2007.

Schier, Barbara, Alltagsleben im „Sozialistischen Dorf". Merxleben und seine LPG im Spannungsfeld der SED-Agrarpolitik 1945–1990, Münster 2001.

Dies., Der Weg zum „sozialistischen Dorf". Die Kollektivierung der Landwirtschaft und der Wandel des Alltagslebens im thüringischen Merxleben, in: Langthaler, E. u. a. (Hg.), Reguliertes Land, Innsbruck 2005, S. 98–106.

Schmidt, Ute, Die Deutschen aus Bessarabien. Eine Minderheit aus Südosteuropa (1814–bis heute), Köln 2006.

Ders., „Drei- oder viermal im Leben neu anfangen zu müssen…". Beobachtungen zur ländlichen Vertriebenenintegration in mecklenburgischen „Bessarabier-Dörfern", in: Hoffmann Dierk/Schwartz Michael (Hg.), Geglückte Integration?, München 1999, S. 291–320.

Schneider, Andreas, Das Landproletariat der Sowjetischen Basatzungszone 1945/46, Diss. Leipzig 1983 (MS).

Scholze-Irrlitz, Leonore, ,,Umsiedler" im Landkreis Beeskow/Storkow, in: Alltagskultur im Umbruch (Festschrift für Wolfgang Jacobeit zu seinem 75. Geburtstag), hg. v. Kaschuba, Wolfgang/Scholze, Thomas/Scholze-Irrlitz, Leonore, Weimar 1996.

Scholz, Michale F., Bauernopfer der deutschen Frage. Der Kommunist Kurt Vieweg im Dschungel der Geheimdienste, Berlin 1997.

Schöne, Jens, Landwirtschaftliches Genossenschaftswesen und Agrarpolitik in der SBZ/DDR 1945–1950/51, Stuttgart 2000.

Ders., Landwirtschaftliche Genossenschaftswesen der SED/DDR, in: Kluge, U. (Hg.), Zwischen Bodenreform und Kollektivierung, Stuttgart 2001, S. 157–174.

Ders., Frühling auf dem Lande ? Die Kollektivierung der DDR-Landwirtschaft, 2. Auflage, Berlin 2007.

Ders., Das Sozialistische Dorf. Bodenreform und Kollektivierung in der Sowjetzone und DDR, Leipzig 2008.

Schröder, Peter, Erfahrungen und Erfolge mit technischen Hilfsmitteln im Betirebe des Herrn Burgwedel - Hof Malchow, Diss. Bonn 1935.

Schulz, Dieter, Probleme der sozialen und politischen Entwicklung der Bauern und Landarbeiter in der DDR von 1945–1955, Diss. Berlin 1984 (MS).

Ders., Der Weg in die Krise 1953, hefte zur ddr-geschichte 6, Berlin 1993.

Ders., „Kapitalistische Länder überflügeln". Die DDR-Bauern in der SED-Politik des ökonomischen Wettbewerbs mit der

Bundesrepublik von 1956 bis 1961, hefte zur ddr - geschichte 16, Berlin 1994.

Schulze, Winfried (Hg.), Sozialgeschichte, Alltagsgeschichte, Mikro-Historie. Eine Diskussion, Göttingen 1994.

Schwabe, Klaus, Der 17. Juni 1953 in Mecklenburg und Vorpommern, Reihe Geschichte Mecklenburg - Vorpommern Nr. 4, Schwerin 1995.

Schwartz, Michael, Vertriebene und „Umsiedlerpolitik". Integrationskonflikte in den deutschen Nachkriegs-Gesellschaften und Assimilationsstrategien in der SBZ/DDR 1945 bis 1961, München 2004.

Schwerin, Graf von, Zettemin. Erinnerungen eines mecklenburgischen Gutsherrn, 2. Aufl., München 2000.

Seraphim, Peter Heinz, Die Heimatvertriebenen in der Sowjetzone, Berlin 1954.

Sommer, Stefan, Lexikon des DDR-Alltags. Von „Altstoffsammlung" bis „Zirkel schreibender Arbeiter", Erweiterte zweite Auflage, Berlin 2000.

Spix, Boris, Die Bodenreform in Brandenburg 1945–1947. Konstruktion einer Gesellschaft am Beispiel der Kreise West- und Ostprignitz, Münster 1997, S. 84f.

Stoehr, Irene, Von Max Sering zu Konrad Meyer. Ein „machtergreifender" Generationswechsel in der Agrar- und Siedlungswissenschaft, in: Heim, S. (Hg.), Autarkie und Ostexpansion, 2002, S. 57–90.

Stöckigt, Rolf, Der Kampf der KPD um die demokratische Bodenreform, Berlin 1964.

Tätigkeitbericht der Enquete-Kommission „Leben in der DDR, Leben nach 1989 - Aufarbeitung und Versöhnung", hg. v. Landtag Mecklenburg-Vorpommern, Wahlperiode 23. 10. 1997.

Ther, Philipp, Deutsche und polnische Vertriebene. Gesellschaft und Vertriebenenpolitik in der SBZ/DDR und Polen, Göttingen 1998.

Thomsen, Johann Wilhelm, Vom Hakenpflug zum Mähdrescher. Eine Fotochronik technischer Entwicklung in der Landwirtschaft, Heide 1984.

Teske, Regina, Staatssicherheit auf dem Dorfe. Zur Überwachung der ländlichen Gesellschaft vor der Vollkollektivierung 1952 bis 1958, BF informiert Nr. 27, Berlin 2006.

Tillman, Doris, Landfrauen in Schleswig-Holstein 1930–1950, Heide 2006.

Trittel, Günter J., Die Bodenrefom in der Britischen Zone 1945–1949, Stuttgart 1975.

Vester, Michael/Hofmann, Michael/Zierke, Irene (Hg.), Soziale Milieus in Ostdeutschland. Gesellschaftliche Strukturen zwischen Zerfall und Neubildung, Köln 1995.

40 Jahre „Junkerland in Bauernhand". Die Durchführung der demokratischen Bodenreform im Kreis Perleberg (früher Kreis Westprignitz), hg. v. SED Kreisleitung Perleberg, Abt. Agitation u. Propaganda, Perleberg 1985.

Wachs, Phillip-Ch., Die Bodenreform von 1945: die zweite Enteignung der Familie Mendelssohn-Bartholdy, Baden-Baden 1994.

Weber, Adolf, Umgestaltung der Eigentumsverhältnisse und der Produktionsstruktur in der Landwirtschaft der DDR, in: Materialien der Enquete-Kommission „Aufarbeitung von Geschichte und Folgen der SED-Diktatur in Deutschland", hg. vom Deutschen Bundestag, Bd. II, Baden-Baden 1995, S. 2809 –2888.

Ders., Ursachen und Folgen abnehmender Effizienz in der DDR-Landwirtschaft, in: Kuhrt, E. u. a. (Hg.), Die Endzeit der DDR-Wirtschaft, Opladen 1999, S. 235–271.

Weißbuch über die Demokratische Bodenreform in der Sowjetischen Besatzungszone Deutschlands, Dokumente und Berichte, München 1988.

Wille, Manfred., Die demokratische Bodenreform und die sozialistischen Umgestaltung der Landwirtschaft in der Magdeburger Börde 1945–1961, in: Rach, H. u. a. (Hg), Die werktätige Dorfbevölkerung in der Magdeburger Börde, Berlin(o) 1986, S. 221–251.

Ders. (Hg.), 50 Jahre Flucht und Vertreibung. Gemeinsamkeiten und Unterschiede bei der Aufnahme und Integration der Vertriebenen in die Gesellschaften der Westzonen/Bundesrepbulik und SBZ/DDR, Magdeburg 1997.

Zank, Wolfgang, Wirtschaft und Arbeit in Ostdeutschland 1945–1949, München 1987.
10 Jahre Landesbauernverband Brandenburg e. V., Festschrift, hg. zum 10. Jahrestag des Landesbauernverband Brandenburg e. V., 2001.
Zeitschrift für Agrargeschichte und Agrarsoziologie, Jg. 51 (2003), Heft 2 (Themenschwerpunkt; Kollektivierung- Privatisierung. Transformationen der ostdeutschen Landwirtschaft seit 1945).

（邦語文献）

青木国彦　「東ドイツ農業の計画化」平田重明編『東欧の農業生産協同組合　下』（アジア経済研究所）一九七四年、第五章所収。
同　「ドイツ民主共和国の農業」大崎平八郎編『現代社会主義の農業問題』（ミネルヴァ書房）一九八一年、第一〇章所収。
足立芳宏　『近代ドイツの農村社会と農業労働者―「土着」と「他所者」のあいだ―』（京都大学学術出版会）一九九七年。
同　「戦後東ドイツにおける土地改革・集団化と難民問題」『生物資源経済研究』（京都大学編）第三号、一九九七年。
同　「研究動向：近代ドイツの「村落《ドルフ》」をめぐって」『年報　村落社会研究』（村落研究会編）第三三集、（農山漁村文化協会）、一九九七年。
同　「ドイツの土地改革―経営と難民問題の視点から―」『農業史研究』第三一／三二合併号、一九九八年。
同　「近代農村社会と移動労働者問題―カリフォルニアと北ドイツの比較史論―」『経済史研究』第三号、一九九九年。
同　「戦時ドイツの農業・食糧政策と農林資源開発―食糧アウタルキー政策の実態―」野田公夫（研究代表者）編

同　『農林資源開発の比較史的研究―戦時から戦後へ―』（科研報告書）、二〇一〇年、第Ⅳ部第二章、所収。

同　書評「古内博行著『ナチス期の農業政策研究 1934-1936 ―穀物調達措置の導入と食糧危機の発生―』（東京大学出版会）」『歴史と経済』第一八五号、二〇〇四年。

同　書評「柳澤治著『資本主義史の連続と断絶　―西欧的発展とドイツ―』（日本経済評論社）」『西洋史学』第二二三号、二〇〇六年。

同　書評「平井進著『近代ドイツの農村社会と下層民』（日本経済評論社）」『村落社会研究ジャーナル』第二九号、二〇〇八年。

同　書評「及川順著『ドイツ農業革命の研究（上・下）』（自費出版（及川博））」『経営史学』第四四巻第三号、二〇〇九年。

同　書評「石井聡著『もう一つの経済システム―東ドイツ計画経済下の企業と労働者―』（北海道大学出版会）」『ドイツ研究』（日本ドイツ学会編）第四五号、二〇一一年（掲載予定）。

荒木幹雄他　「戦後土地改革の比較史的検討」（日本農業史学会一九九六年度シンポジウム）『農業史研究』第三一／三二合併号、一九九八年。

石井　聡　『もう一つの経済システム―東ドイツ計画経済下の企業と労働者―』（北海道大学出版会）、二〇一〇年。

石川　浩　『戦後東ドイツ革命の研究』（法律文化社）一九七二年。

伊集院　立　「ドイツ農村の変容とナチス―ポメルンにおけるナチスの農村労働者政策―」『社会労働研究』（法政大学社会学部学会編）第四四巻第三・四号、一九九八年。

磯辺秀俊　『ナチス農業の建設過程』（東洋書館）一九四三年。

ヴェーバー・H（斎藤哲・星乃治彦訳）　『ドイツ民主共和国史―社会主義ドイツの興亡―』（日本経済評論社）一九九一年。

エングラー・W（岩崎稔・山本裕子訳）　『東ドイツの人々―失われた国の地誌学―』（未來社）二〇一〇年。

及川　順　『ドイツ農業革命の研究　全二巻』（自費出版（及川博））二〇〇七年。
大崎平八郎編『現代社会主義の農業問題』（ミネルヴァ書房）一九八一年。
奥田央編　『20世紀ロシア農民史』（社会評論社）二〇〇六年。
加藤浩平　「戦後東ドイツの賠償負担問題」『社会科学年報』（専修大学社会科学研究所編）第三六号、二〇〇二年。
加藤房雄　『ドイツ都市近郊農村史研究―「都市史と農村史のあいだ」序説―』（勁草書房）二〇〇五年。
上林貞治郎編　『ドイツ社会主義の発展過程』（ミネルヴァ書房）一九六九年。
川喜田敦子　「東西ドイツにおける被追放民の統合」『現代史研究』第四七号、二〇〇一年。
同　「二〇世紀ヨーロッパ史の中の東欧の住民移動―ドイツ人「追放」の記憶とドイツ・ポーランド関係をめぐって―」『歴史評論』六六五号、二〇〇五年。
河合信晴　「イギリスにおける「東ドイツ研究」の展開―メアリ・フルブルークの議論を中心にして―」『成蹊大学法学政治学研究』第三二号、二〇〇六年。
菊池智裕　「戦後東独南部における「工業労働者型」の農業集団化―チューリンゲン地方エアフルト市　1952 – 1960 年―」『歴史と経済』（近日掲載見込）
同　「戦後東独における農林資源開発の構想と実態―50年代・60年代のエアフルトを事例として―」野田公夫（研究代表者）編『農林資源開発の比較史的研究―戦時から戦後へ―』（科研報告書）、二〇一〇年、第Ⅳ部第三章、所収。
同　「東ドイツ農村社会の研究（1945–1991 年）―人類学的農民研究の視点から―」（東北大学大学院文学研究科修士論文）二〇〇六年。
木戸衛一　「占領改革としての東ドイツ土地改革」『一橋論叢』一〇二巻第二号、一九八九年。
熊野直樹　「ヴァイマル共和制末期における地方の農民団体とナチス―テューリンゲン州を中心に―」『法政研究』（九州大学法政学会）第六六巻第三号、一九九九年。

同　「ナチスの農村進出と農民―ヴァイマル共和制末期におけるテューリンゲン州を中心に―」同上第六七巻第二号、二〇〇〇年。

同　「統一戦線行動・「共産主義の危険」・ユンカー―ヴァイマル共和国末期におけるドイツ共産党の農村進出と農村同盟―」同上第七〇巻第二号、二〇〇三年。

同　「テューリンゲン農村におけるナチス―1928～29年を中心に―」『西洋史学論集』（九州西洋史学会編）第三八号、二〇〇〇年。

熊野直樹・星乃治彦編『社会主義の世紀―「解放」の夢にツカれた人たち―』（法律文化社）二〇〇四年。

クレースマン・K（石田勇治、木戸衛一訳）『戦後ドイツ史1945–1955―二重の建国―』（未來社）一九九五年。

クレム・V編（大藪輝雄・村田武訳）『ドイツ農業史―ブルジョア的農業改革から社会主義農業まで―』（大月書店）一九八〇年。

小林浩二『21世紀のドイツ―旧東ドイツの都市と農村の再生と発展―』（大明堂）一九九八年。

近藤潤三『統一ドイツの外国人問題―外来民問題の文脈で―』（木鐸社）二〇〇二年。

同　『統一ドイツの政治的展開』（木鐸社）二〇〇四年。

同　『東ドイツ（ＤＤＲ）の実像―独裁と抵抗―』（木鐸社）二〇一〇年。

斎藤　哲『消費生活と女性―ドイツ社会史（1920–70年）の一側面―』（日本経済評論社）二〇〇七年。

酒井晨史「東ドイツにみる農業協同化の発展過程―1945–1960年―」平田重明編『東欧の農業生産協同組合　上』（アジア経済研究所）一九七四年、第二章所収。

佐藤成基『ナショナル・アイデンティティと領土―戦後ドイツの東方国境をめぐる論争―』（新曜社）二〇〇八年。

塩川伸明『現存した社会主義―リヴァイアサンの素顔―』（勁草書房）一九九九年。

清水　誠「東ドイツの土地改革―東ドイツの農業協同組合の覚書その1―」東京都立大学『法学会雑誌』第三巻第一、二合併号、一九六三年。

同　「農民の勤労的土地所有（上）」同第四巻第一号、一九六三年。
同　「農民の勤労的土地所有（中）」同第四巻第二号、一九六四年。
同　「エドゥイン・ヘルンレ―農民解放のための生涯―」同上第六巻第一号、一九六五年。
白川欽哉　「ソ連占領期の東ドイツにおける労働力事情」秋田経済法科大学経済学部紀要 第三八号、二〇〇三年。
同　「ソ連占領下の東ドイツの経済構造―解体と賠償の影響―」同上第三九号、二〇〇四年。
高橋秀寿他編　『東欧の20世紀』（人文書院）二〇〇六年。
高尾千津子　『ソ連農業集団化の原点―ソヴィエト体制とアメリカユダヤ人―』（渓流社）二〇〇六年。
谷江幸雄　『東ドイツの農産物価格政策』（法律文化社）一九八九年。
谷口信和　『二十世紀社会主義農業の教訓―二十一世紀日本農業へのメッセージ―』（農山漁村文化協会）一九九九年。
同　「ヴァイマル・ナチス期のユンカー的土地所有の構造」『調査と資料』（名古屋大学経済学部付属経済構造分析資料センター）第六六号、一九七八年。
チューネン・J・H（近藤康男・熊代幸雄訳）『孤立国』（日本経済評論社）一九八九年。
テーア・A（相川哲夫訳）『合理的農業の原理』（上・中・下）（農山漁村文化協会）二〇〇七年。
仲井　斌　『ドイツ史の終焉―東西ドイツの歴史と政治―』（早稲田大学出版会）二〇〇三年。
中林吉幸　「東部ドイツ農業の現状について―メクレンブルク・フォアポメルン州での調査結果から―」『農業法研究』第四六号、二〇〇六年。
同　「東部ドイツ農業の現状―南部地域の調査結果から―」『経済科学論集』（島根大学法文学部編）第三一号、二〇〇五年。
永岑三千輝　『ドイツ第三帝国のソ連占領政策と民衆 1941-1942』（同文館）一九九四年。
同　『独ソ戦とホロコースト』（日本経済評論社）二〇〇一年。
野田公夫　「農地改革の歴史的意義―比較史的視点から―」『農林業問題研究』第三三巻第二号、一九九七年。

同編　『農林資源開発の比較史的研究―戦時から戦後へ―』(二〇〇七年度～二〇〇九年度日本学術振興会科学研究費補助金：基盤研究(B)研究成果報告書)、京都大学農学研究科比較農史学分野発行、二〇一〇年。

原田　溥編　『統合ドイツの文化と社会』(九州大学出版会)一九九六年。

肥前榮一　『比較史のなかのドイツ農村社会―『ドイツとロシア』再考―』(未來社)二〇〇八年。

古内博行　『ナチス期の農業政策研究 1934-1936 ―穀物調達措置の導入と食糧危機の発生―』(東京大学出版会)二〇〇三年。

同　『EU穀物価格政策の経済分析』(農林統計協会)二〇〇六年。

平井　進　『近代ドイツの農村社会と下層民』(日本経済評論社)二〇〇七年。

フィルマー・F(木戸衛一訳)『岐路に立つ統一ドイツ―果てしなき東の植民地化―』(青木書店)二〇〇一年。

フェヘール・F他(富田武訳)『欲求に対する独裁―「現存社会主義」の原理的批判―』(岩波書店)一九八四年。

平田重明編　『東欧の農業生産協同組合(上)(下)』(アジア経済研究所)一九七四年。

福永美和子　「「ベルリン共和国」の歴史的自己認識―東ドイツ史研究動向より―」『現代史研究』第四五号、一九九九年。

ブルデュー・P(丸山茂・小島宏・須田文明訳)『結婚戦略―家族と階級の再生産―』(藤原書店)二〇〇七年。

同(原山哲訳)『資本主義のハビトゥス―アルジェリアの矛盾―』(藤原書店)一九九三年。

藤瀬浩司　『近代ドイツ農業の形成―「プロシア」型進化の歴史的検証―』(お茶の水書房)一九六七年。

藤田幸一郎　『近代ドイツ農村社会経済史』(未來社)一九八四年。

藤原辰史　『ナチス・ドイツの有機農業―「自然との共生」が生んだ「民族の絶滅」―』(柏書房)二〇〇五年。

ベルクマン・T(相川哲夫・松浦利明訳)『比較農政論―社会主義諸国における―』(大明堂)一九七八年。

北條　功　「第二次大戦後の東ドイツにおける土地改革―プロシア型近代化の帰結―」『土地制度史学』第三五号、一九六七年。

星乃治彦　『社会主義国における民衆の歴史―1953年6月17日東ドイツの情景―』(法律文化社)一九九四年。

森　建資　『イギリス農業政策史』（東京大学出版会）二〇〇三年。
三宅　立　「第二大戦後のバイエルンにおける難民の「統合」」、同（研究代表者）編『欧米における移動と定住・地域的共同性の諸形態に関する研究』（「平成一六年度～一八年度科学研究補助金（基盤研究B（2）研究成果報告書）、平成一九年三月、所収。
三好正喜　『ドイツ農書の研究―十六世紀ドイツの農業生産力と農業経営類型―』（風間書房）一九七五年。
村田　武　『戦後ドイツとEUの農業政策』（筑波書房）二〇〇六年。
矢野　久　『ナチス・ドイツの外国人―強制労働の社会史―』（現代書館）二〇〇四年。
柳澤　治　『資本主義史の連続と断絶―西欧的発展とドイツ―』（日本経済評論社）二〇〇六年。
吉岡　潤　「ポーランド人民政権の支配確立と民族的再編―戦後農地改革をめぐる政治状況を軸に―」『史林』第八〇号第一号、一九九七年。

初出一覧

本書のもとになった論文の初出は以下の通りである。ただし、本書の執筆に際し大幅な組み替え、加筆・修正を行った。

序章　「東ドイツ農業史研究のパラダイム転換―「冷戦期」から「ポスト冷戦期」へ―」『生物資源経済研究』（京都大学編）第一五号、二〇一〇年。

第一章　「戦後東ドイツ農業における土地改革と新農民問題―メクレンブルク・フォアポンメルン州 1945–1949―」『生物資源経済研究』第六号、二〇〇〇年。

第二章　「戦後東ドイツ農村の新農民問題と村落―メクレンブルク・フォアポンメルンを中心に―」（日本経済史研究所編）『経済史再考』（思文閣出版）、二〇〇三年。
「戦後東ドイツの旧農民村落における難民問題―メクレンブルク・フォアポンメルンを中心に―」『生物資源経済研究』第八号、二〇〇二年。

第三章　「戦後東ドイツ農村の難民女性問題―メクレンブルク・フォアポンメルンを中心に―」、『社会科学』（同志社大学人文科学研究所編）、七二号、二〇〇四年。

第四章・第五章　「戦後東ドイツ農村における農民の『共和国逃亡』―メクレンブルク・フォアポンメルン州 1952–1955 年―」『生物資源経済研究』第一〇号、二〇〇四年。

第六章　「戦後東ドイツ農業集団化のミクロ・ヒストリー ―ロストク県バート・ドベラン郡を中心に―」『生物資源経済研究』第一一号、二〇〇五年。

「戦後東ドイツ農村の土地改革・集団化と村落 ―メクレンブルク・フォアポンメルン州 1945-1961 年―」『歴史と経済』第一八八号、二〇〇五年。

「戦後東ドイツ農村の「社会主義」―農業集団化のミクロ史分析―」『歴史学研究　増刊号』第八二〇号、二〇〇六年。

「ホーエンフェルデ村の農業集団化 ―戦後東ドイツ農村のミクロヒストリー―」『経済史研究』（大阪経済大学編）第一〇号、二〇〇六年。

「戦後東独農村の全面的集団化と『勤労農民』たち ―バート・ドベラン郡 1958-1960 ―」『生物資源経済研究』第一三号、二〇〇七年。

第七章　「戦後東ドイツ農村の難民問題と「社会主義」―戦後入植史としての土地改革・農業集団化―」『農業史研究』第四三号、二〇〇九年。
「戦後東ドイツ農村の機械トラクターステーション ―農業機械化と農村カードル形成―」『生物資源経済研究』第一四号、二〇〇九年。

終章　書き下ろし

書評　谷口信和著『二十世紀社会主義農業の教訓―二十一世紀日本農業へのメッセージ―』（農山漁村文化協会）、『農林業問題研究』第一三八号、二〇〇〇年六月、四七～四九頁。
奥田央編『20世紀ロシア農民史』（社会評論社）、『ロシア・ユーラシア経済―研究と資料―』第九〇九号、二〇〇八年四月、四〇～四六頁。

あとがき

本書の直接のきっかけは、冷戦終結まもない一九九〇年、私が所属していた京都大学農学部農史講座が新たな共通テーマとして「農地改革の再検討」を掲げたことに始まる。一九九一年には、指導教官であった荒木幹雄先生を研究代表者に、野田公夫、河合明宣、蘇淳烈、頼涪林、そして私から構成される共同研究会が本格的に発足し、一九九六年春まで継続した。当時の私は、オーバードクターとして、ワイマール期の農業労働者の社会史に関する研究に着手したところであった。その時は戦後ドイツの土地改革を自らの研究主題とするような確固たる自覚はなく、近代ドイツ農業労働者の史的帰結として戦後土地改革のありようを知っておけばそれで十分という程度の軽い気持ちでこの共同研究会に参加したことを記憶している。しかし、片手間に関連文献を収集し、またドイツ統一後に新たに発表されるようになった論文を読み進めるうち、その内容に俄然興味を惹かれるようになった。本当のところ何が起きたのか、その実態を深く知りたいと強く思うようになったのである。とくに戦後の東方難民問題が東ドイツの土地改革のありようと密接に関わっていたのではないかという論点は、私には極めて重要であった。というのも当時の私の研究は、ドイツ農村の下層民である農業労働者の社会史を、農業奉公人・外国人季節労働者・農村放浪者などの移動労働者に着目しつつ描くことだったからである。「土着」と「他所者」の相克を軸に農業雇用関係と農村社会の再編のありようを、さらには農村におけるナチズムの社会的な受容過程を新しい形で論じること、それが私の学位論文のテーマであったが、同じ「土着」と「他所者」の相克という視点から、従来とは異なる新しい東ドイツ社会主義農業の史的理解が可能となるかもしれないというアイデアがこの時に浮かんだのである。学位論文準備のため私が初めてシュヴェリンに足を踏み入れたのは一九九三年夏のことであった。ワイマール期のメクレンブルク地方で発行された農業労働者組合の機関誌と関連アルヒーフ史料の調査を目的に州立図書館と州立文書館を訪れ、この町に妻とともに二週間ほど滞在した。そのさい土日を利用して間近で見ることのできた統一後間もないメクレンブルクの農村の風景も、私に強烈な印象を与えた。同時にアルヒーフ史料の利用が急速に整えられてきていることも実感できた。私は一九九七年一二月に学位論文の成果を『近代ドイツの農村社会と農業労働者―「土着」と「他所者」のあいだ―』(京都大学学術出版会)として出版したが、その頃から戦後東ドイツ農業史の本格的な研究に迷うことなく着手したのである。

こうして、おおよそ学位論文終了後の一九九六年から現在までの約一五年間にわたって、私は主として戦後東ドイツ農業史の研究に従事してきた。その間、研究の動機付けとなったのは、第一には、いまや自由に閲覧可能となったアルヒーフ史料に分け入って、土地改革と集団化の実態をとにかく自分が納得のいくまで明らかにしたいという思いであるが、第二には、上記のように私の前著の問題意識を継承・発展させつつ、二〇世紀ドイツ農村の社会史の史的文脈のうちに戦後東ドイツ農業史を位置づけたいからであった。本書のなかで繰り返し強調したように、それは戦後東ドイツ農業史をかつての「社会主義」論の枠組みから解放することであり、これを新しい歴史学の言葉で語ることでなければならない。同時に、「社会史」をメイン・タイトルに掲げる書物である以上、スターリニズムの権力発動局面を声高に主張することでも、あるいは経済構造による拘束性を過渡に力説することでもなく、あくまでSED権力形成下における農民主体のありようにこそ焦点をあて、これを可能な限り具体的に描くことでなければならないだろう。第三に、農村史・農業史研究であることを強く意識する立場からは、一九世紀農業変革以来の村落形態の規定性も比較農村史の観点からは重要な論点である。さらには二〇世紀における大規模農業成立史のモノグラフの書でもありたいと考えた。これらが本研究を進めるにあたって私が常に抱いていた思いである。

ただし、「社会主義」論からの「解放」を目的としたからといっても、そのことは決して「二〇世紀社会主義」の問題を軽視することを意味するものではない。むしろ逆である。かつて一九八〇年前後の学生時代に、私はユーロコミュニズム、ポーランドの「連帯」運動、西ドイツの「緑の党」の運動など、同時代の新しい思潮や出来事に強く感化されたが、その基盤にあったのは当時の私自身の―個人的な―「社会主義」経験であった。すでに「ソ連型社会主義」や「現存する社会主義」の限界は自明であったものの、それでも私は「社会主義」の再生と革新に世界史の「突端」があるように考え、そこに安易な希望を抱いていた。ベルリンの壁崩壊以後の歴史が、そうした凡庸な想像力を遥かに超えて進行したことは言を俟たない。「二〇世紀社会主義」の経験をいかに批判的に反省するかは、他人事ではなく、実は私自身の問題なのである。

他方で、現在の日本を覆う閉塞感は、久しい間、この国に未来を語るイデオロギーが不在であることにも大いに根差しているように私には思われてならない。二一世紀を語る言葉が、このままグローバル資本の市場競争、国家間のヘゲモニー争い、敵対的なナショナリズム、さらには戦争や暴力などの「シニカル」なタームだけで満たされてしまうのはいかにも悲しい。それがゆえに、私は新自由主義的なグローバリズムのありように対する批判的スタンスを堅持したいと考えており、さらに農業史という専門領域―我流に換言すれば農学的な価値意識に基づく社会と自然の関わり方に関する歴史学的理解を目的とする領域―から、そうした新たなオルターナティヴ・イデオロギーの構築にわずかでも寄与できたらと思う。そして、その新たな思想が「普遍性」を志向した戦後的な価値観をなお内包するものであろうとするならば(私はそうあって欲しいと考えるが)、それは、同じく近代啓蒙主義の思潮をその身に深く刻んであった「二〇世紀社会主義」の多様な「経験」を批判的に踏まえて打ち立てられる必要があろう。実は、当初、私は本書のサブタイトルを「土地改革から農業集団化へ」とするつもりであった。しかし、今回の上梓にあたっては、本書が当事者に対するインタビューに基づくものではないことにいささかの躊躇を覚えつつも、以上の思いや願いを込めて、これを「「社会主義」経験の歴史化のために」と変更することにした。本書は、まずもって二〇世紀ドイツ農業史の専門書にすぎないが、そうした二一世紀の新しい知的営みに対して、ほんのわずかであれ資することができれば私にとって望外の喜びである。

本書は初出一覧（651頁）に示した旧稿をもとに、主として二〇〇九年夏から秋にかけて執筆した。そのさいには、とくに第四章と第五章について旧稿を大幅に組み変え、さらに全体を通して加筆・修正を行い、終章を新たに書き下ろした。筆者四〇代のささやかな成果であるが、むろん多くの人々の援助と協力があって初めて可能となったものである。

本研究の進展にとってもっとも大きかったのは、二〇〇三年の三月から九月の半年間、ロストク大学史学科の客員研究員として現地にて一次史料の調査と分析に没頭できる機会を得たことである（これに対しては京都大学教育研究振興財団から海外派遣の助成金を受けた）。そのさい、とくにイローナ・ブッフシュタイナー教授とマリオ・ニーマン氏には大変お世話になった。私が研究の主たる対象地としてバート・ドベラン郡を選んだのも、ブッフシュタイナー教授の助言に基づく。それだけに帰国後わずか数ヶ月して届いた彼女の逝去の知らせは、私には大変なショックであり、悲しみであった。心よりご冥福をお祈りしたい。

ロストク滞在中は、毎週火曜日と木曜日に終日バート・ドベラン市の郡庁舎にある郡文書・情報室に通った。郡文書・情報室のリタ・ロースマン女史には、長期にわたるアルヒーフ史料の閲覧を許していただいたばかりか、本郡ＬＰＧ史料の存在を教えていただき、さらにはホーエンフェルデ村の紹介までもしていただいた。関連史料群を集中して読み込み、その足で土日を利用して史料に登場する村々を片っ端から徒歩で回ったことで（ちなみに二〇〇三年は稀に見る酷暑の夏であった）、私の中で本研究の核となるイメージを作りあげることが出来た。さらに村史を快く貸していただいたホーエンフェルデ村長のカール・ハインツ・ジーヴェルト氏（村の詳しい案内までしていただいた）、唯一の当事者であるフランツ・ヤーチュ氏（残念ながら私の非力のために十分な聞き取りをする機会を逸してしまった)、ヤーチュ氏から紹介されたエヴァ・マリア・エルスナー女史にも、その協力に対し心より感謝したい。本書の核となる第四章と第五章のミクロ史的な分析は、この二〇〇三年の成果である。

二〇〇四年以降は、毎年春と夏にグライフスヴァルトの州立文書館を訪れ、バート・ドベラン郡のSED郡党文書群のうち、本研究に関連するアルヒーフ史料を閲覧・複写し、帰国後それを読み込む形で研究を進めた。その際にはとくに大量の複写を依頼することになった。こうした要請に快く応えていただいたグライフスヴァルト州立文書館の方々、とくに閲覧係のキルステン・シェフナー女史には長期にわたり大変お世話になった。直接には第六章と第七章がその成果である。また、時期は遡るが、本書の第一章から第三章に関わる部分は、一九九八年から二〇〇二年にかけてのシュヴェリン州立文書館およびベルリン連邦文書館のアルヒーフ史料調査が基になっている。どちらもいまなお毎年のように訪れる文書館であり、私にとっては研究のベース・キャンプといってもよいところである。職務とはいえ長年にわたる支援に対し文書館スタッフの方に心より感謝したい。

本研究を進める過程では、幸いなことに折に触れていくつかの学会、研究会において研究報告をする機会に恵まれた。具体的には、旧土地制度史学会(自由論題報告:二〇〇一年一〇月)、ドイツ現代史学会(シンポジウム報告:二〇〇三年九月)、ドイツ資本主義研究会(二〇〇四年六月)、ドイツ現代史研究会(二〇〇六年一月)、歴史学研究会(現代史部会報告:二〇〇六年五月)、日本農業史学会(シンポジウム報告:二〇〇八年三月)である。いずれの機会においても有益なコメントをいただくことができ、大いなる知的な刺激となった。とくに伊集院立氏と梶川伸一氏には、それぞれドイツ現代史学会と歴史学研究会現代史部会のおりにコメンテーターの労を引き受けていただき、有益な指摘をいただいた。この場を借りて心より感謝したい。

私の職場である京都大学大学院農学研究科生物資源経済学専攻の教員・職員の方々にも、半年間の在外研究期間を含め、この間、良好な研究環境を整えていただいた。自分の研究に長期間にわたり集中して打ち込めたことが、本研究の結実には決定的であった。さらに歴史学関連の実証論文は紙幅の関係からどうしても発表機会が限定されるという現実がある。そうした中で、本研究を進める中、私は自らの研究成果を、主として当専攻発行の『生物資源経済研究』に発表し続けることが出来た。そうした機会を与えていただいたことにも心より感謝の意を表したい。

私の日常的な研究の場は、今もなお当該専攻に属する比較農史学分野である。この間、分野スタッフである野田公夫、伊藤淳史の両氏をはじめ、今井良一、大瀧真俊、酒井朋子、野間万里子、安岡健一、森亜紀子、菊池智裕、水田隆太郎、池本裕行らの若手研究者諸氏との日常的な知的交流からは、おそらくは無意識のレベルにおいてすらも、深い影響を受けてきた。彼らとの出会いなしには本研究はこうした形では成就しなかったろう。とくに研究テーマを同じくする菊池智裕氏には、本書の校正段階において専門的立場から助言を得た。心より感謝したい。かつて私は前著の「あとがき」において、苦しかった自らのオーバードクター時代の経験に言及しつつ、若手研究者や非常勤講師のおかれた深刻な状況に対して社会的自覚化を促したが、そうした状況は、いまなお改善されないままであるどころか、むしろ悪化しつつさえあると言わねばならない。しかし、こうしたもとで農業史研究を志す若い人々が存在することは、日本社会の希望であるとつくづく思う。わが身の非力さは嘆かわしいばかりだが、可能な限り彼らを支援することが私の第一の責任であると考えている。

出版に際しては、京都大学学術出版会の鈴木哲也氏と斎藤至氏に大変お世話になった。鈴木氏には、本書の内容に理解を示していただき、学術書の出版状況が厳しいおり、前回に引き続きハードな本書の出版を快く引き受けていただいた。また斎藤至氏には、原稿段階から本書の内容に関して意見をいただき、さらに校正原稿にも丁寧に目を通され、不適当な表現や誤字・脱字などを的確に指摘いただいた。心より感謝したい。

本研究にあたっては下記の日本学術振興会科学研究費補助金の助成を受けた。本書はこれらによる研究成果の一部である。

平成九年度～平成一一年度：基盤研究（c）（2）（課題番号 09660242）
「戦後東西ドイツ農村における難民問題と農業問題についての比較史的研究」
平成一四年度～平成一六年度：基盤研究（c）（2）（課題番号 14560186）
「戦後東ドイツにおける農業集団化と村落構造の変化に関する実証的研究」
平成一七年度～平成二〇年度：基盤研究（C）（課題番号 17580195）
「ドイツ農業における戦前と戦後の連続性に関する研究」
平成二二年度（継続中）：基盤研究（C）（課題番号 25802450）
「戦後ドイツ農業の形成に関する史的研究―戦時入植政策から農業構造政策へ―」
また本書の刊行にあたっては、同じく日本学術振興会から科学研究費補助金研究成果公開促進費（学術図書）の交付を得た。

最後に、本書を妻、聖恵に捧げたい。今年の春以降の「朝鮮学校無償化除外反対」の詩人たちの声明に始まる一連の活動は見事であり、私には大変刺激になった。そのメッセージをこの国の人々が真摯に受け止めることを心より願って。

二〇一〇年一一月二二日　京都にて　　足立芳宏

［ら行］

［は行］

［な行］

［た行］

[さ行]

索　引

索引中，矢印と括弧は次のような意味で用いる．
A → B　＊Aの該当頁はBの項にまとめて示す．
A（→ B）＊Aの該当頁はここに記載する．Bは単に「参照」を意味する．
A・B　＊AとBの該当頁をここにまとめて記載する．
A（B）＊任意の項について，AとBの該当頁をここにまとめて記載する．

［あ行］

of "refugees" as a single social group. Hence, we cannot say there was a forming of any refugee identity in GDR rural society. In addition, thinking of land reform as a settlement policy for refugee farmers, we must then raise the issue of the historical continuity and discontinuity from the wartime settlement policy to post-war land reform.

3) On the farm workers in Ostelbien: In contrast to refugee-farmers, it is remarkable that the native new farmers from estate farms did not commit themselves to the rural politics, so that they had little influence on it. One reason may be the radical change of the agricultural labor system during the Second World War, as well as their different mentality from farmers. In old-farmer villages, there were agricultural laborers, mainly made up of the former agricultural servants employed by the *Großbauer*. We could never say that they were "emancipated" through either land reform or collectivization.

4) On the material resource: The use of buildings within the village had been the key position of local politics, not only in the period of land reform but also during the 1950s. In Chapter 7, we illustrated the mechanization through MTS in detail. Here, we point out again that some estate landowners of Mecklenburg-Vorpommern had already implemented significant agricultural mechanization before the Second World War. In addition, the agricultural mechanization of the GDR advanced in the simultaneity of the worldwide mechanization of the 1950s.

Für die freundliche und akademische Hilfe in Deutschland möchte ich herzlich danken;

Prof. Dr. Illna Buchsteiner † und Prof. Dr. Mario Niemann am Historisches Institut, Universität Rostock

Frau Rita Roßmann am Kreisarchiv und Informationsbüro des Landkreises Bad Doberan

Frau Kirsten Schäffner am Landesarchiv Greifswald

Mitarbeiter am Landeshauptarchiv Schwerin sowie derer Außenstelle in Ludwigslust

Mitarbeiter am Bundesarchiv Berlin-Lichterfelde

Herrn Karl-Heinz Siewert, Bürgermeister der Gemeinde Hohenfelde, und Herrn Franz Jatsch.

Frau Eva-Maria Elsner

Yoshihiro ADACHI

who depended on MTS tractors. However, tractor drivers were opposed to joining the LPGs. While some drivers left their MTSs, others could take the preferential treatment in the LPGs, which means the contradiction between the MTSs and farmers became included in the new large LPGs.

(3) Instructors of politics, a remarkable function within the MTS, not only had the task of controlling the discipline of the MTS organization; they also had a strong influence on the village politics for advancing SED political power. It is worth noticing that many instructors came from the rural population, although they were first engaged as employees of the MTS. Therefore, we cannot regard them as strange activists. In addition, some influential instructors of the MTS political section employed in about 1952/53 were engaged in the activities of district instructors in 1958–1960. These district instructors played the critical role in collectivization after the end of 1957. They made and implemented the well-laid-out agitation plan for collectivization, mobilizing many kinds of rural cadres from both inside and outside of village. We can regard this as sophisticated violence, which is one reason why the forced collectivization of GDR did not always cause physical violence.

Epilogue

In final part of this book, we develop the discussion of the following issues.

(1) On the diversity of collectivization: We can understand that this diversity was derived from the multiple patterns of farmers' behavior as subjects, confined by their social origins, the rural structure, and the relationship with the county party apparatus of the SED. Without this point, we could not have realized why the forced collectivization resulted in less violence, as compared to other socialist countries. (Of course, this does not mean that we can ignore the use of political violence by the SED-power.) Furthermore, this diversity led to the reconstruction of a county social space, which consists of a political core village, a strong village with the big LPG, and peripheral village with some small LPGs.

2) On the refugee problem: We emphasize often the great role played by strong refugee farmers. While some had set up a well-developed LPG starting in 1952, others became strong individual new farmers. Both were influential SED/DBD members in local politics. There were others that fell down into rural poverty. This led to the destruction of the idea

rural society. The purpose of the seventh chapter is to explain the historical significance of the MTS by analyzing (1) the formation of new rural cadres through the MTS, (2) the conflicts between the MTS and farmers over the use of machinery, and (3) the function of MTS "instructors" in collectivization. Bad Doberan County was divided into four MTS-districts: MTS Jennewitz, MTS Radegast, MTS Rerik, and MTS Ravensberg.

(1) The MTS was an important apparatus for the formation of new rural communist cadres. We focus on three groups in the MTS: the political cadre, the agricultural technocrat, and the tractor driver. First, the conflict over political power within the MTS arose mainly between the MTS director and the leader of political sections. Second, we analyze two paths of young agronomists for moving up the social ladder. Some went from being agronomist assistants to influential instructors. Other agronomists, mainly educated and provided by the new agricultural school system in the GDR, often became the directors of the new cooperatives founded in 1957–1961. They were different from other cadres in that they showed, even if only partially, independence as technocrats. In contrast, few tractor drivers made a career path for the political cadre. They were rural young men and showed higher mobility than others, in which we could find a difference from the social behavior of industrial workers. However, they did not always identify themselves with the farmers, as was recognized in their consciousness against the shift drivers.

(2) Analyzing the utilization of the MTS machinery, we can see the difference in the working processes of seed cultivation, harvest and threshing, and digging potatoes. While in seed cultivation both farmers and LPGs did without MTS tractors, village farmers took the leadership to avail themselves of sheaf-binder harvesters and threshing machines within the villages. It was most difficult to mobilize the machines and workers for potatoes and beets. Technically, the root crop harvesting machines of GDR were far from perfect in those days, which caused considerable damage to LPGs that were forced to use them because of the serious labor shortage. Concerning root crops, strong new farmers did not depend on the MTS machinery. They only needed it for grain.

The establishment of the MTS brigade satellite center covering the three to four villages was a measure for arranging the relationship between the MTS and farmers. The dissolution of MTSs and the absorption of their machinery into large LPGs (type III) would finally solve these problems. We cannot deny that this damaged individual farmers, more eager in their religious practice.

Although these six villages had common social characteristics, we recognized a great diversity in their reactions to the pressure of collectivization from above. In Rakow, where people kept a steady mutual relationship, they could easily integrate themselves into a village-wide cooperative, while in Kirch-Mulsow three LPGs were founded within a village. In Gorow (MTS Radegast district), "powerful" new farmers founded their own cooperative, which became the influential LPG in this village, forcing another small LPG, founded by poor residents in 1956, to disappear. In Roggow-Russow, although people founded a new village-wide cooperative, it could not obtain stability because of former serious internal conflict. Although it was impossible for all six villages to resist the forced collectivization because of having been organized by the SED, we can see that, even if it was very limited, they had independence to the extent that they could somehow manage to plan their own strategy, which explains the diversity of their paths to LPGs.

In contrast, the "weak" new-farmer villages had already lost both unity and strength due to the effects of the events of June 17, 1953. Therefore, they could not found their own LPG, so they were passively integrated into the strong neighboring LPG, as described in Chapter 4. Further, we found another style of village located in a very distressed area. Buschmühlen and Gerdshagen/ Rosenhagen were villages where LPGs were founded in 1955/56 by a closed group of refugee families without joining any other residents. Their troublesome attitude puzzled the agent of the county party. In Buschmühlen, a denunciation about illegal deforestation caused a political intervention from above, which led to the purge of refugee families. In Gerdshagen/Rosenhagen, after a very complicated process of collectivization, finally two LPGs and one VEG (state-owned farm) were formed, crossed with one another beyond the border of the villages. We don't know of any paper that has ever pointed out this collectivization pattern of especially distressed new-farmer villages.

Chapter 7: The Machine and Tractor Station of Bad Doberan County, 1952–1961: Agricultural Mechanization and the Making of New Rural Cadres

The role of the MTS instituted in 1952 from MAS, was not confined to providing farm machinery service. It gained the political functions of advancing the socialism of the

Taking the ÖLB of this *Gemeinde in* 1955 caused the expansion of the LPG and a change in its inner structure, associated with the appearance of a new rural technocrat outside the village. The family members of the *Großbauern* who remained in the village could adapt to this situation through marriage, joining the LPG, or taking a job in the MTS. Hence, the primary problem to solve in the final aspect of collectivization of 1960 was nothing but how to integrate the farmers of Ivendorf and Neu Hohenfelde, hamlets of *Gemeinde* Hohenfelde, into the LPG Hohenfelde.

Second, in analyzing the case of Parkentin, we find a record of the behavior of old farmers who were strongly against the SED agriculture policy. Though the LPG Parkentin was founded in December 1952 by the former farm laborers, based on some abandoned farms whose owners had escaped to West Germany, this LPG remained a small collective farm and could not come to hold a dominant position in the village. Furthermore, the internal conflict around leadership led to the exclusion of a milker family, the only SED member, from the LPG and SED alike. Keeping in mind the historical discrimination against the milker class, this means that the county-leading apparatus of the SED accepted the mentality of residents, which ignored the farm labor class. Old farmers in Parkentin eventually entered a great newly founded LPG integrating three neighboring LPGs in 1960.

Chapter 6: "Working Farmers" and the Forced Collectivization in Bad Doberan County in Bezirk Rostock, 1957/58–1961

The subject of the sixth chapter is the forced collectivization of East Germany from the end of 1957 to the spring of 1960, focusing on the reactions of the individual new farmers, "working farmers"(*werktätige Bauern*), to this great agricultural policy. In Bad Doberan County, there were new-farmer villages without any LPG, which was of critical political importance for the consequence of the forced collectivization, even at the end of 1957.

First, we looked at the path to the forming of LPGs mainly in the MTS Ravensberg district in which many villages without any LPG were located. As we found six powerful new-farmer villages among them, we examined their social structures. There were often refugee new farmers who had a strong influence on the local administration, perhaps having been farmers in their home towns until 1945. They formed the rural local organization of SED, although they were not faithful to the communist ideology at all. They were much native new farmers, who were the former farm workers of the estate farm, remained weak, so that the conflict within the village could be kept under control. However, we cannot ignore the refugee new farmers who were forced to leave their own farms due to the death of livestock, disease or injury of farm owners, and *Republikflucht* of family members. In addition, it is difficult to resolve the poverty of some fatherless refugee families without new farms who could not become members of the LPG.

Second, in Diedrichshagen, a former milker group, a minority in the village, founded LPG "Fortschnitt" on August 28, 1952. Probably for the purpose of re-constructing the former farm, they intended to retain the material resources of the village, such as barns. Although it was a very early foundation among cooperatives in the county, it could not expand itself over the village at all, either in terms of the number of LPG members or the size of the collective farm. Therefore, this LPG had the effect not of integrating the village farmers, but of destroying their relationships. Finally, they failed in their attempt due to the events of June 17, 1953, and this resulted in the dissolution of the LPG. However, the influence of this incident continued for a long time, even after dissolution, so that we could not find any positive collective reaction against or for the forced collectivization in 1959/1960. We could call this pattern "passive collectivization" with the destruction of rural community.

Chapter 5: Micro-history of Agricultural Collectivization in Bad Doberan County, 1952–1961

(2) Old-Farmer Villages (Gemeinde Hohenfelde and Parkentin)

The fifth chapter creates a micro-history of two old-farmer villages: Hohenfelde (a village with the LPG developing relative early), and Parkentin (a village showing strong reaction against collectivization). These were neighboring villages.

First, in Hohenfeld, the process of denazification by the soviet army had a strong impact on the social structure. In addition, the land reform had a significant impact in spite of the typical old- farmer village, which produced some new farmers in the form of refugees. This group had political influence in the rural community, as they represented an SED party group in Hohenfelde. It was this group that founded the LPG Hohenfelde "Neue Zeit" in January 1953, based on the rich material resources from a broken-down *Großbauern.*

village), they suffered from housing problems, as they were deprived of the right to live in their own houses and forced to live in narrow rooms.

We find that the behavioral pattern of new farmers is different from that of old farmers. Their motives for emigration are regarded as "proletarian," such as material discontent and the exacerbation of family problems, especially in the marital relationship. Further, they had little consideration for farm succession, which allowed young people to emigrate from villages. However, a significant portion of the new farmers who gave up farming in the 1950s did not emigrate. There were new farmers who, although they accepted the vacant farm of an emigrant, gave up farming it to avoid a burden beyond their ability. We also find a marriage pattern in which the new male farmer married a female farmer, coming into the family of his bride. This enabled them to concentrate both human and material resources into one family. In the 1950s, especially after June 17, 1953, some paths for new farmers to survive were opened, which we use to explain the diversity of collectivization in the 1950s.

Chapter 4: Micro-history of Agricultural Collectivization in Bad Doberan County, 1952–1961

(1) New-Farmer Villages (Gemeinde Kägsdorf and Diedrichshagen)

An intensive reading of the local documents on the formation of LPGs (agricultural productive cooperatives) in Bad Doberan County in the 1950s reveals the diversity of agricultural collectivization. Specifically, there is remarkable difference between the new- and old-farmer villages. In the fourth and fifth chapters, we attempt to create a micro-history of collectivization in four villages from1952 to1960. In this chapter, after classifying the formation of LPGs into types, we engage ourselves only in the micro-history of new-farmer villages. Here, we choose two contrastive villages, Kägsdorf (a village with an early, well-developed LPG) and Diedrichshagen (a village with the dissolved LPG implemented after June 17, 1953).

First, in Kägsdorf, transformed from Gutsdorf into a new-farmer village through land reform, a group of refugee new farmers succeeded in getting strong influence over local government, making use of their personal connections with old-farmer families. They founded the LPG Kägsdorf "Leuchtturm" on January 27, 1953; furthermore, they developed their organization even after June 17, 1953. In contrast, the political power of natives and refugees in the number of rooms.

Finally, this chapter focuses on the response of both old farmers and government officials to the problem of refugees at the local level. Although the native people certainly regarded refugees as sharing their same national identity, refugees could not be assimilated into native rural society. While socialist officials confronted old farmers very strictly, they found little importance in refugees in old-farmer villages, in contrast with the high political presence of refugee new farmers. Comparing the two types of villages, we recognize that the social category of "refugees" remained longer in old-farmer villages. However, the new agricultural policy implemented in 1950–52, intended to destroy the social structure of old-farmer villages in Mecklenburg-Vorpommern, presumably caused the dissolution of this group.

Chapter 3: The Mass Emigration from Agriculture in Bezirk Schwerin and Neubrandenburg, 1952–1955

Insisting that strong political pressure was the only reason for the mass emigration from agriculture in East Germany in the 1950s is not sufficient to understand the social historical meaning of this event. The purpose of the third chapter is to clarify this problem from a more expansive perspective. In particular, we differentiate between old and new farmers, as discussed in previous chapters, considering that little historical research has dealt with the matter of new-farmer emigration. A very prominent series of problems related to mass emigration emerged in Bezirk Schwerin und Neubrandenburg, established from Land Mecklenburg-Vorpommern in 1952.

In terms of old-farmer villages, first we emphasize the historical significance of the incidents of 1952–1953, because these led to the end of the *Großbauern*(farmers with lands larger than 20 ha) as a social class. In analyzing the reasons for farm requisition by the "devastated farm act of March 20, 1952," as it relates to the emigration of old farmers, we find that the SED agricultural policy against *Großbauern* was not alone in causing the devastation of farms. The negative influence of the Second World War upon the farmers' family members, including war deaths and wounds, was also a factor. Second, we look at the family members who remained in the village even after farm requisition. While working as farm labors for ÖLB (the local public farm that controlled requisitioned farms in the new farmers," adjusting to the land reform ideology. In the enforcement phase, however, it was confronted by strong resistance from native people for two reasons: (1) the old estate buildings, scheduled to be dismantled to providing building materials, were still used as barns and sheds by native new farmers; and (2) building new houses burdened their horses with an additional load. This further deepened the social conflict in the village.

Finally, we focus on the behavior of new farmers and local community policy. New farmers engaged in such "selfish" conduct as giving up their farms, "sabotage," and deforestation to an extent the local community could not control effectively. Although SED succeeded in formally increasing and organizing party members in villages, they did not necessarily have the ability to administer and obtain the support of village people, as is symbolized by the many corruption cases involving SED new mayors.

As a whole, it was common in new-farmer villages for county officials to intervene in village policy, force the mobilization of human and material resources, and sometimes take strong measures for their achievement. However, we must consider that this not only demonstrated the essential character of the strong socialist system but also showed the response from above against the economic crisis and social chaos in villages that was caused by the soviet occupation, the large-scale influx of refugees, and land reform.

Chapter 2: The Refugee Problems in the "Old Farmer Villages" of Mecklenburg-Vorpommern, 1945–1952

As mentioned above, the problem of refugees in East Germany, mainly located in rural communities after the War, had different aspects in "old-farmer villages" (*Altbauerngemeinde*), than they did in new-farmer villages. The second chapter examines the social processes of the refugee problem, mainly in old-farmer villages, which were not always influenced by the land reform.

Analyzing the official statistics from Mecklenburg and reports on refugees in Schwerin County in 1947, we find first that there is a noticeable difference between male and female refugees in terms of their employment. Second, by examining housing conditions, we can see that a high quota of refugees was imposed, even upon the *Häusler* (native rural workers with a small house). This means that the native people were overburdened almost beyond the carrying capacity of their homes, although we recognize an obvious disparity between the change of livestock, buildings (houses, sheds, and barns), and agricultural machines. Agricultural machinery especially was of critical significance for the SED in organizing the agricultural production of village farmers. In terms of the mechanization of East Germany, we focus our attention on the machine stations — *Maschinen-Traktoren-Stationen* (MTS) *and Maschinen-Ausleih-Station* (MTS) — which not only provided farm machinery services, but served as the political instruments for the making of new rural cadres who played a great role in advancing the collectivization starting in October 1957.

Chapter 1: The New Farmers and Land Reform in the Villages of Mecklenburg-Vorpommern, 1945–1949

The purpose of the first chapter is to explain the problems experienced by new farmers in Mecklenburg-Vorpommern during the period of 1945–1949, since this is the area where land reform had the strongest influence on the agricultural structure in post-war East Germany. Above all, this chapter focuses on the problems of both refugees and livestock in the "new-farmer villages" (*Neubauerngemeinde*), into which the estate farms (*Gutsdorf*) had been transformed through land reform.

First, we show that the soviet army occupied some estate farms directly and requisitioned the estates' livestock so that the new farmers could hardly manage their farms. Therefore, native village people experienced land reform as the virtual destruction of their farms.

Second, we analyze how to hold and use horses, cows, and tractors, in the context of the refugee-farmer problems, so that we can determine the differences between these stocks. While cows were held and used privately by new farmers, tractors were under the control of county officials, which enabled officials to mobilize tractors more widely and intervene in the working process of the village. Unlike other agricultural stocks, horses were held privately, but were used often to meet the public demands of village. One of the serious conflicts between natives and refugees revolved around how to make use of the horse teams in the village. Hence, it was both refugee and horse problems that weakened the ability to integrate people into the local community.

Third, we examine the building program for new farmhouses that was enforced in September 1947. This program was drawn up mainly to solve the problems of "refugee

with the socialist "democratic" revolutions of east European countries was expressed there after the Second World War. In Japan, even in the 1970s, the formation of GDR agriculture was discussed not in the context of "German" history but as a manifestation of eastern European socialism. Therefore, no Japanese academic books on the agricultural history of post-war East Germany have as yet been obtained.

The end of the Cold War led to a dramatic change in Germany. While the totalitarian approach had been revitalized, social and ordinary historical analysis had also shown remarkable development, which gives us the possibility of "historicizing" the experience of socialism in an East German village. By evaluating this new social-historical approach positively, this book aims to give a new description of GDR agricultural history, emphasizing the significance of following three points in particular:

1. This book is neither a history of the agricultural land system nor a political analysis of agricultural policy. In viewing rural people as historical subjects, we concentrate our attention on their actions in the village. To advance beyond the dual scheme of the Socialist Unity Party of Germany (SED) versus the farmers, we focus on the relationships of three agents: the county party apparatus, the rural community, and farmers (including agricultural workers). Furthermore, we consider the differences in rural social structure between the new- and old-farmer villages. Through the micro-historical analysis of multiple villages, we are able to show great diversity in the collectivization of Bad Doberan County. Thinking about the significance of this diversity enables us to reach new realizations about the formation of rural socialism.

2. From the historical perspective of Ostelbien from wartime to postwar, we examine the significance of the refugee problem in the rural community. Although the weaker rural refugees, especially single women with their children, had fallen into poverty and formed a new lowest class in the village, others became strong new farmers who played an influential role in local administration, not only in the practice of land reform, but also collectivization. This book emphasizes the significance of the agricultural policy of the SED for the agricultural settlement of refugee farmers, in contrast to their communist ideology.

3. The transformation that happened between 1945 and 1961 changed more than human relationships in the rural community. It also involved re-organizing the social utilization of agricultural material resources within the village. Therefore, we examine

English Summary

Yoshihiro ADACHI

The Social and Agricultural History of East Germany, 1945–1961: For Historicizing the Experience of Socialism (Japanese)

(Japanese title: Sengo Higashi Doitsu Nouson no Shakaishi. Shakaishugi Keiken no Rekishika no tameni.)

(German title: Sozial- und Agrargeschichte im Mecklenburgischen Dörfern, 1945–1961. Zur Historisierung von den Erfahrungen des „Sozialismus".)

Preface

The transition from land reform to collectivization caused a great historical transformation in the Ostelbien (eastern Elbe region), which continued to influence the agricultural structure of this region beyond 1989. The purpose of this book is to explain how the rural community changed through the land reform and collectivization, adopting the approach of social historical analysis. The site of this research was Land Mecklenburg-Vorpommern, specifically Bad Doberan County.

Both land reform and agricultural collectivization were significant to the foundation myth of East Germany -known within Germany as the German Democratic Republic (GDR)- as a socialist state, especially since the communist leadership encouraged studies on land reform and agricultural collectivization in order to bolster communism's political legitimacy. It is characteristic of the GDR that, unlike other socialist states, it could not establish a foundation myth as a national history. "German" contemporary history was written exclusively by West German historians. However, West German studies on GDR agriculture were not completely free from Cold War thinking, as is demonstrated by the fact that the fundamental paradigm depended on the ideology of totalitarianism.

Japan was also restricted by Cold War thinking, so it is remarkable that strong sympathy

略 歴

足立芳宏（あだち　よしひろ）

京都大学大学院農学研究科准教授
1958 年　岐阜県可児市生まれ
1982 年　京都大学農学部農林経済学科卒業
1990 年　京都大学大学院農学研究科博士後期課程満期退学
1996 年　京都大学博士（農学）取得
1996 年　京都大学大学院農学研究科助教授（2007 年より准教授）
2003 年　ロストク大学客員研究員
専攻　近現代ドイツ農業史
主著　『近代ドイツの農村社会と農業労働者―〈土着〉と〈他所者〉のあいだ―』（京都大学学術出版会）1997 年 12 月,（1999 年度日本農業経済学会学術賞受賞）
E-mail　yadachi@kais.kyoto-u.ac.jp

東ドイツ農村の社会史 ―― 「社会主義」経験の歴史化のために

2011 年 2 月 18 日　初版第一刷発行

著　者　足 立 芳 宏
発行人　檜 山 爲 次 郎
発行所　京都大学学術出版会
京都市左京区吉田近衛町69番地
京都大学吉田南構内（〒606-8315）
電　話（075）761-6182
FAX（075）761-6190
URL http://www.kyoto-up.or.jp
振　替 01000-8-64677

ISBN 978-4-87698-983-6
Printed in Japan
印刷・製本　㈱クイックス
定価はカバーに表示してあります